Chemie – Entdecken und verstehen

R. Geiß, Halle (Saale), Deutschland *Reihenherausgeber*

Von Phänomenen und Experimenten zur Theorie – mit diesem Konzept wird die Chemie zu einer verständlichen Wissenschaft. Chemische Versuche, häufig mit Alltagschemikalien, sowie zahlreiche Übungsaufgaben und Wiederholungsfragen sorgen dafür, dass der Leser Schritt für Schritt sicher durch die Wissenschaft mit „sieben Siegeln" geleitet wird.
Die Reihe „Chemie – Entdecken und verstehen" eignet sich ideal für Studierende und Dozenten des Lehramts Chemie und gibt angehenden Chemielehrern und bereits im Beruf Stehenden die bestmögliche Hilfestellung zur Gestaltung spannender, abwechslungs- und lehrreicher Unterrichtsstunden. Kein Problem, wenn interessierte Schüler über den Unterrichtsstoff hinausgehende Fragen stellen: Mit dieser Buchreihe sind Sie bestens gerüstet!
Die Buchreihe eignet sich auch hervorragend für interessierte Laien, Eltern und Oberstufenschüler zum Selbststudium sowie für Studierende mit Nebenfach Chemie zum Einstieg in die Materie.

Weitere Bände in der Reihe:
http://www.springernature.com/series/13514

Ralf Geiß

Die Verwandlung der Stoffe

Ralf Geiß
Halle, Deutschland

Chemie – Entdecken und verstehen
ISBN 978-3-662-54707-6 ISBN 978-3-662-54708-3 (eBook)
DOI 10.1007/978-3-662-54708-3

Die Deutsche Nationalbibliothek verzeichnet diese Publikation in der Deutschen Nationalbibliografie; detaillierte bibliografische Daten sind im Internet über http://dnb.d-nb.de abrufbar.

Springer Spektrum

Planung: Rainer Münz
Einbandabbildung: Umschlagmotiv fotografiert von Joschi Herzceg. Gibt man 2 ml Wasser rasch zu 100 ml siedendem Wachs, dann bildet sich explosionsartig eine Wachswolke, die sich von selbst entzündet.

Gedruckt auf säurefreiem und chlorfrei gebleichtem Papier

Springer Spektrum ist Teil von Springer Nature
Die eingetragene Gesellschaft ist Springer-Verlag GmbH Deutschland
Die Anschrift der Gesellschaft ist: Heidelberger Platz 3, 14197 Berlin, Germany

Geleitwort

Gehören Sie auch zu den neugierig Gebliebenen, die trotz medialer Überpräsenz und pseudowissenschaftlicher Berieselung immer dabei sind, wenn es darum geht, der Welt neue Geheimnisse zu entlocken, oder bereits bekannte Geheimnisse zu verstehen und diesen selber nachzustellen, sie nachzuvollziehen, um dann begeistert über das Verstandene anderen alles zu erklären? Dann lade ich Sie ein, mit diesem Buch von Ralf Geiß zu einer spannenden Reise in die Welt der kleinsten Zusammenhänge aufzubrechen, einer Welt der auf den ersten Blick fast unvorstellbar wirkenden Strukturen, Muster und Kräfte, die alles zusammenhalten. Eine Reise in die Welt der Chemie.

Am Anfang eines Bildungsprozesses steht bei Ralf Geiß die Faszination für das Phänomen. Beharrlich baut er auf der Basis der sinnlichen Wahrnehmung des Phänomens auf – die Beobachtung einer Kerzenflamme beispielsweise ist Ausgangspunkt, um die Verbrennung zu verstehen. Die Betrachtung der Kerzenflamme führt zuerst einmal zu einer Erkenntniskrise. Fragen treten auf, z. B. die Frage, warum verschiedene Zonen der Kerzenflamme unterschiedlich farbig sind. In jeder neuen Frage und jeder neuen Krise steckt das Potenzial für einen Problemlösungsprozess, wenn die betrachtende Person neugierig und ein wenig hartnäckig ist und den Dingen auf den Grund gehen will.

Beim Lesen des Buches entwickelt sich die Neugierde, die erforderlich ist, um Erfahrung zu sammeln. Aus Erfahrungen ergeben sich Fragen. Erfahrungen treiben vor allem Warum-Fragen aus sich heraus. Neugierige Menschen verfolgen diese, weniger neugierige Menschen neigen dazu, die Fragen eher von sich wegzuschieben. Ein Erkenntnisweg droht dann stillzustehen, wenn Fragen, die sich aus Erfahrung ergeben, nicht mehr beantwortet werden. Ralf Geiß versteht es, der Neugier geeignete Nahrung zu geben: indem er die Phänomene auswählt, an denen man sich grundlegende Prinzipien der Chemie klarmachen kann und indem er beharrlich Fragen an die Phänomene stellt.

Das Buch versucht auf vielfältige Weise, den individuellen Leser bei der Entwicklung seines persönlichen Zugangs zur Chemie zu unterstützen. Dies gelingt vor allem durch den dialogischen Charakter, der die Erschließungsprozesse einrahmt und sich wie ein roter Faden durch das Buch zieht; es werden nicht einfach bloße Fakten in den Raum gestellt, sondern es wird dargestellt, wie um Antworten gerungen wird oder wie abgewogen wird zwischen mehreren, ähnlich plausibel anmutenden Schlüssen.

Ralf Geiß nimmt Leser, die ihre Neugierde an Chemie nicht verloren haben, oder wieder entdecken möchten, geduldig mit auf eine Reise in die Welt der Chemie und gleichzeitig mit in die Welt der Bildungsprozesse. Sein Buch ist deshalb nicht etwa nur solchen Menschen vorbehalten, die Chemie so fundiert verstehen möchten, dass sie es in Bildungskontexten weitervermitteln können. Es ist auch geeignet für Menschen, die sich für Bildungsprozesse, und vielleicht insbesondere für Bildungsprozesse in den Naturwissenschaften interessieren, und die mithilfe dieses Buches exemplarisch und bewusst erleben können, wie chemisches Verständnis generiert wird. Dabei bietet Ralf Geiß immer wieder lebensweltlich bedeutsame Fragestellungen mit einer großen Nähe zur Anwendungssituation an.

Die Expertise von Ralf Geiß geht weit über hartes chemisches Faktenwissen hinaus. Mit einer Fülle von Fotos, Zeichnungen und weiteren Veranschaulichungsmaterialien aus eigener Feder macht Ralf Geiß ernst mit der Konzentration auf die Phänomene und dem sich daran anschließenden neugierigen Erschließungsprozess. Hier schreibt ein Chemiker und Chemiedidaktiker mit einer Faszination für Chemie und einem feinfühligen Bewusstsein über Bildungsprozesse, das er u. a. in jahrelanger pädagogischer Tätigkeit als Lehrer und Dozent für Chemie weiterentwickelt hat.

Wer seine Liebe zur Chemie noch nicht gefunden hat: Hier kann er sie entdecken.

Svantje Schumann

Vorwort

Bereits vor etwa 2500 Jahren haben sich griechische Philosophen gefragt, was passiert, wenn aus brennendem Holz Asche wird. Höchstwahrscheinlich haben sich bereits lange vor dieser Zeit Menschen mit der geheimnisvollen Verwandlung der Stoffe beschäftigt. Aber erst seit 1808 kann man eine überzeugende Antwort auf die Frage geben, wie neue Stoffe entstehen können. Warum hat es über 2000 Jahre gedauert, bis die Menschheit zu diesem fundamentalen Rätsel auf überzeugende Weise etwas Klärendes beitragen konnte? Anders als in Physik oder Biologie können Stoffverwandlungen, also chemische Reaktionen, nicht durch direkte Anschauung gedeutet werden. Den Sinneswahrnehmungen sind vor allem die Ausgangs- und Endstoffe zugänglich, nicht jedoch das, was auf dem Weg vom einen zum anderen geschieht. Selbst eine große Zahl an Experimenten und Messungen wird den Verlauf einer chemischen Reaktion nicht offenbaren. Es ist wohl zumindest teilweise so wie mit den Weissagungen des Orakels von Delphi, die Ergebnisse chemischer Untersuchungen müssen gedeutet und bewertet werden. In Anbetracht dieser Umstände erscheint es angemessen zu sagen: Chemische Theorien werden nicht entdeckt, sie werden von Menschen erfunden. Welche Konsequenzen kann man daraus für das Lehren und Lernen von Chemie ableiten?

Auch wenn es heute noch keine voll entwickelte, forschungsbasierte konstruktivistische Lerntheorie gibt, so sind sich Bildungspsychologen dennoch weitgehend darin einig, dass Lernen nach konstruktivistischen Mustern stattfindet. Im Rahmen des Sozialkonstruktivismus betont der situierte Blickwinkel, dass Lernen in sozialem und kulturellem Kontext stattfindet. Das heißt, effektives Lernen ist nicht eine rein individuelle, sondern eine geteilte Aktivität, die Mitlernende und weitere Ressourcen umfasst. Somit sind Lernende aktive Wesen, die sich durch eine Auseinandersetzung mit der Welt entwickeln. Im Rahmen dieses Entwicklungsprozesses erschaffen sie ein individuelles, konstruiertes und strukturiertes Abbild ihrer Umwelt. Da auch chemische Theorien von Forschenden konstruiert werden, ist es naheliegend, im Chemieunterricht eine forschend entdeckende Herangehensweise zu wählen. Ausgehend von Phänomenen, Experimenten und Verfahren ergeben sich Fragen, die durch weitere Experimente bearbeitet werden können. Da man durch Experimentieren alleine die entscheidenden chemischen Rätsel nicht lösen kann, wird im Idealfall die chemische Theorie im Lernprozess wiederentdeckt. Zumindest jedoch wird sie als Antwort auf die zuvor formulierten Fragen und nicht als unumstößliche Wahrheit erkannt.

Die Buchreihe *Chemie – Entdecken und verstehen* ist als Hilfestellung für konstruktivistisch-kompetenzorientiertes Lehren und Lernen konzipiert. Es ist mit der tiefen und erfahrungsbasierten Überzeugung geschrieben worden, dass Chemie eine faszinierende Disziplin ist, die auch von interessierten Personen ohne akademischen Hintergrund verstanden und beherrscht werden kann.

Ralf Geiß
Halle (Saale) im Februar 2017

Dank

Während den über 10 Jahre andauernden Vorbereitungen zum Buch haben mich zahlreiche Schülerinnen und Schüler, Studierende und Arbeitskolleginnen und Kollegen sowie Freunde und Bekannte konstruktiv begleitet und unterstützt. Hierfür möchte ich mich besonders bedanken bei: Christoph Elmiger, Katalin Enkerli, Patrick Kraus, Clarissa Mundwyler, Karin Rey, Svantje Schumann und Päivi Toikkanen.

Hilfe für die fotografischen Aufnahmen erhielt ich von Christoph Elmiger, Joshi Herczeg (Fotograf), Patrick Kraus und Patrick Rohner (Fotograf). Für die kompetente Beratung beim Kauf und der Ausleihe von Fotoausrüstung möchte ich mich auch bei Andreas Knecht und Urs Ziswiler von GraphicArt (Filiale Zürich) bedanken.

Ohne die professionelle Zusammenarbeit mit Sabine Bartels, Rainer Münz und Stella Schmoll vom Springer Verlag wäre mein Manuskript auf meinen persönlichen Wirkungskreis beschränkt geblieben.

Wichtiger Hinweis zu den Experimenten

Da es sich bei diesem Werk nicht um ein Handbuch für chemische Experimente handelt, sind die Versuchsbeschreibungen in den meisten Fällen relativ knapp gehalten. Um die Experimente ohne weitere Informationsquellen gefahrlos durchführen zu können, ist langjährige chemische Laborerfahrung erforderlich.

Inhaltsverzeichnis

1 Didaktische Leitgedanken ... 1
Ralf Geiß
1.1 Adaptive Kompetenz ... 2
1.2 CSSC-Lernumgebungen ... 5
1.3 Zweidimensionale kognitive Taxonomie ... 8
1.4 Die empirisch-rationale Methode der Naturwissenschaften ... 13
1.5 Wirklichkeit und Theorie ... 17
1.6 Überarbeitete Basiskonzepte der chemischen Theorie ... 20
1.7 Strukturiertes Lehren und Lernen ... 23
1.8 Genetisches Lehren und Lernen nach Martin Wagenschein ... 27
1.9 Widersprüche und Verwirrendes der Chemie und der Physik ... 33
1.10 Chemie: Ein stark vernetztes Fach ... 35
1.11 Eine Basis für chemisches Denken ... 36
1.12 Hinweise zu didaktischen Elementen ... 37
Literatur ... 39

2 Was ist Feuer? ... 41
Ralf Geiß
2.1 Voraussetzungen und Lernziele ... 42
2.2 Kapitelvorschau ... 44
2.3 Feuermärchen ... 45
2.4 Am Anfang war das Feuer ... 47
2.5 Wie sieht eine Kerzenflamme aus? ... 49
2.6 Was brennt in der Kerzenflamme? ... 53
2.7 Woraus bestehen die Flammenzonen? ... 68
2.8 Was passiert bei der Verbrennung von Kerzenwachs? ... 79
2.9 Chemie und chemische Reaktionen ... 104
2.10 Vom Phlogiston zum Sauerstoff ... 115
2.11 Experimente zur Vertiefung des Themas Verbrennung ... 117
2.12 Zusammenfassung ... 123
2.13 Testaufgaben zur Standortbestimmung ... 129
2.14 Lösungen der Aufgaben ... 132
Literatur ... 148

3 Gibt es chemische Grundstoffe? ... 149
Ralf Geiß
3.1 Voraussetzungen und Lernziele ... 150
3.2 Kapitelvorschau ... 152
3.3 Geschichte des Elementbegriffs ... 153
3.4 Lavoisiers Elementbegriff ... 158
3.5 Moderne Wasserzerlegung ... 168
3.6 Redoxreaktionen: Sauerstoff-Übertragungen ... 171
3.7 Eisengewinnung ... 174

3.8 **Stahlproduktion** ... 185
3.9 **Zusammenfassung** ... 190
3.10 **Testaufgaben zur Standortbestimmung** ... 195
3.11 **Lösungen der Aufgaben** ... 197
Literatur ... 205

4 Flüssige Luft ... 207
Ralf Geiß
4.1 **Voraussetzungen und Lernziele** ... 208
4.2 **Kapitelvorschau** ... 210
4.3 **Experimente mit Gasen, Flüssigkeiten und Feststoffen** ... 211
4.4 **Die Aggregatzustände – Fachbegriffe** ... 232
4.5 **Das wichtigste Basiskonzept der Chemie** ... 233
4.6 **Das Kugelteilchen-Modell (KTM)** ... 239
4.7 **Experimente zur Überprüfung des Kugelteilchen-Modells** ... 247
4.8 **Warum löscht Wasser Feuer?** ... 263
4.9 **Wirklichkeit und Theorie** ... 266
4.10 **Zusammenfassung** ... 271
4.11 **Testaufgaben zur Standortbestimmung** ... 275
4.12 **Lösungen der Aufgaben** ... 277
Literatur ... 286

5 Gewinnung reiner Stoffe ... 287
Ralf Geiß
5.1 **Voraussetzungen und Lernziele** ... 288
5.2 **Kapitelvorschau** ... 290
5.3 **Wie macht man Schnaps?** ... 291
5.4 **Wie trennt man kleine Stoffportionen?** ... 308
5.5 **Weitere Trennmethoden** ... 320
5.6 **Reinstoffe und Gemische** ... 326
5.7 **Elemente und Verbindungen** ... 333
5.8 **Fünf Stoffklassen** ... 334
5.9 **Physik – Chemie – Biologie** ... 335
5.10 **Zusammenfassung** ... 340
5.11 **Testaufgaben zur Standortbestimmung** ... 345
5.12 **Lösungen der Aufgaben** ... 347
Literatur ... 356

6 Dalton löst das chemische Rätsel ... 357
Ralf Geiß
6.1 **Voraussetzungen und Lernziele** ... 358
6.2 **Kapitelvorschau** ... 360
6.3 **Was passiert genau beim Verbrennen von Wachs?** ... 361
6.4 **Massenverhältnisse bei chemischen Reaktionen** ... 362
6.5 **Daltons Atomhypothese** ... 373
6.6 **Chemisches Rechnen mit dem Atommodell von Dalton (Stöchiometrie)** ... 384
6.7 **Reaktionstypen** ... 388

6.8 **Gegenüberstellung: Kugelteilchen-Modell und Atommodell von Dalton** 390
6.9 **Zusammenfassung** 397
6.10 **Testaufgaben zur Standortbestimmung** 401
6.11 **Lösungen der Aufgaben** 402
Literatur 410

Serviceteil 411
Anhang 412
Sachverzeichnis 416

Didaktische Leitgedanken

Ralf Geiß

1.1 Adaptive Kompetenz – 2

1.2 CSSC-Lernumgebungen – 5

1.3 Zweidimensionale kognitive Taxonomie – 8

1.4 Die empirisch-rationale Methode der Naturwissenschaften – 13

1.5 Wirklichkeit und Theorie – 17

1.6 Überarbeitete Basiskonzepte der chemischen Theorie – 20

1.7 Strukturiertes Lehren und Lernen – 23

1.8 Genetisches Lehren und Lernen nach Martin Wagenschein – 27

1.9 Widersprüche und Verwirrendes der Chemie und der Physik – 33

1.10 Chemie: Ein stark vernetztes Fach – 35

1.11 Eine Basis für chemisches Denken – 36

1.12 Hinweise zu didaktischen Elementen – 37

Literatur – 39

R. Geiß, *Die Verwandlung der Stoffe*, Chemie – Entdecken und verstehen,
https://doi.org/10.1007/978-3-662-54708-3_1

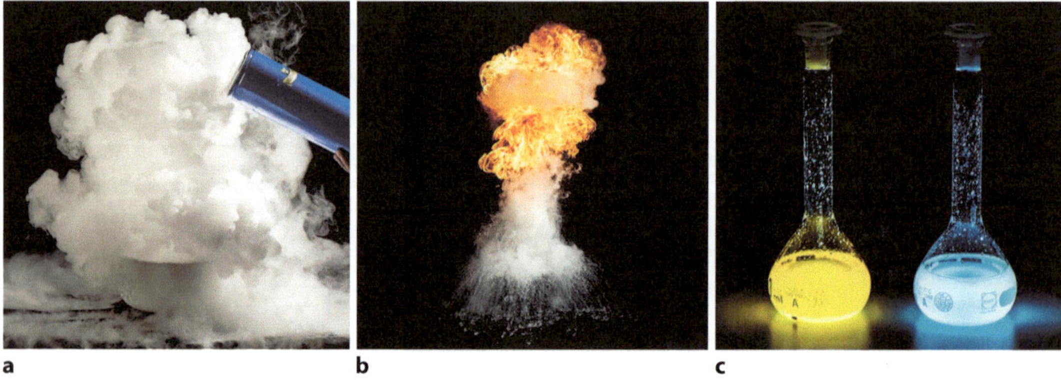

a Flüssiger Stickstoff wird in heißes Wasser gegossen, **b** Wachswolke verbrennt, **c** Chemolumineszenz. (© Ralf Geiß 2017)

In diesem Kapitel wird aufgezeigt, an welchen didaktischen Grundsätzen sich dieser mehrbändige Chemielehrgang orientiert. Oberstes Ziel dabei ist, Lernenden adaptive Kompetenz zugänglich zu machen. Mit adaptiver Kompetenz ist die Fähigkeit gemeint, sinnvoll gelerntes Wissen und Fertigkeiten flexibel und kreativ in verschiedenen Situationen anwenden zu können. In Bezug auf das Lernen von Chemie bedeutet das unter anderem, chemisches Denken und tief greifendes Verständnis in den Vordergrund zu stellen und Detailwissen bzw. Wissensfülle als wünschenswerten Nebeneffekt zu betrachten.

1.1 Adaptive Kompetenz

Im vergangenen Jahrhundert haben zahlreiche Gesellschaften eine tief greifende Transformation erfahren – weg von einer industriellen Prägung hin zu Gemeinschaften, die vor allem durch Wissen bestimmt werden. Hinzu kommt, dass wir in einer Welt leben, die durch immer schnelleren Wandel geprägt ist und in der lebenslanges Lernen mehr und mehr zur Selbstverständlichkeit wird.

Konsequenterweise sind sich zahlreiche Gelehrte darin einig, dass das höchste Ziel von Lernen und Instruktion adaptive Kompetenz ist (Bransford et al. 2006), Mit adaptiver Kompetenz ist dabei die Fähigkeit gemeint, sinnvoll gelerntes Wissen und Fertigkeiten flexibel und kreativ in verschiedenen Situationen anwenden zu können.

Da der Fachbegriff „adaptive Kompetenz" eine Differenzierung des weiter gefassten Kompetenzbegriffs darstellt, soll zunächst auf den Letzteren genauer eingegangen werden.

Der Kompetenzbegriff von Franz Weinert

Der im deutschen Bildungswesen für die Naturwissenschaften verwendete Kompetenzbegriff basiert in der Regel auf der Definition

Franz Weinerts. Demnach sind Kompetenzen „die bei Individuen verfügbaren oder erlernbaren kognitiven Fähigkeiten und Fertigkeiten, um bestimmte Probleme zu lösen, sowie die damit verbundenen motivationalen, volitionalen und sozialen Bereitschaften und Fähigkeiten um die Problemlösungen in variablen Situationen erfolgreich und verantwortungsvoll nutzen zu können" (Weinert 2001).

Analysiert man diese Kompetenzdefinition Weinerts, stößt man auf drei zentrale Merkmale:

- verstandenes Wissen (kognitive Fähigkeiten und Kenntnisse),
- Problemlösung – Anwendung von verstandenem Wissen (Fertigkeiten),
- Motivation sowie volitionale und soziale Bereitschaft für die Problemlösung.

In verkürzter Form könnte man diese Merkmale folgendermaßen auflisten:

- Wissen,
- Anwendung,
- Wollen.

Im Sinne Weinerts beschreiben Kompetenzen den handelnden Umgang mit verstandenem Wissen und berücksichtigen dabei das Anwenden-Können und Anwenden-Wollen in Problemlösungs-Situationen.

Komponenten der adaptiven Kompetenz

Mit der Betonung von Kreativität und Flexibilität gewichtet das Konzept der adaptiven Kompetenz das Problemlösen noch stärker, als es bei Weinert geschieht.

Darüber hinaus werden kognitive, affektive und motivationale Komponenten definiert, die für den Erwerb von adaptiver Kompetenz in einem Fachgebiet unabdingbar sind (Corte 2007; Corte et al. 2004) und die in den folgenden Abschnitten ausgeführt werden.

Fachspezifische Wissensbasis

Diese Wissensbasis muss hierarchisch strukturiert und flexibel zugänglich sein. Außerdem muss sie die Fakten, Symbole, Konzepte und Regeln, die das Fachgebiet konstituieren, umfassen.

Heuristische Methoden

Hierbei geht es um Strategien für die Problemanalyse und Transformation (z. B. Zerlegung eines Problems in Teilprobleme, Versuch und Irrtum, Anfertigung einer grafischen Repräsentation eines Problems, Ausschlussverfahren). Diese Strategien garantieren nicht die erfolgreiche Lösung eines Problems, aber sie machen sie signifikant wahrscheinlicher, durch eine systematische Herangehensweise.

Metakognitives Wissen

Dieser Aspekt von Metakognition umfasst:

- personenbezogenes Wissen (alles, was man über sein eigenes Denken und Gedächtnis weiß),
- aufgabenbezogenes Wissen (wie eine Aufgabe beschaffen ist und welche Anforderungen sie stellt),
- Wissen über Strategien (erlaubt dem Lernenden, Lösungswege in ihrer Eignung für die Bewältigung der jeweiligen Aufgabe zu bewerten und alternative Lösungsmöglichkeiten in ihrer Wirksamkeit einzuschätzen).

Metakognitive Kontrolle

Zur metakognitiven Kontrolle gehören zwei grundlegende Prozesse: Die metakognitive Steuerung (*self-regulation*) und die Kontrolle selbst (*self-monitoring*).

Steuerung bedeutet: Planung, Regulierung und Bewertung während der Bearbeitung einer Aufgabe.

Die Kontrolle stellt dabei fest:

- wie weit man bei dieser Bearbeitung vorangekommen ist,
- ob man auf dem Weg zum Ziel ist,
- ob man die in der Planung gesetzten Zwischenziele oder gar das Endziel erreicht hat.

Positive Überzeugungen

Um die motivationale Bedeutung von positiven Überzeugungen aufzuzeigen, wird hier eine Auswahl an möglichen positiven Überzeugungen aufgelistet.

- Der Glaube, dass das eigene kognitive Potenzial durch Lernen und Einsatz entwickelt werden kann.
- Der Glaube, dass eigene Emotionen und Motivationen aktiv genutzt werden können, um Lernen zu verbessern.
- Der Glaube, dass man die Aufmerksamkeit und Motivation solange aufrechterhalten kann, bis eine Aufgabe gelöst ist.
- Die Überzeugung, dass man die Komplexität, die mit einer Aufgabe in Verbindung steht, erfassen und verarbeiten kann.
- Die Überzeugung, dass der Austausch mit der Lerngruppe das eigene Lernen positiv beeinflusst.

Kompetenzen als Lernziele

Der Unterschied zwischen Lernzielen und Kompetenzen besteht darin, dass nicht jedes Lernziel, so wie es bei den Kompetenzen der Fall ist, eine Verbindung von Wissen und Anwenden darstellt.

Da sich Kompetenzen nur durch eine intensive Auseinandersetzung mit fachlichen Inhalten entwickeln, sollten Lernziele soweit möglich als Kompetenzen formuliert werden. Will man Menschen in der Schule kompetenzorientiert bilden, genügt es nicht, reine Wissens-Lernziele zu formulieren, denn isoliertes fachliches Lernen erzeugt träges Wissen.

Kompetenzen durch forschend entdeckendes Lernen

Den Anforderungen des kompetenzorientierten Lernens kann man begegnen, indem man sich nach der Vermittlung von Wissen auf dessen Anwendung konzentriert. Diese Reihenfolge erscheint auf den ersten Blick unumgänglich. Denn wie kann man etwas anwenden, das man nicht zuvor gelernt hat?

Aus pädagogischer Perspektive gesehen ist diese Reihenfolge jedoch in vielfacher Hinsicht problematisch.

Vom Vermitteln zum Ermöglichen

Man kann verstandenes Wissen nicht unverändert vom Lehrenden auf den Lernenden übertragen. Ebenso wenig, wie man die Fähigkeit, einen Handstand zu machen, übertragen kann. Zur Beherrschung des Handstands ist Übung unumgänglich.

Vom passiven zum aktiven Lernen

Die Aneignung von Wissen auf passive Weise wirkt fragwürdig, wenn das Gelernte anschließend aktiv eingesetzt werden soll. Es drängt sich geradezu die Forderung auf, bereits beim Lernen und nicht erst bei der Anwendung aktiv sein zu können.

Um konstruktivistisch geprägtes Lernen zu fördern, wurden die Kapitel dieses Chemielehrgangs nach bestem Wissen und Gewissen als Forschungsprojekte gestaltet. Ausgehend von einem oder mehreren Phänomenen erheben sich Fragen. Mit Hypothesen (Theorien), weiteren Experimenten sowie der kritischen Prüfung der Hypothesen werden die Leserin und der Leser eingeladen, sich auf eine Entdeckungsreise zu begeben. Im Verlauf der Reise wird auf diese Weise die Möglichkeit geboten, sich Wissen aktiv mitdenkend anzueignen.

Dort, wo forschend entdeckende Lehrgänge nicht konstruiert werden konnten, wurde eine möglichst induktive Auseinandersetzung mit fachlichen Inhalten gewählt. Dabei wurde konsequent darauf geachtet, dass keine Antworten gelernt werden müssen, zu denen die Fragen zuvor nicht behandelt wurden.

1.2 CSSC-Lernumgebungen

Die chemischen Kapitel von *Chemie – Entdecken und verstehen* sind in Anlehnung an das Konzept des CSSC-Lernens (*constructive self-regulated situated collaborative learning*) entwickelt worden. Was sind CSSC-Lernumgebungen?

Lernumgebungen, die den Erwerb von adaptiver Kompetenz fördern, sind durch zahlreiche Merkmale, die in wechselseitiger Beziehung zueinander stehen, gekennzeichnet. Im Rahmen dieses kurzen chemiedidaktischen Exkurses kann nicht auf alle eingegangen werden. Deshalb soll hier der Fokus auf vier Schlüssel-Charakteristiken gelegt werden:

- konstruktivistisches Lernen (*constructive learning*),
- selbstreguliertes Lernen (*self-regulated learning*),
- situiertes Lernen (*situated learning*),
- kollaboratives Lernen (*collaborative learning*).

Unterrichtsprojekte, die diese Merkmale zur Anwendung bringen, können als CSSC-Lernumgebungen bezeichnet werden (Corte 2009).

Konstruktivistisches Lernen

Auch wenn es heute noch keine voll entwickelte, forschungsbasierte konstruktivistische Lerntheorie gibt, so sind sich Bildungspsychologen dennoch weitgehend darin einig, dass Lernen nach konstruktivistischen Mustern abläuft (Philipps 2000; Simons et al. 2000; Steffe und Gale 1995).

Junge Schülerinnen und Schüler sind aktive Wesen, welche sich durch eine Auseinandersetzung mit der Welt entwickeln. Im Rahmen dieses Entwicklungsprozesses erschaffen sie ein individuelles, konstruiertes und strukturiertes Abbild ihrer Umwelt (Arnold 2012). Jean Piaget (1970) hat diese Tatsache schon vor langer Zeit durch seine Assimilations- und Akkommodations-Mechanismen beschrieben. Somit ist es nicht verwunderlich, was fachdidaktische Untersuchungen darlegen: Jugendliche kommen mit teilweise sehr differenzierten Vorstellungen über naturwissenschaftliche Phänomene in den Unterricht. Diese sogenannten alternativen Vorstellungen weichen mitunter jedoch beträchtlich von den allgemein akzeptierten naturwissenschaftlichen Konzepten ab (Nieswandt 2001).

In Anbetracht dieser und zahlreicher vergleichbarer Befunde erscheint es als angemessen, einen konstruktivistisch orientierten naturwissenschaftlichen Unterricht anzustreben.

Selbstreguliertes Lernen

Zur Erinnerung: Selbstreguliertes Lernen umfasst metakognitive Steuerung und Kontrolle (▶ Abschn. 1.1).

Für selbstreguliert Lernende gilt (Corte 2009): Sie

- setzen sich anspruchsvolle kurzfristige Lernziele,
- kontrollieren Lernfortschritte häufig und präzise,
- arbeiten effizient und ausdauernd.

Metaanalysen von Lehrexperimenten zeigen, dass Selbstregulation durch Unterstützung von Lernenden der Primar- und Sekundarstufe verbessert werden kann (Dignath und Büttner 2008; Dignat et al. 2008).

Didaktische Elemente für selbstreguliertes Lernen

Didaktische Elemente des Lehrmittels, die selbstreguliertes Lernen unterstützen, sind:

- Voraussetzungen und Lernziele am Anfang jedes Kapitels,
- Kapitelvorschau,
- Kästen, in denen wichtige Wissenselemente hervorgehoben werden;
- Aufgaben innerhalb jedes Kapitels, mit Lösungen am Kapitelende,
- Testaufgaben mit Lösungen am Ende jedes Kapitels;
- eine Zusammenfassung am Ende jedes Kapitels;
- Hervorhebung der wichtigsten Zusammenhänge am Ende jeder Zusammenfassung,
- eine zweidimensionale kognitive Taxonomie (▶ Abschn. 1.3), mit der Lernziele, Aufgaben und Wissenselemente eingestuft werden.

Situiertes Lernen (Lernen im Kontext)

Vom Konstruktivismus zum Sozialkonstruktivismus

Im späten 20. Jahrhundert wurde das konstruktivistisch geprägte Lernverständnis erweitert, und zwar durch das Aufkommen einer Perspektive, die von situierter Kognition geprägt war. Das dadurch neu entstandene Lernparadigma, das heute als Sozialkonstruktivismus bezeichnet wird, betont die Bedeutung von Kontext und sozialer Interaktion (Brown et al. 1989; Greeno 1989). Im Gegensatz zur rein konstruktivistischen Sicht, die davon ausgeht, dass Lernen isoliert im Geiste des Individuums stattfindet, wird im Rahmen des Sozialkonstruktivismus Lernen als ein interaktiver Prozess zwischen Individuum und einer Situation beschrieben. Wissen wird somit als situiert, als Folge einer Aktivität und eines Kontextes interpretiert (Greeno 1989).

Chemie im Kontext

Im Rahmen dieses Lehrmittels werden Kontexte dadurch erzeugt, dass von herausfordernden Naturphänomenen, Laborexperimenten, technischen Verfahren oder historischen Entwicklungen ausgegangen wird. Auf diese Weise tauchen Fragen auf, deren weitere Bearbeitung einen in vielerlei Hinsicht sozialkonstruktivistischen Unterricht ermöglicht.

In diesem Zusammenhang sollen auch die zahlreichen Fotos von chemischen Experimenten erwähnt werden, die zu vielfältigen Diskussionen Anlass geben können.

Kooperatives Lernen

Effektives Lernen ist nicht eine rein individuelle, sondern eine geteilte Aktivität, die Studierende, Mitlernende, Ressourcen, Technologien und verfügbare Werkzeuge umfasst (Salomon 1993). Der kollaborative Aspekt sollte jedoch nicht überbetont werden, denn individuelle und Gruppenaktivitäten interagieren in produktiven Lernumgebungen (Salomon und Perkins 1998; Sfard 1998).

Für Gruppenarbeiten bieten die zahlreichen Fragestellungen, Aufgaben und Experimente des Lehrmittels eine Fülle von Möglichkeiten. Es sollte dabei jedoch nicht vergessen werden, dass Gruppenziele und individuelle Verantwortung von zentraler Bedeutung für erfolgreiche Gruppenarbeiten sind (Slavin 2009).

1.3 Zweidimensionale kognitive Taxonomie

Wie weiter oben bereits ausgeführt wurde, ist selbstreguliertes Lernen ein wesentlicher Faktor für den Erwerb von adaptiver Kompetenz. Mit der zweidimensionalen kognitiven Taxonomie von D. R. Krathwohl (2002) können sowohl Wissen als auch kognitive Prozesse klassifiziert werden. Das sich hieraus ergebende zweidimensionale Raster macht eine Bewertung von Lernzielen, Aufgaben und Wissenselementen möglich, auf der aufbauend Lernende ihre Arbeit beobachten, regulieren und kontrollieren können.

Was ist eine Lernziel-Taxonomie?

Eine Taxonomie für Lernziele ist eine qualifizierende Struktur von Aussagen. Mit diesen Aussagen soll beschrieben werden, was Lehrende von Studierenden an Lernleistung im Unterricht erwarten.

1956 wurde die erste Lernziel-Taxonomie unter der Federführung von Benjamin S. Bloom publiziert (◘ Tab. 1.1). Diese Taxonomie umfasste folgende Kategorien: *knowledge* (Wissen), *comprehension* (Verstehen), *application* (Anwendung), *analysis* (Analyse), *synthesis* (Synthese), *evaluation* (Bewertung).

Blooms Wissenskategorie ist zweidimensional, sie berücksichtigt sowohl Wissen als auch kognitive Prozesse. Alle anderen Bloom'schen Kategorien sind eindimensional, sie beschreiben nur kognitive Prozesse. Diese Heterogenität führt zu Schwierigkeiten bei der Anwendung der Taxonomie.

2001 publizierten Anderson und Krathwohl (Mitarbeiter von Bloom) eine Taxonomie, die konsequent zwischen Wissensdimension und kognitiver Prozessdimension unterscheidet (Anderson und Krathwohl 2001). Mit dieser Taxonomie ist es möglich, Lernziele und Aufgaben mit zwei kognitiven Dimensionen einzustufen.

Tab. 1.1 Kognitive Prozesse nach Bloom 1956. (Zitiert in Krathwohl 2002)

Wissen – K 1	Verständnis – K 2	Anwendung – K 3	Analyse – K 4	Synthese – K 5	Evaluation – K 6
Wissen von Einzelheiten: – Fachbegriffe – Einzelne Fakten	Übertragung		Analyse von Elementen	Erzeugen einer einzigartigen Botschaft	Bewertung aufgrund interner Belege
Wissen, um mit Einzelheiten umzugehen: – Konventionen – Trends und Folgen – Systematiken und Kategorien – Kriterien – Methodik	Interpretation		Analyse von Beziehungen	Aufstellen eines Plans, einer Abfolge von Handlungen	Beurteilung aufgrund externer Kriterien
Wissen von Allgemeinbegriffen und Abstraktionen eines Gebiets Prinzipien und Verallgemeinerungen Theorien und Strukturen	Extrapolation		Analyse von Organisatorischen Prinzipien	Herleitung von abstrakten Beziehungen	

In diesem Lehrmittel wird die Anderson-Krathwohl-Taxonomie auf Lernziele, Aufgaben und Wissenselemente angewendet.

Andersons und Krathwohls Taxonomie der Lernziele

Zwei zentrale Elemente von Lernzielen

Ein für Chemie typisches Lernziel könnte lauten: Lernende können die Größe „Stoffmenge" zur Lösung von stöchiometrischen Aufgaben anwenden.

Inhalt (Nomen)

Der Inhalt des Lernziels ist die chemische Größe Stoffmenge. Die Bedeutung des Inhalts wird durch die alleinige Angabe des Inhalts jedoch nicht mitgeteilt. D. h., das Substantiv Stoffmenge ist ohne weitere Angaben für sich noch kein Lernziel.

Kognitiver Prozess (Verb)

Erst dadurch, dass angegeben wird, was mit dem Inhalt geschehen soll, kommt der kognitive Prozess zur Sprache. Es bedarf somit zusätzlich zum Substantiv das Verb „anwenden", um aus dem Inhalt ein Lernziel zu machen.

Zwei kognitive Dimensionen

Wissensdimension

Im Gegensatz zur ursprünglichen Taxonomie, die drei Wissenskategorien umfasste, gibt die neue Taxonomie vier Wissenskategorien an (Faktenwissen, Konzeptwissen, Prozesswissen, metakognitives Wissen). Die drei Wissenskategorien der Bloom'schen Taxonomie wurden übernommen, jedoch gemäß der Entwicklung der kognitiven Psychologie mit anderen Fachbegriffen umschrieben.

Tab. 1.2 Wissensdimensionen. (Nach Anderson und Krathwohl 2001)

Konkretes Wissen	⟶		**Abstraktes Wissen**
Faktenwissen WD 1	**Wissen über Konzepte WD 2**	**Wissen über Prozeduren WD 3**	**Metakognitives Wissen WD 4**
Basiswissen	Wissen über Zusammenhänge zwischen Elementen des Basiswissens	Wissen darüber, wie man etwas tut und Anwendungskriterien für Fertigkeiten, Algorithmen, Techniken und Methoden	Wissen über das eigene Wissen
Grundfrage: Was weiß ich? Es geht um die Kenntnis von Fachbegriffen und isolierten Fakten	Grundfrage: Was weiß ich? Es geht um ein tiefergehendes, organisiertes, integriertes und systemisches Wissen	Grundfrage: Wie tue ich etwas? Die Methodik steht im Vordergrund	Grundfrage: Was weiß ich über das eigene Wissen? Summe des gesamten Wissens, Wissen über die Erkenntnis
Kenntnis der Fachbegriffe (z. B. Elektrolyse)	Kenntnis der Klassifikationen und Kategorien (z. B. verschiedene Reaktionstypen)	Kenntnis fachspezifischer Fähigkeiten und Algorithmen (z. B. die Regeln zur Bestimmung von Lewis-Formeln)	Strategisches Wissen (z. B. wendet man in Chemie für die Lösung eines Problems eine möglichst einfache Theorie an – KTM statt AMB)
Kenntnis von spezifischen Details und Elementen (z. B. Schmelzpunkt von Eis)	Kenntnis der Prinzipien und Verallgemeinerungen (z. B. der chemischen Basiskonzepte)	Kenntnis fachspezifischer Techniken und Methoden (z. B. Methoden zur Lösung von stöchiometrischen Aufgaben)	Wissen über kognitive Aufgaben inklusive des Wissens über die relevanten Kontexte und Bedingungen (z. B.: Arbeitstechniken wie Zusammenfassen oder Paraphrasieren können zu einem tieferen Verständnis führen)
	Kenntnis der Theorien, Modelle und Strukturen (z. B. der verschiedenen Teilchenmodelle)	Kenntnis der Kriterien, die erlauben zu entscheiden, wann Prozeduren anzuwenden sind (z. B. wann ist für die Lösung stöchiometrischer Aufgaben die allgemeine Gasgleichung erforderlich)	Ichbezogenes Wissen (z. B.: Wissen über die eigenen Stärken und Schwächen)

Hinweis: Umso mehr der Abstraktionsgrad des Wissens zunimmt, desto mehr muss das Wissen selbst erschaffen werden und desto weniger kann es vermittelt werden

Neu hinzugekommen ist eine vierte Wissensdimension, Metakognition. Metakognition bedeutet zum einen Wissen über Kognition im Allgemeinen, zum anderen aber auch Bewusstsein und Wissen über die eigene Kognition.

Metakognition gewinnt unter Bildungsexperten zunehmend an Beachtung, da Forscher damit fortfahren, ihre Bedeutung im Lernprozess von Studierenden zu demonstrieren. Metakognition erlaubt es Lernenden, ihre eigenen Lernprozesse zu erkennen und als Folge davon zu verbessern.

Die vier Kategorien der Wissensdimension werden in Tab. 1.2 aufgelistet und präzisiert.

Blooms Anzahl an kognitiven Kategorien wurde beibehalten. Es wurden jedoch substanzielle Veränderungen vorgenommen. Drei Kategorien wurden umbenannt (*knowledge* zu *remember*, *comprehension* zu *understand*, *synthesize* zu *create*), die Positionen der beiden letzten Kategorien vertauscht und bei denjenigen Kategorien, deren Namen beibehalten wurden, ersetzte man die substantivische durch die Verbform.

Kognitive Prozessdimension

Außerdem wurden die Prozessdimensionen detaillierter und umfangreicher mit Unterkategorien präzisiert.

Die sechs Kategorien der kognitiven Prozessdimension werden in ◘ Tab. 1.3 aufgelistet und präzisiert.

Die Hierarchie der Taxonomiestufen

Hierarchie der kognitiven Prozesse

Wie in der ursprünglichen Taxonomie von Bloom, so sind auch in der überarbeiteten Taxonomie die kognitiven Prozesse hinsichtlich ihrer Komplexität hierarchisch angeordnet. Erinnern ist dabei der wenigste komplexe Prozess, während Erschaffen denjenigen mit der größten Komplexität darstellt. Trotz dieses generell auftretenden Anstiegs der Komplexität können Prozesse einer unteren Hierarchiestufe komplexer sein als solche einer höheren Stufe.

▪▪ Beispiel:

So kann ein Erklärensprozess, der unter Verstehen aufgeführt ist, anspruchsvoller sein als mancher Ausführungsprozess, der unter Anwenden erscheint.

D. h., die kognitiven Prozesse überlappen sich mitunter in beträchtlichem Ausmaß.

Hierarchie des Wissens

Der Abstraktionsgrad der Wissensdimensionen steigt im Allgemeinen zwar vom Faktenwissen bis zum metakognitiven Wissen hin an, dennoch kann es auch hier zu Überlappungen zwischen den einzelnen Kategorien kommen.

▪▪ Beispiel:

Das Wissen von einem anspruchsvollen Konzept kann durchaus abstrakter sein als dasjenige in Bezug auf einen einfach auszuführenden Prozess.

D. h., auch die Kategorien der Wissensdimension überlappen sich.

Taxonomietabelle und 3D-Diagramm

Infolge der Wissensdimension und der kognitiven Prozessdimension stellt die Taxonomie nach Anderson und Krathwohl eine zweidimensionale Taxonomie dar. Dieser Sachverhalt wird in ◘ Tab. 1.4 anschaulich wiedergegeben. Jede Tabellenzelle kann mit einer Zeichenkombination der Form WD X/KP Y repräsentiert werden.

▪▪ Beispiel:

Eine kognitive Aktivität, die darin besteht ein Konzept zu erklären, würde der Tabellenzelle WD 2/KP 2 entsprechen.

Jeder Tabellenzelle entspricht ein bestimmtes Ausmaß an Abstraktion in Bezug auf das Wissen und ein bestimmtes Ausmaß an

Tab. 1.3 Kognitive Prozesse. (Nach Anderson und Krathwohl 2001)

Erinnern – KP 1	**Verstehen – KP 2**	**Anwenden – KP 3**	**Analysieren – KP 4**	**Evaluieren – KP 5**	**Erschaffen – KP 6**
Wissen aus dem Langzeitgedächtnis abrufen	Die Bedeutung von Botschaften des Unterrichts erkennen	Verfahren ausführen bzw. verwenden	Gliedern, sodass Zusammenhänge und übergeordnete Strukturen deutlich werden	Urteile fällen (Bewerten, Beurteilen, Einschätzen)	Elemente zu einem kohärenten Ganzen zusammenführen, reorganisieren
Reproduzieren – Auflisten – Aufzählen	*Interpretieren* – Klären – Umschreiben – Darstellen – Umwandeln	*Ausführen* – Durchführen	*Unterscheiden* – Auseinanderhalten – Kennzeichnen – Fokussieren – Auswählen	*Prüfen* – Überwachen – Testen – Beurteilen – Auswerten	*Generieren* – Hypothesen aufstellen
Erkennen – Identifizieren	*Veranschaulichen* – Illustrieren – Metapher formulieren	*Implementieren* – Umsetzen – Vollziehen	*Strukturieren* – Zusammenhänge aufzeigen – Gliedern	*Besprechen* – Einschätzen	*Entwerfen* – Kreieren
	Einstufen, Zuordnen – Zuordnen – Subsummieren		*Zergliedern* – Dekonstruieren (in die Bestandteile aufteilen)		*Produzieren* – Konstruieren
	Zusammenfassen – Verallgemeinern – Abstrahieren				
	Folgern – Extrapolieren – Voraussagen – Erweitern				
	Vergleichen – Gegenüberstellen – Unterschiede erkennen – Gemeinsamkeiten erkennen				
	Erklären – Modelle konstruieren – Bedeutungen aufzeigen				

▪ **Tab. 1.4** Kognitives Taxonomieraster. (Nach Anderson und Krathwohl 2001)

	Kognitive Prozessdimension					
Wissens-dimension	**Erinnern KP 1**	**Verstehen KP 2**	**Anwenden KP 3**	**Analysieren KP 4**	**Beurteilen KP 5**	**Erschaffen KP 6**
Faktenwissen WD 1	WD 1/KP 1	WD 1/KP 2	WD 1/KP 3	WD 1/KP 4	WD 1/KP 5	WD 1/KP 6
Konzept-wissen WD 2	WD 2/KP 1	WD 2/KP 2	WD 2/KP 3	WD 2/KP 4	WD 2/KP 5	WD 2/KP 6
Prozesswissen WD 3	WD 3/KP 1	WD 3/KP 2	WD 3/KP 3	WD 3/KP 4	WD 3/KP 5	WD 3/KP 6
Metakogni-tion WD 4	WD 4/KP 1	WD 4/KP 2	WD 4/KP 3	WD 4/KP 4	WD 4/KP 5	WD 4/KP 6

Komplexität in Bezug auf den kognitiven Prozess. Somit kann jeder Zelle ein Ausmaß an kognitiver Leistung zugeordnet werden. In einem 3D-Diagramm kann die kognitive Leistung der verschiedenen Zellen grafisch dargestellt werden (▪ Abb. 1.1).

Hierbei sollte jedoch nicht vergessen werden, dass diese Zuordnung von kognitiver Leistung weniger genau vorgenommen werden kann, als es das folgende Diagramm nahelegt. Denn, wie oben bereits dargelegt wurde, steigt zum einen die Komplexität der kognitiven Prozesse von KP 1 bis KP 6 nicht immer an. Zum anderen nimmt auch der Abstraktionsgrad von WD 1 bis WD 4 nicht immer zu.

1.4 Die empirisch-rationale Methode der Naturwissenschaften

In ► Abschn. 1.1 wurde darauf hingewiesen, wie wichtig Metakognition für die Aneignung von adaptiver Kompetenz ist. Zu einem Teilbereich der Metakognition, dem metakognitiven Wissen, gehört auch, einschätzen zu können, wie man im Rahmen einer Wissenschaft zu Erkenntnissen kommt. Deshalb ist es für einen nachhaltigen naturwissenschaftlichen Unterricht zentral, die empirisch-rationale Methode der Naturwissenschaften zu thematisieren. Denn die beiden damit umschriebenen Erkenntniswege sind heute die einzig akzeptierten Arbeitsweisen der Naturwissenschaften.

Empirismus/Rationalismus und Induktion/Deduktion

Empirismus versus Rationalismus

Anhänger des Empirismus gehen davon aus, dass wahre Erkenntnis zuerst oder ausschließlich auf Sinneserfahrung beruht. Dabei gilt es als

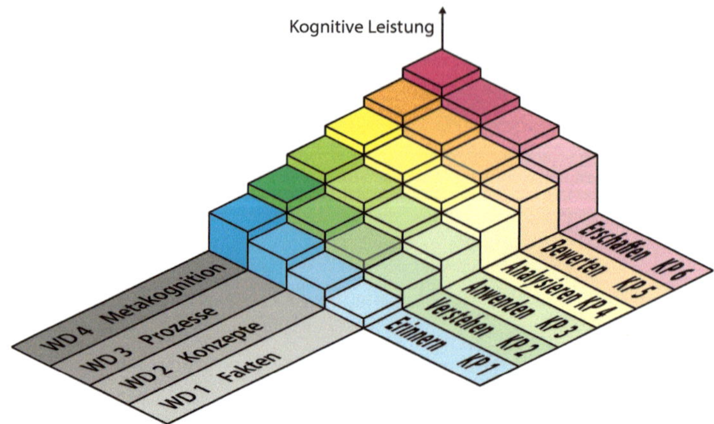

Abb. 1.1 3D-Diagramm zur Darstellung der kognitiven Leistung, die für ein Taxonomie-Feld der Form WDX-KPY erbracht werden muss. (© Ralf Geiß 2017)

legitim, die Sinneswahrnehmung mit wissenschaftlichen Instrumenten zu erweitern.

Anhänger des Rationalismus nehmen an, dass menschliches Denken ohne vorausgehende Sinneswahrnehmung die primäre oder ausschließliche Erkenntnisquelle darstellt.

In den Naturwissenschaften sind zur Erkenntnisgewinnung in der Regel beide Verfahren erforderlich. Entweder führen empirisch gewonnene Daten durch rationale Interpretation zu mehr oder weniger allgemeingültigen Theorien, oder auf rationalem Wege kreierte Theorien werden durch empirisch gewonnene Daten geprüft.

Induktion versus Deduktion

Induktion bedeutet den abstrahierenden Schluss aus empirisch zugänglichen Phänomenen auf eine allgemeinere Erkenntnis, eine Theorie. Für den abstrahierenden Schluss ist rationales Denken erforderlich.

Deduktion bedeutet, ausgehend von einer Theorie empirische Phänomene zu erklären. Für die Erklärung der empirischen Phänomene ist rationales Denken erforderlich.

Naturwissenschaftliches Denken und Arbeiten

In der Philosophie werden Empirismus und Rationalismus häufig als widersprüchliche Kategorien eingestuft. In den Naturwissenschaften dagegen werden beide Wege der Erkenntnisgewinnung genutzt, um verstandenes Wissen zu generieren und zu prüfen (■ Abb. 1.2).

Ausgangspunkte für naturwissenschaftliche Erkenntnisgewinnung können sowohl empirische Daten als auch rationale Theorien sein. Dies soll anhand von zwei Beispielen verdeutlicht werden.

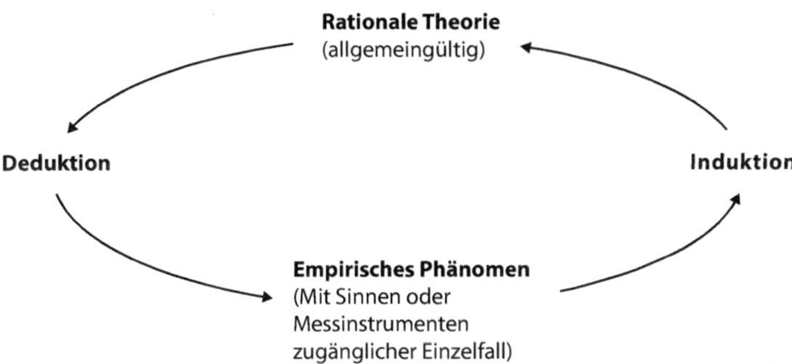

Abb. 1.2 Beziehung zwischen Empirie, Rationalismus, Induktion und Deduktion in den Naturwissenschaften. (© Ralf Geiß 2017)

Beispiel für Deduktion

Albert Einstein hat mit den Annahmen, dass die Lichtgeschwindigkeit die maximal mögliche Geschwindigkeit ist und dass alle Inertialsysteme gleichberechtigt sind sowie durch rationale Gedankengänge die spezielle Relativitätstheorie entwickelt (Eckstein 2007). Im Rahmen dieser Theorie gilt: Die Geschwindigkeit, mit der die Zeit in einem System abläuft, hängt vom Bewegungszustand (der Geschwindigkeit) des Systems ab. Nachdem die Theorie publiziert worden war, konnte die Abhängigkeit der Zeit von der Bewegungsgeschwindigkeit experimentell bestätigt werden.

Beispiel für Induktion

Gay-Lussac hat durch Volumenmessungen bei Gasreaktionen das folgende empirische Gesetz entdeckt: Bei chemischen Reaktionen ergeben Gasvolumen-Verhältnisse (Bsp.: Volumen Ausgangsstoff A/ Volumen Ausgangsstoff B) kleine ganze Zahlen. Ausgehend von diesem empirischen Befund hat Amadeo Avogadro, mithilfe rationalen Denkens geschlossen, dass die kleinsten Teilchen reaktiver, gasförmiger Elemente zweiatomige Moleküle sind.

Chemische Theorien werden induktiv erschaffen

Anders als in Physik gibt es keine einzige heute noch akzeptierte chemische Theorie die unabhängig von empirischen Erkenntnissen deduktiv aufgestellt wurde. Die chemische Theorie des Aristoteles sowie die chemischen Theorien der Alchemisten waren deduktive Theorien. Mehr oder weniger allgemeingültige chemische Theorien wurden immer auf induktive Weise, ausgehend von praktischen chemischen Erfahrungen, entwickelt.

Offensichtlich ist der Abstand zwischen chemischer Wirklichkeit und chemischer Theorie zu groß, um alleine durch rationale Kreativität überwunden werden zu können.

Dennoch ist auch die Deduktion in der Chemie eine wichtige Methode, wenn es darum geht, induktiv gewonnene Theorien zu prüfen und zu erweitern.

Empirisch rationale Methode der Chemie

Somit ist der Ausgangspunkt für ein chemisches Forschungsprojekt typischerweise ein natürliches Phänomen – heute sind es auch vermehrt Laborphänomene. Durch reproduzierbare Laborexperimente versucht man, den meist komplexen Zusammenhang in Teilphänomene aufzuspalten, um auf diese Weise die kausalen Zusammenhänge der natürlichen Erscheinung zu erkennen. Durch das Verständnis der Einzelschritte erhoffen sich die Forschenden einen ersten Zugang zum Verständnis des gesamten Phänomens. Idealerweise resultiert aus der Auswertung der Laborexperimente eine Hypothese (eine ungeprüfte Theorie), die durch weitere Experimente geprüft und gegebenenfalls verworfen oder angepasst werden muss.

Somit ergeben sich die folgenden Stationen für ein klassisches chemisches Forschungsprojekt:
- Naturphänomen,
- Laborexperimente zu Teilaspekten,
- Erkenntnis von kausalen Zusammenhängen,
- Hypothese über das Naturphänomen (ungeprüfte Theorie),
- Weitere Experimente zur Prüfung der Hypothese,
- Bestätigung, Anpassung oder Verwerfen der Hypothese,
- eventuell neue Laborexperimente usw.

Grundlegend neue Hypothesen und Theorien werden relativ selten aufgestellt. Die jüngste für die Chemie bedeutsame Theorie ist die Orbitaltheorie aus dem Jahre 1928 von Erwin Schrödinger. Meist befassen sich chemische Forschungsprojekte damit, Phänomene mit bekannten Theorien zu erklären. In diesen Fällen besteht die Hypothese darin, dass man einen Vorschlag dafür macht, wie eine Erklärung mit bekannten Theorien formuliert werden kann.

Wissenschaftliche Theorien sind deduktiv nicht beweisbar, aber falsifizierbar

Die bisherigen Ausführungen könnten den Eindruck erwecken, dass wissenschaftliche Theorien mithilfe deduktiver Überprüfung beweisbar seien. Leider ist dies nicht der Fall! Umso mehr Phänomene eine Theorie verständlich macht, und umso mehr Experimente mit einer Theorie erklärt werden können, desto akzeptierter und angesehener ist die Theorie. Bewiesen wäre die Theorie aber erst dann, wenn alle betroffenen Phänomene unserer Welt und alle relevanten Experimente, die jemals gemacht werden können, damit erklärbar sind. Phänomene, die erst in der Zukunft entdeckt werden, und Experimente, die erst in der Zukunft durchgeführt werden können, sind in der Gegenwart jedoch nicht zugänglich.

Wird jedoch ein Experiment oder Phänomen gefunden, das den Annahmen einer Theorie widerspricht, so ist gezeigt, dass die Theorie nicht wahr sein kann. Damit wird die Theorie jedoch nicht wertlos.

Sie kann durchaus weiterhin, mit dem Wissen um ihre beschränkte Gültigkeit, verwendet werden.

Theorien sind weder wahr noch falsch, sie sind Werkzeuge mit mehr oder weniger umfangreichem Einsatzgebiet. Keine der bisher existierenden wissenschaftlichen Theorien kann alle Phänomene dieser Welt erklären. Es ist sogar so, dass wissenschaftliche Theorien eher den Eindruck machen, als ob sie noch weit davon entfernt sind, diesem universellen Anspruch gerecht zu werden.

Schlussfolgerungen für den Chemieunterricht

Um Lernenden den Charakter der chemischen Erkenntnisgewinnung und damit die Natur der Chemie zugänglich zu machen, sollte im Chemieunterricht so weit als möglich induktiv gearbeitet werden. Die deduktive Vorgehensweise erlaubt es zwar, umfangreiche Stofflisten relativ rasch abzuarbeiten, sie wird jedoch oft dem zentralen Anliegen nach kognitiver Entwicklung der Lernenden nicht gerecht.

Was bringen deduktiv behandelte Themen, die nicht verstanden und rasch vergessen werden? Reinhard Kahl beschreibt diese Art des Schulunterrichts mit dem Schlagwort „Bulimie-Lernen".

Induktion im Lehrmittel Chemie – Entdecken und verstehen

Das chemische Fachwissen in diesem Lehrmittel wird weitgehend von Phänomenen und Laborexperimenten ausgehend entwickelt. Aufgrund dessen ist Induktion der vorherrschende Weg, auf dem Wissen zugänglich gemacht wird. In manchen Kapiteln wird aber auch die Geschichte der Chemie herangezogen, um Lernprozesse anzuregen.

1.5 Wirklichkeit und Theorie

Im Lehrmittel *Chemie – Entdecken und verstehen* wird der Lehrstoff hierarchisch vielfältig strukturiert präsentiert. Dabei ist die oberste Strukturierungsebene, die Unterscheidung von Wirklichkeit und Theorie, für ein tiefgehendes Chemieverständnis von besonderer Bedeutung.

Phänomene und Ideen

Man kann den Lernstoff aller Naturwissenschaften in zwei Kategorien einteilen bzw. zwei verschiedenen Ebenen zuordnen. Gemeint ist zum einen die Ebene der Phänomene (Wirklichkeit) und zum anderen die der Ideen (Theorie).

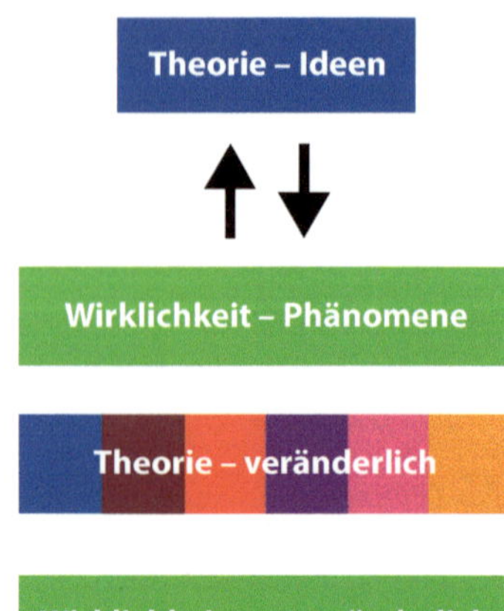

Für den Lernprozess in Chemie ist es besonders wichtig, klar zwischen beiden Ebenen zu unterscheiden. Denn noch mehr als in anderen Disziplinen findet bei fast allen Auseinandersetzungen ein ständiger Wechsel zwischen beiden Ebenen statt.

Wird diese Trennlinie zu Beginn des Studiums nicht klar gezogen, besteht die Gefahr, dass Lernende Phänomene und Ideen zu den Phänomenen als gleichwertig einstufen. Das mag auf den ersten Blick unbedeutend erscheinen, ist es aber ganz und gar nicht. Denn die Phänomene einer Naturwissenschaft ändern sich nie, während unsere Ideen und Vorstellungen dazu einem ständigen, zeitgeschichtlich bedingten Wandel ausgesetzt sind.

Zu Beginn des Chemiestudiums zum Beispiel lernt man das erste chemische Modell (Kugelteilchen-Modell) kennen, das schon kurz darauf durch das Atommodell von Dalton ersetzt wird. So folgt ein Teilchenmodell auf das andere, bis man beim aktuellsten, dem Orbitalmodell der Atome ankommt. Ist man sich der Unbeständigkeit aller Theorien und Modelle nicht bewusst, besteht die Gefahr, dass dieser ständige Wechsel im Lernprozess zu Verwirrung oder gar Leichtgläubigkeit führt.

Die Welt der Phänomene – die Wirklichkeitsebene

Zu dieser Ebene gehört alles, was wir mit unseren Sinnen bzw. Messinstrumenten (eventuell erst in der Zukunft) erfassen können. Chemische Phänomene sind vor allem Reaktionen mit ihrem stofflichen und energetischen Verlauf. Da an jeder Reaktion ganz bestimmte Stoffe teilnehmen, gehören auch Stoffeigenschaften zu chemischen Phänomenen.

Bis heute sind mehr als 15 Mio. verschiedene Substanzen hergestellt und bei der Amerikanischen Chemischen Gesellschaft (ACS) registriert worden (CAS-Registry 2014). Der Chemical Abstract Service (CAS), eine Division der ACS, teilt bei der Registrierung jeder Chemikalie eine sogenannte CAS-Nr. zu. Mit dieser Nummer ist jede registrierte Substanz eindeutig bestimmt. So hat zum Beispiel Vitamin C die CAS-Nr.: 50-81-7.

Hinweis: Der Chemical Abstract Service listet ca. 70 Mio. CAS-Nummern auf – ein Großteil davon beschreibt Gemische.

Da es in der Regel für jede dieser Chemikalien mindestens einen Syntheseweg gibt, sind mindestens ebenso viele verschiedene chemische Reaktionen bekannt.

Chemische Reaktionen sind nicht nur sehr zahlreich, es gibt auch noch eine Besonderheit, die in dieser Ausprägung in Physik und Biologie nicht anzutreffen ist. Selbst wenn wir einen chemischen Vorgang mit äußerster Sorgfalt beobachten, erlangen wir dadurch keine Erkenntnis darüber, wie genau die chemische Reaktion abläuft. Ausgangs- und Endstoffe können wir erkennen, die chemischen Vorgänge, die vom Edukt zum Produkt führen, bleiben uns jedoch verborgen. So strahlt jede chemische Reaktion eine Aura des Geheimnisvollen aus. In Physik dagegen kann man den fallenden Stein sehen, in Biologie das Verhalten von Steinadlern beobachten.

Die Welt der Ideen – die Theorieebene

Stoffe und Reaktionen zusammengenommen stellen eine enorme Menge an Phänomenen dar. Will man in dieser Vielfalt den Überblick behalten, kann man auf Ideen, Theorien nicht verzichten.

Was sind chemische Theorien?

Phänomene werfen Fragen auf und da chemische Phänomene wenig offenbaren, was zu ihrer direkten Aufklärung beitragen könnte, war die Kreativität der Chemiker schon immer ein zentrales Element des Fachs.

Um Fragen zu beantworten, denken sich Wissenschaftler etwas aus, sie erschaffen eine Hypothese bzw. ein Modell, mit dem man möglichst viele der Fragen beantworten kann. Wenn diese Hypothese von zahlreichen weiteren Experimenten bestätigt wird, so erkennt die Wissenschaftsgemeinschaft die Hypothese als Theorie an. Die neue Theorie wird so lange als Werkzeug in der Forschung und Lehre benutzt, bis eine neue gefunden wird, die mehr Fragen beantworten kann. Die alte Theorie wird dann gewissermaßen durch die aktuellere ersetzt. Ganz aufgegeben werden vor allem nützliche Teilchentheorien aber nicht. Es ist in Chemie legitim, für eine gegebene Frage dasjenige Teilchenmodell anzuwenden, welches die einfachste Antwort liefern kann. So existieren zahlreiche Teilchentheorien verschiedenen Alters, die je nach Komplexität der Frage zur Anwendung kommen können.

Alte Teilchentheorien bilden den Kern von neuen Teilchenvorstellungen

Diese Koexistenz der chemischen Teilchenmodelle wird durch einen weiteren Umstand begünstigt. Interessanterweise sind die neuen Teilchenmodelle dadurch gekennzeichnet, dass sie in ihrem Kern die jeweils ältere vorangehende Teilchenvorstellung enthalten. In diesem Sinne haben wir bildlich gesehen eine Situation wie bei den verschachtelbaren russischen Matroschka-Puppen (■ Abb. 1.3) oder wie bei einer Zwiebel in Bezug auf ihre Schalen (Zwiebelkonzept der chemischen Teilchenmodelle). Im Innersten des chemischen Teilchen-Theoriegebäudes liegt die erste chemische Theorie, das Kugelteilchen-Modell, darum herum sind die nachfolgenden Theorien angeordnet.

Die wichtigsten chemischen Teilchenmodelle in chronologischer Reihenfolge: Kugelteilchen-Modell, Atommodell von Dalton, Rosinenkuchen-Modell, Kern-Hülle-Modell, Atommodell von Bohr und Orbitalmodell des Atoms.

Abb. 1.3 Verschachtelbare russische Matroschka-Puppen. (© julluj/Fotolia)

Stärken und Schwächen von Theorien

Traditionelle Chemielehrgänge betonen in der Regel, was Modelle von kleinsten Teilchen erklären können. Infolgedessen konzentrieren sich Lernende auf die Stärken dieser Theorien. Dies ist einerseits sinnvoll, denn neue Theorien können Fragen beantworten, die von vorangegangenen Modellen nicht geklärt werden konnten. Neue Theorien stellen jedoch immer auch Fragen, die man mit ihnen nicht beantworten kann – dies ist der Antrieb für die Erfindung immer neuer chemischer Theorien. Deshalb gehört zur soliden Kenntnis jeder chemischen Theorie auch die Kenntnis der Schwachstellen – welche neuen oder alten Fragen kann die Theorie nicht beantworten? Erst damit wird nachvollziehbar, warum immer wieder neue Teilchenmodelle vorgeschlagen wurden. Erkennt man diese Ursache für die Entwicklung der chemischen Theorie nicht, besteht die Gefahr des Nachplapperns und der Leichtgläubigkeit.

Die richtige Theorie wurde noch nicht gefunden

In keiner der drei grundlegenden Naturwissenschaften (Physik, Chemie, Biologie) wurde bisher eine Theorie erfunden, die alle Fragen beantworten kann. Möglicherweise wird das auch nie geschehen – es könnte nämlich sein, dass die Natur zu kompliziert ist, um vom menschlichen Gehirn verstanden zu werden. Es ist aber durchaus denkbar, dass eine Theorie existiert, mit der man alle Fragen beantworten kann – die zugleich einfach genug ist, um vom Menschen erfasst zu werden. Gelingt es, diese richtige Theorie zu finden, so bedeutet dies, dass Wirklichkeit und Theorie zusammenfallen. Die Aufteilung der Naturwissenschaften in Wirklichkeit (Phänomene) und Theorie (Ideen und Modelle) würde damit überflüssig werden.

1.6 Überarbeitete Basiskonzepte der chemischen Theorie

Die Ergebnisse der TIMS- und PISA-Studien (Baumert et al. 1997; Deutsches PISA-Konsortium 2001) haben in Deutschland gezeigt, dass

Abb. 1.4 Sechs Basiskonzepte der chemischen Theorie. (© Ralf Geiß 2017)

Schulunterricht kaum zum Aufbau eines geordneten und gesicherten naturwissenschaftlichen Weltbildes führt.

Um diese unbefriedigende Situation zu verbessern, haben ProfessorInnen, FachdidaktikerInnen und LehrerInnen in einer breit abgestützten Diskussion nach Standards für den Chemieunterricht gesucht. Dabei hat sich der folgende Konsens herauskristallisiert: „Ein elementares chemisches Grundverständnis lässt sich auf die Beherrschung einer eng begrenzten Zahl von Prinzipien zurückführen: Prinzipien, die für das Verstehen von Chemie grundlegend sind" (Bünder et al. 2003).

Es wurden sechs solcher Prinzipien definiert und unter dem Namen Basiskonzepte publiziert.

- Stoff-Teilchen-Konzept,
- Donator-Akzeptor-Konzept,
- Energie-Entropie-Konzept,
- Struktur-Eigenschafts-Konzept,
- Konzept der Reaktionsgeschwindigkeit,
- Konzept des chemischen Gleichgewichts.

Da alle diese Konzepte außer dem Stoff-Teilchen-Konzept zur Theorieebene gehören, wird in diesem Lehrmittel eine modifizierte Strukturierung verwendet. Das Stoff-Teilchen-Konzept wird durch das Konzept der kleinsten Teilchen ersetzt. Im Gegensatz zum Stoff-Teilchen-Konzept gehört auch das Konzept der kleinsten Teilchen zur Theorieebene der Chemie. Hinzu kommt, dass das Konzept der kleinsten Teilchen derart grundlegend für ein Chemieverständnis ist, dass man sagen kann: Alle anderen Basiskonzepte beruhen auf diesem ersten (Abb. 1.4).

Konzept der kleinsten Teilchen

Für Chemie gilt die Vorstellung, dass man einen Reinstoff nicht beliebig oft teilen kann. Man gelangt nach einer großen Anzahl von Teilungen zu dem kleinsten Teilchen des Stoffes. Wenn man diese Teilchen wiederum teilt, entstehen neue Stoffe – der ursprüngliche Reinstoff ist dann nicht mehr vorhanden. Prinzipiell wäre auch denkbar, dass Stoffe kontinuierlich aufgebaut sind, also beliebig oft teilbar sind. Die gründliche Untersuchung von chemischen Reaktionen und Stoffen, über Jahrhunderte hinweg, deutet jedoch klar auf eine körnige Materiestruktur hin.

Donator-Akzeptor-Konzept

Chemische Reaktionen sind immer von einem Austausch geprägt. Energie und Teilchen werden abgegeben bzw. aufgenommen. Bei der Spaltung von Bindungen wird Energie aufgenommen, bei der Bildung von Bindungen wird Energie abgegeben. Bei Redoxreaktionen werden Elektronen, bei Säure-Base-Reaktionen Protonen übertragen. Auch bei Komplexbildungsreaktionen gibt es einen Elektronendonator und einen Elektronenakzeptor.

Energie-Entropie-Konzept

Chemische Reaktionen bedeuten nicht nur einen Stoff-, sondern auch einen Energieumsatz. Exotherme Reaktionen laufen oft spontan ab, nachdem Aktivierungsenergie zugeführt wurde. Es gibt aber auch endotherme Reaktionen, die sich so verhalten. Die Energieminimierung kann also nicht das übergeordnete Prinzip sein, das die Spontaneität einer Reaktion bestimmt. Es zeigte sich, dass die Entropieänderung die Spontaneität einer Reaktion bestimmt.

Struktur-Eigenschafts-Konzept

Gemäß den Aussagen des Atommodells von Dalton könnte man meinen, die Eigenschaften eines Stoffes lassen sich erklären, wenn man berücksichtigt, welche Atome am Aufbau der kleinsten Teilchen beteiligt sind. Die Beschreibungen von Teilchenverbänden mit dem Atommodell von Bohr ergeben eine andere Sichtweise. Danach lassen sich Stoffeigenschaften oft erst mithilfe der räumlichen Anordnung der Atome überzeugend erklären. Stoffeigenschaften werden demnach entscheidend durch die Struktur der Moleküle sowie der Metall- und Ionengitter bestimmt.

Konzept der Reaktionsgeschwindigkeit

Konzentriert man sich bei der Untersuchung von chemischen Reaktionen auf deren zeitlichen Ablauf, also auf die Reaktionsgeschwindigkeit, so werden ganz verschiedene Parameter bedeutsam: Temperatur, Konzentration, Aktivierungsenergie und Oberfläche der Reaktionspartner etc. Die Bedeutung dieser verschiedenen Faktoren wird von der Kinetik, einem Teilgebiet der physikalischen Chemie, untersucht und beschrieben.

Konzept des chemischen Gleichgewichts

Eine flüchtige Beobachtung von chemischen Reaktionen vermittelt den Eindruck, dass Ausgangsstoffe immer vollständig in Endstoffe umgewandelt werden. Bei genauerer Untersuchung wird jedoch bald deutlich: Endstoffe können auch zu Ausgangsstoffen zurück reagieren. Wenn die Geschwindigkeit der Hinreaktion gleich der Geschwindigkeit der Rückreaktion ist, liegt ein sogenanntes chemisches Gleichgewicht vor. Dies ist ein bemerkenswerter Zustand. Eine chemische Reaktion im Gleichgewicht erscheint einem Beobachter als statisches System. Tatsächlich ist solch eine Situation auf der Theorieebene aber höchst dynamisch und durch die Änderung von Parametern wie Temperatur, Konzentration und Druck auch beeinflussbar. Die Thermodynamik, als Teilgebiet der physikalischen Chemie, befasst sich mit der Untersuchung und Beschreibung von chemischen Gleichgewichten.

1.7 Strukturiertes Lehren und Lernen

Kognitionsforschung: Die Bedeutung von strukturiertem Wissen

Adaptive Kompetenz erfordert strukturiertes Wissen

Da adaptive Kompetenz als höchstes Ziel von Lernen angesehen werden kann (vgl. ► Abschn. 1.1), erwartet man von Lernenden, dass sie neu erworbene Informationen später in völlig anderen Situationen anwenden. Diese Transferleistung ist nur dann möglich, wenn die Informationen korrekt verstanden und in hierarchisch strukturierter Weise im Langzeitgedächtnis gespeichert wurden. Die Aneignung von adaptiver Kompetenz ist somit ohne hierarchisch strukturiertes Langzeitwissen gar nicht denkbar (Schneider und Stern 2009).

Hier ist ein weiterer Aspekt von Bedeutung. Verschiedene Menschen, mit einer hohen Kompetenz in einem bestimmten Gebiet, können sehr unterschiedliche Wissensstrukturen haben, abhängig von ihren individuellen Vorlieben und Lernbiographien. Dennoch haben sie alle eines gemeinsam: Ihr Wissen ist hierarchisch strukturiert (Schneider und Stern 2009).

Qualität und Quantität von Wissen

Früher hat man Lernerfolg danach beurteilt, wie viel Wissen sich ein Lernender angeeignet hat. Im Gegensatz dazu nimmt die moderne kognitive Wissenschaft an, dass die Qualität des Wissens mindestens ebenso wichtig ist wie die Quantität (Corte 2009; Linn 2006), denn Wissen ist facettenreich (Schneider und Stern 2009).

Wenn Wissen nachteilig strukturiert ist, kann eine Person auf einem Gebiet eine große Menge an Wissen haben und dennoch nicht in der Lage sein, es für die Lösung von lebensnahen Problemen anzuwenden (Schneider und Stern 2009).

Strukturiertes Wissen als Basis komplexer Kompetenzen

Es ist weit verbreitet, bei dem Begriff Wissen an Faktenwissen zu denken. So gesehen ist Wissen etwas, das zusätzlich zu konzeptionellem Verständnis, Fertigkeiten oder adaptiver Kompetenz, erworben werden muss. Moderne Kognitionsforschung zeigt jedoch, dass selbst diese komplexen Kompetenzen von gut organisierten Wissensstrukturen herrühren (Baroody 2003; Taatgen 2005).

Lernende und die Zusammenhänge zwischen Wissensstrukturen

Die Tatsache, dass das Wissen von Studierenden aus einer großen Vielfalt von Quellen stammt, kann zu einem Problem führen. Lernenden gelingt es häufig nicht, die abstrakten Beziehungen zwischen Wissenselementen zu sehen, die aus unterschiedlichen Disziplinen stammen (diSessa 1988).

Eine andere Form dieses Phänomens kann beobachtet werden, wenn eine Person verschiedene Wissenselemente in einem Gebiet gelernt hat, ohne zu sehen, wie diese auf einer abstrakten Ebene in Beziehung zueinanderstehen (Taatgen 2005).

Nachhaltiges Lernen führt zu einer Balance der Wissenskategorien

Im Rahmen der zweidimensionalen Taxonomie nach Krathwohl (siehe ► Abschn. 1.3) wird Wissen in vier Kategorien unterteilt: Faktenwissen, Konzeptwissen, Prozesswissen und metakognitives Wissen. In den Erziehungswissenschaften gilt heute als unumstritten, dass Metakognition (metakognitives Wissen/metakognitive Beobachtung, Regulation und Kontrolle) einen positiven Einfluss auf Lernen hat (Pintrich 2002). Demzufolge ist es erstrebenswert, Lernende darin zu unterstützen, metakognitives Wissen zu erlangen. Da aber der Abstraktionsgrad vom Faktenwissen zum metakognitiven Wissen zunimmt und eine Wissenskategorie ohne die vorhergehende nicht gemeistert werden kann, berücksichtigt nachhaltiges Lernen alle Kategorien auf angemessene Weise.

Hierarchisch strukturiertes Chemiewissen

Wie bereits in ► Abschn. 1.5 ausführlich dargelegt wurde, stellt die Unterteilung des chemischen Wissens in Wirklichkeitsebene und Theorieebene das Strukturierungskonzept der obersten Hierarchiestufe dar. In diesem Abschnitt soll nun aufgezeigt werden, inwieweit diese beiden Kategorien weiter gegliedert werden können.

Strukturierung der Wirklichkeitsebene

Auch ohne Interpretation mit Theorie lassen Stoffe und Phänomene Ordnung und Zusammenhang erkennen. So bieten die chemischen Verwandtschaften der Elemente, die im Periodensystem der Elemente zum Ausdruck kommen, auf vielfältige Weise Strukturierungsmöglichkeiten. Beispielhaft sei hier die Einteilung der Elemente in Hauptgruppen sowie die Unterteilung in Metalle, Halbmetalle und Nichtmetalle genannt.

Aber nicht nur in Bezug auf die Elemente, sondern auch hinsichtlich der Verbindungen bieten chemische Verwandtschaften Möglichkeiten zur Strukturierung von Chemiewissen. So sind sich z. B. unterschiedliche Säuren, Basen, Alkohole und Halogen-Kohlenwasserstoffe in vielerlei Hinsicht ähnlich.

Darüber hinaus können chemische Reaktionen gemäß ihrer phänomenologischen Merkmale gegliedert werden. So gibt es u. a. Stoffspaltungen und Stoffvereinigungen, exotherme und endotherme Reaktionen, langsam und schnell verlaufende Reaktionen.

Strukturierung der Theorieebene

Noch in der Mitte des 18. Jh. herrschte in Chemie (bzw. Alchemie) ein heilloses Durcheinander. Es gab keine auf Experimenten beruhende Theorie, nicht einmal eine einheitliche Nomenklatur für chemische Substanzen – für manche Stoffe gab es bis zu 30 verschiedene Namen. Heutzutage haben wir dagegen eine umfangreiche, experimentell gut abgestützte chemische Theorie Innerhalb dieser Theorie gibt es zahlreiche Gliederungsmöglichkeiten, die Zusammenhänge und Verbindungen zwischen Wissenselementen deutlich machen können.

Chemische Basiskonzepte

Die überarbeiteten Basiskonzepte der Chemie stellen eine zweidimensionale Strukturierung der chemischen Theorie dar, da sie dem Prinzip der kleinsten Teilchen alle anderen Basiskonzepte unterordnen. Auf diese Weise erhält die chemische Theorie eine Hierarchie, die in der ursprünglichen Fassung der Basiskonzepte nicht zugänglich war.

Teilchenmodelle

Die chemische Theorie präsentiert sich dem Einsteiger vor allem in Form verschiedener Modelle für kleinste Teilchen. Man kann somit die chemische Theorie nach diesen Teilchenmodellen gliedern. Wie in ► Abschn. 1.5 bereits dargelegt wurde, kann man für die chemischen Teilchenmodelle eine interessante Hierarchie erkennen, die als Zwiebelkonzept bezeichnet wurde. In diesem Sinne wird die chemische Theorie durch die Teilchenmodelle nicht nur strukturiert, es wird auch eine Hierarchie unter den Teilchenmodellen eingeführt.

Chemische Reaktionsgleichungen

Eine chemische Reaktionsgleichung, selbst wenn sie nur mit Worten anstatt Formeln formuliert wird, stellt in Kombination mit dem Periodensystem und stöchiometrischen Konzepten eine Vielzahl an

Wissensbeziehungen dar. Somit liefern selbst chemische Reaktionsgleichungen in Kombination mit stöchiometrischen Konzepten verschiedene Strukturierungsmöglichkeiten. Dieser Sachverhalt wird am besten mithilfe eines Beispiels demonstriert.

Aus der Wortgleichung:

Distickstofftetraoxid + Wasser + Sauerstoff → Salpetersäure

kann selbst ein geübter Anfänger bzw. eine geübte Anfängerin folgende Informationen generieren:

	$2\,N_2O_4$	+	**$2\,H_2O$**	+	**O_2**	→	**$4\,HNO_3$**
n [mol]	2		2		1		4
M [g/mol]	60,00		18,02		32,00		63,01
m [g]	120,00		36,04		32,00		252,04
V [l]	48						24

Periodensystem der Elemente

Das Periodensystem der Elemente (PSE) ermöglicht sowohl auf der Wirklichkeitsebene als auch auf der Theorieebene eine Ordnung des chemischen Stoffs. Deshalb kommt ihm bei der Systematisierung der anorganisch chemischen Daten vor allem in Verbindung mit dem Atommodell von Bohr eine zentrale Rolle zu. Leider stiftet das PSE im Rahmen der organischen Chemie weniger Struktur. Die außerordentliche Vielfalt der organischen Chemie kann mit dem PSE nicht auf befriedigende Weise dargestellt werden. Denn die zahlreichen Möglichkeiten, die Kohlenstoffatome haben, um sich untereinander zu verbinden, kann das PSE nicht zum Ausdruck bringen.

Reaktionstypen

Nicht nur die Anzahl an Stoffen und Stoffgemischen, auch die Menge an Reaktionen ist in der Chemie unüberschaubar groß. Um chemische Reaktionen dennoch ordnen zu können, ist es üblich, sie bestimmten Reaktionstypen zuzuordnen. Je nach theoretischem Hintergrund kann man folgende Einteilung vornehmen:

- Stoffvereinigungen (Synthesen),
- Stoffspaltungen (Thermolysen, Elektrolysen und Photolysen),
- stoffbezogene Redoxreaktionen,
- exotherme und endotherme Reaktionen,
- elektronenbezogene Redoxreaktionen,
- Fällungsreaktionen,
- Säure-Base-Reaktionen,
- Komplexreaktionen.

In organischer Chemie werden noch zahlreiche weitere Reaktionstypen unterschieden.

Physikalische Theorien

Die Physik sucht, erforscht und formuliert grundlegende naturwissenschaftliche Beziehungen und Gesetze. So ist es nicht verwunderlich, dass in Chemie zahlreiche physikalische Erkenntnisse zum Einsatz kommen.

Für die Chemie sehr zentral ist das physikalisch, kinetische Modell der Materie (Temperatur entspricht auf der Theorieebene der mittleren Bewegungsenergie der kleinsten Teilchen). Ohne dieses Konzept könnte man sich wohl kaum vorstellen, was im Verlauf von chemischen Reaktionen passiert.

Ein weiteres gutes Beispiel für die Bedeutung der physikalischen Theorien in Chemie sind die vier Grundkräfte der Physik (Gravitationskraft, Coulombkraft, schwache Kraft, starke Kraft). Hiermit kann der einheitliche Charakter aller chemischen Bindungen aufgezeigt werden – alle diese Bindungen beruhen auf der Coulomb-Wechselwirkung.

Bereits die wenigen beschriebenen Beispiele zeigen auf, dass mit physikalischen Theorien eine Strukturierung der chemischen Theorie möglich ist, deren Wurzeln außerhalb der Chemie selbst liegen.

1.8 Genetisches Lehren und Lernen nach Martin Wagenschein

In den vorangegangenen Abschnitten wurden Erkenntnisse der Erziehungswissenschaften, der Kognitionsforschung und der chemiedidaktischen Forschung beschrieben, welche hilfreich dafür sind, das didaktische Konzept dieses Lehrmittels zu verstehen.

Im Verlauf der Entwicklung von *Chemie – Entdecken und verstehen* war jedoch das genetische Lehren und Lernen nach Martin Wagenschein von zentraler Bedeutung. Er hat diese Didaktik von 1923 bis 1987 vor allem auf dem Gebiet der Mathematik und der Physik entwickelt und gelehrt.

In *Verstehen lehren* beschreibt Martin Wagenschein (1968) drei Elemente, in die sich seine Unterrichtsmethode gliedern lässt: Das exemplarische Prinzip, das genetische Prinzip und das sokratische Gespräch nach Leonhard Nelson. Wenn er mathematisch-naturwissenschaftliche Erkenntnisprozesse beschreibt, weist Martin Wagenschein wiederholt auf die sogenannte Trias hin: Subjekt – Methode – Objekt. Hiermit ist gemeint, dass ein Subjekt (z. B. ein Schüler) mithilfe einer Methode (z. B. der empirisch-rationalen Methode der Naturwissenschaften) ein Objekt (z. B. ein physikalisches Phänomen) zu verstehen versucht. Im Folgenden werden das exemplarische Prinzip und das genetische Prinzip nach der Trias gegliedert stichwortartig umschrieben. Das sokratische Gespräch wird sehr kurz im Rahmen des genetischen Prinzips beschrieben. Um einen umfassenderen Eindruck von Martin Wagenscheins Didaktik zu erhalten, empfiehlt es sich, *Verstehen lehren* zu lesen.

Das exemplarische Prinzip

Objekt: Themen

Die folgenden Listen beschreiben Merkmale exemplarischer Themen und geben an, was unter elementaren und fundamentalen Inhalten zu verstehen ist.

Merkmale der Themen:
- Themen sind Spiegel des ganzen Fachs,
- ermöglichen fundamentale Erfahrungen,
- ermöglichen es, elementare Inhalte zu entdecken,
- ermöglichen es, die Systematik des Fachs zu entdecken,
- machen Trias (Subjekt-Methode-Objekt) deutlich,
- zeigen auf, was naturwissenschaftliches Arbeiten ist (*nature of science*)

Elementare Inhalte sind:
- für den Könner das Erste, was er zur Lösung von Problemen ansetzt,
- für den Novizen das Letzte, das es herauszufinden gilt,
- das Einfache, das nicht so leicht zu erkennen ist,
- sie ermöglichen es, Einzelaufgaben zu lösen,
- sie sind Grundschemata des Faches, die immer wieder auftauchen,
- wichtige Ziele der exemplarischen Methode, mit denen sie nicht beginnt.
- Beispiele: Reaktionsgleichungen, chemische Elemente, Satz von Avogadro, Atommodell von Dalton.

Fundamentale Inhalte
- haben eine philosophische Dimension,
- betreffen den Menschen, die Sache und beider Fundament,
- ermöglichen Bildung – eine tief greifende Auseinandersetzung des Subjekts mit dem Objekt,
- unterstützen die Entstehung eines individuellen Weltbildes,
- fundamentale Erfahrungen liefern elementare Einsichten unvermeidlich nebenbei.
- *Beispiele*:
  - Stoffverwandlungen sind rätselhafte Vorgänge, die nicht durch direkte Anschauung interpretiert werden können;
  - chemische Theorien werden nicht entdeckt, sondern erfunden;
  - Prinzip der kleinsten Teilchen.

Methode: Die exemplarische Methode

Die folgenden Listen erläutern die charakteristischen Merkmale der exemplarischen Methode.
Für den Einstieg in ein Thema dient:
- ein nicht zu einfaches und nicht zu komplexes Phänomen,
- idealerweise ein naturnahes Phänomen.
- *Beispiele*:
  - Kerzenflamme (chemische Reaktionen),
  - Rennofen zur Stahlherstellung (Redoxreaktionen),
  - Bildung von Salzkristallen (Theorie der Salze),
  - Entstehung von Stalaktiten und Stalagmiten (chemisches Gleichgewicht).

Plattformen (Schwerpunkte des Unterrichts):
- Beschränkung auf das Wesentliche.
- Mut zur Lücke und zur Gründlichkeit.
- Nicht von A–Z (systematischer Lehrgang).

Entdeckendes Lernen:
- Jugendliche lernen die Sache praktisch kennen.
- Lernende haben Zeit, sich ein eigenes Urteil zu bilden.
- Sokratisches Gespräch.
- Induktives Vorgehen.
- Fragen sind wichtiger als Antworten.

Echte Begegnung und Bildung:
- tiefgreifende Erlebnisse,
- wirksame Erfahrungen,
- zeitintensiv,
- intensives Aufeinandertreffen von Subjekt und Objekt,
- ideal: Epochenunterricht, gut: Doppelstunde.

Subjekt: Lernende

Die folgenden Listen beschreiben die Wirkungen der exemplarischen Methode auf Lernende.
Ganzheitliche Pädagogik:
- Kinder sind aktiv.
- Kinder können spontan sein.
- Nicht nur die Intelligenz, der ganze Mensch wird erhellt.

Bezauberung und Faszination:
- Naturphänomene können Kinder fesseln.
- Bei echtem Verstehen können Interesse und Freude am Fach entstehen.

Geborgenheit:
- Die analytische Denkweise der Naturwissenschaften trennt Menschen von der Natur ab.
- Die Verstehbarkeit natürlicher Abläufe schafft Vertrauen.

Das genetische Prinzip

Objekt: Themen

Die folgenden Listen beschreiben Merkmale genetischer Themen.
Anwesenheit der Wirklichkeit:
- Im Gegensatz zum darlegenden (systematischen) Lehrgang verzichtet der genetische nicht auf die erfahrbare Umwelt.
- Beispiel Salze: Themeneinstieg über das Betrachten von zahlreichen Mineralien (notfalls mithilfe von Fotos).

- Schnell, raffiniert und nicht genetisch gewonnene Kenntnisse sind nicht in der erfahrbaren Umwelt verwurzelt.

Genesis und Geschichte:
- Die Geschichte einer Wissenschaft ist für die genetische Methode sehr fruchtbar. Denn sie zeigt, wie eine Erkenntnis entstanden ist.
- „Die Geschichte seiner Wissenschaft ist für den Fachlehrer kein ‚durchzunehmender Stoff', sondern ein Verjüngungs-Elixier" (Wagenschein 1968). Ohne die Geschichte würde er die Fragen der Schülerinnen und Schüler aus seiner wissenschaftlichen Rüstung heraus, nicht verstehen.
- Die Lehrperson versteht ihr Fach rückwärts. Die Geschichte hilft ihr, es vorwärts zu verstehen – und so die Schwierigkeiten der Erschließung wiederzuerkennen.

Exposition:
- Varianten der Exposition:
  - Lernende führen ein erstaunliches Experiment durch (z. B. Flammensprung),
  - Präsentation eines natürlichen Phänomens (z. B. Tropfsteine),
  - Präsentation von scheinbar widersprüchlichen Experimenten (z. B. Experimente, die mit Gewichtsverlust, -konstanz und -zunahme ablaufen),
  - Lernende führen eine Messreihe durch und werten sie aus (z. B. Cu_2S-Synthese: konstante Massenverhältnisse).
- Expositionszeit: Kann lang (Messreihe durchführen) oder kurz (einfaches Experiment durchführen) sein. Man darf nicht drängen, denn das zerstört Denktriebe.
- Die Exposition führt zur Zündung, idealerweise in Bezug auf das gesamte Thema. Für die Zündung gilt:
  - Sie verursacht Betroffenheit, Beunruhigung durch Ungewohntes,
  - es entsteht der Wunsch, das Unbekannte einzuordnen.
- Idealerweise spricht der Lehrende die Frage nicht aus, er sorgt dafür, dass sie sich erhebt. Die Sache muss „reden".
- Während der Exposition sollte die Lehrperson den Ehrgeiz haben, minimal zu führen.

Methode: Die genetische Methode

Die folgenden Listen beschreiben Merkmale der genetischen Methode.
Genetische Elemente:
- Im engen Sinn bezieht sich das Genetische auf die stoffliche Reihenfolge.
- Ein genetisches Element beginnt mit einer weittragenden Frage,
  - die sich aus der Betrachtung der Sache selbst aufdrängt,
  - die nicht durch Vorkenntnisse motiviert ist.

- Der Lehrende verlässt sich darauf, dass die Betrachtung der Natur zum Denken auffordert.
- Es entsteht von der Sache ausgehend ein Sog, der Teile des Lehrstoffs „ansaugt“ und entdecken lässt.
- Es entwickelt sich eine Kette von Einfällen, Nachprüfungen, Fragen, und so fort.
- Die Kette entwickelt sich dann am zuverlässigsten, wenn:
  - die ursprüngliche Frage im Bewusstsein der Lernenden verwurzelt war,
  - wir Geduld haben, auf die produktiven Einfälle zu warten,
  - wir auf der kritischen Prüfung der Einfälle bestehen.

Induktives Vorgehen:
- Das genetische Verfahren ist am Anfang induktiv.
- Von der entstandenen Ordnung ausgehend kann dann Deduktion stattfinden.

Sokratisches Gespräch:
- Durch das sokratische Gespräch werden Lernende auf den Weg des Selbstdenkens gewiesen.
- Durch den Austausch von Gedanken wird eine Kontrolle eingeführt, die der Selbstverblendung entgegenwirkt.
- Der Beistand der Lehrperson beschränkt sich auf Anmerkungen der folgenden Art:
  - Wer hat verstanden, was eben gesagt worden ist?
  - Von welcher Frage sprechen wir eigentlich?
  - Wie weit sind wir?
- Lehrperson: Hat den Mut und die Ruhe des Sokrates, „die nach Wahrheit suchenden in die Irre gehen und straucheln zu lassen. Ja … sie in die Irre zu schicken“ (Wagenschein 1968).

Kein festgelegtes Programm:
- Streng sokratisch kann man weder dozieren noch programmieren, denn man kann die Fülle der Möglichkeiten nicht vorhersehen, die ein sokratisches Gespräch in einer wachen Gruppe zutage bringt.
- Was die Lehrperson wann sagen wird, kann sie nicht vorher wissen, denn Kinder denken überraschend.
- Es ist sinnvoll, mehrere Wege vorzubereiten. Man sollte sich aber nicht auf diese Wege versteifen. Es ist wichtig, flexibel zu bleiben!

Keine verfrühte Abstraktion:
- Genetisches Lehren schützt vor verfrühter Abstraktion.
- Die Sache und die Lernenden bestimmen die Themen.
- Im sokratischen Gespräch können sich vorweggenommene Anschauungen nicht halten.
- Gleichnis vom Korn: Wenn man an den Halmen zieht, wächst das Getreide nicht schneller – man dezimiert die Ernte.

Subjekt: Lernende

Die folgenden Listen beschreiben Wirkungen der genetischen Methode auf Lernende.

Emotion und Motivation:

- Emotion und Motivation sind untrennbar verbunden. Das Erforschen eines Phänomens löst Emotionen und Motivation aus.
- Anfangs ergibt sich sachliche Motivation durch die Konfrontation mit einem rätselhaften Phänomen, das nach Erklärung verlangt.
- Nach der Klärung motiviert die Auseinandersetzung mit den Erkenntnissen.
- Motivierte Lernende treiben den Lernprozess voran – die Lehrperson sorgt dafür, dass der thematische Rahmen eingehalten wird.

Verwurzelung:

- Durch das genetische Verfahren bleiben Jugendliche in ihrer Umwelt verwurzelt.
- Konfrontiert man sie nicht mit Phänomenen und lässt sie gelehrig nachplappern, werden sie aus der Gesamtheit ihrer Umwelterfahrungen herausgerissen.

Produktive Verwirrung:

- Verwirrungen sind erwünscht und werden begünstigt.
- Falls Lernende glauben bereits zu wissen, so ist Scheinwissen mit entlarvenden Fragen aufzudecken.
- Lehrperson und Lernende gestehen sich gegenseitig das Recht auf Verwirrung zu.
- Aus den Verwirrungen entsteht eine produktive Spannung und infolge der Überwindung von Verwirrungen eine große Sicherheit.

Kritisches Vermögen:

- Das präsentierte Phänomen verlangt nach Einordnung – dieses Verlangen produziert Ideen.
- Die Ideen werden im sokratischen Gespräch auf ihre logische Folgerichtigkeit geprüft.
- Reflexiver Blick – Metakognition: Lernende lernen, sich selbst zu beobachten, denn sie kontrollieren, ob ihr Verständnisprozess ohne Brüche stattfindet.

Produktives Denken:

- Die Gesellschaft braucht Menschen, die neue Aufgaben entdecken und denen dazu etwas Klärendes einfällt.
- Kinder, deren natürliches Lernbedürfnis nicht nachteilig beeinflusst wurde, sind besonders zu produktivem Denken in der Lage.
- Die genetische Methode lehrt und fördert produktives Denken.
- Produktives Denken ist eng mit adaptiver Kompetenz verwandt.

1.9 Widersprüche und Verwirrendes der Chemie und der Physik

Im Verlauf des Chemiestudiums wird man relativ häufig mit schwer zu verdauenden Ungereimtheiten und Widersprüchen konfrontiert. Chemische Elemente werden zunächst als unteilbare Stoffe eingeführt, nur um kurz darauf sowohl phänomenologisch als auch in Reaktionsgleichungen als teilbar behandelt zu werden ($H_2 + Cl_2 \rightarrow 2\,HCl$). Reinstoffe werden auf der Theorieebene als Stoffe mit gleichen kleinsten Teilchen beschrieben, und dennoch zählt man Salze, die in der Theorie aus zwei verschiedenen kleinsten Teilchen (Bsp. NaCl: Na^+-Ionen und Cl^--Ionen) bestehen, zu den Reinstoffen.

Um beim Lehren nicht Verwirrung oder Leichtgläubigkeit zu verursachen, müssen diese Widersprüche und das Verwirrende angesprochen und thematisiert werden. Chemie sollte nicht so unterrichtet werden, als ob diese Schwachstellen der Sprache und der Theorie nicht existierten. Um einen motivierenden und reflektierten Chemieunterricht zu gewährleisten, sollte darauf hingewiesen werden, dass diese Ungereimtheiten meist auf die Unzulänglichkeiten der Theorien zurückzuführen sind.

Die Diskussion von Ungereimtheiten in Physik und Chemie trägt zur Vermehrung des metakognitiven Wissens Lernender bei. Aufgrund dessen ist diese Auseinandersetzung auch ein Beitrag zur Förderung von adaptiver Kompetenz.

Widersprüche in Physik und Chemie

Die folgende unvollständige Liste zählt Widersprüche aus Chemie und Physik auf (es wurden nur physikalische Widersprüche berücksichtigt, welche chemische Zusammenhänge betreffen):

- Elemente sind teilbar (Wirklichkeits- und Theorieebene).
- Analyse und Synthese: Analyse bedeutet im Anfängerunterricht „Stoffzerlegung“ – später bedeutet Analyse „Stoffnachweis“. Für den Nachweis von Stoffen müssen häufig Synthesen durchgeführt werden. (Wirklichkeits- und Theorieebene).
- Reinstoffe sind nicht rein – vollkommen reine Stoffe gibt es nicht. Das Konzept des reinen Stoffs ist eine theoretische Konstruktion (Wirklichkeits- und Theorieebene).
- Unterscheidung von chemischen und physikalischen Vorgängen: Physikalische Vorgänge führen nicht zur Veränderung der kleinsten Teilchen. Stoffumwandlungen, die durch Kernreaktionen erklärt werden können, werden jedoch in der Regel als physikalische Prozesse aufgefasst (Wirklichkeits- und Theorieebene).
- Atommodell von Dalton (Theorieebene):
  - Die Atome eines Elements sind alle gleich,
  - die Anzahl der Atome ist gleich der Anzahl der Elemente,
  - Atome sind unteilbar.

All diese Aussagen des Atommodells von Dalton stehen in offensichtlichem Widerspruch zum Kern-Hülle-Modell von Rutherford.

- Reinstoffe bestehen aus gleichen kleinsten Teilchen (Theorieebene),
  - Salze gelten als Reinstoffe, werden aber durch Kationen und Anionen beschrieben,
  - Metalle gelten als Reinstoffe, werden aber durch Metallkationen und Elektronen beschrieben.
- Atommodell von Bohr (Theorieebene): Im Rahmen des Atommodells von Bohr werden Elektronen wie kleine Kugeln behandelt. Gleichzeitig wird postuliert, dass Elektronen beim Übergang von einer Elektronenschale auf eine andere den Raum zwischen beiden Schalen nicht durchdringen. Objekte, deren Verhalten sich auf diese Weise beschreiben lässt, können nicht Materiekugeln im klassisch physikalischen Sinn sein.
- Elektronen: Welle-Teilchen-Dualismus (Theorieebene). Dem menschlichen Vorstellungsvermögen zufolge sind Teilchen und Wellen unvereinbar unterschiedliche Phänomene, und dennoch sollen Elektronen sowohl Wellen- als auch Teilchencharakter besitzen.
- Licht: Welle-Teilchen-Dualismus (Theorieebene). Siehe Elektronen.
- Energie und Materie werden in der klassischen Physik behandelt, als seien sie nicht ineinander überführbar. Einsteins Formel $E = mc^2$ beschreibt jedoch genau diesen Übergang.
- Bromthymolblau weist in saurer Lösung eine gelbe Farbe auf, in basischer Lösung ist der Säure-Base-Indikator blau gefärbt. In saurer Lösung liegt das Bromthymolblau-Molekül protoniert und in basischer Lösung deprotoniert vor. Dennoch spricht man in Chemie oft in beiden Fällen von Bromthymolblau – verwendet somit für zwei verschiedene Stoffe den gleichen Namen. Dieser Fehler wird auf gleiche Weise auch für andere Indikatoren gemacht.

Verwirrendes in Chemie

Die folgende unvollständige Liste zählt verwirrende Sachverhalte der Chemie auf:

- Das Wort Verbindung kann nur auf der Theorieebene verstanden werden, insofern, als Moleküle durch die Verbindung von Atomen entstehen. Auf der Wirklichkeitsebene ist nicht nachvollziehbar, was dieses Wort bedeutet, denn im Alltag wird aus zwei Objekten, die man z. B. mit einer Schnur verbindet, niemals ein ganz neues Objekt mit ganz anderen Eigenschaften.
- Es ist unter Chemikerinnen und Chemikern üblich, Formulierungen der folgenden Art zu verwenden: „In Wasser ist Wasser-

stoff enthalten". Genau genommen ist diese Aussage aber falsch, denn wenn in Wasser Wasserstoff enthalten wäre, würde man gasförmiges Wasser entzünden können. Mit dieser Aussage ist gemeint: Im kleinsten Teilchen des Wassers sind Wasserstoff-Atome enthalten. Für den Chemie Lernenden ist diese Bedeutung jedoch nicht ohne weiteres ersichtlich und dürfte zu mancherlei falschen, im Chemieunterricht hausgemachten, Vorstellungen führen. Außerdem führt diese Aussage zu einer Vermischung von Wirklichkeits- und Theorieebene, da sie auf der Wirklichkeitsebene gemacht, aber für die Theorieebene gedacht ist.

- Metalle geben in chemischen Reaktionen typischerweise Elektronen ab, Metallkationen können aber auch Elektronen aufnehmen.
- Redoxreaktionen werden manchmal als Sauerstoff-Übertragungen (Wirklichkeitsebene) und manchmal als Elektronenübertragungen (Theorieebene) beschrieben.
- Reduktionsmittel können unter bestimmten Bedingungen auch als Oxidationsmittel reagieren und umgekehrt.
- Säuren können unter bestimmten Bedingungen auch als Basen reagieren und vice verca.
- Löst man Schwefelsäure (konz. Schwefelsäure) in Wasser auf, so entsteht eine wässrige Schwefelsäure-Lösung. Chemielehrmittel nennen solch eine Schwefelsäure-Lösung häufig auch einfach Schwefelsäure, obwohl das genau genommen nicht richtig ist. Reine Schwefelsäure ist ein Reinstoff, Schwefelsäure-Lösung ist ein Gemisch. Dieser Fehler wird auf gleiche Weise auch für andere Säuren und Basen gemacht.

1.10 Chemie: Ein stark vernetztes Fach

Der Chemieunterricht auf der Sekundarstufe ist auch in traditionellen Lehrmitteln anders strukturiert als der Physik- und der Biologieunterricht. In Physik werden verschiedene Teilgebiete (Mechanik, Wärme- und Elektrizitätslehre etc.) behandelt, ebenso in Biologie (Botanik, Zoologie, Ökologie, Zellbiologie, Verhaltensbiologie etc.). All diese Fachgebiete sind relativ unabhängig voneinander. D. h., eine Schülerin oder ein Schüler hat z. B. bei Schwierigkeiten in geometrischer Optik in der Wärmelehre nicht darunter zu leiden – Defizite in Botanik wirken sich kaum auf Zellbiologie aus. Im Gegensatz dazu hängt in Chemie nahezu alles mit allem zusammen. Ähnlich wie beim Erlernen einer Fremdsprache macht sich jede Schwäche früher oder später bemerkbar.

Man kann diese Situation gut mit einer Metapher zum Ausdruck bringen. Es ist, als ob in Physik und Biologie von jedem Lernenden jeweils mehrere Türme zu errichten wären. In Chemie geht es im Gegensatz dazu um einen einzigen Turm (◘ Abb. 1.5).

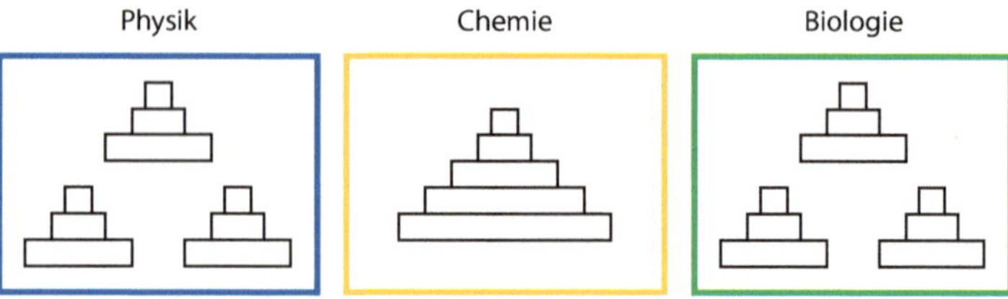

Abb. 1.5 Stoffstruktur in Chemie, Physik und Biologie verdeutlicht mit der Turmmetapher. (© Ralf Geiß 2017)

Diese Situation bedeutet im Chemieunterricht, dass für die Vermittlung der grundlegenden chemischen Prinzipien (untere Turmstockwerke) viel Sorgfalt aufgewendet werden sollte.

Wichtige Elemente der unteren Stockwerke sind: Prinzip der kleinsten Teilchen, Kugelteilchen-Modell, Atommodell von Dalton und die Frage, was eine chemische Reaktion ist.

Wenn die Basis des chemischen Turms Mängel aufweist, nimmt die Einsturzgefahr mit jedem neuen Stockwerk zu. Kommt es zum Einsturz, ist das Ergebnis anstelle eines gut strukturierten Gebäudes ein wilder Haufen Bauschutt. Dann bleibt den Lernenden wahrscheinlich nur totes Detailwissen, anstelle von chemischer Denkfähigkeit. Oftmals bleibt bei solch einem Lernverlauf wenig übrig, auf das später aufgebaut werden könnte, denn das menschliche Gehirn hat die gesunde Neigung, unnützes Wissen zu vergessen.

1.11 Eine Basis für chemisches Denken

Die ► Kap. 2 bis 6 des ersten Bandes sowie die Kap. 1 und 2 des zweiten Bandes der Buchreihe *Chemie – Entdecken und verstehen* sind in ganz besonderem Maße von grundlegenden Zusammenhängen geprägt. Sie legen das chemische Fundament, auf dem alle weiteren Kapitel aufbauen.

► Kap. 2 – Band 1

Im zweiten Kapitel geht es um die wichtigste phänomenologische Erkenntnis der Chemie: Bei chemischen Vorgängen werden neue Stoffe gebildet. Gleichzeitig wird deutlich, dass diese Beobachtung mit Experimenten alleine nicht erklärt werden kann. Damit ist das Forschungsprogramm bis einschließlich ► Kap. 6 festgelegt. Es geht darum eine Antwort auf die Frage, wie neue Stoffe gebildet werden können, zu finden.

► Kap. 3–5 – Band 1

Da für die Lösung dieser chemischen Grundfrage verschiedene Voraussetzungen erforderlich sind, befassen sich die ► Kap. 3 bis 5 (Band 1) mit den Elementen, den Aggregatzuständen sowie Reinstoffen und Gemischen. Dabei wird in ► Kap. 4 – Band 1 die erste chemische Theorie, das Kugelteilchen-Modell, eingeführt – zuvor wird das wichtigste Basiskonzept, das Konzept der kleinsten Teilchen definiert. In ► Kap. 5 – Band 1 zeigt sich, dass das Kugelteilchen-Modell zwar gewisse Beobachtungen gut erklären kann, aber auch schwerwiegende Defizite aufweist. Es kann nicht erklären, worin der Unterschied zwischen Elementen und Verbindungen besteht, und es kann auch nicht erklären, wie neue Stoffe gebildet werden können.

Genau diese Lücken werden in ▶ Kap. 6 – Band 1 mit dem Atommodell von Dalton geschlossen. Es führt das Molekülkonzept ein und erlaubt damit auch auf der Theorieebene, zwischen Elementen und Verbindungen zu unterscheiden. Vor allem aber liefert die Molekültheorie von Dalton einen Ansatz, um die Bildung neuer Stoffe zu erklären. Doch damit nicht genug, es macht auch die stöchiometrischen Grundgesetze der Chemie verständlich und chemische Reaktionen auf diese Weise hinsichtlich der Stoffmassen berechenbar.

▶ Kap. 6 – Band 1

Ein auffälliger Mangel des Atommodells von Dalton wird bereits in Kap. 1 – Band 2 thematisiert. Mit der Annahme, dass die kleinsten Teilchen der Elemente Atome sind, kann das Volumengesetz von Gay-Lussac (die Gasvolumenverhältnisse bei chemischen Reaktionen entsprechen kleinen ganzen Zahlen) nicht erklärt werden. Die Idee Avogadros, dass die kleinsten Teilchen der gasförmigen Elemente zweiatomige Moleküle sind, löst das Rätsel des Volumengesetzes. Außerdem werden chemische Reaktionen damit auch in Bezug auf Gasvolumina berechenbar.

Kap. 1 – Band 2

Bis Kap. 1 – Band 2 ging es um die Erforschung des qualitativen und quantitativen Stoffumsatzes chemischer Reaktionen. Kap. 2 – Band 2 thematisiert nun den Energieumsatz, der mit jeder chemischen Reaktion einhergeht. Dieses Kapitel liefert zwar noch keine Erklärung des Phänomens, dazu ist mehr Theorie erforderlich, als an dieser Stelle des Lehrgangs zur Verfügung steht, es macht aber mit Energiediagrammen sowie der Kollisionstheorie Energieumsätze beschreib- und berechenbar. In anderen Worten: In Kap. 2 – Band 2 wird der abstrakte Begriff der chemischen Energie, in Verbindung mit Daltons Atommodell, fassbar gemacht.

Kap. 2 – Band 2

In diesen sieben Kapiteln wird eine solide Basis für chemisches Denken gelegt, auf der nachfolgende Lernprozesse aufbauen können. Dabei wurde großer Wert darauf gelegt, dass alle gewonnenen Erkenntnisse ausbaufähig und erweiterbar sind. D. h. vor allem: Die ersten chemischen Theorien (Kugelteilchenmodell und Atommodell von Dalton) wurden so eingeführt, dass sie später mit fortgeschrittenem Wissen nicht als falsch, sondern als Sprossen einer Leiter gesehen werden können, die auf immer höhere Ebenen des chemischen Denkens führt.

Ausbaufähige Basis

1.12 Hinweise zu didaktischen Elementen

Gliederung und Taxonomie der Lernziele

Bei der Angabe der Lernziele wird zwischen Richtzielen, Grobzielen und Feinzielen unterschieden.

Richtziele

Richtziele beschreiben grundlegendes chemisches Verständnis. Die hier angesprochenen Wissenselemente sind typischerweise dem metakognitiven Wissen zuzuordnen. Außerdem werden hier das Verständnis sowie die Anwendung der chemischen Basiskonzepte aufgeführt.

Grobziele

Grobziele beschreiben grundlegendes chemisches Konzept- und Prozesswissen. Zusammenhängende Wissenselemente werden hier überblicksartig beschrieben.

Feinziele

Feinziele beschreiben in detaillierter Art und Weise prinzipiell alle Wissensdimensionen (Faktenwissen, Konzeptwissen, Prozesswissen und metakognitives Wissen). Da metakognitives Wissen jedoch vor allem bei den Richtzielen aufgeführt wird, tritt es bei den Feinzielen typischerweise nicht auf. Außerdem werden alle kognitiven Prozesse der zweidimensionalen kognitiven Taxonomie (siehe ► Abschn. 1.3) angesprochen.

Feinziele können drei verschiedenen Lernziel-Dimensionen zugeordnet werden (Meyer 1991).

Kognitive Dimension

Kognitive Lernziele beziehen sich auf kognitive Prozesse: Auf Wissen, Denken und Problemlösen, also auf Kenntnisse und intellektuelle Fähigkeiten und Fertigkeiten. In diesem Lehrmittel dominieren die kognitiven Lernziele, sie werden nach der zweidimensionalen Taxonomie von Krathwol (siehe ► Abschn. 1.3) eingestuft.

Affektive Dimension

Affektive Lernziele beziehen sich auf:

- die Veränderung von Interessenlagen,
- die Bereitschaft, etwas zu tun oder zu denken,
- die Einstellungen und Werte und die Entwicklung dauerhafter Werthaltungen,
- die Bereitschaft, sich für begründete Werthaltungen einzusetzen.

Soweit affektive Lernziele auftreten, werden sie nach folgender Taxonomie bewertet: A1 (aufmerksam werden, beachten), A2 (reagieren), A3 (werten), A4 (strukturiertes Wertesystem aufbauen), A5 (erfüllt sein durch eine Wertstruktur).

Psychomotorische Dimension

Psychomotorische Lernziele beziehen sich auf motorische Fertigkeiten eines Schülers bzw. einer Schülerin. Diese Art von Lernzielen wird in diesem Lehrmittel nicht berücksichtigt.

A-, B-, C-Feinziele

Feinziele werden außerdem in A-, B- und C-Lernziele unterteilt, wobei A-Lernziele als besonders bedeutsam und C-Lernziele als weniger wichtig aufzufassen sind.

Zum Aufbau des Buches

Die chemischen Kapitel von *Chemie – Entdecken und verstehen* beginnen jeweils mit einem Abschnitt, der Voraussetzungen zum Verständnis nennt und Lernziele (Richtziele, Grobziele, Feinziele, siehe oben) formuliert. Es folgt jeweils ein Abschnitt, in dem eine Vorschau auf den behandelten Stoff gegeben wird. In den folgenden Abschnitten spielen Experimente eine zentrale Rolle. Aus ihnen ergeben sich Fragen, für die anschließend mit weiteren Experimenten Antworten gesucht werden.

Auf den Hauptteil jedes Kapitels folgt eine Zusammenfassung. An deren Ende steht ein Kasten, der in kompakter Form die wichtigsten Zusammenhänge aufführt. Zuerst werden Faktenwissen, Konzeptwissen und Prozesswissen, danach metakognitives Wissen angegeben. Durch diese Reihenfolge soll die besondere Bedeutung des metakognitiven Wissens betont werden.

Am Ende jedes Kapitels finden sich weitere Aufgaben, die Lösungen für alle Aufgaben sowie Literaturangaben.

Literatur

Anderson L, Krathwohl DA (2001) Taxonomy for Learning, teaching and assessing: a revision of bloom's taxonomy of educational objectives. Longman, New York

Arnold R (2012) Ich lerne also bin ich. Carl-Auer, Heidelberg

Baroody AJ (2003) The development of adaptive expertise and flexibility: the integration of conceptual and procedural knowledge. In: Baroody AJ, Dowker A (Hrsg) The development of arithmetic concepts and skills: constructing adaptive expertise. Erlbaum, Mahwah, S 1–33

Baumert J et al (1997) TIMSS, mathematisch naturwissenschaftlicher Unterricht im internationalen Vergleich. Leske + Budrich, Opladen

Bransford et al (2006) Learning theories and education: toward a aecade of synergy. In: Alexander PA, Winne PH (Hrsg) Handbook of educational psychology, 2. Aufl. Lawrence Erlbaum, Mahwah, S 209–244

Brown JS, Collins A, Duguid P (1989) Situated cognition and the culture of learning. Educ Res 18:32–42

Bünder W, Demuth R, Parchmann I (2003) Basis-Konzepte. Prax Naturwissenschaften – Chem Sch 1/52:1–7

CAS-Registry (2014) http://www.cas.org/content/chemical-substances. Zugegriffen: 4. Febr 2014

de Corte E (2007) Learning from instruction: the case of mathematics. Learn Inq 1:19–30

de Corte E (2009) Historical developments in the understanding of learning. In: Dumont H, Istance D, Benavides F (Hrsg) The nature of learning – Using research to inspire practice. Center for Educational Research and Innovation, OECD, Paris, S 50–51

de Corte E, Verschaffel L, Masui C (2004) The CLIA-model: a framework for designing powerful learning environments for thinking and problem solving. Eur J Psychol Educ 19:365–384

Deutsches PISA-Konsortium (Hrsg) (2001) PISA 2000 Basiskompetenzen von Schülerinnen und Schülern im internationalen Vergleich. OECD PISA. Leske + Budrich, Opladen

Dignath C et al (2008) How can primary school students learn self-regulated learning strategies most effectively? A meta-analysis on self-regulation training programs. Educ Res Rev 3:101–129

Dignath C, Büttner G (2008) Components of fostering self-regulated learning among Students – a meta-analysis on intervention studies at primary and secondary school level. Metacogn Learn 3:231–264

diSessa AA (1988) Knowledge in pieces. In: Forman G, Pufall PB (Hrsg) Constructivism in the computer Age. Erlbaum, Hillsdale, S 49–70

Eckstein D (2007) Eckstein erklärt Einstein – eine Einführung in die Relativitätstheorien Albert Einsteins, S 3 (Bestellungen: david.eckstein@bluewin.ch)
Greeno JG (1989) A perspective on thinking. Am Psychol 44:134–141
Krathwohl DR (2002) A revision of Blooms taxonomy: an overview. Theory Pract 41:212–218
Linn MC (2006) The knowledge integration perspective on learning and instruction. In: Sawyer RK (Hrsg) The Cambridge handbook of the learning sciences. Cambridge University Press, New York, S 243–264
Meyer HL (1991) Trainingsprogramm zur Lernzielanalyse. Athenäum, Kronberg
Nieswandt M (2001) Von Alltagsvorstellungen zu wissenschaftlichen Konzepten: Lernwege von Schülerinnen und Schülern im einführenden Chemieunterricht. Z Didakt Naturwiss 7:33
Phillips DC (Hrsg) (2000) Constructivism in education: opinions and second opinions on controversial issues. Ninety-ninth yearbook of the National Society for the Study of Education, part I. National Society for the Study of Education, Chicago
Piaget J (1970) Meine Theorie der geistigen Entwicklung. Suhrkamp, Frankfurt am Main
Pintrich PR (2002) The role of metacognitive knowledge in learning, teaching, and assessing. Theory Pract 41(4):219–225
Salomon G (Hrsg) (1993) Distributed cognition, psychological and educational considerations. Cambridge University Press, Cambridge
Salomon G, Perkins DN (1998) Individual and social aspects of learning. Rev Res Educ 23:1–24
Schneider M, Stern E (2009) The cognitive perspective on learning: ten cornerstone findings. In: Dumont H, Istance D, Benavides F (Hrsg) The nature of learning – using research into practice. Center for Educational Research and Innovation, OECD, Paris, S 69–90
Sfard A (1998) On two metaphors for learning and the dangers of choosing just one. Educ Res 27:4–13
Simons et al (Hrsg) (2000) New learning. Kluwer Academic, Dordrecht
Slavin RE (2009) Co-operative learning: what makes group-work work? In: Dumont H, Istance D, Benavides F (Hrsg) The nature of learning – using research into practice. Center for Educational Research and Innovation, OECD, Paris, S 161
Steffe LP, Gale J (Hrsg) (1995) Constructivism in education. Lawrence Erlbaum Associates, Hillsdale
Taatgen NA (2005) Modeling parallelization and flexibility improvements in skill acquisition: from dual tasks to complex dynamic skills. Cogn Sci 29:421–455
Wagenschein M (1968) Verstehen lehren. Beltz, Weinheim
Weinert FE (2001) Leistungsmessungen in Schulen. Beltz, Weinheim, S 17–32

Was ist Feuer?

Ralf Geiß

2.1 Voraussetzungen und Lernziele – 42

2.2 Kapitelvorschau – 44

2.3 Feuermärchen – 45

2.4 Am Anfang war das Feuer – 47

2.5 Wie sieht eine Kerzenflamme aus? – 49

2.6 Was brennt in der Kerzenflamme? – 53

2.7 Woraus bestehen die Flammenzonen? – 68

2.8 Was passiert bei der Verbrennung von Kerzenwachs? – 79

2.9 Chemie und chemische Reaktionen – 104

2.10 Vom Phlogiston zum Sauerstoff – 115

2.11 Experimente zur Vertiefung des Themas Verbrennung – 117

2.12 Zusammenfassung – 123

2.13 Testaufgaben zur Standortbestimmung – 129

2.14 Lösungen der Aufgaben – 132

Literatur – 148

R. Geiß, *Die Verwandlung der Stoffe,* Chemie – Entdecken und verstehen,
https://doi.org/10.1007/978-3-662-54708-3_2

a Lagerfeuer und **b** brennendes Streichholz. (© Frozen Action/Fotolia; Joachim Kreft/Fotolia)

Als Einstieg in Chemie wird, nur mit Experimenten, eine Antwort auf die Frage: „Was ist Feuer?" gesucht. Da man in einem Chemiezimmer kein Lagerfeuer entzünden kann, werden Flammen von Kerzen und Gasbrennern untersucht. Durch die dabei gewonnenen Erkenntnisse kann man auch andere Flammen gut verstehen. Die zahlreichen chemischen Experimente dieses Kapitels lassen uns anschaulich erkennen: Chemische Reaktionen sind magische Vorgänge.

2.1 Voraussetzungen und Lernziele

Hilfreiche Kenntnisse und Fertigkeiten der Lernenden

Man kann dieses Projekt problemlos ohne Vorkenntnisse bearbeiten. Es ist jedoch hilfreich, wenn die folgenden Zusammenhänge bekannt sind:

- Stoffe können in drei Aggregatzuständen (fest, flüssig, gasförmig) auftreten – Erwärmung bzw. Abkühlung bewirkt den Übergang von einem Zustand zum anderen.
- Feuerdreieck: Ein Feuer kann entstehen, wenn drei Bedingungen erfüllt sind:
  - Ein Brennstoff ist vorhanden,
  - der Brennstoff ist ausreichend heiß,
  - der Brennstoff hat Kontakt mit Luft.
- Die Dichte ρ eines Stoffs kann über den Quotienten $\rho = m/V$ ermittelt werden.

- Gase, die eine geringere Dichte als ihre Umgebungsluft aufweisen, steigen nach oben. Heiße Luft ist weniger dicht als kalte Luft und steigt somit ebenfalls nach oben.

Richtziele

Lernende können anhand von Beispielen aufzeigen, dass bei einer chemischen Reaktion sehr rätselhafte Dinge passieren. Aus Ausgangsstoffen werden auf geheimnisvolle Weise neue Stoffe gebildet.

Sie können außerdem aufzeigen, dass man die grundlegenden Fragen, die sich aus der experimentellen Erforschung des Feuers ergeben, mit Experimenten alleine nicht beantworten kann.

Grobziele

Lernende können mit eigenen Worten die Eigenschaften der Kerzenflamme erklären. Sie können auch den Verbrennungsvorgang in der Kerzenflamme mit chemischen Wortgleichungen beschreiben.

Feinziele

A-Feinziele (kognitiv)

- Lernende können zwischen den drei Aggregatzuständen unterscheiden und anhand von Beispielen verdeutlichen, dass durch die Änderung des Aggregatzustands keine Stoffumwandlung stattfindet.
(WD 2 Konzeptwissen/KP 2 Verstehen)
- Lernende können mithilfe von chemischen Wortgleichungen aufschreiben, was in den Flammenzonen geschieht. Sie können schriftlich festhalten, wie diese Vorgänge zusammenhängen.
(WD 3 Prozesswissen/KP 4 Analysieren)
- Lernende können in eigenen Worten anhand von mindestens drei Beispielen darlegen, dass im Verlauf von chemischen Reaktionen neue Stoffe gebildet werden.
(WD 2 Konzeptwissen/KP 2 Verstehen)
- Lernende können Verbrennungen, die ähnlich wie die Wachsverbrennung ablaufen, mit chemischen Wortgleichungen beschreiben.
(WD 3 Prozesswissen/KP 3 Anwenden)

B-Feinziele (kognitiv)

- Lernende können erklären, warum in der Regel nur gasförmige Stoffe brennen.
(WD 2 Konzeptwissen/KP 2 Verstehen)

- Lernende können aufschreiben, woraus die Flammenzonen bestehen.
  (WD 1 Faktenwissen/KP 1 Erinnern)

C-Feinziele (kognitiv und affektiv/emotional)

- Lernende können anhand von Beispielen aufzeigen, dass ein Stoff und seine Eigenschaften untrennbar miteinander verbunden sind.
  (WD 2 Konzeptwissen/KP 2 Verstehen)
- Lernende werden auf die Grundfrage der Chemie, wie neue Stoffe entstehen können, aufmerksam.
  (A1 aufmerksam werden)

2.2 Kapitelvorschau

Was ist Feuer? Man kann die Frage von vielen verschiedenen Blickwinkeln aus beantworten. Hier soll der chemische Blickwinkel in Bezug auf eine Kerzenflamme eingenommen werden. D. h., es geht letztendlich um die Frage: Was geschieht mit den Stoffen, die eine Kerzenflamme entstehen lassen? In diesem Kapitel wird noch keine chemische Theorie behandelt, es ist somit vollständig der Wirklichkeitsebene zuzuordnen. D. h., Phänomene und Experimente sowie konkrete Schlussfolgerungen daraus prägen den Inhalt.

- ► Abschn. 2.3: Feuermärchen
  Die chemische Interpretation von Feuer ist nicht die einzig mögliche.
- ► Abschn. 2.4: Am Anfang war das Feuer
  Hier wird kurz auf die Bedeutung des Feuers für die Entwicklung der Frühmenschen eingegangen. Außerdem wird die Rolle des Feuers für die Begründung der modernen Chemie angesprochen.
- ► Abschn. 2.5: Wie sieht eine Kerzenflamme aus?
  - Experiment 2.1
  - Das Aussehen einer Kerzenflamme wird gegliedert beschrieben.
  - Ziel der ► Abschn. 2.5 bis 2.7 ist es, Voraussetzungen für das Verständnis der Wachsverbrennung zu schaffen.
- ► Abschn. 2.6: Was brennt in der Kerzenflamme?
  - Experiment 2.2 bis Experiment 2.10
  - Das Flammensprung-Experiment (Experiment 2.2) wirft die Frage auf: „Was brennt in der Kerzenflamme?" Mit weiteren Experimenten gelingt es, diese Frage zu beantworten.
- ► Abschn. 2.7: Woraus bestehen die Flammenzonen?
  - Experiment 2.11 bis Experiment 2.20
  - Diese Frage hätte auch schon in ► Abschn. 2.5 gestellt werden können. Mit den Erkenntnissen aus ► Abschn. 2.6 und den Experimenten in ► Abschn. 2.7 kann diese Frage für den Flammenkern und den Flammenmantel auf überzeugende

Weise beantwortet werden. Die Zusammensetzung des Flammensaums kann man mit einfachen Experimenten leider nicht bestimmen. Man kann aber erkennen, dass hier eine vollständige Verbrennung stattfindet, bei der keine glühenden Kohlenstoff-Partikel gebildet werden können.

- ▶ Abschn. 2.8: Was passiert bei der Verbrennung von Kerzenwachs?
  - Experiment 2.21 bis Experiment 2.37
  - In diesem Abschnitt wird die Verbrennung von Kerzenwachs mithilfe der Stoffe Wachs, Sauerstoff, Wasser und Kohlenstoffdioxid beschrieben. Wie zuvor auch gelangt man zu dieser Beschreibung mithilfe zahlreicher Experimente. Die Aufklärung der Verbrennung beginnt mit Versuchen zur Bedeutung der Luft. Es folgt eine experimentelle Auseinandersetzung mit den Fragen: „Woher kommt und wohin geht der Ruß (Kohlenstoff)?" Experimente zum Nachweis von Wasser in der Kerzenflamme und zu seiner Entstehung beschließen die Erforschung der Wachsverbrennung.
  - Eine zentrale Erkenntnis zur Wachsverbrennung stellt die Unterscheidung zwischen vollständiger (Flammensaum) und unvollständiger Verbrennung (Flammenmantel) dar.
  - Ziel der Untersuchung der Wachsverbrennung ist die Beschreibung der dabei ablaufenden Stoffumwandlungen.
- ▶ Abschn. 2.9: Chemie und chemische Reaktionen
  - Experiment 2.38 bis Experiment 2.46
  - Anhand von Experimenten wird gezeigt, dass chemische Reaktionen immer zur Bildung neuer Stoffe führen.
- ▶ Abschn. 2.10: Vom Phlogiston zum Sauerstoff
  - Antoine Laurent Lavoisier hat als erster Naturforscher die Bedeutung des Sauerstoffs für Verbrennungen erkannt. Mit dieser Erkenntnis leistete er einen entscheidenden Beitrag zur Begründung der modernen Chemie.
- ▶ Abschn. 2.11: Experimente zur Vertiefung des Themas Verbrennung

2.3 Feuermärchen

Die Aufgabe des Königs

Ein König hatte zwei Söhne. Als er alt wurde, da wollte er einen der beiden zu seinem Nachfolger bestellen. Er versammelte die Weisen seines Landes und rief seine beiden Söhne herbei. Er gab jedem der beiden fünf Silberstücke und sagte: „Ihr sollt für dieses Geld die Halle in unserem Schloss bis zum Abend füllen. Womit, das ist eure Sache."

Die Weisen sagten: „Das ist eine gute Aufgabe."

Der älteste Sohn ging davon und kam an einem Feld vorbei, wo die Arbeiter dabei waren, das Zuckerrohr zu ernten und in einer Mühle auszupressen. Das ausgequetschte Zuckerrohr lag nutzlos herum. Da dachte er sich: „Das ist eine gute Gelegenheit, mit diesem nutzlosen Zeug die Halle meines Vaters zu füllen." Mit dem Aufseher der Arbeiter wurde er einig, und sie schafften bis zum späten Nachmittag das ausgedroschene Zuckerrohr in die Halle. Als sie gefüllt war, ging er zu seinem Vater und sagte: „Ich habe Deine Aufgabe erfüllt. Auf meinen Bruder brauchst du nicht mehr zu warten. Mach mich zu deinem Nachfolger."

Der Vater antwortete: „Es ist noch nicht Abend. Ich werde warten."

Bald darauf kam der jüngere Sohn. Er bat darum, das ausgedroschene Zuckerrohr wieder aus der Halle zu entfernen. So geschah es. Dann stellte er mitten in die Halle eine Kerze und zündete sie an. Ihr Schein füllte die Halle bis in die letzte Ecke hinein.

Der Vater sagte: „Du sollst mein Nachfolger sein. Dein Bruder hat fünf Silberstücke ausgegeben, um die Halle mit nutzlosem Zeug zu füllen. Du hast nicht einmal ein Silberstück gebraucht und hast sie mit Licht erfüllt. Du hast sie mit dem gefüllt, was die Menschen brauchen."

Quelle: ► Internet-Maerchen.de (2010)

Das Zündholz und die Kerze

Eines Tages kam ein Zündholz zur Kerze und sagte: „Ich habe den Auftrag, dich anzuzünden."

„O nein!" erschrak die Kerze. „Nur das nicht. Wenn ich brenne, sind meine Tage gezählt! Niemand mehr wird meine Schönheit bewundern!" Und sie begann zu weinen.

Das Zündholz fragte: „Aber willst du denn dein Leben lang kalt und hart bleiben, ohne je gelebt zu haben?"

„Aber brennen tut doch weh und zehrt an meinen Kräften", schluchzte die Kerze unsicher und voller Angst.

„Das ist schon wahr", entgegnete das Zündholz. „Aber es ist doch das Geheimnis unserer Bestimmung: Wir sind berufen, Licht zu sein. Was ich tun kann, ist wenig. Zünde ich dich nicht an, so verpasse ich den Sinn meines Lebens. Denn ich bin dafür da, Feuer zu entfachen. Du bist die Kerze. Du sollst für andere leuchten und Wärme schenken. Alles, was du an Schmerz und Leid und Kraft hingibst, wird verwandelt in Licht. Du gehst nicht verloren, wenn du dich verzehrst. Andere werden dein Feuer weitertragen. Nur wenn du dich versagst, wirst du sterben."

Da spitzte die Kerze ihren Docht und sprach voller Erwartung: „Ich bitte dich, zünde mich an."

Quelle: ► Zeitzuleben.de (2016)

■ Fazit

Beide Märchen zeigen, dass wir Feuer auf viele verschiedene Weisen wahrnehmen und interpretieren können. In diesem Kapitel steht jedoch die chemische Wahrnehmung und Interpretation im Mittelpunkt. Dabei sollten wir jedoch nicht vergessen, dass dies nicht die einzige und somit auch nicht „die richtige“ Sichtweise ist.

2.4 Am Anfang war das Feuer

Bevor wir uns in die chemische Erforschung des Feuers vertiefen, machen wir zuerst zwei kleine Exkurse in die Geschichte des Feuers.

Von der Mythologie bis zur modernen Chemie

Nach der griechischen Mythologie erschuf der Titan Prometheus die Menschen. Er begab sich auf die Erde und formte sie aus Ton. Zeus jedoch, der oberste aller olympischen Götter und mächtiger als alle anderen griechischen Götter zusammen, versagte den Sterblichen den Besitz des Feuers.

Gegen den Willen des Zeus kam Prometheus den Menschen zu Hilfe – er entzündete den Stängel eines Riesenfenchels am Funken sprühenden Wagen des Sonnengottes Helios. Mit dieser Flamme versetzte er auf der Erde einen Holzstoß in Brand und brachte so den Menschen das Feuer. Selbst Zeus konnte es ihnen nun nicht mehr entreißen.

Auch wenn wir diese Geschichte über den Ursprung des Feuers heute nicht mehr glauben, so sagt sie uns doch etwas Bedeutsames über das Altertum. Damals war Feuer etwas göttliches, etwas, das von oben, vom Himmel kam. Damit erübrigten sich Fragen nach seiner Natur, denn göttliche Vorgänge waren für die Menschen des Altertums fundamentale Gegebenheiten. Man akzeptierte sie als unantastbare Wahrheiten und bediente sich ihrer, um den Lauf der Welt zu erklären. Durch seinen göttlichen Status war das Feuer vor der menschlichen Neugier geschützt. Doch ewig währte dieser Schutz nicht.

Die sogenannten griechischen Naturphilosophen begnügten sich schon 500 v. Chr. nicht mehr mit Göttergeschichten. Sie machten sich auf die Suche nach natürlichen Erklärungen für die Vorgänge der Natur. Sie wollten also die Natur verstehen, indem sie die Natur selbst beobachteten. An die Frage: „Was ist Feuer?“ wagten sie sich jedoch noch nicht. Für die Anhänger des Empedokles war das Feuer einer der vier Grundstoffe, aus denen sich alle anderen Stoffe zusammensetzen.

Die Naturphilosophen haben zwar die Frage, was Feuer ist, noch nicht gestellt. Sie haben aber das Denken der Menschen weg von den Mythologien und hin zur Natur selbst gelenkt und damit haben sie diese Frage vorbereitet.

Eine erste Antwort kam erst sehr lange Zeit nach den Naturphilosophen. Georg Ernst Stahl (1659–1734) erklärte das Feuer zu Beginn des 18. Jhd. mithilfe des Phlogistons (Phlogiston ist nach Stahl ein Stoff, der bei allen Verbrennungen abgegeben wird). Indem Antoine Laurent Lavoisier (1743–1794) die Bedeutung des Sauerstoffs erkannte, widerlegte er gegen Ende des 18. Jahrhunderts diese Theorie. Er leistete damit den entscheidenden Beitrag zur Begründung der modernen Chemie. Die wissenschaftlichen Auseinandersetzungen um die Frage: „Was ist Feuer?" führten also zu dem, was wir heute Chemie nennen. Was könnte also passender sein, als diese große alte Frage, um einen Einstieg in die Geheimnisse der Chemie zu unternehmen?

Feuer und die Entwicklung der Urmenschen

Obwohl zuverlässige archäologische Fundstellen von Lagerfeuern maximal nur 500.000 Jahre alt sind, ist es wahrscheinlich, dass es vor über 1,5 Mio. Jahren bereits dem frühen Homo erectus gelang, Feuer für sich nutzbar zu machen.

Homo erectus ist eine ausgestorbene Art der Gattung Homo: Älteste Spuren wurden auf ein Alter von 1,9 Mio. Jahre datiert. Wann Homo erectus ausstarb, ist nicht bekannt.

Die Beherrschung des Feuers gehört zu den höchsten kulturellen Leistungen des Menschen und hat sein Leben wie kaum eine andere Entdeckung verändert. Spätestens mit der Beherrschung des Feuers war die Grenze zwischen Tier und Mensch überschritten. Die Bedeutung des Feuers für die Urmenschen wird auf sehr eindrückliche Weise verständlich in Jean-Jacques Annauds Film Am Anfang war das Feuer (Annaud 1981).

▶ Evolution-Mensch.de (2009) schreibt dazu: „Als sich vor 2,5 Mio. Jahren das Klima in Afrika zu verändern begann und es zu immer längeren Trockenzeiten kam, schrumpften die Regenwälder des Äquatorialgürtels. Besonders der östliche Teil des Kontinents [...] war davon betroffen. Savannen mit ihren weiten Grasfluren und vereinzelten Bäumen breiteten sich aus. Aus den ursprünglichen Savannen hingegen wurden weite Steppen, Heimat für die großen Weidetiere. Doch sie mussten immer größere Strecken zurücklegen, um an frischen Graswuchs und zu den wenigen Wasserstellen zu kommen. Davon waren auch die ersten Menschen betroffen, denn auch sie waren wie alle Lebewesen vom Wasser abhängig.

Bei einer dieser Wanderungen oder bei einer Rast muss es dann geschehen sein: Der Himmel verdunkelt sich, Wolken türmen sich drohend auf. Blitze durchzucken den Himmel und das Grollen des Donners kommt immer näher. Dann ein greller Blitz, ein Knall zerreißt die Luft. Ein Baum hat Feuer gefangen, ein Ast senkt sich brennend zu Boden; die strohtrockene Savanne beginnt zu brennen. Eine Gruppe früher Menschen hat die Szenerie beobachtet – aus sicherer Entfernung. Dieser Vorgang wird für sie nichts Neues gewesen sein, denn Buschbrände waren aufgrund der klimatischen Verhältnisse häufiger als heute. Diese Menschen gehen zum Baum, dessen Inneres noch glimmt. Die Glut betten sie in Rinde und Blätter. Sie werden das Feuer zu ihrem Lagerplatz tragen. Dort werden sie es wieder entfachen. Es wird ihnen Licht und Wärme geben und sie vor allem vor den nächtlichen Angriffen der Leoparden schützen. Das Feuer ist gefährlich – und das Feuer ist gut. [...]

Zwei Methoden eignen sich zum Feuermachen, allerdings setzen beide einigen Aufwand und viel Geschick voraus. Zum einen kann ein Stöckchen aus Hartholz entweder mit bloßen Händen oder mit einem kleinen Bogen in weichem Holz gedreht werden. Reibung erzeugt Hitze, vor allem dann, wenn zwischen die Hölzer noch Sand oder Asche gestreut wird. Nach einigen Minuten Reiben entsteht so viel Hitze, dass ein getrockneter Baumschwamm zum Glimmen gebracht werden und als Zunder fungieren kann. Mit dem Zunder wiederum lässt sich leicht anderes brennbares Material wie trockenes Gras entzünden. Für die andere Methode wird Feuerstein gegen das Mineral Pyrit, ein Eisensulfid, geschlagen. Die davonfliegenden Funken werden mit dem Zunderschwamm aufgefangen und mit der Glut das eigentliche Feuer entfacht. […]

Von der Fähigkeit Feuer zu machen und es zu hüten hing schon bald das Überleben der ganzen Gruppe ab, gerade in kälteren Gebieten. […] Der Mensch konnte nun auch nach Sonnenuntergang noch arbeiten, spielen, essen oder Riten abhalten. Der Gebrauch des Feuers eröffnete dem Menschen neue Freiheiten, allerdings begab er sich gleichzeitig in eine starke Abhängigkeit, eine Abhängigkeit, die bis in unsere Zeit andauert."

Wir sind uns dieser Abhängigkeit vom Feuer kaum noch bewusst, denn es brennt meist im Verborgenen: in fast allen Motoren, die, unseren Blicken entzogen, Fahrzeuge antreiben, in den Brennern der Heizungskeller und in thermischen Kraftwerken zur Stromgewinnung. Selbst heutzutage werden in Deutschland etwa 80 % der Primärenergie aus fossilen Brennstoffen (Mineralöl, Erdgas, Kohle) gewonnen. Es gilt also mehr denn je: Feuer hält die Welt in Gang.

Aufgabe 2.1 Was ich weiß, was ich wissen möchte und was ich gelernt habe

Schreibe auf, was Du über Feuer weißt, was Du in ► Abschn. 2.4 gelernt hast und was Du gerne noch darüber wissen möchtest.
(WD 1 Faktenwissen bis WD 4 Metakognition/KP 1 Erinnern bis KP 4 Analysieren)

2.5 Wie sieht eine Kerzenflamme aus?

Da in Gebäuden normalerweise keine offenen Feuer gemacht werden können, bearbeiten wir die Frage: „Was ist Feuer?" vor allem mit Hilfe von Kerzenflammen. Wenn man die Möglichkeit dazu hat, kann man dieses Forschungsprojekt sehr gut mit einem großen Lagerfeuer beginnen.

Um die Auseinandersetzung mit der Kerzenflamme einzuleiten, bieten sich zwei Aufgaben an, die uns mit dem Aussehen der Kerzenflamme vertraut machen.

Aufgabe 2.2 Kerzenflamme aus der Erinnerung zeichnen

Zeichne in ca. 10–15 min, auf ein weißes DIN-A4-Blatt eine Kerzenflamme, und zwar aus der Erinnerung.

- Verwende das Blatt im Hochformat.
- Die Flamme sollte deutlich mehr als die Hälfte des Blatts bedecken.
- Zeichne die Flamme mit Farbstiften.
- Zeichne auch die Kerze, aber nur das oberste Stück – der Schwerpunkt liegt bei der Flamme.

(WD 1 Faktenwissen/KP 2 Verstehen)

Aufgabe 2.3 Kerzenflamme beobachten

Beobachte eine Kerzenflamme sowie den oberen Teil der Kerze. Halte deine Beobachtungen schriftlich fest und gliedere sie so weit als möglich.

Hinweise:

- Mögliche Themen für die Gliederung:
  - Flammenform,
  - Flammenzonen,
  - Docht,
  - oberes Ende der Kerze.
- Wenn man mit dem Docht spielt, kann man etwas Interessantes feststellen.

(WD 3 Prozesswissen/KP 2 Verstehen bis KP 4 Analysieren)

Mit den Merkmalen der Kerzenflamme (Abb. 2.1) werden wir uns in den folgenden Abschnitten intensiv beschäftigen.

Flammenzonen

Beim Betrachten der Kerzenflamme kann man drei unterschiedliche Zonen erkennen:

- Flammenkern:
  - innerer, unterer Bereich der Flamme,
  - umhüllt den Docht,
  - ist durchsichtig und farblos.
- Flammenmantel:
  - äußerer, oberer Bereich der Flamme,
  - umhüllt den oberen Teil des Flammenkerns,
  - ist undurchsichtig und gelb.
- Flammensaum:
  - äußerer, unterer Bereich der Flamme,
  - umhüllt den unteren Teil des Flammenkerns,
  - ist durchsichtig und blau.

Die Übergänge von der einen zur anderen Zone sind fließend.
(WD 1 Faktenwissen)

◘ Abb. 2.1 a Kerzenflamme mit gekrümmtem Docht – Flammensaum gut, Flammenkern kaum sichtbar, b Kerzenflamme mit geradem Docht, c Vergrößerung: Kerzenflamme mit gekrümmtem Docht – Flammensaum gut, Flammenkern kaum sichtbar. (© Ralf Geiß 2017)

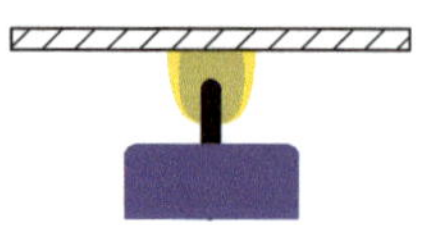

Abb. 2.2 Versuchsdurchführung: Drahtnetz in der Kerzenflamme. (© Ralf Geiß 2017)

Experiment 2.1 Drahtnetz in der Kerzenflamme

Versuchsdurchführung: Ein Drahtnetz (am besten aus Kupfer) wird horizontal in eine Kerzenflamme gehalten. Das Drahtnetz sollte etwa durch die Mitte des Flammenkerns verlaufen (Abb. 2.2).

Beobachtung: Die Flamme verschwindet oberhalb des Netzes und es steigt eine weiße Substanz über dem Netz auf. Von oben kann man deutlich einen Querschnitt durch die Flamme sehen. Der Querschnitt kann als farblose Kreisfläche mit einem gelben Ring darum beschrieben werden (Abb. 2.3).

Schlussfolgerung: Der gelbe Flammenmantel umhüllt den Flammenkern, der nicht schwarz, sondern farblos ist.

Hinweis: Bei Verwendung von Kupfer-Drahtnetz kommt es häufig zur Ausbildung eines blauen bis blaugrünen Rings – außen um den gelben Ring des Flammenmantels herum. Es handelt sich dabei nicht um den Flammensaum. Die Ursache für diese Blaufärbung sind Spuren von Kupfer, die im heißen, äußeren Bereich des Flammenmantels in die Flamme geraten.

Aufgabe 2.4 Flammenzonen

Ergänze Tab. 2.1.
(WD 1 Faktenwissen/KP 1 Erinnern)

Tab. 2.1 Aufgabe: Merkmale der Flammenzonen

	Räumliche Position in der Flamme	**Räumliche Beziehung zu anderer Komponente der Kerzenflamme**	**Eigenschaften**
Flammenkern			
Flammenmantel			
Flammensaum			

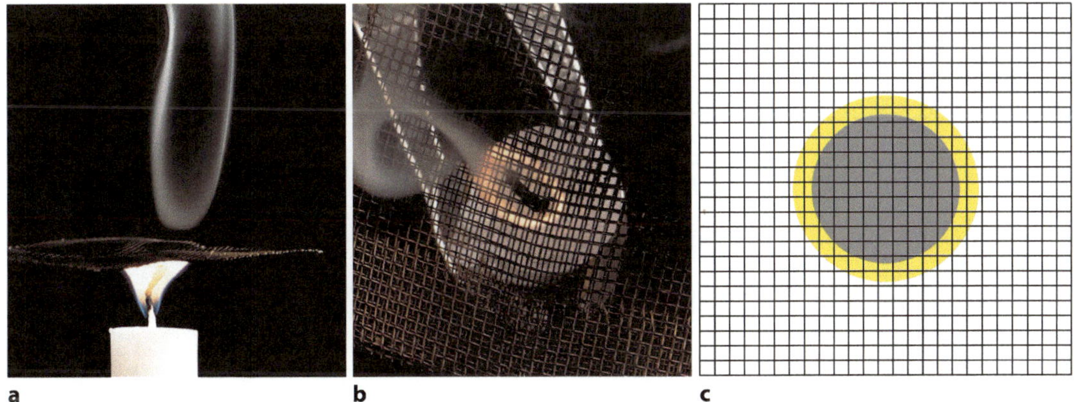

Abb. 2.3 **a** Ein Kupfer-Drahtnetz horizontal in der Mitte des Flammenkerns, **b** Von oben erkennt man deutlich Flammenkern und Flammenmantel im Querschnitt, **c** Gezeichneter Flammenquerschnitt unter dem Drahtnetz. (© Ralf Geiß 2017)

2.6 Was brennt in der Kerzenflamme?

Die Beschreibung des Aussehens einer Kerzenflamme alleine ermöglicht noch kein Verständnis der Flamme. Der faszinierende Flammensprung wird uns als Ausgangspunkt dienen, um den Geheimnissen von Kerzenflammen auf die Spur zu kommen. Durch die Erforschung des Flammensprungs können wir auch herausfinden, was in der Kerzenflamme brennt.

Was passiert beim Flammensprung?

Experiment 2.2 Flammensprung

Versuchsdurchführung: Eine Kerze (am besten aus Bienenwachs) wird, nachdem sie ein paar Minuten gebrannt hat, mit angefeuchtetem Daumen und Zeigefinger gelöscht. In die aufsteigende weiße Substanz wird ein brennendes Streichholz oder eine Feuerzeug-Flamme gehalten (Abstand zum Docht mind. 5 cm). Hinweis: Mit einem Kerzenlöscher ist es möglich, bei geschickter Anwendung Flammensprünge über 10–20 cm zu realisieren. Man kann sich einen Kerzenlöscher basteln, indem man von einem Reagenzglas (Duran, 24 × 200 mm) mit einem Glasschneider (Widia®) den unteren, etwa 3 cm langen, Teil abtrennt und mit einer Holzklammer einspannt.

Beobachtung: Die Flamme springt vom brennenden Streichholz auf den Docht über. Bei günstigen Bedingungen kann man mit dem Auge eine kleine Flamme erkennen, die der weißen Masse entlang vom Streichholz zum Docht saust (Abb. 2.4).

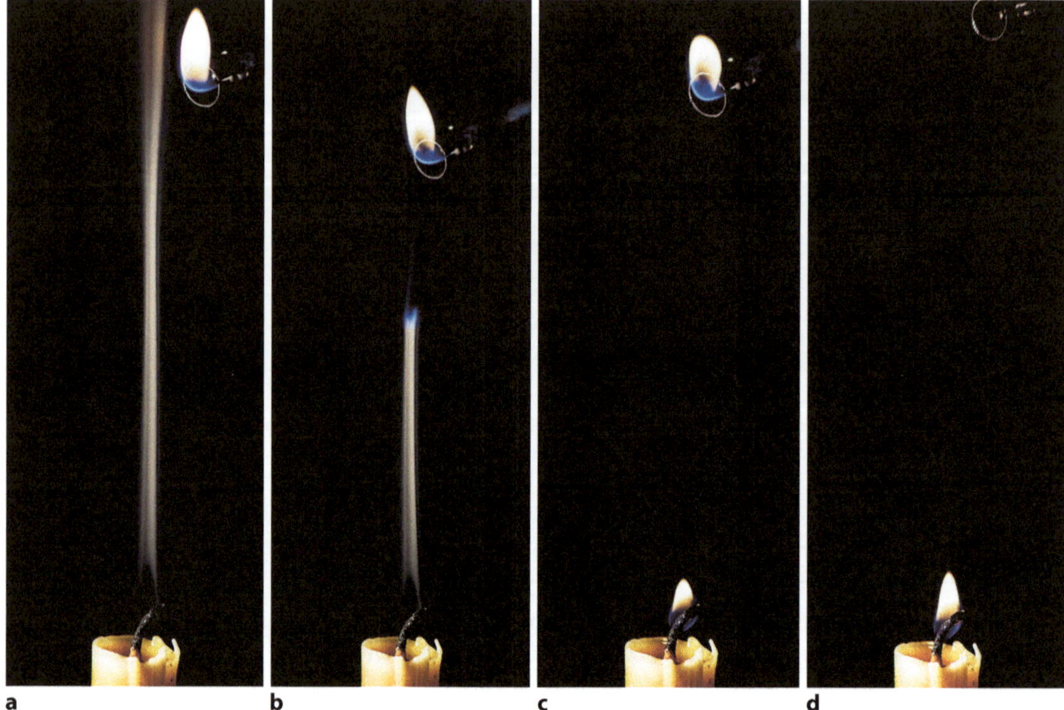

Abb. 2.4 **a** Kurz nachdem eine Kerze gelöscht wurde, steigt Wachsnebel vom noch heißen Docht auf; **b** mit einer Flamme wird der Wachsnebel entzündet – eine kleine Flamme bewegt sich schnell Richtung Docht; **c** nach dem Überspringen der kleinen Flamme auf den Docht beginnt sich die Kerzenflamme auszubilden; **d** die Kerzenflamme hat sich kurz nach dem Überspringen wieder voll ausgebildet. (© Ralf Geiß 2017)

Schlussfolgerung: Es ergeben sich zwei Fragen: Was brennt beim Flammensprung? Woraus besteht die aufsteigende weiße Substanz?

Sinnvolle Antworten auf die Frage, was beim Flammensprung brennt, wären:

- der Docht,
- das Wachs,
- der Docht und das Wachs.

Um die richtige Antwort zu finden, machen wir verschiedene Experimente.

Aufgabe 2.5 Flammensprung 1: Kerze löschen

Warum ist es besser, die Flamme mit den Fingern auszudrücken, anstatt sie auszublasen?

(WD 2 Konzeptwissen/KP 2 Verstehen)

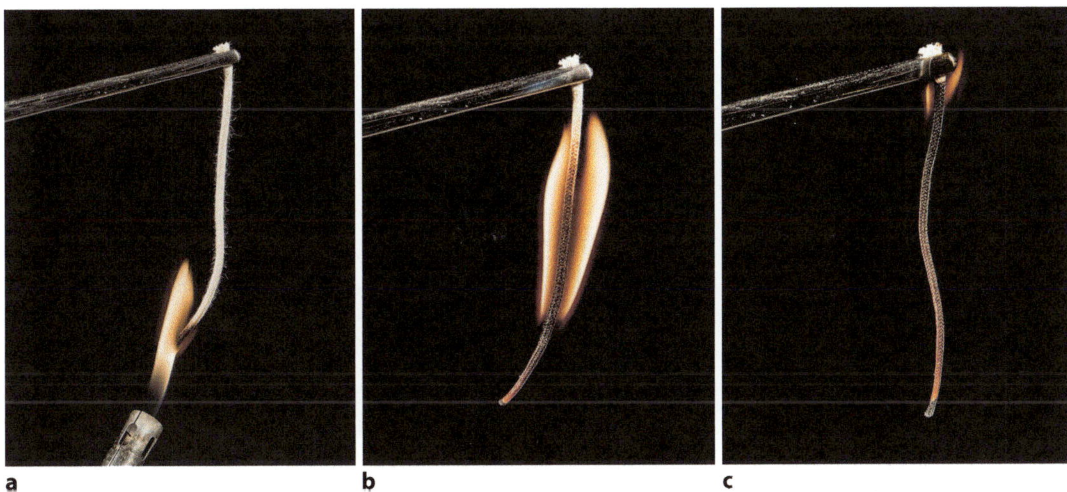

Abb. 2.6 **a** Kerzendocht wird entzündet, **b** brennender Kerzendocht, **c** Kerzendocht kurz vor dem Ende des Abbrennens. (© Ralf Geiß 2017)

Experiment 2.3 Docht verbrennen

Versuchsdurchführung: Ein 10 cm langes Stück Kerzendocht wird an einem Ende mit einer langen Pinzette gefasst und am anderen Ende in einer Flamme angezündet (Abb. 2.5).

Beobachtung: Im Verlauf von ca. 15 s brennt das Dochtstück mit hellgelber Flamme ab. Es bleibt schwarzes, verkohlt aussehendes Material zurück (Abb. 2.6).

Schlussfolgerung: Das Experiment zeigt deutlich: Docht alleine verbrennt im Vergleich zu einer Kerze sehr schnell.

Abb. 2.5 Verbrennen von Kerzendocht. (© Ralf Geiß 2017)

Aus dem Experiment ergeben sich zwei Fragen: Hat das Kerzenwachs etwas damit zu tun, dass Kerzen viel langsamer brennen als Docht? Schützt Wachs den Docht vor einer schnellen Verbrennung, oder gibt es einen anderen Grund für das langsame Abbrennen? Um diese Fragen zu beantworten, experimentieren wir mit Kerzenwachs.

Experiment 2.4 Festes und flüssiges Wachs anzünden

Versuchsdurchführung: Zunächst versucht man, ein festes Stück Wachs anzuzünden. Anschließend wird in einem Porzellanschälchen ein Stück festes Wachs zum Schmelzen gebracht. Nun wird eine Streichholzflamme zuerst an die Oberfläche des flüssigen Wachses gehalten und dann ganz in das Wachs eingetaucht (Abb. 2.7).

Beobachtung: Festes Wachs lässt sich nicht entzünden. Auch das flüssige Wachs lässt sich nicht entzünden – beim Eintauchen erlischt die Streichholzflamme sogar.

Schlussfolgerung: Festes und flüssiges Wachs brennen nicht.

Abb. 2.7 Versuchsdurchführung mit flüssigem Wachs in Porzellanschale. (© Ralf Geiß 2017)

Es könnte also durchaus sein, dass flüssiges Wachs den Docht vor einer schnellen Verbrennung bewahrt. Wenn Wachs nicht brennt, was verbrennt dann aber die kleine Flamme beim Flammensprung? Außerdem: Wenn Wachs nicht brennt, was passiert dann mit dem Wachs einer Kerze, verschwindet es einfach? Aufgrund unserer Untersuchung von festem und flüssigem Wachs können wir noch nicht entscheiden, ob Wachs brennt. Es könnte nämlich sein, dass gasförmiges Wachs brennt. Um herauszufinden, was die Rolle des Wachses ist, müssen wir noch versuchen, gasförmiges Wachs zu entzünden.

■ **Abb. 2.8** Versuchsdurchführung mit gasförmigem Wachs. (© Ralf Geiß 2017)

Experiment 2.5 Gasförmiges Wachs anzünden

Versuchsdurchführung: Im Abzug: In einem Porzellanschälchen wird ein Stück festes Wachs lange und stark erhitzt. Man erhitzt so lange, bis die Bildung von weißem Wachsnebel intensiv stattfindet (■ Abb. 2.8 und 2.9).

Beobachtung: Mit fortdauerndem Erhitzen ändert das geschmolzene, flüssige Wachs seine Farbe von farblos nach dunkelgelb. Nach einiger Zeit steigen im flüssigen Wachs Gasblasen auf – das Wachs siedet. Der aufsteigende Wachsdampf beginnt zu brennen. Auf dem flüssigen Wachs tanzen unruhig einige hellgelbe Flammen (■ Abb. 2.9d).

Schlussfolgerung: Die im siedenden Wachs aufsteigenden Gasblasen bestehen aus Wachsgas. An der Oberfläche des siedenden Wachses geht das Wachsgas in die Luft über und kann dort entzündet werden. Fazit: Gasförmiges Wachs brennt.

Wir können jetzt erklären, warum eine Kerze viel langsamer brennt als ein Stück Docht. Es ist nicht nur der Docht, der brennt, es verbrennt auch gasförmiges Wachs in der Kerzenflamme. Mit dieser Erkenntnis können wir auch die Frage von Experiment 2.2, was beim Flammensprung brennt, beantworten. Die kleine Flamme verbrennt auf ihrem Weg vom Streichholz zum Docht Wachsgas.

Aufgabe 2.6 Gasförmiges Wachs

Warum brennt nur gasförmiges Wachs?
(WD 2 Konzeptwissen/KP 2 Verstehen)

Eine Kerze besteht zum überwiegenden Teil aus Wachs. Die Verbrennung des Dochts kann also keine große Rolle spielen. Wozu ist der Docht dann überhaupt gut? Natürlich versuchen wir auch hier, mit einem Experiment Klarheit zu schaffen.

◘ **Abb. 2.9** **a** Schmelzen von festem Wachs, **b** siedendes Wachs, **c** über siedendem Wachs steigt Wachsdampf auf, **d** brennendes Wachsgas. (© Ralf Geiß 2017)

Experiment 2.6 Docht im flüssigen Wachs

Versuchsdurchführung: Ein etwa 5 cm langes Stück weißer Docht wird, mit einer Tiegelzange, senkrecht mit dem unteren Ende, in flüssiges rotes Wachs getaucht (◘ Abb. 2.10).

Beobachtung: Das flüssige rote Wachs steigt dem Docht entlang nach oben (◘ Abb. 2.11).

Schlussfolgerung: Docht besteht aus Baumwollfasern. In den Baumwollfasern befinden sich sehr dünne Kanäle. In den dünnen Kanälen steigt das flüssige Wachs nach oben.

◘ **Abb. 2.10** Versuchsdurchführung mit Docht in flüssigem Wachs. (© Ralf Geiß 2017)

Abb. 2.11 Stück Docht eingetaucht in flüssiges rotes Wachs. (© Ralf Geiß 2017)

Aufgabe 2.7 Hypothesenschema 1

Welche Bedeutung haben Wachs und Docht für die Kerzenflamme?

Erstelle zu dieser Frage zwei Hypothesenschemata. Ein Schema sollte eine belegbare Hypothese enthalten, das andere eine widerlegbare Hypothese.

Hinweis: Ein Hypothesenschema enthält folgende Elemente: Frage, Information zur Frage, Hypothese, Hypothesentest (Experimente), Ergebnis der Experimente, Schlussfolgerung aus den Experimenten.

(WD 3 Prozesswissen/KP 6 Erschaffen)

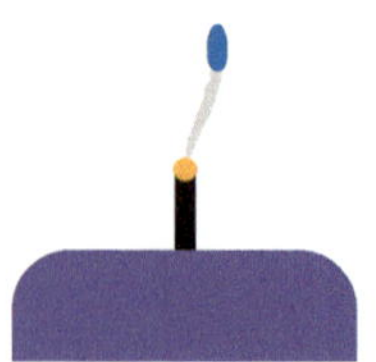

Abb. 2.12 Flammensprung. (© Ralf Geiß 2017)

Aufgabe 2.8 Flammensprung 2

Was passiert genau beim Flammensprung (Abb. 2.12)? Beantworte die Frage ausführlich auf mindestens einer komplett beschriebenen DIN-A4-Seite.

Hinweise:

- Gasförmiges Wachs ist farblos und durchsichtig wie Luft.
- Die weiße Substanz, die nach dem Auslöschen einer Kerze von der Spitze des Dochts aus aufsteigt, ist zunächst Wachsnebel, weiter oben Wachsrauch (siehe Definitionen im folgenden Abschnitt).
- Um diese Frage zu beantworten, sind 2 Fakten entscheidend:
  - Wachs kann je nach Temperatur fest, flüssig oder gasförmig sein.
  - Festes und flüssiges Wachs brennen nicht, Wachsgas brennt.

(WD 2 Konzeptwissen/KP 6 Erschaffen)

Aufgabe 2.9 Flammpunkt

Der Flammpunkt (Tab. 2.2) eines Stoffs ist die niedrigste Temperatur, bei der sich über dem Stoff ein zündfähiges Gas-Luft-Gemisch bilden kann.

Tab. 2.2 Flammpunkte verschiedener Flüssigkeiten

Stoff	Flammpunkt in °C
Glycerin	199
Butanol	34
Ethanol (Alkohol)	12
Aceton (Nagellack-Entferner)	−18

Warum haben verschiedene Stoffe verschiedene Flammpunkte?
(WD 2 Konzeptwissen/KP 2 Verstehen)

Aufgabe 2.10 Flammensprung – Bienenwachs
Warum klappt der Flammensprung mit Bienenwachs-Kerzen auch noch in relativ großem Abstand zum Docht?
(WD 2 Konzeptwissen/KP 5 Beurteilen)

Was bedeuten die Begriffe Dampf, Gas, Nebel, Rauch?

Dampf, Gas, Nebel, Rauch und Aerosol

Dampf ist ein Wort aus der Umgangssprache. Es ist streng genommen kein chemischer (wissenschaftlicher) Begriff – seine Bedeutung ist unklar.
Gas: Stoffe können in drei verschiedenen Zuständen (Aggregatzuständen) vorkommen. Sie können gasförmig, flüssig oder fest sein. Ein Gas ist ein Stoff, der im gasförmigen Aggregatzustand vorliegt.
Nebel: Bei Nebel handelt es sich um ein Stoffgemisch. Von Nebel spricht man, wenn kleine, flüssige Partikel in einem Gas oder Gasgemisch fein verteilt sind.
Rauch: Bei Rauch handelt es sich um ein Stoffgemisch. Von Rauch spricht man, wenn kleine, feste Partikel in einem Gas oder Gasgemisch fein verteilt sind.
Aerosol: Auch Aerosole sind Stoffgemische. Wenn in einem Gas oder Gasgemisch kleine, feste und kleine, flüssige Partikel fein verteilt auftreten, spricht man von einem Aerosol.
(WD 1 Faktenwissen)

Aufgabe 2.11 Vergleich von Gas, Nebel, Rauch und Aerosol
Ergänze die Tab. 2.3.
(WD 1 Faktenwissen/KP 2 Verstehen)

Tab. 2.3 Aufgabe: Vergleich von Gas, Nebel, Rauch und Aerosol

	Gas	Nebel	Rauch	Aerosol
Anzahl an auftretenden Aggregatzuständen				

Aufgabe 2.12 Wachsnebel und Wachsrauch
Ergänze das folgende Diagramm.

Wachsnebel	Wachsnebel und Wachsrauch	Wachsrauch
Ist: Entsteht: Temperatur:	Sind: Entstehen:	Ist: Entsteht: Temperatur:

(WD 2 Konzeptwissen/KP 2 Verstehen)

Zusammenfassung: Bedeutung des Dochts

Experiment 2.3 und Experiment 2.6 zeigen die Bedeutung des Dochts. Der Docht ist zwar brennbar, verbrennt jedoch sehr schnell. Seine zentrale Bedeutung kann also nicht im Verbrennen bestehen. Experiment 2.6 zeigt, dass die Wirkung des Dochts im Wesentlichen im Aufsaugen des flüssigen Wachses besteht. Der Docht ist also vor allem dazu da, das flüssige Wachs aufzusaugen und es in die Flamme zu leiten, sodass es dort verdampfen kann.

Was brennt in der Kerzenflamme?
Gasförmiges Wachs brennt. Experiment 2.4 und Experiment 2.5 zeigen: Festes Wachs brennt nicht, flüssiges Wachs brennt nicht, aber gasförmiges Wachs brennt.
Die Bedeutung des Dochts: Das Brennen der Kerze beruht infolgedessen nahezu ausschließlich auf der Verbrennung von Wachsgas. Das Wachsgas wird aus dem flüssigen Wachs im Docht gebildet. Der Docht hat somit die Funktion einer Flüssigwachs-Leitung – er transportiert flüssiges Wachs aus dem Wachssee in das heiße Innere der Flamme, dort verdampft es und verbrennt.
(WD 2 Konzeptwissen)

■ **Abb. 2.13** Versuchsverlauf: Wachs-Flammenwerfer. (© Ralf Geiß 2017)

Weitere Experimente zum Thema Verbrennung

Um den Ablauf von Verbrennungs-Experimenten erklären zu können, müssen verschiedene Aspekte (Aggregatzustände, Übergänge zwischen Aggregatzuständen, Oberfläche etc.) auf komplexe Weise miteinander kombiniert werden. Da es Übung erfordert, derartige Erklärungen formulieren zu können, befassen wir uns mit einigen weiteren Verbrennungsexperimenten.

Experiment 2.7 Wachs-Flammenwerfer (Indoor-Variante)
Versuchsdurchführung: Ein Reagenzglas (16 × 160 mm, dünnwandig, Kalk-Natron-Glas) wird 3 cm hoch mit Wachsperlen gefüllt, mit einer Holzklammer gehalten und in der Flamme eines leistungsfähigen Gasbrenners erhitzt. Nachdem das Wachs für einige Sekunden heftig gesiedet hat, wird der untere Teil des Reagenzglases in ein Becherglas mit kaltem Wasser gehalten (■ Abb. 2.13).
Hinweis: Tischoberfläche 2 m weit mit Karton abdecken.
Beobachtung: Aus der Öffnung des Reagenzglases schießt eine weiße Wolke heraus, die nach kurzer Zeit explosionsartig verbrennt (■ Abb. 2.14).
Schlussfolgerung: Es stellt sich folgende Frage: Wie kann sich die Wachswolke von selbst entzünden?

Aufgabe 2.13 Wachswolke in Experiment 2.7

a) Warum muss man für dieses Experiment ein nicht temperaturbeständiges Reagenzglas verwenden?
(WD 2 Konzeptwissen/KP 2 Verstehen)

b) Warum schießt eine Wachswolke aus dem Reagenzglas?
(WD 2 Konzeptwissen/KP 5 Beurteilen)

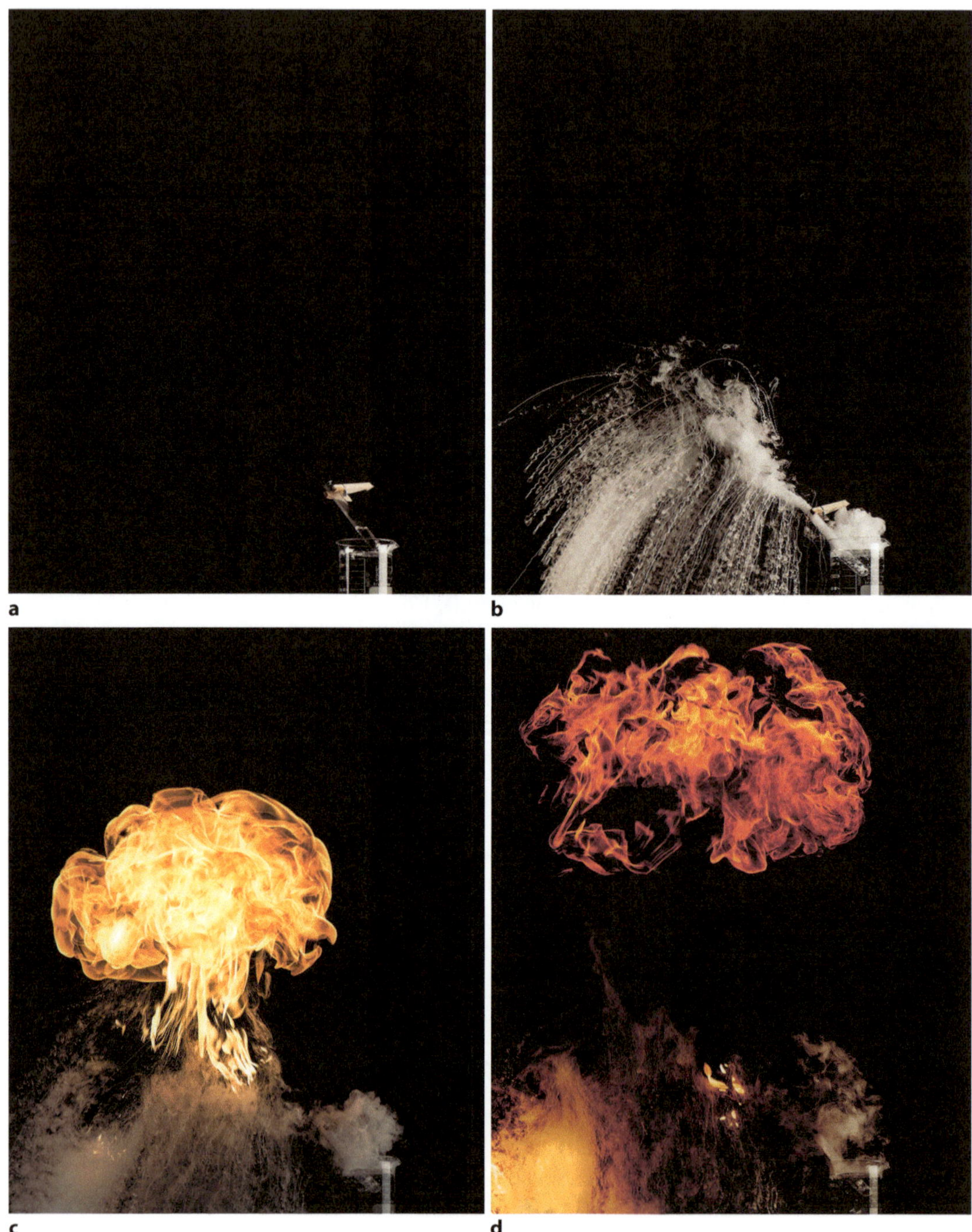

■ **Abb. 2.14** **a** Ein Reagenzglas mit siedend heißem Wachs wird in Wasser getaucht, **b** eine Wachswolke schießt aus dem Reagenzglas, **c** die Wachswolke entzündet sich von selbst, **d** der obere Teil der Wachswolke verbrennt, der untere Teil fällt zu Boden. (© Ralf Geiß 2017)

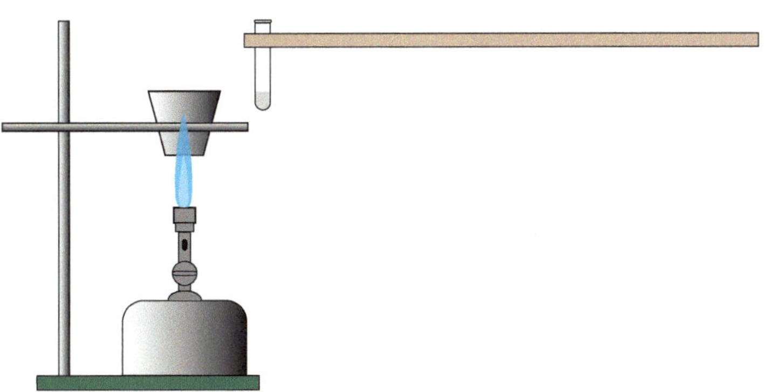

■ **Abb. 2.15** Versuchsaufbau: Wachswolke, die sich von selbst entzündet. (© Ralf Geiß 2017)

c) Warum entzündet sich die Wachswolke von selbst? (WD 2 Konzeptwissen/KP 3 Anwenden)
d) Warum bildet sich der Feuerball oberhalb des Wachsnebels? (WD 2 Konzeptwissen/KP 3 Anwenden)

Experiment 2.8 Wachs-Flammenwerfer (Outdoor-Variante)
Versuchsdurchführung: Ein 200-ml-Metalltiegel wird mit ca. 50 ml Wachsperlen (Paraffinwachs) gefüllt. Anschließend wird das Wachs im Tiegel zum Sieden erhitzt. Während das Wachs kräftig siedet, wird mit einem Kontakt-Thermometer mit Digitalanzeige die Temperatur des siedenden Wachses gemessen. Falls sich das verdampfende Wachs von selbst entzündet, werden die Flammen durch Abdecken gelöscht. Man entfernt den Brenner und gießt anschließend mithilfe eines 1 m langen Holzstabs ca. 2 ml Wasser rasch zum siedenden Wachs (■ Abb. 2.15).
Beobachtung: In der Nähe des Siedepunkts steigen, mit zunehmendem Erhitzen, immer mehr Gasblasen im flüssigen Wachs auf. Ebenso steigt immer mehr Wachsnebel auf. Die Temperatur des siedenden Wachses beträgt etwa 350 °C, der exakte Wert hängt von der verwendeten Wachsart ab.
Nach der Wasserzugabe bildet sich unter lautem Zischen schlagartig eine Nebelwolke, die etwa 1,5 m hoch aufsteigt. Etwa eine halbe Sekunde nach ihrer Bildung entzündet sich die Wolke von selbst, ohne äußere Einwirkung, und verbrennt in ca. einer Sekunde unter Bildung einer Feuersäule. Nach der Verbrennung ist von der Wachswolke nichts mehr zu sehen (■ Abb. 2.16).
Schlussfolgerung: Es stellt sich folgende Frage: Wie kann sich die Wachswolke von selbst entzünden?

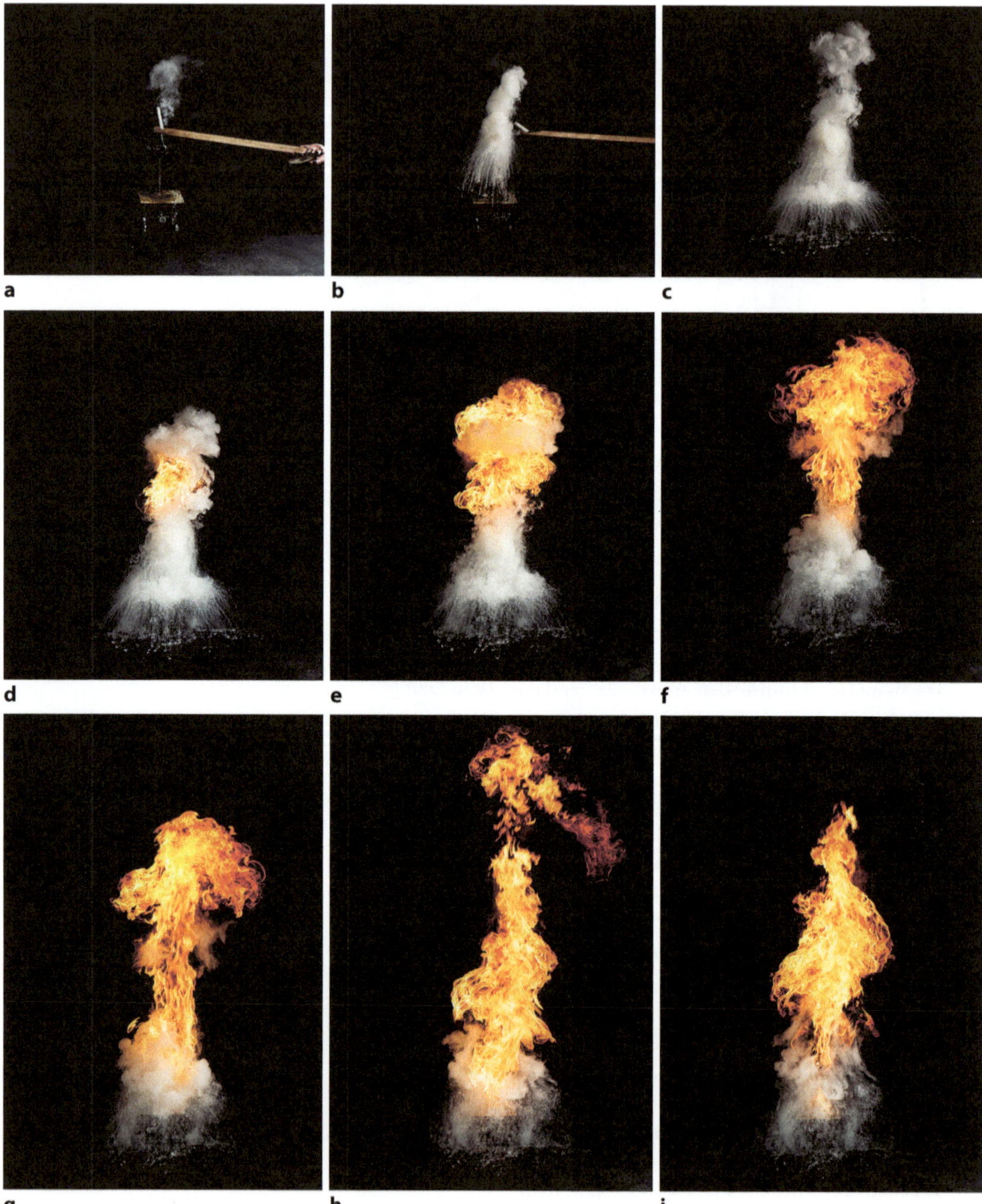

Abb. 2.16 **a** Nachdem der Brenner entfernt wurde wird Wasser in den Tiegel gegossen; **b** eine Wachswolke entsteht, **c** die Wachswolke wird größer und entzündet sich von selbst, **d** die Wachswolke brennt zuerst dort, wo sie sich entzündet hat, **e** das Feuer breitet sich in der Wachswolke in alle Richtungen aus, **f** der obere Teil der Wachswolke brennt nahezu vollständig, **g** das Feuer hat sich bis hinunter zum Tiegel ausgebreitet, **h** das Feuer erreicht in der Vertikalen die größte Ausdehnung – im oberen Bereich ist die Wolke vollständig verbrannt, **i** das Feuer beginnt abzuklingen. (© Ralf Geiß 2017)

Aufgabe 2.14 Wachswolke in Experiment 2.8

a) Was geschieht, während man das feste Wachs bis zum Sieden erhitzt?
(WD 2 Konzeptwissen/KP 2 Verstehen)
b) Was geschieht nach der Zugabe von Wasser zum siedenden Wachs?
(WD 2 Konzeptwissen/KP 5 Beurteilen)
c) Warum entzündet sich die Wachswolke von selbst?
(WD 2 Konzeptwissen/KP 3 Anwenden)
d) Was geschieht mit Wachs und Wasser während der Verbrennung?
(WD 2 Konzeptwissen/KP 5 Beurteilen)

Experiment 2.9 Wasser erhitzen im Papiertopf

Versuchsdurchführung: Teil 1: Ein quadratisches Stück gestrichenes Papier (Werbeflyer) wird zweimal gefaltet, sodass ein kleineres Quadrat entsteht. Dieses Quadrat wird entlang einer Diagonale zerschnitten, sodass ein Papierhut entsteht. Man sticht durch den oberen Rand einen Metallstift und hängt den Hut in einem Vierbein auf. Unter dem Papierhut platziert man gemäß ◘ Abb. 2.17 eine Kerze.
Teil 2: Wie in Teil 1 wird ein Papierhut über einer Kerze in einem Vierbein aufgehängt. Diesmal ist der Hut jedoch mit Wasser gefüllt, in das ein Thermometer eintaucht (◘ Abb. 2.17).
Beobachtung: Teil 1: Nach kurzer Zeit beginnt das Papier zu brennen. Teil 2: Das Papier brennt nicht – das Wasser im Papierhut wird zunehmend wärmer.
Schlussfolgerung: Das Wasser verhindert die Entzündung und das Verbrennen des Papierhuts.

Aufgabe 2.15 Papier entzünden

a) Was passiert beim Entzünden von Papier?
b) Wörtlich genommen: Brennt Papier?
(WD 2 Konzeptwissen/KP 5 Beurteilen)

Experiment 2.10 Holzgas

Versuchsdurchführung: Ein Reagenzglas wird mit Sägemehl gefüllt und gemäß ◘ Abb. 2.18 mit einem zweiten Reagenzglas verbunden. Anschließend wird das Sägemehl mit einem Bunsenbrenner kräftig erhitzt. Sobald der Geruch von verschweltem Holz wahrnehmbar ist, hält man eine Flamme an die Öffnung des kurzen Glasrohrs (◘ Abb. 2.18).
Beobachtung: Die Holzwolle verkohlt zunehmend. Gleichzeitig bildet sich im rechten Reagenzglas Nebel und es sammelt sich Flüssigkeit an. Am Ende des kurzen Glasrohrs brennt eine kleine Flamme (◘ Abb. 2.19).

■ **Abb. 2.17** Versuchsaufbau: Wasser im Papiertopf erhitzen. (© Ralf Geiß 2017)

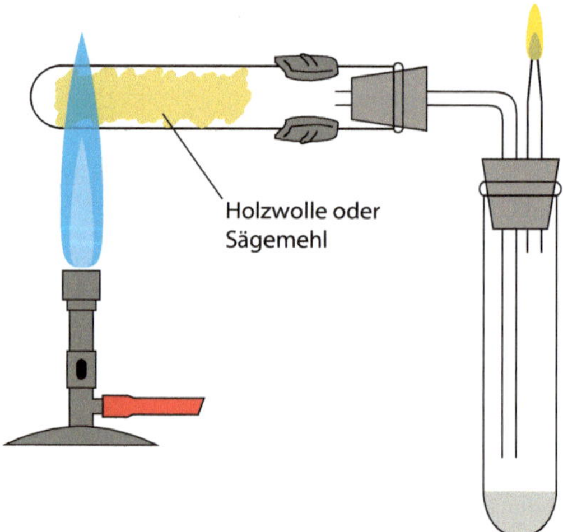

■ **Abb. 2.18** Versuchsaufbau: Verbrennung von Holzgas. (© Ralf Geiß 2017)

Schlussfolgerung: Erhitzt man Holz unter Luftabschluss, bilden sich brennbare Gase. Manche der Gase haben relativ hohe Siedepunkte, sodass sie im rechten, kalten Reagenzglas kondensieren.

Aufgabe 2.16 Holz entzünden

a) Warum hat Holz eine relativ hohe Zündtemperatur?

b) Wortwörtlich genommen: Brennt Holz?

(WD 2 Konzeptwissen/KP 5 Beurteilen)

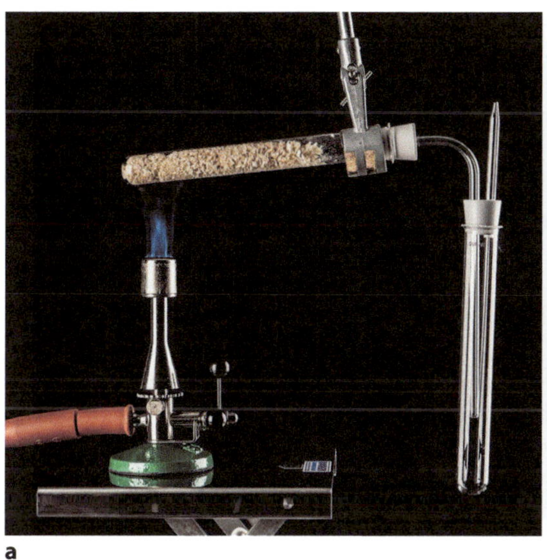

a

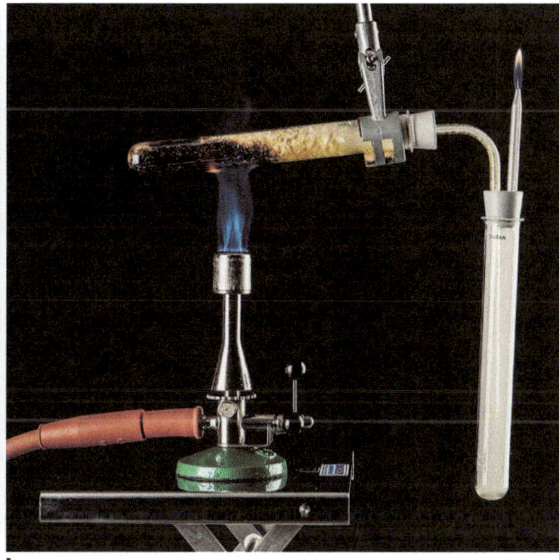

b

Abb. 2.19 **a** Das Erhitzen von Holzwolle beginnt; **b** bei der Zersetzung von Holz entstehen brennbare Gase. (© Ralf Geiß 2017)

Nur gasförmige Brennstoffe brennen

In der Regel brennen nur gasförmige Brennstoffe. Ausnahmen stellen explosive Gemische und explosive Reinstoffe dar. Diese Stoffe und Stoffgemische können auch im festen und flüssigen Zustand verbrennen (siehe Band 2).

Ursache hierfür ist die Tatsache, dass sich nur gasförmige Stoffe für eine Verbrennung ausreichend mit Luft vermischen.

Feste Brennstoffe: Genau genommen brennen feste Brennstoffe nicht. Bevor sie verbrennen können, müssen sie meist relativ stark erhitzt werden. Dabei kann es prinzipiell auf zwei verschiedene Weisen zur Bildung von gasförmigen Brennstoffen kommen:

- Der Feststoff schmilzt und verdampft unverändert zu brennbarem Gas.
- Der Feststoff oder die sich daraus bildende Flüssigkeit wird durch Hitze in neue gasförmige Brennstoffe gespalten.

Flüssige Brennstoffe: Auch flüssige Brennstoffe brennen nicht. Je nach Lage ihres Siedepunkts müssen flüssige Brennstoffe mehr oder weniger stark erhitzt werden. Durch das Erhitzen verdampft die Flüssigkeit, dabei entsteht gasförmiger Brennstoff. Manche flüssige Brennstoffe haben einen so tiefen Siedepunkt, dass sie bereits bei Raumtemperatur brennbar sind.

Da flüssige Brennstoffe vor Erreichen des Siedepunkts meist nicht gespalten werden, zersetzen sich Flüssigkeiten vor dem Verbrennen in der Regel nicht.
(WD 2 Konzeptwissen)

Vertiefungsexperimente

Was wir bisher über gasförmige Brennstoffe sowie den Flammensprung gelernt haben, lässt sich mit drei Experimenten (Experiment 2.47 bis Experiment 2.49), die in ▶ Abschn. 2.11 beschrieben werden, bestätigen. Mit Experiment 2.47 kann die Bedeutung der Oberfläche bei Verbrennungen unterstrichen werden. Experiment 2.48 und Experiment 2.49 zeigen deutlich sichtbar, dass gasförmige Brennstoffe brennen.

Unbeantwortete Fragen

Einige Fragen können wir erst mit den Erkenntnissen der folgenden Abschnitte umfassend beantworten.

- Warum hat die Flamme eine gleichbleibende elliptische Form?
- Warum brennt der Docht einer Kerze sehr langsam ab?
- Warum glüht der gekrümmte Docht nur an der Spitze?
- Warum glüht der gerade Docht nicht?

2.7 Woraus bestehen die Flammenzonen?

Bei der Beobachtung der Kerzenflamme (▶ Abschn. 2.5, Aufgabe 2.3) springen die Flammenzonen ins Auge. Mit der bisher gewonnenen Einsicht: „In der Kerzenflamme verbrennt Wachsgas" ist die Frage: „Woraus bestehen die Flammenzonen?" noch nicht beantwortet. Mithilfe von verschiedenen Experimenten wollen wir jetzt versuchen, diese Frage zu klären.

◘ **Abb. 2.20** Versuchsdurchführung zu Experiment 2.11. (© Ralf Geiß 2017)

Experiment 2.11 Dünner Metallgegenstand hinter der Flamme

Versuchsdurchführung: Man schaut von vorne auf die Kerzenflamme. Hinter die Flamme, im Abstand von wenigen Zentimetern, auf der Höhe des Flammenkerns (◘ Abb. 2.20), hält man senkrecht einen dünnen Metallgegenstand (Draht, Stricknadel, dünne Seite eines Messers).

Beobachtung: Im Bereich des Flammensaums ist der Gegenstand gut sichtbar. Im Bereich des Flammenkerns ist der Metallgegenstand abgeschwächt sichtbar. Oberhalb des Flammenkerns, im Zentrum des Flammenmantels ist der Metallgegenstand nicht sichtbar.

Schlussfolgerung: Die Flammenzonen haben folgende Eigenschaften:

- Der Flammenmantel ist undurchsichtig,
- der Flammenkern ist durchsichtig,
- der Flammensaum ist durchsichtig.

Die Sicht auf den Metallgegenstand ist auch im Bereich des Flammenkerns etwas eingeschränkt, weil der Flammenmantel den Flammenkern umhüllt.

Untersuchung des Flammenkerns

Mit den folgenden drei Experimenten wollen wir herausfinden, woraus der Flammenkern besteht.

Experiment 2.12 Tochterflamme
Versuchsdurchführung: Mithilfe von Stativmaterial wird ein gerades Glasrohr (Ø Innen: 5–6 mm, Ø Außen: 7–8 mm, Länge ca. 15 cm – große Rohrquerschnitte sind einfacher in der Handhabung) senkrecht in der Flamme positioniert. Die untere Öffnung des Rohres kommt dabei genau im Zentrum des Flammenkerns zu liegen (◘ Abb. 2.21). Ans obere Ende des Glasrohres hält man ein brennendes Streichholz.
Beobachtung: Im Rohr steigt Wachsnebel auf. Am oberen Ende des Glasrohres gelingt es, den Wachsnebel zu entzünden. Am oberen Ende des Glasrohres brennt eine kleine Tochterflamme der größeren unteren Flamme (◘ Abb. 2.22).
Schlussfolgerung: Der Flammenkern besteht aus Wachsgas. Das Wachsgas strömt ins Glasrohr und bildet dort Wachsnebel. Das heiße Wachsgas steigt im Glasrohr nach oben und kondensiert dabei teilweise (Bildung von Wachsnebel). Am oberen Ende des Glasrohrs kann der Wachsnebel entzündet werden – es bildet sich eine kleinere Tochterflamme.

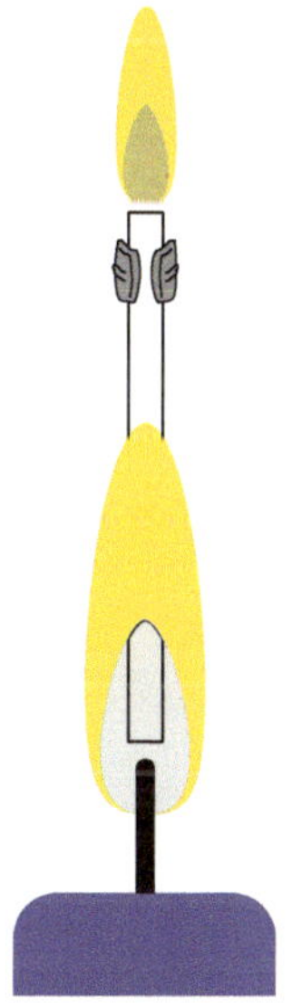

◘ **Abb. 2.21** Versuchsdurchführung zu Experiment 2.12. (© Ralf Geiß 2017)

Aufgabe 2.17 Wachsnebel für Tochterflamme
Wachsnebel enthält vor allem viele kleine, flüssige Wachspartikel. Da flüssiges Wachs nicht brennt, stellt sich die Frage: Wie kann die Tochterflamme entstehen?
(WD 2 Konzeptwissen/KP 3 Anwenden)

Experiment 2.13 Wachsrauch sammeln
Versuchsdurchführung: Mithilfe von Stativmaterial wird ein u-förmiges Glasrohr (Ø Innen: 6–7 mm, Ø Außen: 8–9 mm) gemäß ◘ Abb. 2.23 in der Flamme positioniert. Die aus dem Glasrohr austretende weiße Substanz wird in einem Erlenmeyerkolben (100 ml, Weithals) aufgefangen (◘ Abb. 2.23).

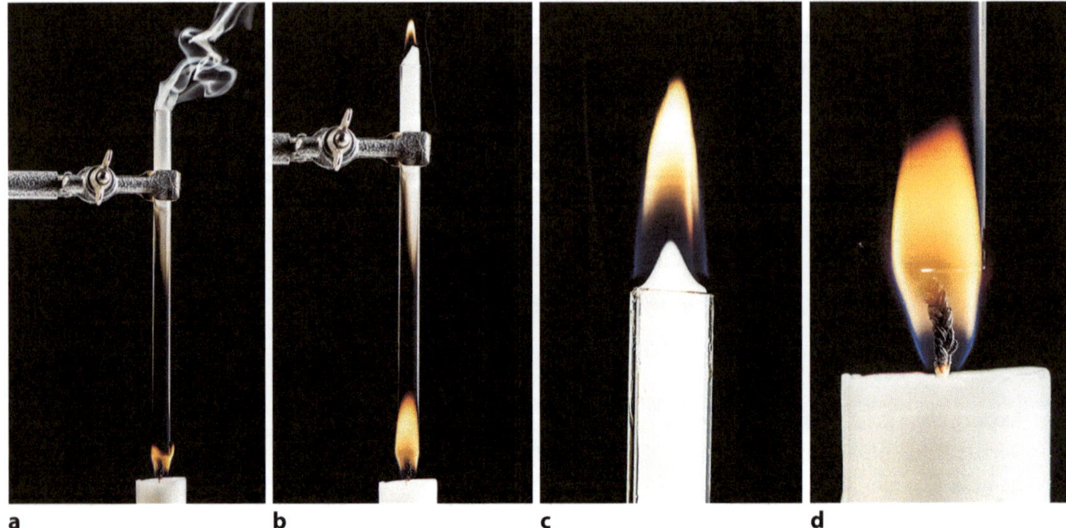

Abb. 2.22 **a** Wachsnebel steigt aus dem Glasrohr auf, **b** an der Spitze des Glasrohrs brennt die Tochterflamme, **c** die Tochterflamme weist wie eine Kerzenflamme drei Flammenzonen auf, **d** das untere Ende des Glasrohrs befindet sich im Flammenkern. (© Ralf Geiß 2017)

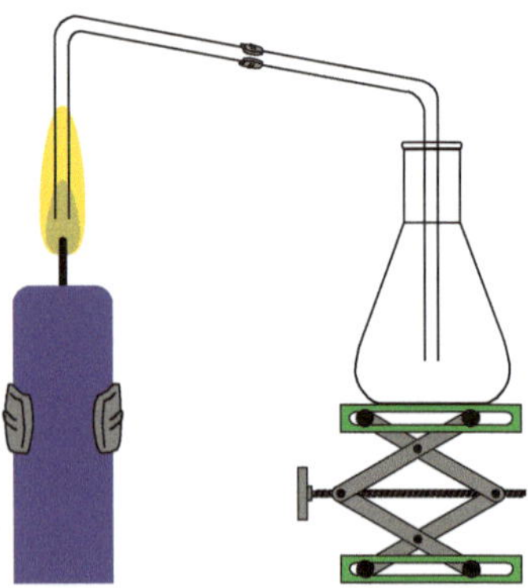

Abb. 2.23 Versuchsaufbau: Wachsnebel im Erlenmeyerkolben sammeln. (© Ralf Geiß 2017)

Beobachtung: Eine weiße Substanz kriecht langsam durch das Glasrohr und sinkt am Ende des Rohrs auf den Boden des Erlenmeyerkolbens. Nach einigen Minuten hat sich am Boden des Erlenmeyerkolbens eine schmutzig braune, feste Wachsschicht gebildet (Abb. 2.24).

Schlussfolgerung: Im ersten Teil des Glasrohrs besteht die weiße Substanz aus Wachsnebel. Der Wachsnebel bildet sich auf gleiche Weise wie bei Experiment 2.12. Das im Glasrohr aufsteigende Wachsgas wird durch die kalten Glaswände abgekühlt: Aus Wachsgas bilden sich kleine flüssige Wachspartikel (Kondensation) – es entsteht Wachsnebel.

Gegen Ende des Glasrohrs und im Erlenmeyerkolben besteht die weiße Substanz vermutlich vor allem aus Wachsrauch. Auf dem Weg durch das Glasrohr bis in den Erlenmeyerkolben kühlt der Wachsnebel immer weiter ab: Aus kleinen flüssigen Wachspartikeln werden kleine feste Wachspartikel (Erstarren) – es entsteht Wachsrauch.

Maße des U-Rohrs für Experiment 2.13

Für das U-Rohr von Experiment 2.13 kann man zwei verschiedene Rohrquerschnitte verwenden (Abb. 2.25):

- Variante 1: Innen-Ø 5 mm, Außen-Ø 7 mm,
- Variante 2: Innen-Ø 6 mm, Außen-Ø 8 mm.

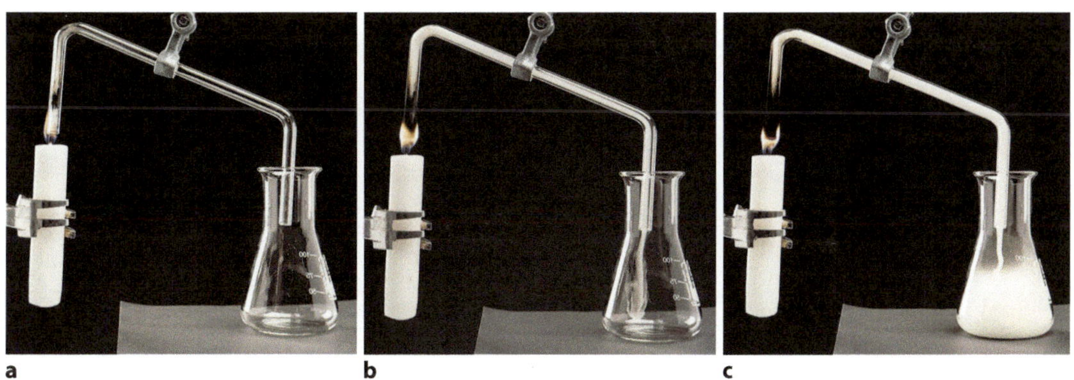

Abb. 2.24 **a** Wachsnebel beginnt, im U-Rohr aufzusteigen, **b** Wachsrauch fließt in den Erlenmeyerkolben, **c** im Erlenmeyerkolben hat sich Wachsrauch angesammelt. (© Ralf Geiß 2017)

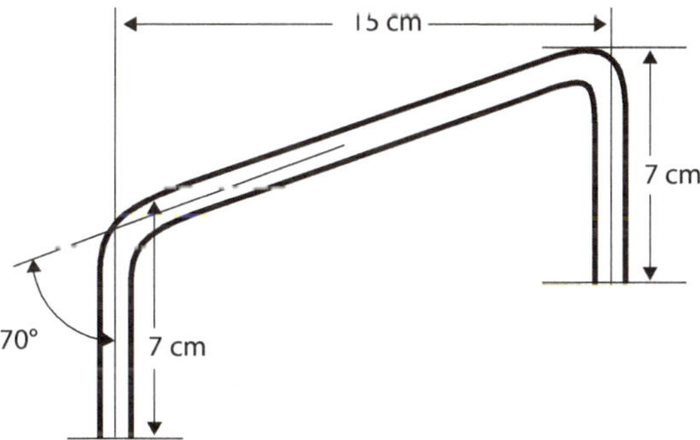

Abb. 2.25 Rohrlängen und Winkel des U-Rohrs. (© Ralf Geiß 2017)

Die ersten Experimente wurden mit dem kleinen Querschnitt durchgeführt. Die Erfahrung mit zahlreichen Experimenten deutet darauf hin, dass der größere Querschnitt schneller zum Erfolg führt.

Experiment 2.14 Wachsrauch verbrennen

Versuchsdurchführung: Ein Erlenmeyerkolben, der mit Wachsrauch gefüllt ist, wird über einer blauen Gasbrenner-Flamme entleert (Abb. 2.26).

Beobachtung: Der Wachsrauch entzündet sich. Es bildet sich für sehr kurze Zeit eine große gelbe Flamme. Nachdem die Flamme verschwunden ist, ist auch der Wachsrauch verschwunden (Abb. 2.27).

Schlussfolgerung: Der Wachsrauch verbrennt sehr schnell. Er verbrennt viel schneller als festes oder flüssiges Wachs verbrannt werden können.

Auf den ersten Blick ist es erstaunlich, dass Wachsrauch sehr schnell verbrennt, denn er besteht neben Luft aus kleinen festen Wachspartikeln, die nicht brennbar sind.

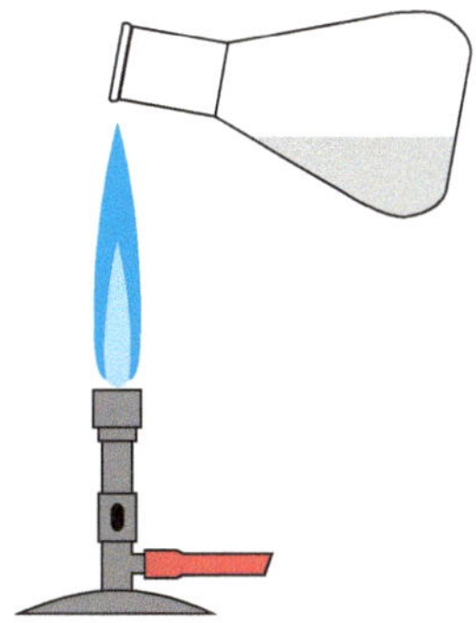

Abb. 2.26 Versuchsdurchführung zu Experiment 2.14. (© Ralf Geiß 2017)

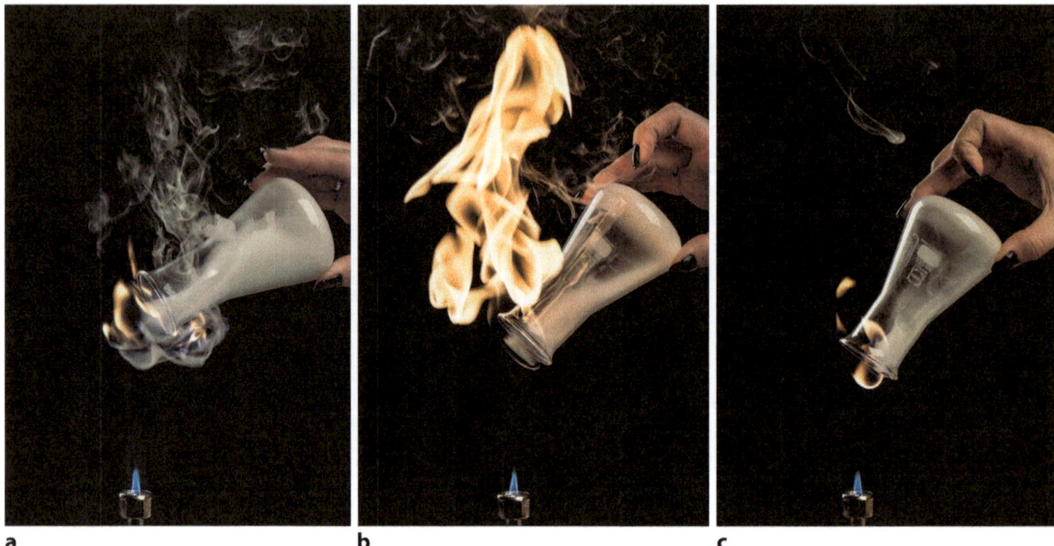

Abb. 2.27 **a** Wachsrauch fließt aus dem Erlenmeyerkolben und entzündet sich, **b** Wachsrauch verbrennt sehr schnell außerhalb des Erlenmeyerkolbens, **c** der Wachsrauch ist zum größten Teil verbrannt. (© Ralf Geiß 2017)

Aufgabe 2.18 Wachsrauch
Experiment 2.14: Was geschieht genau beim Verbrennen des Wachsrauchs?
(WD 2 Konzeptwissen/KP 3 Anwenden)

Aus Experiment 2.12 bis Experiment 2.14 folgt eindeutig: Der Flammenkern besteht aus gasförmigem Wachs.

Untersuchung des Flammenmantels

Das Innerste der Flamme, der Flammenkern, besteht aus dem Stoff (Wachsgas), der in der Flamme verbrennt. Woraus besteht dann der Flammenmantel? Mit den folgenden Experimenten möchten wir das herausfinden.

Experiment 2.15 Reagenzglas im Flammenmantel
Versuchsdurchführung: Der Boden eines Reagenzglases wird in den Flammenmantel einer brennenden Kerze gehalten (Abb. 2.28).
Beobachtung: Der Boden des Reagenzglases färbt sich zunehmend schwarz (Abb. 2.29).
Schlussfolgerung: Im Flammenmantel ist Ruß vorhanden.

Abb. 2.28 Versuchsdurchführung zu Experiment 2.15. (© Ralf Geiß 2017)

Besteht der Flammenmantel aus Ruß? Ruß ist schwarz, der Flammenmantel aber ist gelb. Wie kann man diesen Widerspruch verstehen? Hierzu zwei einfache Experimente.

■ **Abb. 2.29** **a** Reagenzglas etwa 1 cm oberhalb der Spitze des Flammenmantels, **b** Reagenzglas im oberen Bereich des Flammenmantels. (© Ralf Geiß 2017)

Experiment 2.16 Glühendes Platin

Versuchsdurchführung: Ein kleines, dünnes Platinblech (aus einer Platinelektrode) wird in die blaue Gasbrenner-Flamme gehalten (■ Abb. 2.30).

Beobachtung: In den kälteren Bereichen der Flamme glüht das Platinblech rot, in den heißeren Zonen gelb und direkt über der inneren blauen Zone glüht es fast weiß. Nachdem das Platinblech aus der Flamme herausgenommen wurde, sieht es wieder genau so aus wie zuvor (■ Abb. 2.31).

Schlussfolgerung: Feste, nicht brennbare Gegenstände glühen bei starkem Erhitzen. Dabei wird mit steigender Temperatur erst rotes, dann gelbes und schließlich weißes Licht abgestrahlt.
Glühen bedeutet also nicht verbrennen. Ein Stoff kann durchaus zum Glühen gebracht werden, ohne dass er sich dabei verändert, ohne dass er dabei verbrennt.

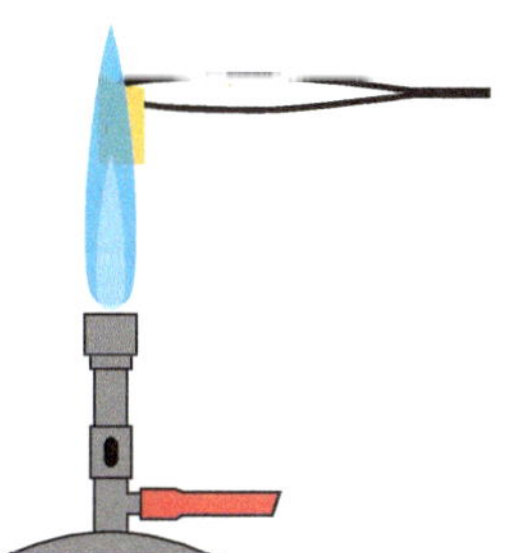

■ **Abb. 2.30** Versuchsdurchführung zu Experiment 2.16. (© Ralf Geiß 2017)

Experiment 2.17 Glühende Kohle

Versuchsdurchführung: Ein Stück Holzkohle wird in die blaue Gasbrenner-Flamme gehalten (■ Abb. 2.32).

Beobachtung: In der Flamme glüht die Holzkohle an Ecken und Kanten rot. Außerhalb der Flamme lässt das Glühen rasch nach und es ist Asche an Ecken und Kanten zu erkennen (■ Abb. 2.33).

Schlussfolgerung: Brennbare Feststoffe wie Kohle können zum Glühen gebracht werden. Solche Stoffe glühen und verbrennen gleichzeitig.

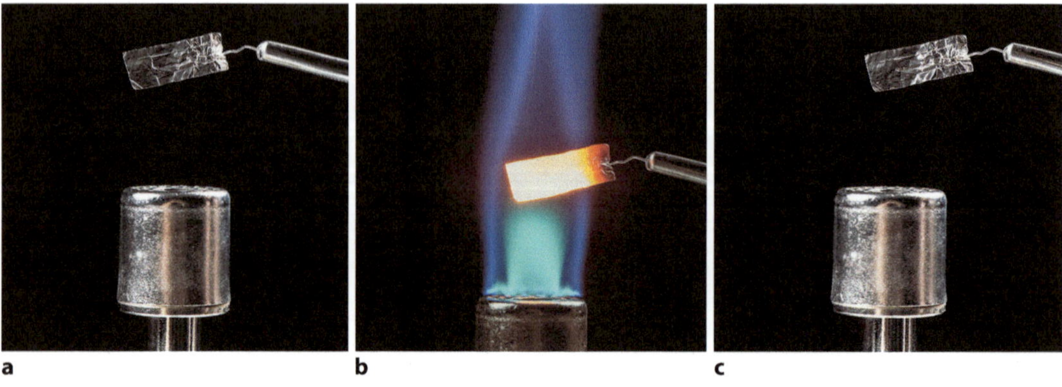

Abb. 2.31 **a** Platinblech vor Glühen, **b** glühendes Platinblech, **c** Platinblech nach Glühen. (© Ralf Geiß 2017)

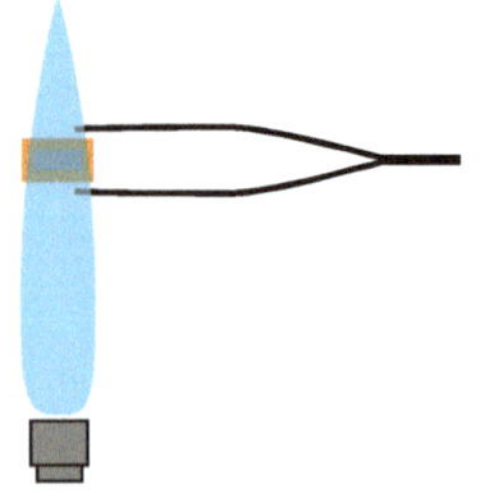

Abb. 2.32 Versuchsdurchführung zu Experiment 2.17. (© Ralf Geiß 2017)

Man sollte das Glühen eines brennbaren Stoffs aber nicht Verglühen nennen, denn Glühen und Verbrennen sind zwei ganz verschiedene Vorgänge. Beim Verbrennen wird ein Stoff verändert, beim Glühen nicht.

Experiment 2.16 und Experiment 2.17 zeigen uns, wie man den gelb-schwarz-Widerspruch auflösen kann. Es könnte sein, dass im Flammenmantel schwarze Rußpartikel glühen. Es könnte also sein, dass der Flammenmantel glühender Rußrauch ist. Um diese Idee zu prüfen, machen wir einen aufschlussreichen Versuch.

Experiment 2.18 Der Schatten einer Kerzenflamme

Versuchsdurchführung: Vor einer weißen Wand wird eine brennende Kerze aufgestellt. Anschließend stellt man einen Diaprojektor am hinteren Ende des Klassenzimmers auf. Bei völlig abgedunkeltem Raum wird nun die Kerzenflamme mit dem Diaprojektor beleuchtet.

Beobachtung: Das Schattenbild der Kerzenflamme zeigt (◘ Abb. 2.34):

- Direkt oberhalb des Flammenschattens steigen dunkle Schlieren nach oben.
- Das Abbild des Flammenkerns ist hell, hier ist kein Schatten zu sehen.
- Das Abbild des Flammenmantels ist dunkel, hier ist ein deutlicher Schatten zu sehen.

Schlussfolgerung: Die Flamme stellt einen heißen, nach oben gerichteten Gasstrom dar. Er kommt dadurch zustande, dass unten beim Docht von der Seite Luft eintritt. Diese Luft wird für die Verbrennung gebraucht. Bei der Verbrennung entstehen heiße Gase, die nach oben aus der Flamme austreten.

Der Flammenkern wirft keinen Schatten, weil er aus durchsichtigem Wachsgas besteht. Der Flammenmantel wirft einen Schatten, weil er feste Rußpartikel enthält.

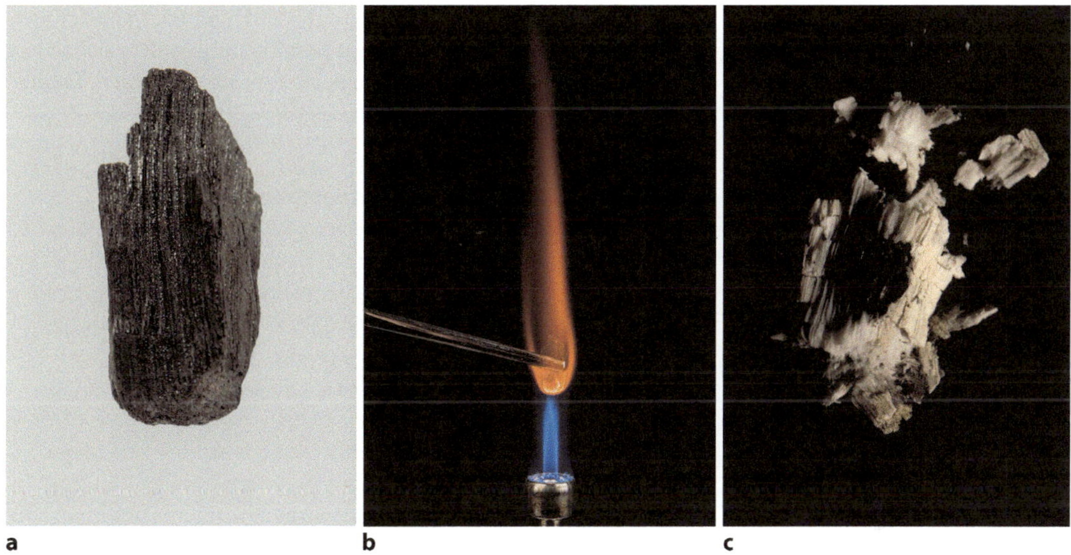

a b c

Abb. 2.33 **a** Holzkohle vor dem Experiment, **b** glühende und brennende Holzkohle in der Brennerflamme, **c** Asche nach dem Experiment. (© Ralf Geiß 2017)

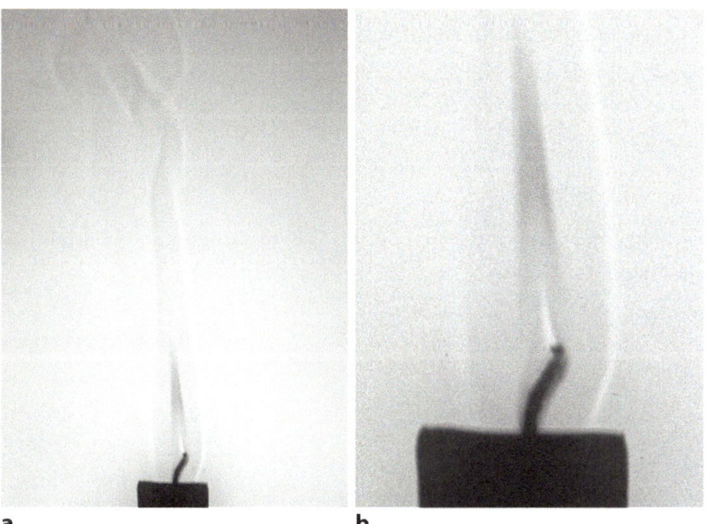

a b

Abb. 2.34 **a** Schattenbild des Gasstroms über der Kerzenflamme, **b** Schattenbild der Kerzenflammen-Zonen. (© Ralf Geiß 2017)

Die Schlieren werden von Rußpartikeln gebildet, die im Flammenmantel nicht verschwinden. Diese Rußpartikel werden von den heißen, aufsteigenden Gasen mit nach oben gerissen. Die Rußpartikel sehen wir ohne das Licht des Diaprojektors nicht, da sie sehr klein sind und da es wenige sind.

Experiment 2.18 bestätigt die Idee, dass der Flammenmantel glühender Rußrauch ist. Mit einer einzigen Bestätigung gibt man sich jedoch in den Naturwissenschaften normalerweise nicht zufrieden. Deshalb machen wir ein weiteres Experiment.

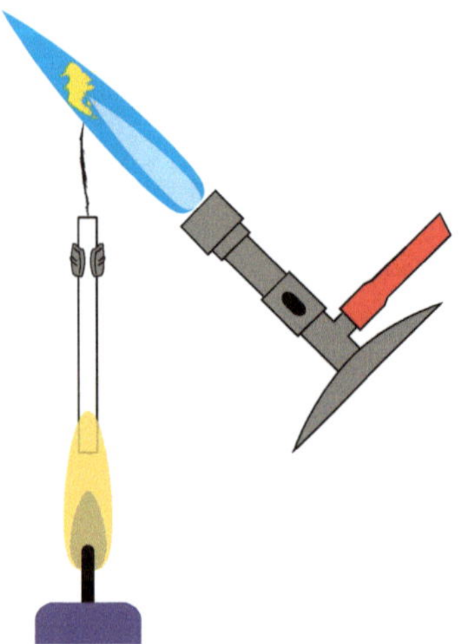

Abb. 2.35 Versuchsaufbau und Verlauf: Rußrauch in einer Bunsenbrenner-Flamme. (© Ralf Geiß 2017)

Experiment 2.19 Rußrauch in der Brennerflamme

Versuchsdurchführung: Mithilfe von Stativmaterial wird ein Glasrohr (Länge: 12–15 cm, Ø Innen: 6 mm) senkrecht in der Flamme positioniert. Die untere Öffnung des Rohrs kommt dabei im oberen Teil des Flammenmantels zu liegen. Hinter das obere Ende des Glasrohrs hält man ein weißes Blatt Papier. Anschließend richtet man die blaue Gasbrennerflamme auf die obere Öffnung des Glasrohrs (Abb. 2.35).

Beobachtung: Vor dem weißen Blatt Papier sieht man schwarzen Rauch aufsteigen. An der Stelle, an der der schwarze Rauch in die nicht leuchtende Gasbrenner-Flamme eintritt, leuchtet die blaue Flamme kurzzeitig gelb auf (Abb. 2.36).

Schlussfolgerung: Die Rußpartikel, die aus dem Flammenmantel abgeleitet werden, treten in die heiße, blaue Gasbrenner-Flamme ein. Dort werden die Rußpartikel so stark erhitzt, dass sie zu glühen beginnen und gelbes Licht ausstrahlen.

Da es auch im Flammenmantel sehr heiß ist, laufen dort die gleichen Vorgänge ab. Die im Flammenmantel entstehenden Rußpartikel werden zum Glühen gebracht – dabei strahlen sie gelbes Licht ab.

Wir haben es nun mehrfach belegt: Der Flammenmantel besteht aus glühendem Rußrauch.

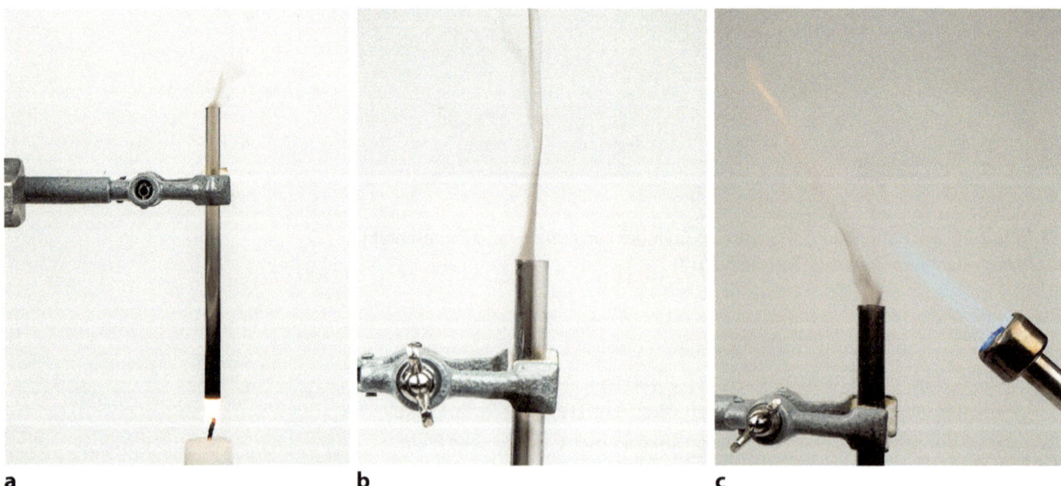

Abb. 2.36 **a** Glasrohr im Flammenmantel, **b** Glasrohr im Flammenmantel: Rußrauch steigt aus dem Rohr auf, **c** Glasrohr im Flammenmantel: In der blauen Brennerflamme bewirkt der Rußrauch ein gelbes Leuchten. (© Ralf Geiß 2017)

Untersuchung des Flammensaums

Inzwischen ist geklärt, woraus Flammenkern und Flammenmantel bestehen. Somit bleibt uns nur noch die Auseinandersetzung mit dem Flammensaum. Wir bleiben der empirisch naturwissenschaftlichen Methode treu und experimentieren.

Experiment 2.20 Blaue und gelbe Gasflamme
Versuchsdurchführung: Man nimmt einen Bunsenbrenner in Betrieb. Zuerst mit geschlossener Luftzufuhr, dann mit geöffneter Luftzufuhr.
Beobachtung: Gelbe Flamme: Bei geschlossener Luftzufuhr sieht die Gasbrenner-Flamme ähnlich aus wie die Kerzenflamme (◘ Abb. 2.37a).
Blaue Flamme: Bei geöffneter Luftzufuhr ist die Gasbrenner-Flamme blau (◘ Abb. 2.37b).
Schlussfolgerung: In der leuchtenden Flamme erhält nur der Flammensaum ausreichend Luft. Denn beim Flammensaum strömt Luft von außen in den heißen, nach oben steigenden Gasstrom hinein. Nur beim Flammensaum findet eine unmittelbar vollständige Verbrennung statt, sodass kein Ruß gebildet werden kann. Umso weiter die Luft in der Flamme aufsteigt, desto mehr wird sie

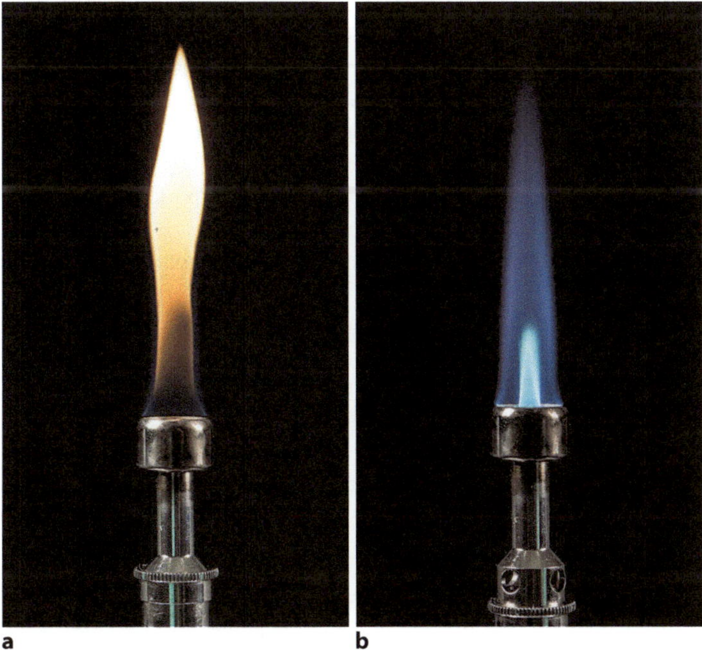

◘ **Abb. 2.37** Bunsenbrenner-Flamme: **a** leuchtend (geschlossene Luftzufuhr), **b** nichtleuchtend (geöffnete Luftzufuhr). (© Ralf Geiß 2017)

„verbraucht". Im Flammenmantel herrscht somit Luftmangel. Bei Luftmangel entsteht Ruß, der in den heißen Gasen gelb glüht.
In der nichtleuchtenden Flamme strömt Luft aus dem Inneren des Gasbrenners in die Flamme. Es kann sich kein durchsichtiger Flammenkern (Brennergas) bilden. Denn im Flammeninneren und im Flammenrand steht genug Luft für eine vollständige Verbrennung zur Verfügung. Bei einer unmittelbar vollständigen Verbrennung werden keine Rußpartikel gebildet. Die Flamme ist daher innen und außen blau.
Das Brennergas ist dem Kerzenwachs chemisch sehr ähnlich – es verbrennt somit auf ähnliche Weise wie Kerzenwachs. Infolgedessen gelten entsprechende Überlegungen auch für die Kerze: Nur im Flammensaum (blau) der Kerzenflamme ist ausreichend Luft für eine sofortige, vollständige Verbrennung vorhanden.

Aus Experiment 2.20 können wir interessante Zusammenhänge ableiten:

- Bei ausreichend Luftzufuhr findet eine sofortige, vollständige Verbrennung von Wachsgas statt. Es gilt:
  - Rußpartikel können nicht gebildet werden, da der dafür erforderliche Kohlenstoff sofort verbrennt.
  - Da die gelbe Flammenfarbe von glühenden Rußpartikeln stammt, können Zonen mit rascher, vollständiger Verbrennung nicht gelb sein.
  - Zonen mit schneller, vollständiger Verbrennung sind blau. Warum das so ist, können wir mit den Mitteln der einfachen Schulchemie nicht erklären (Hinweis für Fortgeschrittene: Bei Verbrennung von Wachsgas entstehen angeregte Kohlenwasserstoff-Radikale. Elektronenübergänge in diesen Molekülen führen zur Emission von blauem Licht).
  - Mit einfacher Schulchemie kann man auch nicht erklären, woraus die blauen Zonen bestehen.
- Bei Luftmangel findet eine unvollständige Verbrennung statt. Es gilt:
  - Bei Luftmangel können in einer Kerzenflamme nicht alle Stoffe sofort verbrannt werden. Es bildet sich Kohlenstoff, der sich zu Rußpartikeln zusammenlagert.
  - Diese Rußpartikel glühen in der heißen Flamme und strahlen dabei gelbes Licht ab.
  - Zonen mit langsamer, unvollständiger Verbrennung sind gelb.

Zusammenfassung

Experimentelle Erkenntnisse zu den Flammenzonen
Flammenkern: Der Flammenkern besteht aus durchsichtigem, farblosem Wachsgas.

Flammenmantel: Bei der unvollständigen Verbrennung von Wachsgas entstehen Kohlenstoffteilchen. Diese Teilchen glühen in der heißen Flamme und strahlen dabei gelbes Licht ab.
Flammensaum: Nur im blauen Flammensaum ist ausreichend Luft für eine rasche, vollständige Verbrennung von Wachsgas vorhanden. Woraus der Flammensaum besteht, können wir mit einfacher Schulchemie nicht beantworten.
(WD 1 Faktenwissen bis WD 2 Konzeptwissen)

Aufgabe 2.19 Eigenschaften der Flammenzonen erklären
Wie kann man die Eigenschaften der Flammenzonen erklären?
(WD 2 Konzeptwissen/KP 2 verstehen)

Unbeantwortete Fragen

Bei der Untersuchung der Flammenzonen sind neue Fragen aufgetaucht, die wir bisher nicht beantworten konnten:

- Warum braucht die Flamme Luft zur Verbrennung?
- Was ist Verbrennung, was passiert bei der Verbrennung?
- Was ist der genaue Unterschied zwischen vollständiger und unvollständiger Verbrennung?
- Woher kommt der schwarze Ruß – aus weißem Wachs?

Kommentar zu letzten Frage: Weißes Wachs enthält keinen Ruß (Kohlenstoff), sonst wäre das Wachs nicht weiß. Kann der schwarze Ruß dennoch aus dem weißen Wachs herauskommen? Wenn der Ruß aus dem Wachs stammen sollte, dann müsste er mit dem Wachsgas in die Flamme gelangen – schwarzer, fester Ruß aus farblosem, gasförmigem Wachsgas?

2.8 Was passiert bei der Verbrennung von Kerzenwachs?

Wir haben uns bisher intensiv damit beschäftigt, wie eine Kerzenflamme aussieht, was in der Flamme brennt und woraus die Flammenzonen bestehen. Was mit dem Wachsgas bei der Verbrennung passiert, haben wir allerdings noch nicht herausgefunden. Wir versuchen jetzt, auch diese Frage mit Experimenten zu beantworten.

Die Bedeutung der Luft

Experiment 2.21 Brennende Kerzen unter verschieden großen Bechergläsern
Versuchsdurchführung: Drei gleich große, brennende Teelichter werden auf je ein 50-ml-Becherglas gestellt und gleichzeitig unter

■ **Abb. 2.38** Versuchsaufbau: brennende Kerzen unter verschieden großen Bechergläsern. (© Ralf Geiß 2017)

drei verschieden großen Bechergläsern (400 ml, 600 ml, 1000 ml – jeweils hohe Form) eingeschlossen (■ Abb. 2.38).
Beobachtung: Je größer das Becherglas ist, desto länger brennt die Kerze.
Schlussfolgerung: Für die Verbrennung von Wachsgas ist Luft erforderlich. Je mehr Luft zur Verfügung steht, umso länger brennt die Kerzenflamme. Wenn die Luft „verbraucht" ist, erlischt die Flamme.

Es stellen sich an dieser Stelle drei Fragen:

- Was ist Luft?
- Was passiert mit Luft bei einer Verbrennung?
- Was ist verbrauchte Luft?

Um diese Fragen beantworten zu können, machen wir weitere Experimente.

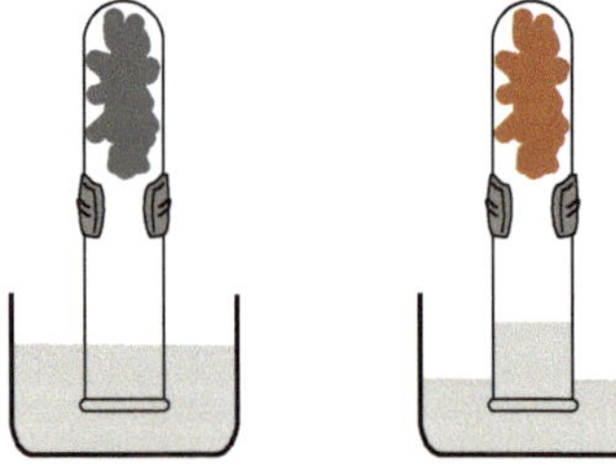

■ **Abb. 2.39** Versuchsaufbau und Ablauf: Stahlwolle – ein Luftdieb? (© Ralf Geiß 2017)

Experiment 2.22 Stahlwolle – ein Luftdieb?

Versuchsdurchführung: Stahlwolle wird mit verdünnter Essigsäure ($c = 1$ mol/l) benetzt. Die so präparierte Wolle wird dann in ein großes Reagenzglas (RG) gesteckt. Das RG wird anschließend kopfüber in ein Wasserbad getaucht und mit Stativmaterial fixiert (■ Abb. 2.39). Abschließend zieht man mit Spritze und Schlauch so viel Wasser aus dem RG, dass die Pegel im RG und außerhalb des RG gleich hoch stehen (■ Abb. 2.40c).
Hinweis: Das Experiment gelingt nicht mit jeder Art von Stahlwolle. Gut bewährt haben sich kleine Stahlwolle-Rollen, die für Reinigungszwecke im Haushalt verkauft werden.

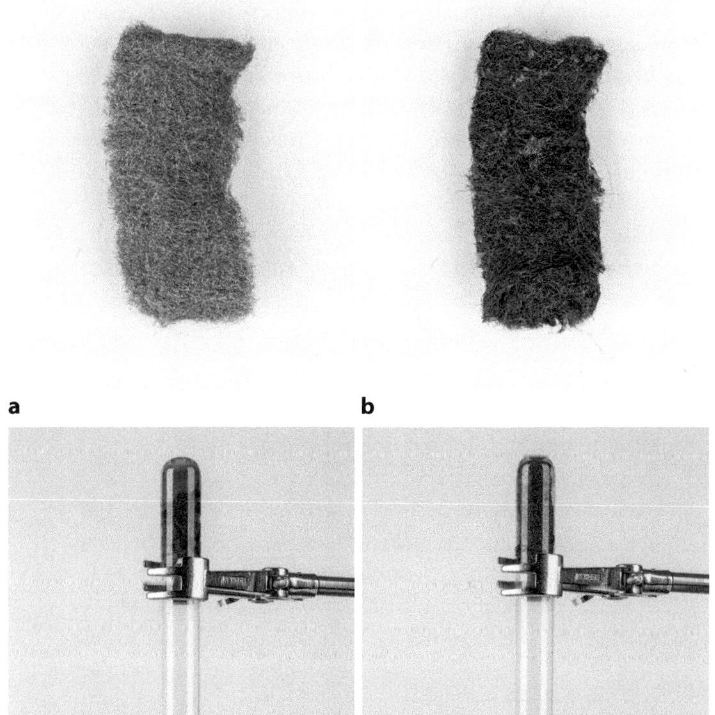

a b

c d

◘ **Abb. 2.40** **a** Eine längs halbierte Stahlwolle-Rolle vor Beginn des Experiments, **b** eine längs halbierte Stahlwolle-Rolle nach dem Experiment, **c** zu Beginn des Experiments: Die Wasserpegel im und außerhalb des RG sind gleich hoch, **d** am Ende des Experiments: Ein Teil der Luft im RG ist verschwunden, der Wasserpegel im RG ist entsprechend angestiegen. (© Ralf Geiß 2017)

Beobachtung: Nach einiger Zeit (hängt von der verwendeten Stahlwolle ab und kann von wenigen Minuten bis 45 min dauern) hat sich ein kleiner Teil des Reagenzglases mit Wasser gefüllt. Auch wenn man noch länger wartet, mehr Wasser steigt nicht hinein. Außerdem ist die Stahlwolle teilweise in einen rotbraunen Stoff verwandelt worden (◘ Abb. 2.40).
Schlussfolgerung: Mithilfe der Säure rostet die Stahlwolle relativ schnell. Dabei verschwindet ein Teil der Luft.

Da nur ein Teil der Luft mit dem Eisen Rost bildet, kann man annehmen, dass Luft aus mindestens 2 Gasen besteht. Falls Luft ein Gemisch aus nur zwei Gasen ist, dann hat dasjenige Gas, welches zur Rostbildung führt, einen relativ kleinen Volumenanteil. Das zweite Gas bzw. die weiteren Gase, welche an der Rostbildung nicht beteiligt sind, machen den größten Teil des Luftvolumens aus.

Aus grauer, fester Stahlwolle und einem Teil der Luft (farblos, gasförmig) wird roter, fester Rost (Eisenoxid). Was ist mit dem Eisen und der Luft passiert? Sind Eisen und Luft im Rost enthalten – ist Rost also ein Gemisch aus Eisen und Luft? Wenn Rost ein Gemisch aus Eisen (grau) und Luft (farblos) ist, wie kommt dann die rote Farbe zustande? Die Bildung von Rost aus Eisen und einem Teil der Luft ist ein äußerst rätselhafter Vorgang. Wir lassen dieses Rosträtsel zunächst einmal ungelöst und fahren mit den Luftexperimenten fort.

Experiment 2.23 Phosphorverbrennung im abgeschlossenen Raum

Versuchsdurchführung: Teil 1: Eine längliche Glasglocke wird in blaues Wasser (mit Methylenblau gefärbt) getaucht und mit Stativmaterial fixiert. Nun wird ein Verbrennungslöffel mit rotem Phosphor gefüllt und der Phosphor in einer Brennerflamme entzündet. Anschließend wird der Verbrennungslöffel mit brennendem Phosphor in die Glasglocke eingeführt und der obere Schliff mit dem gefetteten Übergangsstück luftdicht verschlossen.
Teil 2: Nachdem die Verbrennung zum Stillstand gekommen ist, wird mit einem zweiten Verbrennungslöffel eine brennende Kerze in die Glasglocke abgesenkt (◘ Abb. 2.41).

Beobachtung: Teil 1: Nachdem das Phosphorfeuer erloschen ist, füllt sich die Glasglocke etwa zu einem Fünftel mit Wasser (◘ Abb. 2.42a–d).
Teil 2: Die am Ende des Experiments in die Glasglocke eingeführte brennende Kerze erlischt sofort (◘ Abb. 2.42e,f).

Schlussfolgerung: Auch bei der Verbrennung des Phosphors verschwindet etwa 20 % der Luft.
Die Vermutung, dass Luft aus zwei Gasen besteht und nur dasjenige mit dem kleineren Anteil bei der Verbrennung „verbraucht" wird, kann durch Experiment 2.23 bestätigt werden. Besonders das rasche Auslöschen der abgesenkten Kerze belegt eindeutig, dass die Luft in der Glasglocke verändert wurde – nach dem Experiment lässt sie keine Verbrennung mehr zu.

Ähnlich wie das Rosten von Eisen ist auch die Verbrennung von Phosphor ein höchst merkwürdiger Vorgang. Aus rotem, festem , wasserunlöslichem Phosphor und farbloser, gasförmiger Luft wird ein weißer Feststoff (Rauch), der sich in Wasser löst. Es folgt ein viertes Experiment zur Untersuchung von Luft.

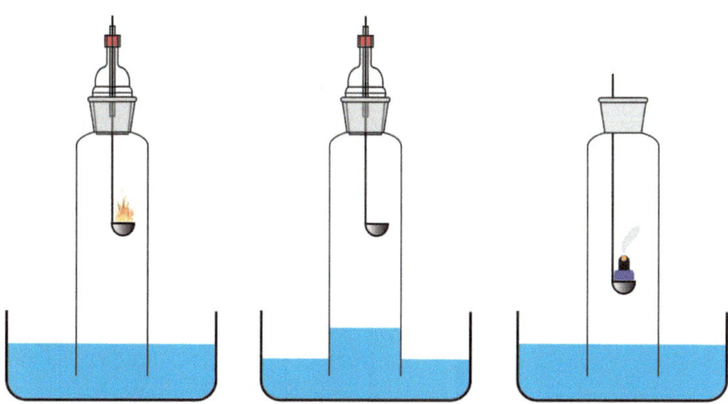

Abb. 2.41 Versuchsaufbau und Ablauf: Phosphorverbrennung im abgeschlossenen Raum. (© Ralf Geiß 2017)

Experiment 2.24 Kerzenflamme in verschiedenen Gasen

Versuchsdurchführung: Drei Standzylinder (Ø 7 cm, Höhe 25–30 cm) werden mit Sauerstoff, Kohlenstoffdioxid und Stickstoff befüllt und verschlossen. Ein vierter Standzylinder wird kopfüber an einem Stativ aufgehängt und mit Wasserstoff befüllt. In jeden der Standzylinder taucht man eine brennende Kerze ein (Abb. 2.43).

Beobachtung: In Wasserstoff, Stickstoff und Kohlenstoffdioxid erlischt die Kerze sofort. In Sauerstoff dagegen brennt sie intensiver und heller weiter (Abb. 2.44).

Hinweis: Bei Eintauchen der brennenden Kerze in Wasserstoff ist ein dumpfer Knall zu hören und an der Öffnung des Standzylinders brennt für kurze Zeit eine kaum sichtbare Flamme. Dieses Phänomen wird in den folgenden Experimenten behandelt.

Schlussfolgerung: Von den untersuchten Gasen fördert nur Sauerstoff die Verbrennung. Alle anderen Gase verhindern die Verbrennung.

Offensichtlich ist etwa 20 % Sauerstoff in der Luft enthalten. Mit dem folgenden Versuch können wir relativ genau bestimmen, wie hoch der Sauerstoff-Anteil in der Luft ist.

Aufgabe 2.20 Brennende Kerze in Wasserstoff

Führt man eine brennende Kerze in Wasserstoff ein (vgl. Experiment 2.24), erlischt die Kerzenflamme. Zieht man die Kerze kurz darauf wieder aus dem Wasserstoff heraus, entzündet sich die Kerze wieder. Diesen Vorgang kann man einige Male wiederholen. Wie kann man diese Beobachtung erklären?
(WD 2 Konzeptwissen/KP 4 Analysieren)

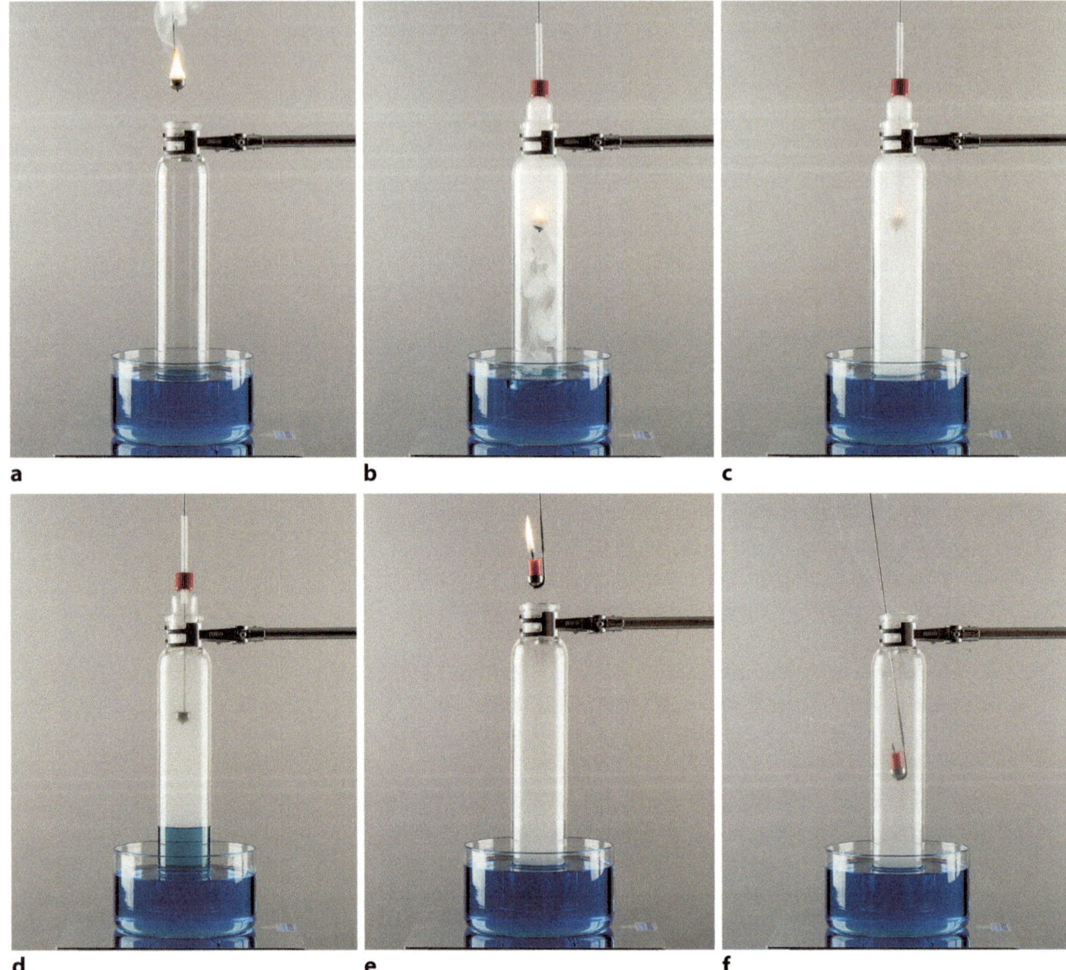

Abb. 2.42 **a** Verbrennungslöffel mit brennendem Phosphor – kurz vor dem Eintauchen in die Glasglocke; **b** beim Verbrennen des Phosphors entsteht weißer Rauch; **c** Phosphorflamme in weißem Rauch; **d** einige Minuten, nachdem die Phosphorflamme erloschen ist, ist der weiße Rauch fast verschwunden und Wasser ist in der Glasglocke aufgestiegen; **e** brennende Kerze kurz vor dem Einführen in die geöffnete Glasglocke; **f** sobald die brennende Kerze sich in der Glasglocke befindet, erlischt sie. (© Ralf Geiß 2017)

Aufgabe 2.21 Brennt Sauerstoff?

Kann man mithilfe von Experiment 2.24 entscheiden, ob Sauerstoff brennt?
(WD 2 Konzeptwissen/KP 5 Beurteilen)

Experiment 2.25 Verbrennung von Stahlwolle im Glasrohr

Versuchsdurchführung: Ein Quarzglasrohr (Ø Innen 7–8 mm, Länge 20 cm) wird mit Stahlwolle gefüllt und an den Enden mit Glaswolle beladen. An die Öffnungen des Verbrennungsrohres schließt man zwei 100-ml-Kolbenprober (falls nötig gefettet) an

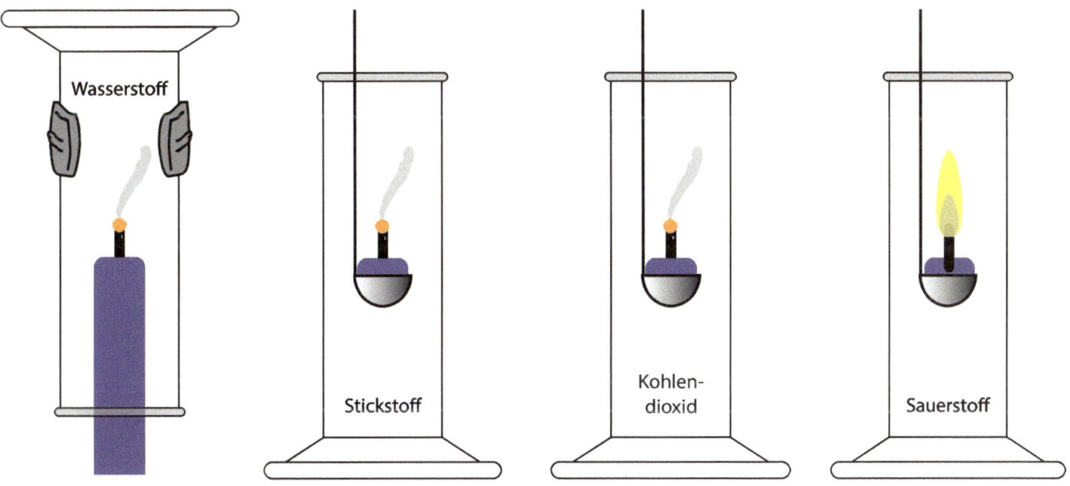

Abb. 2.43 Versuchsaufbau und Verlauf: Kerzenflamme in verschiedenen Gasen. (© Ralf Geiß 2017)

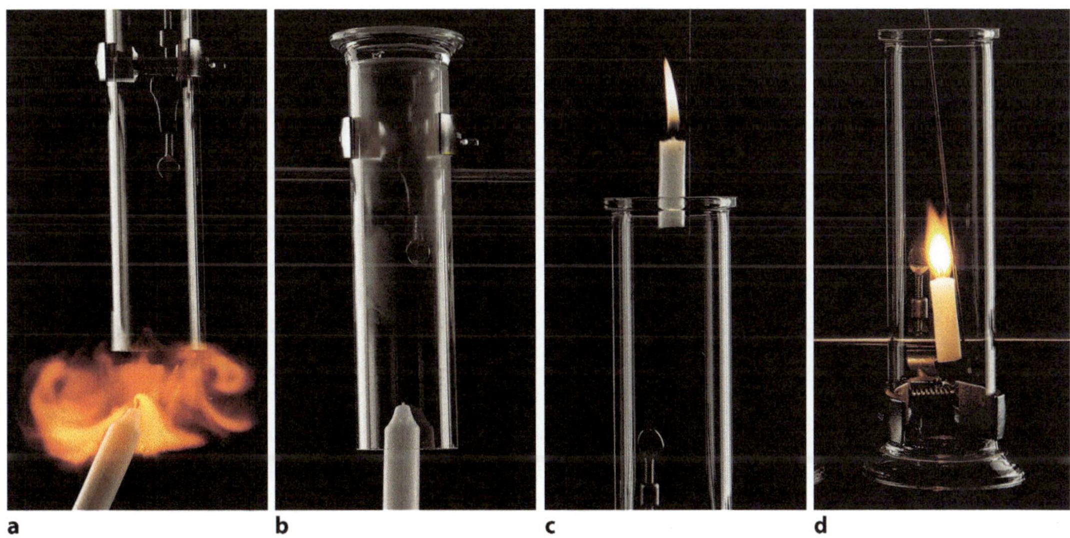

Abb. 2.44 **a** Feuerball kurz vor dem ersten Eintauchen der Kerzenflamme in die Wasserstoff-Atmosphäre, **b** erloschene Kerzenflamme in Wasserstoff-Atmosphäre, **c** Kerzenflamme kurz vor dem Eintauchen in die Sauerstoff-Atmosphäre, **d** Kerzenflamme in Sauerstoff-Atmosphäre. (© Ralf Geiß 2017)

– einer ist mit 100 ml Luft gefüllt, der andere luftleer. Nun spannt man die Apparatur mit Stativmaterial ein und prüft auf Dichtheit. Anschließend erhitzt man die Stahlwolle kräftig und schiebt mithilfe der Kolbenprober die Luft immer wieder über das heiße Eisen (sobald das Eisen aufglüht, kann der Brenner entfernt werden). Man unterbricht die Luftbewegung erst, wenn das Gasvolumen sich nicht mehr verändert. Sobald die Apparatur auf Raumtemperatur

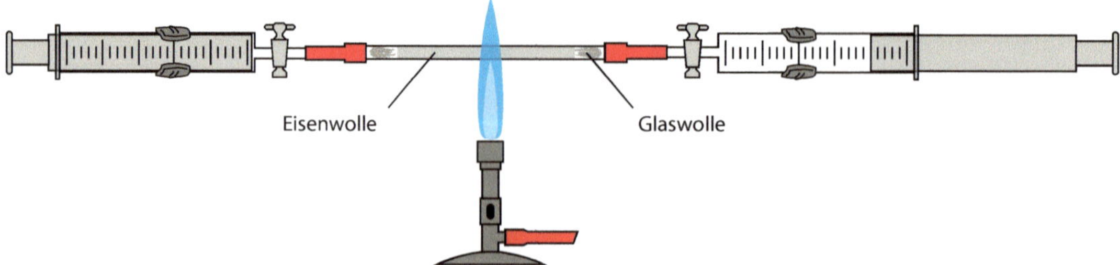

■ **Abb. 2.45** Versuchsaufbau: Verbrennung von Stahlwolle im Glasrohr. (© Ralf Geiß 2017)

abgekühlt ist, kann man das Volumen des Restgases ablesen. Zum Schluss leitet man einen Teil des Restgases in ein Becherglas, in dem ein Kerzenstumpf brennt. Den zweiten Teil des Restgases leitet man in Calciumhydroxid-Lösung ein. Mit dem leeren Kolbenprober nimmt man Kohlenstoffdioxid auf und leitet das Gas ebenfalls in Calciumhydroxid-Lösung ein (■ Abb. 2.45).
Hinweis: Calciumhydroxid-Lösung dient als Nachweis von Kohlenstoffdioxid, siehe Experiment 2.30.
Beobachtung: Im Idealfall hat das Restgas ein Volumen von 79 ml. Das Restgas bewirkt ein Erlöschen der Kerzenflamme. Das Restgas hat auf Calciumhydroxid-Lösung keinen Einfluss, während Kohlenstoffdioxid zur Bildung eines weißen Niederschlags führt.
Schlussfolgerung: Luft besteht zu 21 Vol.-% aus Sauerstoff und zu 79 Vol.-% aus einem Gas, das die Verbrennung unterbindet – es handelt sich dabei nicht um Kohlenstoffdioxid.

■ **Abb. 2.46** Versuchsdurchführung zu Experiment 2.26. (© Ralf Geiß 2017)

Genaue Analysen ergeben die in ■ Tab. 2.4 angegebene Luftzusammensetzung. Neben Kohlenstoffdioxid (Spurengas mit größtem Anteil) sind noch viele weitere Spurengase in Luft enthalten.

Zum Abschluss dieses Abschnitts werden noch zwei attraktive Experimente behandelt, die zwar keine neuen Erkenntnisse bringen, dafür aber unsere bisherigen Ergebnisse zur Luft bestätigen.

Experiment 2.26 Kerzenflamme im Sauerstoff-Strom
Versuchsdurchführung: Ein Kerzenstumpf wird mit flüssigem Wachs auf den Boden eines kleinen Becherglases (50 ml) geklebt. Das kleine Becherglas wird in ein hohes Becherglas (1000 ml) gestellt und die Kerze angezündet. Nun lässt man unmittelbar über dem Boden des großen Becherglases Sauerstoff einströmen. Anschließend richtet man den Sauerstoff-Strom direkt auf die Kerzenflamme (■ Abb. 2.46).

Tab. 2.4 Zusammensetzung von Luft

Stickstoff	78	Vol.-%
Sauerstoff	21	Vol.-%
Argon	1	Vol.-%
Kohlenstoffdioxid	0,038	Vol.-%

Beobachtung: Schon nach kurzer Zeit brennt die Kerze mit nahezu weißer anstatt gelber Flamme. Es bildet sich in kurzer Zeit viel flüssiges Wachs, das an der Kerze herunterläuft. Richtet man den Gasstrom direkt in die Flamme, so schmilzt in kurzer Zeit die gesamte Kerze.
Schlussfolgerung: Sauerstoff fördert die Verbrennung.

Ohne Sauerstoff findet keine Verbrennung statt. Sauerstoff fördert die Verbrennung und wird dabei „verbraucht". Auch der Brennstoff, das Wachs, wird bei der Verbrennung „verbraucht". Aber was passiert mit dem Wachsgas und dem Sauerstoff? Die beiden Stoffe können beim Verbrennen nicht einfach verschwinden. Aus Nichts kann nicht plötzlich Etwas entstehen – aus Etwas kann nicht plötzlich Nichts werden.

Nachdem zu Beginn von ► Abschn. 2.8 (Die Bedeutung der Luft) geklärt wurde, woher der Ruß im Flammenmantel kommt, widmen sich die letzten beiden Abschnitte (Ruß im Flammenmantel, Wasser in der Kerzenflamme) der Frage, was mit dem Wachsgas und dem Sauerstoff passiert.

Aufgabe 2.22 Kerzenflamme im Sauerstoff-Strom

a) Warum schmilzt das Kerzenwachs im Sauerstoff-Strom sehr schnell?
b) Warum leuchtet der Flammenmantel im Sauerstoff-Strom weiß?
(WD 1 Konzeptwissen/KP 4 Analysieren)

Experiment 2.27 Phosphorverbrennung in reinem Sauerstoff

Versuchsdurchführung: Eine längliche Glasglocke wird in blaues Wasser (mit Methylenblau gefärbt) getaucht, mit Sauerstoff gefüllt und mit Stativmaterial fixiert. Nun wird ein Verbrennungslöffel mit rotem Phosphor gefüllt und der Phosphor in einer Brennerflamme entzündet. Anschließend wird der Verbrennungslöffel mit brennendem Phosphor in die Glasglocke eingeführt und der obere Schliff mit dem gefetteten Übergangsstück luftdicht verschlossen (■ Abb. 2.47).

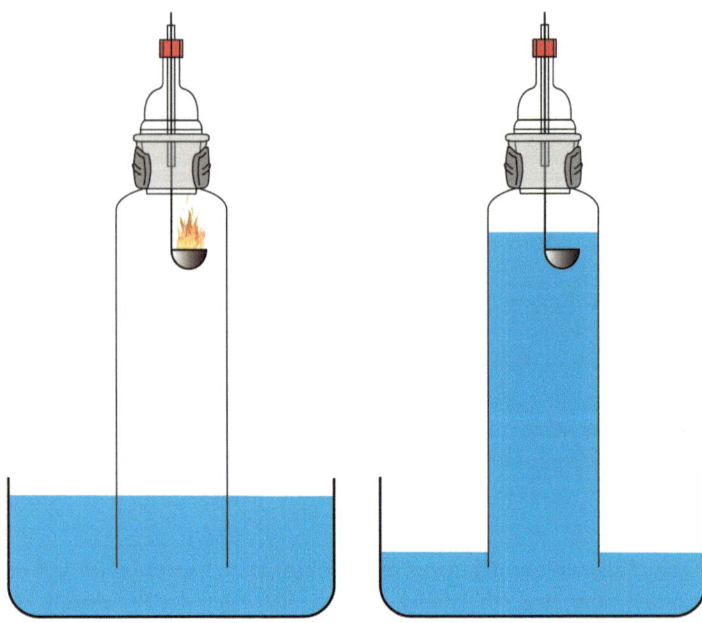

Abb. 2.47 Versuchsaufbau und Verlauf: Phosphorverbrennung in Sauerstoff. (© Ralf Geiß 2017)

Beobachtung: Während der Phosphor mit leuchtender Flamme unter Bildung von weißem Rauch verbrennt, steigt der Wasserspiegel in der Glasglocke rapide an. Der weiße Rauch löst sich im Wasser. Das aufsteigende Wasser flutet den Verbrennungslöffel und löscht das Phosphorfeuer (Abb. 2.48).
Schlussfolgerung: Bei der Verbrennung des Phosphors in reinem Sauerstoff verschwindet nahezu das gesamte Gas.

Dieses Experiment bestätigt auf eindrückliche Weise die Bedeutung des Sauerstoffs für die Verbrennung.

Luft, Sauerstoff und Verbrennungen

- **Wasserstoff, Stickstoff und Kohlenstoffdioxid unterbinden Verbrennungen.**
- **Sauerstoff fördert Verbrennungen, brennt selbst aber nicht. Sauerstoff ist kein Brennstoff!**
- **Luft besteht im Wesentlichen aus Stickstoff (ca. 80 Vol.-%) und Sauerstoff (ca. 20 Vol.-%).**

(WD 1 Faktenwissen)

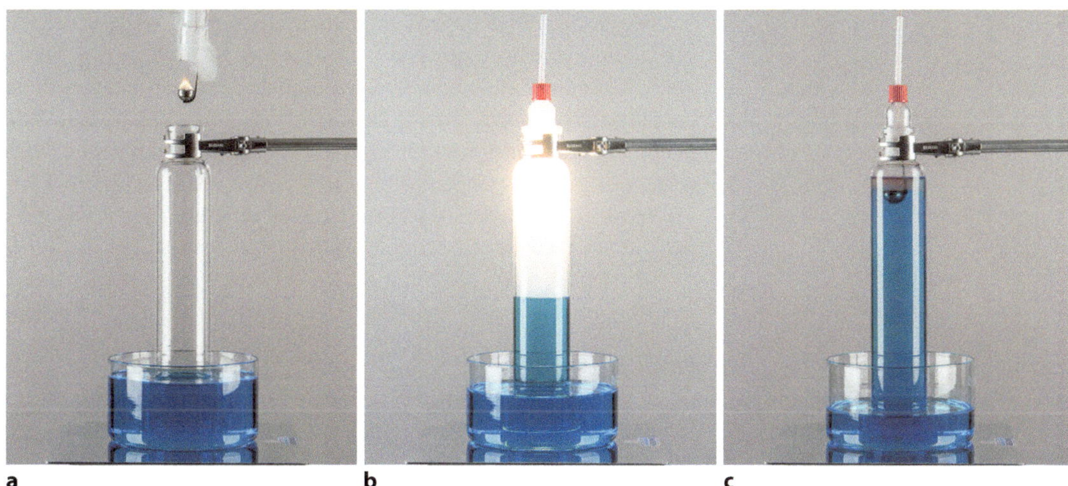

a b c

◘ **Abb. 2.48** **a** Verbrennungslöffel mit brennendem Phosphor – kurz vor dem Eintauchen in die mit Sauerstoff gefüllte Glasglocke; **b** brennender Phosphor in weißem Rauch in der mit Sauerstoff gefüllten Glasglocke; **c** während der Verbrennung des Phosphors im Sauerstoff steigt Wasser in die Glasglocke auf und füllt sie fast vollständig aus. (© Ralf Geiß 2017)

Ruß im Flammenmantel

Bereits in ► Abschn. 2.7 haben wir festgestellt: Der Flammenmantel enthält glühenden Ruß. Wo aber kommt der schwarze Ruß (Kohlenstoff) her? Als Quelle für den Ruß kommen drei verschiedene Stoffe infrage: die Luft, der Docht und das Wachs.

Die Luft

Luft ist ein Gemisch aus verschiedenen farblosen Gasen. Aufgrund dessen kann schwarzer, fester Ruß nicht einfach ein Bestandteil von farbloser, gasförmiger Luft sein.

Aus dem vorherigen Abschnitt wissen wir, wie groß der Kohlenstoffdioxid-Anteil der Luft ist – er beträgt 0,04 Vol.-%. Kohlenstoffdioxid ist nicht Kohlenstoff. Es könnte jedoch sein, dass Kohlenstoff auf rätselhafte Weise aus Kohlenstoffdioxid gebildet wird. 0,04 Vol.-% entspricht einem Volumenanteil von 4/10.000. D. h., von einem Liter Luft sind 0,4 ml Kohlenstoffdioxid. Bei der großen Menge an Ruß (Kohlenstoff), die in kurzer Zeit im Flammenmantel gebildet wird, ist es nicht plausibel, von Kohlenstoffdioxid-Spuren der Luft als Quelle auszugehen.

Die große Kohlenstoffmenge des Flammenmantels kann nicht aus der Luft stammen, da der Kohlenstoffdioxid-Anteil viel zu gering ist.

Der Docht

Der Docht in der Kerzenflamme ist ebenso wie der Kohlenstoff des Flammenmantels schwarz. Es liegt somit nahe, den Docht als Kohlenstoffquelle anzusehen.

Gegen den Docht sprechen jedoch eine ganze Reihe von Sachverhalten. Zunächst einmal ist die Dochtmasse viel zu gering, um die große Rußmenge einer ganzen Kerze zu liefern. Außerdem brennt der gerade nach oben verlaufende Docht nicht, er wird vom Wachsgas des Flammenkerns von Sauerstoff abgeschirmt. Nur der gekrümmte Docht verbrennt sehr langsam an der Spitze. Wenn der brennende Docht die Kohlenstoffquelle wäre, dann müsste bei geradem Docht das gelbe Leuchten des Flammenmantels verschwinden, was es aber nicht tut.

Der Docht weist zu wenig Masse auf bzw. brennt nicht oder zu langsam, um als Quelle für viel Kohlenstoff in Betracht zu kommen.

Das Wachs

Kann weißes Wachs die Quelle des Kohlenstoffs sein? Zunächst einmal ist man geneigt zu sagen: Nein! Denn wenn weißes Wachs Kohlenstoff enthalten würde, wäre es zumindest grau. Es könnte jedoch sein, dass in der Hitze der Kerzenflamme durch einen dieser rätselhaften Vorgänge Kohlenstoff aus Wachs gebildet wird.

Die einzige überzeugende Quelle für den Kohlenstoff im Flammenmantel ist das Wachs. Aus Wachs wird durch die große Hitze in der Flamme Kohlenstoff gebildet:

Wachs → Kohlenstoff

Aufgabe 2.23 Hypothesenschema 2

Woher stammt der Ruß (Kohlenstoff) im Flammenmantel? Erstelle zu dieser Frage zwei Hypothesenschemata. Ein Schema sollte eine belegbare Hypothese enthalten, das andere eine widerlegbare Hypothese.

Hinweis: Ein Hypothesenschema enthält folgende Elemente: Frage, Information zur Frage, Hypothese, Hypothesentest (Experimente), Ergebnis der Experimente, Schlussfolgerung aus den Experimenten. (WD 3 Prozesswissen/KP 6 Erschaffen)

Was wird aus dem Ruß im Flammenmantel?

Durch logische Schlussfolgerungen haben wir herausgefunden, dass der Ruß der Kerzenflamme aus Wachs gebildet wird. Da über einer Kerzenflamme nur Spuren von Ruß aufsteigen, stellt sich die Frage, was mit diesem Ruß in der Kerzenflamme passiert.

Experiment 2.28 Ein weißes Blatt Papier über der Kerzenflamme

Versuchsdurchführung: Etwa 10 cm über einer Kerzenflamme wird ein weißes DIN-A4-Blatt horizontal in den Gasstrom der Flamme gehalten (◘ Abb. 2.49).

Beobachtung: Selbst nach einigen Minuten Wartezeit kann man keine oder kaum Kohlenstoffspuren auf dem Blatt erkennen.

◘ **Abb. 2.49** Versuchsdurchführung zu Experiment 2.28. (© Ralf Geiß 2017)

Schlussfolgerung: Da sich auch auf der Tischoberfläche um die Kerze herum kein Ruß ansammelt, scheint der Ruß im Flammenmantel zu verschwinden.

Wir überprüfen diese Schlussfolgerung mit einem weiteren Experiment.

Experiment 2.29 Ein Reagenzglas in und über der Kerzenflamme

Versuchsdurchführung: Der Boden eines Reagenzglases wird in den Flammenmantel einer brennenden Kerze gehalten. Anschließend hält man ein zweites Reagenzglas unmittelbar kurz über die Kerzenflamme (◘ Abb. 2.50).

Beobachtung: Der Boden des ersten Reagenzglases färbt sich zunehmend schwarz. Der Boden des zweiten Reagenzglases färbt sich nicht schwarz (s. ◘ Abb. 2.29).

Schlussfolgerung: Im Flammenmantel wird aus Wachsgas schwarzer Kohlenstoff (Ruß) gebildet. Der Kohlenstoff verschwindet jedoch auch wieder im Flammenmantel.

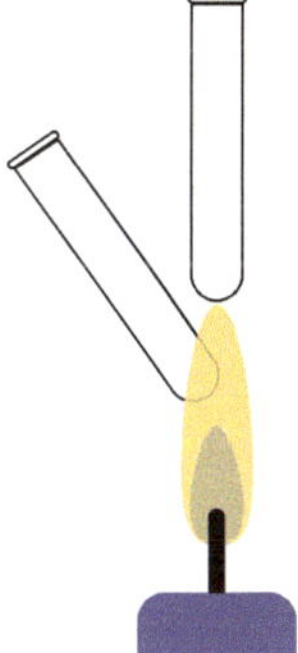

◘ **Abb. 2.50** Versuchsdurchführung zu Experiment 2.29. (© Ralf Geiß 2017)

Da Stoffe nicht einfach verschwinden können, liegt die Vermutung nahe, dass der Kohlenstoff verbrannt ist. Was aber entsteht beim Verbrennen von Kohlenstoff (Ruß)? Wir versuchen, dieser Frage mit drei Experimenten auf den Grund zu gehen.

Experiment 2.30 Nachweis von Kohlenstoffdioxid mit Calciumhydroxid-Lösung

Versuchsdurchführung: In einen Erlenmeyerkolben wird etwas Calciumhydroxid-Lösung gegeben. Anschließend lässt man Kohlenstoffdioxid durch die Lösung sprudeln.

Beobachtung: Schon nach kurzer Zeit wird die Lösung milchig trüb (◘ Abb. 2.51).

Schlussfolgerung: Bei Kontakt mit Kohlendioxid bildet sich in Calciumhydroxid-Lösung ein weißer, schlecht löslicher Stoff (Kalk).

$$\text{Calciumhydroxid} + \text{Kohlenstoffdioxid} \rightarrow \text{Kalk}$$

Da Calciumhydroxid-Lösung bei Kontakt mit Kohlenstoffdioxid weiß wird, d. h., Kalk abscheidet, kann man die Lösung als Nachweismittel für Kohlenstoffdioxid verwenden.

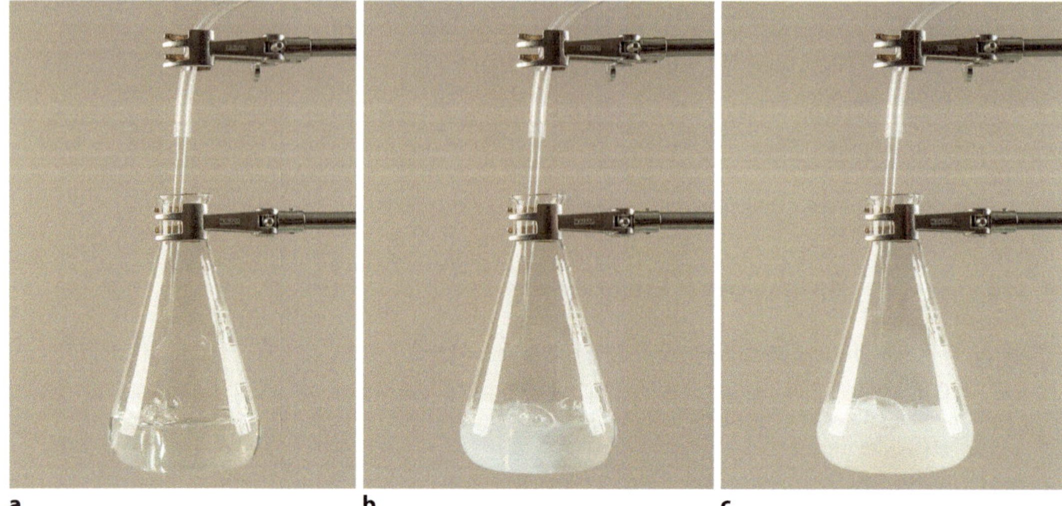

a **b** **c**

■ **Abb. 2.51** **a** Kohlendioxid strömt in die Calciumhydroxid-Lösung ein, **b** die Calciumhydroxid-Lösung beginnt sich weiß zu verfärben, **c** die Calciumhydroxid-Lösung hat sich gleichmäßig weiß verfärbt. (© Ralf Geiß 2017)

Experiment 2.31 Verbrennen von Holzkohle

Versuchsdurchführung: In einen Erlenmeyerkolben (500 ml) wird etwas farblose Calciumhydroxid-Lösung gegeben. Nun füllt man den Kolben mit Sauerstoff-Gas und deckt ihn mit einem Uhrglas ab. Ein kleines Stück Holzkohle (enthält vor allem Kohlenstoff) wird in einen Verbrennungslöffel gelegt und in der Bunsenbrenner-Flamme bis zum Glühen erhitzt. Gemäß ■ Abb. 2.52 wird der Verbrennungslöffel in den präparierten Erlenmeyerkolben gehalten. Nach wenigen Minuten nimmt man den Verbrennungslöffel wieder heraus und schwenkt den Kolben.

Beobachtung: Im Erlenmeyerkolben glüht die Holzkohle auf. Nach dem Schwenken des Kolbens färbt sich die Calciumhydroxid-Lösung gleichmäßig weiß (■ Abb. 2.52).

Schlussfolgerung: Beim Verbrennen von Kohlenstoff entsteht das Gas Kohlenstoffdioxid.

$$\text{Kohlenstoff} + \text{Sauerstoff} \rightarrow \text{Kohlenstoffdioxid}$$

Experiment 2.32 Kohlenstoffdioxid-Nachweis über der Kerzenflamme

Versuchsdurchführung: Mithilfe einer Wasserstrahl-Pumpe leitet man die Gase über einer Kerzenflamme durch eine Gaswasch-Flasche, die mit Calciumhydroxid-Lösung gefüllt ist (■ Abb. 2.53).

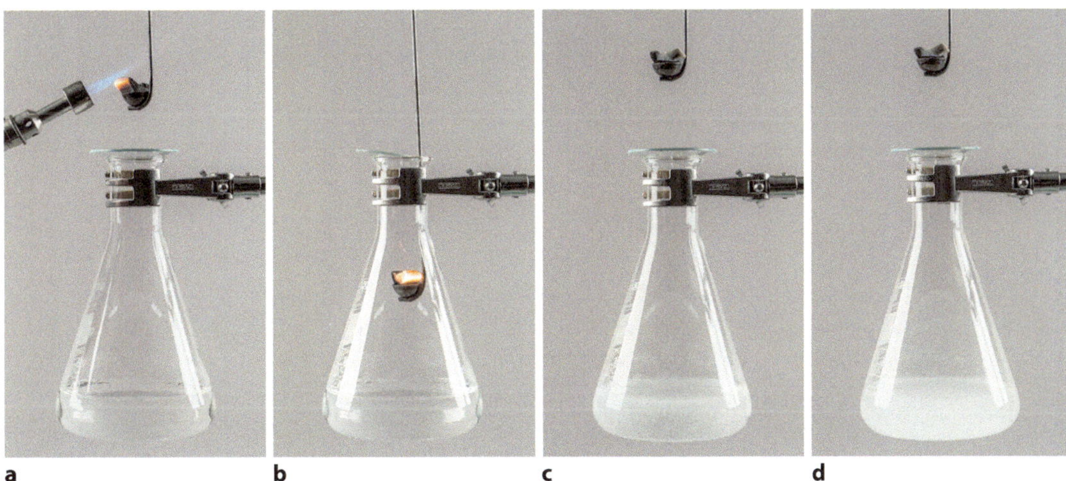

■ **Abb. 2.52** **a** Holzkohle wird in einem Verbrennungslöffel zum Glühen erhitzt, **b** im mit Sauerstoff gefüllten Erlenmeyerkolben glüht die Holzkohle auf, **c** in der Calciumhydroxid-Lösung bildet sich eine weiße Trübung, die vor allem an der Oberfläche auftritt, **d** nachdem man den Erlenmeyerkolben geschwenkt hat, weist die Calciumhydroxid-Lösung eine gleichmäßige weiße Trübung auf. (© Ralf Geiß 2017)

Beobachtung: Nach kurzer Zeit bildet sich in der Calciumhydroxid-Lösung eine weiße Trübung – ein weißer Feststoff fällt aus (■ Abb. 2.54).
Schlussfolgerung: In der Calciumhydroxid-Lösung hat sich Kalk gebildet. Dies ist ein Nachweis dafür, dass in den Abgasen der Kerzenflamme Kohlenstoffdioxid enthalten ist. Das heißt, der Kohlenstoff im Flammenmantel wird mit Sauerstoff zu Kohlenstoffdioxid verbrannt.

Kohlenstoff + Sauerstoff → Kohlenstoffdioxid

Zusammenfassung

Mithilfe logischer Schlussfolgerungen sowie durch Experiment 2.28 bis Experiment 2.32 können wir nun angeben, woher der Kohlenstoff des Flammenmantels stammt und was aus ihm wird.

Ruß im Flammenmantel
In der heißen Kerzenflamme entsteht aus Wachsgas Kohlenstoff. Dieser Kohlenstoff lagert sich zu kleinen festen Partikeln zusammen, die bei den hohen Temperaturen im Flammenmantel gelb glühen.

Wachs → Kohlenstoff

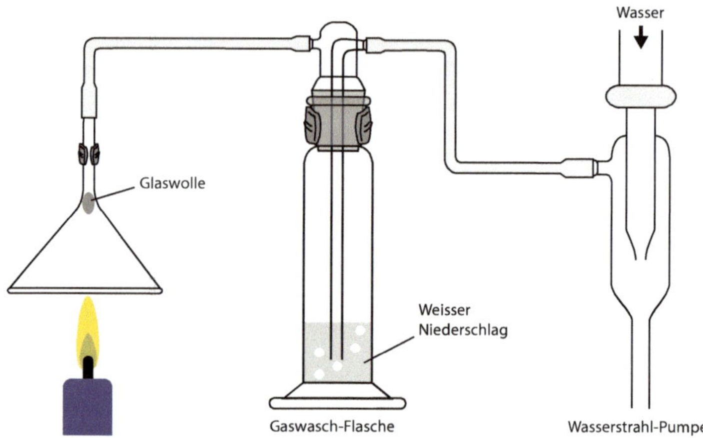

Abb. 2.53 Versuchsaufbau: Kohlenstoffdioxid-Nachweis über der Kerzenflamme. (© Ralf Geiß 2017)

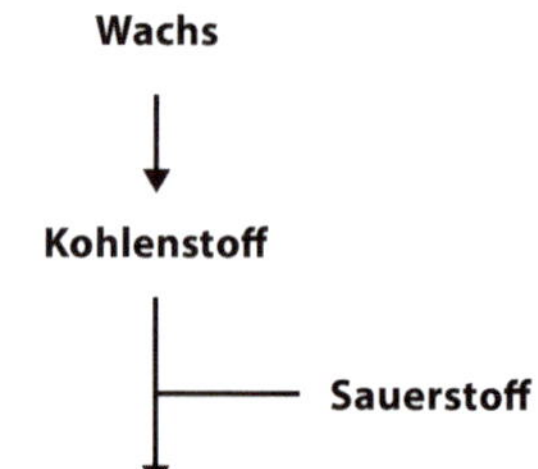

Abb. 2.55 Der Weg des Kohlenstoffs im Flammenmantel. (© Ralf Geiß 2017)

Nach kurzer Zeit kommen diese glühenden Kohlenstoffpartikel mit nachströmendem Sauerstoff in Kontakt und verbrennen zu Kohlenstoffdioxid.

$$\text{Kohlenstoff} + \text{Sauerstoff} \rightarrow \text{Kohlenstoffdioxid}$$

(WD 2 Konzeptwissen)

Mit einer Zeichnung kommt der Weg des Kohlenstoffs besonders deutlich zum Ausdruck (Abb. 2.55).

Wasser in der Kerzenflamme

Aufgrund der Erkenntnisse des letzten Abschnitts könnte man meinen: Es ist geklärt, was mit Wachsgas und Sauerstoff während der Verbrennung in der Kerzenflamme passiert. Experiment 2.33 zeigt jedoch, dass unsere Vorstellung von den Vorgängen in der Kerzenflamme noch unvollständig ist.

Experiment 2.33 Kerzenflamme unter einer kalten Metallschale

Versuchsdurchführung: Man füllt eine Metallschale mit etwas kaltem Leitungswasser. Diese Schale hält man, dort wo der Boden gekrümmt ist, einige cm über eine Kerzenflamme (Abb. 2.56).

Beobachtung: Am Boden der Metallschale kann man die Kondensation einer farblosen Flüssigkeit beobachten. Es bildet sich nicht viel davon – die Flüssigkeit ist aber dennoch deutlich erkennbar (Abb. 2.57).

Abb. 2.56 Versuchsdurchführung zu Experiment 2.33. (© Ralf Geiß 2017)

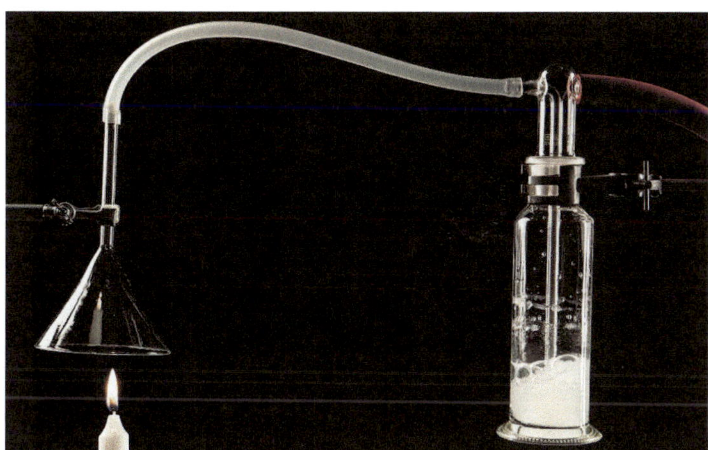

Abb. 2.54 Versuchsaufbau und Verlauf: Kohlendioxid Nachweis über der Kerzenflamme. (© Ralf Geiß 2017)

Schlussfolgerung: In der heißen Kerzenflamme ist Wasser enthalten – das farblose, unsichtbare, gasförmige Wasser steigt aus der Flamme auf und kondensiert an der kalten Metallschale zu sichtbarem, flüssigem Wasser.
Hinweis: Lernende sind oft der festen Überzeugung, das Wasser stamme aus der Luft. Gegenargumentation: Gasförmiges Wasser kondensiert bevorzugt dort, wo es kalt ist. Wenn das Wasser aus der Luft käme, dann müsste es demzufolge abseits von der heißen Flamme noch viel deutlicher an der Metallschale kondensieren – dies ist aber nicht der Fall. Die Kondensation findet nur oberhalb der Flamme statt.

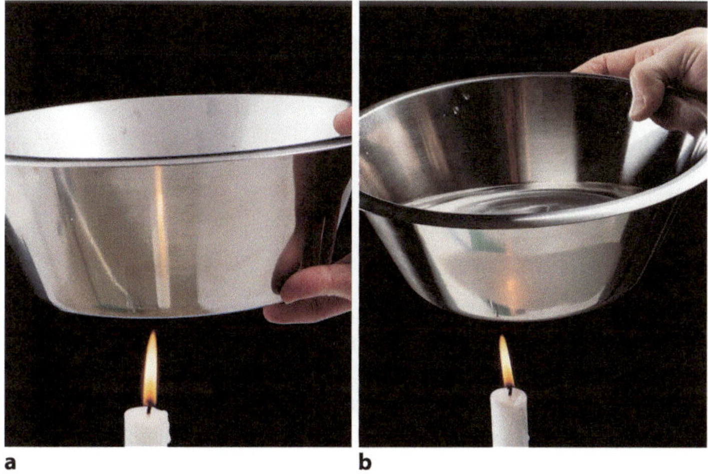

Abb. 2.57 **a** Metallschale hinter einer Kerzenflamme, **b** Metallschale über einer Kerzenflamme. (© Ralf Geiß 2017)

■ **Abb. 2.58** Wasserstoff-Flamme. (© Ralf Geiß 2017)

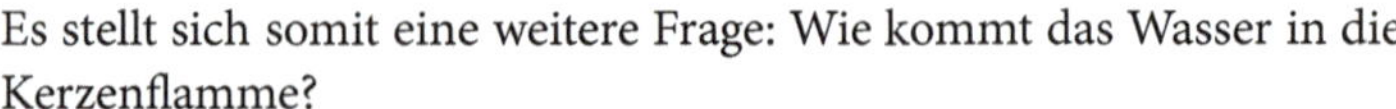

Es stellt sich somit eine weitere Frage: Wie kommt das Wasser in die Kerzenflamme?

In Wachs ist kein Wasser enthalten – man kann das beim Erhitzen von Wachs erkennen. Wachs beginnt erst bei etwa 350 °C zu sieden. Wenn in Wachs Wasser enthalten wäre, müsste man schon bei 100 °C Gasblasen aufsteigen sehen. Um die Frage, wie das Wasser in die Kerzenflamme kommt, beantworten zu können, experimentieren wir mit Wasserstoff.

Experiment 2.34 Wasserstoff-Flamme

Versuchsdurchführung: Durch ein zugespitztes Glasrohr oder ein Lötrohr lässt man Wasserstoff strömen. Kurz darauf hält man ein brennendes Feuerzeug in die Nähe des Gasstroms.

Beobachtung: Mit einem schwachen Knall entzündet sich der Gasstrom – eine blassviolett bis rötlichgelbe kaum sichtbare Flamme bildet sich an der Spitze des Glasrohres (■ Abb. 2.58).

Schlussfolgerung: Wasserstoff brennt.

Der Name des Wasserstoffs ist sehr ungeschickt gewählt. Wasserstoff ist nicht gasförmiges Wasser und in Wasserstoff ist auch kein Wasser enthalten. Man sollte sich von diesem Namen nicht verwirren lassen.

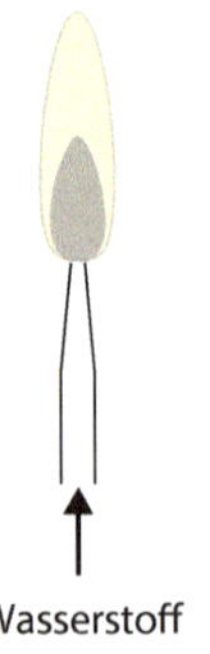

■ **Abb. 2.59** Versuchsdurchführung zu Experiment 2.35. (© Ralf Geiß 2017)

Experiment 2.35 Was passiert bei der Verbrennung von Wasserstoff?

Versuchsdurchführung: Man füllt eine Metallschale mit etwas kaltem Wasser und hält sie über eine Wasserstoff-Flamme (■ Abb. 2.59).

Beobachtung: Am Boden der Metallschale bildet sich immer mehr von einer farblosen Flüssigkeit (■ Abb. 2.60).

Schlussfolgerung: Bei der Verbrennung von Wasserstoff, mit Sauerstoff aus der Luft, entsteht Wasser. Die Wasserstoff-Flamme ist sehr heiß, sodass das gebildete Wasser gasförmig vorliegt. Das Wassergas steigt aus der Wasserstoff-Flamme auf und kondensiert an der kalten Metalloberfläche der Schale.

Aus Experiment 2.35 folgt: Bei der Verbrennung von Wasserstoff entsteht ein neuer Stoff – Wasser. Aus Wasserstoff und Sauerstoff wird also auf geheimnisvolle Weise Wasser gebildet.

Aufgabe 2.24 Wasser und Wasserstoff

Manche Menschen denken, Wasser sei kondensiertes Wasserstoff-Gas. Wie kann man auf einfache Weise zeigen, dass das nicht stimmt? (WD 3 Prozesswissen/KP 3 Anwenden)

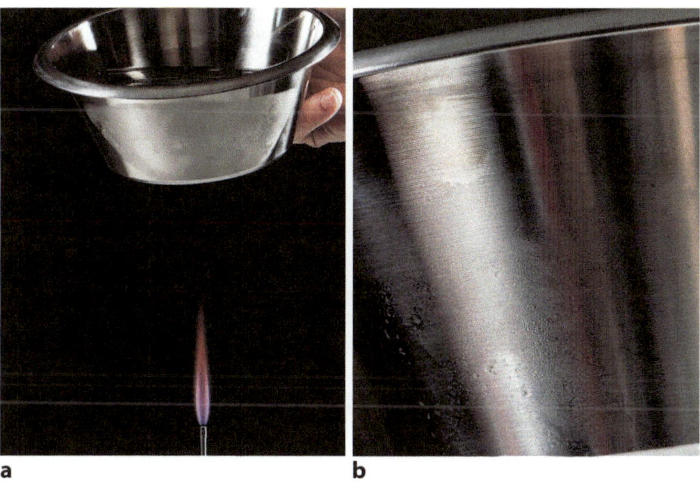

Abb. 2.60 **a** Metallschale über einer Wasserstoff-Flamme, **b** kondensiertes gasförmiges Wasser über einer Wasserstoff-Flamme. (© Ralf Geiß 2017)

Da Wasserstoff faszinierende Eigenschaften hat, machen wir noch zwei weitere Versuche mit diesem Gas.

Experiment 2.36 Feuerball

Versuchsdurchführung: Ein Luftballon wird mit Wasserstoff gefüllt, zugeknotet und mit einer Klammer fixiert. Anschließend lässt man eine Kerzenflamme in Kontakt mit dem Ballon kommen (Abb. 2.61). Die Kerze ist am Ende eines 1 m langen Stocks befestigt – der Experimentator hält den Stock am anderen Ende.

Beobachtung: Mit einem lauten und dumpfen Knall verbrennt der Wasserstoff des Luftballons. Für einen Bruchteil einer Sekunde ist an der Stelle, an der zuvor der Ballon war, ein Feuerball zu erkennen (Abb. 2.62).

Schlussfolgerung: Wasserstoff verbrennt sehr schnell und heftig zu Wasser – Wasserstoff ist explosiv. Wenn Wasserstoff gasförmiges Wasser wäre, dann würde bei diesem Experiment keine Explosion stattfinden, denn gasförmiges Wasser ist nicht explosiv.

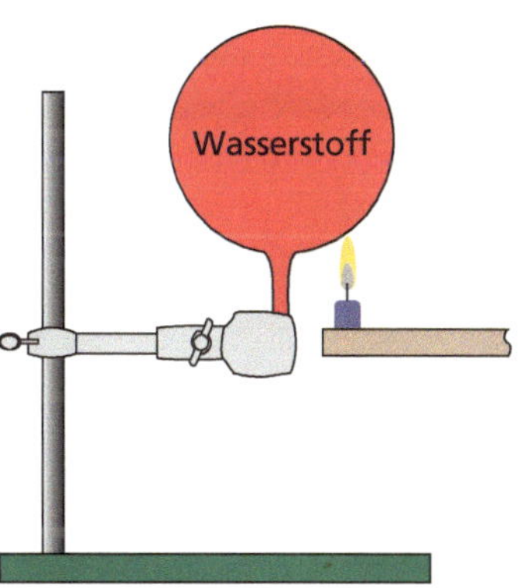

Abb. 2.61 Versuchsdurchführung zu Experiment 2.36. (© Ralf Geiß 2017)

Aufgabe 2.25 Feuerball

Warum ist bei Experiment 2.36 nach der Explosion kein Wasser zu sehen? (WD 2 Konzeptwissen/KP 2 Verstehen)

Experiment 2.37 Feuerblitz

Versuchsdurchführung: Im Freien: Ein Luftballon wird mit etwa 2 l Wasserstoff und etwa 1 l Sauerstoff gefüllt. Dann wird der Ballon zugeknotet und an einem Stativ mit Muffe und Klammer befestigt.

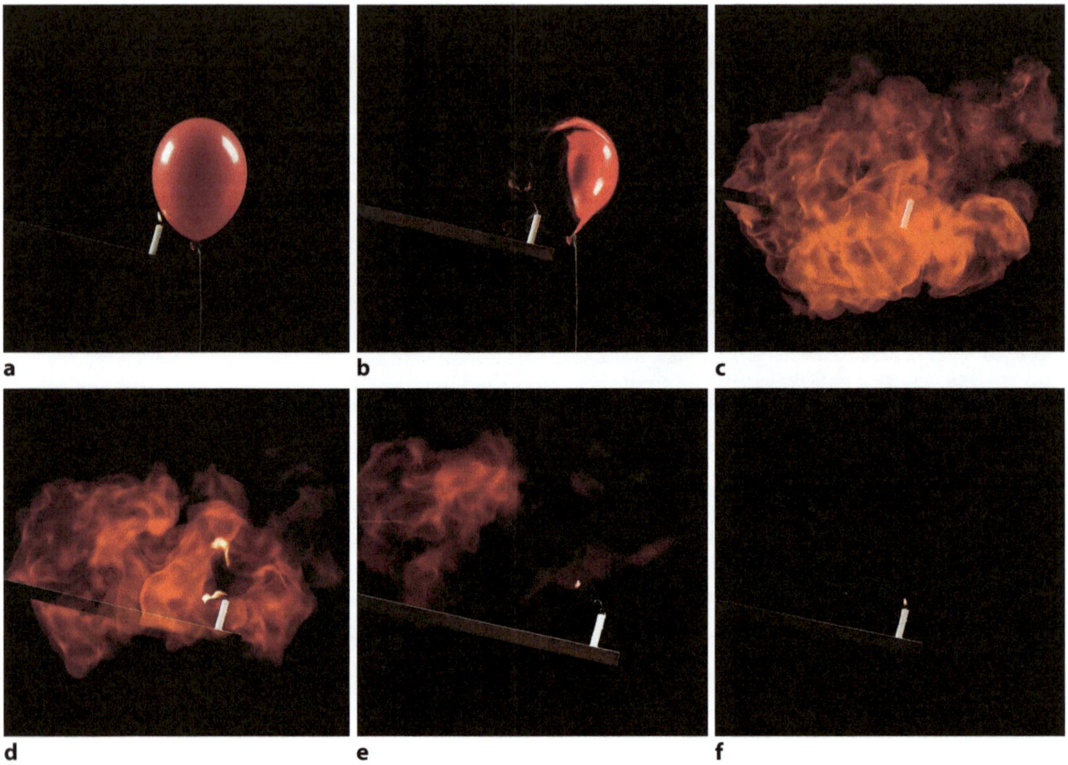

a b c d e f

◘ Abb. 2.62 **a** Brennende Kerze unter dem mit Wasserstoff gefüllten Ballon, **b** der Ballon platzt – Wasserstoff beginnt zu verbrennen, **c** die Verbrennung von Wasserstoff erreicht ihr Maximum, **d** die Verbrennung von Wasserstoff hat ihr Maximum überschritten, **e** Die Verbrennung von Wasserstoff klingt ab, **f** nachdem der Wasserstoff verbrannt ist, brennt die Kerze wieder. (© Ralf Geiß 2017)

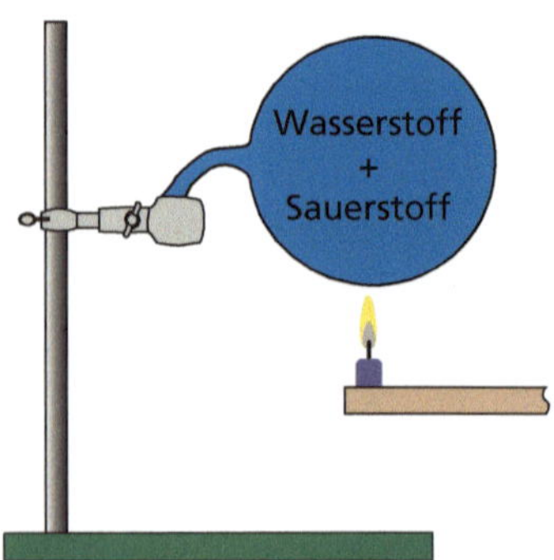

◘ Abb. 2.63 Versuchsdurchführung zu Experiment 2.37. (© Ralf Geiß 2017)

Anschließend lässt man eine Kerzenflamme in Kontakt mit dem Ballon kommen (◘ Abb. 2.63). Die Kerze ist am Ende eines mindestens 1 m langen Stocks befestigt – der Experimentator hält den Stock am anderen Ende. Der Experimentator trägt Gehörschutz, die Zuschauer sehen von 20 m Entfernung zu.

Beobachtung: Mit einem sehr lauten Knall explodiert der Luftballon. Diesmal läuft die Reaktion viel schneller ab als bei Experiment 2.36 – man erkennt keinen Feuerball. Manchmal kann man jedoch einen Lichtblitz sehen (◘ Abb. 2.64).

Schlussfolgerung: Nach dem Entzünden mit der Kerzenflamme verbrennen Wasserstoff und Sauerstoff zu Wasser.

Vor der Explosion enthält der Ballon ein Gasgemisch aus Wasserstoff und Sauerstoff, jedoch kein Wasser. Während der explosionsartigen Verbrennung bildet sich aus diesem Gemisch Wasser. Danach sind Wasserstoff und Sauerstoff verschwunden. Wasserstoff und Sauerstoff wurden auf rätselhafte Weise zu Wasser. Aus zwei Stoffen mit ganz bestimmten Eigenschaften wurde ein neuer Stoff, der völlig andere Eigenschaften aufweist.

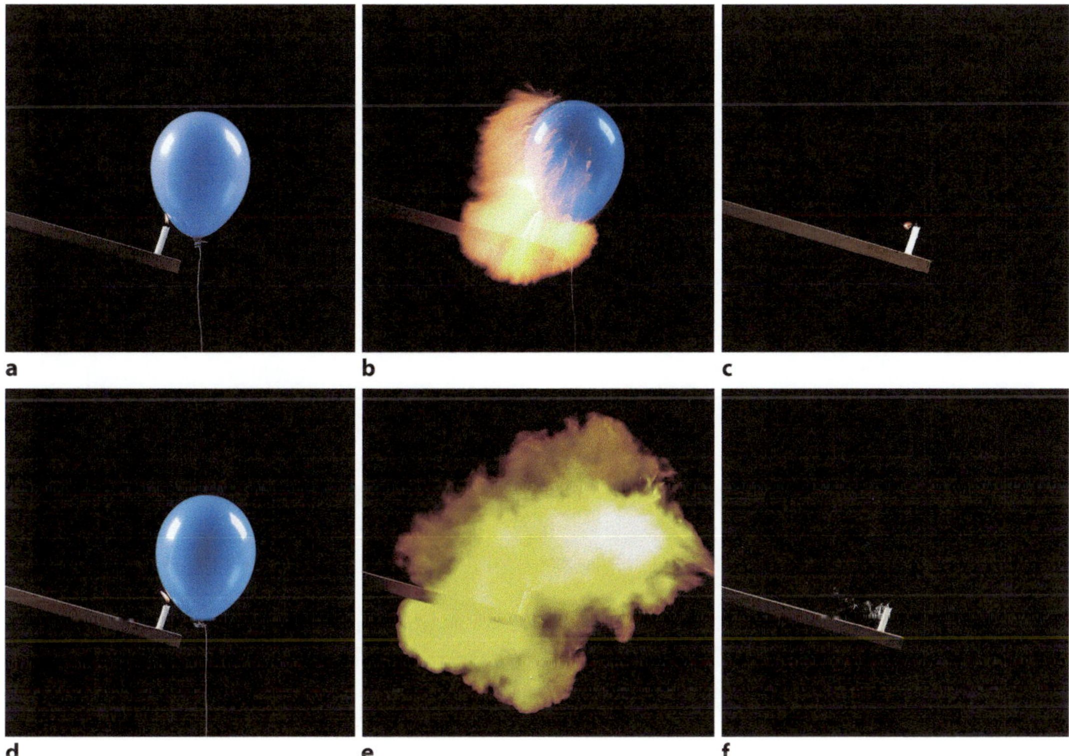

■ **Abb. 2.64** **a** Brennende Kerze unter dem mit Knallgas gefüllten Ballon, **b** der Ballon platzt und scheinbar gleichzeitig beginnt der Wasserstoff zu verbrennen, **c** nachdem der Wasserstoff verbrannt ist, brennt die Kerze wieder – eventuell auch immer noch; **d–f** Wiederholung des Experiments, diesmal ist eine Feuerwolke zu erkennen, die vom Auge eher wie ein Blitz wahrgenommen wird – nach dieser Knallgas-Explosion brennt die Kerze nicht mehr. (© Ralf Geiß 2017)

Aufgabe 2.26 Verbrennungs-Geschwindigkeit

Warum läuft die Explosion bei Experiment 2.37 etwa doppelt so schnell, heller und lauter ab als bei Experiment 2.36?
Hinweis: Beachte zur Beantwortung dieser Frage auch ■ Abb. 2.62 und 2.64. Die 6 Bilder der ■ Abb. 2.62 decken einen Zeitraum von ca. 0,5 s ab.
Die jeweils 3 Bilder der beiden Durchläufe in ■ Abb. 2.64 sind im Verlauf von ca. 0,25 s gemacht worden (Kamera: Nikon D 4s – 11 Bilder/s: Belichtungszeit 1/250 s).
(WD 2 Konzeptwissen/KP 2 Verstehen)

Nun aber zurück zu unserer Frage: Was passiert mit Wachsgas und Sauerstoff bei der Verbrennung? Wir können diese Frage jetzt vollständig beantworten. Aus Wachsgas und Sauerstoff werden während der Verbrennung Kohlenstoffdioxid und Wasser gebildet.

Wachs + Sauerstoff → Kohlenstoffdioxid + Wasser

Aufgrund der Wasserstoffexperimente wissen wir, wie Wasser durch eine Verbrennung gebildet werden kann. Wasserstoff verbrennt mit Sauerstoff zu Wasser.

Wasserstoff + Sauerstoff → Wasser

Bei der Bildung von Wasser in der Kerzenflamme muss demnach auch Wasserstoff beteiligt sein. Aber wo kommt der Wasserstoff her? Weder im Wachs, im Docht noch in der Luft ist Wasserstoff enthalten. Wenn in diesen Stoffen Wasserstoff vorhanden wäre, wären sie zumindest ein wenig explosiv.

Geheimnisvolle Vorgänge

Wir haben bis jetzt einige rätselhafte Vorgänge beobachten können:

Aus weißem, festem Wachs wird schwarzer, fester Ruß (Kohlenstoff) gebildet:

Wachs → Kohlenstoff

Aus grauem, festem Eisen und farblosem, gasförmigem Sauerstoff wurde roter, fester Rost (Eisenoxid):

Eisen + Sauerstoff → Eisenoxid

Aus rotem, festem Phosphor und farblosem, gasförmigem Sauerstoff wurde weißes, festes Phosphoroxid:

Phosphor + Sauerstoff → Phosphoroxid

Aus schwarzem, festem Kohlenstoff und farblosem, gasförmigem Sauerstoff wurde farbloses, gasförmiges Kohlenstoffdioxid:

Kohlenstoff + Sauerstoff → Kohlenstoffdioxid

Aus farblosem, gasförmigem Wasserstoff und farblosem, gasförmigem Sauerstoff wurde farbloses, flüssiges Wasser:

Wasserstoff + Sauerstoff → Wasser

Auch der Wasserstoff, der in der Kerzenflamme zu Wasser verbrennt, könnte durch solch einen geheimnisvollen Vorgang gebildet werden. Als Ausgangsstoff für die Wasserstoff-Bildung kommt vor allem der Brennstoff, Wachs, infrage. Es könnte also durchaus sein, dass farbloses, gasförmiges Wachs in der Hitze der Kerzenflamme zu schwarzem, festem Ruß und farblosem, gasförmigem Wasserstoff gespalten wird:

Wachs → Kohlenstoff + Wasserstoff

Mit dieser Idee können wir die Frage: „Woher kommt der Wasserstoff, der in der Flamme zu Wasser wird?" beantworten.

Zusammenfassung

Wir haben jetzt ein umfassendes Bild von den Verbrennungsvorgängen in der Kerzenflamme.

Verbrennungsvorgänge in der Kerzenflamme
Wachsspaltung: In der heißen Kerzenflamme wird Wachs in Kohlenstoff und Wasserstoff aufgespalten.

Wachs → Kohlenstoff + Wasserstoff

Wasserbildung: Der auf diese Weise gebildete Wasserstoff verbrennt sowohl im Flammensaum als auch im Flammenmantel sofort mit dem einströmenden Sauerstoff zu Wasser.

Wasserstoff + Sauerstoff → Wasser

Kohlenstoffdioxid-Bildung: Der bei der Wachsspaltung gebildete Kohlenstoff verbrennt in der Flamme zu Kohlenstoffdioxid.

Kohlenstoff + Sauerstoff → Kohlenstoffdioxid

Flammensaum und -mantel: Die Verbrennung im Flammensaum läuft jedoch etwas anders ab als im Flammenmantel. Im Flammensaum wird der Kohlenstoff sofort nach seiner Bildung zu Kohlenstoffdioxid verbrannt. Im Flammenmantel geschieht die Kohlenstoff-Verbrennung, wegen des Sauerstoff-Mangels, mit ein wenig zeitlicher Verzögerung. Während seiner „Lebensdauer" (weniger als eine Sekunde) bildet der Kohlenstoff feste Partikel, die in der Hitze des Flammenmantels gelb glühen. Durch nachströmenden Sauerstoff verbrennen auch diese Partikel zu Kohlenstoffdioxid.
Gesamtprozess der Verbrennung: Alle drei Vorgänge zusammen ergeben den folgenden Gesamtprozess:

Wachs + Sauerstoff → Kohlenstoffdioxid + Wasser

(WD 2 Konzeptwissen)

Mit einem Diagramm wird die Theorie zu den Vorgängen in der Kerzenflamme besonders anschaulich dargestellt (Abb. 2.65).

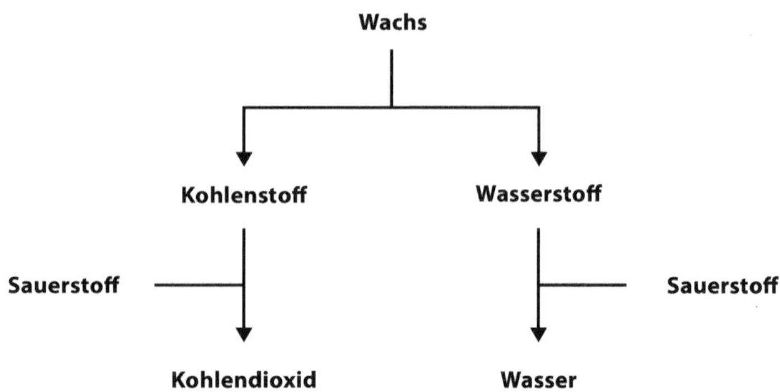

■ **Abb. 2.65** Schematische Darstellung der Vorgänge in der Kerzenflamme. (© Ralf Geiß 2017)

Addition der Teilprozesse ergibt den Gesamtprozess

Addiert man die drei Teilprozesse und streicht Stoffe, die sowohl auf der linken und der rechten Seite des Reaktionspfeils vorkommen, so erhält man die Reaktionsgleichung für den Gesamtprozess.

		Wachs	→	Kohlenstoff	+	Wasserstoff
Wasserstoff	+	Sauerstoff	→	Wasser		
Kohlenstoff	+	Sauerstoff	→	Kohlenstoffdioxid		
Wachs + Wasserstoff + Kohlenstoff + Sauerstoff			→	Kohlenstoff + Wasser	+	Wasserstoff + Kohlenstoffdioxid
Wachs	+	Sauerstoff	→	Wasser	+	Kohlenstoffdioxid

Aufgabe 2.27 Pfeildiagramm: Rußbildung

Zeichne das Pfeildiagramm in ■ Abb. 2.66 auf ein querliegendes DIN-A4-Blatt und beschrifte die Linien (auch die schräg verlaufenden) mit Aussagen, sodass sich die Bildung von Ruß und Wasser im Flammenmantel als Ursache-Wirkungs-Gefüge darstellt. Es müssen nicht zwingend alle Linien beschriftet werden.
(WD 2 Konzeptwissen/KP 6 Erschaffen)
Hinweis: Falls Du die Aufgabe nicht lösen kannst, übertrage die folgenden Aussagen sinnvoll ins Diagramm.

- Luft strömt von unten durch den Flammensaum in den Flammenmantel.
- Im Flammensaum wird Sauerstoff teilweise verbraucht.
- Im Flammenmantel sind Kohlenstoff, Wasserstoff und wenig Sauerstoff.
- Bevor Kohlenstoff verbrennt, entstehen feste Kohlenstoffpartikel.
- Wasserstoff verbindet sich schnell mit Sauerstoff.
- Bei der Reaktion von Wasserstoff mit Sauerstoff entsteht Wasser.
- Kohlenstoff verbindet sich langsam mit Sauerstoff.

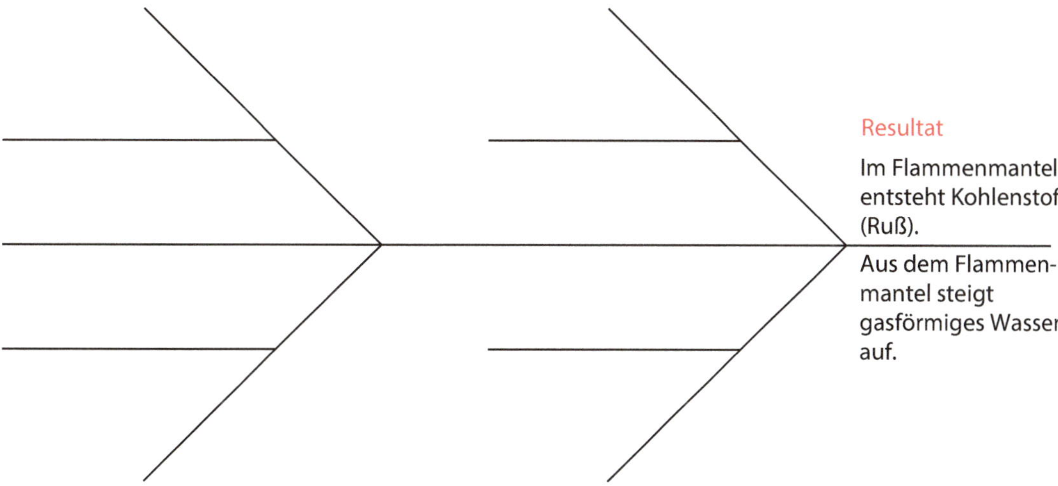

Abb. 2.66 Pfeildiagramm zur Rußbildung. (© Ralf Geiß 2017)

- Wachsgas strömt vom Flammenkern in den Flammenmantel.
- Wachsgas wird im Flammenmantel in Kohlenstoff und Wasserstoff gespalten.

(WD 2 Konzeptwissen, KP 4 Analysieren)

Weitere Fragen

Die folgenden Fragen sind geeignet, um das Verständnis der Verbrennung in der Kerzenflamme zu prüfen bzw. zu erweitern und zu vertiefen. Die Fragen können auch sehr gut als Ausgangspunkte für Diskussionen und schriftliche Arbeiten dienen – sie werden im Buch nicht beantwortet.

- Wenn der Docht nur an der Spitze brennt, warum ist dann fast der gesamte Docht schwarz?
- Zündet man eine neue Kerze an, dann wird die Flamme schnell groß, anschließend wieder klein und letztendlich wieder größer. Warum ist das so?
- In einem Raumschiff, das sich im All befindet, sieht eine Kerzenflamme ganz anders aus als auf der Erdoberfläche (Abb. 2.67). Warum ist das so?
- Warum erlischt eine brennende Kerze, wenn man sie ausbläst?
- Lässt man eine Kerze fallen, geht sie aus. Warum ist das so? Mit welchen Experimenten könnte man mögliche Antworten prüfen?
- Bevor die festen Kohlenstoffpartikel im Flammenmantel gebildet werden: Wie liegt Kohlenstoff (Sublimationspunkt: 3750 °C) vor?

Abb. 2.67 Kerzenflamme in annähernder Schwerelosigkeit. (© NASA)

2.9 Chemie und chemische Reaktionen

Die geheimnisvollen Vorgänge haben alle etwas gemeinsam: Es werden neue Stoffe gebildet.

Chemische Reaktionen

Vorgänge, die zur Bildung neuer Stoffe führen, werden chemische Reaktionen genannt.
(WD 1 Faktenwissen)

Immer wenn ein neuer Stoff entsteht, treten neue Eigenschaften auf – aber nicht immer wenn neue Eigenschaften auftreten, tritt auch ein neuer Stoff auf. Beispiel: Verdampfen von Wasser: Gasförmiges Wasser hat eine geringere Dichte als flüssiges Wasser, stellt aber keinen neuen Stoff dar.

Reaktionstypen

Bisher sind uns zwei grundsätzlich verschiedene Arten von chemischen Reaktionen begegnet: Stoffspaltungen und Stoffvereinigungen.

Stoffspaltungen

Stoffspaltungen sind chemische Reaktionen, d. h., es werden neue Stoffe dabei gebildet. Im Verlauf von Stoffspaltungen werden aus einem Stoff mindestens 2 neue Stoffe gebildet.
(WD 1 Faktenwissen)

▪▪ **Beispiel**
Wachsspaltung:

$$\text{Wachs} \rightarrow \text{Kohlenstoff} + \text{Wasserstoff}$$

Stoffvereinigungen

Stoffvereinigungen sind chemische Reaktionen, d. h., es werden neue Stoffe dabei gebildet. Im Verlauf von Stoffvereinigungen wird aus mindestens zwei Stoffen ein neuer Stoff gebildet.
(WD 1 Faktenwissen)

▪▪ **Beispiel**
Vereinigung von Wasserstoff und Sauerstoff:

$$\text{Wasserstoff} + \text{Sauerstoff} \rightarrow \text{Wasser}$$

Beispiele für Chemische Reaktionen

Um zu erkennen, dass chemische Reaktionen nicht auf Verbrennungsvorgänge beschränkt sind, werden wir nun anhand einiger Experimente weitere chemische Reaktionen kennen lernen. Für diese chemischen Reaktionen können wir nur in Ausnahmefällen eine Wortgleichung aufstellen, da wir meist nicht alle Reaktionsprodukte kennen.

Experiment 2.38 Bunte Reihe mit Thymolblau

Versuchsdurchführung: Herstellung der Lösungen:

- Lösung I: 400 ml entmineralisiertes (entm.) Wasser
- Lösung II: 10 ml Thymolblau-Lösung (frisch zubereitet: $w \sim 0{,}05\ \%$ in Ethanol)
- Lösung III: 20 ml Natronlauge ($c \sim 1$ mol/l)
- Lösung IV: 20 ml Schwefelsäure ($c \sim 1$ mol/l)

Demonstration: Vier Bechergläser (400 ml, hohe Form) werden in Reihe aufgestellt. In das erste Becherglas gibt man Lösung I, in das zweite Lösung II usw. Nun gießt man den Inhalt von Becherglas I bis auf 100 ml in Becherglas II, den Inhalt von Becherglas II bis auf 100 ml in Becherglas III usw.

Beobachtung: In Becherglas II entsteht eine gelbe Lösung, in Becherglas III eine blaue Lösung und in Becherglas IV eine rote Lösung (◘ Abb. 2.68).

Schlussfolgerung: Die unterschiedlich gefärbten Lösungen entstehen durch die Bildung neuer farbiger Stoffe.

Aufgabe 2.28 Erklärung der bunten Reihe mit Thymolblau

Experiment 2.38: Wie kann man die Farbwechsel erklären?
(WD 2 Konzeptwissen/KP 3 Anwenden)

Experiment 2.39 Farblos – Farbig – Farblos – Farbig

Versuchsdurchführung: Vorbereitung vor der Demonstration: In 7 Bechergläser (250 ml) werden gemäß der folgenden Auflistung geringe Mengen an Chemikalien gegeben (◘ Abb. 2.69).

- Becherglas 1: einige Tropfen NaOH verd.,
- Becherglas 2: einige Tropfen Phenolphthaleinlösung,
- Becherglas 3: ca. 2 ml H_2SO_4 konz.,
- Becherglas 4: wenige zerstoßene $KMnO_4$-Kristalle,
- Becherglas 5: ca. 0,5 g $FeSO_4 \cdot 7\ H_2O$ in 2 ml H_2SO_4 verd.,
- Becherglas 6: ca. 0,2 ml $K_4[Fe(CN)_6]$-Lsg. ($c \sim 0{,}05$ mol/l),
- Becherglas 7: mind. 1 ml KSCN-Lsg. ($c \sim 1$ mol/l).

Abb. 2.68 Thymolblau wird in Wasser, Lauge bzw. Säure in verschiedene Farbstoffe überführt. (© Ralf Geiß 2017)

Abb. 2.69 Versuchsaufbau: Reaktionskette. (© Ralf Geiß 2017)

Während der Demonstration führt man folgende Arbeitsschritte durch:

1. Man füllt das erste Becherglas mit ca. 150 ml entm. Wasser auf.
2. Nun wird der Inhalt des 1. Becherglases ins 2. Becherglas gegossen. Im ersten Becherglas lässt man ca. 20 ml Lösung zurück.
3. Auf gleiche Weise fährt man mit dem 2., 3., 4. und 5. Becherglas fort.
4. Die Lösung des 5. Becherglases verteilt man zu etwa gleichen Teilen auf die Bechergläser 6 und 7. Auch im 5. Becherglas lässt man etwa 20 ml Lösung zurück.

Hinweis: Abschließend in jedem Becherglas mit entmineralisiertem Wasser auf 50 ml auffüllen macht die Lösungen besser sichtbar.

Beobachtung: In den Bechergläsern treten folgende Farben auf (Abb. 2.70):

1. farblos, 2. pink, 3. farblos, 4. violett, 5. farblos, 6. blau, 7. rot.

Schlussfolgerung: Bei jedem Umgießen findet eine chemische Reaktion statt. Die neu entstehenden Stoffe weisen die oben angegebenen Farben auf.

Experiment 2.40 Ausfällung eines Feststoffs (Fehling-Probe)

Versuchsdurchführung: Vorbereitung: Es werden die folgenden Lösungen hergestellt.

- Lösung I: 7,0 g Kupfer(II)-sulfat Pentahydrat in 100 ml entmineralisiertem Wasser lösen.
- Lösung II: 35,0 g Kaliumnatriumtartrat (Seignettesalz) und 10,0 g Natriumhydroxid in 100 ml entmineralisiertem Wasser lösen.
- Lösung III: Glucose-Lösung: $w \sim 1\ \%$ (1 g Glucose in 100 ml entmineralisiertem Wasser lösen)

■ **Abb. 2.70** Versuchsverlauf: Reaktionskette. (© Ralf Geiß 2017)

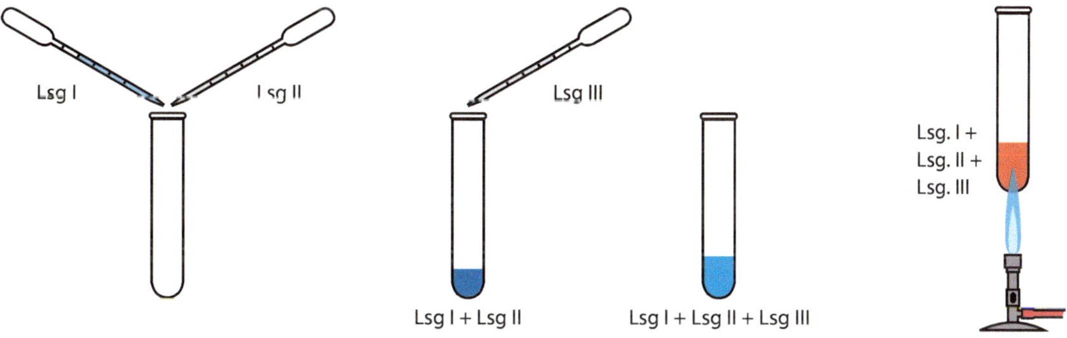

■ **Abb. 2.71** Versuchsaufbau und Verlauf: Fehling-Probe. (© Ralf Geiß 2017)

Mischen und Erhitzen während der Demonstration: In einem Reagenzglas (RG) werden 2,5 ml Lösung I und 2,5 ml Lösung II gemischt. Zu dem Gemisch gibt man 2,5 ml Lösung III. Anschließend wird die Reaktionsmischung mit einem Bunsenbrenner vorsichtig erhitzt (■ Abb. 2.71).

Beobachtung: Nach dem Mischen von Lösung I und II tritt eine tiefblaue Farbe auf. Durch Zugabe von Lösung III hellt sich das Tiefblau etwas auf. Bei Erhitzen entsteht ein feinkörniger roter Feststoff (■ Abb. 2.72).

Schlussfolgerung: Bereits beim Mischen von Lösung I und II entsteht ein neuer Stoff, der die Lösung tiefblau färbt. Beim Erhitzen von Lösung I und II entsteht nochmals ein neuer, roter Stoff. Der tiefblaue Stoff ist wasserlöslich, der rote Stoff nicht. Deshalb fällt der rote Stoff als Feststoff aus der Lösung aus.

Experiment 2.41 Auflösen eines Metalls

Versuchsdurchführung: Zu 1 g Zinkpulver gibt man in einem Reagenzglas 30 ml Salzsäure ($w \sim 18\,\%$). Nach der Säurezugabe wird ein gleich großes Reagenzglas kopfüber über die Öffnung des

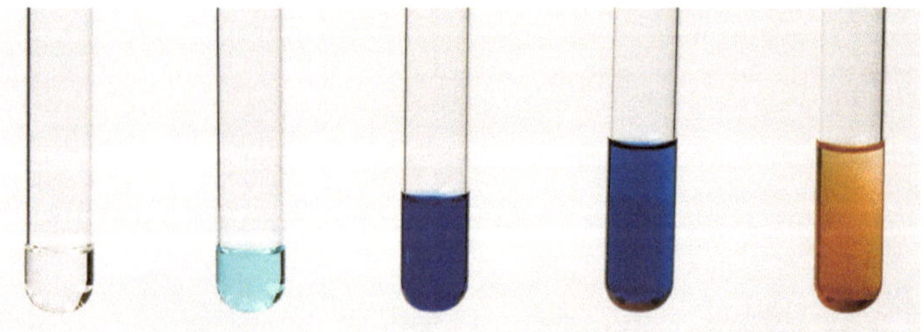

Abb. 2.72 Fehling-Probe: RG 1 (Lsg. II), RG 2 (Lsg. I), RG 3 (Lsg. I + III), RG 4 (Lsg. I + II + III), RG 5 (Lsg. I + II + III nach Erhitzen). (© Ralf Geiß 2017)

Reaktions-Reagenzglases gehalten. Mit diesem Reagenzglas wird die Knallgas-Probe durchgeführt. Die zurückbleibende Lösung wird abschließend in einem Becherglas (400 ml, breite Form) eingedampft (Abb. 2.73).

Beobachtung: Das Zinkpulver löst sich auf und gleichzeitig entsteht ein Gas, für das die Knallgas-Probe positiv verläuft. Nach dem Eindampfen bleibt ein weißer salzartiger Feststoff zurück (Abb. 2.74).

Schlussfolgerung: Bei der Reaktion von Zink mit Salzsäure wird ein Salz sowie Wasserstoff gebildet. Der Wasserstoff lässt sich unmittelbar mit der Knallgas-Probe nachweisen, das Salz bleibt zunächst unsichtbar, da es gelöst in der verdünnten Säure vorliegt. Durch Abdampfen des Wassers kann das Salz sichtbar gemacht werden.

$$\text{Zink} + \text{Salzsäure} \rightarrow \text{Salz} + \text{Wasserstoff}$$

Experiment 2.42 Bildung eines Metalls (Tollens-Probe – Silberspiegel-Probe)

Versuchsdurchführung: In ein kleines, fettfreies, sauberes Reagenzglas (16 × 160 mm) gibt man 3 ml Silbernitrat-Lösung ($c = 0{,}1$ mol/l). Nun fügt man tropfenweise so viel Ammoniak-Lösung ($w \sim 5$ %) hinzu, bis sich der anfangs entstehende braune Niederschlag wieder auflöst. Anschließend gibt man 5 ml Glucose-Lösung ($w \sim 10$ %) hinzu, schüttelt kurz das Reaktionsgemisch und lässt das Reagenzglas aufrecht 10–15 min ruhig stehen (Abb. 2.75).

Beobachtung: An der Innenwand des Reagenzglases entsteht ein silberglänzender Metallspiegel (Abb. 2.76).

Schlussfolgerung: Aus den Ausgangsstoffen entsteht Silber, das sich als metallischer Belag an der Reagenzglas-Innenwand abscheidet.

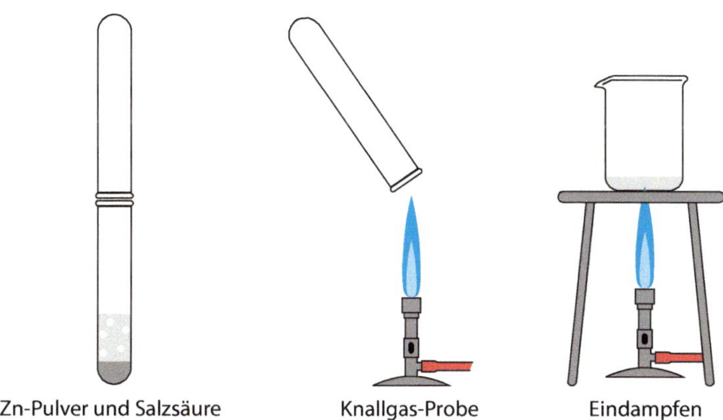

Abb. 2.73 Versuchsaufbau: Reaktion von Zink mit Salzsäure. (© Ralf Geiß 2017)

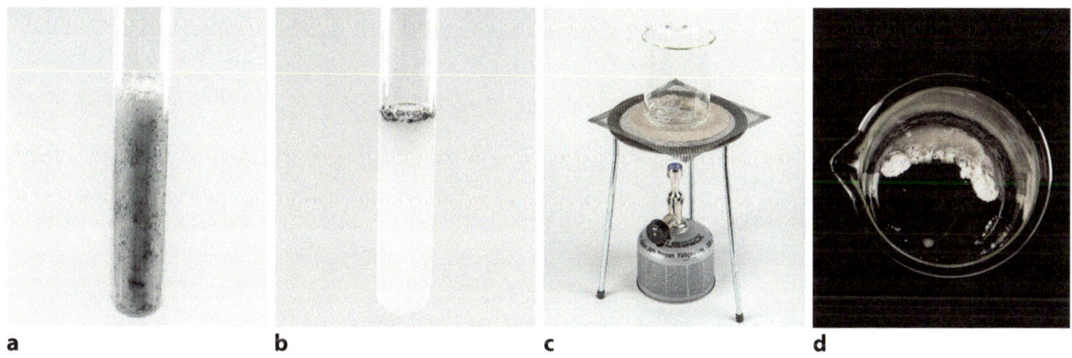

Abb. 2.74 **a** Zu Beginn der Reaktion: Zn-Pulver in Salzsäure; **b** kurz vor Ende der Reaktion: Zn-Pulver in Salzsäure; **c** Eindampfen der Reaktions-Lösung; **d** Nach dem Eindampfen bleibt ein weißer salzartiger Feststoff zurück. (© Ralf Geiß 2017)

Experiment 2.43 Plötzliche Blaufärbung (Landolt-Reaktion)

Versuchsdurchführung: Vorbereitung: Es werden die folgenden Lösungen hergestellt.

- Lösung I: 4,25 g Kaliumiodat in 1 l entmineralisiertem Wasser.
- Lösung II:
  - 0,58 g Natriumsulfit (Na_2SO_3),
  - 0,5 g Salicylsäure (IUPAC: 2-Hydroxybenzencarbonsäure),
  - 5,0 ml Ethanol (C_2H_5OH),
  - 2,0 g Schwefelsäure konz. (H_2SO_4),
  - In 1 l entmineralisiertem Wasser.
- Lösung III:
  - 2 g lösliche Stärke (Amylose) in 100 ml entmineralisiertem Wasser suspendieren,
  - bis zum Auflösen der Amylose erhitzen,
  - nach dem Abkühlen filtrieren,

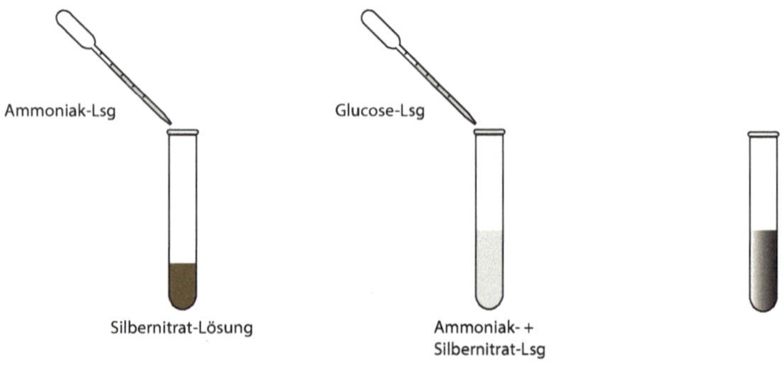

Abb. 2.75 Versuchsaufbau und Verlauf: Silberspiegelprobe. (© Ralf Geiß 2017)

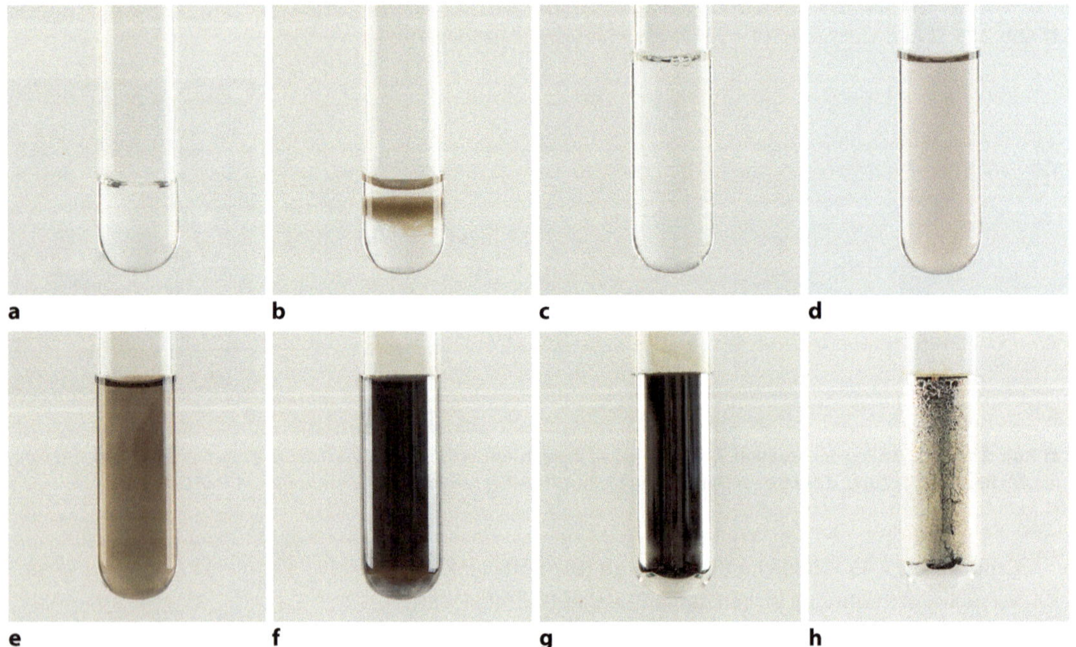

Abb. 2.76 **a** Silbernitrat-Lösung, **b** Silbernitrat-Lösung und Ammoniak-Lösung, **c** Silbernitrat-Lösung, Ammoniak-Lösung und Glucose-Lösung, **d** beginnende Verfärbung nach ca. 1 min Wartezeit, **e** Verfärbung nach ca. 2 min Wartezeit, **f** Verfärbung nach ca. 4 min Wartezeit, **g** metallisch aussehender Belag nach ca. 6 min Wartezeit, **h** Metallabscheidung am nächsten Tag. (© Ralf Geiß 2017)

- zu größeren Mengen Stärke-Lösung, die längere Zeit aufbewahrt werden sollen, kann man eine Spur Quecksilber(II)-chlorid (Pilz und Bakterien tötend) geben.

Demonstration: In einem 250-ml-Becherglas legt man 50 ml Lösung II und 5 ml Lösung III vor. Anschließend rührt man die 55 ml Lösung auf einem Magnetrührer und gießt dann rasch 50 ml Lösung I hinzu (Abb. 2.77).

Beobachtung: Nach einigen Sekunden färbt sich die Lösung schlagartig dunkelblau.

Abb. 2.77 Versuchsaufbau: Landolt-Reaktion. (© Ralf Geiß 2017)

Schlussfolgerung: In dem Reaktionsgemisch laufen gleichzeitig drei verschiedene chemische Reaktionen ab. Diese drei Reaktionen bewirken, dass plötzlich, nach einigen Sekunden, ein neuer blauer Stoff gebildet wird.

Experiment 2.11 Chemische Ampel

Versuchsdurchführung: Herstellung der Lösungen:

- Lösung I: In einer 500-ml-Flüssigkeitsflasche werden 6 g Natriumhydroxid in 100 ml entm. Wasser gelöst.
- Lösung II: In einem Becherglas (600 ml) löst man 14 g Glucose in 350 ml entm. Wasser und erwärmt die Lösung auf dem Heizrührer auf 35 °C. Abschließend löst man unter Rühren 0,04 g Indigocarmin in der Lösung auf. Da Indigocarmin gelöst luft- und lichtempfindlich ist, Lösung frisch herstellen.

Demonstration: Lösung II wird zu Lösung I in die Flüssigkeitsflasche gegossen und die Flüssigkeitsflasche mit dem Schraubdeckel verschlossen. Nun wartet man, bis sich die Lösung von Grün über Rot nach Gelb färbt. Die gelbe Lösung wird zuerst sanft geschüttelt. Nachdem die Lösung wieder gelb geworden ist, wird sie kräftig geschüttelt.

Beobachtung: Durch sanftes Schütteln färbt sich die gelbe Lösung rot. Nach dem Schütteln wird die rote Lösung wieder gelb. Durch kräftiges Schütteln färbt sich die gelbe Lösung zuerst rot und dann grün. Nach dem Schütteln geht die grüne Farbe der Lösung über Rot wieder in Gelb über (Abb. 2.78).

Hinweis: Wenn die Flüssigkeitsflasche luftdicht verschlossen ist, kann man den Farbwechsel durch Schütteln einige Male herbeiführen. Ab einer bestimmten Anzahl von Wiederholungen bleibt die Lösung trotz Schütteln gelb. Erst, wenn man die Flasche öffnet und wieder verschließt, gelingt der Farbwechsel erneut.

Schlussfolgerung: Die Farbwechsel können durch die Bildung neuer Stoffe erklärt werden.

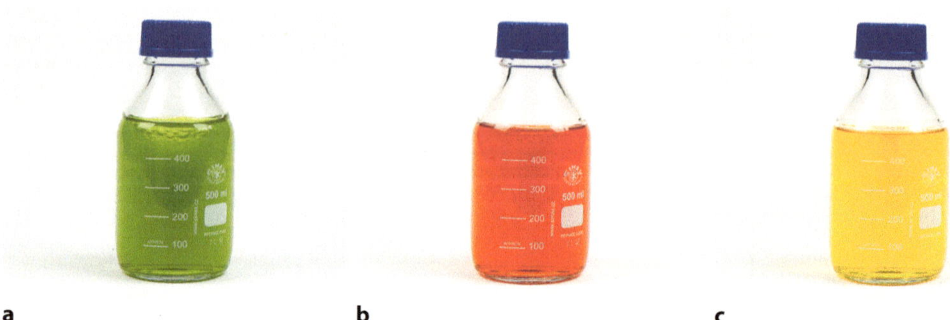

a **b** **c**

■ **Abb. 2.78** **a** Unmittelbar nach dem kräftigen Schütteln der gelben Lösung: Grünfärbung, **b** kurz nach dem kräftigen Schütteln der gelben Lösung: Rotfärbung, **c** einige Sekunden nach dem kräftigen Schütteln der gelben Lösung: Gelbfärbung. (© Ralf Geiß 2017)

Aufgabe 2.29 Erklärung der chemischen Ampel: Experiment 2.44

a) Wie kann man die Rotfärbung bzw. die Grünfärbung der Lösung beim Schütteln erklären?
(WD 2 Konzeptwissen/KP 4 Analysieren)

b) Wie kann man erklären, dass die Farbe der Lösung nach dem Schütteln nach einigen Sekunden Wartezeit von Grün über Rot nach Gelb umschlägt?
(WD 2 Konzeptwissen/KP 4 Analysieren)

Was ist Chemie?

Die Naturwissenschaft Chemie erforscht die Prozesse (chemische Reaktionen), die bei der Bildung neuer Stoffe ablaufen.
(WD 2 Konzeptwissen)

Stoffumwandlungen und Stoffeigenschaften

In verschiedenen Quellen kann man lesen, dass sich Chemie mit Stoffeigenschaften und Stoffumwandlungen befasst. Diese Beschreibung ist sicherlich korrekt, dennoch liegt der Fokus der Chemie auf der Untersuchung von chemischen Reaktionen. Stoffeigenschaften sind deshalb interessant, da ihre Kenntnis und ihr Verständnis dabei helfen, Stoffumwandlungen zu verstehen.

Experiment 2.45 Kaltes Leuchten mit Luminol

Versuchsdurchführung: Vorbereitung: Es werden die folgenden Lösungen hergestellt.

- Lösung I: 0,50 g Luminol werden in einem Becherglas (400 ml) in 225 ml entm. Wasser und 25 ml Natronlauge (w = 10 %) gelöst. Hinweis: Das Experiment gelingt nur gut mit Natronlauge annähernd korrekter Konzentration. Flüssigkeitsflaschen, die mit „Natronlauge 10 %" beschriftet sind, enthalten die Lauge meist in wesentlich geringerer Konzentration. Deshalb sollte die Natronlauge für Lösung I aus Natriumhydroxid frisch hergestellt werden. Dabei ist zu beachten, dass sich auch festes Natriumhydroxid bei Luftkontakt langsam in Natriumcarbonat verwandelt.

- Lösung II: 7,50 g Kaliumhexacyanidoferrat(III) werden in ein Becherglas (400 ml) eingewogen und in 250 ml entm. Wasser gelöst. Zu dieser Lösung gibt man 15 ml Wasserstoffperoxid-Lösung ($w = 30\,\%$).

Demonstration: In einem möglichst vollständig abgedunkelten Raum: Beide Lösungen werden gleichzeitig in ein großes Becherglas (1000 ml, hohe Form) gegossen (◘ Abb. 2.79).

Beobachtung: Lösung I und Lösung II ergeben eine nur in absoluter Dunkelheit deutlich blau leuchtende Lösung. Das blaue Leuchten ist bereits nach etwa 10 s nur noch schwach zu erkennen (◘ Abb. 2.80).

Schlussfolgerung: Die eingesetzten Chemikalien bilden einen vorübergehend blau leuchtenden Stoff. Im Gegensatz zu den meisten anderen farbigen Stoffen leuchtet dieser Stoff von sich aus, auch bei völliger Abwesenheit von Licht. Glühend heiße Stoffe leuchten auch in völliger Dunkelheit. Dieser Stoff jedoch leuchtet im kalten Zustand. Das Phänomen des kalten Leuchtens wird als Lumineszenz bezeichnet. Wird Lumineszenz wie bei diesem Beispiel durch eine chemische Reaktion ausgelöst, so spricht man von Chemolumineszenz.

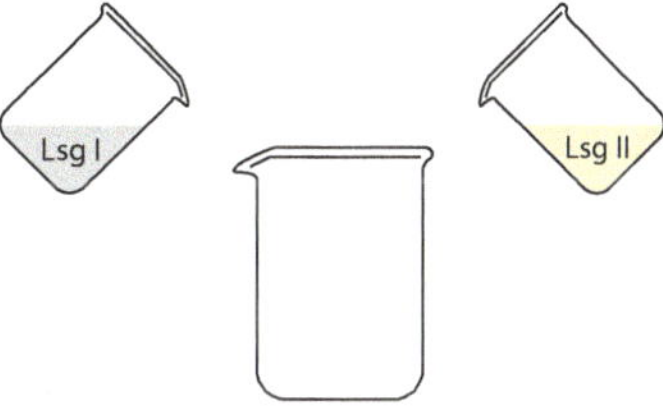

◘ **Abb. 2.79** Versuchsdurchführung: Chemolumineszenz mit Luminol. (© Ralf Geiß 2017)

◘ **Abb. 2.80** **a** Luminol-Lumineszenz unmittelbar nach dem Zusammengießen von Lsg. I und II, **b** Luminol-Lumineszenz nach Abklingen der Schaumbildung. (© Ralf Geiß 2017)

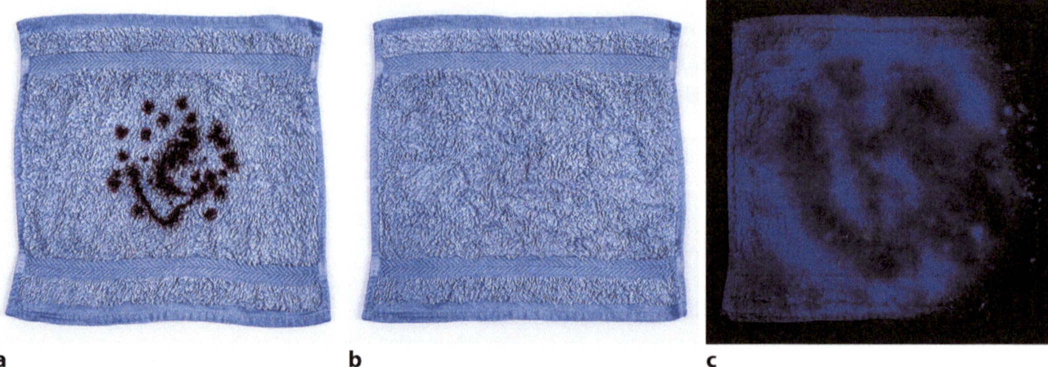

◘ **Abb. 2.81** **a** Baumwoll-Waschlappen mit Schweineblut verunreinigt; **b** mit Schweineblut verunreinigter Baumwoll-Waschlappen nach gründlichem Auswaschen mit kaltem Wasser; **c** gewaschener Baumwoll-Waschlappen unmittelbar nach Anwendung der Sprüh-Lösungen I und II – im Dunkeln fotografiert. (© Ralf Geiß 2017)

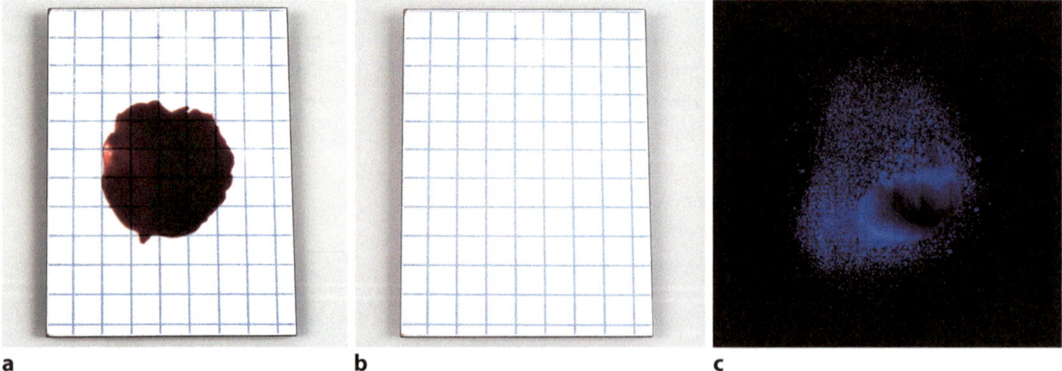

◘ **Abb. 2.82** **a** Schweineblut auf Kunststoff-Oberfläche; **b** mit feuchtem Papiertuch abgewischte Kunststoff-Oberfläche; **c** gereinigte Kunststoff-Oberfläche unmittelbar nach Anwendung der Sprüh-Lösungen I und II – im Dunkeln fotografiert. (© Ralf Geiß 2017)

Experiment 2.46 Anwendung: Blutspuren mit Luminol sichtbar machen

Versuchsdurchführung: Herstellung der Sprüh-Lösungen:

- Sprüh-Lösung I: 0,20 g Luminol werden in 45 ml entm. Wasser und 5 ml Natronlauge ($w = 20$ %) gelöst.
- Sprüh-Lösung II: Zu 50 ml Wasser gibt man 6 ml Wasserstoffperoxid-Lösung ($w = 30$ %).

Demonstration: In einem möglichst vollständig abgedunkelten Raum: Beide Lösungen werden auf die zu untersuchende Fläche gesprüht.

Beobachtung: Bereits bei Gegenwart von winzigen, unsichtbaren Blutspuren ist im Dunkeln ein mehr oder weniger intensives blaues Leuchten zu erkennen (◘ Abb. 2.81, 2.82, 2.83).

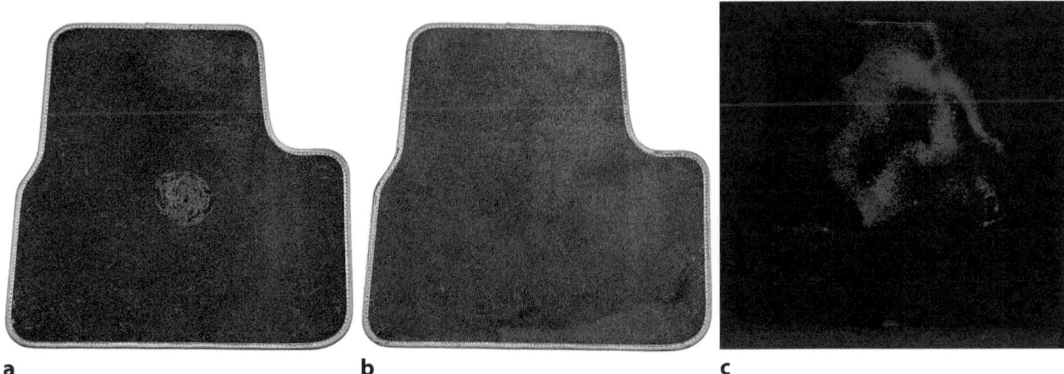

Abb. 2.83 a Auto-Fußbodenmatte mit Schweineblut verunreinigt; b mit viel Wasser abgespülte Auto-Fußbodenmatte; c gereinigte Auto-Fußbodenmatte unmittelbar nach Anwendung der Sprüh-Lösungen I und II – im Dunkeln fotografiert. (© Ralf Geiß 2017)

Schlussfolgerung: Blut intensiviert wie Kaliumhexacyanidoferrat(III) die Lumineszenz von Luminol in alkalischer Wasserstoffperoxid-Lösung.

2.10 Vom Phlogiston zum Sauerstoff

Georg Ernst Stahl und die Phlogistontheorie

Der erste Naturforscher, der eine Hypothese zur Erklärung von Verbrennungsvorgängen präsentiert hat, war Georg Ernst Stahl (1659–1731).

Der Begründer der Phlogistontheorie war Arzt und Medizinprofessor an der Universität Halle. Seine Tätigkeit als Aufseher der Bergbaureviere Thüringens führte zur Auseinandersetzung mit Fragen der Chemie und Metallurgie.

Stahl erkannte bald, dass es für chemische Phänomene keine einheitliche Theorie gab. Um diese Lücke zu schließen, erarbeitete der Mediziner aus Halle die Phlogistonlehre (1697) (Beretta 1999).

Historischer Exkurs: Die Phlogistontheorie

Die erste chemische Theorie wurde Phlogistontheorie genannt – sie erklärte Verbrennungen auf ganz andere Weise, als wir es heute tun.

Die Phlogistontheorie stellte eine neuartige Theorie der Materie dar. Nach dieser Theorie sind alle Stoffe aus zwei Komponenten zusammengesetzt:

- aus charakteristischen Elementen (Wasser, Erde, Luft),
- aus einer mehr oder weniger großen Menge einer entzündbaren Substanz – dem Phlogiston.

Das Phlogistonkonzept ermöglichte, das Rosten von Metallen (damals Kalzinierung genannt) und die Verbrennung auf ein Prinzip zurückzuführen und so verständlich zu machen. Stahl erklärte z. B. das Rosten eines Metalls mit dem Entweichen des Phlogistons aus dem metallischen Körper. Nach der Phlogistontheorie geschieht somit beim Verbrennen einer Substanz prinzipiell das gleiche wie beim Rosten eines Metalls – Phlogiston wird an die Umgebung abgegeben. Beim Verbrennen wird viel Phlogiston in kurzer Zeit abgegeben, sodass es zur Feuererscheinung kommt.
Im Gegensatz dazu kann man aus einem Metallkalk (historischer Begriff für Metalloxid) Metall gewinnen, indem man dem Metallkalk Phlogiston zuführt. Dies gelingt mit einem sehr phlogistonhaltigen Stoff wie Kohle.
Mit der Phlogistonlehre von Stahl konnten die damals bekannten chemischen Vorgänge auf einheitliche Weise überzeugend erklärt werden, nämlich durch die Abgabe oder Aufnahme von Phlogiston. (WD 2 Konzeptwissen)

Antoine Laurent Lavoisier und der Sauerstoff

Antoine Laurent Lavoisier (1743–1794) hat den Sauerstoff nicht entdeckt – diese Ehre kommt Carl Wilhelm Scheele (Entdeckung 1771, Publikation 1777) und Joseph Priestly (1774) zu. Weitaus bedeutender als seine Entdeckung war jedoch die Erkenntnis, dass sich Sauerstoff im Verlauf von Verbrennungen mit anderen Stoffen verbindet. Lavoisier war es, der dies erkannte und die Unzulänglichkeit der Phlogistonlehre aufdeckte.

Er war der erste Chemiker, der die Waage konsequent für die Untersuchung von chemischen Reaktionen einsetzte. Auf diese Weise zeigte er unwiderlegbar auf, dass es nicht haltbar ist, an einen nicht nachweisbaren Stoff zu glauben, der bei Verbrennungen abgegeben werden soll.

Mit der noch heute gültigen Sauerstoff-Theorie der Verbrennung wurde Lavoisier zu einem der wichtigsten Begründer der modernen Chemie. In anderen Worten: Er hat wesentlich dazu beigetragen, die Chemie von den esoterischen Spekulationen der Alchemie, die in der Phlogistonlehre noch allgegenwärtig waren, zu befreien.

Historischer Exkurs: Antoine Laurent Lavoisier (1743-1794)

Bereits im Alter von 11 Jahren besuchte der junge Lavoisier das angesehene Collège Mazarin. Dort prägten die Lektionen in Mathematik und Experimentalphysik sein systematisches und rationales Denken. Lavoisier besuchte zusätzlich die öffentlichen Chemie-

vorlesungen François Rouelles, die ihn erkennen ließen, dass die Chemie der damaligen Zeit, im Kontrast zur Mathematik und Physik, eine weitgehend ungeordnete Sammlung experimenteller Erkenntnisse darstellte und zudem durch eine verwirrende Sprache gekennzeichnet war. Bereits in dieser Zeit fasste er den Entschluss, die Chemie durch einen an der Physik orientierten Zugang zu reformieren. Durch konsequentes Messen und Wiegen sollte die Chemie von einer Tatsachensammlung zu einer theoretisch strukturierten Wissenschaft aufsteigen (Carrier, 2009).
Lavoisier hat als unabhängiger Forscher über seine Vorgehensweise und seine Ergebnisse die genaueste Rechenschaft abgelegt. Die Sprache in seinen Publikationen ist teilweise so modern, dass es dem Leser manchmal schwerfällt, zu begreifen, dass der Autor in der zweiten Hälfte des 18. Jhd. gelebt hat.
„In seinen Mitteilungen hat Lavoisier nicht nur seine Experimente auf das Genaueste beschrieben, sondern – und das ist in der Geschichte der Chemie wohl erstmals der Fall – er hat auch die Art seiner Experimente, die Gewichtszahlen vor und nach dem Versuch sowie die Schlüsse, die man daraus ziehen kann, in ganz neuer Weise dargestellt. Gewagte Spekulationen hat er streng vermieden, seine Schlüsse auf das Sorgfältigste abgewogen und, wenn er etwa eine Vermutung äußern musste, die notwendigen Vorbehalte stets ausdrücklich gemacht. Alle Arbeiten Lavoisiers sind mit der bewussten Absicht verfasst, dass es immer möglich sein sollte, seine Angaben nachzuprüfen" (Beretta 1999).
(WD 3 Prozesswissen)

2.11 Experimente zur Vertiefung des Themas Verbrennung

Weitere Experimente zum Thema Verbrennung

Experiment 2.47 Staubexplosion

Versuchsdurchführung: In ein knickbares Trinkröhrchen wird mithilfe einer Pasteur-Pipette Lykopodium (Bärlappsporen) eingefüllt (3–5 cm des Röhrchens werden gefüllt). Anschließend wird das Pulver in eine Feuerzeugflamme oder eine Brennerflamme geblasen (◘ Abb. 2.84).

Beobachtung: Es bildet sich für kurze Zeit eine Feuerwolke (◘ Abb. 2.85).

Schlussfolgerung: Wie kann man erklären, dass die festen Bärlappsporen so schnell verbrennen?

Hinweis: Bärlappsporen enthalten etwa 50 % Öl.

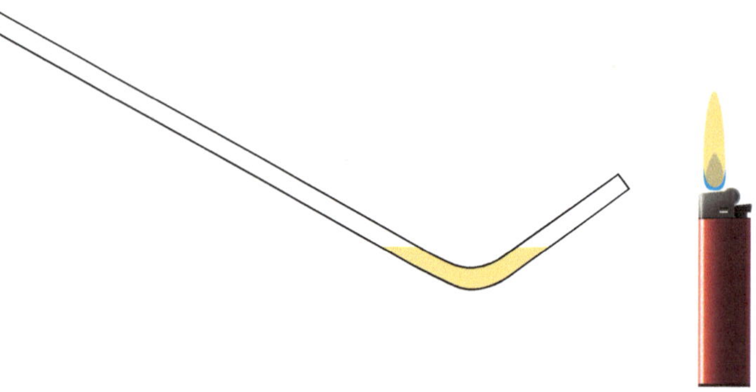

Abb. 2.84 Versuchsaufbau Staubexplosion. (© Ralf Geiß 2017)

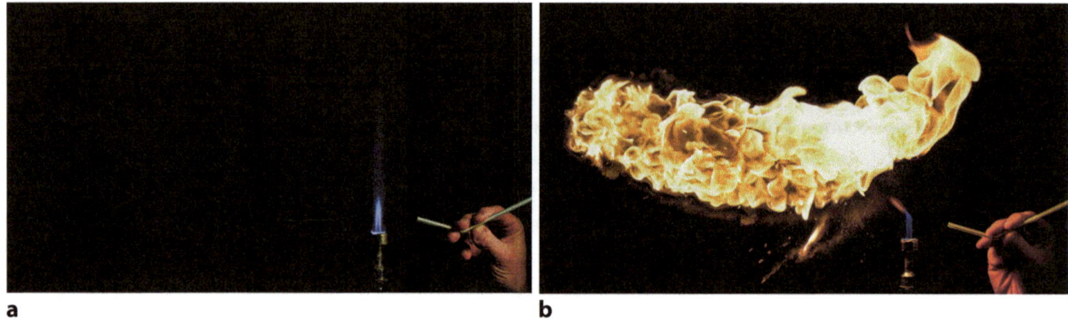

Abb. 2.85 **a** Kurz vor dem Einblasen von Lykopodium in eine Brennerflamme, **b** Lykopodium-Feuerwolke. (© Ralf Geiß 2017)

Experiment 2.48 Flammensprung im Schlauch

Versuchsdurchführung: Ein 4 m langer PVC-Schlauch (Ø Innen: 4 cm) wird mit Stativmaterial spiralförmig eingespannt. Auf das obere Ende steckt man einen Metalltrichter mit Siebeinsatz. Nachdem man vor das untere Ende des Schlauchs eine brennende Kerze aufgestellt hat, wird ein Papiertuch in einem Becherglas mit 5–10 ml Benzin (Siedebereich 60–90 °C) übergossen und anschließend so in dem Trichter platziert, dass auch noch Luft in den Schlauch einströmen kann.

Hinweis: Schlauch und Trichter können bei Hedinger (► http://www.hedinger.de) und anderen Lehrmittel-Lieferanten bezogen werden.

Beobachtung: Nach wenigen Minuten ertönt ein dumpfes Geräusch und eine blaue Flamme bewegt sich schnell durch den Schlauch in Richtung Trichter. Unmittelbar nachdem die Flamme unten am Trichter angekommen ist, entzündet sich das Papiertuch (Abb. 2.86).

Schlussfolgerung: Das Benzin im Trichter verdunstet und strömt zusammen mit Luft in den Schlauch. Im Schlauch wandert dieses brennbare Gasgemisch nach unten und trifft am Schlauchausgang auf die Kerzenflamme. Dort entzündet sich das Benzin-Luft-Gemisch und eine blaue Flamme saust durch den Schlauch nach oben.

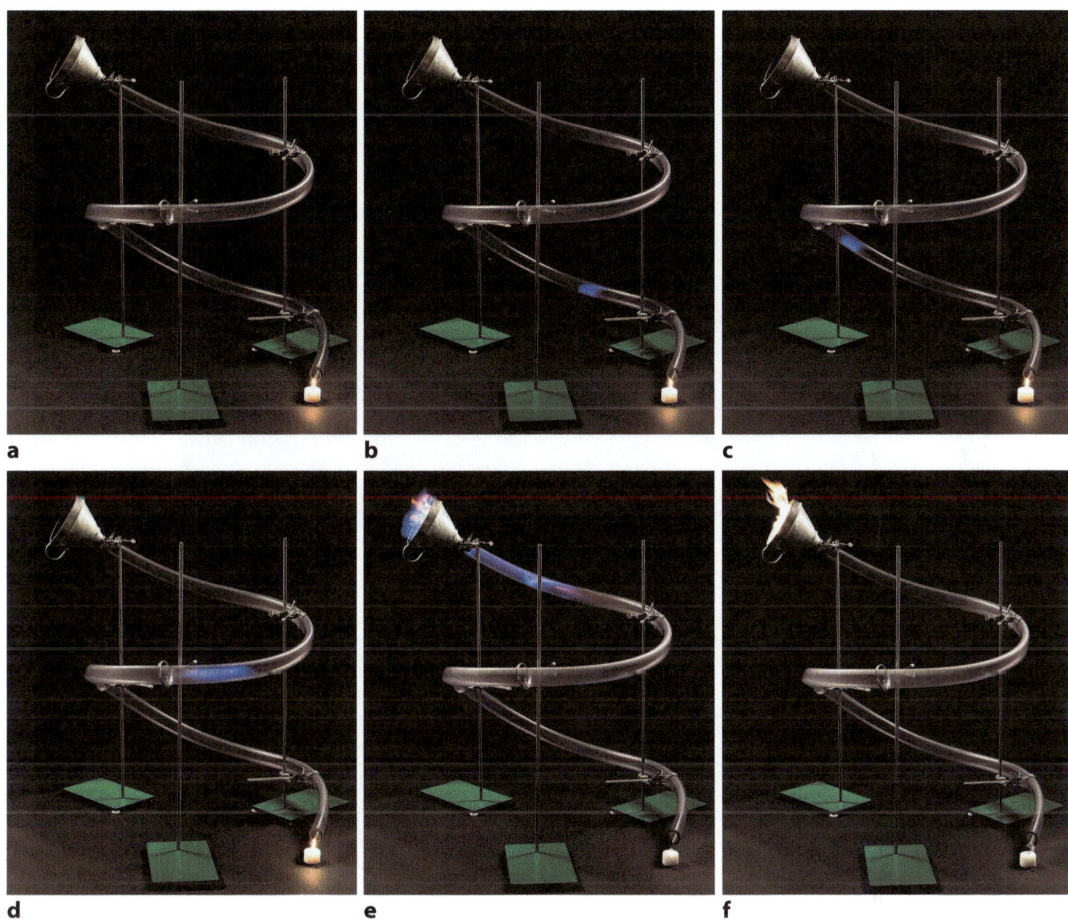

■ **Abb. 2.86** **a** Brennende Kerze kurz vor dem Flammensprung, **b** blaue Flamme im unteren Bereich des Schlauchs, **c** blaue Flamme im mittleren Bereich des Schlauchs, **d** blaue Flamme im oberen Bereich des Schlauchs, **e** blaue Flamme kurz vor dem Metalltrichter, **f** das mit Benzin getränkte Papier im Metalltrichter brennt. (© Ralf Geiß 2017)

Hinweis: Dieses Experiment ist gut geeignet als Hilfestellung für die Aufklärung des Flammensprungs.

Experiment 2.49 Grüne Flamme

Versuchsdurchführung: In einem Rundkolben (1 l) werden 30 g Borsäure, 100 ml Methanol, 3 ml konz. Schwefelsäure und 3 Siedesteinchen vorgelegt. Anschließend wird die Apparatur gemäß (■ Abb. 2.87a) aufgebaut (Übergangsstück mit GL 14 Gewinde, Schraubkappe und Teflondichtung, Schliffe fetten oder mit Teflonhülse versehen). Mit dem Bunsenbrenner erhitzt man die Reaktionsmischung zum konstanten gleichmäßigen Sieden. Abschlie-

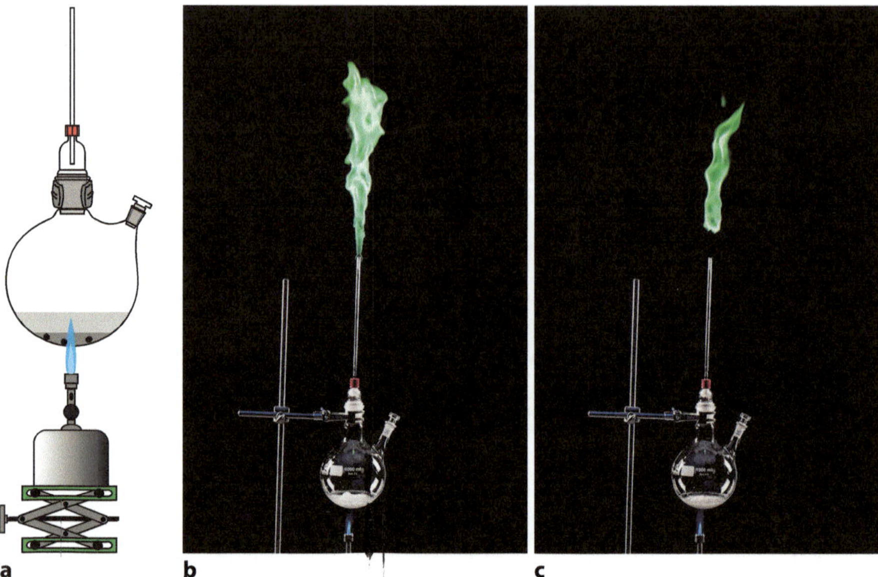

Abb. 2.87 **a** Versuchsaufbau, **b** das aufsteigende Gas verbrennt mit intensiv grüner Flamme, **c** die grüne Flamme beginnt einige cm über dem Ende des Glasrohrs. (© Ralf Geiß 2017)

ßend hält man ein brennendes Feuerzeug an die Mündung des Glasrohrs (50–60 cm, Ø Innen: 5 mm, Ø Außen: 7 mm).

Beobachtung: Kurz nach Beginn des Erhitzens scheint die feste weiße Borsäure zu verschwinden bzw. sich aufzulösen. Es bildet sich eine intensiv grün gefärbte Flamme. Manchmal beginnt die Flammenzone erst einige cm über dem Ende des Glasrohrs. Über der Flamme steigt weißer Rauch auf und am oberen Ende des Glasrohrs scheidet sich ein weißer Feststoff ab. Im Glasrohr kondensiert Flüssigkeit, die auch wieder zurück in den Kolben läuft. Diese Flüssigkeit bewegt sich im Glasrohr auf pulsierende Weise auf und ab (Abb. 2.87b, c).

Schlussfolgerung: Im Kolben bildet sich ein Gas, das im Glasrohr teilweise kondensiert. Bei dem Gas muss es sich um einen neuen Stoff handeln, da keiner der zugesetzten Stoffe so leicht verdampft bzw. mit grüner Flamme verbrennt. Das aufströmende Gas führt zur pulsierenden Bewegung der kondensierten Flüssigkeit. Das Verschwinden der festen, weißen Borsäure könnte mit der Bildung des neuen Gases in Verbindung stehen.

Das Experiment zeigt auf anschauliche Weise, dass hier ein neu gebildeter gasförmiger Stoff brennt.

Hinweis: Dieses Experiment ist gut geeignet, um zu vertiefen, dass bei chemischen Reaktionen neue Stoffe entstehen und dass in der Regel nur gasförmige Stoffe, die meist unsichtbar sind, brennen.

Experiment 2.50 Kerzenaufzug

Versuchsdurchführung: Der Boden einer Glasschale (ø 11 cm, Höhe 6 cm) wird soweit mit Wasser aufgefüllt, dass eine brennende Schwimmkerze gerade zu schwimmen beginnt. Anschließend stellt man ein Becherglas (250 ml, hohe Form) über die brennende Kerze (◘ Abb. 2.88).

Beobachtung: Nach kurzer Zeit erlischt die Flamme. Im Becherglas steigt das Wasser und hebt die Kerze ein kleines Stück hoch.

Schlussfolgerung: Bei der Verbrennung von Wachsgas wird Sauerstoff „verbraucht" und Kohlenstoffdioxid und gasförmiges Wasser werden gebildet. Es wird dabei ähnlich viel Gas gebildet, wie „verbraucht" wurde. Das Kohlenstoffdioxid löst sich unter den Versuchsbedingungen nur sehr langsam im Wasser, sodass dieser Effekt kaum eine Rolle spielt.

Nachdem die Kerze aufgrund von Sauerstoff-Mangel erloschen ist, kühlt sich die stark erwärmte Luft an den kalten Wänden des Becherglases rasch ab. Diese Abkühlung bewirkt eine deutliche Volumenverminderung. Die Abkühlung ist die eigentliche Ursache für den Anstieg des Wasserpegels.

Hinweis: Dieses Experiment sollte nicht verwendet werden, um den Verbrauch von Luft bei der Verbrennung zu demonstrieren. Denn die Volumenreduktion liegt vor allem am Temperaturabfall nach dem Erlöschen der Kerze.

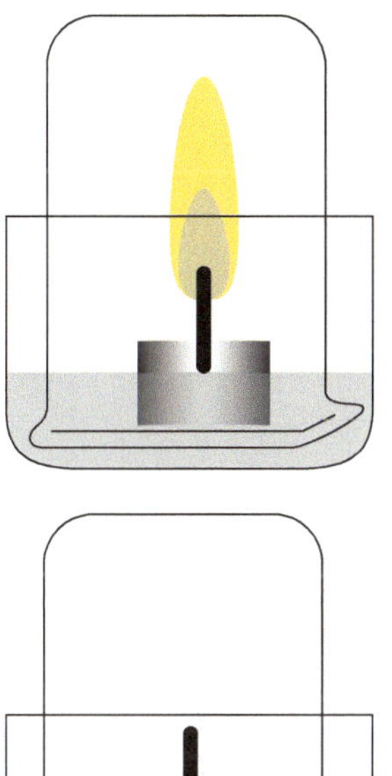

◘ **Abb. 2.88** Versuchsdurchführung zu Experiment 2.50. (© Ralf Geiß 2017)

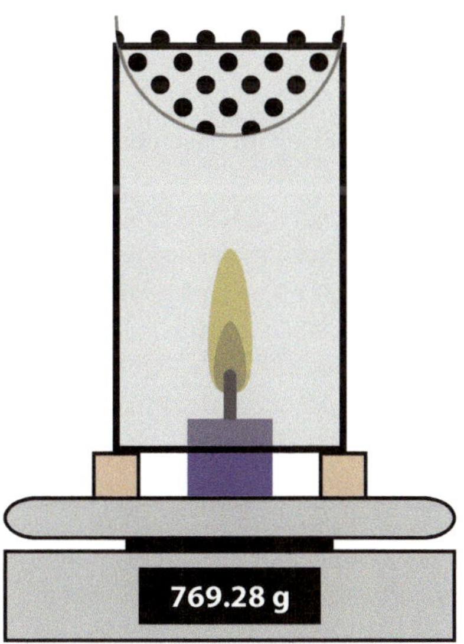

◘ **Abb. 2.89** Versuchsaufbau: Kerze unter Gasfang. (© Ralf Geiß 2017)

Experiment 2.51 Kerze unter einem „Gasfang" (wird auch in ► Kap. 6 durchgeführt)

Versuchsdurchführung: Eine brennende Kerze wird auf eine Digitalwaage (Genauigkeit 0,01 g) gestellt. Anschließend legt man um die Kerze herum drei ca. 1 cm hohe Holzstückchen auf die man einen Metallzylinder (Ø 10 cm, Höhe 16 cm) stellt (◘ Abb. 2.89). Hinweis: Der Metallzylinder kann aus einer Blech-Lebensmitteldose hergestellt werden, aus der man nur noch den Boden herausschneiden muss.

Auf den Metallzylinder legt man ein Küchensieb, das mit feinkörnigem Natriumhydroxid (z. B. Rohrfrei) soweit gefüllt wird, dass die Öffnung des Zylinders nahezu vollständig blockiert ist.

Beobachtung: Die Masseanzeige der Digitalwaage steigt kontinuierlich an.

Schlussfolgerung: Wie kann man die Massenzunahme erklären? Bei der Verbrennung von Wachs läuft der folgende chemische Vorgang ab:

$$\text{Wachs} + \text{Sauerstoff} \rightarrow \text{Kohlenstoffdioxid} + \text{Wasser}$$

D. h., Sauerstoff strömt unten in den Zylinder ein und wird mit Wachsgas zu Kohlenstoffdioxid und Wasser. Durch die Bindung von Kohlenstoffdioxid und Wasser an Natriumhydroxid, tragen nicht nur Stoffe, die aus der Kerze kommen (Kohlenstoff + Wasserstoff), zum Gewicht auf der Waagschale bei – es kommt aus der Luft auch der Sauerstoff hinzu.

Experiment 2.52 Verbrennung von Eisen im geschlossenen Reagenzglas

Versuchsdurchführung: Hinter einer Schutzscheibe: Etwas fettfreie Stahlwolle wird in ein schwer schmelzbares Reagenzglas (18 × 180 mm) gestopft, sodass sie möglichst im unteren Teil des Reagenzglases zu liegen kommt. Anschließend füllt man das Reagenzglas sowie einen Ballon mit Sauerstoff und verschließt das Reagenzglas mit dem Ballon. Nun wird der Boden des RG über der blauen Bunsenbrenner-Flamme erhitzt (◘ Abb. 2.90).

Beobachtung: Das Eisen glüht nach starkem Erhitzen auf. Kurz darauf schmilzt die Wand des Reagenzglases auf.

Schlussfolgerung: Eisen verbindet sich mit Sauerstoff zu Eisenoxid (hier entsteht kein rotes, sondern grauschwarzes Eisenoxid). Aufgrund der hohen Sauerstoff-Konzentration wird bei dieser chemischen Reaktion so viel Wärme frei, dass das Glas der Reagenzglas-Wand schmilzt.

$$\text{Eisen} + \text{Sauerstoff} \rightarrow \text{Eisenoxid (grau)}$$

◘ **Abb. 2.90** Versuchsaufbau: Verbrennung von Eisen im geschlossenen Reagenzglas. (© Ralf Geiß 2017)

2.12 Zusammenfassung

Was brennt in der Kerzenflamme?

In der Kerzenflamme wird fast ausschließlich Wachsgas verbrannt. Der Docht ist auch an der Verbrennung beteiligt – dieser Anteil ist jedoch vernachlässigbar gering. Kerzendochte werden asymmetrisch geflochten, sodass sie sich in der Flamme mit zunehmender Länge selbst an der Spitze krümmen. Dies führt dazu, dass die Spitze des Dochts aus dem Flammenkern in den Flammenmantel herausragt. Dort kommt der Docht mit Sauerstoff in Kontakt und verbrennt langsam. Man kann das an der glühenden Dochtspitze erkennen.

Was passiert in den drei Flammenzonen?

Flammenkern

Der Flammenkern besteht aus Wachsgas. Das flüssige Wachs, das sich innerhalb des Wachswalls an der Spitze der Kerze ansammelt, wird vom Docht aufgesaugt und nach oben ins Innere der Flamme transportiert. Die Hitze dort (ca. 400 °C) bewirkt ein rasches Verdampfen des flüssigen Wachses. Das gebildete Wachsgas füllt den gesamten Flammenkern aus, es ist dort kein Raum für andere Gase – auch nicht für Sauerstoff. Deshalb findet im Flammenkern keine Verbrennung statt.

Flammensaum

Mit den Mitteln einfacher Schulchemie können wir nicht sagen, woraus der Flammensaum besteht. Wir können aber dennoch einige wichtige Aussagen zum Flammensaum machen. Im Flammensaum findet eine rasche vollständige Verbrennung von Wachsgas statt.

Die unten, seitlich einströmende unverbrauchte Luft vermischt sich unterhalb des Flammenkerns mit Wachsgas, was zu einer raschen und vollständigen Verbrennung führt. Dort im Flammensaum ist viel Sauerstoff vorhanden. Die durch Wachsspaltung gebildeten Stoffe Wasserstoff und Kohlenstoff werden auf der Stelle, unmittelbar nach ihrer Entstehung, zu Wasser und Kohlenstoffdioxid verbrannt.

Die vollständige Verbrennung wird am besten mit vier Gleichungen beschrieben:

Wachs + Sauerstoff → Wasser + Kohlenstoffdioxid   Gesamtprozess

Wachs → Kohlenstoff + Wasserstoff   Teilprozesse

Kohlenstoff + Sauerstoff → Kohlenstoffdioxid

Wasserstoff + Sauerstoff → Wasser

Die Lebensdauer des Kohlenstoffs ist im Flammensaum so klein, dass keine festen Kohlenstoffpartikel gebildet werden können. Die gelbe

Farbe, die im Flammenmantel von glühenden Kohlenstoffpartikeln stammt, kann im Flammensaum somit nicht auftreten.

Flammenmantel

Die gelbe Farbe des Flammenmantels stammt von glühenden festen Kohlenstoff-Partikeln. Die Kohlenstoff-Partikel werden aus Kohlenstoff gebildet, der bei der Spaltung von Wachs durch Hitze entsteht.

Wachs → Kohlenstoff + Wasserstoff

Für die sofortige Verbrennung von Kohlenstoff ist im Flammenmantel nicht genug Sauerstoff vorhanden. Da Wasserstoff mit Sauerstoff schneller einen neuen Stoff (Wasser) bildet als Kohlenstoff, verbrennt zuerst der Wasserstoff zu Wasser. Der Kohlenstoff wird zunächst nicht verbrannt und lagert sich zu festen Partikeln zusammen. Man kann also von einer vorläufigen, unvollständigen Verbrennung im Flammenmantel sprechen.

Gesamtprozess

Wachs + Sauerstoff (wenig) → Wasser + Kohlenstoff

Teilprozesse

Wachs → Kohlenstoff + Wasserstoff

Wasserstoff + Sauerstoff → Wasser

Die Luft, die durch den Flammensaum in den Flammenmantel strömt, ist zwar – wegen der vollständigen Verbrennung im Flammensaum – relativ sauerstoffarm, wird aber kontinuierlich nachgeliefert. Außerdem wandert frische Luft auch von der Seite her, durch den Strömungskanal der aufsteigenden Gase, bis in den Flammenmantel. Deshalb werden die im Mantel glühenden Kohlenstoffpartikel, mit etwas zeitlicher Verzögerung, doch noch zu Kohlenstoffdioxid verbrannt.

Kohlenstoff + Sauerstoff → Kohlenstoffdioxid

Im Flammenmantel findet somit auch eine vollständige Verbrennung statt, wenn auch mit zeitlicher Verzögerung in Bezug auf den Kohlenstoff.

Wachs + Sauerstoff → Wasser + Kohlenstoffdioxid

Vergleich: Vollständige und unvollständige Verbrennung

Unvollständige Verbrennung (Sauerstoff-Mangel):

Teilprozesse

Wachs → Kohlenstoff + Wasserstoff

Wasserstoff + Sauerstoff → Wasser

Gesamtprozess

Wachs + Sauerstoff (wenig) → Wasser + Kohlenstoff

Vollständige Verbrennung (ausreichend Sauerstoff):

Wachs → Kohlenstoff + Wasserstoff
Kohlenstoff + Sauerstoff → Kohlenstoffdioxid
Wasserstoff + Sauerstoff → Wasser

Teilprozesse

Wachs + Sauerstoff (viel) → Wasser + Kohlenstoffdioxid

Gesamtprozess

Ob eine Verbrennung vollständig oder unvollständig abläuft, hängt von der Sauerstoff-Menge ab. Unvollständige Verbrennungen werden von gelben Flammenteilen angezeigt. Die nicht leuchtende, blaue Flamme des Bunsenbrenners weist weder einen farblosen Kern noch einen gelben Mantel auf – die gesamte Flamme ist blau. Denn hier wird der Brennstoff (meist Erd- oder Propangas) vor dem Eintritt in die Flamme mit viel Luft vermischt.

Chemie und chemische Reaktionen

Durch chemische Reaktionen können aus vorhandenen Stoffen neue Stoffe hergestellt werden.

Technische und wissenschaftliche Chemie

Die Naturwissenschaft Chemie befasst sich mit der Durchführung, Anwendung, Kontrolle und Erklärung von chemischen Reaktionen. Die technische Chemie konzentriert sich dabei auf die Anwendung von chemischen Reaktionen in der Industrie, während sich die wissenschaftliche Chemie um ihre Erforschung bemüht.

Vielfalt der Stoffe

In der modernen, globalen Industrie-Gesellschaft kommen ca. 100.000 verschiedene Stoffe in nennenswerten Mengen zum Einsatz. Über 15.000.000 verschiedene Stoffe können Chemikerinnen und Chemiker herstellen – täglich kommen hunderte neue hinzu.

Biochemie

Da in allen Lebewesen nahezu unzählige verschiedene chemische Reaktionen ablaufen, ist ein tiefgreifendes Verständnis des Lebens ohne Chemie nicht möglich. Die interdisziplinäre Wissenschaft Biochemie erforscht chemische Reaktionen, die in Lebewesen ablaufen, und die Bedeutung dieser Reaktionen für die Biologie.

Chemische Reaktionen und Theorie

Selbst mit dem besten Mikroskop kann man nicht sehen, was bei chemischen Reaktionen passiert. Mit unseren Sinnen ist das, was bei chemischen Reaktionen vor sich geht, nicht zugänglich.

Um chemische Reaktionen erklären zu können, muss man sich etwas ausdenken – eine Theorie erfinden. Die chemischen Theorien beruhen jedoch nicht nur auf der Fantasie der Chemikerinnen und Chemiker, sie werden in möglichst enger Anlehnung an chemische Experimente entwickelt. Welche Theorien in Chemie von Bedeutung sind und wie sie erfunden wurden, werden wir ab ► Kap. 4 durch geleitetes, entdeckendes Lernen erfahren. Wir werden also die chemischen Theorien gewissermaßen nacherfinden.

Basiskonzepte

Die sechs Basiskonzepte der Chemie, die in ► Kap. 1 beschrieben werden, sind Elemente der chemischen Theorie. Da in diesem Kapitel keine chemische Theorie vorkommt, werden auch keine Basiskonzepte eingeführt. In diesem Kapitel geht es ausschließlich um die chemische Wirklichkeit, um Phänomene. Diese Phänomene veranlassen uns dazu, Fragen zu stellen.

Mit Experimenten alleine findet man jedoch keine Antworten auf die grundlegenden Fragen. Experimente sind wie Orakelsprüche, sie geben lediglich Hinweise, die gedeutet werden müssen.

Obwohl bei der Auseinandersetzung mit der Frage: „Was ist Feuer?" keine Theorie angewendet wird, erkennen wir, dass wir ohne Theorie (Deutungen in Form von Ideen und Vorstellungen) nicht zu Antworten auf grundlegende Fragen gelangen können.

Unbeantwortete Fragen und Ausblick

Unbeantwortete Fragen

- Warum wird bei der Verbrennung von Wachsgas Wärme frei?
- Warum reagiert Wasserstoff schneller mit Sauerstoff als Kohlenstoff?
- Wasserstoff brennt, Sauerstoff nicht – warum ist das so?
- Warum hat ein Stoff gleichbleibende Eigenschaften?
- Wodurch wird bestimmt, ob ein Stoff fest, flüssig oder gasförmig ist?
- Wachs kann man in Kohlenstoff und Wasserstoff aufspalten – kann man jeden Stoff in andere Stoffe aufspalten oder gibt es chemische Grundstoffe?
- Was passiert bei chemischen Reaktionen – wie können neue Stoffe gebildet werden?

Ausblick

Das große Thema der Chemie wird von der letzten der oben genannten unbeantworteten Fragen angesprochen. Seit Tausenden von Jahren fragen sich Menschen: Was passiert genau, wenn neue Stoffe gebildet werden? Was sind das für geheimnisvolle Vorgänge, die hierbei ablaufen?

Seit Anfang des 19. Jhd. können Wissenschaftler dazu etwas Fundiertes sagen und seither hat sich unsere Vorstellung von diesen sogenannten chemischen Reaktionen im Verlauf von zwei Jahrhunderten immer mehr verfeinert. Aber selbst heute können wir keine endgültige, abschließende Antwort auf diese chemische Grundfrage geben.

Die erste vernünftige Antwort darauf lernen wir in ▶ Kap. 6 kennen. Eine erste überzeugende Deutung der Verbrennung von Wachs gelingt uns mit den Ergänzungen von Kap. 1 in Band 2. In Kap. 2 Band 2 wird es unter anderem um die Frage gehen, warum bei der Verbrennung von Wachs Wärme frei wird.

Damit wir diese Erklärungen gut verstehen können, befassen wir uns in ▶ Kap. 3 bis 5 mit verschiedenen physikalischen und chemischen Grundlagen. Deshalb beginnt unsere chemische Entdeckungsreise mit einer anderen wichtigen Frage: Gibt es chemische Grundstoffe?

Um die Frage: „Was ist Feuer?“ zu beantworten, wurden in diesem Kapitel sehr viele Experimente durchgeführt. Auf diese Weise haben wir wichtige Fakten und Zusammenhänge über das Feuer gelernt. Was bei einer Verbrennung genau passiert, können wir mit Experimentieren jedoch nicht herausfinden, denn wir sehen nicht, was mit den Stoffen bei der Verbrennung geschieht – wir sehen nur Ausgangs- und Endstoffe. Die Vorgänge dazwischen bleiben verborgen. Wir können also alleine mit Experimenten die Feuerfrage nicht beantworten – dazu braucht man eine Idee, auch Theorie genannt, die man mithilfe von experimentellen Erkenntnissen gewinnt. Die erste und wichtigste chemische Theorie lernen wir in ▶ Kap. 4 kennen. Eine verbesserte Theorie, die auf der ersten aufbaut, ist Thema von ▶ Kap. 6.

Die wichtigsten Zusammenhänge

Verbrennung (Konzeptwissen)

Wachsverbrennung: (Hinweis: Hier wird nur der Stoffumsatz, nicht jedoch der Energieumsatz der Verbrennung berücksichtigt.)
Vollständige Verbrennung: Bei Gegenwart von ausreichend Sauerstoff wird Wachs vollständig zu Wasser und Kohlendioxid verbrannt.

Gesamtprozess:

Wachs + Sauerstoff → Wasser + Kohlenstoffdioxid

Teilprozesse:

Wachs → Kohlenstoff + Wasserstoff

Kohlenstoff + Sauerstoff → Kohlenstoffdioxid

Wasserstoff + Sauerstoff → Wasser

Unvollständige Verbrennung: Bei Sauerstoff-Mangel wird Wachs zu Wasser und Kohlenstoff verbrannt. In Abhängigkeit von der vorhandenen Sauerstoff-Menge kann auch mehr oder weniger Kohlendioxid entstehen.

Gesamtprozess:

Wachs + Sauerstoff (wenig) → Wasser + Kohlenstoff

Teilprozesse:

Wachs → Kohlenstoff + Wasserstoff

Wasserstoff + Sauerstoff → Wasser

Brennstoff – Sauerstoff – Wärme: Um eine Verbrennung auszulösen, ist ein Brennstoff erforderlich, der in Gegenwart von Sauerstoff erhitzt wird. Hierbei ist zu beachten, dass der Brennstoff gasförmig vorliegen muss – feste und flüssige Stoffe können mit Luftsauerstoff nicht direkt verbrannt werden. Sauerstoff selbst ist kein Brennstoff, ohne Sauerstoff finden Verbrennungen jedoch nicht statt.

Chemische Reaktionen (Faktenwissen)
Vorgänge, bei denen aus vorhandenen Stoffen neue Stoffe gebildet werden, nennt man chemische Reaktionen. Im Verlauf von chemischen Reaktionen treten in der Regel Übergänge zwischen den Aggregatzuständen (fest, flüssig, gasförmig) auf.

Chemische Reaktionen (metakognitives Wissen)
Physikalische und biologische Vorgänge können in vielen Fällen durch genaue Beobachtung erfasst und erklärt werden. Chemische Reaktionen sind rätselhafte Vorgänge, die selbst durch die genaueste Beobachtung mit allen Sinnen weder erfasst noch erklärt werden können.
Die Naturwissenschaft Chemie befasst sich mit der Erforschung und der Anwendung von chemischen Reaktionen.
Wirklichkeit und Theorie: Um chemische Reaktionen erklären zu können, muss man sich ein Konzept ausdenken. Ein erfundenes Konzept wird in den Naturwissenschaften Hypothese genannt. Wenn diese Hypothese für zahlreiche chemische Reaktionen sinnvolle Erklärungen liefern kann, wird sie Theorie genannt. Theorien werden nicht entdeckt, sondern von Menschen erfunden.
Wachsverbrennung: In diesem Kapitel wurde die Wachsverbrennung nur mithilfe von Experimenten untersucht. Es wurde keine Theorie für ihre Erklärung verwendet.

2.13 Testaufgaben zur Standortbestimmung

Aufgabe 2.30 Drahtnetz in der Kerzenflamme

Die folgenden Fragen beziehen sich auf Experiment 2.1.

a) Warum ist oberhalb des Drahtnetzes keine Flamme mehr vorhanden?

b) Woraus besteht die weiße Substanz oberhalb des Drahtnetzes und wie kann man ihre Bildung erst etwas oberhalb des Drahtnetzes erklären?

(WD 2 Konzeptwissen/KP 4 Analysieren)

Aufgabe 2.31 Flammensprung 3

Wieso springt die Flamme abwärts und nicht aufwärts?

Hinweis: Experiment 2.2 sowie Lösung für Aufgabe 2.8 sollten bekannt sein.

(WD 2 Konzeptwissen/KP 5 Beurteilen)

Aufgabe 2.32 Siedendes Wachs

Warum entzündet sich siedendes Wachs manchmal von alleine?

(WD 2 Konzeptwissen/KP 3 Anwenden)

Aufgabe 2.33 Vergleich Selbstentzündungstemperatur (Zündtemperatur) und Flammpunkt

Die Selbstentzündungs-Temperatur (Zündtemperatur) ist diejenige Temperatur, auf die man einen Stoff erhitzen muss, damit er sich in Gegenwart von Luft ausschließlich aufgrund seiner Temperatur selbst entzündet.

Wiederholung (s. Aufgabe 2.9): Der Flammpunkt eines Stoffes ist die niedrigste Temperatur, bei der sich über dem Stoff ein zündfähiges Gas-Luft-Gemisch bilden kann.

Warum sind die Selbstentzündungs-Temperaturen der Stoffe wesentlich höher als die Flammpunkte (■ Tab. 2.5)?

(WD 2 Konzeptwissen/KP 2 Verstehen)

Aufgabe 2.34 Docht

a) Warum glüht ein gerade in der Kerzenflamme stehender Docht nicht?

b) Warum glüht der gekrümmte Docht nur an der Spitze?

c) Warum brennt der Docht einer Kerze sehr langsam ab?

(WD 2 Konzeptwissen/KP 2 Verstehen)

Aufgabe 2.35 Kerzenspitze: Wachswall

Selbst bei sehr spitz auslaufenden Kerzen bildet sich am oberen Ende ein Wachswall, der den Wachssee aufstaut. Wie kann sich dieser Wachswall in unmittelbarer Nähe zur Flamme ausbilden? Derart nahe bei der Flamme sollte Wachs eigentlich schmelzen.

(WD 2 Konzeptwissen/KP 4 Analysieren)

Aufgabe 2.36 Kerze mit den Fingern löschen
Warum erlischt eine brennende Kerze, wenn man die Spitze des Dochts mit Daumen und Zeigefinger umfasst?
(WD 2 Konzeptwissen/KP 4 Analysieren)

Aufgabe 2.37 Vergleich vollständige und unvollständige Wachsverbrennung
Worin unterscheiden sich beide Wachs Verbrennungsarten?
(WD 2 Konzeptwissen/KP 5 Beurteilen)

Aufgabe 2.38 Vergleich: Flammenmantel und Flammensaum
Worin unterscheiden sich beide Flammenzonen?
(WD 2 Konzeptwissen/KP 5 Beurteilen)

Aufgabe 2.39 Spinnendiagramm: Wachsverbrennung
Zeichne das folgende Spinnendiagramm auf ein DIN-A4-Blatt und beschrifte die Linien mit Aussagen. Die Verbrennungsgleichung von Wachs im Zentrum soll dabei eine Folge dieser Aussagen darstellen. Es müssen nicht zwingend alle Linien beschriftet werden.

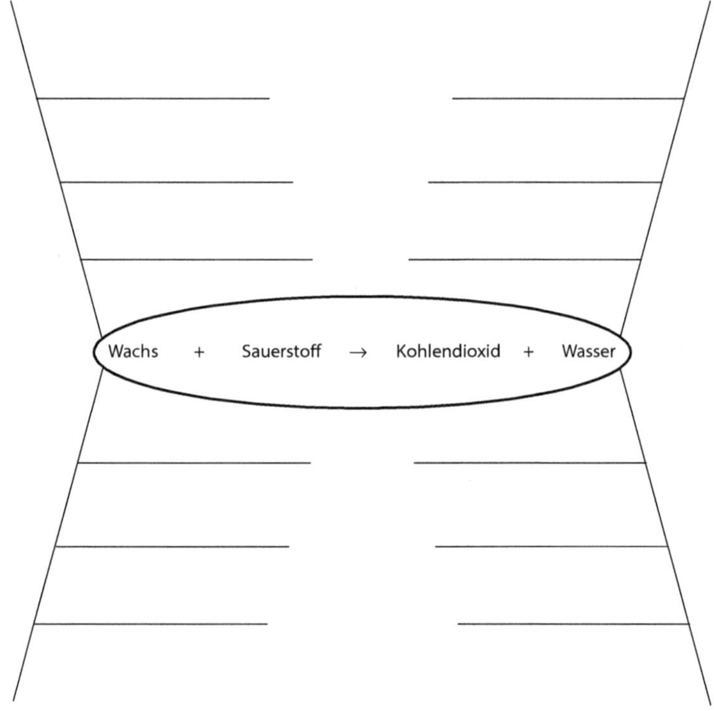

(WD 2 Konzeptwissen/KP 6 Erschaffen)

Tab. 2.5 Flammpunkte und Zündtemperaturen von Feststoffen und Flüssigkeiten. (Merck Millipore 2013)

Stoff	Flammpunkt in °C	Zündtemperatur in °C
Glycerin	199	400
Butanol	34	340
Ethanol	12	363
Aceton	−18	465

Hinweis: Falls Du die Aufgabe nicht lösen kannst, übertrage die folgenden Aussagen sinnvoll ins Diagramm.

- Da im Saum viel Sauerstoff vorhanden ist, werden Kohlenstoff und Wasserstoff rasch verbrannt.
- Im Bereich des Flammensaums strömt Luft und damit Sauerstoff von unten in die Flamme ein.
- Im Flammenkern verdampft flüssiges Wachs zu Wachsgas.
- Die an Sauerstoff abgereicherte Luft strömt vom Saum um den Kern herum in den Mantel.
- Die heiße Flamme schmilzt festes Wachs.
- Der Kohlenstoff verbrennt zeitlich verzögert mit nachströmendem Sauerstoff zu Kohlendioxid.
- Flüssiges Wachs steigt im Docht auf.
- Der Wasserstoff verbrennt sofort mit dem vorhandenen Sauerstoff zu Wasser.
- Im Flammenmantel ist es sehr heiß – dort wird Wachsgas in Kohlenstoff und Wasserstoff gespalten.
- Im Flammensaum ist es sehr heiß – dort wird Wachsgas in Kohlenstoff und Wasserstoff gespalten.
- Im Flammensaum wird ein Teil des Sauerstoffs verbraucht.
- Bei der Verbrennung entstehen gasförmiges Kohlendioxid und gasförmiges Wasser, die nach oben steigen.

(WD 2 Konzeptwissen, KP 4 Analysieren)

Aufgabe 2.40 Vollständige und unvollständige Verbrennung von Benzin

Formuliere für die vollständige und unvollständige Verbrennung von Benzin chemische Wortgleichungen für Gesamtprozesse und Teilprozesse.

Hinweis: Benzin kann wie Wachs bei hohen Temperaturen durch Stoffspaltung in Kohlenstoff und Wasserstoff umgewandelt werden.

(WD 3 Prozesswissen/KP 3 Anwenden)

2.14 Lösungen der Aufgaben

Aufgabe 2.1 Was ich weiß, was ich wissen möchte und was ich gelernt habe

Mögliche Antworten:

- Was ich über Feuer weiß:
  Feuerdreieck: Damit ein Feuer brennt, braucht es einen Brennstoff, Luft und Hitze.
- Was ich wissen möchte:
  - Wie wird ein Streichholz hergestellt und was passiert beim Anzünden?
  - Was geschieht mit einem Stoff, wenn er verbrennt?
  - Warum brennen manche Stoffe, andere aber nicht?
  - Wissen wir heute, was Feuer ist, oder glauben wir es zu wissen, wie unsere Vorfahren?
  - Wie viel Mineralöl, Erdgas und Kohle verbraucht die Menschheit an einem Tag?
- In ► Abschn. 2.3 habe ich gelernt:
  - Empedokles glaubte (ca. 500 v. Chr.), dass Feuer ein Grundstoff ist.
  - Stahl glaubte (Anfang 18. Jahrhundert), dass bei allen Verbrennungen Phlogiston (der Feuerstoff) abgegeben wird.
  - Lavoisier erkannte (Ende 18. Jahrhundert) die Bedeutung des Sauerstoffs.
  - Wie die Urmenschen ist auch der moderne Mensch noch immer sehr vom Feuer abhängig.

Aufgabe 2.2 Kerzenflamme aus der Erinnerung zeichnen

Kerzenflammen, die aus der Erinnerung gezeichnet werden, sehen oft ganz anders aus als reale Kerzenflammen ◘ Abb. 2.91.

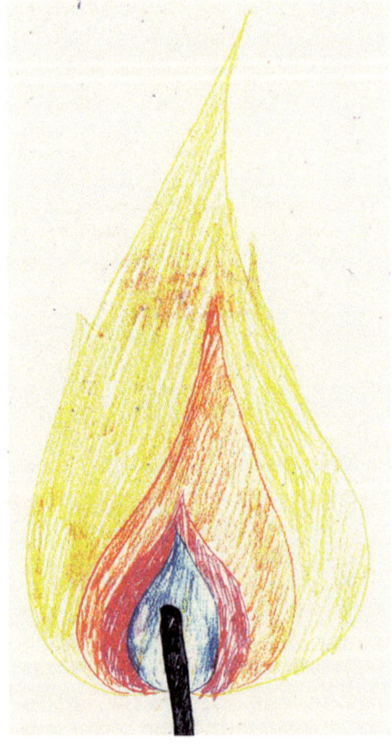

◘ **Abb. 2.91** Aus der Erinnerung gezeichnete Flamme. (© Ralf Geiß 2017)

Aufgabe 2.3 Kerzenflamme beobachten

Flammenzonen:

- Die Flamme besteht aus verschiedenfarbigen Zonen:
  - Flammenkern: keine Farbe bzw. dunkelgrau, durchsichtig;
  - Flammenmantel: gelb-orange, undurchsichtig;
  - Flammensaum: blau, durchsichtig.
- Es existieren keine scharfen Übergänge von einer zur anderen Zone.

Flammenform:

- Flammenform: Die Flamme ist ellipsenförmig langgezogen, oben meist spitz, unten stumpfer.
- Am oberen Ende läuft sie nicht immer spitz zu, manchmal erscheint sie dort ausgefranst.

Tab. 2.6 Lösung: Merkmale der Flammenzonen

	Räumliche Position in der Flamme	Räumliche Beziehung zu anderer Komponente der Kerzenflamme	Eigenschaften
Flammenkern	Innen, unteres Zentrum	Umhüllt Docht	Durchsichtig, farblos
Flammenmantel	Außen, oben	Umhüllt oberen Teil des Flammenkerns	Undurchsichtig, gelb
Flammensaum	Außen, unten	Umhüllt unteren Teil des Flammenkerns	Durchsichtig, blau

Docht

- Der anfänglich wachsfarbene Docht ist in der Kerzenflamme schwarz. Bis etwa 2–3 mm über dem Wachssee weist der Docht jedoch die Farbe des Wachses auf.
- Das obere Ende des Dochts reicht bis etwa in die Mitte des Flammenkerns.
- Der gekrümmte Docht glüht am oberen Ende.
- Der gerade Docht glüht nicht.

Kerzenspitze

- Unterhalb der Flamme bildet sich in der Kerze ein Wachssee.
- Der Wachssee wird von einem festen Wachsrand am oberen Ende der Kerze aufgestaut.

Aufgabe 2.4 Flammenzonen

Siehe Tab. 2.6.

Aufgabe 2.5 Flammensprung 1: Kerze löschen

Wenn man die Kerze ausbläst, wird der Wachsnebel, der nach dem Auslöschen über dem Docht aufsteigt, verwirbelt bzw. verdünnt und vom Docht wegtransportiert. Eine geradlinige Wachsnebel-Spur zum Docht ist dann kaum noch vorhanden. Damit die Flamme zum Docht springen kann, muss sich diese Wachsnebel-Spur erst wieder bilden.
Beim Auslöschen mit den Fingern bildet sich unmittelbar nach dem Löschvorgang eine geradlinig vom Docht aufsteigende Wachsnebel-Spur. Der Flammensprung kann in diesem Fall sofort nach dem Löschen, solange die Dochtspitze noch heiß ist, gelingen.

Aufgabe 2.6 Gasförmiges Wachs

Dafür gibt es vor allem zwei Gründe:

- Temperatur: Festes und flüssiges Wachs sind für eine Verbrennung zu wenig heiß.

- Oberfläche bzw. Kontaktfläche: Festes und flüssiges Wachs können nur an der Oberfläche mit Luft in Kontakt treten. Da diese Oberfläche verglichen mit dem Stoffvolumen relativ klein ist, ist die Kontaktfläche zwischen Brennstoff und Luft im Falle von festem und flüssigem Wachs recht klein. Gasförmiges Wachs kann sich mit Luft intensiv vermischen, sodass es eine sehr große Kontaktfläche zwischen beiden Stoffen gibt. Sowohl die Temperatur als auch die Kontaktfläche zwischen Wachs und Luft bewirken, dass nur gasförmiges Wachs brennt.

Aufgabe 2.7 Hypothesenschema A

Hypothesenschema 1 (widerlegbare Hypothese)

- Frage: Welche Bedeutung haben Wachs und Docht für die Kerzenflamme?
- Information: Docht alleine verbrennt sehr schnell. Festes und flüssiges Wachs brennen nicht.
- Hypothese: Das flüssige Wachs schützt den Docht vor der schnellen Verbrennung.
- Experiment: Brennbarkeit von Wachsgas testen.
- Ergebnis: Wachsgas brennt.
- Schlussfolgerung: Das flüssige Wachs schützt den Docht nicht vor der Verbrennung, denn es verdampft in der Flamme und verbrennt. Die Hypothese wurde widerlegt.

Hypothesenschema 2 (belegbare Hypothese)

- Frage: Welche Bedeutung haben Wachs und Docht für die Kerzenflamme?
- Information: Docht alleine verbrennt sehr schnell. Gasförmiges Wachs brennt.
- Hypothese: Die Kerzenflamme kommt durch die Verbrennung von Wachsgas zustande. Die Verbrennung des Dochts ist für die Kerzenflamme relativ unbedeutend.
- Experiment: Docht in einer Kerzenflamme gerade richten, sodass er nicht brennt und nicht glüht.
- Ergebnis: Kerzenflamme brennt unverändert.
- Schlussfolgerung: Der Docht spielt für die Verbrennung in der Kerzenflamme fast keine Rolle. Es verbrennt vor allem Wachsgas. Die Hypothese kann bestätigt werden.

Aufgabe 2.8 Flammensprung 2

Brennende Flamme: Bevor ich auf den Flammensprung eingehe, möchte ich erst einmal die brennende Flamme beschreiben. Durch die Hitze der brennenden Flamme wird an der Spitze der Kerze ein Wachssee aus flüssigem Wachs gebildet – festes Wachs schmilzt unter Bildung von flüssigem Wachs. Dieses flüssige Wachs wird vom Docht aufgesaugt und so in den Flammenkern geleitet. Dort ist es noch heißer als am Wachssee, sodass das flüssige Wachs verdampft und Wachsgas bildet. Dieses Wachsgas wird in der Kerzenflamme verbrannt.

Gerade ausgelöschte Kerze: In diesem Abschnitt soll beschrieben werden, was kurz nach dem Löschen der Kerze geschieht. Kurz nachdem die Kerze ausgelöscht wurde, ist es im oberen Teil des Dochts noch recht heiß – an der Spitze glüht der Docht sogar noch. Somit wird auch kurz nach dem Auslöschen der Kerze immer noch Wachsgas aus dem flüssigen Wachs im Docht gebildet. Dieses Wachsgas kann jetzt nicht mehr verbrannt werden, da ja keine Flamme mehr vorhanden ist. Es steigt also über dem Docht nach oben.
Das aufsteigende Wachsgas ist zunächst unsichtbar. Schon kurz oberhalb des Dochts jedoch wird es durch die relativ kühle Umgebungsluft abgekühlt. Hierbei kondensiert ein Teil des Wachsgases zu kleinen flüssigen Wachströpfchen. Diese Wachströpfchen sind undurchsichtig und lassen die aufsteigende Masse weiß erscheinen. Dieses Gemisch aus Luft, Wachsgas und kleinen flüssigen Wachströpfchen wird am besten als Wachsnebel bezeichnet (heterogenes Gemisch).
Der aufsteigende Wachsnebel wird durch die Umgebungsluft weiter abgekühlt. Dabei erstarren manche der flüssigen Wachströpfchen unter Bildung von festen Wachspartikeln – natürlich kann auch weiterhin Wachsgas zu Tröpfchen kondensieren. Bei einem Gemisch aus festen Wachspartikeln und Luft spricht man von Rauch (ebenfalls ein heterogenes Gemisch).
Die aufsteigende Masse besteht also unmittelbar über dem Docht aus Wachsgas, etwas weiter darüber aus Wachsnebel und noch weiter oben aus Wachsrauch.
Streichholzflamme: Was passiert, nachdem die Streichholzflamme in den Wachsnebel gehalten wurde?
Durch die Hitze der Streichholzflamme verdampfen die flüssigen Wachströpfchen des Wachsnebels unter Bildung von Wachsgas – etwas Wachsgas war ja auch zuvor schon im Nebel enthalten. Dieses Wachsgas verbrennt nun, wodurch auch unterhalb der Streichholzflamme Wärme frei wird. Diese Wärme führt nun wiederum zum Verdampfen von Wachströpfchen. Auch dieses gebildete Wachsgas verbrennt und es wird noch weiter unterhalb als zuvor Wärme frei. Dieser Prozess setzt sich so lange fort, bis die Verbrennung von Wachsgas (die kleine Flamme) am Docht angekommen ist. Der Docht als Quelle von Wachsgas hält dann die Verbrennung, die Flamme, an seinem Ort fest.
Es stellt sich noch die Frage, wie es möglich ist, dass das flüssige Wachs im Wachsnebel so schnell wieder verdampfen kann. Dies hat mit der enorm großen Oberfläche all der Wachströpfchen zu tun. Wegen der sehr großen Oberfläche kommt sehr viel flüssiges Wachs mit der heißen Streichholzflamme in Kontakt. Somit kann in kurzer Zeit viel Wachsgas gebildet werden und das flüssige Wachs sehr schnell verdampfen.
Rückblick: Interessanterweise kann der scheinbar so komplizierte Flammensprung durch ganz einfache Vorgänge erklärt werden.

Man muss im Wesentlichen nur zwei Sachverhalte berücksichtigen:

- Festes Wachs brennt nicht, flüssiges Wachs brennt nicht, gasförmiges Wachs brennt.
- Je nachdem, ob die Umgebung heiß oder kalt ist, kann Wachs fest, flüssig oder gasförmig vorliegen. Die entsprechenden Aggregatzustands-Übergänge heißen: Schmelzen, Verdampfen, Kondensieren und Erstarren.

Aufgabe 2.9 Flammpunkt

Der Flammpunkt eines Brennstoffes bezieht sich auf den gasförmigen Zustand des Stoffes – Verbrennungen sind typischerweise nur in der Gasphase möglich. Deshalb wird er entscheidend durch den Siedepunkt des Stoffes bestimmt. Je tiefer der Siedepunkt ist, desto größer ist die Neigung des Stoffes, bei gegebener Temperatur zu verdampfen. Somit gilt: Je tiefer der Siedepunkt eines Brennstoffes ist, desto tiefer liegt in der Regel der Flammpunkt.

Aufgabe 2.10 Flammensprung – Bienenwachs

Der Flammensprung gelingt umso besser, je mehr Wachsgas im aufsteigenden Wachsnebel vorhanden ist. D. h., der Flammensprung klappt umso besser, je später bzw. weiter oben das Wachsgas kondensiert. Wachsgas kondensiert umso später, je tiefer dessen Siedepunkt ist. Vermutlich hat also Bienenwachs einen tieferen Siedepunkt als Paraffin und Stearin, sodass der Flammensprung auch in relativ großem Abstand zum Docht funktioniert.

Aufgabe 2.11 Vergleich von Gas, Nebel, Rauch und Aerosol

	Gas	Nebel	Rauch	Aerosol
Anzahl an auftretenden Aggregatzuständen	1	2	2	3

Aufgabe 2.12 Wachsnebel und Wachsrauch

Siehe ◘ Tab. 2.7.

Aufgabe 2.13 Wachswolke: Experiment 2.7

a) Wenn das sehr heiße Reagenzglas ins kalte Wasser getaucht wird, kühlt es sich schlagartig ab. Dabei entstehen Spannungen im Glas. Bei nicht temperaturbeständigem Glas (Kalk-Natron-Glas) führen diese Spannungen zum Zerbrechen des Glases. Als Folge davon kommt das siedend heiße Wachs mit dem kalten Wasser des Reagenzglases in Kontakt. Dieser Kontakt führt zur Bildung der Wachswolke. Wenn man ein temperaturbeständiges Reagenzglas verwendet, so zerbricht das Glas nicht, sodass sich auch keine Wachswolke bildet.

Tab. 2.7 Lösung der Aufgabe 2.12

Wachsnebel	Wachsnebel und Wachsrauch	Wachsrauch
Ist: Ein Gemisch aus kleinen flüssigen Wachspartikeln und Luft	**Sind:** Gemische aus Wachs und Luft	**Ist:** Ein Gemisch aus kleinen flüssigen Wachspartikeln und Luft
Entsteht: Beim Abkühlen von Wachsgas in Luft	**Entstehen:** Beim Aufsteigen von Wachsgas in Luft	**Entsteht:** Beim Abkühlen von Wachsnebel in Luft
Temperatur: Relativ hoch		**Temperatur:** Relativ niedrig

b) Kommt kaltes Wasser mit siedend heißem Wachs (Temperatur ca. 350 °C) in Kontakt, so bildet sich schlagartig gasförmiges Wasser. Da dieses ein vielfach größeres Volumen als das zuvor flüssige Wasser aufweist, steigt der Druck explosionsartig an. Dies wiederum führt dazu, dass das siedend heiße Wachs aus dem Reagenzglas herausgeschleudert wird. Außerhalb des Reagenzglases verteilt sich das flüssige Wachs in der Luft unter Bildung zahlreicher kleiner Wachströpfchen. Diese teilweise sehr kleinen Wachströpfchen nehmen wir als Nebel war.

c) Die in der Wachswolke enthaltenen Wachströpfchen sind sehr heiß. Da sie gemeinsam eine sehr große Oberfläche aufweisen, verdampft an dieser Oberfläche in kurzer Zeit sehr viel Wachs unter Bildung von Wachsgas. Weil diese relativ rasch entstehende Wachsgas-Menge von der umgebenden Luft nicht sofort abgekühlt werden kann, ist auch dieses Wachsgas noch sehr heiß. Damit sind alle Bedingungen für die Bildung eines Feuers erfüllt: Ein heißer Brennstoff (Wachsgas) ist mit Luft in Kontakt.

d) Heißes Wachsgas hat eine geringere Dichte als Luft. Flüssige Wachströpfchen haben eine größere Dichte als Luft. Infolge dessen sinken vor der Entzündung die Wachströpfchen nach unten und das Wachsgas steigt nach oben auf.

Aufgabe 2.14 Wachswolke: Experiment 2.8

Im Mittelpunkt der folgenden Erklärungen steht die Frage: Wie kommt es, dass sich die Wachswolke von selbst entzündet? Zum besseren Verständnis soll aber auch berücksichtigt werden, was vor bzw. nach der Selbstzündung geschieht.

a) Durch die heiße Bunsenbrenner-Flamme wird das feste Wachs rasch erhitzt – das feste Wachs schmilzt. Durch weiteres Erhitzen bildet sich im Inneren des flüssigen Wachses Wachsgas. Dieses Wachsgas steigt in Form von Gasblasen an die Oberfläche. In anderen Worten heißt das: Das flüssige Wachs siedet und verdampft dabei sowohl im Inneren als auch an der Oberfläche unter Bildung von Wachsgas. An der Oberfläche geht das Wachsgas in die Luft über und steigt für eine kurze Wegstrecke unverändert auf – entlang dieser Wegstrecke ist das Wachsgas farblos und durchsichtig, es ist also mit dem Auge nicht erkennbar. In der relativ kühlen Luft wird das heiße Wachsgas jedoch rasch abgekühlt, sodass sich durch Kondensation kleine Wachströpfchen bilden. Diese winzig kleinen, in Luft fein verteilten, Wachströpfchen nimmt das Auge als Nebel war. Dieser Wachsnebel steigt nun in der kalten Luft weiter nach oben und wird dabei weiter abgekühlt. Dabei erstarren die Wachströpfchen zu winzig kleinen, festen Wachspartikeln. Da man in einem Gas (hier Luft) fein verteilte feste Partikel als Rauch bezeichnet, kann man also von Wachsrauch sprechen. Im Übergangsbereich zwischen Wachsnebel und Wachsrauch tritt ein Gemisch aus Nebel und Rauch auf – man nennt solche Gemische Aerosole.

b) Mithilfe eines Reagenzglases, das an einem langen Holzstab befestigt ist, wird nun wenig Wasser rasch in das siedende Wachs gegossen. Das siedende Wachs weist eine Temperatur von etwa 350 °C auf, das Wasser ist etwa 20 °C warm. Das Wasser trifft auf die Oberfläche des heißen flüssigen Wachses auf und sinkt dann in das flüssige Wachs ein. Da das Wachs um etwa 330 °C heißer als das Wasser ist, wird das Wasser während des Einsinkens sehr rasch auf 100 °C aufgeheizt. Das Wasser verdampft also kurze Zeit nach dem Einsinken schlagartig zu gasförmigem Wasser. Da das gebildete Gas ein viel größeres Volumen als das zugegebene flüssige Wasser aufweist, steigt der Druck im flüssigen Wachs explosionsartig an. Dieser rasche Druckanstieg führt dazu, dass nahezu das gesamte flüssige Wachs nach oben geschleudert wird. Dabei wird das kompakte flüssige Wachs in Form kleiner Tröpfchen fein in der Luft verteilt – es bildet sich eine Wolke aus Wachsnebel.

c) Die Wolke besteht genau genommen aus folgenden gasförmigen Komponenten: Luft, Wachsgas und gasförmiges Wasser. Außerdem enthält sie noch die folgenden flüssigen Komponenten: Wachströpfchen und Wassertröpfchen. Da in der Wolke etwa 50-mal mehr Wachs als Wasser vorkommt (zu ca. 50 ml Wachs wurde ca. 1 ml Wasser gegeben), können wir die Wasserbestandteile (gasförmiges Wasser, Wassertröpfchen) vernachlässigen. Das Wasser war wichtig, um das Wachs nach oben zu befördern, für den Verbrennungsprozess ist es aber unbedeutend.

   Für den Verbrennungsprozess entscheidend sind Wachsgas, Hitze und Luft. Es gilt nun zu untersuchen, ob diese drei Komponenten in ausreichendem Maße in der Wolke vorhanden sind. Da die Wolke sich in Luft bildet, sollte überall genug

Luft vorhanden sein. Wie ist es aber mit dem Wachsgas? Kurz nachdem das flüssige Wachs nach oben geschleudert wurde, ist nur wenig Wachsgas in der Wolke vorhanden. Da die zahlreichen Wachströpfchen noch sehr heiß sind und insgesamt eine außerordentlich große Oberfläche aufweisen, wird in relativ kurzer Zeit sehr viel Wachsgas gebildet. Beim Verdampfen des Wachses wird die Hitze der Wachströpfchen auf das Wachsgas übertragen. Somit gilt: In kurzer Zeit (ca. 1 s) wird in Luft sehr viel heißes Wachsgas gebildet. Da so viel heißes Wachsgas von der kühleren Luft nicht mehr rasch abgekühlt werden kann, sind alle Bedingungen für eine Verbrennung gegeben – es kommt ein Brennstoff vor (Wachsgas), der bei großer Hitze in innigem Kontakt mit Luft steht. Demzufolge setzt die Verbrennung ohne äußere Zündung ein.

d) Die spontane Zündung setzt im Wachsgas in der Wolke ein. Was aber passiert mit dem noch vorhandenen Wasser bzw. den Wachströpfchen? Nach dem Verbrennungsvorgang ist kein Nebel mehr sichtbar. Wachströpfchen und Wassertröpfchen können nicht verbrennen – was ist mit ihnen passiert? Die Wachströpfchen werden durch die Hitze der anfänglichen Wachsgas Verbrennung ebenfalls verdampft. Dabei bildet sich Wachsgas, das auch verbrannt wird. Was aber passiert mit den Wassertröpfchen? Wasser ist schließlich nicht brennbar. Bei der Verbrennung des Wachsgases entsteht noch mehr Hitze, als ohnehin schon vorhanden war. Wir können also davon ausgehen, dass die Wassertröpfchen zu unsichtbarem gasförmigem Wasser verdampfen.

Aufgabe 2.15 Papier entzünden

a) Bevor Papier zu brennen beginnt, muss es relativ stark erhitzt werden. Beim Erhitzen wird das Papier in neue Stoffe aufgespalten. Unter diesen neuen Stoffen sind auch brennbare Gase – diese Gase verbrennen.

b) Genau genommen brennt Papier nicht. Denn beim Erhitzen von Papier wird es in neue Stoffe aufgespalten, nach der Spaltung von Papier ist kein Papier mehr vorhanden. Unter diesen neuen Stoffen sind auch brennbare Gase – diese Gase werden verbrannt.

Aufgabe 2.16 Holz entzünden

a) In der Regel brennen feste Stoffe nicht. Holz muss relativ lange und stark erhitzt werden, bis es sich zersetzt und brennbare Gase bildet. Bei Holz liegt die Zersetzungs-Temperatur höher als bei Papier.

b) Genau genommen brennt Holz nicht. Denn beim Erhitzen von Holz wird es in neue Stoffe aufgespalten. Nach der Spaltung von Holz ist kein Holz mehr vorhanden. Unter diesen neuen Stoffen sind auch brennbare Gase – diese Gase werden verbrannt.

Aufgabe 2.17 Wachsnebel für Tochterflamme

Beim Zünden der Tochterflamme passiert Folgendes: Die große Hitze der Zündflamme wird auf den Wachsnebel übertragen. Dabei werden sehr viele kleine, flüssige Wachspartikel stark erwärmt – sie beginnen, an der Oberfläche zu sieden. Da die flüssigen Wachspartikel zusammen genommen eine enorm große Oberfläche aufweisen, wird auf diese Weise in kurzer Zeit viel Wachsgas gebildet. Das Wachsgas verbrennt sofort unter Bildung von noch mehr Wärme. Diese Wärme führt zum Verdampfen weiterer, aus dem Rohr aufsteigender, Wachspartikel. Somit wird immer weiter Wachsgas produziert, das in der Tochterflamme verbrannt werden kann. Die Tochterflamme kann also vor allem deshalb entstehen, weil die flüssigen Wachspartikel insgesamt eine sehr große Oberfläche aufweisen und somit in kurzer Zeit viel flüssiges Wachs zu Wachsgas verdampfen kann.

Aufgabe 2.18 Wachsrauch

Das rasche Verbrennen des Wachsrauches kann man auf zwei Arten erklären:

- Enthält die weiße Masse noch Wachsnebel, geschieht Folgendes: Durch die Hitze der Brennerflamme bildet sich aus den kleinen Wachströpfchen (große Oberfläche) rasch Wachsgas (Verdampfen). Dieses Wachsgas verbrennt, produziert dabei Hitze und bewirkt das Schmelzen und Verdampfen der festen Wachspartikel (große Oberfläche). Auf diese Weise kommt es durch eine Art Kettenreaktion zur Verbrennung des gesamten Wachsrauchs.
- Enthält die weiße Masse keinen Wachsnebel mehr, was nach der langen Abkühlzeit wahrscheinlich ist, dann geschieht Folgendes: Durch die Hitze der Brennerflamme werden feste Wachspartikel sehr schnell (große Oberfläche) geschmolzen und verdampft. Auf diese Weise entsteht brennbares Wachsgas, dessen Verbrennung wiederum viel Wärme liefert. So kommt es auch hier durch eine Art Kettenreaktion zur Verbrennung des gesamten Wachsrauchs.

Aufgabe 2.19 Eigenschaften der Flammenzonen erklären

Flammenkern (farblos und durchsichtig): Der Flammenkern besteht aus Wachsgas. Da Wachsgas farblos und durchsichtig ist, ist auch der Flammenkern farblos und durchsichtig.
Flammenmantel (gelb und undurchsichtig): Im Flammenmantel entsteht infolge unvollständiger Verbrennung Kohlenstoff, der sich zu festen Partikeln zusammenballt. Diese Partikel glühen im Mantel mit gelber Farbe, lassen jedoch kein Licht hindurch.
Flammensaum (blau und durchsichtig): Im Flammensaum ist ausreichend Luft für eine vollständige Verbrennung vorhanden. D. h., der entstehende Kohlenstoff verbrennt, bevor er sich zu Partikeln zusammenballen kann. Auf diese Weise kann erklärt werden, warum der Saum durchsichtig ist. Mit unserem Wissen können wir nicht erklären, warum der Saum blau ist.

Aufgabe 2.20 Brennende Kerze in Wasserstoff

In der Wasserstoff-Atmosphäre ist kein Sauerstoff vorhanden, sodass die Kerze nicht mehr brennen kann. Zieht man die Kerze kurz nach dem Auslöschen wieder aus der Wasserstoff-Atmosphäre heraus, beginnt sie wieder zu brennen. Ursache für dieses Phänomen ist die Wasserstoff-Flamme, die an der Öffnung des Standzylinders für einige Sekunden brennt. Beim Herausziehen der Kerze wandert der Docht durch diese Flamme hindurch. Dabei wird die Kerze wieder entzündet. Sobald die Wasserstoff-Flamme an der Zylinderöffnung erloschen ist, wird die Kerze beim Herausziehen aus dem Standzylinder nicht mehr entzündet.

Aufgabe 2.21 Brennt Sauerstoff?

Ja, mithilfe von Experiment 2.24 kann man entscheiden, ob Sauerstoff brennt. Würde Sauerstoff ohne die Gegenwart eines anderen Stoffs verbrennen, so müsste beim Einführen einer brennenden Kerze in Sauerstoff das gesamte Sauerstoff-Gas rasch verbrennen. Dies ist jedoch nicht zu beobachten. Stattdessen brennt lediglich die Kerze mit hellerer, heißerer Flamme. Man kann somit folgende Schlussfolgerung ziehen: Sauerstoff brennt nicht, fördert aber Verbrennungen.

Aufgabe 2.22 Kerzenflamme im Sauerstoff-Strom

a) Im Sauerstoff-Strom wird viel mehr Sauerstoff in die Kerzenflamme transportiert als unter normalen Bedingungen. Mehr Sauerstoff in der Kerzenflamme bedeutet, dass die Verbrennung von Wachsgas schneller abläuft. Eine schnellere Verbrennung bedeutet auch, dass mehr Wärme produziert wird und mehr Wärme bewirkt das schnelle Schmelzen des Kerzenwachses.

b) Mit zunehmender Temperatur verändert sich die Farbe einer glühenden Substanz von rot über gelb nach weiß. Die weiße Farbe des Flammenmantels kommt von den Kohlenstoffpartikeln, die bei der erhöhten Temperatur des Flammenmantels weiß anstatt gelb glühen.

Aufgabe 2.23 Hypothesenschema B

Hypothesenschema 1 (widerlegbare Hypothese):

- Frage: Woher stammt der Ruß (Kohlenstoff) im Flammenmantel?
- Information: Wenn man ein Reagenzglas in den Flammenmantel hält, scheidet sich darauf in kurzer Zeit relativ viel Ruß ab.
- Hypothese: Der schwarze Ruß entsteht beim Verbrennen des Dochts.
- Experiment: In einer Kerzenflamme wird der Docht etwa senkrecht ausgerichtet.
- Ergebnis: Obwohl der gerade Docht nicht brennt, ist der Flammenmantel immer noch gelb.
- Schlussfolgerung: Der Kohlenstoff des Flammenmantels stammt nicht vom brennenden Docht.

Hypothesenschema 2 (belegbare Hypothese):

- Frage: Woher stammt der Ruß (Kohlenstoff) im Flammenmantel?
- Information: Wenn man ein Reagenzglas in den Flammenmantel hält, scheidet sich darauf in kurzer Zeit relativ viel Ruß ab.
- Hypothese: Der schwarze Ruß entsteht beim Verbrennen von Wachsgas.
- Experiment: In einer Porzellanschale wird Wachs bis zum Sieden erhitzt und anschließend angezündet. Während der Verbrennung des Wachsgases scheidet sich ein schwarzer Stoff an den Rändern der Porzellanschale ab.
- Ergebnis: Auch ohne die Gegenwart von Docht kann aus farblosem flüssigen Wachs ein fester schwarzer Stoff entstehen.
- Schlussfolgerung: Der Ruß im Flammenmantel wird bei der Verbrennung von Wachsgas gebildet.

Aufgabe 2.24 Wasser und Wasserstoff

Man kann zeigen, dass Wasser nicht kondensiertes Wasserstoff-Gas ist, indem man die Eigenschaften von gasförmigem Wasser denjenigen von Wasserstoff gegenüberstellt. Dazu führt man am besten Experimente durch.

Experiment A: Man leitet in einem ersten Durchgang Wassergas gegen eine Metallschale, die von innen mit kaltem Leitungswasser gekühlt wird. In einem zweiten Durchgang leitet man Wasserstoff gegen die gleiche Schale. Im Falle von gasförmigem Wasser ist eine ausgeprägte Kondensation zu flüssigem Wasser zu beobachten, während bei Wasserstoff-Gas nichts passiert.

Experiment B: Ein Reagenzglas wird mit gasförmigem Wasser gefüllt, ein anderes mit Wasserstoff. Nun versucht man, den Inhalt beider Reagenzgläser zu entzünden. Mit Wasserstoff gelingt das, mit Wassergas nicht.

Aufgabe 2.25 Feuerball

Dafür gibt es drei Gründe:

- Bei der Verbrennung von Wasserstoff wird sehr viel Wärme freigesetzt. Das entstehende Wasser liegt deshalb gasförmig vor. Da gasförmiges Wasser farblos ist, kann man dessen Bildung nicht direkt beobachten.
- Gase haben verglichen mit Flüssigkeiten eine sehr geringe Dichte. Aus einem großen Wasserstoff-Volumen mit kleiner Masse wird deshalb eine kleine Menge an flüssigem Wasser. Also selbst wenn das Wasser kondensiert anfallen würde, wäre es nur schwer wahrzunehmen.
- Durch die Explosion wird das Reaktionsprodukt in einem großen Luftvolumen verteilt, sodass die Konzentration des Wassers in der Luft sehr gering ist.

Aufgabe 2.26 Verbrennungs-Geschwindigkeit

Schnelle Explosion:

- Experiment 2.36: Der Ballon ist nur mit Wasserstoff gefüllt. Nach dem Kontakt mit der Kerzenflamme platzt zuerst die Ballonhülle (siehe ◘ Abb. 2.62). Bevor jedoch der Wasserstoff verbrennen kann, muss er sich erst mit dem Sauerstoff der Luft vermischen. Erst nach dem Mischvorgang wird aus Wasserstoff und Sauerstoff Wasser gebildet.
- Experiment 2.37: Der Ballon ist schon mit einer Mischung aus Wasserstoff und Sauerstoff gefüllt. Nach dem Kontakt mit der Kerzenflamme platzt zuerst der Ballon – fast gleichzeitig entzündet sich der Wasserstoff und verbrennt mit dem anwesenden Sauerstoff (siehe ◘ Abb. 2.64). Die Wasserbildung aus Wasserstoff und Sauerstoff kann sofort stattfinden, ein Mischvorgang ist nicht notwendig – beide Gase sind ja schon gemischt.

Heller Feuerball: Aufgrund der schnelleren Explosion treten bei Experiment 2.37 höhere Temperaturen als bei Experiment 2.36 auf. Höhere Temperaturen wiederum führen zu einem helleren Feuerball.
Lauter Knall: Bei Experiment 2.37 verbrennt der Wasserstoff in kürzerer Zeit als bei Experiment 2.36. Deshalb führt die Explosion bei Experiment 2.37 zu einem größeren Druckmaximum. Je größer der maximale Druck, der bei einer Explosion auftritt, desto lauter der Knall, denn die Druckdifferenz zur Umgebung bestimmt die Intensität der Schallwelle.

Aufgabe 2.27 Pfeildiagramm: Rußbildung

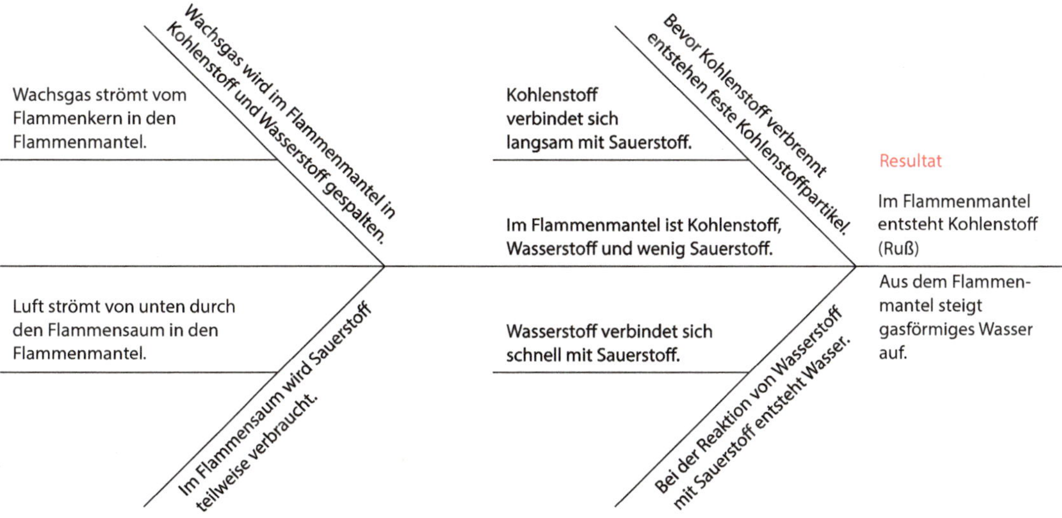

Aufgabe 2.28 Erklärung der Bunten Reihe mit Thymolblau

Gießt man Lsg I zu Lsg II, so wird der purpurrote Stoff in einen gelben verwandelt.
Gießt man die gelbe Lsg zu Lsg III, so wird der gelbe Stoff in einen blauen verwandelt.
Gießt man die blaue Lsg zu Lsg IV, so wird der blaue Stoff in einen roten verwandelt.

Aufgabe 2.29 Erklärung der chemischen Ampel: Experiment 2.44

a) Beim Schütteln kommt der gelbe Stoff mit Luftsauerstoff in Kontakt und wird in einen roten Stoff umgewandelt. Durch heftiges Schütteln gelangt noch mehr Luftsauerstoff in die Lösung, wodurch der rote Stoff in einen grünen Stoff verwandelt wird.
b) Die Glucose in der Lösung reagiert mit dem grünen Stoff unter Bildung des roten Stoffs. Der rote Stoff reagiert ebenfalls mit Glucose und wird dabei in einen gelben Stoff überführt.

Aufgabe 2.30 Drahtnetz in der Kerzenflamme

a) Das Metall in der Flamme leitet Wärme aus der Flamme ab. Oberhalb des Netzes findet keine Verbrennung mehr statt, da es dafür zu wenig heiß ist. Somit bildet sich oberhalb des Netzes keine Flamme aus.
b) Die weiße Substanz ist in der Nähe des Drahtnetzes Wachsnebel, weiter davon entfernt Wachsaerosol und in großem Abstand Wachsrauch.

Da es oberhalb des Netzes relativ kalt ist, kann das Wachsgas des Flammenkerns dort nicht mehr verbrannt werden. Deshalb steigt das Wachsgas zunächst nicht sichtbar über dem Drahtnetz auf. Nachdem das Wachsgas etwas abgekühlt ist, kondensiert es zu Wachsnebel. D. h., es bilden sich sehr viele kleine flüssige Wachspartikel. Diese flüssigen Wachspartikel kühlen weiter ab, sodass sie zuerst teilweise zu festen Wachspartikeln erstarren (Bildung von Wachsaerosol). Nachdem alle flüssigen Wachspartikel zu festen Wachspartikeln erstarrt sind, spricht man von Wachsrauch.

Aufgabe 2.31 Flammensprung 3

Unten, in der Nähe des Dochts, ist die Konzentration des Wachsgases am größten. Je weiter der Wachsnebel aufsteigt, desto kälter wird er und desto mehr Wachsgas kondensiert zu flüssigen Wachspartikeln. Je weniger Wachsgas vorhanden ist, desto schlechter brennt die kleine Flamme. Die kleine Flamme springt also deshalb nach unten, weil dort mehr Brennstoff vorkommt.
Als Einwand könnte man nun anbringen: Da der Brennstoff aufsteigt, sollte auch die kleine Flamme nach oben steigen. Dieser Ein-

wand vernachlässigt die Tatsache, dass die Ausbreitung der kleinen Flamme, aufgrund der für Aufgabe 2.8 beschriebenen Kettenreaktion, schneller ist als das Aufsteigen des Brennstoffs.

Aufgabe 2.32 Siedendes Wachs

Damit ein Feuer bzw. eine Flamme entstehen kann, müssen drei Bedingungen erfüllt sein. Es muss ausreichend Brennstoff vorhanden sein, der genügend heiß ist und in Kontakt mit Luft (Sauerstoff) steht. Für den Start eines Feuers ist also eine Flamme als Zündquelle nicht unbedingt erforderlich. Sobald die oben genannten Bedingungen eintreten, entsteht ein Feuer (vgl. Selbstentzündungs-Temperatur in Aufgabe 2.33).

Aufgabe 2.33 Vergleich: Selbstentzündungs-Temperatur (Zündtemperatur) und Flammpunkt

Für die Bestimmung des Flammpunkts versucht man, ein Gasgemisch mithilfe einer von außen zugeführten Zündquelle zum Verbrennen zu bringen. Für die Bestimmung der Zündtemperatur kommt keine externe Zündquelle zum Einsatz – es wird also auch keine zusätzliche Wärme zugeführt. Deshalb sind Zündtemperaturen höher als Flammpunkte.

Aufgabe 2.34 Docht

a) Ein Docht, der gerade in der Flamme steht, ist komplett von Wachsgas umgeben und hat somit keinen Luft- (Sauerstoff)-kontakt. Ein geradestehender Docht kann somit nicht brennen – er kann also nicht selbst zur Produktion von Wärme beitragen. Im Flammenkern ist es mit ca. 400 °C nicht heiß genug für den Glühvorgang eines festen Stoffs.

b) Der gekrümmte Docht ragt nur an der Spitze aus dem Flammenkern heraus – nur dort ragt er in den Flammenmantel hinein. Im Flammenmantel ist es mit ca. 1000 °C viel heißer als im Flammenkern. Alleine diese hohe Temperatur würde ausreichen, um den Docht an der Spitze glühen zu lassen. Durch den im Flammenmantel anwesenden Sauerstoff verbrennt der Docht aber auch an der Spitze und erzeugt damit zusätzlich Wärme. Der Teil des Dochts, der vor der Spitze liegt und nicht in den Flammenmantel hineinragt, hat keinen Anteil an diesen Vorgängen.

c) Weil er nur an der Spitze mit wenig Sauerstoff in Kontakt kommt – im Flammenmantel herrscht in Bezug auf mögliche Verbrennungen Sauerstoff-Mangel.

Aufgabe 2.35 Kerzenspitze: Wachswall

Dort, wo der Wachswall das flüssige Wachs des Wachssees aufstaut, strömt relativ kalte Luft von der Seite in die Kerze hinein. Dieser Luftstrom kühlt den Wachswall, sodass er trotz der großen Hitze des nahen Flammensaums nicht schmilzt.

Aufgabe 2.36 Kerze mit den Fingern löschen

Vermutlich ist der folgende Zusammenhang entscheidend: Sobald die Finger die Dochtspitze umfassen, verdrängen sie den Flammenkern. Der Flammenmantel und der Flammensaum werden als Folge davon von der Wachsgas-Zufuhr abgeschnitten. Wenn in Saum und Mantel kein Wachsgas mehr einströmt, fehlt der Brennstoff für diese Zonen, sodass die Verbrennung zum Stillstand kommt und die Flamme erlischt.

Aufgabe 2.37 Vergleich: vollständige und unvollständige Wachsverbrennung

Unvollständige Verbrennung (Sauerstoff-Mangel):
Teilprozesse:

$$\text{Wachs} \rightarrow \text{Kohlenstoff} + \text{Wasserstoff}$$
$$\text{Wasserstoff} + \text{Sauerstoff} \rightarrow \text{Wasser}$$

Gesamtprozess:

$$\text{Wachs} + \text{Sauerstoff (wenig)} \rightarrow \text{Wasser} + \text{Kohlenstoff}$$

Vollständige Verbrennung (ausreichend Sauerstoff):
Teilprozesse:

$$\text{Wachs} \rightarrow \text{Kohlenstoff} + \text{Wasserstoff}$$
$$\text{Kohlenstoff} + \text{Sauerstoff} \rightarrow \text{Kohlenstoffdioxid}$$
$$\text{Wasserstoff} + \text{Sauerstoff} \rightarrow \text{Wasser}$$

Gesamtprozess:

$$\text{Wachs} + \text{Sauerstoff (viel)} \rightarrow \text{Wasser} + \text{Kohlenstoffdioxid}$$

Bei der unvollständigen Verbrennung herrscht Sauerstoff-Mangel. Da Wasserstoff ein größeres Bestreben als Kohlenstoff hat, sich mit Sauerstoff zu verbinden, wird vor allem Wasser und kaum Kohlenstoffdioxid gebildet. Für die Reaktion von Kohlenstoff mit Sauerstoff steht also kaum oder kein Sauerstoff zur Verfügung.
Im Gegensatz dazu ist bei der vollständigen Verbrennung von Wachs ausreichend Sauerstoff für die vollständige Verbrennung von Wasserstoff und Kohlenstoff vorhanden. Der bei der Spaltung von Wachs gebildete Kohlenstoff wird sofort nach seiner Entstehung in Kohlenstoffdioxid umgewandelt.

Aufgabe 2.38 Vergleich: Flammenmantel und Flammensaum

In beiden Zonen findet eine vollständige Verbrennung statt.
Im Flammenmantel geschieht die Verbrennung von Kohlenstoff jedoch verzögert, durch nachströmenden Sauerstoff. Deshalb ist die Lebensdauer von Kohlenstoff im Mantel relativ groß. Er lagert

sich zu Kohlenstoffpartikeln zusammen, die bei großer Hitze rot, gelb oder weiß glühen.
Im Flammensaum ist die Lebensdauer von Kohlenstoff äußerst gering. Der gebildete Kohlenstoff wird sofort in Kohlenstoffdioxid umgewandelt. Es können somit keine glühenden Kohlenstoffpartikel vorkommen.

Aufgabe 2.39 Spinnendiagramm: Wachsverbrennung

Aufgabe 2.40 Vollständige und unvollständige Verbrennung von Benzin

Unvollständige Verbrennung von Benzin (Sauerstoff-Mangel):
Teilprozesse:

$$\text{Benzin} \rightarrow \text{Kohlenstoff} + \text{Wasserstoff}$$
$$\text{Wasserstoff} + \text{Sauerstoff} \rightarrow \text{Wasser}$$

Gesamtprozess:

$$\text{Benzin} + \text{Sauerstoff (wenig)} \rightarrow \text{Wasser} + \text{Kohlenstoff}$$

Vollständige Verbrennung von Benzin (ausreichend Sauerstoff):
Teilprozesse:

Benzin → Kohlenstoff + Wasserstoff

Kohlenstoff + Sauerstoff → Kohlenstoffdioxid

Wasserstoff + Sauerstoff → Wasser

Gesamtprozess:

Benzin + Sauerstoff (viel) → Wasser + Kohlenstoffdioxid

Literatur

Annaud J-J (1981) Am Anfang war das Feuer (Originaltitel: La Guerre du feu). Film, Kanada, Frankreich, USA

Beretta M (1999) Lavoisier: Die Revolution in der Chemie. Spektrum der Wissenschaft: (Biographie Nr. 3), Heidelberg

Zeitzuleben.de (2016) Die Angst der Kerze. http://www.zeitzuleben.de/die-angst-der-kerze/. Zugegriffen: 8. Febr 2016 (Der Text der Website wurde leicht abgeändert)

Internet-Märchen.de (2010) Die Aufgabe des Königs. http://www.internet-maerchen.de/maerchen/aufgabe_koenig.htm. Zugegriffen: 17. April 2010

Evolution-Mensch.de (2009) Die Bedeutung von Feuer in der Evolution des Menschen. http://www.evolution-mensch.de/thema/feuer/bedeutung-feuer.php. Zugegriffen: 14. Nov 2009

Merck Millipore (2013) Stoffdaten von Chemikalien. http://www.merckmillipore.com/germany/chemicals. Zugegriffen: 16. Febr 2013

Gibt es chemische Grundstoffe?

Ralf Geiß

3.1 Voraussetzungen und Lernziele – 150

3.2 Kapitelvorschau – 152

3.3 Geschichte des Elementbegriffs – 153

3.4 Lavoisiers Elementbegriff – 158

3.5 Moderne Wasserzerlegung – 168

3.6 Redoxreaktionen: Sauerstoff-Übertragungen – 171

3.7 Eisengewinnung – 174

3.8 Stahlproduktion – 185

3.9 Zusammenfassung – 190

3.10 Testaufgaben zur Standortbestimmung – 195

3.11 Lösungen der Aufgaben – 197

Literatur – 205

R. Geiß, *Die Verwandlung der Stoffe,* Chemie – Entdecken und verstehen,
https://doi.org/10.1007/978-3-662-54708-3_3

a Marie und Antoine Laurent Lavoisier – 1788 gemalt vom französischen Historienmaler Jacques-Louis David. (© Erich Lessing/akg-images/picture alliance) **b** Umgießen von Roheisen-Schmelze beim Stahlkochen. (© StudioLaMagica/Fotolia)

In diesem Kapitel erfahren wir zuerst einmal, wie der moderne Elementbegriff entstanden ist. In diesem Zusammenhang werden interessante Wasserexperimente und andere chemische Versuche behandelt. Anschließend werden industrielle Prozesse zur Eisengewinnung und Stahlherstellung vorgestellt. Mithilfe von Redoxreaktionen werden die grundlegenden chemischen Vorgänge dieser Verfahren verständlich.

3.1 Voraussetzungen und Lernziele

Hilfreiche Kenntnisse und Fertigkeiten der Lernenden

- Sie wissen, dass chemische Reaktionen von Aggregatzustands-Änderungen begleitet werden.
- Sie wissen, dass die Luft zu etwa 20 % aus Sauerstoff und zu etwa 80 % aus Stickstoff besteht.
- Sie wissen, dass Verbrennungen mit Luftsauerstoff nur in der Gasphase stattfinden.
- Sie kennen das Konzept der chemischen Wortgleichungen und können es zur Beschreibung von Gesamt- und Teilprozessen anwenden.
- Sie wissen, dass bei chemischen Reaktionen auf geheimnisvolle Weise neue Stoffe entstehen.
- Sie wissen, dass bei chemischen Reaktionen Stoffspaltungen und Stoffvereinigungen stattfinden können.

Richtziele

Lernende können das Konzept der chemischen Elemente und das Konzept der stoffbezogenen Redoxtheorie auf chemische Fragestellungen anwenden.

Lernende können stoffbezogene Redoxreaktionen mit dem Donator-Akzeptor-Konzept beschreiben.

Grobziele

Lernende können aufzeigen, dass ein reiner Stoff entweder ein Element oder eine Verbindung ist. Sie können außerdem aufzeigen, dass Redoxreaktionen nach der stoffbezogenen Redoxtheorie, Sauerstoff-Übertragungen sind.

Feinziele

A-Feinziele (kognitiv)

- Lernende können angeben, wie man auf experimentellem Weg prüfen kann, ob ein Stoff ein Element ist.
(WD 3 Prozesswissen/KP 3 Anwenden)
- Lernende können chemische Wortgleichungen für Gesamtprozesse in Teilprozesse zerlegen.
(WD 3 Prozesswissen/KP 3 Anwenden)
- Lernende können chemische Wortgleichungen für Teilprozesse zu Gesamtprozessen addieren.
(WD 3 Prozesswissen/KP 3 Anwenden)
- Lernende können die Begriffe der stoffbezogenen Redoxtheorie anwenden, um Redoxreaktionen detailliert zu beschreiben.
(WD 3 Prozesswissen/KP 3 Anwenden)
- Lernende können anhand der Reaktionsgleichung erkennen, ob eine Redoxreaktion, eine Oxidation oder eine Reduktion vorliegt.
(WD 2 Konzeptwissen/KP 3 Anwenden)

B-Feinziele (kognitiv)

- Lernende können verschiedene Reduktions- und Oxidationsmittel angeben.
(WD 2 Konzeptwissen/KP 1–2 Erinnern bis Verstehen)

C-Feinziele (kognitiv und affektiv/emotional)

- Lernende erkennen, dass die Unterscheidung zwischen Elementen und Verbindungen für ein tiefgründiges chemisches Verständnis fundamental ist.
  (A1 aufmerksam werden)
- Lernende können mit eigenen Worten aufzeigen, inwiefern sich Experimente und Theorie grundlegend unterscheiden.
  (WD 2 Konzeptwissen/KP 2 Verstehen)
- Lernende können die chemischen Vorgänge beim Hochofen-Prozess und bei der Stahlproduktion in Wortgleichungen angeben und die stoffbezogene Redoxtheorie darauf anwenden.
  (WD 3 Prozesswissen/KP 3 Anwenden)

3.2 Kapitelvorschau

In ▶ Kap. 2 haben wir herausgefunden, dass Wachs beim kräftigen Erhitzen in Kohlenstoff und Wasserstoff aufgespalten wird.

$$\text{Wachs} \rightarrow \text{Kohlenstoff} + \text{Wasserstoff}$$

In diesem Kapitel geht es nun um folgende Fragen:

- Sind Kohlenstoff und Wasserstoff ebenfalls spaltbar oder stellen sie chemische Grundstoffe dar?
- Gibt es weitere chemische Grundstoffe?
- Wie findet man heraus, ob ein Stoff ein chemischer Grundstoff ist?

Von chemischen Experimenten ausgehend ist es möglich, überzeugende Antworten auf diese Fragen zu finden.

- ▶ Abschn. 3.3: Geschichte des Elementbegriffs
  - Bereits vor etwa 2.500 Jahren haben sich Menschen im damaligen Griechenland gefragt: Wie kann aus einem Stoff ein ganz anderer Stoff werden? Empedokles hat diese Frage für die damalige Zeit auf überzeugende Weise beantwortet. Er hat vier Grundstoffe (Feuer, Wasser, Erde, Luft) definiert und alle anderen Stoffe als zusammengesetzte Stoffe angesehen.
  - Robert Boyle stellte 1661 die Vier-Elemente-Lehre mit einem in die Zukunft weisenden Grundsatz in Frage: Nur der Versuch ist schlüssig, niemals aber die unbelegte Behauptung.
- ▶ Abschn. 3.4: Lavoisiers Elementbegriff
  - Experiment 3.1 bis Experiment 3.6
  - Mithilfe dieser Experimente wird gezeigt, wie man herausfinden kann, ob ein Stoff ein chemischer Grundstoff ist.
  - Antoine Laurent Lavoisier (1743–1794) war der erste Naturforscher, der Boyles Grundsatz konsequent angewendet hat. Mit zwei Experimenten machte er deutlich: Wasser ist ein zusammengesetzter Stoff.

- ► Abschn. 3.5: Moderne Wasserzerlegung
  - Experiment 3.7
  - Mit dem Hoffmann-Apparat wird Wasser gespalten. Die Spaltprodukte Wasserstoff und Sauerstoff werden mit der Knallgas-Probe und der Glimmspan-Probe nachgewiesen.
- ► Abschn. 3.6: Redoxreaktionen: Sauerstoff-Übertragungen
  - Das stoffbezogene Redoxkonzept wird eingeführt und mit zahlreichen Aufgaben vertieft.
- ► Abschn. 3.7 und 3.8: Eisengewinnung und Stahlproduktion
  - Experiment 3.8 bis Experiment 3.10
  - Dass Metallgewinnungen auf Redoxreaktionen beruhen, wird mit drei verschiedenen Experimenten demonstriert.
  - Bereits seit etwa 1000 v. Chr. können Menschen Stahl und Eisen herstellen. Sowohl bei den altertümlichen Methoden als auch bei den modernen Verfahren laufen verschiedene Redoxreaktionen ab.

3.3 Geschichte des Elementbegriffs

Einfache und zusammengesetzte Stoffe

Bei der Untersuchung der Kerzenflamme hat sich etwas Interessantes ergeben: Bei relativ großer Hitze wird Wachs in Kohlenstoff und Wasserstoff aufgespalten.

Wachs → Kohlenstoff + Wasserstoff

Kann man Wasserstoff und Kohlenstoff auch aufspalten? Gibt es Stoffe, die nicht weiter gespalten werden können? Gibt es einfache chemische Stoffe, aus welchen andere, zusammengesetzte Stoffe, aufgebaut werden können?

Da sich Menschen solche und ähnliche Fragen schon seit Langem stellen, wollen wir mit diesem Thema in der Vergangenheit beginnen.

Der Elementbegriff der Vorsokratiker

Von den Mythen zur Erfahrung und inneren Vernunft

„Gegen das Jahr 700 vor Christus schrieben Homer und Hesiod große Teile des griechischen Mythenschatzes auf. Das ergab eine völlig neue Situation. Kaum waren die Mythen aufgeschrieben, konnte man nämlich darüber diskutieren.

Die ersten griechischen Philosophen kritisierten Homers Götterlehre, weil die Götter ihnen darin zu viel Ähnlichkeit mit den Menschen hatten. Tatsächlich waren sie genauso egoistisch und unzuverlässig wie wir. Zum ersten Mal in der Menschheitsgeschichte wurde ausgesprochen, dass Mythen vielleicht nichts anderes sein könnten als menschliche Vorstellungen. [...]

Wir sagen, es habe damals eine Entwicklung von einer mythischen Denkweise zu einem Denken hin stattgefunden, das auf Erfahrung und Vernunft aufbaute. Das Ziel der ersten griechischen Philosophen war es, natürliche Erklärungen für die Naturprozesse zu finden“ (Gaarder 2005).

Die Naturphilosophen

„Die ersten griechischen Philosophen werden oft als ‚Naturphilosophen‘ bezeichnet, weil sie sich vor allem für die Natur und Naturprozesse interessierten [...].

Die Philosophen sahen mit eigenen Augen, wie in der Natur ständig Veränderungen stattfinden. Aber wie waren solche Veränderungen möglich?“ (Gaarder 2005)

Wie kann aus einem Stoff ein ganz anderer Stoff werden? Wie kann zum Beispiel festes Kerzenwachs beim Verbrennen in gasförmige und flüssige Stoffe übergehen?

„Wir können feststellen, dass sie nach sichtbaren Veränderungen in der Natur fragten. Sie versuchten, einige ewige Naturgesetze herauszufinden. Sie wollten die Ereignisse in der Natur verstehen, ohne auf die überlieferten Mythen zurückzugreifen. Vor allem versuchten sie, die Naturprozesse durch die Beobachtung der Natur selber zu verstehen. Das ist etwas ganz anderes, als Blitz und Donner, Winter und Frühling durch den Hinweis auf Ereignisse in der Götterwelt zu erklären“ (Gaarder 2005).

Empedokles – Vier Grundstoffe

Das Problem der Veränderung – wie kann aus einem Stoff ein ganz anderer werden? – wurde für die damalige Zeit auf überzeugende Weise von Empedokles (ca. 494–434 v. Chr.) geklärt.

„Empedokles glaubte, die Natur habe insgesamt vier Urstoffe oder Wurzeln, wie er das nannte. Diese vier Wurzeln nannte er Erde, Luft, Feuer und Wasser.

Alle Veränderungen in der Natur ergeben sich dadurch, dass die vier Stoffe sich [verbinden] und wieder voneinander trennen. Denn alles besteht aus Erde, Luft, Feuer und Wasser, nur eben in unterschiedlichen [Mengenverhältnissen]. [...]

Nachdem Empedokles aufgezeigt hat, dass die Veränderungen der Natur dadurch entstehen, dass sich die vier Wurzeln verbinden und wieder trennen, bleibt noch immer eine Frage offen: Was ist die Ursache dafür, dass die Stoffe sich zusammenfügen, damit neues Leben entsteht? Und was sorgt dafür, dass die [Verbindung], eine Blume zum Beispiel, sich wieder auflöst?

Empedokles meinte, dass in der Natur zwei verschiedene Kräfte wirken müssen. Diese Kräfte nannte er Liebe und Streit. Was die Dinge verbindet, ist die Liebe, was sie auflöst, der Streit.

Empedokles unterscheidet also zwischen Stoff und Kraft. Es lohnt sich, wenn wir uns das merken. Noch heute unterscheidet die Wissenschaft Grundstoffe und Naturkräfte. Die moderne Wissenschaft glaubt, alle Naturprozesse als Zusammenspiel zwischen den verschiedenen Grundstoffen und einigen wenigen Naturkräften erklären zu können" (Gaarder 2005).

Stoff und Kraft

Alchemie

Vor allem in der griechisch beeinflussten arabischen Alchemie war das Elementkonzept des Empedokles verbreitet.

Die Alchemisten waren jedoch der Meinung, chemische Elemente könnten ineinander umgewandelt (transmutiert) werden. Hinter dieser Vorstellung steckt die Idee, Stoffe seien aus der unveränderlichen *materia prima* (Urmaterie) und übertragbaren Prinzipien (Eigenschaften) aufgebaut. Mithilfe des Steins der Weisen (nach heutiger Terminologie ein Katalysator) soll es möglich sein, Stoffe von unedlen Prinzipien zu befreien und dann die so erhaltene *materia prima* mit edlen Prinzipien zu versehen. Auf diese Weise, so glaubten die Alchemisten, könnten unedle Metalle in edle transmutiert werden.

Genau genommen gab es für die Alchemisten somit nur ein Element, die eigenschaftslose *materia prima*.

Die Vorstellung, dass Eigenschaften nicht an Stoffe gebunden, sondern übertragbar sind, war im Altertum und Mittelalter weit verbreitet.

Manche Jugendliche sind in ihrem naturwissenschaftlichen Denken von dieser Idee geprägt. Es ist in diesem Zusammenhang interessant zu erkennen, dass der heranwachsende Mensch in seiner geistigen Entwicklung die historischen Stufen der naturwissenschaftlichen Entwicklungsgeschichte nachahmt.

Robert Boyle stellt die Vier-Elemente-Lehre in Frage

Auch wenn die Alchemie mehr oder weniger stark davon abwich, so hat der Glaube an die vier Elemente des Empedokles in der Menschheitsgeschichte sehr lange überlebt. Etwa bis 1777 waren wahrscheinlich die meisten Naturforscher überzeugte Anhänger dieser grundlegenden Idee.

Man hat auch versucht, die Vier-Elemente-Lehre mithilfe von Experimenten zur bestätigen. Ein bekanntes Beispiel hierzu war dasjenige von van Helmont – dieser war zwar ein Anhänger der Vorstellung, dass Wasser der einzige Urstoff ist, sein Experiment kann jedoch sehr gut als Beleg für die Vier-Elemente-Theorie aufgefasst werden.

Historischer Exkurs: Van Helmonts Weidenexperiment

Er nahm „eine gewisse Menge von Erde und trocknete sie im Backofen, nachdem das Brot herausgenommen worden war. Diese trockene Erde wog er sehr genau. Darauf brachte er sie in einen gut verzinnten Kessel, der mit vielen Löchern versehen war, und pflanzte eine kleine Weide hinein, die er ebenfalls genau gewogen hatte. Darauf begoss er die Pflanze mit Regenwasser, wobei er sich versicherte, dass es keinen Rückstand beim Verdampfen hinterließ, und ließ die Weide einige Jahre wachsen. Nach etwa fünf Jahren nahm er die Weide aus dem Kessel, entfernte alle Erde von den Wurzeln und wog nun die Pflanze. Ebenso wog er die Erde nach nochmaligem Trocknen im Backofen, und nun fand er, dass die Weide, die vor fünf Jahren ein halbes Pfund schwer gewesen war, jetzt 550 Pfund wog. Die getrocknete Erde aber hatte nur um wenige Unzen, das heißt etwa 50 g, abgenommen. Daraus folgte nach van Helmonts Ansicht einwandfrei, dass aus reinem Wasser Erde, das heißt nämlich eine Pflanze, entstehen könne. Ferner zeigte er, dass die neu entstandene ‚Erde' – eben die Weide – in Wirklichkeit aus allen vier Elementen, Feuer, Luft, Erde, Wasser, zusammengesetzt war, und zwar wie folgt: Er verbrannte die Weide und beobachtete, dass Wasser, Rauch (~ Luft) und Feuer entwichen und dass Asche (~ Erde) verblieb. Damit war die alte Elementenlehre glänzend gerechtfertigt!" (Fierz-David 1952) Robert Boyle stellte 1661 in seinem Buch *The Sceptical Chymist* die Frage, „ob dieses Experiment nicht noch anders als nach van Helmont erklärt werden könnte, und ob dieses Element ‚Wasser' denn überhaupt etwas Einfaches sei. Er stellte die Frage, ob vielleicht die sogenannten vier Elemente nicht ihrerseits zusammengesetzte Körper seien" (zit. nach Fierz-David 1952).

Abb. 3.1 Robert Boyle. (© Georgios Kollidas/Fotolia)

Robert Boyle (Abb. 3.1) kommt zu einem wertvollen Resultat: Die Richtigkeit der Vier-Elemente-Lehre ist durch kein Experiment bestätigt worden, und bevor dies nicht geschehen ist, kann diese Lehre nicht als wahr anerkannt werden. Seine Erkenntnis kann in einem kurzen Satz zusammengefasst werden:

Boyles Prinzip der empirisch-rationalen Naturwissenschaften
Nur der Versuch ist schlüssig, niemals aber die unbelegte Behauptung (Fierz-David 1952).
(WD 4 Metakognition)

„Mit dieser Feststellung hat Boyle einen ganz neuen Grundsatz aufgestellt und der Chemie als Erster neue Wege gewiesen. Man kann diese Tat nicht hoch genug einschätzen, und sie muss als einer der wichtigsten Beiträge zur modernen Naturwissenschaft überhaupt bezeichnet werden. Boyles Feststellung bedeutet nämlich mehr als eine bloße Ablehnung der [...] Tradition und der damit verbundenen Spekulationen. Indem er den Versuch als Grundlage der Erkenntnis in den Vordergrund stellt, gibt er dem chemischen Experiment einen neuen Sinn und der chemischen Forschung ein Programm [...]" (Fierz-David 1952).

Das entscheidende Merkmal des neuen Programms war das folgende: Experimente sind nicht dazu da, um vorgefasste Meinungen zu bestätigen. Experimente haben vielmehr den Zweck, zur Bildung von Meinungen und Ideen beizutragen. Mit weiteren Experimenten können dann diese Meinungen und Ideen überprüft werden.

Historischer Exkurs: Robert Boyle (1627–1691)

„Boyle war der siebente Sohn des ersten Lords von Cork, welcher von Jakob I. geadelt worden war. Er wurde früh in die Fremde geschickt und zum Teil in Genf erzogen. Dort erlernte er unter gebildeten französischen Erziehern nicht nur die französische Sprache, sondern erhielt auch eine umfassende Allgemeinbildung, die er durch ausgedehnte Reisen in Frankreich und Italien vertiefte. Mit 17 Jahren kehrte er nach England zurück, lebte zuerst auf seinen Gütern in Stalbridge (Dorsetshire) und dann in Oxford und London. Er war einer der Gründer der Royal Society, die er auch als Präsident leitete. Als er starb, wurde er in der Westminster-Abtei begraben.
Boyle war einer der bedeutendsten Gelehrten seiner Zeit, ein Polyhistor, der sich auf allen Wissensgebieten betätigte und mit sozialen, religiösen und künstlerischen Fragen befasste" (Fierz-David 1952).

Boyle gibt der Chemie ein Forschungsprogramm

„Durch Boyles Programm aber wurden die Chemiker gezwungen, zu den Problemen der Chemie Stellung zu nehmen und nach einer Interpretation der chemischen Vorgänge zu suchen, die von den Ergebnissen der Experimente ausging. So ist seine Forderung nach der Beweisführung durch den Versuch für die Zukunft bindend geworden. Wenn es auch in der Chemie nach Boyle an Spekulationen nicht fehlte, so bewirkte doch sein Einfluss, dass diese stets nur solange Bestand hatten, bis der Versuch sie widerlegte. Die Prüfung der chemischen Spekulationen auf ihre Richtigkeit blieb allerdings – wir müssen sagen bis heute – ein schwieriges Unternehmen. Vorgefasste Meinungen waren und sind in der Chemie schwer umzustürzen, da die chemischen Reaktionen nicht durch direkte Anschauung [...] interpretiert werden können. Die Verhältnisse sind hier ganz andere als etwa in der klassischen Physik. Die Himmelsmechanik zum Beispiel kann man gewissermaßen sehen, die chemischen Reaktionen dagegen verlaufen geheimnisvoll im Gefäß, und erst aus dem erhaltenen Produkt kann man seine Schlüsse ziehen" (Fierz-David 1952).

3.4 Lavoisiers Elementbegriff

Einer der ersten Naturforscher, die sich das Programm Boyles gründlich zu Herzen nahmen, war der Franzose Antoine Laurent Lavoisier (1743–1794). Er versuchte, Stoffe, die man für einfache Stoffe hielt, zum einen zu zerlegen und zum anderen aus Grundstoffen herzustellen.

1777 veröffentlichte Lavoisier seine experimentellen Erfahrungen zur Herstellung (Synthese) und Zersetzung von Wasser. Ihm waren die folgenden Experimente gelungen (◘ Abb. 3.2).

Lavoisiers Experiment 1: Wasserzerlegung

Versuchsdurchführung: Wasser wird durch einen glühenden Flintenlauf geleitet. Die aus dem Flintenlauf austretenden Gase werden durch ein Kühlrohr (in Wasser eingetaucht) geleitet. Das aus dem Kühlrohr austretende Gas wird aufgefangen. Mit diesem Gas wird die Knallgas-Probe gemacht.
Beobachtung: In dem Kühlrohr kondensiert wenig Wasser, die Knallgas-Probe mit dem aufgefangenen Gas verläuft positiv. Im Flintenlauf bildet sich ein rötliches Pulver.
Schlussfolgerung: Da das Wasser in der Hitze zersetzt wird, entstehen dabei Wasserstoff und Sauerstoff. Der Sauerstoff verbindet sich mit dem Eisen des Flintenlaufs zu Eisenoxid, der Wasserstoff kann abgeleitet und aufgefangen werden. Man kann diese Vorgänge mit den folgenden Reaktionsgleichungen beschreiben:

$$\text{Wasser} \rightarrow \text{Wasserstoff} + \text{Sauerstoff}$$

$$\text{Eisen} + \text{Sauerstoff} \rightarrow \text{Eisenoxid}$$

Insgesamt läuft also folgende chemische Reaktion ab:

$$\text{Eisen} + \text{Wasser} \rightarrow \text{Eisenoxid} + \text{Wasserstoff}$$

Lavoisiers Experiment 2: Wasserbildung

Versuchsdurchführung: Man leitet nun Wasserstoff durch den glühenden Flintenlauf, in dessen Inneren sich Eisenoxid befindet.
Beobachtung: Im Flintenlauf bilden sich Wasser und Eisenpulver.
Schlussfolgerung: Im glühenden Flintenrohr wird Eisenoxid in Eisen und Sauerstoff zerlegt. Ein Teil des Sauerstoffs reagiert mit Wasserstoff unter Bildung von Wasser. Der andere Teil des Sauerstoffs bildet mit Eisenpulver wieder Eisenoxid.

$$\text{Eisenoxid} \rightarrow \text{Eisen} + \text{Sauerstoff}$$

$$\text{Wasserstoff} + \text{Sauerstoff} \rightarrow \text{Wasser}$$

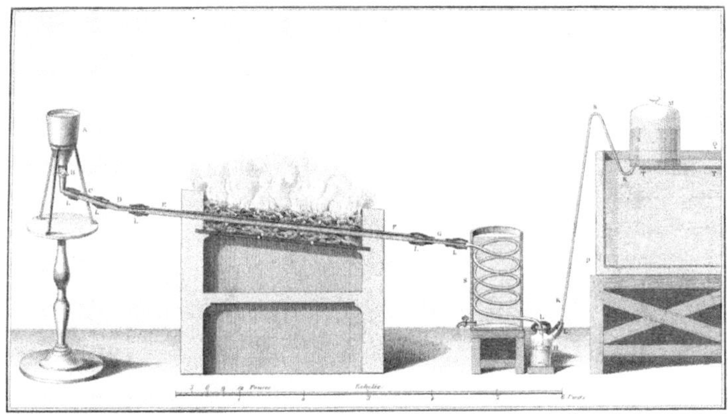

Abb. 3.2 A. Lavoisier – Zersetzung und Bildung des Wassers. (Aus: Fierz-David 1952)

Insgesamt läuft also folgende chemische Reaktion ab:

Eisenoxid + Wasserstoff → Eisen + Wasser

Mit diesen beiden Experimenten hat Lavoisier eindeutig gezeigt, dass Wasser kein chemischer „Urstoff“, also kein Element sein kann.

Aufgabe 3.1 Zersetzung und Bildung von Wasser mit Zink
Die Wasserzerlegung und Wassersynthese nach Lavoisier können nicht nur mit Eisen und Eisenoxid, sondern auch mit anderen Metallen und Metalloxiden durchgeführt werden. Mit Zink und Zinkoxid sollten beide Experimente ebenfalls gelingen. Formuliere für beide Reaktionen die Reaktionsgleichungen für Gesamt- und Teilprozesse.
(WD 2 Konzeptwissen/KP 3 Anwenden)

Die beiden Experimente Lavoisiers können im Labor nur mit großem Aufwand nachgemacht werden. Es gibt jedoch labortaugliche Alternativen, die geeignet sind, das Prinzip zu verdeutlichen.

Experiment 3.1 Reaktion von Magnesium mit Wasser
Versuchsdurchführung: In ein temperaturbeständiges Reagenzglas (RG) (18 × 180 mm) füllt man etwa 5 cm hoch sehr groben Sand und versetzt diesen mit Wasser, sodass Wasser- und Sandpegel auf gleicher Höhe sind. Darüber stopft man Glaswolle und Magnesiumband (3–5 Stücke, 4–6 cm lang, U-förmig gebogen). Nun verschließt man das RG fest mit einem Stopfen, in dem ein nach außen spitz zulaufendes Glasrohr steckt. Nachdem man das RG eingespannt hat, erhitzt man mit einer möglichst heißen Bunsenbren-

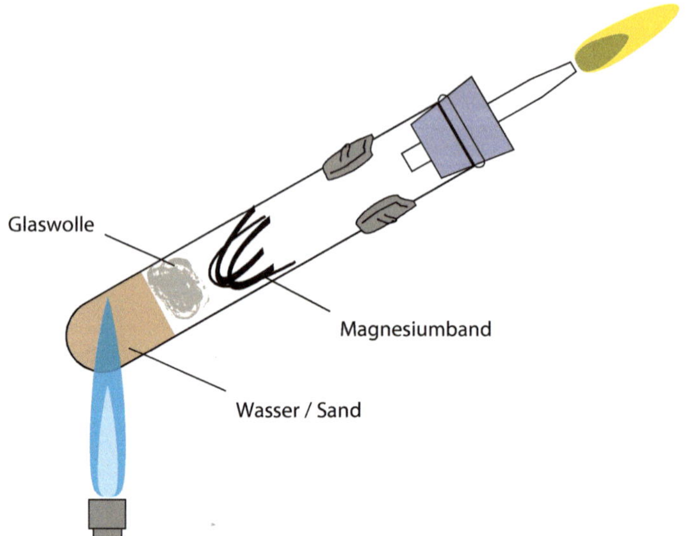

■ **Abb. 3.3** Wasserstoffbildung durch Reaktion von Magnesium mit Wasser

ner-Flamme zuerst das Sand-Wasser-Gemisch, sodass Wasserdampf entsteht, der die Luft aus dem RG verdrängt. Nun erhitzt man das RG kräftig an der Stelle, an der die Magnesiumbänder die RG-Innenwand berühren. Um gasförmiges Wasser nachzubilden, muss auch immer wieder der untere Teil des RG erhitzt werden. Sobald das Magnesium kräftig aufglüht, hält man die Brennerflamme kurz an das Ende des Glasrohrs (■ Abb. 3.3).

Beobachtung: Nach kurzer Reaktionsdauer kann das aus dem Glasrohr austretende Gas entzündet werden (■ Abb. 3.4).

Schlussfolgerung: Magnesium reagiert mit Wasser unter Bildung von Wasserstoff.

$$\text{Magnesium} + \text{Wasser} \rightarrow \text{Magnesiumoxid} + \text{Wasserstoff}$$

Wasserstoff verbrennt am Ende des Glasrohrs mit dem Sauerstoff der Luft zu Wasser.

$$\text{Wasserstoff} + \text{Sauerstoff} \rightarrow \text{Wasser}$$

Aufgabe 3.2 Reaktion von Siliciumdioxid mit Magnesium

Bei der Reaktion von Magnesium mit Wasser (siehe Experiment 3.1) entsteht in der Wand des Reagenzglases ein schwarzer Stoff. Um welchen Stoff dürfte es sich dabei handeln? Beschreibe seine Bildung mithilfe einer chemischen Wortgleichung.
Hinweis: Glas ist im Wesentlichen Siliciumdioxid.
(WD 2 Konzeptwissen/KP 3 Anwenden)

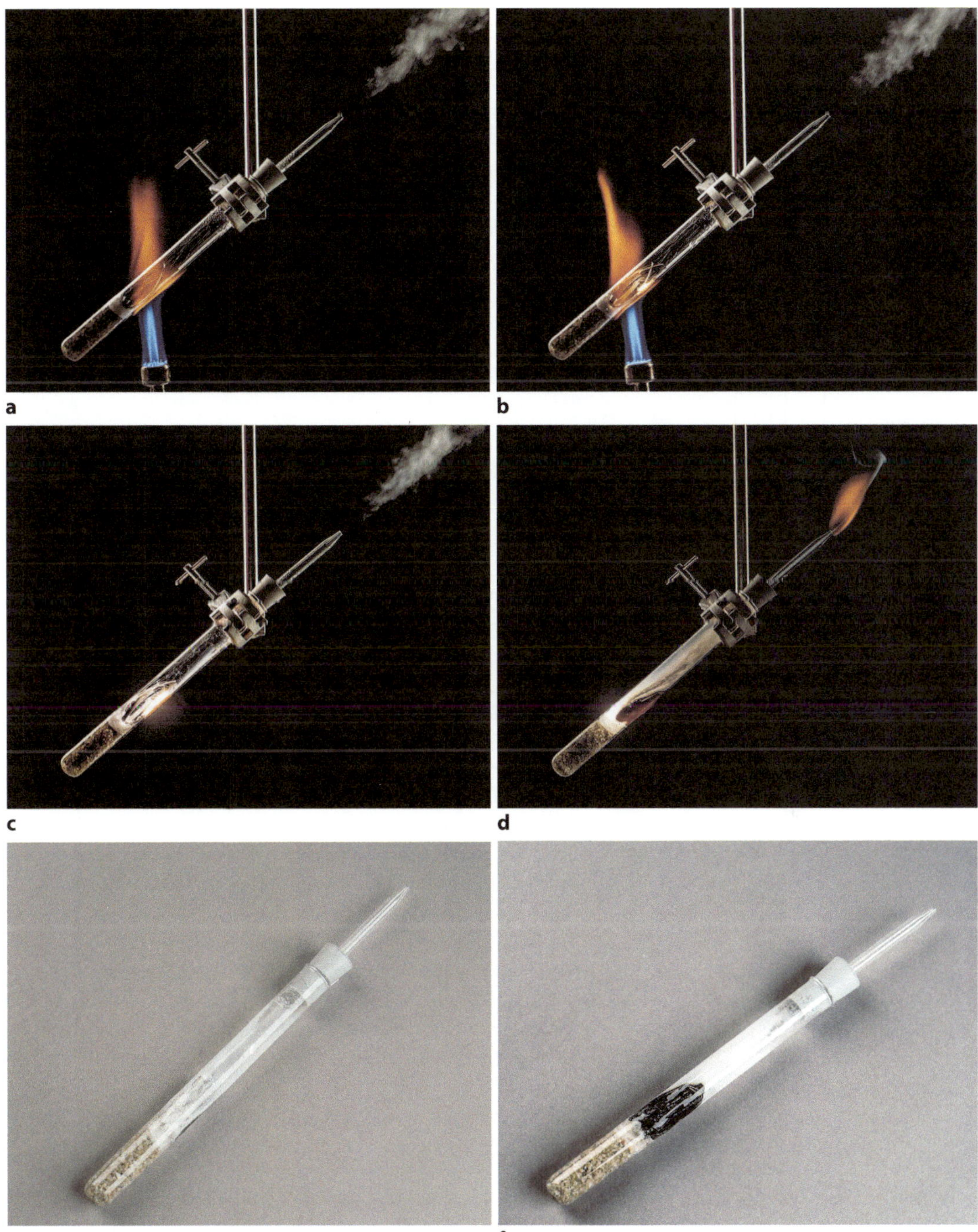

Abb. 3.4 **a** Wassernebel strömt aus dem Glasrohr; **b** ein Mg-Band beginnt aufzuglühen; **c** das erste glühende Mg-Band erreicht Weißglut; **d** alle Mg-Bänder glühen, das aus dem Glasrohr austretende Gas brennt; **e** aus den Mg-Bändern ist ein weißer Feststoff geworden; **f** an der Kontaktstelle zwischen Mg-Bändern und Glas hat sich ein schwarzer Stoff gebildet. (© Ralf Geiß 2017)

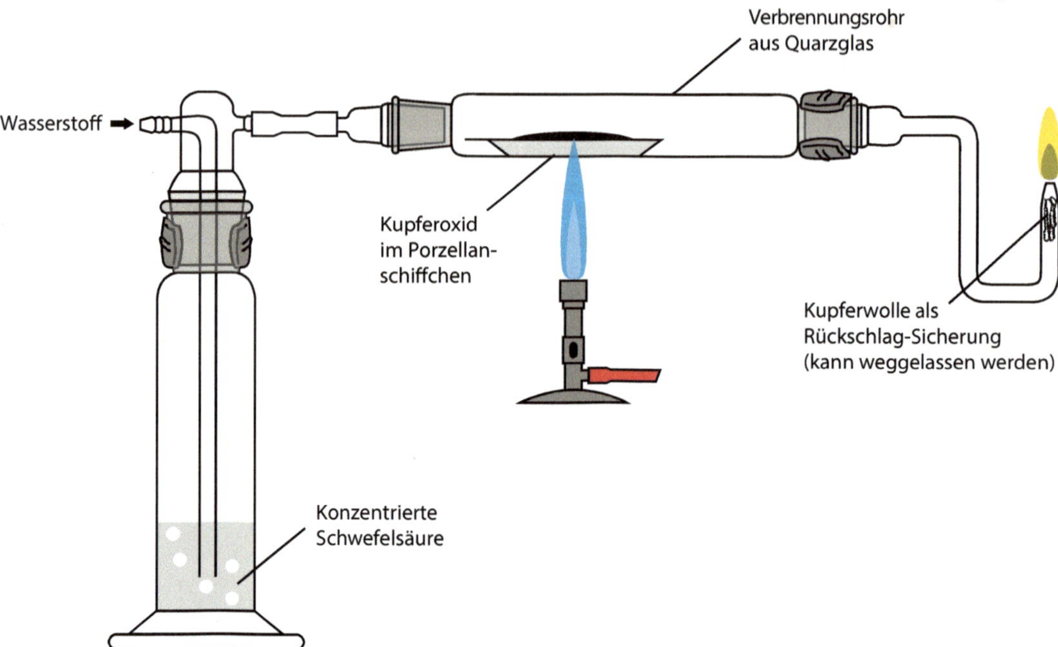

Abb. 3.5 Versuchsaufbau: Reaktion von Kupferoxid mit Wasserstoff. (© Ralf Geiß 2017)

Experiment 3.2 Reaktion von Kupferoxid mit Wasserstoff

Versuchsdurchführung: Arbeitsschritte:

- Die Apparatur wird gemäß Abb. 3.5 aufgebaut.
- Statt Kupfer(II)-oxid kann auch Eisen(III)-oxid verwendet werden.
- Wasserstoff-Strom nicht zu schwach einstellen.
- Nachdem die Knallgas-Probe zum zweiten Mal negativ ausgefallen ist, kann der überschüssige Wasserstoff am Ausgang der Apparatur entzündet werden.
- Kupfer(II)-oxid von links nach rechts erhitzen.
- Sobald das Kupfer(II)-oxid aufglüht, kann die Brennerflamme entfernt werden.
- Damit das entstandene Reaktionsprodukt nicht mit Luftsauerstoff reagiert, lässt man das Verbrennungsrohr bei anhaltendem Wasserstoff-Strom abkühlen.
- Sobald das Reaktionsprodukt erkaltet ist, kann die Wasserstoff-Flamme gelöscht und die Wasserstoff-Zufuhr beendet werden.

Beobachtung: Im Porzellanschiffchen bildet sich ein kupferfarbenes Reaktionsprodukt und im U-förmig gebogenen Glasrohr sammelt sich Wasser (Abb. 3.6).

Schlussfolgerung: Das schwarze Kupfer(II)-oxid reagiert mit Wasserstoff unter Bildung von Kupfer und Wasser.

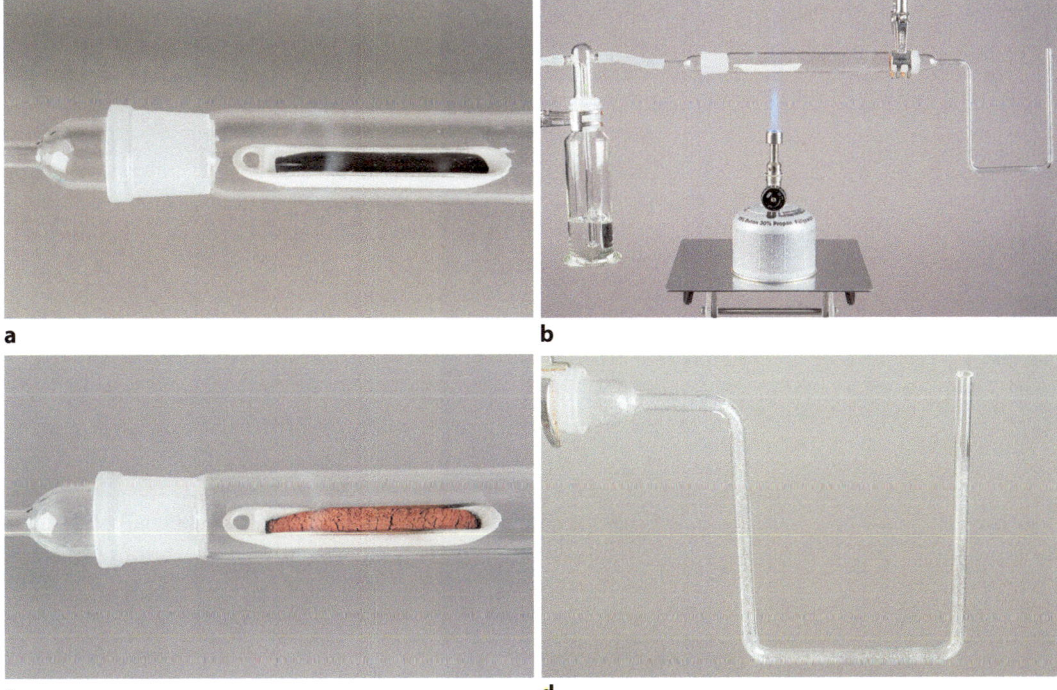

Abb. 3.6 **a** Im Reaktionsrohr der Apparatur befindet sich ein Porzellanschiffchen, das mit Kupfer(II)-oxid gefüllt ist; **b** während Wasserstoff über das Kupfer(II)-oxid strömt, wird das Reaktionsrohr mit einem Bunsenbrenner erhitzt; **c** aus schwarzem Kupfer(II)-oxid bildet sich ein kupferfarbener Feststoff; **d** während sich im Reaktionsrohr ein neuer Stoff bildet, kondensiert im U-Rohr eine farblose Flüssigkeit. (© Ralf Geiß 2017)

Kupfer(II)-oxid + Wasserstoff → Kupfer + Wasser

Häusler et al. (1991)

Aufgabe 3.3 Reaktionsgleichungen zu Experiment 3.1 und Experiment 3.2

Für Experiment 3.1 und Experiment 3.2 ist unter der Schlussfolgerung jeweils nur eine Reaktionsgleichung für den Gesamtprozess angegeben. Formuliere für jedes Experiment zwei Reaktionsgleichungen, die die Teilprozesse beschreiben.
(WD 3 Prozesswissen/KP 3 Anwenden)

Lavoisiers Elementdefinition

Seit den Experimenten Lavoisiers gelten in der Chemie die beiden folgenden Grundsätze.

Elemente und Verbindungen

Kann ein Stoff in mindestens zwei neue Stoffe zerlegt werden oder kann er aus zwei oder mehr Elementen hergestellt werden, so ist der betreffende Stoff ein zusammengesetzter Stoff, eine Verbindung.
Gelingt die Zerlegung bzw. die Herstellung eines Stoffes aus Elementen, trotz intensivster und langjähriger Bemühungen, nicht, so ist der betreffende Stoff vermutlich ein einfacher Stoff, ein Element. (WD 2 Konzeptwissen)

Kann man belegen, dass ein Stoff ein Element ist?

Genaugenommen kann man das nicht, denn dazu müsste man alle Möglichkeiten für eine Stoffspaltung prüfen. Es ist prinzipiell denkbar, dass ein Stoff, der heute als Element gilt, in Zukunft in mindestens zwei neue Stoffe aufgespalten werden kann.

Hinweis: Die gegenwärtig als Elemente eingestuften Stoffe sind in tausenden von Experimenten untersucht worden. Ihr physikalisches und chemisches Verhalten hat sich dabei als im Einklang mit ihrem Elementstatus erwiesen. Insofern ist es schwer vorstellbar, dass ein Stoff, der heute als Element gilt, sich in Zukunft als eine Verbindung erweisen könnte.

Kann man belegen, dass ein Stoff eine Verbindung ist?

Kann man einen Stoff aus zwei Stoffen herstellen oder ihn in mindestens zwei Stoffe aufspalten, so ist belegt, dass es sich bei diesem Stoff um einen zusammengesetzten Stoff, eine Verbindung, handelt.

Untersuchung von Silberoxid

Mit Silberoxid soll nun die Zerlegung eines Stoffs praktisch demonstriert werden.

Experiment 3.3 Herstellung von Silberoxid
Versuchsdurchführung: In einem 100-ml-Becherglas werden ca. 20 ml Silbernitrat-Lösung ($c = 0{,}05$ mol/l) vorgelegt. Zu dieser Lösung gießt man ca. 10 ml Natronlauge ($c = 0{,}1$ mol/l). Das entstandene Gemisch wird abschließend filtriert (◘ Abb. 3.7).
Beobachtung: Es bildet sich ein braunes Gemisch, aus dem ein brauner (schwarz aussehend, da sehr feinkörnig) Feststoff abfiltriert werden kann.
Schlussfolgerung: Aus Silbernitrat-Lösung wird mit Natronlauge Silberhydroxid ausgefällt. Natriumnitrat bleibt dabei in Lösung.

$$\text{Silbernitrat} + \text{Natronlauge} \rightarrow \text{Silberhydroxid} + \text{Natriumnitrat}$$

■ **Abb. 3.7** Versuchsverlauf: Herstellung von Silberoxid. (© Ralf Geiß 2017)

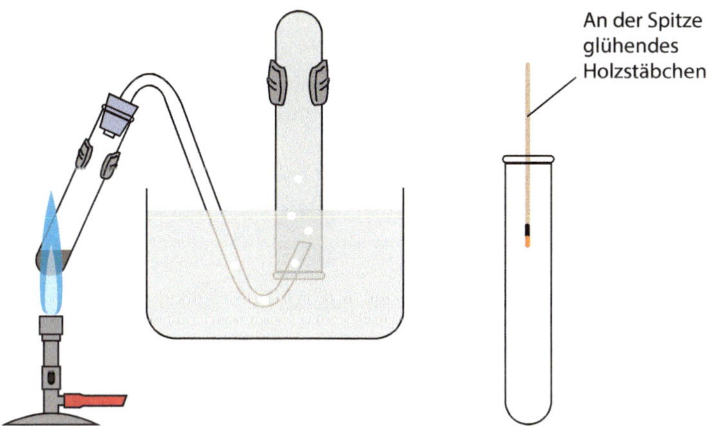

■ **Abb. 3.8** Versuchsaufbau und Verlauf: Zerlegung von Silberoxid. (© Ralf Geiß 2017)

Silberhydroxid geht durch Wasserabspaltung in Silberoxid über.

$$\text{Silberhydroxid} \rightarrow \text{Silberoxid} + \text{Wasser}$$

Experiment 3.4 Zerlegung von Silberoxid
Versuchsdurchführung: Silberoxid wird in einem temperaturbeständigen Reagenzglas kräftig erhitzt. Das sich bildende Gas wird in einer pneumatischen Wanne aufgefangen und anschließend die Glimmspan-Probe durchgeführt (■ Abb. 3.8).
Beobachtung: Die Glimmspan-Probe verläuft positiv.
Schlussfolgerung: Bei hoher Temperatur zerfällt Silberoxid in Silber und Sauerstoff.

$$\text{Silberoxid} \rightarrow \text{Silber} + \text{Sauerstoff}$$

Silberoxid ist ein zusammengesetzter Stoff, eine Verbindung. Die Aufspaltung eines Stoffs bei großer Hitze nennt man Thermolyse.

Exkurs: Calciumoxid, Calciumhydroxid und Calciumcarbonat

Zur Lebzeit Lavoisiers (1743–1794) war das Element Calcium noch nicht bekannt. Es wurde erst 1808 von Humphry Davy mittels Elektrolyse dargestellt. Man kannte aber gebrannten Kalk (Calciumoxid). Calciumoxid lässt sich im Labor bei hohen Temperaturen aus Kalk (Calciumcarbonat) herstellen.

Experiment 3.5 Herstellung von Magnesiumoxid (Calciumoxid)
Versuchsdurchführung: In einem großen, schwer schmelzbaren Reagenzglas wird Magnesiumcarbonat-Pulver kräftig erhitzt. Das entstehende Gas wird in Calciumhydroxid-Lösung geleitet (◘ Abb. 3.9).
Beobachtung: Die Calciumhydroxid-Lösung wird trüb (weiß).
Schlussfolgerung: Bei starkem Erhitzen (> 537 °C) entstehen aus Magnesiumcarbonat Magnesiumoxid und Kohlenstoffdioxid.

$$\text{Magnesiumcarbonat} \rightarrow \text{Magnesiumoxid} + \text{Kohlenstoffdioxid}$$

Auf gleiche Weise wie Magnesiumcarbonat reagiert auch Calciumcarbonat: Bei starkem Erhitzen (> 900 °C) entstehen aus Kalk (Calciumcarbonat) gebrannter Kalk (Calciumoxid) und Kohlenstoffdioxid.

$$\text{Calciumcarbonat} \rightarrow \text{Calciumoxid} + \text{Kohlenstoffdioxid}$$

Die hohen Temperaturen für die Bildung von Calciumoxid sind mit einem Bunsenbrenner jedoch nur schwer zu erreichen. Deswegen wurde Experiment 3.5 mit Magnesiumcarbonat durchgeführt. Calciumoxid ist sehr temperaturbeständig – die Zersetzung erfolgt oberhalb des Schmelzpunkts, der zwischen 2570 und 2580 °C liegt.

Zur Zeit Lavoisiers konnte man Calciumoxid nicht thermolysieren. Calciumoxid wurde deshalb noch gegen Ende des 18. Jhd. als Element eingestuft. Bekannte chemische Reaktionen des Calciumoxids gaben keinen Hinweis darauf, ob es sich um einen einfachen oder zusammengesetzten Stoff handelt.

Aus Calciumoxid lässt sich mit Wasser Calciumhydroxid herstellen. Wie wir bereits erfahren haben, sind Calciumhydroxid-Lösungen zum Nachweis von Kohlenstoffdioxid geeignet.

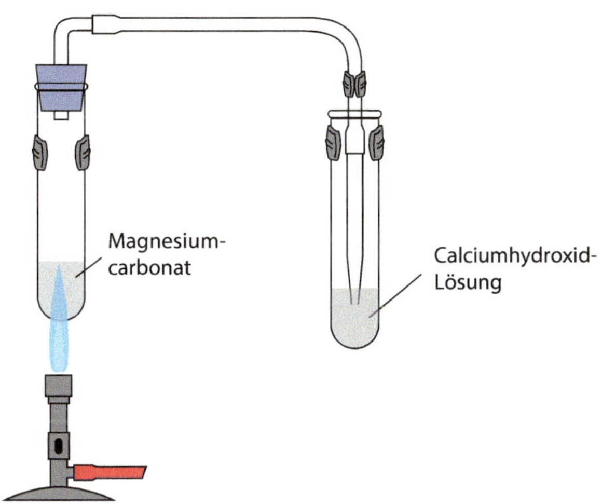

Abb. 3.9 Versuchsaufbau: Herstellung von Magnesiumoxid. (© Ralf Geiß 2017)

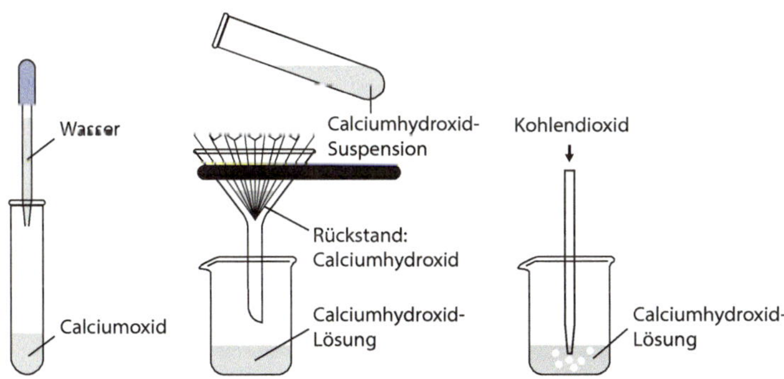

Abb. 3.10 Versuchsverlauf: Herstellung von Calciumhydroxid. (© Ralf Geiß 2017)

Experiment 3.6 Herstellung von Calciumhydroxid (gelöschter Kalk)

Versuchsdurchführung: Zu Calciumoxid wird in einem schwer schmelzbaren Reagenzglas zuerst tropfenweise Wasser gegeben. Anschließend wird durch Zugabe von reichlich Wasser eine Suspension (Feststoff in einer Flüssigkeit fein verteilt) hergestellt. Nach Filtration der Suspension wird Kohlenstoffdioxid in das Filtrat eingeleitet (Abb. 3.10).

Beobachtung: Nach der Wasserzugabe zu Calciumoxid löst sich der weiße Feststoff nicht erkennbar auf, die Mischung wird jedoch warm (bei relativ reinem Calciumoxid heiß). Nach dem Einleiten von Kohlenstoffdioxid wird das Filtrat trüb (weiß).

Schlussfolgerung: Calciumoxid reagiert mit Wasser zu Calciumhydroxid – dabei wird Wärme frei.

$$\text{Calciumoxid} + \text{Wasser} \rightarrow \text{Calciumhydroxid}$$

Da sich Calciumhydroxid nur schlecht in Wasser löst (1,7 g/l bei 20 °C), bildet sich nach Zugabe von Wasser zu Calciumoxid eine Suspension.
Das Filtrat der Suspension stellt eine Lösung von Calciumhydroxid in Wasser dar (solche Lösungen werden fälschlicherweise oft Kalkwasser genannt). Durch das Einleiten von Kohlenstoffdioxid bilden sich aus Calciumhydroxid Calciumcarbonat und Wasser.

$$\text{Calciumhydroxid} + \text{Kohlenstoffdioxid} \rightarrow \text{Calciumcarbonat} + \text{Wasser}$$

Da Calciumcarbonat (Kalk) schlecht löslich in Wasser ist (14 mg/l bei 20 °C), fällt Kalk als weißer Feststoff aus der Lösung aus.

Aufgabe 3.4 Kalk, gebrannter Kalk, gelöschter Kalk
Abgeleitet von Kalk (Calciumcarbonat) werden Calciumoxid als gebrannter Kalk und Calciumhydroxid als gelöschter Kalk bezeichnet. Welche Vorstellung der Alchemie steckt hinter diesen Bezeichnungen?
(WD 2 Konzeptwissen/KP 4 Analysieren)

Aufgabe 3.5 Hypothesenschema
Ist Feuer ein chemischer Grundstoff? Erstelle zu dieser Frage zwei Hypothesenschemata. Ein Schema sollte eine belegbare Hypothese enthalten, das andere eine widerlegbare Hypothese.
Hinweis: Ein Hypothesenschema enthält folgende Elemente: Frage, Information zur Frage, Hypothese, Hypothesentest (Experimente), Ergebnis der Experimente, Schlussfolgerung aus den Experimenten.
(WD 3 Prozesswissen /KP 6 Erschaffen)

3.5 Moderne Wasserzerlegung

Lavoisier hat Wasser mit Wärmeenergie gespalten. Wir kennen heute eine relativ einfache Methode, bei der die Wasserzerlegung mit elektrischem Strom gelingt.

Experiment 3.7 Wasserzersetzung nach Hofmann
Versuchsdurchführung: Der Hofmannsche Wasserzersetzungs-Apparat ist mit Wasser gefüllt (dem Wasser ist zur Verbesserung der Leitfähigkeit etwas Schwefelsäure zugesetzt worden). Der Apparat wird nun an eine Gleichstrom-Quelle angeschlossen. Das eine Platinplättchen wird mit dem Pluspol der Stromquelle verbunden, das andere mit dem Minuspol. Man stellt die Spannung der Stromquelle auf etwa 15 V ein.

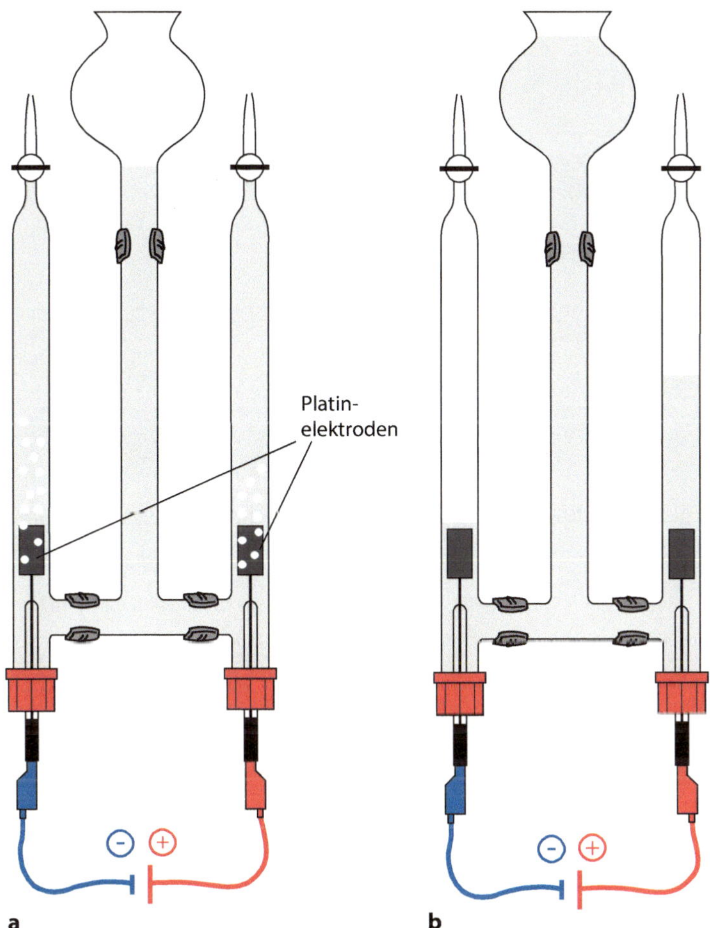

■ **Abb. 3.11** **a** Versuchsverlauf: Wasserzersetzung im Hofmann-Apparat, **b** Hofmann-Apparat nach erfolgter Wasserzersetzung. (© Ralf Geiß 2017)

Das Gas, das sich am Minuspol gebildet hat, wird mit der Knallgas-Probe geprüft. Das Gas, das sich am Pluspol gebildet hat, wird mit der Glimmspan-Probe geprüft (■ Abb. 3.11).
Beobachtung: Sobald der Strom eingeschaltet wird, bildet sich an den beiden Platinplättchen Gas. Am Minuspol bildet sich etwa doppelt so viel Gas wie am Pluspol. Die Knallgas-Probe am Minuspol verläuft positiv, die Glimmspan-Probe am Pluspol verläuft ebenfalls positiv (■ Abb. 3.12).
Schlussfolgerung: Am Minuspol entsteht Wasserstoff, am Pluspol entsteht Sauerstoff. D. h., Wasser kann mithilfe des elektrischen Stroms in Wasserstoff und Sauerstoff zerlegt werden.

$$\text{Wasser} \rightarrow \text{Wasserstoff} + \text{Sauerstoff}$$

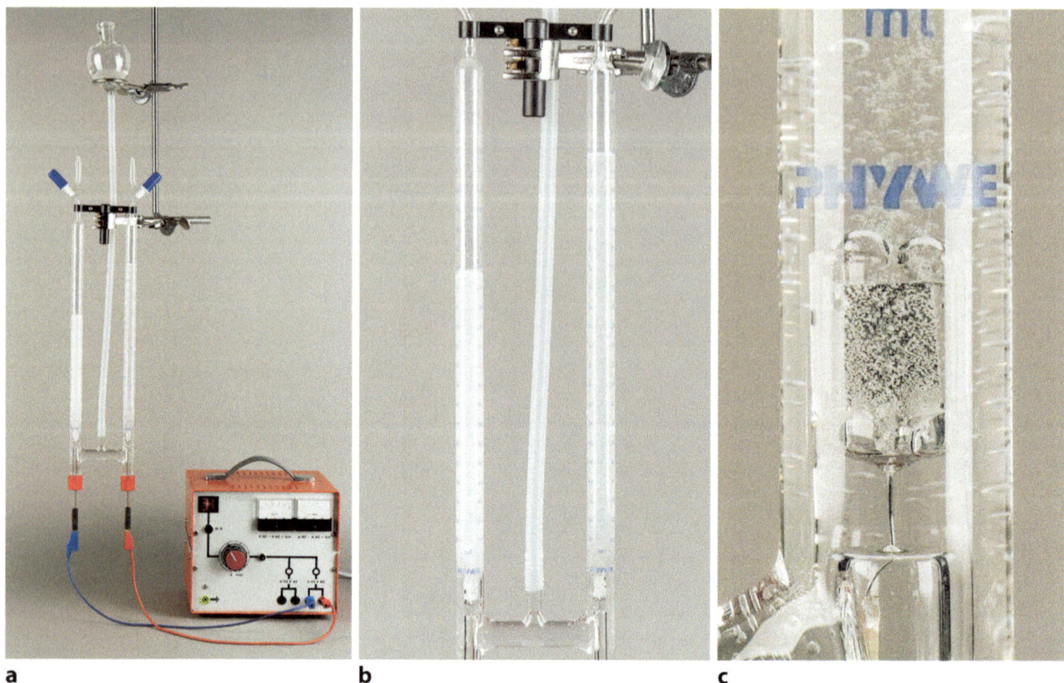

Abb. 3.12 **a** Hofmann-Apparatur mit Gleichstrom-Quelle; **b** Gasentwicklung im Hofmann-Apparat; **c** Gasentwicklung an der positiv geladenen Elektrode des Hofmann-Apparats. (© Ralf Geiß 2017)

Im Verlauf der Knallgas-Probe läuft folgende chemische Reaktion ab:

Wasserstoff + Sauerstoff → Wasser

Im Verlauf der Glimmspan-Probe laufen folgende chemische Reaktionen ab:

Gesamtprozess:

Holz + Sauerstoff → Wasser + Kohlenstoffdioxid

Teilprozesse:

Holz → Wasserstoff + Kohlenstoff

Wasserstoff + Sauerstoff → Wasser

Kohlenstoff + Sauerstoff → Kohlenstoffdioxid

Hinweis: Diese chemischen Gleichungen stellen eine didaktische Reduktion dar, kommen den korrekten chemischen Gleichungen aber recht nahe.

Infolge der Wärme, die bei der Verbrennung frei wird, glüht das Holzstäbchen. Wird dem Holz Sauerstoff zugeführt, so verbrennt in gleicher Zeit mehr Holz als zuvor. Es wird also in gleicher Zeit mehr Wärme als zuvor frei. Aufgrund dessen glüht das Holzstäbchen bei Sauerstoff-Zufuhr auf und beginnt erneut zu brennen.

3.6 Redoxreaktionen: Sauerstoff-Übertragungen

Bei sehr vielen chemischen Reaktionen dieses Kapitels fand eine Verbindung mit und/oder eine Abspaltung von Sauerstoff statt. Da Antoine Lavoisier die moderne Chemie durch das gründliche Studium dieser Reaktionen begründet hat, standen solche Umsetzungen zu Beginn der wissenschaftlichen Chemie im Mittelpunkt der chemischen Entwicklung.

Um diese Reaktionen besser mit Worten beschreiben zu können, wurden einige neue Begriffe eingeführt. In diesem Abschnitt geht es um die Bedeutung dieser Fachwörter und den Zusammenhang zwischen ihnen.

Fachbegriffe für stoffbezogene Redoxreaktionen

Stoffbezogene Redoxreaktionen

Oxidation: Eine Oxidation ist ein chemischer Vorgang, bei dem sich ein Stoff mit Sauerstoff verbindet. Man sagt: Der Stoff wird oxidiert.
Reduktion: Eine Reduktion ist ein chemischer Vorgang, bei dem Sauerstoff aus einer Verbindung abgespalten wird. Man sagt: Die Verbindung wird reduziert.
Redoxreaktion: Eine chemische Reaktion, in deren Verlauf Sauerstoff von einem Reaktionspartner abgespalten und auf einen anderen Reaktionspartner übertragen wird, heißt Redoxreaktion. Im Verlauf einer Redoxreaktion laufen also gleichzeitig eine Reduktion und eine Oxidation ab.
Oxidationsmittel: Der Stoff, der im Verlauf einer Redoxreaktion Sauerstoff abspaltet, wird Oxidationsmittel genannt. Oxidationsmittel bewirken die Oxidation von anderen Stoffen. In Redoxreaktionen werden Oxidationsmittel reduziert. Oxidationsmittel sind Sauerstoff-Spender (Sauerstoff-Donatoren).
Reduktionsmittel: Der Stoff, der im Verlauf einer Redoxreaktion Sauerstoff aufnimmt, wird Reduktionsmittel genannt. Reduktionsmittel bewirken die Reduktion von anderen Stoffen. In Redoxreaktionen werden Reduktionsmittel oxidiert. Reduktionsmittel nehmen Sauerstoff auf, sie sind Sauerstoff-Akzeptoren.
(WD 2 Konzeptwissen)

Basiskonzept Donator und Akzeptor

Redoxreaktionen kann man mit einem Basiskonzept der Chemie, dem Donator-Akzeptor-Konzept, beschreiben.

Beispiel

Wir wenden diese Begriffe nun auf die Reaktion an, die in Lavoisiers erstem Wasserexperiment abläuft.

Eisen + Wasser → Eisenoxid + Wasserstoff

Da Sauerstoff von Wasser auf Eisen übertragen wird, handelt es sich um eine Redoxreaktion. Wasser ist das Oxidationsmittel (Sauerstoff-Donator), Eisen das Reduktionsmittel (Sauerstoff-Akzeptor). Die Oxidation kann mit der folgenden Teilgleichung beschrieben werden – Eisen wird hier zu Eisenoxid oxidiert:

Eisen + Sauerstoff → Eisenoxid

Die Reduktion kann mit der folgenden Teilgleichung beschrieben werden – Wasser wird hier zu Wasserstoff reduziert:

Wasser → Wasserstoff + Sauerstoff

Redoxreaktionen und Wärme

Die behandelten Redoxreaktionen laufen erst ab, wenn man die Reaktionspartner kräftig erhitzt. Somit ist es sinnvoll zu sagen: Die Wärme löst die Redoxreaktionen aus.

Wenn man jedoch Silberoxid in einem abgeschlossenen Gefäß stark erhitzt, so wird es zunächst in Silber und Sauerstoff gespalten:

Silberoxid → Silber + Sauerstoff

Beim Abkühlen bildet sich jedoch wieder Silberoxid:

Silber + Sauerstoff → Silberoxid

Die Reduktion von Silberoxid gelingt erst bei Gegenwart eines Reduktionsmittels dauerhaft. So kann Silberoxid durch Reaktion mit Wasserstoff in Silber und Wasser umgewandelt werden, ohne dass sich beim Abkühlen wieder Silberoxid bildet.

Silberoxid + Wasserstoff → Silber + Wasser

Dieses Beispiel macht deutlich, dass es vorteilhaft ist, Redoxreaktionen über die beteiligten Stoffe (Reduktionsmittel und Oxidationsmittel) zu definieren.

Aufgabe 3.6 Redoxreaktionen: Fachbegriffe 1
Verwende alle sieben Redoxbegriffe (5 Substantive sowie die Verben oxidieren und reduzieren), um die Reaktion aus Lavoisiers zweitem Wasserexperiment zu beschreiben.
(WD 3 Prozesswissen/KP 3 Anwenden)

Aufgabe 3.7 Redoxreaktionen: Gleichungen 1
Es ist die folgende Redoxreaktion gegeben:

Kupfer(II)-oxid + Wasserstoff → Kupfer + Wasser

Formuliere jeweils eine Reaktionsgleichung für die Oxidation und die Reduktion.
(WD 2 Konzeptwissen/KP 2 Verstehen)

Aufgabe 3.8 Redoxreaktionen: Gleichungen 2
Es sind die folgenden Teilgleichungen gegeben:

Magnesium + Sauerstoff → Magnesiumoxid (1)

Wasser → Wasserstoff + Sauerstoff (2)

a) Welche Teilgleichung entspricht einer Reduktion, welche einer Oxidation?
(WD 2 Konzeptwissen/KP 2 Verstehen)
b) Addiere beide Teilgleichungen und bestimme auf diese Weise die Reaktionsgleichung für die Redoxreaktion.
(WD 3 Prozesswissen/KP 3 Anwenden)

Aufgabe 3.9 Redoxreaktionen erkennen 1
Welche der folgenden Reaktionen ist eine Redoxreaktion?
a) Wasser → Wasserstoff + Sauerstoff
b) Zink + Wasser → Zinkoxid + Wasserstoff
c) Calciumcarbonat → Calciumoxid + Kohlenstoffdioxid
d) Silber + Sauerstoff → Silberoxid
e) Zinkoxid + Wasserstoff → Zink + Wasser
f) Blei + Wasser → Bleioxid + Wasserstoff
g) Calciumoxid + Wasser → Calciumhydroxid
(WD 2 Konzeptwissen/KP 2 Verstehen)

Aufgabe 3.10 Redoxreaktionen: Lückentext 1
Ergänze den folgenden Lückentext.
Zink + ________ → Zinkoxid + Wasserstoff

Da ________ von Wasser auf ________. übertragen wird, handelt es sich um eine ________. Wasser ist das ________ (Sauerstoff-Donator), Zink das Reduktionsmittel (________).
Die ________ kann mit der folgenden Teilgleichung beschrieben werden – ________ wird hier zu ________ oxidiert:
Zink + Sauerstoff → ________
Die ________ kann mit der folgenden Teilgleichung beschrieben werden – ________ wird hier zu Wasserstoff ________:
________ → Wasserstoff + Sauerstoff
(WD 2 Konzeptwissen/KP 3 Anwenden)

Aufgabe 3.11 Redoxreaktionen: Fachbegriffe 2
Verwende alle sieben Redoxbegriffe (5 Substantive sowie die Verben oxidieren und reduzieren), um die folgende Redoxreaktion zu beschreiben:

Eisenoxid + Kohlenstoffmonoxid → Eisen + Kohlenstoffdioxid

(WD 3 Prozesswissen/KP 3 Anwenden)

3.7 Eisengewinnung

Rennofen

Seit etwa 1000 v. Chr. können Menschen aus Eisenerz (Eisenoxid) Eisen herstellen. Bis in die Anfänge der Neuzeit wurde dazu der sogenannte Rennofen (Abb. 3.13) verwendet.

Bauweise

Rennöfen sind Schachtöfen, die aus strohhaltigem Lehm und/oder Steinen aufgebaut wurden. Sie waren typischerweise 0,5–2 m hoch.

Betrieb

Rennöfen wurden mit Holzkohle oder Holz aufgeheizt und dann für die Eisenherstellung von oben abwechselnd mit Holzkohle und fein zerkleinertem Eisenerz befüllt. Bei Temperaturen von 1100 bis 1350 °C wurde ein Teil des Eisenerzes im festen Zustand zu Eisen reduziert – gleichzeitig kam es zu Schlackebildung. Der Schmelzpunkt von Eisen (1539 °C) sollte möglichst nicht erreicht werden, damit kein Gusseisen erzeugt wird, das spröde und nicht schmiedbar ist. Gusseisen ist eine Eisen-Kohlenstoff-Legierung mit einem Kohlenstoff-Gehalt von über 2 %. Die Schlacke rinnt (Rennen kommt von Rinnen) unter günstigen Bedingungen in die Schlackegrube. Die Belüftung der Rennöfen erfolgte meist mithilfe von Tonröhren, an die ein Blasebalg angeschlossen war.

Weiterverarbeitung des Eisens

Im Ofen bleibt ein sogenannter Eisenschwamm zurück, der auch als Renneisen bezeichnet wird. Diese Luppe oder „Ofensau“ musste vor

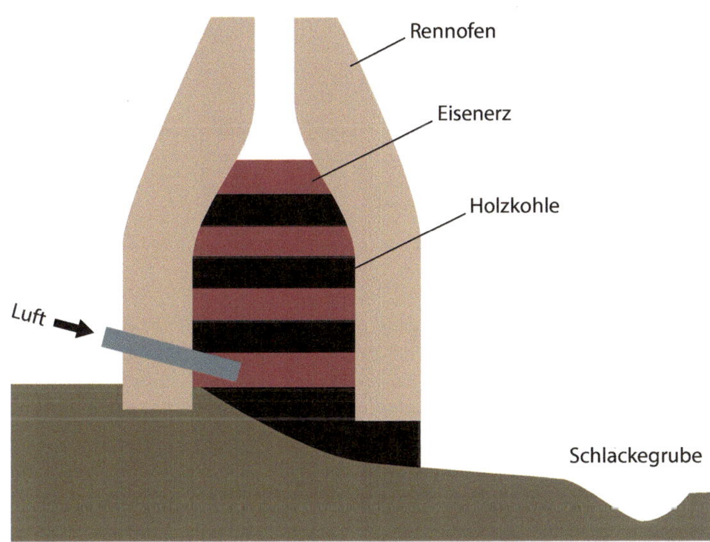

Abb. 3.13 Schematischer Aufbau eines Rennofens mit Schlackegrube. (© Ralf Geiß 2017)

ihrer Weiterverarbeitung ausgeschmiedet werden, um Holzkohle- und Schlackereste auszutreiben. Als Endprodukt entstand schmiedbarer Stahl mit ungleichmäßigem Kohlenstoff-Gehalt.

Als Stahl werden metallische Legierungen bezeichnet deren Hauptbestandteil Eisen ist – der Kohlenstoff-Gehalt liegt in der Regel unter 2 %.

Holzkohleverbrauch

Mit kleinen Rennöfen (0,5–2 m Höhe) konnten maximal 50 % des im Eisenerz gebundenen Eisens reduziert werden. Versuche haben ergeben, dass dabei zur Gewinnung von einem Kilogramm Eisen etwa 30 kg Holzkohle erforderlich waren. Rennwerke, größere Rennöfen mit angeschlossenen Schmieden, die bis ins 18. Jhd. relativ weit verbreitet waren, konnten effizienter betrieben werden. Die Leistungsfähigkeit dieser Rennwerke lag bei jährlich etwa 60 bis 120 Tonnen Luppe, bei einem Holzkohle-Verbrauch von 270 kg pro 100 kg Eisen (Johannsen 1925).

Chemische Prozesse

Im Rennofen verbrennt Kohlenstoff mit Sauerstoff zu Kohlenstoffdioxid:

$$\text{Kohlenstoff} + \text{Sauerstoff} \rightarrow \text{Kohlenstoffdioxid}$$

Das aufsteigende Kohlenstoffdioxid reagiert mit weiterem Kohlenstoff zu Kohlenstoffmonoxid:

$$\text{Kohlenstoffdioxid} + \text{Kohlenstoff} \rightarrow \text{Kohlenstoffmonoxid}$$

Dieses Kohlenstoffmonoxid reagiert mit Eisenoxid unter Bildung von Eisen und Kohlenstoffdioxid:

$$\text{Eisenoxid} + \text{Kohlenstoffmonoxid} \rightarrow \text{Eisen} + \text{Kohlenstoffdioxid}$$

Hochofen

Aufgrund der einfachen Bauweise wurden Rennöfen sehr lange genutzt. Doch bereits seit Beginn des 13. Jahrhunderts kamen auch leistungsfähigere Öfen zum Einsatz. Der vorläufige Endpunkt dieser Entwicklung ist der moderne kontinuierlich betriebene Hochofen (◘ Abb. 3.14). In diesen großtechnischen Anlagen mit gewaltigen Ausmaßen werden aufbereitete Eisenerze (in der Regel Oxide) mit Koks und Zuschlägen in flüssiges Roheisen und Schlacke überführt.

$$\text{Eisenerz} + \text{Koks} + \text{Zuschläge} + \text{Luft} \rightarrow \text{Roheisen} + \text{Schlacke} + \text{Gichtgas}$$

Interessanterweise ist der prinzipielle Aufbau eines modernen Hochofens identisch mit dem eines Rennofens.

Eisenerze und ihre Aufbereitung – Möller

Es werden viele verschiedene Erzsorten verwendet. Die wichtigsten sind:

Eisenoxide

- Magneteisenstein oder Magnetit
- Roteisenstein oder Hämatit
- Brauneisenstein

Eisencarbonat

- Spateisenstein oder Siderit

Den Eisenerz-Sorten können die folgenden chemischen Formeln zugeordnet werden (diese Formeln werden in ► Kap. 6 eingeführt): Magneteisenstein (Fe_3O_4), Roteisenstein (Fe_2O_3), Brauneisenstein ($Fe_2O_3 \cdot X\ H_2O$/X ca. 1,5), Spateisenstein ($FeCO_3$).

Erze werden vor dem Einsatz im Hochofen häufig aufbereitet. Dabei wird das Eisenerz mit Zuschlägen (Kalk, Silikate) vermischt, zerkleinert und gesintert. Beim Sintern wird das Erz mit den Zuschlägen verbacken. Nochmaliges Zerkleinern und Sieben sorgt für eine gleichmäßige Pelletgröße. Sehr wichtig an der Aufbereitung ist, dass die entstehenden Pellets aufgrund des Sinterns von kleinen Kanälen durchzogen werden und damit gut gasdurchlässig sind.

Das durch die Aufbereitung erhaltene Gemisch aus Eisenerz und Zuschlägen wird Möller genannt (Hollemann-Wiberg 2007).

Zuschläge

Die Zuschläge dienen dazu, die Verunreinigungen des Erzes (Gangart) in leicht schmelzbare Schlacke (Calcium-Aluminium-Silikate: $xCaO \cdot yAl_2O_3 \cdot zSiO_2$) zu überführen (Hollemann-Wiberg 2007). Bestehen die Gangarten aus Aluminium- und Siliciumoxid (Al_2O_3, SiO_2),

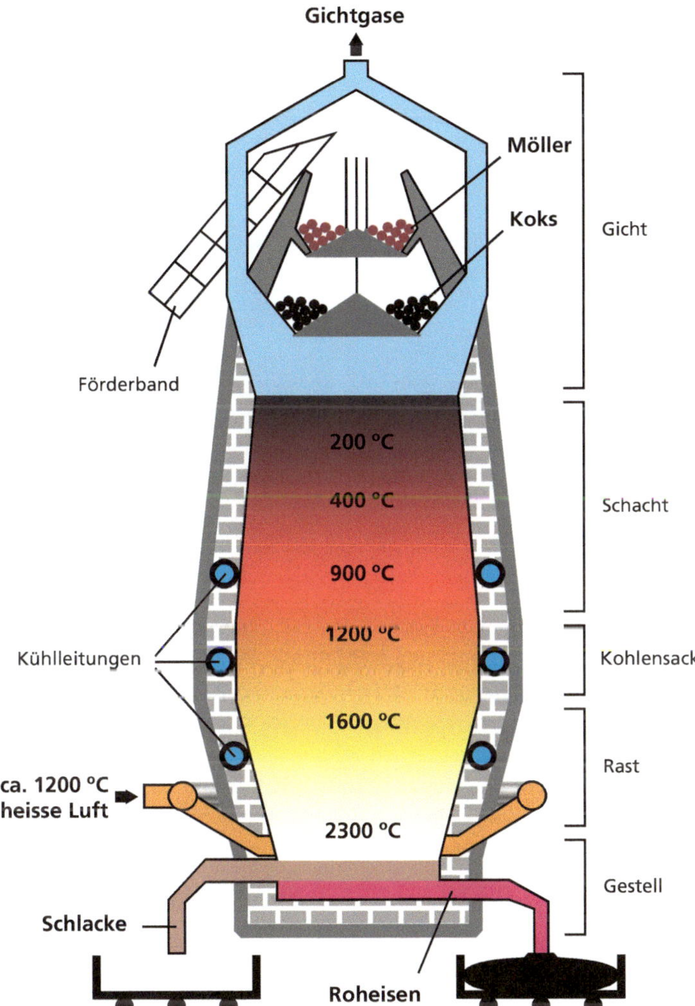

Abb. 3.14 Schematischer Aufbau eines modernen Hochofens. (© Ralf Geiß 2017)

was meist der Fall ist, schlägt man Kalk (Calciumcarbonat: $CaCO_3$) zu. Ist die Gangart kalkhaltig (CaO), so schlägt man entsprechend Aluminiumsilikate (z. B. Kalifeldspat $K[AlSi_3O_8]$ oder andere Feldspate) zu.

Koks

Koks (von engl. *coke*) ist ein poröser, stark kohlenstoffhaltiger Brennstoff mit sehr großer Oberfläche. Er wird in Kokereien aus Braun- oder Steinkohle gewonnen. Dabei wird die Kohle durch kräftiges Erhitzen unter Sauerstoff-Ausschluss (Pyrolyse) in Koks überführt.

Aufbau des Hochofens

„Wenn man einen Hochofen von außen betrachtet, ist seine eigentliche Form nur schwer erkennbar. Sie wird in der Regel von einer großen

Abb. 3.15 Hochofen-Oberteil. (© hajo100/Fotolia)

Stahlkonstruktion, dem Gerüst, das den Ofen umgibt, verdeckt. Im Gerüst sind Hilfseinrichtungen (Motoren, Pumpen) sowie begehbare Bühnen angeordnet, damit der Ofen außer seinem Eigengewicht keine zusätzlichen Lasten tragen muss.

Der Hochofen selbst ist ein 30 bis 50 m hoher Schachtofen, der im Wesentlichen aus einem Metallmantel mit Kühleinrichtungen besteht. Die inneren Wände sind aus feuerfesten Steinen aufgemauert, die neben Hitze auch den chemischen und physikalischen Vorgängen bei der Entstehung des flüssigen Roheisens widerstehen müssen. Er zeichnet sich durch die charakteristische Form zweier Kegelstümpfe aus, die durch einen zylindrischen Teil miteinander verbunden sind. Der obere Teil wird als Schacht bezeichnet, den unteren Stumpf nennt man Rast. Die breiteste Stelle des Hochofens zwischen Schacht und Rast nennt man Kohlensack. Unterhalb der Rast befindet sich das Gestell des Hochofens" (▶ Plonsker-server.de 2013).

„Befüllt wird der Hochofen von oben durch die sogenannte Gicht. Sie ist nach dem Prinzip einer Schleuse mit Doppelverschluss konstruiert. Beim Einfüllen öffnet sich zuerst der obere Verschluss und schließt sich wieder, sobald das Material eingefüllt ist. Erst wenn der Druckausgleich erfolgt, öffnet sich der untere Verschluss und lässt das Material in den Ofen fallen. Auf diese Weise kann in den Hochofen weder Falschluft eindringen noch Gichtgas entweichen" (▶ Plonsker-server.de 2013) (Abb. 3.15).

Aufgabe 3.12 Form des Hochofens

Warum entspricht die Form des Hochofens zwei Kegelstümpfen, die durch einen zylindrischen Mittelteil miteinander verbunden sind? (WD 2 Konzeptwissen/KP 4 Analysieren)

Betrieb und Funktionsweise des Hochofens

Ein Hochofen wird nach dem Gegenstrom-Prinzip betrieben. Über die Gicht werden abwechselnd Möller und Koks eingefüllt. Von unten wird über eine Ringleitung Heißluft (ca. 1200 °C) eingeblasen.

Bei der Verbrennung von Kohlenstoff zu Kohlenstoffdioxid entsteht zusätzlich Wärme im Schacht. Bei den hohen Temperaturen im Hochofen wird Eisenerz durch Kohlenstoff und Kohlenstoffmonoxid zu Eisen umgesetzt. Im Temperaturbereich von 1200–1400 °C tropft metallisches Roheisen aus den Lagen der Beschickung in den Unterofen.

Der Schmelzpunkt von Lösungen liegt immer tiefer als der Schmelzpunkt des reinen Lösungsmittels. Je größer der Anteil der gelösten Stoffe, desto größer ist die Schmelzpunkt-Erniedrigung. Da flüssiges Roheisen zahlreiche Verunreinigungen (Kohlenstoff, Mangan, Silicium, Phosphor, Schwefel etc.) enthält, die teilweise eine hohe Konzentration aufweisen, entspricht es einer komplexen Lösung. Die Schmelztemperatur dieser Lösung ist erheblich kleiner als die des reinen Lösungsmittels Eisen (1538 °C).

Aus den Verunreinigungen des Eisenerzes und den Zuschlägen (Kalk, Silikate) im Möller bildet sich die sogenannte Schlacke. Bei den hohen Temperaturen im unteren Bereich des Hochofens liegt sie flüssig vor und tropft ins Gestell. Aufgrund der geringeren Dichte schwimmt sie auf dem flüssigen Roheisen. Ihr kommen damit vor allem zwei Funktionen zu: Die Schlacke bindet Verunreinigungen des Eisenerzes und schützt das flüssige Roheisen vor der Reaktion mit einströmendem Sauerstoff.

In regelmäßigen Abständen von 2–3 h wird Roheisen abgestochen. Meist wird es in dafür konstruierten Eisenbahnwagen (Torpedowagen) in flüssiger Form zum nahe gelegenen Stahl- oder Gießwerk transportiert.

Auch die Schlacke wird mit speziellen Waggons abtransportiert. Sie wird je nach Zusammensetzung zu Straßen- und Gleisschotter oder zu Mörtel, Bausteinen und Zement verarbeitet (Taube 1998).

Stoffumsatz pro Tag

Der Stoffumsatz beträgt laut ▶ stahl-online.de 2016c:

- Roheisen-Produktion: 12.000 t (große Hochöfen)
- Erzverbrauch: 19.200 t (1,6 t pro t Roheisen)
- Koksverbrauch: 4000 t (ca. 330 kg pro t Roheisen)
- Einblaskohle-Verbrauch: 1750 t (146 kg pro t Roheisen)
  Dieser Kohlestaub wird über die Heißluftdüsen als Brennstoff eingeblasen.
- Luftverbrauch: $11 \cdot 10^6$ m^3 (917 m^3 pro t Roheisen)
- Schlacke: 3300 t (275 kg pro t Roheisen)
- Gichtgas: $17 \cdot 10^6$ m^3 (1417 m^3 pro t Roheisen)

Höchstwahrscheinlich ist bei diesen Angaben der Energieaufwand für die Möller- und Koksproduktion nicht berücksichtigt.

Die weltweite Roheisen-Erzeugung betrug 2011 ca. $1{,}1 \cdot 10^9$ t. Davon wurden etwa 75 % nach dem Hochofen-Verfahren hergestellt.

Zusammensetzung von Roheisen, Schlacke und Gichtgas

Roheisen

Roheisen ist eine Eisenlegierung mit einem Kohlenstoff-Anteil von 2,5–5 %. Der Eisenanteil beträgt etwa 90 %.

Weitere Komponenten können sein (Taube 1998):
- Mangan: 0,5–6,0 %,
- Silicium: 0,5–3,0 %,
- Phosphor: 0,0–2,0 %,
- Schwefel: 0,01–0,05 %.

Schlacke

Die Schlacke besteht überwiegend aus Silikaten, ihre Zusammensetzung wird jedoch meist über Oxide angegeben (Taube 1998):
- Calciumoxid: 38,0–41,0 %,
- Siliciumdioxid: 34,0–36,0 %,
- Aluminiumoxid: 10,0–12,0 %,
- Magnesiumoxid: 7,0–10,0 %,
- Schwefel: 1,0–1,5 %,
- Titandioxid: 1,0 %,
- Eisenoxid: 0,16–0,2 %.

Gichtgas

Die Zusammensetzung des Gichtgases schwankt in den folgenden Grenzen (Taube 1998):
- Stickstoff: 50,0–55,0 %,
- Kohlenstoffmonoxid: 25,0–30,0 %,
- Kohlenstoffdioxid: 10,0–16,0 %,
- Wasserstoff: 0,5–5,0 %,
- Methan: 0,0–3,0 %.

Das Gichtgas wird vom Grobstaub befreit und für den Betrieb verschiedener Anlagenteile verbrannt.

Chemische Prozesse

Unten im Hochofen

Im unteren Teil des Hochofens oberhalb von 1000 °C laufen folgende Reaktionen ab:

Der einströmende Sauerstoff reagiert mit dem Kohlenstoff aus Koks zu Kohlenstoffdioxid.

Kohlenstoff + Sauerstoff → Kohlenstoffdioxid (1)

Mit überschüssigem Kohlenstoff entsteht aus Kohlenstoffdioxid Kohlenstoffmonoxid.

Kohlenstoffdioxid + Kohlenstoff → Kohlenstoffmonoxid (2)

Das aus der Luft, den Erzen sowie dem Koks stammende Wasser bildet mit Kohlenstoff Kohlenstoffmonoxid und Wasserstoff.

Wasser + Kohlenstoff → Kohlenstoffmonoxid + Wasserstoff (3)

Eisenerz (Eisenoxid) wird durch Kohlenstoffmonoxid und Wasserstoff in Eisen überführt.

Eisenoxid + Kohlenstoffmonoxid → Eisen + Kohlenstoffdioxid (4)

Eisenoxid + Wasserstoff → Eisen + Wasser (5)

Aus Kohlenstoffdioxid und Wasser können gemäß den Reaktionen 2 und 3 mit Kohlenstoff wieder Kohlenstoffmonoxid und Wasserstoff gebildet werden. Bei Temperaturen oberhalb von 900 °C kann Eisen auch direkt durch Reaktion mit festem Kohlenstoff gebildet werden.

Eisenoxid + Kohlenstoff → Eisen + Kohlenstoffmonoxid (6)

Weitere im Eisenoxid vorkommende Oxide (Gangart) werden ebenfalls mit Kohlenstoff umgesetzt.

Manganoxid + Kohlenstoff → Mangan + Kohlenstoffmonoxid (7)

Siliciumdioxid + Kohlenstoff → Silicium + Kohlenstoffmonoxid (8)

Phosphoroxid + Kohlenstoff → Phosphor + Kohlenstoffmonoxid (9)

Die dabei gebildeten Elemente lösen sich im flüssigen Eisen und tragen zu dessen Verunreinigung bei. Im oberen Teil des Hochofens zwischen 400 und 900 °C laufen folgende Reaktionen ab:

Oben im Hochofen

Kohlenstoffmonoxid und Wasserstoff steigen im Hochofen nach oben und bilden auch dort mit Eisenerz (Eisenoxid) Eisen. Dabei laufen erneut die Reaktionen 4 und 5 ab.

Da es in dieser Ofenzone nicht heiß genug ist, kann aus Kohlenstoffdioxid und Wasser kein Kohlenstoffmonoxid bzw. Wasserstoff mehr gebildet werden. D. h., die Gase, die die Bildung von Eisen bewirken, können nicht wieder regeneriert werden. Für die Eisenbildung ist hier also der Gasnachschub aus dem unteren, heißen Ofenteil erforderlich.

Für die Reduktion von Eisen mit Kohlenstoff sind, wie wir durch den Hochofen-Prozess gelernt haben, recht hohe Temperaturen erforderlich.

Es gibt einige Metalloxide, die schon bei deutlich tieferen Temperaturen als Eisenoxid mit Kohlenstoff reduziert werden können. Kupfer(II)-oxid und Blei(II)-oxid sind solche Oxide. Mit diesen beiden Oxiden soll nun im Labor die Reduktion mit Kohlenstoff durchgeführt werden.

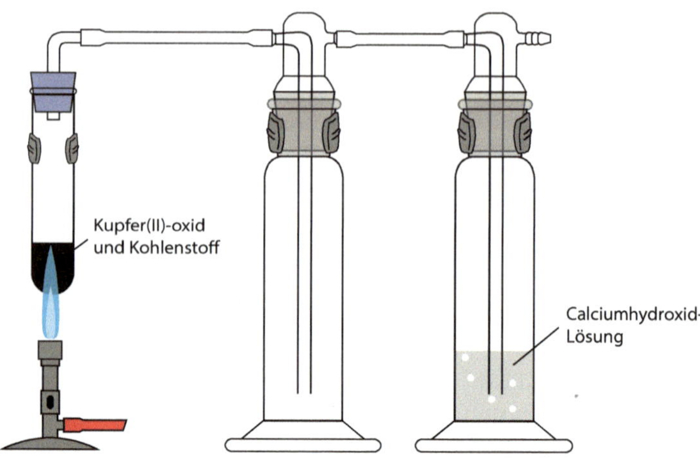

Abb. 3.16 Versuchsaufbau: Reduktion von Kupfer(II)-oxid mit Kohlenstoff. (© Ralf Geiß 2017)

Experiment 3.8 Reduktion von Kupfer(II)-oxid mit Kohlenstoff

Versuchsdurchführung: 9,0 g Kupfer(II)-oxid werden mit 0,75 g Holzkohle-Pulver gründlich vermischt und in ein temperaturbeständiges Reagenzglas gefüllt. Nun baut man die Apparatur gemäß Abb. 3.16 auf und erhitzt das Reaktionsgemisch kräftig. Nachdem die gesamte Mischung aufgeglüht ist, kann der Brenner abgestellt werden. Die Reaktionsmischung wird abschließend in Wasser geschüttet.

Beobachtung: Während ein Gas durch die Gaswasch-Flasche strömt, fällt in der Calciumhydroxid-Lösung ein weißer Feststoff aus. Im Reagenzglas glüht die Reaktionsmischung auf und ein kupferfarbener Feststoff entsteht.

Schlussfolgerung: Kupfer(II)-oxid wird durch Kohlenstoff zu Kupfer reduziert. Dabei wird Kohlenstoff zu Kohlenstoffdioxid oxidiert.

$$\text{Kupfer(II)-oxid} + \text{Kohlenstoff} \rightarrow \text{Kupfer} + \text{Kohlenstoffdioxid}$$

Experiment 3.9 Reduktion von Blei(II)-oxid mit Kohlenstoff

Versuchsdurchführung: 6,0 g Blei(II)-oxid (rot) werden mit 0,2 g Holzkohle-Pulver gründlich vermischt und in ein temperaturbeständiges Reagenzglas gefüllt. Nun baut man die Apparatur gemäß Abb. 3.17 auf und erhitzt das Reaktionsgemisch kräftig. Nachdem die gesamte Mischung aufgeglüht ist, kann der Brenner abgestellt werden. Die Reaktionsmischung wird abschließend in Wasser geschüttet.

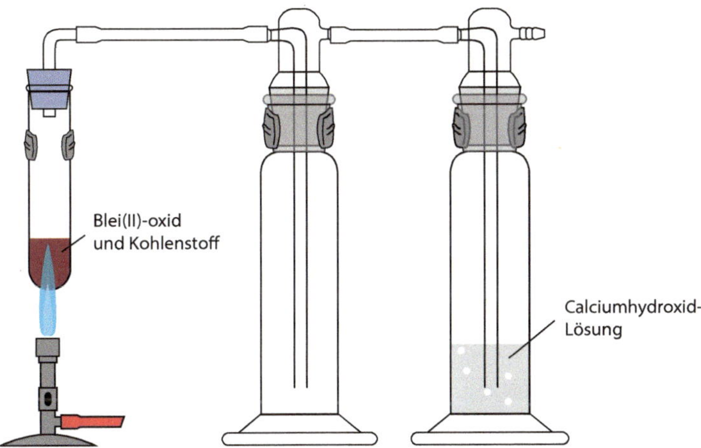

■ **Abb. 3.17** Versuchsaufbau: Reduktion von Blei(II)-oxid mit Kohlenstoff. (© Ralf Geiß 2017)

Beobachtung: Während ein Gas durch die Gaswasch-Flasche strömt, fällt in der Calciumhydroxid-Lösung ein weißer Feststoff aus. Im Reagenzglas bildet sich unter Aufglühen ein grauer Feststoff.
Schlussfolgerung: Blei(II)-oxid wird durch Kohlenstoff zu Blei reduziert. Dabei wird Kohlenstoff zu Kohlenstoffdioxid oxidiert.

Blei(II)-oxid + Kohlenstoff → Blei + Kohlenstoffdioxid

Metalloxide können nicht nur mit Kohlenstoff, sondern auch mit anderen Metallen reduziert werden.

Experiment 3.10 Reduktion von Kupfer(II)-oxid mit Eisen
Versuchsdurchführung: 6,0 g Kupfer(II)-oxid werden mit 4,0 g Eisenpulver gründlich vermischt und in ein schwer schmelzbares Reagenzglas gefüllt. Anschließend wird die Reaktionsmischung kräftig erhitzt.
Beobachtung: Die schwarze Reaktionsmischung glüht auf und wird im Verlauf der Reaktion rot. Die Reaktionsprodukte weisen zwei rote Farben auf, zum einen kupferfarbenes glänzendes Rot und zum anderen ein mattes, dunkleres Rot (■ Abb. 3.18).
Schlussfolgerung: Das schwarze Kupfer(II)-oxid wird vom grauschwarzen Eisenpulver reduziert. Dabei entsteht rotes Kupfer und rotes Eisen(III)-oxid.

Kupfer(II)-oxid + Eisen → Kupfer + Eisen(III)-oxid

Abb. 3.18 **a** Eisenpulver (*links*) und Kupfer(II)-oxid-Pulver (*rechts*) – die Ausgangsstoffe der Reaktion; **b** Kupfer(II)-oxid-Pulver und Eisenpulver gemischt im Reagenzglas; **c** nach dem Erhitzen: Der untere Teil der Reaktionsmischung hat bereits reagiert; **d** Inhalt des Reagenzglases nach dem Abkühlen der Reaktionsmischung. (© Ralf Geiß 2017)

Aufgabe 3.13 Redoxreaktionen: Gleichungen 3

Gib für die chemische Reaktion, die in Experiment 3.10 abläuft, folgende Reaktionsgleichungen an:

a) Reaktionsgleichung für die Redoxreaktion,
b) Reaktionsgleichung für die Reduktion,
c) Reaktionsgleichung für die Oxidation.

(WD 3 Prozesswissen/KP 3 Anwenden)

Aufgabe 3.14 Stahl aus dem Rennofen

Wie ist es möglich, dass im Gegensatz zum Hochofen-Prozess durch den Rennofen-Prozess direkt Stahl gewonnen werden kann?
(WD 2 Konzeptwissen/KP 5 Evaluieren)

Die industrielle Roheisen-Gewinnung im Überblick

Ausgangsstoffe: Eisenerz (meist Eisenoxid), Koks (Kohlenstoff), Zuschläge (Kalk oder Aluminiumsilikate) und Luft

Verfahren:

- **Der Hochofen wird abwechselnd, schichtweise mit Möller (Eisenerz und Zuschläge) und Koks befüllt.**
- **Von unten wird heiße Luft eingeblasen.**
- **Die zentralen chemischen Reaktionen im Hochofen sind:**
  - **Kohlenstoff + Sauerstoff → Kohlenstoffmonoxid**
  - **Eisenoxid + Kohlenstoffmonoxid → Eisen + Kohlenstoffdioxid**

- **Die Temperatur im Hochofen beträgt im untersten Teil über 2000 °C, sodass Roheisen flüssig anfällt.**
- **Neben Kohlenstoff lösen sich vor allem auch Mangan, Silicium und Phosphor im entstehenden flüssigen Eisen.**
- **Zahlreiche potenzielle Verunreinigungen des Roheisens bilden mit den Zuschlägen eine flüssige Schlacke, die auf dem flüssigen Roheisen schwimmt und abgetrennt werden kann.**

Stoffumsatz: Mit großen Hochöfen kann man pro Tag mindestens 12.000 t Roheisen produzieren. Pro Tonne Roheisen werden dabei etwa umgesetzt: 1,6 t Erz, 330 kg Koks, 146 kg Einblas-Kohle und 917 m^3 Luft.
(WD 1 Faktenwissen bis WD 2 Konzeptwissen)

3.8 Stahlproduktion

Das im Hochofen gewonnene Eisen ist relativ stark verunreinigt und es hat einen sehr hohen Kohlenstoff-Gehalt. Man stellt daraus mehr als tausend verschiedene Stähle her, die man grundsätzlich in zwei verschiedene Stahlarten unterteilen kann – unlegierten Stahl und Edelstahl.

Unlegierter Stahl und Edelstahl

Unlegierter Stahl: Enthält neben Eisen weniger als 2 % Kohlenstoff.

Edelstahl: Enthält neben Eisen weitere Metalle als Legierungs-Bestandteile und weniger als 2 % Kohlenstoff.

Für die Stahlproduktion sind verschiedene großtechnische Verfahren im Einsatz – dabei werden zwei Verfahrenstypen unterschieden: Windfrisch-Verfahren und Herdfrisch-Verfahren.

Beide Typen basieren auf dem gleichen Grundprinzip: Die Verunreinigungen des Roheisens werden mit Sauerstoff zu Oxiden umgesetzt – man nennt diesen Prozess Frischen. Die gasförmigen Oxide steigen mit dem Rauchgas aus dem Roheisen auf, die flüssigen Oxide werden in der Schlacke gebunden.

Bei den Windfrisch-Verfahren stammt der Sauerstoff von eingeblasener Luft bzw. von eingeblasenem Sauerstoff – er oxidiert die Verunreinigungen schneller als das Eisen.

Bei den Herdfrisch-Verfahren ist das Oxidationsmittel Eisenoxid, das in Form von Schrott zugegeben wird.

Windfrisch-Verfahren

Es gibt verschiedene Windfrisch-Verfahren zur Stahlproduktion. Die am weitesten verbreitete Methode ist das **Linz-Donawitz-Verfahren** (auch LD- oder Sauerstoff-Aufblasverfahren genannt) (► stahl-online.de 2016b) Wir konzentrieren uns hier auf diese Technik (◘ Abb. 3.19).

Abb. 3.19 Einer der zwei ersten produktiv eingesetzten LD-Tiegel von 1952 steht heute im Technischen Museum Wien. (© Technisches Museum Wien)

Der LD-Konverter wird mit flüssigem Roheisen und Stahlschrott sowie Schlackebildner (u. a. Kalk) befüllt. Durch eine wassergekühlte Lanze wird Sauerstoff auf die Schmelze geblasen (Abb. 3.20).

Dabei verbrennen die Verunreinigungen des Roheisens zu gasförmigen bzw. flüssigen Oxiden.

Flüssige Oxide

Mangan + Sauerstoff → Manganoxid

Silicium + Sauerstoff → Siliciumdioxid

Gasförmige Oxide

Kohlenstoff + Sauerstoff → Kohlenstoffdioxid

Phosphor + Sauerstoff → Phosphoroxid

Schwefel + Sauerstoff → Schwefeldioxid

Bei diesen Verbrennungen wird viel Wärme frei, sodass der LD-Konverter nicht beheizt werden muss. Die Metallschmelze wird dabei bis zu 1750 °C heiß. Der zugegebene Stahlschrott nimmt beim Schmelzen einen Teil der Wärme auf und sorgt dafür, dass die Temperatur nicht zu sehr ansteigt. Die größten LD-Konverter können heute ca. 400 t Metallschmelze aufnehmen. Nach 10–20 min Blasdauer ist der Frischprozess abgeschlossen. Zur Herstellung von Edelstahl

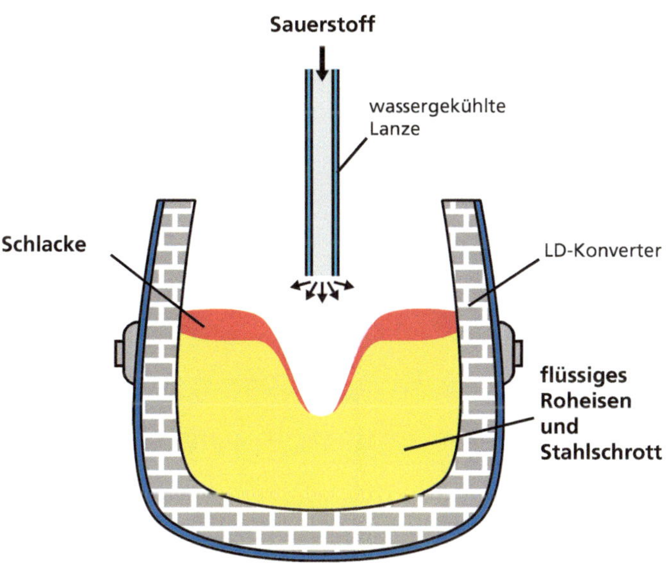

Abb. 3.20 Schematische Darstellung eines LD-Konverters mit Sauerstoff-Lanze. (© Ralf Geiß 2017)

können anschließend weitere Metalle zur Stahlschmelze dazu legiert werden.

Der auf diese Weise produzierte Stahl wird Blasstahl genannt (▶ stahl-online.de 2016b).

Aufgabe 3.15 Parameter des LD-Verfahrens

a) Was könnte der Grund dafür sein, dass man beim LD-Verfahren den Temperaturanstieg durch Stahlschrott begrenzt?
b) Warum darf nicht zu lange Sauerstoff in die Metallschmelze eingeblasen werden?

(WD 2 Konzeptwissen/KP 4 Analysieren)

Herdfrisch-Verfahren

Im Gegensatz zu Windfrisch-Verfahren muss bei diesen Methoden Wärme von außen zugeführt werden. Unter den Herdfrisch-Verfahren sind die **Elektrostahl-Verfahren** (Taube 1998) weit verbreitet. Bei dieser Technik kommen äußerst leistungsfähige Lichtbogen-Öfen zum Einsatz.

Lichtbogen-Ofen

Lichtbogen-Öfen (Taube 1998) weisen ein pfannenförmiges Ofengefäß auf, in das Roheisen und Stahlschrott eingefüllt werden. Im Ofendeckel sind drei Graphitstäbe montiert. Die Spitzen dieser Elektroden liegen nach Verschluss des Ofendeckels über dem eingefüllten festen Eisen. Während des Frischprozesses fließt ein äußerst starker Strom durch die Graphitelektroden und das Einsatzgut. Bei hoher Spannung bildet sich zwischen Elektrodenspitzen und Eisenoberflä-

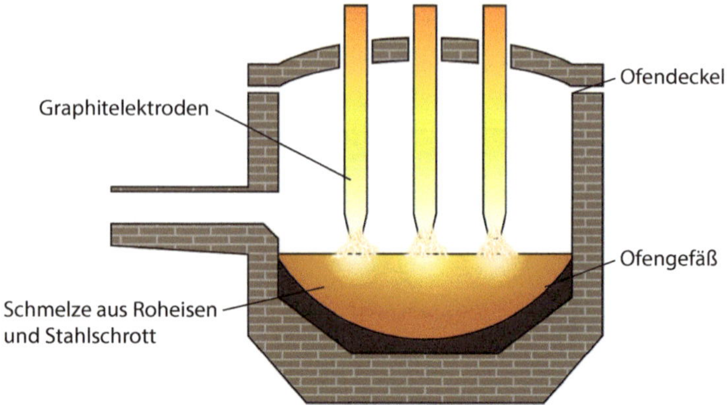

Abb. 3.21 Stark vereinfachter schematischer Aufbau eines Lichtbogen-Ofens. (© 0x24a537r9/Wikimedia (electric arc furnace))

Abb. 3.22 Lichtbogen-Ofen beim Abstich. Der quaderförmige Block *rechts* hinter dem Ofen ist der Ofentransformator. (© Alfred T. Palmer/Wikimedia)

che ein Lichtbogen (entspricht einem kontinuierlichen Blitz) aus, der bis zu 3500 °C heiß werden kann. Die Wärme des Lichtbogens bringt das Einsatzgut zum Schmelzen (Abb. 3.21).

Im Lichtbogen-Ofen laufen ähnliche chemische Reaktionen ab wie im LD-Konverter. Der Sauerstoff für die Verbrennung der Verunreinigungen wird hier jedoch nicht eingeblasen, er stammt vom Eisenoxid des Stahlschrotts (Abb. 3.22). Es werden die gleichen Oxide wie beim LD-Verfahren gebildet:

Flüssige Oxide

Mangan + Eisenoxid → Manganoxid + Eisen
Silicium + Eisenoxid → Siliciumdioxid + Eisen

Silicium + Eisenoxid → Siliciumdioxid + Eisen

Kohlenstoff + Eisenoxid → Kohlenstoffdioxid + Eisen

Gasförmige Oxide

Auch bei den Elektrostahl-Verfahren werden die oxidierten Verunreinigungen in Form von oben aufschwimmender Schlacke abgetrennt. Lichtbogen-Öfen kommen in verschiedenen Größen zum Einsatz. Sie haben ein Fassungsvermögen von 1–300 t. Die Zeit zwischen zwei Abstichen beträgt 45–90 min. Aufgrund der hohen Temperaturen im Lichtbogenofen können auch schwer schmelzbare Metalle wie Wolfram (Smp. 3422 °C) und Molybdän (Smp. 2623 °C) hinzu legiert werden. Mit dem Elektrostahl-Verfahren können prinzipiell alle Stahlsorten hergestellt werden. Aufgrund der hohen Kosten wird die Methode aber zur Herstellung von Qualitäts- und Edelstählen eingesetzt (Taube 1998).

Die industrielle Stahlproduktion im Überblick

Ausgangsstoff: Für alle Stahlsorten geht man von stark verunreinigtem Roheisen aus dem Hochofen aus.

Stahlsorten: In der Regel wird zwischen unlegiertem Stahl (Eisen mit weniger als 2 % Kohlenstoff) und Edelstahl (Eisen mit weniger als 2 % Kohlenstoff sowie weiteren Metallen als Legierungs-Bestandteile) unterschieden.

Produktionsverfahren: Bei allen Stahlproduktions-Verfahren geht es primär darum, die Verunreinigungen des Roheisens zu entfernen. Die Verunreinigungen werden mit Sauerstoff oxidiert und die entstehenden Oxide als Schlacke abgetrennt. Nach dieser Reinigung können zur Produktion von Edelstählen weitere Metalle hinzu legiert werden. Man unterscheidet zwischen Windfrisch- und Herdfrisch-Verfahren.

Windfrisch-Verfahren: Der Sauerstoff wird in das flüssige Roheisen eingeblasen. Da die Verunreinigungen unter Energieabgabe Oxide bilden, müssen die Behälter nicht geheizt werden.

Herdfrisch-Verfahren: Der Sauerstoff zur Oxidation von Verunreinigungen stammt von Eisenoxid, das in Form von Eisenschrott zugesetzt wird. Da hierbei keine exotherme Oxidation der Verunreinigungen auftritt, müssen die Behälter geheizt werden, um das Roheisen flüssig zu halten.

Integrierte Stahlwerke

Praktisch alle seit ca. 1985 in den industrialisierten Staaten neu gegründeten Stahlwerke sind integrierte Stahlwerke, um eine möglichst effiziente Fertigung zu gewährleisten und im international harten Konkurrenzkampf der Stahlerzeugung bestehen zu können (► stahl-online.de 2016a).

Ein integriertes Hüttenwerk ist eine Kombination mehrerer Fertigungsstufen an einem Standort, um aus den Rohstoffen Stahlprodukte herzustellen. Gewöhnlich besteht das Werk aus:

- einem Hüttenwerk, das in der Regel in einem Hochofen aus Erz Roheisen herstellt,
- meist einer Kokerei, um den benötigten Hüttenkoks herzustellen,
- einem Stahlwerk, das aus Roheisen durch Frischen Stahl erzeugt,
- einer Gießerei, um aus dem flüssigen Stahl Halbzeug herzustellen,
- einem Walzwerk, das Halbzeuge weiterverarbeitet,
- Nebenanlagen, wie Kraftwerken, Anlagen zur Prozessgas-Erzeugung, Verwertung von Abfällen und Instandhaltungs-Betrieben.

Einsatzmittel eines integrierten Stahlwerks sind Erz, Koks und Kalk. Endprodukte eines integrierten Stahlwerks sind Flachstähle, Stahlprofile und Brammen (Blöcke aus gegossenem Stahl) (► stahl-online.de 2016a).

3.9 Zusammenfassung

Robert Boyle: Empirischer Grundsatz der Chemie

» Nur der Versuch ist schlüssig, niemals aber die unbewiesene Behauptung (Boyle zit. In Fierz-David 1952).

Lavoisiers Elementbegriff

Verbindung:

- Kann in mindestens zwei neue Stoffe gespalten werden.
- Kann aus mindestens zwei Elementen synthetisiert werden.

Element:

- Kann mit chemischen Mitteln nicht in andere Stoffe zerlegt werden.
- Kann nicht aus anderen Elementen synthetisiert werden.

Stoffbezogenes Redoxkonzept

Oxidation: Verbindung mit Sauerstoff.
Reduktion: Abspaltung von Sauerstoff.
Redoxreaktion: Eine chemische Reaktion, bei der Sauerstoff von einem Reaktionspartner auf den anderen übertragen wird.

Oxidationsmittel:
- spaltet im Verlauf einer Redoxreaktion Sauerstoff ab,
- wird im Verlauf einer Redoxreaktion reduziert,
- oxidiert im Verlauf einer Redoxreaktion das Reduktionsmittel.

Reduktionsmittel:
- verbindet sich im Verlauf einer Redoxreaktion mit Sauerstoff,
- wird im Verlauf einer Redoxreaktion oxidiert,
- reduziert im Verlauf einer Redoxreaktion das Oxidationsmittel.

Eisengewinnung

Rennofen

In diesem Schachtofen laufen die folgenden chemischen Reaktionen ab:

Kohlenstoff + Sauerstoff → Kohlenstoffdioxid

Kohlenstoffdioxid + Kohlenstoff → Kohlenstoffmonoxid

Eisenoxid + Kohlenstoffmonoxid → Eisen + Kohlenstoffdioxid

Die Temperatur im Rennofen ist nicht hoch genug, um Eisen zu schmelzen. Die Verunreinigungen des Eisenoxids werden jedoch flüssig und fließen (rennen) als Schlacke aus dem Ofen heraus. Beim anschließenden Schmieden des entstandenen Eisenschwamms werden Holzkohle und Schlackereste ausgetrieben. Auf diese Weise kann durch den Rennofen-Prozess bei geeigneter Ofenführung direkt hochwertiger, schmiedbarer Stahl gewonnen werden.

Hochofen

Die chemischen Reaktionen im Hochofen kann man in folgende Gruppen einteilen:

Bildung von Reduktionsmitteln

Kohlenstoff + Eisenoxid → Kohlenstoffdioxid + Eisen

Phosphor + Eisenoxid → Phosphoroxid + Eisen

Schwefel + Eisenoxid → Schwefeldioxid + Eisen

Reduktion von Eisenoxid

Eisenoxid + Kohlenstoffmonoxid → Eisen + Kohlenstoffdioxid

Eisenoxid + Wasserstoff → Eisen + Wasser

Eisenoxid + Kohlenstoff → Eisen + Kohlenstoffmonoxid

Reduktion weiterer Oxide

Manganoxid + Kohlenstoff → Mangan + Kohlenstoffmonoxid

Siliciumdioxid + Kohlenstoff → Silicium + Kohlenstoffmonoxid

Phosphoroxid + Kohlenstoff → Phosphor + Kohlenstoffmonoxid

Die Temperatur im Hochofen ist so hoch (> 2000 °C), dass Eisen in flüssiger Form anfällt. Unter diesen Umständen nimmt es große Mengen Kohlenstoff (4–5 %) und andere Verunreinigungen (Mangan, Silicium, Phosphor, Schwefel) auf. Es entsteht deshalb sprödes, nicht schmiedbares Roheisen. Mit verschiedenen Verfahren kann aus Roheisen höherwertiger, schmiedbarer Stahl hergestellt werden.

Stahlproduktion

Alle Verfahren der Stahlproduktion haben eines gemeinsam: Sie bewirken die Oxidation der Verunreinigungen des Roheisens. Gasförmige Oxide entweichen daraufhin mit den Rauchgasen – bei den hohen Temperaturen, die während der Stahlproduktion vorherrschen, sammeln sich flüssige Oxide in der Schlacke an, die getrennt vom Stahl abgegossen werden kann.

Windfrisch-Verfahren (LD-Verfahren)

Im Verlauf der Windfrisch-Verfahren wird Luft bzw. Sauerstoff in flüssiges Roheisen eingeblasen. Es laufen folgende chemische Reaktionen ab:

Mangan + Sauerstoff → Manganoxid
Silicium + Sauerstoff → Siliciumdioxid
Kohlenstoff + Sauerstoff → Kohlenstoffdioxid
Phosphor + Sauerstoff → Phosphoroxid
Schwefel + Sauerstoff → Schwefeldioxid

Herdfrisch-Verfahren (Elektrostahl-Verfahren)

Im Verlauf der Herdfrisch-Verfahren wird Eisenoxid zusammen mit Roheisen eingeschmolzen. Es laufen folgende chemische Reaktionen ab:

Mangan + Eisenoxid → Manganoxid + Eisen
Silicium + Eisenoxid → Siliciumdioxid + Eisen
Kohlenstoff + Eisenoxid → Kohlenstoffdioxid + Eisen
Phosphor + Eisenoxid → Phosphoroxid + Eisen
Schwefel + Eisenoxid → Schwefeldioxid + Eisen

Basiskonzepte: Donator-Akzeptor-Prinzip

Das stoffbezogene Redoxkonzept ist durch ein chemisches Prinzip gekennzeichnet, das auf der Wirklichkeits-, vor allem aber auf der Theorieebene immer wieder auftaucht: Das Donator-Akzeptor-Prinzip – man könnte es auch das Geben-und-Nehmen-Prinzip nennen.

Im Verlauf einer Redoxreaktion wird Sauerstoff vom Oxidationsmittel auf das Reduktionsmittel übertragen. Das Oxidationsmittel ist Sauerstoff-Donator (Sauerstoff-Geber), das Reduktionsmittel Sauerstoff-Akzeptor (Sauerstoff-Nehmer).

Unbeantwortete Fragen und Ausblick

Unbeantwortete Fragen

Lavoisiers Wasserexperimente können durch folgende Reaktionsgleichungen beschrieben werden:

Eisen + Wasser → Eisenoxid + Wasserstoff — Experiment 1
Wasserstoff + Eisenoxid → Wasser + Eisen — Experiment 2

Einmal wird Wasser gespalten und Eisenoxid gebildet, das andere Mal geschieht genau das Gegenteil: Eisenoxid wird gespalten und Wasser gebildet.

- Können chemische Reaktionen ganz nach Belieben des Experimentators mal in die eine oder auch in die entgegengesetzte Richtung ablaufen?
  Kurz gesagt: Nein! Da die Beantwortung dieser Frage umfangreiche theoretische Kenntnisse voraussetzt, können wir uns damit erst in Band 5 detaillierter befassen.
- Was geschieht bei der Wasserzersetzung mit dem Hoffmann-Apparat? Auch diese Frage kann erst in folgenden Kapiteln angemessen behandelt werden. Eine solide Antwort ist erst in Band 5 möglich.
- Manche Gemische (Silberoxid-Wasser-Suspension) kann man z. B. durch Filtration trennen. Warum kann man zusammengesetzte Stoffe (Verbindungen) nicht auf solch einfache Weise trennen? Die hierfür wichtigen Konzepte sind Thema von ► Kap. 5.
- Im Hochofen werden verschiedene Eisenoxide verarbeitet. Wie kann es verschiedene Eisenoxide geben, wenn Eisenoxid eine Verbindung ist, an deren Entstehung nur Eisen und Sauerstoff beteiligt sind? Hier wird ► Kap. 6 Klarheit schaffen.

Ausblick

Wir wissen jetzt, dass es chemische Grundstoffe gibt – was bei einer chemischen Reaktion genau passiert, wissen wir aber immer noch nicht. Mit dem Elementkonzept von A. Lavoisier ist jedoch ein wichtiger Baustein zum Verständnis von chemischen Reaktionen vorhanden. Weitere grundlegende Konzepte folgen in ► Kap. 4, 5. ► Kap. 6 behandelt dann, wie bereits oben erwähnt, die einfachste chemische Theorie, mit der die Bildung von neuen Stoffen erklärt werden kann.

► Kap. 2 und 3 haben gezeigt, dass chemische Reaktionen sehr häufig von Aggregatzustands-Änderungen begleitet werden. Will man chemische Reaktionen verstehen, sollte man wissen, wie Chemiker Aggregatzustands-Änderungen theoretisch deuten. Deshalb ist das nächste Kapitel den Aggregatzuständen und ihrer theoretischen Beschreibung gewidmet.

Die wichtigsten Zusammenhänge

Lavoisiers Elementbegriff (Konzeptwissen)

Verbindungen: Chemische Verbindungen können aus zwei oder mehr Elementen hergestellt werden. Sie können in mindestens zwei neue Stoffe aufgespalten werden. Bei der Spaltung von Verbindungen können neue Verbindungen und/oder Elemente entstehen.
Elemente: Chemische Elemente können nicht aus anderen chemischen Elementen hergestellt werden. Chemische Elemente können mit chemischen Mitteln auch nicht in andere Stoffe gespalten werden.

Stoffbezogenes Redoxkonzept (Konzeptwissen)

Eine Redoxreaktion ist eine chemische Reaktion, bei der Sauerstoff von einem Stoff auf einen anderen übertragen wird. Somit kann man eine Redoxreaktion in eine Sauerstoff-Abspaltung (Reduktion) und eine Sauerstoff-Aufnahme (Oxidation) unterteilen. Derjenige Stoff, der Sauerstoff abspaltet, wird Oxidationsmittel genannt. Derjenige Stoff, der Sauerstoff aufnimmt, wird Reduktionsmittel genannt.

Lavoisiers Elementbegriff (metakognitives Wissen)

Elementdefinition auf der Wirklichkeitsebene: Wenn sich ein Stoff aus anderen Stoffen nicht herstellen lässt bzw. wenn er nicht in andere Stoffe zerlegbar ist, so handelt es sich gemäß Lavoisier um ein Element. Der Elementbegriff Lavoisiers basiert somit alleine auf experimenteller Erfahrung – es ist keine Theorie erforderlich, um diese Elementdefinition zu formulieren.
Die Unterscheidung zwischen Elementen und Verbindungen ist zentral: Da die 94 Elemente mit chemischen Mitteln weder hergestellt noch gespalten werden können, stellen sie die unveränderliche stoffliche Basis aller chemischen Reaktionen dar. Im Gegensatz dazu können Verbindungen gespalten und hergestellt werden. Für das Verständnis chemischer Zusammenhänge ist die Unterteilung der Reinstoffe in Elemente und Verbindungen fundamental.

Redoxreaktionen/Donator-Akzeptor-Konzept (metakognitives Wissen)

Für die Beschreibung von stoffbezogenen Redoxreaktionen wird ein Konzept verwendet, das – wie wir später sehen werden – auch bei anderen chemischen Reaktionen zur Anwendung kommen kann. Es handelt sich hierbei um das Donator-Akzeptor-Konzept, welches einfach zu erfassen ist. Das Donator-Akzeptor-Konzept besagt lediglich, dass etwas übertragen wird. Im Falle der stoffbezogenen Redoxreaktionen wird Sauerstoff übertragen.

Donator-Akzeptor-Konzept/chemische Basiskonzepte (metakognitives Wissen)
Da das Donator-Akzeptor-Konzept zur Beschreibung und Erklärung zahlreicher chemischer Reaktionen verwendet werden kann, wird es als eines der sechs chemischen Basiskonzepte eingestuft.

3.10 Testaufgaben zur Standortbestimmung

Aufgabe 3.16 Feuer, Wasser, Erde, Luft
Bereits mit den Experimenten aus ► Kap. 2 sowie grundlegenden Stoffkenntnissen kann man zu der Schlussfolgerung kommen, dass Feuer, Wasser, Erde und Luft keine chemischen Grundstoffe (Elemente) sind. Gib für jedes der vier Elemente hierzu eine geeignete Argumentation an.
(WD 2 Konzeptwissen/KP 4 Analysieren)

Aufgabe 3.17 Redoxdefinitionen
In eigenen Worten: Gib für die folgenden Redoxbegriffe jeweils eine kurze und präzise Definition an: Oxidation, Reduktion, Redoxreaktion, Oxidieren, Reduzieren, Oxidationsmittel, Reduktionsmittel.
(WD 1 Faktenwissen/KP 1 Erinnern)

Aufgabe 3.18 Redoxreaktionen: Fachbegriffe 3
Verwende alle sieben Redoxbegriffe, um die Reaktion von Eisenoxid mit Kohlenstoffmonoxid zu beschreiben.
(WD 3 Prozesswissen/KP 4 Analysieren)

Aufgabe 3.19 Elemente und Redoxreaktionen
a) Warum kann ein Element nicht reduziert, jedoch oxidiert werden?
b) Warum können Elemente Reduktionsmittel, aber nicht Oxidationsmittel sein?
(WD 2 Konzeptwissen/KP 2 Verstehen)

Aufgabe 3.20 Reine Oxidationen und reine Reduktionen
a) Gib drei Reaktionsgleichungen an, die reine Oxidationen beschreiben – die entsprechende Reaktion darf also keine Redoxreaktion sein.
b) Gib drei Reaktionsgleichungen an, die reine Reduktionen beschreiben – die entsprechende Reaktion darf also keine Redoxreaktion sein.
(WD 2 Konzeptwissen/KP 2 Verstehen)

Aufgabe 3.21 Redoxreaktionen: Lückentext 2

Ergänze den folgenden Lückentext.

____________ + Schwefel → Eisen + Schwefeldioxid

Da Sauerstoff von ______________ auf _____________ übertragen wird, handelt es sich um eine Redoxreaktion. ______ ist das Oxidationsmittel (______________), ______________ das _____ ____________ (Sauerstoff-Akzeptor).

Die __________ kann mit der folgenden Teilgleichung beschrieben werden – _____________ wird hier zu ______________ oxidiert:

Schwefel + ____________ → Schwefeldioxid

Die ____________ kann mit der folgenden Teilgleichung beschrieben werden – Eisenoxid wird hier zu __________ _____________:

_____________ → Eisen + Sauerstoff

(WD 2 Konzeptwissen/KP 3 Anwenden)

Aufgabe 3.22 Redoxreaktionen: Gleichungen 4

Es ist die folgende Redoxreaktion gegeben:

Eisenoxid + Kohlenstoff → Eisen + Kohlenstoffdioxid

Formuliere jeweils eine Reaktionsgleichung für die Oxidation und die Reduktion.

(WD 2 Konzeptwissen/KP 3 Anwenden)

Aufgabe 3.23 Redoxreaktionen: Gleichungen 5

Es sind die folgenden Teilgleichungen gegeben:

Eisenoxid → Eisen + Sauerstoff (1)

Phosphor + Sauerstoff → Phosphoroxid (2)

a) Welche Teilgleichung entspricht einer Reduktion, welche einer Oxidation?
b) Addiere beide Teilgleichungen und bestimme auf diese Weise die Reaktionsgleichung für die Redoxreaktion.

(WD 2 Konzeptwissen/KP 3 Anwenden)

Aufgabe 3.24 Redoxreaktionen erkennen 2

Welche der folgenden Reaktionen ist eine Redoxreaktion?

a) Eisenoxid + Wasserstoff → Eisen + Wasser
b) Kohlenstoffdioxid + Kohlenstoff → Kohlenstoffmonoxid
c) Wachs + Sauerstoff → Wasser + Kohlenstoffdioxid
d) Wasser + Kohlenstoff → Wasserstoff + Kohlenmonoxid
e) Kohlenstoff + Sauerstoff → Kohlenstoffmonoxid
f) Manganoxid + Kohlenstoffmonoxid → Mangan + Kohlenstoffdioxid
g) Wachs → Wasserstoff + Kohlenstoff
h) Kupfer(II)-oxid + Kohlenstoff → Kupfer + Kohlenstoffdioxid

i) Calciumhydroxid + Kohlenstoffdioxid → Calciumcarbonat + Wasser
j) Silicium + Sauerstoff → Siliciumdioxid
(WD 2 Konzeptwissen/KP 3 Anwenden)

Aufgabe 3.25 Vergleich: Rennofen/Hochofen
Vergleiche den Rennofen mit dem Hochofen und bewerte anschließend die Eignung des jeweiligen Ofens für die Eisengewinnung.
(WD 2 Konzeptwissen/KP 5 Evaluieren)

Aufgabe 3.26 Vergleich: LD- und Elektrostahl-Verfahren
Beim LD-Verfahren sind allzu hohe Temperaturen von Nachteil. Beim Elektrostahl-Verfahren sind hohe Temperaturen ein methodischer Vorteil. Warum ist das so?
(WD 2 Konzeptwissen/KP 4 Analysieren)

3.11 Lösungen der Aufgaben

Aufgabe 3.1 Zersetzung und Bildung von Wasser mit Zink
Wasserzersetzung Gesamtprozess:

Zink + Wasser → Zinkoxid + Wasserstoff

Teilprozesse:

Wasser → Wasserstoff + Sauerstoff

Zink + Sauerstoff → Zinkoxid

Wasserbildung Gesamtprozess:

Zinkoxid + Wasserstoff → Zink + Wasser

Teilprozesse:

Wasserstoff + Sauerstoff → Wasser

Zinkoxid → Zink + Sauerstoff

Aufgabe 3.2 Reaktion von Siliciumdioxid mit Magnesium
Der schwarze Stoff ist Silicium.

Siliciumdioxid + Magnesium → Silicium + Magnesiumoxid

Aufgabe 3.3 Reaktionsgleichungen zu Experiment 3.1 und Experiment 3.2
Experiment 3.1:

Magnesium + Wasser → Magnesiumoxid + Wasserstoff

Teilprozesse:

Wasser → Wasserstoff + Sauerstoff

Magnesium + Sauerstoff → Magnesiumoxid

Experiment 3.2:

Kupfer(II)-oxid + Wasserstoff → Kupfer + Wasser

Teilprozesse:

Wasserstoff + Sauerstoff → Wasser

Kupfer(II)-oxid→ Kupfer + Sauerstoff

Aufgabe 3.4 Kalk, gebrannter Kalk, gelöschter Kalk

Hinter diesen Bezeichnungen steckt die Vorstellung aus der Alchemie, dass ein Stoff von seinen Eigenschaften getrennt und mit neuen Eigenschaften versehen werden kann. Die Bezeichnung gebrannter Kalk suggeriert, dass es sich um einen Kalk mit neuen Eigenschaften handelt. Ebenso verhält es sich mit der Bezeichnung gelöschter Kalk.

Aufgabe 3.5 Hypothesenschema

Hypothesenschema 1 (widerlegbare Hypothese)

- Frage: Ist Feuer ein chemischer Grundstoff?
- Information: Die Phlogistontheorie beruht auf der Annahme, dass bei Verbrennungen der Feuerstoff (Phlogiston) abgegeben wird.
- Hypothese: Feuer ist ein chemischer Grundstoff.
- Experiment: In Flammen können glühende Kohlenstoffpartikel und Kohlenstoffdioxid nachgewiesen werden.
- Ergebnis: In der Kerzenflamme wird das Element Kohlenstoff in eine Verbindung überführt.
- Schlussfolgerung: Feuer ist kein chemischer Grundstoff, sondern ein Prozess, der unter anderem durch chemische Reaktionen hervorgerufen wird.

Hypothesenschema 2 (belegbare Hypothese)

- Frage: Ist Feuer ein chemischer Grundstoff?
- Information: Lavoisier hat in zahlreichen Experimenten die Natur des Feuers untersucht und belegt, dass Feuer nicht als Element angesehen werden kann.
- Hypothese: Feuer ist kein Stoff, sondern ein Prozess.
- Experiment: Wassernachweis über einer Kerzenflamme.
- Ergebnis: In einer Kerzenflamme entsteht Wasser (Wachs → Kohlenstoff + Wasserstoff, Wasserstoff + Sauerstoff → Wasser)
- Schlussfolgerung: Feuer ist kein chemischer Grundstoff, sondern ein Prozess, der durch chemische Reaktionen erklärt werden kann. Im Verlauf dieser Reaktionen werden Elemente gebildet und mit Sauerstoff in Verbindungen überführt.

Aufgabe 3.6 Redoxreaktionen: Fachbegriffe 1

Eisenoxid + Wasserstoff → Eisen + Wasser

Da Sauerstoff von Eisenoxid auf Wasserstoff übertragen wird, handelt es sich um eine Redoxreaktion. Eisenoxid ist das Oxidationsmittel (Sauerstoff-Donator), Wasserstoff das Reduktionsmittel (Sauerstoff-Akzeptor).
Die Oxidation kann mit der folgenden Teilgleichung beschrieben werden – Wasserstoff wird hier zu Wasser oxidiert:

Wasserstoff + Sauerstoff → Wasser

Die Reduktion kann mit der folgenden Teilgleichung beschrieben werden – Eisenoxid wird hier zu Eisen reduziert:

Eisenoxid → Eisen + Sauerstoff

Aufgabe 3.7 Redoxreaktionen: Gleichungen 1

Oxidation: Wasserstoff + Sauerstoff → Wasser

Reduktion: Kupfer(II)-oxid → Kupfer + Sauerstoff

Aufgabe 3.8 Redoxreaktionen: Gleichungen 2

a) Teilgleichung 1 ist eine Oxidation, Teilgleichung 2 eine Reduktion.
b) Magnesium + Wasser → Magnesiumoxid + Wasserstoff

Aufgabe 3.9 Redoxreaktionen erkennen 1

a) Keine Redoxreaktion – Reduktion
b) Redoxreaktion
c) Keine Redoxreaktion
d) Keine Redoxreaktion – Oxidation
e) Redoxreaktion
f) Redoxreaktion
g) Keine Redoxreaktion

Aufgabe 3.10 Redoxreaktionen: Lückentext 1

Zink + Wasser → Eisenoxid + Wasserstoff

Da Sauerstoff von Wasser auf Zink übertragen wird, handelt es sich um eine Redoxreaktion. Wasser ist das Oxidationsmittel (Sauerstoff-Donator), Zink das Reduktionsmittel (Sauerstoff-Akzeptor).
Die Oxidation kann mit der folgenden Teilgleichung beschrieben werden – Zink wird hier zu Zinkoxid oxidiert:

Zink + Sauerstoff → Zinkoxid

Die Reduktion kann mit der folgenden Teilgleichung beschrieben werden – Wasser wird hier zu Wasserstoff reduziert:

Wasser → Wasserstoff + Sauerstoff

Aufgabe 3.11 Redoxreaktionen: Fachbegriffe 2

Eisenoxid + Kohlenstoffmonoxid → Eisen + Kohlenstoffdioxid

Da Sauerstoff von Eisenoxid auf Kohlenstoffmonoxid übertragen wird, handelt es sich um eine Redoxreaktion. Eisenoxid ist das Oxidationsmittel (Sauerstoff-Donator), Kohlenstoffmonoxid das Reduktionsmittel (Sauerstoff-Akzeptor).
Die Oxidation kann mit der folgenden Teilgleichung beschrieben werden – Kohlenstoffmonoxid wird hier zu Kohlenstoffdioxid oxidiert:

Kohlenstoffmonoxid + Sauerstoff → Kohlenstoffdioxid

Die Reduktion kann mit der folgenden Teilgleichung beschrieben werden – Eisenoxid wird hier zu Eisen reduziert:

Eisenoxid → Eisen + Sauerstoff

Aufgabe 3.12 Form des Hochofens

Die Form des Schachtofens spiegelt den Volumenbedarf der Ofenfüllung wieder.
Oben im Ofen ist die Beschickung fest und kalt – der Raumbedarf ist aufgrund der vielen Hohlräume groß und aufgrund der geringen Temperatur klein. Daraus ergibt sich ein mittelmäßiger Volumenbedarf.
In der Mitte des Ofens ist das Volumen der Ofenfüllung am größten. Denn hier ist die Beschickung fest und heiß. Es ergibt sich ein maximaler Raumbedarf.
Unten im Ofen ist das Volumen der Ofenfüllung am kleinsten. Die Beschickung ist zwar sehr heiß, aber dafür flüssig. Es ergibt sich ein minimaler Raumbedarf, da keine Hohlräume auftreten.

Aufgabe 3.13 Redoxreaktionen: Gleichungen 3

a) Kupfer(II)-oxid + Eisen → Kupfer + Eisen(III)-oxid
b) Kupfer(II)-oxid → Kupfer + Sauerstoff
c) Eisen + Sauerstoff → Eisen(III)-oxid

Aufgabe 3.14 Stahl aus dem Rennofen

Im Hochofen sind die Temperaturen so hoch, dass flüssiges Eisen entsteht. Flüssiges Eisen nimmt jedoch aus Koks viel Kohlenstoff (mehr als 2 %) und andere Verunreinigungen (Mangan, Silicium, Phosphor, Schwefel) auf. Diese Verunreinigungen machen Eisen

spröde, es ist in diesem Zustand nicht schmiedbar. Stahl enthält wenig Verunreinigungen (< 2 % Kohlenstoff), sodass er schmiedbar ist.
Im Rennofen wird festes Eisenoxid durch gasförmiges Kohlenstoffmonoxid zu festem Eisen reduziert. Festes Eisen nimmt wenig Verunreinigungen auf und ist somit direkt schmiedbar. Beim ersten Schmieden (Austreiben) wird ein Anteil der Verunreinigungen (Holzkohle, Schlacke) abgetrennt, sodass bei günstiger Ofenführung und gründlichem Austreiben hochwertiger Stahl gewonnen werden kann.

Aufgabe 3.15 Parameter des LD-Verfahrens

a) Bei zu hoher Temperatur besteht die Gefahr, dass beträchtliche Mengen an Eisen zu Eisenoxid umgesetzt werden.
b) Auch hier geht es um die Bildung von Eisenoxid. Wenn alle Verunreinigungen oxidiert worden sind, oxidiert der eingeblasene Sauerstoff Eisen zu Eisenoxid.

Aufgabe 3.16 Feuer, Wasser, Erde, Luft

Feuer: Damit Feuer als Element infrage kommt, müsste es aus einem einzigen Stoff bestehen. Da an einem Feuer aber immer zahlreiche Stoffe beteiligt sind, kann es kein Element sein. Feuer ist ein komplexer chemischer Prozess, in dessen Verlauf verschiedene chemische Reaktionen ablaufen (vgl. ► Abschn. 2.8).
Wasser: Aus Experiment 2.35 (► Abschn. 2.8) wird deutlich: Wasser kann aus Wasserstoff und Sauerstoff hergestellt werden. Somit kann Wasser kein Element sein.
Luft: Verschiedene Experimente in ► Abschn. 2.8 zeigen eindeutig, dass Luft aus mindestens zwei Gasen besteht. Luft kann deshalb kein Element sein.
Erde: Alleine durch das genaue Betrachten verschiedener Erdproben wird deutlich: Erde ist ein Stoffgemisch. Erde kann aufgrund dessen kein Element sein.

Aufgabe 3.17 Redoxdefinitionen

Oxidation: Von Oxidation spricht man, wenn sich ein Stoff mit Sauerstoff verbindet.
Reduktion: Von Reduktion spricht man, wenn ein Stoff in Sauerstoff und einen weiteren Stoff aufgespalten wird.
Redoxreaktion: Eine Redoxreaktion ist eine chemische Reaktion, bei der eine Oxidation und eine Reduktion gleichzeitig, miteinander gekoppelt, ablaufen. D. h., Sauerstoff wird von einem Ausgangsstoff abgespalten und der andere Ausgangsstoff verbindet sich damit.
Oxidieren: Ein Stoff oxidiert andere Stoffe, wenn er im Verlauf einer Reaktion Sauerstoff abgibt und die anderen Stoffe sich mit diesem Sauerstoff verbinden.

Reduzieren: Ein Stoff reduziert andere Stoffe, wenn er sich im Verlauf einer Reaktion mit Sauerstoff verbindet und den anderen Stoffen dadurch Sauerstoff entzieht.
Oxidationsmittel: Ein Oxidationsmittel gibt Sauerstoff ab und wird im Verlauf einer Redoxreaktion reduziert.
Reduktionsmittel: Ein Reduktionsmittel verbindet sich mit Sauerstoff und wird im Verlauf einer Redoxreaktion oxidiert.

Aufgabe 3.18 Redoxreaktionen: Fachbegriffe 3

$$\text{Eisenoxid} + \text{Kohlenstoffmonoxid} \rightarrow \text{Eisen} + \text{Kohlenstoffdioxid}$$

Da Sauerstoff von Eisenoxid auf Kohlenstoffmonoxid übertragen wird, handelt es sich um eine Redoxreaktion. Eisenoxid ist das Oxidationsmittel (Sauerstoff-Donator), Kohlenstoffmonoxid das Reduktionsmittel (Sauerstoff-Akzeptor).
Die Oxidation kann mit der folgenden Teilgleichung beschrieben werden – Kohlenstoffmonoxid wird hier zu Kohlenstoffdioxid oxidiert:

$$\text{Kohlenstoffmonoxid} + \text{Sauerstoff} \rightarrow \text{Kohlenstoffdioxid}$$

Die Reduktion kann mit der folgenden Teilgleichung beschrieben werden – Eisenoxid wird hier zu Eisen reduziert:

$$\text{Eisenoxid} \rightarrow \text{Eisen} + \text{Sauerstoff}$$

Aufgabe 3.19 Elemente und Redoxreaktionen

a) Reduziert werden bedeutet, Sauerstoff abzuspalten. Da Elemente jedoch keine Sauerstoff-Verbindungen sind, können sie auch keinen Sauerstoff abspalten.
Oxidiert werden bedeutet, sich mit Sauerstoff zu verbinden. Da Elemente sich mit Sauerstoff verbinden können, können sie auch oxidiert werden.
b) Dies ist so, da Reduktionsmittel oxidiert und Oxidationsmittel reduziert werden. Elemente können nicht als Oxidationsmittel wirken, da sie keinen Sauerstoff abgeben können. Sauerstoff selbst kann zwar andere Stoffe oxidieren, ist aber kein typisches Oxidationsmittel, weil es keinen Sauerstoff abspalten kann.

Aufgabe 3.20 Reine Oxidationen und reine Reduktionen

a) Schwefel + Sauerstoff → Schwefeldioxid
b) Eisenoxid → Eisen + Sauerstoff

Aufgabe 3.21 Redoxreaktionen: Lückentext 2

$$\text{Eisenoxid} + \text{Schwefel} \rightarrow \text{Eisen} + \text{Schwefeldioxid}$$

Da Sauerstoff von Eisenoxid auf Schwefel übertragen wird, handelt es sich um eine Redoxreaktion. Eisenoxid ist das Oxidationsmittel (Sauerstoff-Donator), Schwefel das Reduktionsmittel (Sauerstoff-Akzeptor).
Die Oxidation kann mit der folgenden Teilgleichung beschrieben werden – Schwefel wird hier zu Schwefeldioxid oxidiert:

$$\text{Schwefel} + \text{Sauerstoff} \rightarrow \text{Schwefeldioxid}$$

Die Reduktion kann mit der folgenden Teilgleichung beschrieben werden – Eisenoxid wird hier zu Eisen reduziert:

$$\text{Eisenoxid} \rightarrow \text{Eisen} + \text{Sauerstoff}$$

Aufgabe 3.22 Redoxreaktionen: Gleichungen 4

$$\text{Oxidation: Kohlenstoff} + \text{Sauerstoff} \rightarrow \text{Kohlenstoffdioxid}$$

$$\text{Reduktion: Eisenoxid} \rightarrow \text{Eisen} + \text{Sauerstoff}$$

Aufgabe 3.23 Redoxreaktionen: Gleichungen 5

a) Reduktion: Eisenoxid → Eisen + Sauerstoff
Oxidation: Phosphor + Sauerstoff → Phosphoroxid
b) Eisenoxid + Phosphor → Eisen + Phosphoroxid

Aufgabe 3.24 Redoxreaktionen erkennen 2

a) Redoxreaktion
b) Redoxreaktion
c) Keine Redoxreaktion – Oxidation
d) Redoxreaktion
e) Keine Redoxreaktion – Oxidation
f) Redoxreaktion
g) Keine Redoxreaktion
h) Redoxreaktion
i) Keine Redoxreaktion
j) Keine Redoxreaktion – Oxidation

Aufgabe 3.25 Vergleich: Rennofen/Hochofen

Endprodukt: Im Rennofen wird die Temperatur absichtlich unter 1300 °C gehalten, sodass reduziertes Eisen nicht schmilzt. Bei geschickter Ofenführung entsteht so direkt schmiedbarer Stahl.
Im Hochofen schmilzt das reduzierte Eisen und nimmt dadurch relativ viel Kohlenstoff und weitere Verunreinigungen (Mangan, Silicium, Phosphor, Schwefel) auf. Es wird sprödes nicht schmiedbares Roheisen gewonnen.
So gesehen scheint der Rennofen dem Hochofen überlegen zu sein.
Verfahren: Vergleicht man beide Verfahren miteinander, ergibt sich ein ganz anderes Urteil. Da das Eisen im Rennofen nicht schmilzt, muss der Prozess rechtzeitig unterbrochen werden, um Stahl zu

erhalten (brennt der Ofen zu lange, kann gebildetes Eisen durch Sauerstoff-Überschuss oxidiert werden). D. h., die Holzkohle-Zufuhr wird zu einem bestimmten Zeitpunkt eingestellt, damit der ausgebrannte Ofen geöffnet werden kann. Bei Lehmkonstruktionen muss der Ofen meist sogar zerstört werden, da die Luppe oft im Schacht eingeklemmt ist. Aufgrund der diskontinuierlichen Verfahrensweise kann im Rennofen pro Ofenreise nur eine relativ kleine Menge an Stahl produziert werden. Ein leistungsfähiger Rennofen lieferte im 18. Jhd. 120 t Luppe pro Jahr und verbrauchte 2,7-mal mehr Kohle, als er Eisen produzierte. Die Eisenausbeute betrug dabei etwa 50 % – d. h., die Hälfte des Erzes wurde nicht reduziert.
Im Gegensatz dazu wird der Hochofen kontinuierlich Tag und Nacht betrieben. Ein moderner Hochofen produziert auf diese Weise maximal etwa 4 Mio. t Roheisen pro Jahr – bei einem Kohleverbrauch von etwa einer halben Tonne pro Tonne Roheisen. Die Eisenausbeute des Hochofens liegt bei über 99 % – d. h., fast das gesamte Erz wird reduziert.
Da das verunreinigte Roheisen des Hochofens noch zu Stahl veredelt werden muss, verschlechtert sich die Stoff- und Energiebilanz des Hochofen-Weges noch beträchtlich.
Fazit: Bezüglich Produktionsmenge, Energieeffizienz, Arbeitsaufwand und Ausbeute ist der Hochofen dem Rennofen haushoch überlegen. Selbst die zusätzlich erforderliche Stahlgewinnung kann die Verfahrensvorteile des Hochofen-Weges nicht einmal annähernd zunichtemachen.
Der Rennofen ist also keine Alternative zum Hochofen. Er wird nur noch von historisch interessierten Personen und Schwertschmieden benutzt.

Aufgabe 3.26 Vergleich: LD- und Elektrostahl-Verfahren

Beim LD-Verfahren wird reiner Sauerstoff in das flüssige Roheisen eingeblasen. Es kann also lokal zu großem Sauerstoff-Überschuss kommen, sodass bei zu hohen Temperaturen nicht nur Verunreinigungen, sondern auch Eisen oxidiert wird.
Beim Elektrostahl-Verfahren wird Eisenoxid (Stahlschrott) als Oxidationsmittel zum Roheisen hinzugefügt. Auf diese Weise kann die Sauerstoff-Zufuhr sehr genau dosiert werden. Die Sauerstoff-Konzentration steigt somit lokal kaum an. Außerdem wird, je nach Dosierung, der gesamte Sauerstoff für die Oxidation der Verunreinigungen verbraucht. Selbst bei hohen Temperaturen kommt es mit dieser Methode nicht nennenswert zur Oxidation von Eisen. Die hohen Temperaturen sind vorteilhaft, da Legierungsbestandteile mit hohem Schmelzpunkt (Wolfram, Molybdän) eingeschmolzen werden können.

Literatur

Fierz-David HE (1952) Die Entwicklungsgeschichte der Chemie. Birkhäuser, Basel
Gaarder J (2005) Sophies Welt. Deutscher Taschenbuch Verlag, München, S 35–49
Häusler K, Rampf H, Reichelt R (1991) Experimente für den Chemieunterricht. Oldenburg, München
Holleman AF, Wiberg N (2007) Lehrbuch der Anorganischen Chemie. de Gruyter, Berlin, S 1638
Johannsen O (1925) Geschichte des Eisens. Verlag Stahleisen, Düsseldorf
plonsker-server.de (2013) Vom Eisenerz zum Roheisen. http://www.plonsker-server.de/frei/stahl/screens/htmlstand/b.html. Zugegriffen: 23. März 2013
stahl-online.de (2016a) Anlagentechnik. http://www.stahl-online.de/index.php/themen/stahltechnologie/anlagentechnik/. Zugegriffen: 27. Juli 2016
stahl-online.de (2016b) Roheisen- und Stahlerzeugung. http://www.stahl-online.de/index.php/themen/stahltechnologie/stahlerzeugung/. Zugegriffen: 27. Juli 2016
stahl-online.de (2016c) Roheisenerzeugung. https://web.archive.org/web/20101017053812/http://www.stahl-online.de/forschung_und_technik/produktionsverfahren/Roheisen_und_Stahlerzeugung.asp?highmain=2&highsub=1&highsubsub=1. Zugegriffen: 27. Juli 2016
Taube K (1998) Stahlerzeugung kompakt: Grundlagen der Eisen- und Stahlmetallurgie. Vieweg Technik, Braunschweig Wiesbaden, S 60–159

Flüssige Luft

Ralf Geiß

4.1 Voraussetzungen und Lernziele – 208

4.2 Kapitelvorschau – 210

4.3 Experimente mit Gasen, Flüssigkeiten und Feststoffen – 211

4.4 Die Aggregatzustände – Fachbegriffe – 232

4.5 Das wichtigste Basiskonzept der Chemie – 233

4.6 Das Kugelteilchen-Modell (KTM) – 239

4.7 Experimente zur Überprüfung des Kugelteilchen-Modells – 247

4.8 Warum löscht Wasser Feuer? – 263

4.9 Wirklichkeit und Theorie – 266

4.10 Zusammenfassung – 271

4.11 Testaufgaben zur Standortbestimmung – 275

4.12 Lösungen der Aufgaben – 277

Literatur – 286

R. Geiß, *Die Verwandlung der Stoffe*, Chemie – Entdecken und verstehen,
https://doi.org/10.1007/978-3-662-54708-3_4

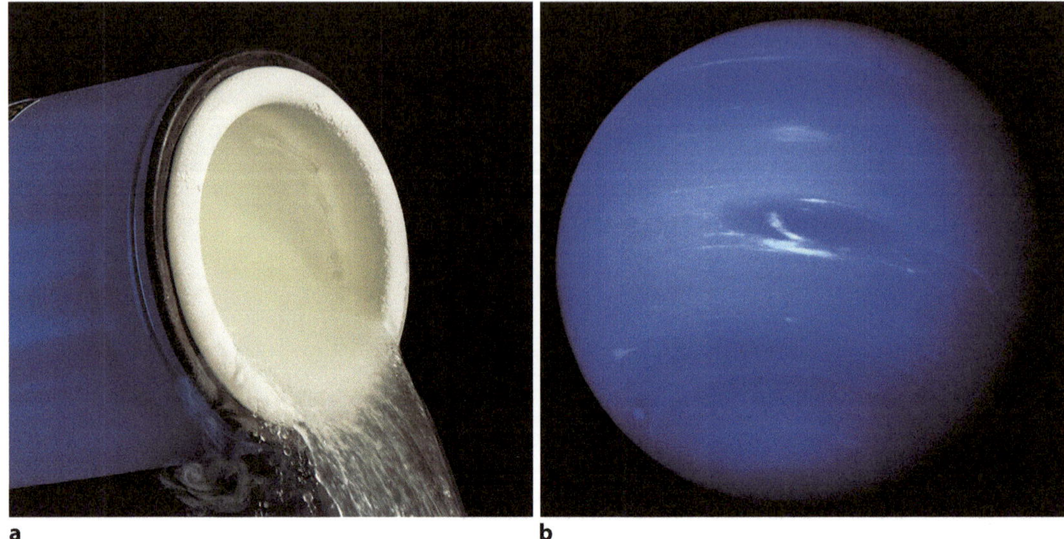

a Flüssiger Stickstoff beim Umfüllen, **b** Neptun am 20. August 1989: Bild von Voyager 2, auf der Neptunoberfläche dürfte der Atmosphärendruck groß genug sein, sodass bei einer mittleren Temperatur von −201 °C die Luft der Erde flüssig wäre. (© NASA)

Das Kapitel beginnt mit interessanten Experimenten zu Feststoffen, Flüssigkeiten und Gasen – dabei treten ständig Übergänge zwischen Aggregatzuständen auf. In der Auseinandersetzung mit diesen Aggregatzuständen werden das Prinzip der kleinsten Teilchen und das Kugelteilchen-Modell eingeführt. Mit diesem Modell können sehr viele Fragen zu Feststoffen, Flüssigkeiten und Gasen beantwortet werden.

4.1 Voraussetzungen und Lernziele

Hilfreiche Kenntnisse und Fertigkeiten der Lernenden

- Sie wissen, dass chemische Reaktionen von Aggregatzustands-Änderungen begleitet werden.
- Sie kennen das Konzept der chemischen Wortgleichungen und können es zur Beschreibung von Gesamt- und Teilprozessen anwenden.
- Sie wissen, dass bei chemischen Reaktionen auf geheimnisvolle Weise neue Stoffe entstehen.
- Sie wissen, dass bei chemischen Reaktionen Stoffspaltungen und Stoffvereinigungen stattfinden können.
- Sie kennen Lavoisiers Element- und Verbindungsbegriff.

Richtziel

Lernende lernen, das Basiskonzept der kleinsten Teilchen und das Kugelteilchen-Modell anzuwenden.

Grobziele

Lernende lernen, das Prinzip der kleinsten Teilchen und das Kugelteilchen-Modell zur Erklärung von Aggregatzustands-Experimenten anzuwenden. Sie erkennen, dass mit dem einfachsten aller chemischen Modelle viele Phänomene erklärt werden können. Lernende können bei der Aufklärung von naturwissenschaftlichen Phänomenen zwischen Wirklichkeits- und Theorieebene unterscheiden.

Feinziele

A-Feinziele (kognitiv)

- Lernende können Experimente zur Demonstration von Aggregatzustands-Änderungen mit eigenen Worten und Fachbegriffen auf der Wirklichkeitsebene interpretieren.
  (WD 2 Konzeptwissen/KP 2 Verstehen)
- Lernende können die Aggregatzustände und die Übergänge zwischen ihnen mit Fachbegriffen in eigenen Worten auf der Theorieebene beschreiben.
  (WD 2 Konzeptwissen/KP 2 Verstehen)
- Lernende können Experimente zur Demonstration von Aggregatzustands-Änderungen mit eigenen Worten und Fachbegriffen auf der Theorieebene deuten.
  (WD 2 Konzeptwissen/KP 4 Analysieren)
- Lernende können die zentrale Aussage des Basiskonzepts kleinste Teilchen aufschreiben. Außerdem können sie darlegen, dass Stoffe prinzipiell entweder kontinuierlich oder diskontinuierlich aufgebaut sein müssen.
  (WD 2 Konzeptwissen/KP 2 Verstehen)
- Lernende können chemische Sachverhalte der Wirklichkeits- und der Theorieebene zuordnen.
  (WD 2 Konzeptwissen/KP 2 Verstehen)

B-Feinziel (kognitiv)

Lernende können die Definitionen des Kugelteilchen-Modells aufschreiben.
(WD 1 Faktenwissen/KP 1 Erinnern)

C-Feinziele (kognitiv und affektiv/emotional)

- Lernende werden aufmerksam darauf, dass grundlegende naturwissenschaftliche Fragen nur mit Theorie beantwortet werden können.
  (A1 aufmerksam werden)
- Lernende können anhand von Beispielen aufzeigen, dass man grundlegende chemische Fragen nicht mit Experimenten beantworten kann.
  (WD 2 Konzeptwissen/KP 2 Verstehen)
- Lernende können darlegen, warum Wasser ein gutes Löschmittel ist und sie können die Zusammenhänge mit dem Kugelteilchen-Modell erklären.
  (WD 2 Konzeptwissen/KP 2 Verstehen)

4.2 Kapitelvorschau

Die Schwerpunkte dieses Kapitels sind die Aggregatzustände, das Konzept der kleinsten Teilchen und das Kugelteilchen-Modell (KTM). Zahlreiche Fragen, die sich aus Experimenten zu den Aggregatzuständen ergeben, können mit dem Kugelteilchen-Modell beantwortet werden.

- ► Abschn. 4.3: Experimente mit Gasen, Flüssigkeiten und Feststoffen
  - Experiment 4.1 bis Experiment 4.18
  - Es werden Experimente beschrieben, die es erlauben, die Eigenschaften der Aggregatzustände und die Übergänge zwischen ihnen kennenzulernen. Zum Abschluss dieses Kapitels werden verschiedene grundlegende Fragen zu den Aggregatzuständen gestellt.
- ► Abschn. 4.4: Die Aggregatzustände – Fachbegriffe
  - Die wichtigsten Fachbegriffe zu den Aggregatzuständen werden eingeführt.
- ► Abschn. 4.5: Das wichtigste Basiskonzept der Chemie
  - Experiment 4.19 bis Experiment 4.20
  - Um die Fragen aus ► Abschn. 4.3 beantworten zu können, wird in diesem Abschnitt das Konzept der kleinsten Teilchen mithilfe eines Experiments eingeführt.
- ► Abschn. 4.6: Das Kugelteilchen-Modell
  - Um die Fragen aus ► Abschn. 4.3 beantworten zu können, wird in diesem Abschnitt das Kugelteilchen-Modell definiert und für die Beschreibung der Aggregatzustände eingesetzt. Von diesem Abschnitt an werden die Fragen aus ► Abschn. 4.3 Schritt für Schritt auch über verschiedene Aufgaben beantwortet.
- ► Abschn. 4.7: Experimente zur Überprüfung des Kugelteilchen-Modells
  - Experiment 4.21 bis Experiment 4.28

  - Es werden weitere Experimente beschrieben, die andere Phänomene als die Aggregatzustände zum Gegenstand haben. Auch diese Vorgänge werden mit dem KTM erklärt. Es geht darum, zu zeigen, dass das Kugelteilchen-Modell nicht nur auf Aggregatzustände anwendbar ist.
- ► Abschn. 4.8: Warum löscht Wasser Feuer?
  - Dieser Abschnitt ist dem Löschmittel Wasser gewidmet. Es geht darum, aufzuklären, warum Wasser ein gutes Löschmittel ist und wie man das mit dem Kugelteilchen-Modell erklären kann.
- ► Abschn. 4.9: Wirklichkeit und Theorie
  - Es wird grundsätzlich zwischen chemischen Experimenten und chemischer Theorie unterschieden. Es wird gezeigt, dass Chemie auf einer Wirklichkeitsebene und auf einer Theorieebene stattfindet.

4.3 Experimente mit Gasen, Flüssigkeiten und Feststoffen

Bereits in ► Kap. 2 und 3 haben wir mit festen, flüssigen und gasförmigen Stoffen experimentiert. Dabei wurde deutlich, dass bei Stoffumwandlungen zum Beispiel feste Stoffe in flüssige oder gasförmige übergehen können. Um dem Geheimnis der rätselhaften Stoffumwandlungen näherzukommen, befassen wir uns in diesem Kapitel ausführlich mit dem festen, flüssigen und gasförmigen Zustand.

Um unsere Erfahrungen mit diesen Zuständen zu vertiefen, machen wir einige Experimente mit flüssigem Stickstoff (◘ Abb. 4.1).

◘ **Abb. 4.1** Umfüllen von flüssigem Stickstoff. (© Ralf Geiß 2017)

Experimente mit Gasen

Experiment 4.1 Bildung von flüssiger Luft im Reagenzglas

Versuchsdurchführung: Ein Dewar wird randvoll mit flüssigem Stickstoff gefüllt. Anschließend wird ein großes Reagenzglas (RG) gemäß ◘ Abb. 4.2 im flüssigen Stickstoff platziert. Nach etwa 15 min wird das RG in einen RG-Ständer gestellt. In die aus dem RG aufsteigenden Gase wird immer wieder ein glühender Holzspan gehalten.

Beobachtung: Nach etwa 15 min hat sich ca. 2 cm^3 Flüssigkeit am Boden des RG gebildet. In den ersten Sekunden wird der glühende Holzspan immer wieder gelöscht. Nach einigen Sekunden jedoch flammt der glühende Holzspan plötzlich auf.

Schlussfolgerung: Siedender, flüssiger Stickstoff hat eine Temperatur von −196 °C. Wenn das RG auf diese Temperatur abgekühlt ist, kondensiert Luft (ca. 80 % Stickstoff, Sdp. −196 °C, ca. 20 % Sauerstoff, Sdp. −183 °C) darin zu einer Flüssigkeit. Nachdem das RG aus dem flüssigen Stickstoff herausgenommen wurde, wird

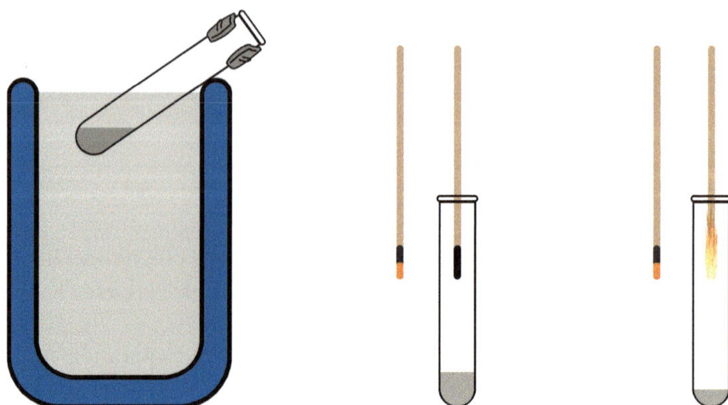

Abb. 4.2 Versuchsverlauf: Sieden von flüssiger Luft im Reagenzglas. (© Ralf Geiß 2017)

die flüssige Luft langsam erwärmt – von −196 °C ausgehend steigt ihre Temperatur langsam an. In der flüssigen Luft beginnt zuerst der flüssige Stickstoff (Sdp. −196 °C) zu sieden. D. h., zuerst steigt vor allem Stickstoff-Gas im RG auf. In diesem Stickstoff erlischt ein glühender Holzspan, da Stickstoff die Verbrennung nicht unterhält. Nach einigen Sekunden ist der flüssige Stickstoff weitgehend verdampft. Jetzt besteht die Flüssigkeit im RG vor allem aus flüssigem Sauerstoff (Sdp. −183 °C). Während der letzte Rest Stickstoff verdampft, steigt die Temperatur im RG an. Bei −183 °C beginnt der flüssige Sauerstoff zu sieden. D. h., jetzt steigt Sauerstoff-Gas im RG auf. In diesem Sauerstoff wird ein glühender Holzspan entzündet, da Sauerstoff die Verbrennung fördert.
Quelle: Lister (1995)

Aufgabe 4.1 Eisbildung
Experiment 4.1: Nachdem das Reagenzglas aus dem flüssigen Stickstoff herausgenommen wurde, bildete sich an dessen Außenwand Eis. Warum ist das so?
(WD 2 Konzeptwissen/KP 2 Verstehen)

Experiment 4.2 Gasballone in flüssigem Stickstoff
Versuchsdurchführung: Teil 1: Ein Luftballon wird mit Atemluft aufgeblasen und teilweise in flüssigen Stickstoff getaucht – der flüssige Stickstoff befindet sich in einer Kunststoffschüssel. Nachdem der Ballon auf minimale Größe geschrumpft ist, nimmt man ihn aus dem flüssigen Stickstoff (Abb. 4.3).
Teil 2: Ein Luftballon wird soweit mit Wasserstoff aufgeblasen, dass er gerade zu steigen beginnt. Nun bindet man ihn mit einer Schnur

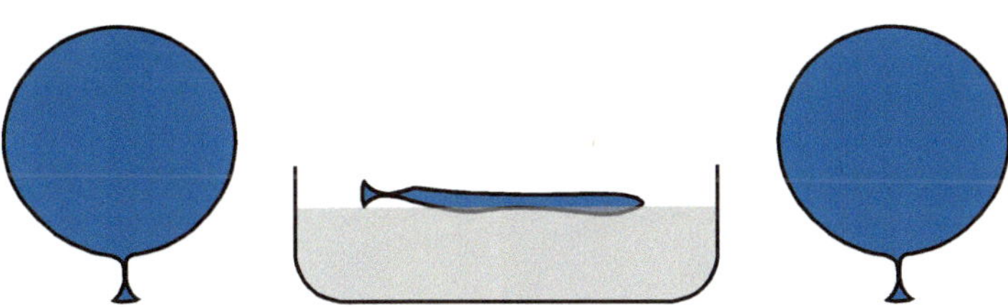

■ **Abb. 4.3** Versuchsverlauf: Gasballone in flüssigem Stickstoff (Teil 1). (© Ralf Geiß 2017)

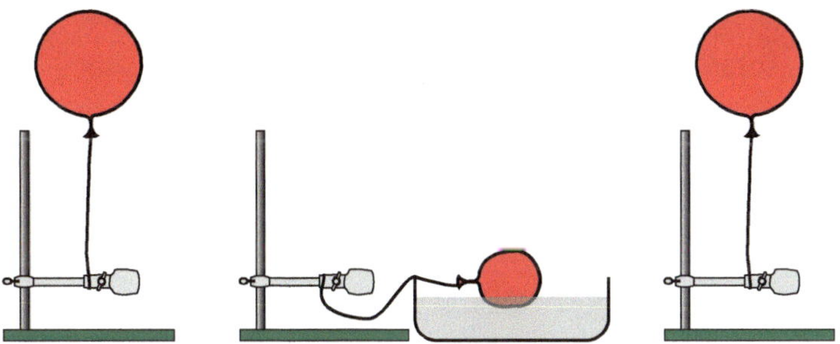

■ **Abb. 4.4** Versuchsverlauf: Gasballone in flüssigem Stickstoff (Teil 2). (© Ralf Geiß 2017)

an einem Stativ fest und taucht ihn teilweise in flüssigen Stickstoff – der flüssige Stickstoff befindet sich in einer Kunststoffschüssel oder einer Styropor®-Wanne. Nachdem der Ballon auf minimale Größe geschrumpft ist, nimmt man ihn aus dem flüssigen Stickstoff (■ Abb. 4.4).

Beobachtung: Teil 1: Sobald der Ballon mit flüssigem Stickstoff in Kontakt kommt, schrumpft er. Bei maximaler Kontraktion befindet sich in seinem Inneren kein Gas mehr – er ist jetzt mit wenig Flüssigkeit gefüllt. Nachdem der Ballon aus dem flüssigen Stickstoff herausgenommen wurde, verschwindet die Flüssigkeit im Inneren wieder, und der Ballon nimmt sein ursprüngliches Volumen wieder ein (■ Abb. 4.5).

Teil 2: Der mit Wasserstoff gefüllte Ballon steigt nach oben sobald, man ihn loslässt. Durch Kontakt mit flüssigem Stickstoff schrumpft der Ballon etwa auf ein Drittel seiner Größe. Auch bei minimalem Volumen ist der Ballon immer noch ausschließlich mit Gas gefüllt. Unmittelbar nachdem man den Ballon aus flüssigem Stickstoff herausgenommen hat, sinkt er zu Boden. Beim Erwärmen nimmt sein Volumen wieder bis auf den ursprünglichen Wert zu. Ab einer bestimmten Größe beginnt der Ballon wieder zu steigen.

Schlussfolgerung: Teil 1: Die Luft (Stickstoff, Sauerstoff) im Inneren des Ballons wird so stark abgekühlt, dass sie sich verflüssigt, man sagt sie kondensiert. Beim Erwärmen verdampft die flüssige Luft und bildet wieder die gleiche Gasmenge, die schon zu Beginn vorhanden war.

Abb. 4.5 **a** Der mit Atemluft gefüllte Ballon wird in flüssigen Stickstoff eingetaucht, **b** durch den Kontakt mit flüssigem Stickstoff beginnt der Ballon zu schrumpfen, **c** gegen Ende des Schrumpfungsprozesses enthält der Ballon kaum noch Gas, **d** im Ballon hat sich eine Flüssigkeit gebildet, **e** nachdem der Ballon aus dem flüssigen Stickstoff herausgenommen wurde, nimmt sein Volumen wieder zu, **f** Gegen Ende der Aufwärmphase ist die Flüssigkeit im Ballon verschwunden und das Anfangsvolumen wieder erreicht. (© Ralf Geiß 2017)

Teil 2: Wasserstoff hat einen Siedepunkt von −252 °C. Mit flüssigem Stickstoff wird Wasserstoff auf minimal −196 °C abgekühlt. Bei dieser Temperatur ist Wasserstoff immer noch gasförmig, hat aber ein kleineres Volumen als bei Raumtemperatur. Der große Ballon hat das gleiche Gewicht (die gleiche Masse) wie der kleine Ballon. Aufgrund seines größeren Volumens erfährt er jedoch mehr Auftrieb und steigt deshalb nach oben.
Quelle: Lister (1995)

Experiment 4.3 Abkühlung von Kohlenstoffdioxid
Versuchsdurchführung: Teil 1 (Lister 1995): Ein Luftballon wird mit Kohlenstoffdioxid gefüllt und über den Rand eines Reagenzglases (RG) gestülpt. Das RG wird daraufhin in flüssigen Stickstoff

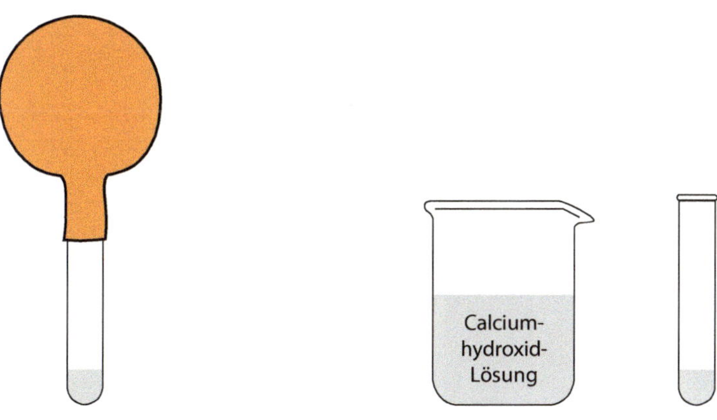

Abb. 4.6 Versuchsaufbau: Abkühlung von Kohlenstoffdioxid. (© Ralf Geiß 2017)

eingetaucht. Kurz bevor der Ballon in das RG hineingedrückt wird, nimmt man das RG aus dem flüssigen Stickstoff heraus und lässt es bei Raumtemperatur aufwärmen.
Teil 2: Man wiederholt Teil 1 bis zu dem Punkt, an dem das feste Kohlenstoffdioxid sublimiert. Nun wird eine kleine Portion des weißen Feststoffs mit Calciumhydroxid-Lösung versetzt (Abb. 4.6).
Beobachtung: Teil 1: Das Volumen des Ballons nimmt stark ab – gleichzeitig bildet sich im RG ein weißer Feststoff. Beim Erwärmen verschwindet der weiße Feststoff, während das Volumen des Ballons seinen ursprünglichen Wert annimmt.
Teil 2: Unter Gasentwicklung färbt sich die Calciumhydroxid-Lösung weiß, um dann wieder farblos zu werden. Nach weiterer Zugabe von Calciumhydroxid-Lösung tritt die weiße Farbe wieder auf (Abb. 4.7).
Schlussfolgerung: Teil 1: Kohlenstoffdioxid geht bei −78,5 °C von der Gasphase direkt in die feste Form über – man sagt es resublimiert. Festes Kohlenstoffdioxid geht bei −78,5 °C von der festen Phase direkt in die Gasphase über – man sagt es sublimiert.
Teil 2: In der relativ warmen Calciumhydroxid-Lösung sublimiert festes Kohlenstoffdioxid sehr rasch. Das sich bildende Kohlenstoffdioxid-Gas reagiert mit Calciumhydroxid-Lösung zu nahezu wasserunlöslichem, festem, weißem Calciumcarbonat (Kalk).

$$\text{Kohlenstoffdioxid} + \text{Calciumhydroxid-Lösung} \\ \rightarrow \text{Calciumcarbonat} + \text{Wasser}$$

Das feste Calciumcarbonat ist in Wasser sehr fein verteilt. Es sieht so aus, als ob ein löslicher weißer Farbstoff das Wasser färben würde. Durch einen Überschuss an Kohlenstoffdioxid wird Calciumcarbonat zu löslichem Calciumhydrogencarbonat umgesetzt. D. h., die Lösung wird wieder farblos.

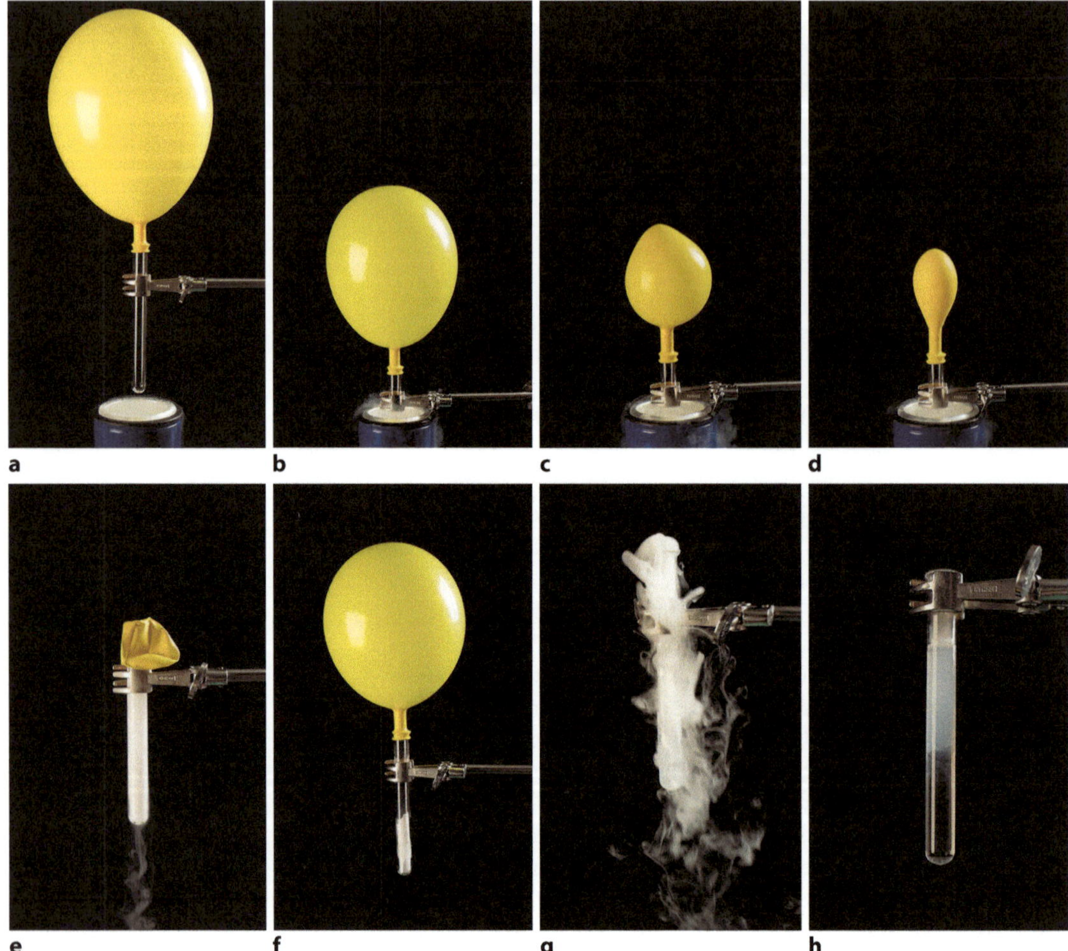

Abb. 4.7 **a** Gasförmiges Kohlenstoffdioxid im Reagenzglas und im Ballon; **b** Reagenzglas in flüssigem Stickstoff: Kohlenstoffdioxid resublimiert im Reagenzglas; **c** das Volumen des gasförmigen Kohlenstoffdioxids nimmt immer mehr ab; **d** im Ballon ist kaum noch gasförmiges Kohlenstoffdioxid vorhanden; **e** das gasförmige Kohlenstoffdioxid ist vollständig im Reagenzglas resublimiert; **f** bei Raumtemperatur erwärmt sich das feste Kohlenstoffdioxid und sublimiert; **g** wenig festes Kohlenstoffdioxid wird mit Calciumhydroxid-Lösung versetzt; **h** Es bildet sich ein weißer Niederschlag. (© Ralf Geiß 2017)

Calciumcarbonat + Kohlenstoffdioxid + Wasser
$\rightarrow$ Calciumhydrogencarbonat

Durch weitere Zugabe von Calciumhydroxid reagiert Calciumhydrogencarbonat zu Calciumcarbonat und Wasser.

Calciumhydroxid + Calciumhydrogencarbonat
$\rightarrow$ Calciumcarbonat + Wasser

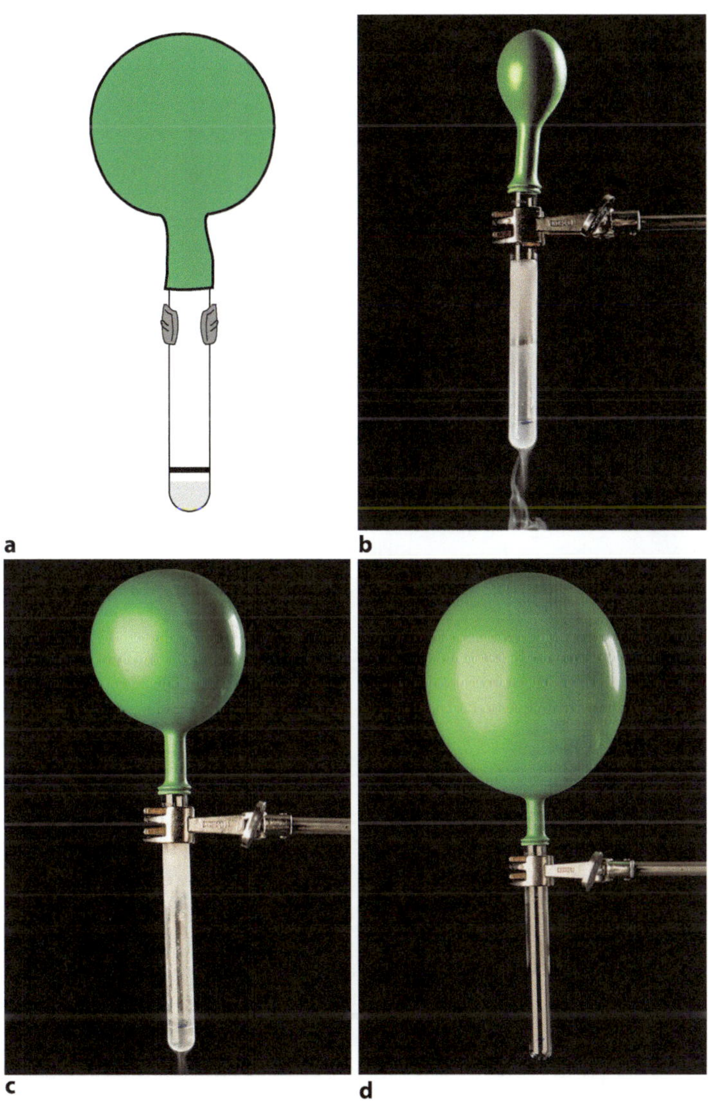

Abb. 4.8 **a** Versuchsaufbau, **b** RG gefüllt mit 2 ml flüssigem Stickstoff, **c** ein Teil des flüssigen Stickstoffs ist verdampft und hat den Ballon etwas aufgeblasen, **d** der flüssige Stickstoff im RG ist vollständig verdampft, das Volumen des Ballons hat den Maximalwert erreicht. (© Ralf Geiß 2017)

Experiment 4.4 Verdampfen von flüssigem Stickstoff

Versuchsdurchführung: Mithilfe von Wasser wird an einem Reagenzglas (18 × 180 mm) eine 2-ml-Markierung angebracht. An einem zweiten trockenen RG wird eine Markierung auf gleicher Höhe angebracht. Dieses RG wird nun mit etwa 2 ml flüssigem Stickstoff gefüllt und mit einem Ballon verschlossen.

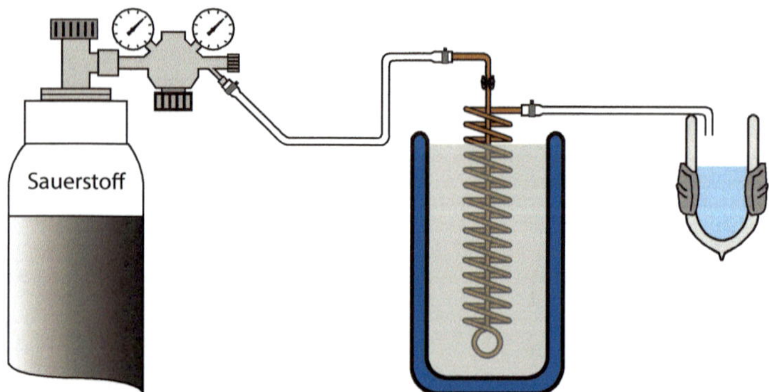

Abb. 4.9 Versuchsaufbau und Verlauf: Bildung von flüssigem Sauerstoff. (© Ralf Geiß 2017)

Beobachtung: Der flüssige Stickstoff im RG verschwindet, während gleichzeitig das Volumen des Ballons deutlich zunimmt (Abb. 4.8).
Schlussfolgerung: Der −196 °C kalte flüssige Stickstoff erwärmt sich bei Raumtemperatur relativ schnell. Dabei verdampft der flüssige Stickstoff und wird gasförmig. Das Gas steigt in den Ballon und bläst ihn auf.
Quelle: Lister (1995)

Experiment 4.5 Bildung von flüssigem Sauerstoff

Versuchsdurchführung: Teil 1: Eine Kupferrohr-Spirale (35 Wicklungen, Spiralhöhe: 25 cm, Spiralaußen-Ø: 5,5 cm, Rohrinnen-Ø: 4 mm, Rohraußen-Ø: 6 mm) wird in einem Dewar platziert und an eine Sauerstoff-Flasche angeschlossen. Vom Ende der Spirale führt ein Schlauch in ein kleines Glasdewar. Nun stellt man einen geringen Sauerstoff-Fluss (Druck: ca. 4 bar) durch die Spirale ein und füllt flüssigen Stickstoff in den großen Dewar. Anschließend erhöht man den Sauerstoff-Fluss (Druck: ca. 4 bar), sodass flüssiger Sauerstoff in das kleine Glasdewar gepresst wird. Falls erforderlich füllt man flüssigen Stickstoff in den großen, blauen Dewar nach. Auf diese Weise kann man in ca. 1 min etwa 50 ml flüssigen Sauerstoff gewinnen (Abb. 4.9).
Hinweis: Falls keine Metallspirale zur Verfügung steht, kann man Sauerstoff durch ein 30 cm langes Glasrohr, mit geringer Flussrate, in ein Reagenzglas (24 × 200 mm) einleiten, das in flüssigem Stickstoff gekühlt wird. Auf diese Weise können in 5–8 min etwa 50 ml flüssiger Sauerstoff gewonnen werden.
Teil 2: Man legt einige zerknüllte Papiertücher in eine große Metallschale, übergießt das Papier mit flüssigem Sauerstoff und zündet es mit einem langen Feuerzeug an.

Abb. 4.10 Versuchsaufbau und Verlauf **a** Bildung von flüssigem Sauerstoff, **b, c** flüssiger Sauerstoff (mit Eisflocken verunreinigt). (© Ralf Geiß 2017)

Beobachtung: Teil 1: Im Glasdewar sammelt sich eine blassblaue Flüssigkeit (Abb. 4.10).
Teil 2: Nach Entzündung verbrennt das Papier sehr rasch unter intensiver Flammenbildung und großer Wärmeentwicklung (Abb. 4.11 und 4.12).
Schlussfolgerung: Teil 1: Durch den flüssigen Stickstoff im großen Dewar wird das Metallrohr auf −196 °C gekühlt. In diesem kalten Metallrohr kondensiert der gasförmige Sauerstoff (Sdp. −183 °C) zu flüssigem Sauerstoff.

Abb. 4.11 Versuchsaufbau und Verlauf Teil 2: Verbrennung von Papier mit flüssigem Sauerstoff. (© Ralf Geiß 2017)

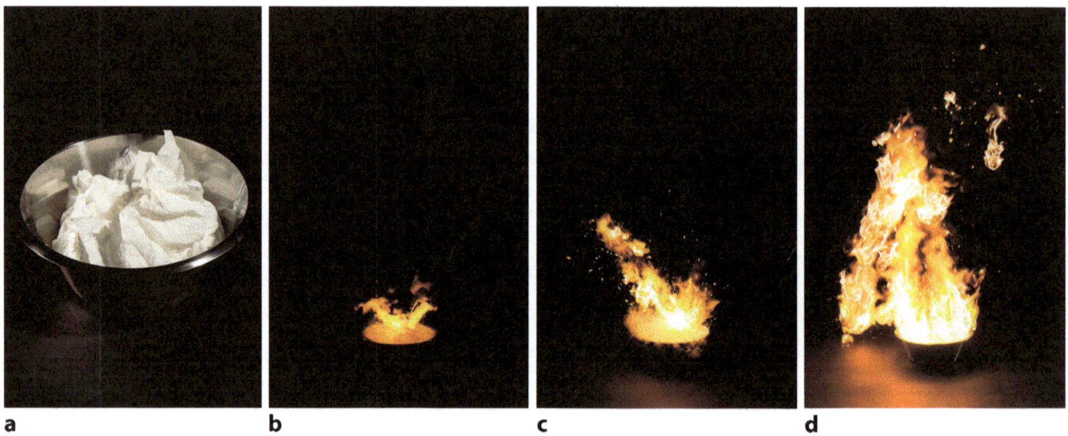

Abb. 4.12 **a** Papier in Metallschale ohne flüssigen Sauerstoff; **b** Papier, das mit flüssigem Sauerstoff übergossen wurde, wird entzündet; **c** Verbrennung von Papier mit flüssigem Sauerstoff; **d** Verbrennung von Papier mit flüssigem Sauerstoff, ca. 2 s nach dem Zünden. (© Ralf Geiß 2017)

Teil 2: Auf dem relativ warmen Papier sowie auf der warmen Metallschale verdampft der flüssige Sauerstoff sehr schnell. Das Feuerzeug entzündet das Papier, das bei Gegenwart von konzentriertem gasförmigem Sauerstoff sehr rasch verbrennt.
Quelle: Shakhashiri (1983)

Experiment 4.6 Verflüssigung von Brennergas

Versuchsdurchführung: Eine Brenner-Gaskartusche wird über einen Schlauch mit einer Kühlfalle verbunden. Anschließend wird die Kühlfalle in flüssigen Stickstoff getaucht und das Gasventil der Gaskartusche wenig geöffnet. Nachdem für eine kurze Zeit Brennergas in die Kühlfalle geflossen ist, wird die Gaszufuhr beendet und die Kühlfalle aus dem flüssigen Stickstoff entnommen. Am Ausgang

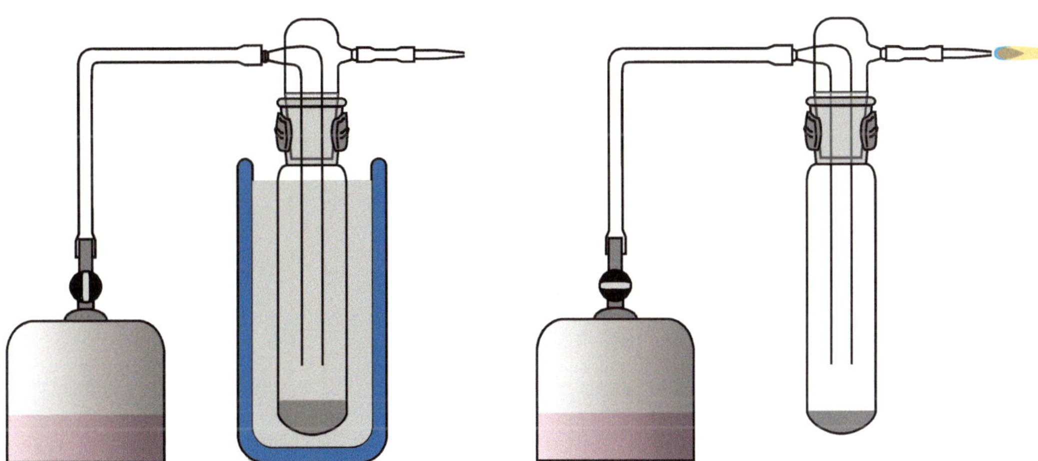

Abb. 4.13 Versuchsaufbau und Verlauf: Verflüssigung von Brennergas. (© Ralf Geiß 2017)

der sich erwärmenden Kühlfalle versucht man, eine Flamme zu entzünden (Abb. 4.13).

Beobachtung: Nachdem die Kühlfalle aus dem flüssigen Stickstoff entnommen wurde, kann man an ihrem unteren Ende eine farblose Flüssigkeit erkennen. Zu Beginn gelingt es nicht, am Kühlfallen-Ausgang eine Gasflamme zu entzünden. Nachdem sich der Kühlfallen-Boden jedoch deutlich erwärmt hat, beginnt am Ausgang eine Flamme zu brennen. Mit zunehmender Erwärmung brennt die Flamme immer heftiger.

Schlussfolgerung: In der Brenner-Gaskartusche herrscht ein hoher Druck. Bei diesem Druck liegt der Brennstoff fast vollständig als Flüssigkeit vor. Über der Flüssigkeit in der Gaskartusche befindet sich gasförmiger Brennstoff. Durch Öffnen des Gasventils der Gaskartusche strömt Brennergas aus. Durch Verdampfen von flüssigem Brennstoff wird in der Gaskartusche gasförmiger Brennstoff nachgeliefert. Im flüssigen Stickstoff wird die Kühlfalle auf −196 °C abgekühlt. Das Brennergas (Bsp.: Propan, Sdp. −42 °C, Smp. −188 °C) kondensiert bzw. erstarrt bei dieser tiefen Temperatur am Boden der Kühlfalle. Nachdem man die Kühlfalle aus dem flüssigen Stickstoff entnommen hat, ist der Brennstoff zuerst noch flüssig und deutlich kälter als es dem Siedepunkt entspricht. Bei dieser tiefen Temperatur verdampft fast kein Brennergas, so dass am Kühlfallen-Ausgang auch keine Flamme entzündet werden kann. Mit zunehmender Erwärmung des Kühlfallen-Bodens wird auch der Brennstoff zunehmend erwärmt – es verdampft immer mehr Brennstoff. Ab einer bestimmten Temperatur kann am Ausgang der Kühlfalle eine Flamme entzündet werden. In der Nähe des Siedepunkts verdampft viel Brennerflüssigkeit, sodass die Flamme heftig brennt.

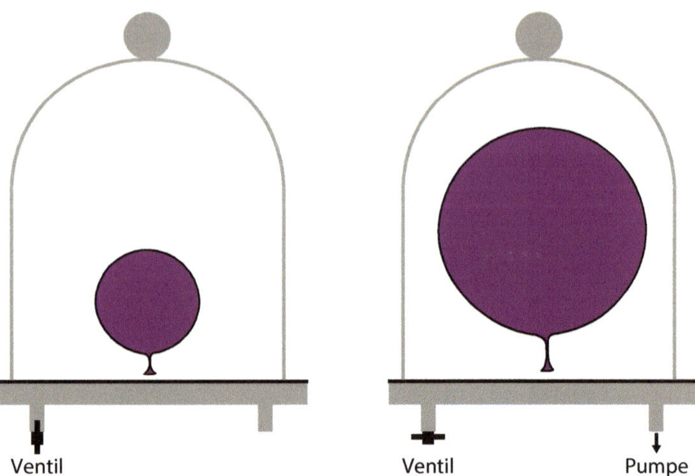

Abb. 4.14 Versuchsverlauf: Luftballon unter der Pumpenglocke. (© Ralf Geiß 2017)

Experiment 4.7 Luftballon unter der Pumpenglocke

Versuchsdurchführung: Ein Luftballon wird auf ein Volumen von etwa 1 l aufgeblasen und unter die Glasglocke eines Pumpstands gelegt. Mit einer Pumpe wird nun die Luft aus der Glocke abgepumpt. Mit einem Manometer wird kontinuierlich der Druck in der Glasglocke bestimmt. Nachdem der minimale Druck erreicht wurde, wird die Glasglocke wieder belüftet (Abb. 4.14).

Beobachtung: Je mehr der Druck in der Glasglocke sinkt, desto größer wird der Ballon. Nach der Belüftung ist der Ballon wieder genauso groß wie zu Beginn des Versuchs.

Schlussfolgerung: Mit abnehmendem Druck außerhalb des Ballons nimmt das Volumen der Luft im Ballon immer mehr zu. Mit zunehmendem Druck außerhalb des Ballons nimmt das Volumen der Luft im Ballon immer mehr ab.

Experiment 4.8 Zauberei mit einem Ei

Versuchsdurchführung: Teil 1: Ein Erlenmeyerkolben (1000 ml, Borosilikat 3.3) wird an der Innenseite des Halses mit Schlifffett gefettet. Anschließend spannt man den Kolben an einem Stativ aufrecht ein und erwärmt ihn mit einem Bunsenbrenner etwa 1 min lang. Solange der Kolben noch warm ist, legt man ein hartgekochtes und geschältes Ei mit dem schmalen Ende nach unten in die Öffnung des Kolbens. Nun stellt man den Kolben mit Ei auf der Öffnung in ein Eisbad.
Teil 2: Man dreht den Kolben mit Ei darin auf den Kopf, sodass das Ei mit der schmalen Seite nach unten gerichtet den Kolbenausgang blockiert. Danach spannt man den Kolben kopfüber an einem

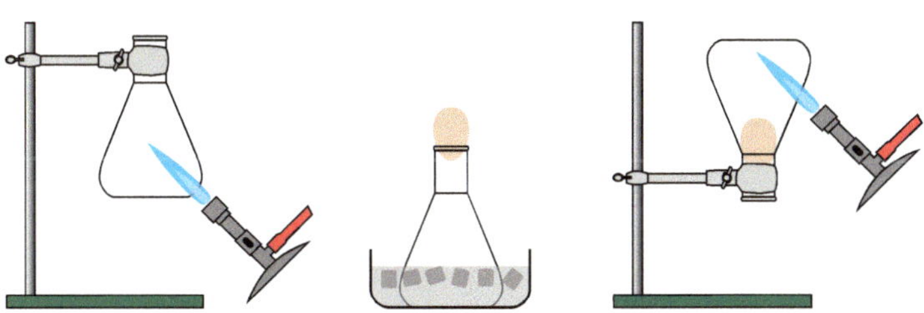

Abb. 4.15 Versuchsaufbau und Verlauf: Zauberei mit einem Ei. (© Ralf Geiß 2017)

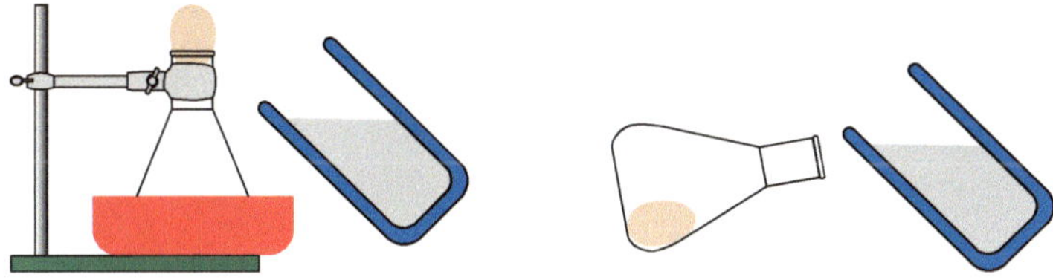

Abb. 4.16 Versuchsaufbau und Verlauf: Zauberei mit flüssigem Stickstoff und Ei. (© Ralf Geiß 2017)

Stativ ein und erhitzt den oben liegenden Kolbenteil mit einem Bunsenbrenner (Abb. 4.15).
Beobachtung: Teil 1: Das Ei wandert in den Erlenmeyerkolben hinein. Teil 2: Das Ei wandert aus dem Erlenmeyerkolben heraus.
Schlussfolgerung: Teil 1: Durch die Kühlung des Kolbens nimmt der Druck im Kolbeninnenraum ab. Der Luftdruck ist nun deutlich größer als der Druck im Kolben, wodurch das Ei in den Kolben gedrückt wird. Teil 2: Durch das Erwärmen des Kolbens nimmt der Druck im Kolbeninnenraum zu. Der Luftdruck ist nun deutlich geringer als der Druck im Kolben, wodurch das Ei aus dem Kolben herausgedrückt wird.
Quelle: Shakhashiri (1983)

Experiment 4.9 Zauberei mit flüssigem Stickstoff und Ei
Versuchsdurchführung: Teil 1: Ein Erlenmeyerkolben (1000 ml, Borosilikat 3.3) wird an der Innenseite des Halses mit Schlifffett gefettet. Anschließend stellt man den Kolben in eine große Porzellan-Abdampfschale oder eine Kunststoffschale, und sichert ihn mit Stativmaterial. Zum Abschluss der Vorbereitungen legt man ein hartgekochtes und geschältes Ei, mit dem spitzen Ende nach unten, auf die Öffnung des Kolbens. Nun gießt man etwa 50 ml flüssigen Stickstoff in die Schale.
Teil 2: Mit isolierenden Handschuhen: Man hält den Erlenmeyerkolben mit Ei im Inneren in einer Hand und gießt mit der anderen Hand etwas flüssigen Stickstoff in den Kolben. Durch Umdrehen des Kolbens verschließt man mit dem Ei – spitze Seite nach unten – die Öffnung des Kolbens (Abb. 4.16).

Hinweis: Die Durchführung von Teil 2 ist relativ schwierig und gelingt nicht immer, da das Ei durch Gefrieren hart werden kann und dann den Kolbenausgang nicht mehr dicht verschließt.
Beobachtung: Teil 1: Das Ei wandert in den Kolbeninnenraum.
Teil 2: Das Ei wandert aus dem Kolben heraus.
Schlussfolgerung: Teil 1: Durch die Kühlung des Kolbens nimmt der Druck im Kolbeninnenraum ab. Der Luftdruck ist nun deutlich größer als der Druck im Kolben, sodass das Ei in den Kolben gedrückt wird.
Teil 2: Durch den verdampfenden Stickstoff nimmt der Druck im Kolbeninnenraum deutlich zu, sodass das Ei aus dem Kolben herausgedrückt wird.
Quelle: Shakhashiri (1983)

Verhalten von Gasen
Experiment 4.1 bis Experiment 4.9 haben gezeigt:
- **Bei tiefen Temperaturen kondensieren Gase in der Regel zu Flüssigkeiten.**
- **Bei tiefen Temperaturen resublimieren manche Gase zu Feststoffen.**
- **Mit sinkender Temperatur nimmt das Volumen von Gasen ab.**
- **Mit sinkender Temperatur nimmt der Druck in Gasen ab.**
- **Bei hohen Temperaturen verdampfen Flüssigkeiten in der Regel zu Gasen.**
- **Bei hohen Temperaturen sublimieren manche Feststoffe zu Gasen.**
- **Mit steigender Temperatur nimmt das Volumen von Gasen zu.**
- **Mit steigender Temperatur nimmt der Druck in Gasen zu.**
- **Mit sinkendem Druck nimmt das Volumen von Gasen zu.**
- **Bei ausreichend hohem Druck kondensieren Gase zu Flüssigkeiten.**
- **Mit steigendem Druck nimmt das Volumen von Gasen ab.**

(WD 1 Faktenwissen)

An dieser Stelle drängt sich eine Frage auf: Wie kann man dieses Verhalten der Gase erklären? Wir kommen weiter unten auf diese Frage zurück. Zunächst führen wir Experimente mit Flüssigkeiten durch.

Experimente mit Flüssigkeiten

Experiment 4.10 Gefrorene Essigsäure in flüssiger Essigsäure
Versuchsdurchführung: Man lässt feste Essigsäure-Würfel (Smp. 16,6 °C, Sdp. 118,1 °C) in einen schmalen Standzylinder gleiten, in dem sich ausreichend flüssige Essigsäure befindet. Zum Vergleich gibt man Eiswürfel in einen mit Wasser gefüllten Standzylinder.

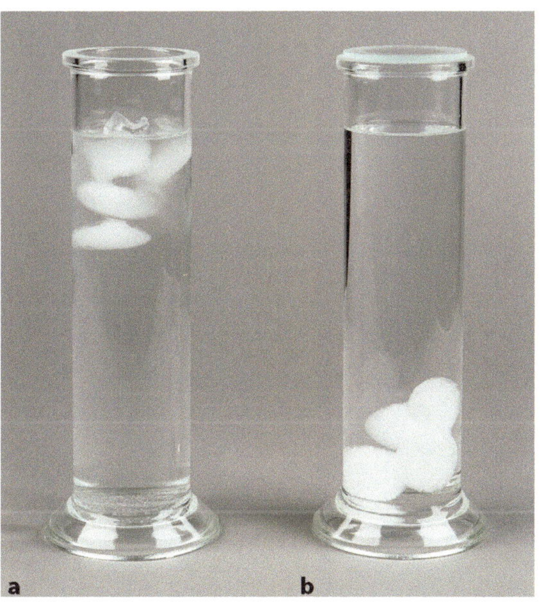

Abb. 4.17 **a** Eiswürfel in Wasser, **b** Essigsäure-Würfel in Essigsäure. (© Ralf Geiß 2017)

Beobachtung: Die Essigsäure-Würfel sinken in der flüssigen Essigsäure auf den Boden des Standzylinders. Die Eiswürfel schwimmen an der Wasseroberfläche (Abb. 4.17).
Schlussfolgerung: Stoffe haben im festen Zustand normalerweise eine höhere Dichte als im flüssigen Zustand – Wasser ist eine Ausnahme.

Experiment 4.11 Abkühlung von Ethanol

Versuchsdurchführung: Ein Reagenzglas (RG) wird etwa zur Hälfte mit rot gefärbtem Ethanol (reines Ethanol: Smp. −114 °, Sdp. 78 °C) gefüllt. Mit einem Filzstift markiert man den Flüssigkeitspegel. Nun wird das RG immer wieder in flüssigen Stickstoff getaucht und zwischen den Eintauchphasen der Flüssigkeitspegel kontrolliert (Abb. 4.18).
Beobachtung: Das Volumen der roten Flüssigkeit nimmt ab, bis der Schmelzpunkt erreicht ist und die Flüssigkeit zu einem Feststoff erstarrt.
Schlussfolgerung: Mit zunehmender Abkühlung nimmt die Dichte des Alkohols immer mehr zu – d. h., bei gleichbleibender Menge (Masse) nimmt das Alkoholvolumen immer mehr ab. Sobald der Schmelzpunkt erreicht ist, erstarrt der Alkohol zu einem Feststoff. Da Feststoffe bei Temperaturänderung ihr Volumen nur geringfügig verändern, ist unterhalb des Schmelzpunktes keine Volumenänderung mehr zu erkennen.

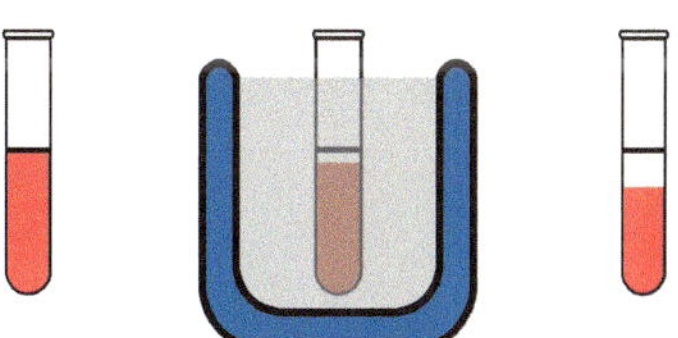

Abb. 4.18 Versuchsverlauf: Abkühlung von Ethanol. (© Ralf Geiß 2017)

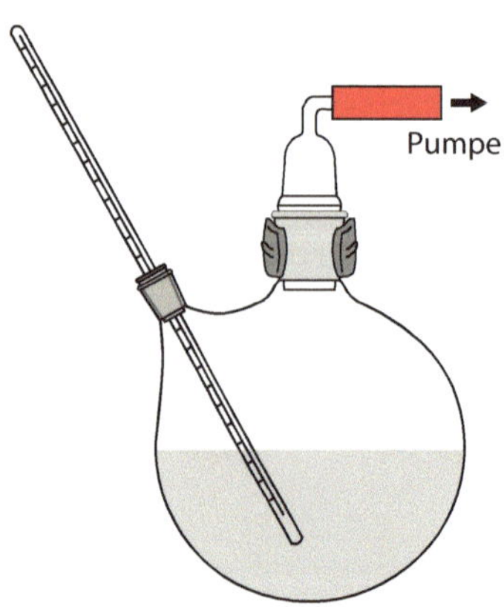

■ **Abb. 4.19** Versuchsaufbau: kaltes, kochendes Wasser. (© Ralf Geiß 2017)

■ **Abb. 4.20** **a** Kaltes, kochendes Wasser in einem Zweihals-Kolben (Gelbfärbung vom Farbstoff des Schlauchs), **b** die Temperatur des kochenden Wassers beträgt etwa 34 °C. (© Ralf Geiß 2017)

Experiment 4.12 Kaltes, kochendes Wasser

Versuchsdurchführung: Man füllt einen Zweihals-Kolben gemäß ■ Abb. 4.19 mit entm. Wasser. Mit einer Pumpe wird nun die Luft abgepumpt – bei Einsatz von warmem Wasser (40–50 °C) reicht die Pumpleistung einer guten Wasserstrahl-Pumpe aus.

Beobachtung: Nach einer gewissen Pumpdauer bilden sich im Wasser Gasblasen, es sieht so aus, als ob das Wasser kocht. Die Temperatur des Wassers beträgt jedoch weniger als 40 °C (■ Abb. 4.20).

Schlussfolgerung: Wird die Luft über Wasser entfernt, so beginnt Wasser schon bei Raumtemperatur (nicht erst bei 100 °C) zu sieden. D. h., in der Flüssigkeit geht überall, nicht nur an der Oberfläche, flüssiges Wasser in gasförmiges Wasser über.

Verhalten von Flüssigkeiten

Experiment 4.10 bis Experiment 4.12 haben gezeigt:

- **Bei tiefen Temperaturen erstarren Flüssigkeiten zu Feststoffen.**
- **Mit sinkender Temperatur nimmt das Volumen von Flüssigkeiten ab.**
- **Bei hohen Temperaturen schmelzen Feststoffe zu Flüssigkeiten.**
- **Mit steigender Temperatur nimmt das Volumen von Flüssigkeiten zu.**
- **Die feste Form eines Stoffs ist in der Regel dichter als seine flüssige Form – Wasser stellt eine Ausnahme von dieser Regel dar.**

(WD 1 Faktenwissen)

Die Frage, die sich hier stellt: Wie kann man dieses Verhalten der Flüssigkeiten erklären? Wir kommen weiter unten auf diese Frage zurück. Zunächst führen wir Experimente mit Feststoffen durch.

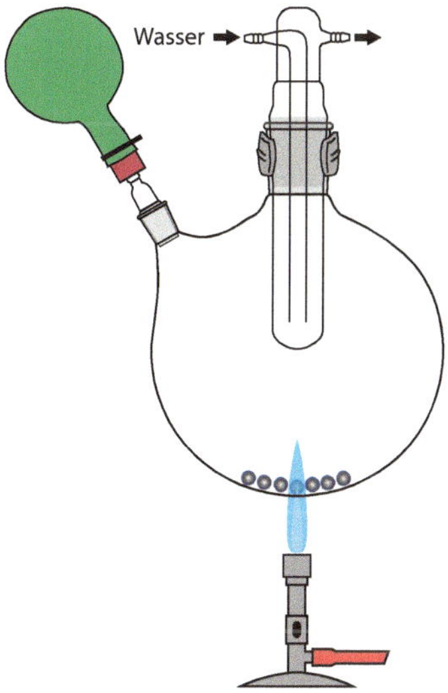

Experimente mit Feststoffen

Experiment 4.13 Sublimation und Resublimation von Iod – Demoexperiment

Versuchsdurchführung: Ein Zweihals-Kolben wird mit etwas Iod befüllt und mit einem Kühlfinger und einem Luftballon verschlossen. Nun wird die Kühlung in Betrieb genommen und der Rundkolben mit einem Bunsenbrenner behutsam erwärmt (◘ Abb. 4.21).

Beobachtung: Es bildet sich intensiv violett gefärbtes Iodgas. Am unteren Ende des Kühlfingers bilden sich Iodkristalle, die mit einer Lupe gut beobachtet werden können.

Schlussfolgerung: Der Smp. von Iod beträgt 113,6 °C, der Sdp. 184,4 °C. Iod sublimiert jedoch bereits unterhalb der Schmelztemperatur (Glöckner 1996). Bei vorsichtigem Erwärmen sublimiert ein Großteil des Iods am Kolbenboden. Am Kühlfinger resublimiert Iodgas zu Iodkristallen.

◘ **Abb. 4.21** Versuchsaufbau: Sublimation und Resublimation von Iod. (© Ralf Geiß 2017)

Experiment 4.14 Sublimation und Resublimation von Iod – Experiment für Lernende

Versuchsdurchführung: Ein Iodkristall wird in ein Reagenzglas (RG) gegeben und das RG mit einem Wattebausch verschlossen. Nun erhitzt man den unteren Teil des RG in einem Wasserbad (90–100 °C, ◘ Abb. 4.22).

Beobachtung: Unten im RG: Aus festen blauschwarzen Iodkristallen bildet sich, ohne dass eine Flüssigkeit auftritt, violettes Iodgas. Oben im RG: Aus violettem Iodgas bilden sich, ohne dass eine Flüssigkeit auftritt, blauschwarze Iodkristalle.

Schlussfolgerung: Iod sublimiert und resublimiert.

◘ **Abb. 4.22** Versuchsaufbau zu Experiment 4.14. (© Ralf Geiß 2017)

Experiment 4.15 Metallkugel und Metallring in flüssigem Stickstoff

Versuchsdurchführung: Für dieses Experiment wird eine Metallkugel verwendet, die gerade so groß ist, dass sie knapp durch einen Metallring hindurchpasst. Die Kugel ist an einer Kette befestigt. Zuerst führt man die Kugel durch den Metallring hindurch, um die gleiche Größe beider Durchmesser zu demonstrieren. Daraufhin taucht man zuerst den Metallring und dann die Kugel in flüssigen

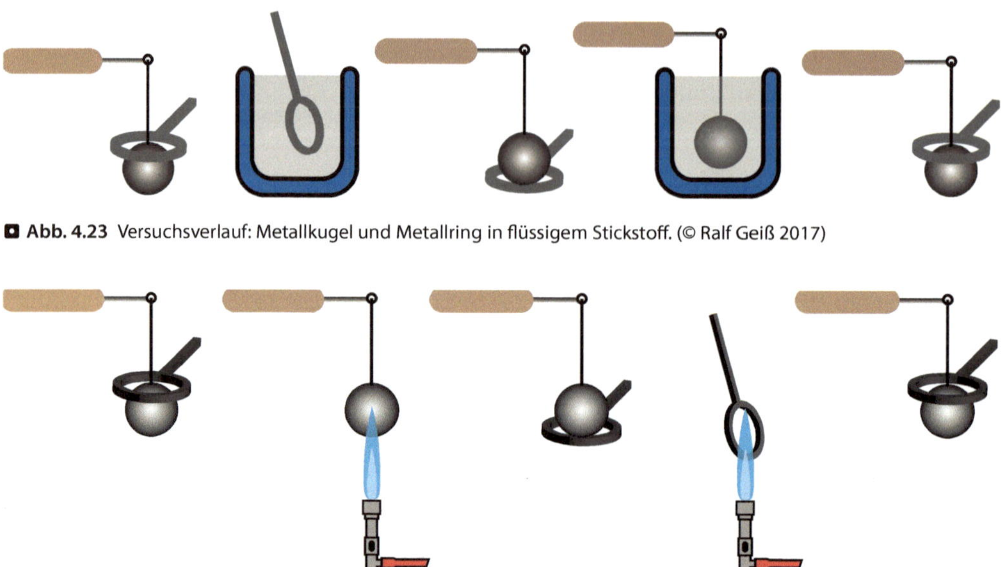

■ **Abb. 4.23** Versuchsverlauf: Metallkugel und Metallring in flüssigem Stickstoff. (© Ralf Geiß 2017)

■ **Abb. 4.24** Versuchsverlauf: Metallkugel und Metallring in der Bunsenbrenner-Flamme. (© Ralf Geiß 2017)

Stickstoff und lässt sie jeweils auf −196 °C abkühlen. Nach jedem Abkühlen wiederholt man den Durchmesser-Test (■ Abb. 4.23).
Beobachtung: Bei kaltem Metallring kann die Kugel nicht mehr durch die Öffnung hindurchgeführt werden. Bei ebenfalls kalter Kugel ist dies wieder möglich.
Schlussfolgerung: Mit abnehmender Temperatur ziehen sich Festkörper geringfügig zusammen. Die Volumenabnahme ist dabei sehr gering – sie kann in der Regel durch reines Beobachten nicht wahrgenommen werden.

Experiment 4.16 Metallkugel und Metallring in der Bunsenbrenner-Flamme
Versuchsdurchführung: Kugel und Ring wie bei Experiment 4.15. Zuerst erhitzt man die Kugel in der Bunsenbrenner-Flamme und prüft anschließend, ob sie noch durch den Metallring passt. Abschließend erhitzt man auch den Metallring und prüft erneut (■ Abb. 4.24).
Beobachtung: Die heiße Kugel passt nicht durch den kalten Metallring. Die heiße Kugel passt aber durch den heißen Metallring.
Schlussfolgerung: Mit zunehmender Temperatur dehnen sich Festkörper geringfügig aus. Die Volumenzunahme ist dabei sehr gering – sie kann in der Regel ohne Hilfsmittel nicht wahrgenommen werden.

Experiment 4.17 Schmelzen von Zinn

Versuchsdurchführung: Man legt einige Zinngranalien (Smp. 232 °C, Sdp. 2620 °C) auf einen Esslöffel und erhitzt die Unterseite des Löffels mit einer Kerzen- oder einer Bunsenbrenner-Flamme. Kurz nachdem das Metall geschmolzen ist, gießt man es in ein mit Wasser gefülltes Becherglas (400 ml, niedere Form).

Beobachtung: Das anfangs feste Metall beginnt, rasch zu schmelzen. Im Wasser erstarrt es sofort und bildet bizarre Formen.

Schlussfolgerung: Da Zinn einen sehr tiefen Schmelzpunkt hat, kann es bereits durch die Hitze einer Kerzenflamme geschmolzen werden. Im kalten Wasser kühlt das flüssige Zinn rasch auf Temperaturen unterhalb des Schmelzpunkts ab und erstarrt zu festem Zinn.

Experiment 4.18 Thermolyse von Haushaltszucker

Versuchsdurchführung: In ein schwer schmelzbares Reagenzglas füllt man 2–3 cm hoch Haushaltszucker (Saccharose) und erhitzt kräftig über der Bunsenbrenner-Flamme (◘ Abb. 4.25).

Beobachtung: Die Masse beginnt, unter leichter Braunfärbung zu schmelzen. Anfangs ist der Geruch von Karamell wahrnehmbar. Mit zunehmender Hitze verfärbt sich die Probe schwarz – gleichzeitig tritt ein strenger Geruch auf. Im oberen Teil des Reagenzglases kondensiert Wasser.

Schlussfolgerung: Beim Erhitzen von Zucker kann ab 185–186 °C die Bildung einer flüssigen Phase beobachtet werden. Die Zersetzung (Thermolyse) von Zucker tritt aber schon bei 160 °C ein. Ab dieser Temperatur werden aus Haushaltszucker neue Stoffe gebildet – die Braunfärbung verdeutlicht das. Genaugenommen kann man also für Saccharose keinen Schmelzpunkt angeben.

Bei hohen Temperaturen werden aus Saccharose Kohlenstoff und Wasser gebildet.

$$\text{Saccharose} \rightarrow \text{Kohlenstoff} + \text{Wasser}$$

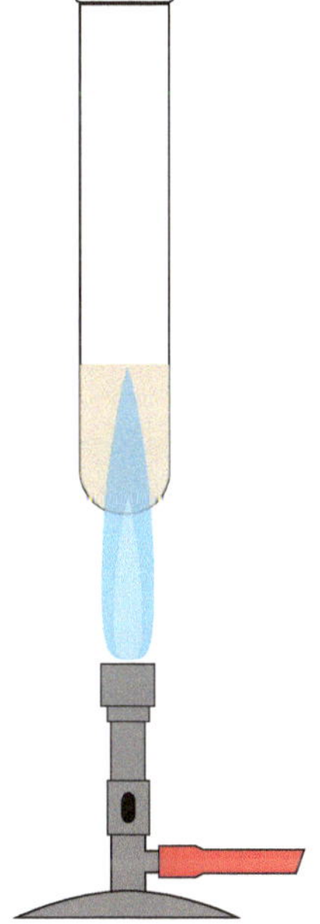

◘ **Abb. 4.25** Versuchsdurchführung zu Experiment 4.18. (© Ralf Geiß 2017)

Verhalten von Feststoffen

Experiment 4.13 bis Experiment 4.18 haben gezeigt:

- **Das Volumen von Feststoffen sinkt mit sinkender Temperatur geringfügig.**
- **Das Volumen von Feststoffen nimmt mit steigender Temperatur geringfügig zu.**
- **Bei hohen Temperaturen schmelzen Feststoffe in der Regel zu Flüssigkeiten.**
- **Bei hohen Temperaturen sublimieren manche Feststoffe zu Gasen.**
- **Bei hohen Temperaturen werden manche Feststoffe thermolysiert, noch bevor ihr Schmelzpunkt erreicht wurde.**

(WD 1 Faktenwissen)

Zusammenfassung und Fragen

Verschiedene Stoffe können sehr unterschiedliche Schmelz- und Siedepunkte aufweisen. Schmelzpunkte sind kaum druckabhängig. Siedepunkte sind abhängig vom Druck und werden in der Regel für den Standarddruck (101.325 Pa) angegeben (■ Tab. 4.1).

Fest, flüssig oder gasförmig, aber immer derselbe Stoff

Beim Schmelzen bzw. Sieden eines Stoffs finden typischerweise keine Stoffumwandlungen statt. Es gibt jedoch Stoffe, die sich beim Erhitzen zersetzen (zum Beispiel Saccharose) – man nenn diesen Vorgang Thermolyse. Bei solchen Stoffen tritt eine Aufspaltung in neue Stoffe ein, noch bevor der Schmelz- oder Siedepunkt erreicht ist.

Für alle Stoffe gilt: Egal ob ein Stoff fest, flüssig oder gasförmig vorliegt, es handelt sich immer um denselben Stoff.

Dichte

Beim Übergang von der festen Phase über die flüssige zur gasförmigen Phase nimmt die Dichte von Stoffen ab. Besonders im Gaszustand ist die Dichte eines Stoffs wesentlich kleiner als im festen oder flüssigen Zustand.

Auch hier gibt es Ausnahmen. Zum Beispiel Wasser: die größte Dichte tritt bei 4 °C in der Flüssigkeit auf.

Volumen

Mit zunehmender Temperatur nimmt das Volumen von Stoffen zu. Im Gaszustand führt eine Temperaturerhöhung zu besonders großer Volumenzunahme.

Stoffe, die wie Wasser eine Dichteanomalie aufweisen, können im flüssigen bzw. festen Zustand von dieser Regel abweichen.

Druck

Mit zunehmendem Druck nimmt das Volumen von Gasen deutlich ab. Bei Feststoffen und Flüssigkeiten hat eine Druckerhöhung keinen nennenswerten Einfluss auf das Volumen.

Durch Druckerniedrigung kann man Flüssigkeiten zum Sieden bringen, ohne die Temperatur zu erhöhen.

Offene Fragen

- Woran liegt es, dass ein Stoff fest, flüssig oder gasförmig ist und warum sind die Schmelz- und Siedepunkte für verschiedene Stoffe oft sehr verschieden?
- Die tiefsten Schmelz- und Siedepunkte sind nicht kleiner als −300 °C. Die höchsten Schmelz- und Siedepunkte betragen viele Tausend °C. Warum gibt es keine kleineren Schmelz- und Siedepunkte?
- Wie kann man das Schmelzen und Sieden eines Stoffs erklären?

Tab. 4.1 Schmelz- und Siedepunkte verschiedener Stoffe. (Haynes 2015)

Stoff	Schmelzpunkt [°C]	Siedepunkt [°C]
Helium	−272,2 (2,5 MPa)	−268,9
Wasserstoff	−259,36	−252,8
Stickstoff	−210	−195,8
Sauerstoff	−218,8	−182,97
Argon	−189,3	−185,8
Propan	−189,9	−42,06
Kohlenstoffdioxid	Sublimationspunkt:	−78,5
Diethylether	−116,4	34,6
Hexan	−94,3	68,6
Ethanol	−114,2	78,37
Wasser	0	100
Ethan-1,2-diol	−11,2	197,4
Quecksilber	−38,8	356,9
Natrium	97,7	883
Kaliumiodid	681,8	1324
Natriumchlorid	800	1465
Eisen	1537	2730
Wolfram	3410	~ 6000

- Warum zersetzen sich manche Stoffe, bevor sie zu schmelzen bzw. zu sieden beginnen?
- Warum nimmt die Dichte von Stoffen mit zunehmender Temperatur ab?
- Warum nimmt das Volumen von Stoffen mit zunehmender Temperatur zu?
- Warum sind beim Übergang in die Gasphase die Dichteabnahme und die Volumenzunahme besonders groß?
- Warum sind die Dichte und das Volumen von Gasen so stark von der Temperatur abhängig?
- Warum sind die Dichte und das Volumen von Gasen so stark vom Druck abhängig?
- Warum unterscheiden sich Gase so sehr von Feststoffen und Flüssigkeiten?
- Das Volumen eines Stoffs ist mit dem Sehsinn erfahrbar und verständlich. Im Gegensatz dazu können Temperatur und Druck nicht gesehen werden. Was geschieht in einem Stoff, wenn er erwärmt bzw. abgekühlt wird, und was geschieht in einem Gas, wenn der Druck steigt bzw. sinkt?

Ab ▶ Abschn. 4.5 werden wir lernen, wie man diese Fragen beantworten kann.

4.4 Die Aggregatzustände – Fachbegriffe

Bevor wir versuchen, die Fragen des letzten Abschnitts zu beantworten, sollen zunächst einige grundlegende Fachbegriffe eingeführt werden (◘ Abb. 4.26). Die meisten dieser Fachwörter wurden schon bei der Beschreibung der Experimente verwendet.

Fachbegriffe für Aggregatzustände

Aggregatzustände: Der feste, flüssige und gasförmige Zustand werden Aggregatzustände genannt.
Schmelzen: Ein Stoff schmilzt, wenn er vom festen in den flüssigen Aggregatzustand übergeht. In der Alltagssprache wird Schmelzen auch Tauen genannt.
Erstarren: Ein Stoff erstarrt, wenn er vom flüssigen in den festen Aggregatzustand übergeht – im Alltag spricht man auch von Frieren bzw. fest werden.
Verdunsten, Verdampfen: Ein Stoff verdunstet bzw. verdampft, wenn er vom flüssigen in den gasförmigen Aggregatzustand übergeht.
Sieden: Am Siedepunkt, wenn eine Flüssigkeit nicht nur an der Oberfläche, sondern auch im Inneren verdampft, spricht man von Sieden. In der Umgangssprache nennt man diesen Vorgang Kochen.
Kondensieren: Ein Stoff kondensiert, wenn er vom gasförmigen in den flüssigen Aggregatzustand übergeht. Im Alltag nennt man das Kondensieren von gasförmigem Wasser oft Beschlagen.
Sublimieren: Ein Stoff sublimiert, wenn er direkt vom festen in den gasförmigen Aggregatzustand übergeht.
Resublimieren: Ein Stoff resublimiert, wenn er vom gasförmigen direkt in den festen Aggregatzustand übergeht.
Verdampfen und Sieden: Beim Übergang vom flüssigen in den gasförmigen Zustand können zwei verschiedene Situationen auftreten. Unterhalb des Siedepunkts, wenn der Übergang nur an der Oberfläche stattfindet, spricht man von Verdampfen. Am Siedepunkt, wenn der Übergang auch im Inneren der Flüssigkeit stattfindet, kann man immer noch von Verdampfen sprechen – will man aber die besondere Situation hervorheben, nennt man diesen Vorgang Sieden.
Schmelzpunkt: Die Temperatur, bei der ein fester Reinstoff zu schmelzen beginnt, wird Schmelzpunkt oder Schmelztemperatur genannt. Während des Schmelzvorgangs eines Feststoffs ändert sich trotz Wärmezufuhr die Temperatur der Stoffportion nicht. Da Schmelzpunkte nur geringfügig vom Druck abhängen, werden sie meist ohne Druckangabe aufgeführt.
Siedepunkt: Die Temperatur, bei der ein flüssiger Reinstoff auch im Inneren der Flüssigkeit zu verdampfen beginnt, wird Siedepunkt genannt. Während des Siedevorgangs einer Flüssigkeit ändert sich trotz Wärmezufuhr die Temperatur der Stoffportion nicht. Da Siedepunkte vom Druck abhängen, werden sie mit Druckangabe aufgeführt – falls kein Druck angegeben wird, gilt der Siedepunkt für den Standarddruck (101.325 Pa).
Sublimationspunkt: Die Temperatur, bei der ein fester Reinstoff auch im Inneren des Festkörpers zu verdampfen beginnt, wird Sublimationspunkt genannt. Beim Sublimieren eines Feststoffs tritt die flüssige Phase nicht auf. Während des Sublimierens eines Feststoffs ändert sich trotz Wärmezufuhr die Temperatur der Stoffportion nicht. Da Sublimationspunkte vom Druck abhängen, werden sie mit Druckangabe aufgeführt – falls kein Druck angegeben wird, gilt der Sublimationspunkt für den Standarddruck (101.325 Pa).
(WD 1 Faktenwissen)

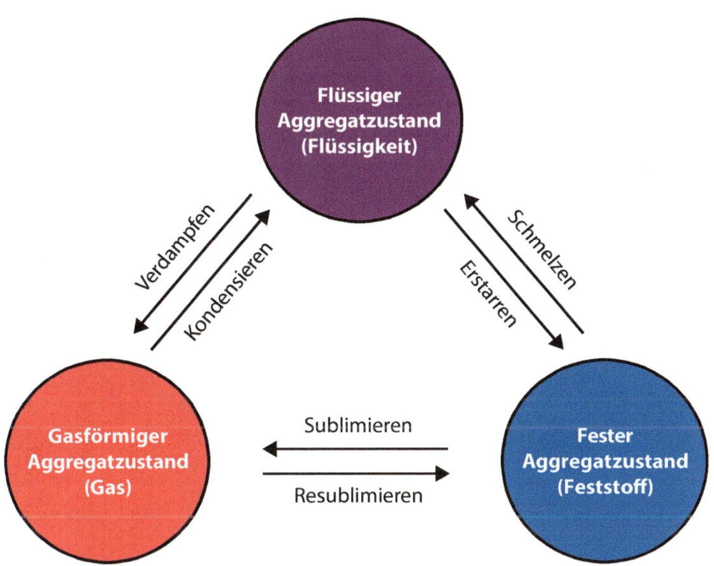

Abb. 4.26 Fachbegriffe für Aggregatzustände und Aggregatzustands-Übergänge. (© Ralf Geiß 2017)

4.5 Das wichtigste Basiskonzept der Chemie

Bevor wir die Fragen zu den Aggregatzuständen beantworten können, müssen wir uns zuerst mit einer fundamentalen Frage zum Aufbau von Stoffen befassen. Bevor wir uns dieser Frage zuwenden, führen wir zwei weitere Experimente durch.

Experiment 4.19 Alkohol und Wasser
Versuchsdurchführung: Man füllt in einen 100-ml-Standzylinder genau 50 ml Alkohol (Brennspiritus, Ethanol 96 Vol.-%) und in einen anderen 100-ml-Standzylinder genau 50 ml rot gefärbtes Wasser ein. Nun gießt man das Wasser bis auf den letzten Tropfen zum Alkohol (Abb. 4.27).
Beobachtung: Es entstehen nur 97 ml Lösung.
Schlussfolgerung: Es ergibt sich eine Frage: Wie ist das möglich? Die Differenz kommt nicht vom Wasser, das in einem 100-ml-Standzylinder zurückbleibt – dies ist deutlich weniger als 3 ml.

Experiment 4.20 Kichererbsen und Hirsekörner
Versuchsdurchführung: In einen 50-ml-Standzylinder werden mit einem Pulvertrichter 50 ml Kichererbsen eingefüllt. Auf gleiche Weise füllt man 50 ml Hirsekörner in einen anderen 50-ml-Standzylinder. Anschließend entleert man beide Standzylinder in ein

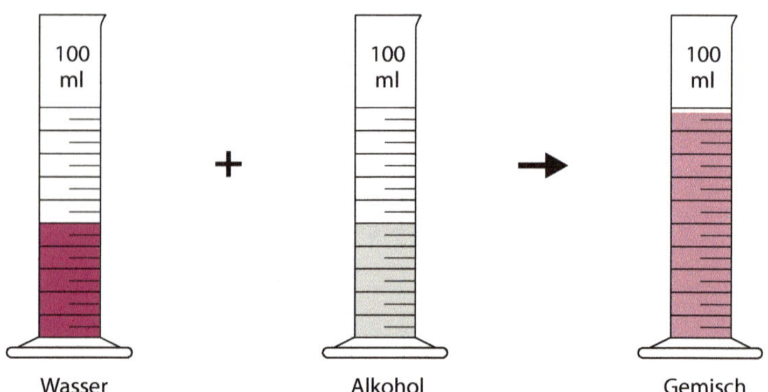

Abb. 4.27 Versuchsverlauf: Alkohol und Wasser. (© Ralf Geiß 2017)

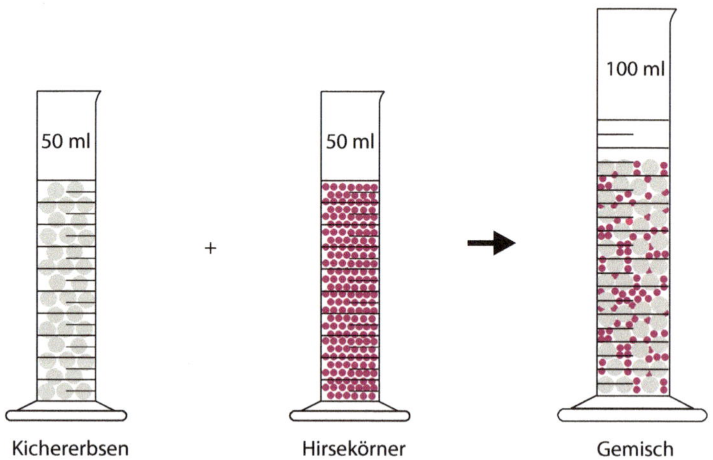

Abb. 4.28 Kichererbsen und Hirsekörner als Analogie für Alkohol und Wasser. (© Ralf Geiß 2017)

Becherglas (400 ml, breite Form) und mischt mit einem Spatel. Mithilfe eines Pulvertrichters wird die Mischung zügig in einen 100-ml-Standzylinder überführt (Abb. 4.28).
Beobachtung: Das Gemisch nimmt ein Volumen von etwa 90 ml ein.
Schlussfolgerung: Das Volumen der Mischung ist geringer als die Summe der einzelnen Volumina, da die kleinen Hirsekörner die Lücken zwischen den Erbsen auffüllen.

Über den Aufbau der Stoffe

Nun zu einer sehr wichtigen Frage über den Aufbau von Stoffen: Sind Stoffe unendlich teilbar, also kontinuierlich aufgebaut oder sind sie nur begrenzt teilbar, also aus kleinsten Teilchen (diskontinuierlich) aufgebaut?

Wenn Stoffe kontinuierlich aufgebaut sind, also unendlich teilbar sind, wie könnte man dann die Beobachtung von Experiment 4.19 erklären? Man müsste annehmen, dass die beiden Stoffe Wasser und Alkohol durch das Vermischen komprimiert werden. Eine Ursache für eine Kompression ist aber nicht erkennbar. Diese Erklärung ist somit nicht überzeugend.

Wenn Stoffe diskontinuierlich aufgebaut sind, also nicht unendlich oft teilbar sind, also aus kleinsten Teilchen bestehen, wie könnte man dann die Beobachtung von Experiment 4.19 erklären? Auf gleiche Weise wie in Experiment 4.20: Die kleinsten Teilchen des einen Stoffs sind kleiner als die kleinsten Teilchen des anderen Stoffs. Die kleineren kleinsten Teilchen füllen die Lücken zwischen den größeren kleinsten Teilchen aus.

Mit der Annahme von kleinsten Teilchen lässt sich Experiment 4.19 überzeugender erklären als mit der Annahme von kontinuierlich aufgebauten Stoffen. Dieses Prinzip der kleinsten Teilchen hat sich in der Chemie so sehr bewährt, dass Chemiker, wenn sie mit einem Stoff zu tun haben, immer sofort davon ausgehen, dass er aus kleinsten Teilchen aufgebaut ist.

Chemische Reaktionen und kleinste Teilchen

Bisher haben wir uns vor allem mit zwei Arten von chemischen Reaktionen befasst: mit der Spaltung eines Stoffs unter Bildung von zwei neuen Stoffen und mit der Bildung eines neuen Stoffs aus zwei Ausgangsstoffen.

Stoff A → Stoff B + Stoff C — Stoffspaltung

Stoff A + Stoff B → Stoff C — Stoffvereinigung

Anhand von zwei Beispielen werden wir nun erfahren, wie man derartige chemische Reaktionen mithilfe der kleinsten Teilchen beschreiben kann.

Beispiel Aufspaltung von Wasser

Mit dem Prinzip der kleinsten Teilchen kann man eine Vorstellung für die Aufspaltung von Wasser in Wasserstoff und Sauerstoff entwickeln.

Wasser → Wasserstoff + Sauerstoff

Eine Aufspaltung eines kleinsten Wasserteilchens führt zur Bildung von zwei neuen kleinsten Teilchen: einem Wasserstoff- und einem Sauerstoff-Teilchen (◘ Abb. 4.29).

Da wir über die Aufspaltung von kleinsten Wasserteilchen nichts Genaueres wissen, müssen wir auch in Betracht ziehen, dass aus einem

Abb. 4.29 Wasserspaltung mit dem Prinzip der kleinsten Teilchen erklärt. (© Ralf Geiß 2017)

Abb. 4.30 Bildung von Kohlenstoffdioxid mit dem Prinzip der kleinsten Teilchen erklärt. (© Ralf Geiß 2017)

kleinsten Wasserteilchen beim Aufspalten mehrere kleinste Wasserstoff- bzw. Sauerstoff-Teilchen entstehen könnten.

Beim Aufspalten von kleinsten Teilchen entstehen gemäß dem Prinzip der kleinsten Teilchen neue kleinste Teilchen. Da diese neuen kleinsten Teilchen zu anderen Stoffen gehören, entstehen durch die Aufspaltung von vielen kleinsten Teilchen neue Stoffe.

Beispiel Bildung von Kohlenstoffdioxid

Das Konzept der kleinsten Teilchen kann nicht nur auf Stoffspaltungen, sondern auch auf Stoffvereinigungen angewendet werden. So kann man damit die Bildung von Kohlenstoffdioxid aus Kohlenstoff und Sauerstoff beschreiben.

$$\text{Kohlenstoff} + \text{Sauerstoff} \rightarrow \text{Kohlenstoffdioxid}$$

Die Vereinigung mindestens eines Kohlenstoffteilchens mit mindestens einem Sauerstoff-Teilchen führt nach dem Prinzip der kleinsten Teilchen zur Bildung mindestens eines Kohlenstoffdioxid-Teilchens. Es könnte allerdings auch sein, dass ganz andere Zahlenverhältnisse auftreten. So ist z. B. denkbar, dass ein Kohlenstoffteilchen und zwei Sauerstoff-Teilchen in ein Kohlenstoffdioxid-Teilchen umgewandelt werden (Abb. 4.30).

Beim Vereinigen von kleinsten Teilchen entstehen gemäß dem Prinzip der kleinsten Teilchen neue kleinste Teilchen. Da diese neuen kleinsten Teilchen zu anderen Stoffen gehören, entstehen durch die Vereinigung von vielen kleinsten Teilchen neue Stoffe.

Die Spaltbarkeit der kleinsten Teilchen

Da Gold ein chemischer Grundstoff ist, der mit chemischen Experimenten nicht gespalten werden kann, ist es sinnvoll anzunehmen, dass die kleinsten Goldteilchen in chemischen Reaktionen nicht ge-

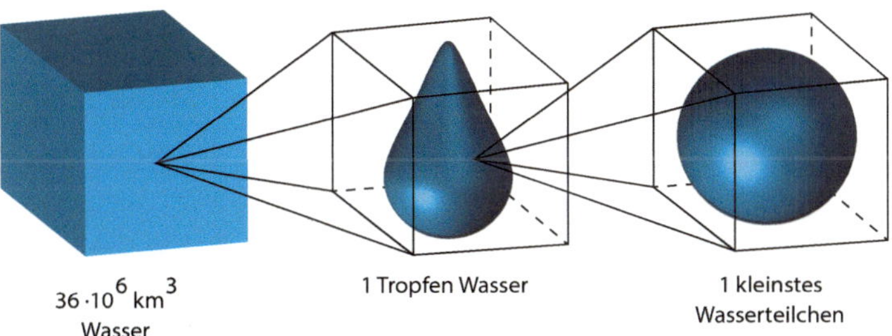

Abb. 4.31 Durch zweimaliges Teilen zum kleinsten Wasserteilchen. (© Ralf Geiß 2017)

spalten werden können. Mit besonderen physikalischen Methoden können jedoch auch Elemente gespalten werden. Dabei entstehen neue Elemente.

Es gibt jedoch ein Element, das auch mit physikalischen Methoden nicht in neue Elemente aufgespalten werden kann: Wasserstoff.

Durch chemische Reaktionen können nur Verbindungen gespalten werden. Es ist somit sinnvoll anzunehmen, dass im Verlauf chemischer Reaktionen die kleinsten Teilchen von Verbindungen gespalten werden können.

Die Größe der kleinsten Teilchen

Um einschätzen zu können, wie klein die kleinsten Teilchen der Stoffe im Rahmen der chemischen Theorie sind, machen wir ein Gedankenexperiment. Wir gehen von 36.000.000 km^3 Wasser aus und entnehmen aus dieser gewaltigen Wassermenge einen Tropfen Wasser. Entnimmt man aus diesem Tropfen Wasser einen ebenso kleinen Anteil, so erhält man gemäß der chemischen Theorie ein kleinstes Wasserteilchen (Abb. 4.31).

Da das Prinzip der kleinsten Teilchen für Chemie so wichtig ist, wird es hier nochmals mithilfe von Büroklammern veranschaulicht.

Büroklammer-Gleichnis

Eine Menge von 32 Büroklammern wird in zwei gleiche Teile zu je 16 Büroklammern aufgeteilt – der eine 16er-Anteil wird beiseitegeschoben (Abb. 4.32a, b). Die 16 Büroklammern werden nun wieder in zwei gleiche 8er-Teile aufgeteilt – man setzt dieses Verfahren fort, bis man bei einer Büroklammer angekommen ist (Abb. 4.32c–f). Diese eine Büroklammer kann man nun nicht weiter aufteilen. Zerbricht man sie in zwei etwa gleich große Teile, so bleibt keine Büroklammer zurück – man erhält zwei Drahtstücke. Wichtig hierbei ist: Ein Drahtstück ist keine Büroklammer! Eine bestimmte Menge Büroklammern kann man also nicht beliebig oft aufteilen. Sobald man bei einer Büroklammer angelangt ist, ist eine weitere Aufteilung nicht mehr möglich, ohne die Büroklammer zu zerstören.

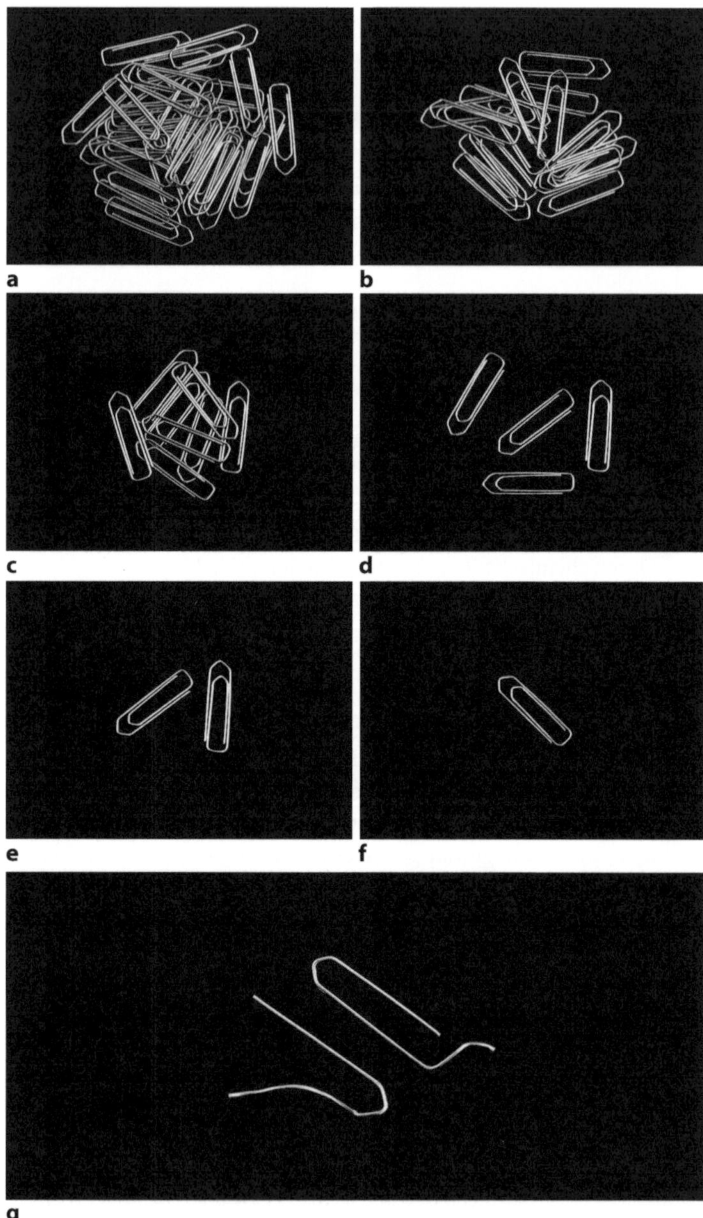

Abb. 4.32 **a** *32* Büroklammern, **b** *16* Büroklammern, **c** *8* Büroklammern, **d** *4* Büroklammern, **e** *2* Büroklammern, **f** *1* Büroklammer, **g** *2* Drahtstücke – keine Büroklammer. (© Ralf Geiß 2017)

Basiskonzept kleinste Teilchen

Konzept der kleinsten Teilchen

- Es ist nicht möglich, Stoffe beliebig oft zu teilen. D. h., Stoffe sind nicht kontinuierlich, sondern diskontinuierlich (aus kleinsten Teilchen) aufgebaut.
- Stoffspaltung: Werden die kleinsten Teilchen eines Stoffs gespalten, entstehen mindestens zwei neue kleinste Teilchen. D. h. auf der Wirklichkeitsebene: Mindestens zwei neue Stoffe entstehen.
- Stoffvereinigung: Werden die kleinsten Teilchen von zwei Stoffen zu gleichen neuen kleinsten Teilchen vereinigt, so bedeutet dies auf der Wirklichkeitsebene: Ein neuer Stoff entsteht.

(WD 2 Konzeptwissen)

Aufgabe 4.2 Wachsspaltung

Bei hohen Temperaturen wird Wachs gespalten – thermolysiert.

Wachs → Wasserstoff + Kohlenstoff

Wie könnte man mit dem Prinzip der kleinsten Teilchen die Spaltung von Wachs in Wasserstoff und Kohlenstoff erklären?

a) Beschreibe den Sachverhalt in Worten.
b) Formuliere die Wortgleichung mithilfe verschiedener Kugeln.

(WD 2 Konzeptwissen/K3 Anwenden)

Aufgabe 4.3 Die kleinsten Teilchen der Elemente

Für diese Aufgabe soll von Lavoisiers Elementbegriff ausgegangen werden.

a) Gib eine Definition für Lavoisiers Elementbegriff an.
b) Inwiefern unterscheiden sich die kleinsten Teilchen der Elemente von den kleinsten Teilchen der Verbindungen?

(WD 2 Konzeptwissen/K3 Anwenden)

4.6 Das Kugelteilchen-Modell (KTM)

Mithilfe des Prinzips der kleinsten Teilchen wurde das erste chemische Modell eingeführt – das Kugelteilchen-Modell.

Kugelteilchen-Modell

- Materie besteht aus kugelförmigen kleinsten Teilchen.
- Die Teilchen verschiedener Stoffe sind alle aus einer nicht definierten Urmaterie aufgebaut – sie unterscheiden sich in ihrer Größe.
- Der Raum zwischen den kleinsten Teilchen ist leer.
- Zwischen kleinsten Teilchen wirken Anziehungskräfte (die Anziehungskräfte zwischen verschiedenen kleinsten Teilchen sind verschieden groß).
- Die Teilchen sind ständig in Bewegung. Mit steigender Temperatur nimmt die mittlere Bewegungsenergie der kleinsten Teilchen immer mehr zu.
- Die Zusammenstöße zwischen den kleinsten Teilchen sind elastisch, laufen also ohne Energieverlust ab.

(WD 1 Faktenwissen)

Die Aggregatzustände und das Kugelteilchen-Modell

Mit dem Kugelteilchen-Modell kann man die Aggregatzustände auf überzeugende Weise beschreiben.

Für die kleinsten Teilchen im festen Zustand gilt:
- Sie sind regelmäßig und sehr dicht angeordnet.
- Der Teilchenabstand ist sehr klein.
- Sie schwingen auf ihren Plätzen – es kommt permanent zu Zusammenstößen mit benachbarten Kugelteilchen.
- Die Anziehungskräfte zwischen den kleinsten Teilchen wirken sehr stark.

Für die kleinsten Teilchen im flüssigen Zustand gilt:
- Sie sind unregelmäßig und dicht angeordnet.
- Der Teilchenabstand ist klein.
- Die Bewegungsenergie der kleinsten Teilchen ist so groß, dass sie sich innerhalb des Teilchenverbandes bewegen können – es kommt permanent zu Zusammenstößen mit anderen Kugelteilchen.
- Die Anziehungskräfte zwischen den kleinsten Teilchen wirken stark.

Für die kleinsten Teilchen im gasförmigen Zustand gilt:
- Sie sind völlig unregelmäßig und gar nicht dicht angeordnet.
- Der Teilchenabstand ist sehr groß.
- Sie bewegen sich frei – es kommt ständig zu Zusammenstößen mit anderen sich frei bewegenden Kugelteilchen.
- Die Anziehungskräfte zwischen den kleinsten Teilchen sind nicht wirksam.

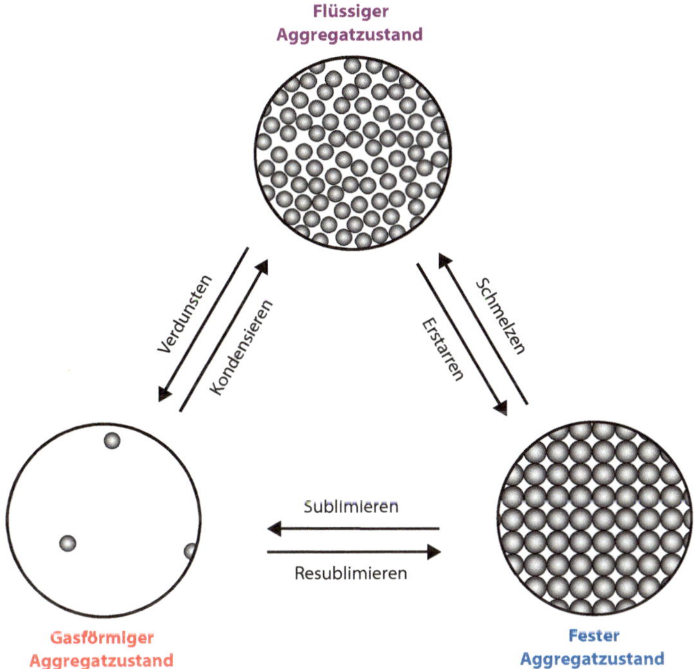

■ **Abb. 4.33** Fachbegriffe für Aggregatzustände und Aggregatzustands-Übergänge und das Kugelteilchen-Modell. (© Ralf Geiß 2017)

Aufgabe 4.4 Ursache der Aggregatzustände

Woran liegt es nach dem KTM, dass ein Stoff bei Normbedingungen (0 °C, 101.325 Pa) fest, flüssig oder gasförmig ist?
(WD 2 Konzeptwissen/KP 2 Verstehen)

Die Aggregatzustands-Fachbegriffe und das Kugelteilchen-Modell

Mithilfe der Ideen des Kugelteilchen-Modells erhält man eine neue Darstellung für die Aggregatzustands-Fachbegriffe (■ Abb. 4.33).

Aufgabe 4.5 Dichte und Temperatur

Antworte mithilfe des KTM: Warum nimmt die Dichte von Stoffen mit zunehmender Temperatur ab?
(WD 2 Konzeptwissen/KP 3 Anwenden)

Aufgabe 4.6 Die Sonderrolle der Gase

Antworte mithilfe des KTM: Warum unterscheiden sich Gase so sehr von Feststoffen und Flüssigkeiten?
(WD 2 Konzeptwissen/KP 2 Verstehen)

Die Temperatur und das Kugelteilchen-Modell

Die Temperaturskala weist einen interessanten Aspekt auf: Die tiefstmögliche Temperatur ist −273,15 °C. Im Gegensatz dazu kann die Temperatur nach oben hin beliebig gesteigert werden. Im Inneren unserer Sonne ist es etwa 20 Mio. °C heiß.

Hier soll verdeutlicht werden, wie Temperatur nach dem Kugelteilchen-Modell definiert ist.

Kommt ein heißer Körper mit einem kalten Körper in Kontakt, so erwärmt sich der kalte Körper, während der heiße Körper abkühlt. Wenn der Kontakt lange genug andauert, haben beide Körper nach einer gewissen Zeit die gleiche Temperatur.

Auf der Ebene des Kugelteilchen-Modells bedeutet das: Die kleinsten Teilchen des heißen Körpers besitzen eine große mittlere Bewegungsenergie, die des kalten Körpers eine geringe mittlere Bewegungsenergie. Wenn beide Körper in Kontakt miteinander treten, stoßen die energiereichen Teilchen des heißen Körpers mit den energiearmen Teilchen des kalten Körpers zusammen. Dabei wird Bewegungsenergie auf die energiearmen Teilchen übertragen. Nach einer gewissen Zeit ist die mittlere Bewegungsenergie der kleinsten Teilchen beider Körper gleich groß.

Die Zufuhr von Wärmeenergie bedeutet auf der Ebene der kleinsten Teilchen die Steigerung der mittleren Bewegungsenergie der kleinsten Teilchen.

Mithilfe des Kugelteilchen-Modells und der Temperaturdefinition kann man die Temperaturskala verstehen: Die tiefste Temperatur ist erreicht, wenn die kleinsten Teilchen keine Bewegungsenergie mehr aufweisen, sie stehen dann völlig still. Nach oben hin ist der Bewegungsenergie der kleinsten Teilchen jedoch keine Grenze gesetzt, die Temperatur kann also nach oben hin beliebig weit steigen.

Wärmetransport und das Kugelteilchen-Modell

Dewar-Gefäße

Für die Experimente mit flüssigem Stickstoff wurden sogenannte Dewar-Gefäße (Dewars) verwendet. Es handelt sich dabei meist um doppelwandige Glaszylinder, in deren Innenraum ein recht gutes Vakuum herrscht. Häufig sind diese Glaszylinder von einer schützenden Metallhülle umgeben.

Flüssiger Stickstoff in einer einfachen Kunststoffschale siedet kontinuierlich. Im Gegensatz dazu verdampft der flüssige Stickstoff in einem guten Glasdewar nur an der Oberfläche. Wie kann man diese Beobachtung mit dem KTM erklären?

Ein mit Wasser gefülltes Reagenzglas in der Bunsenbrenner-Flamme

Da es hierbei um den Transport von Wärme geht, beschreiben wir zunächst einmal, was passiert, wenn man ein mit Wasser gefülltes Reagenzglas in der blauen Bunsenbrenner-Flamme erhitzt (◘ Abb. 4.34).

Stoffebene

Auf der Ebene der beteiligten Stoffe fällt solch eine Beschreibung relativ kurz aus: Die heißen Gase (vor allem Kohlenstoffdioxid und Wasser) in der Brennerflamme erwärmen die Glaswand des Reagenzglases. Die sich dadurch erwärmende Glaswand erwärmt das im Inneren des Reagenzglases enthaltene Wasser. Die Wärme der Brennerflamme wird also über das Glas auf das Wasser übertragen.

Teilchenebene

Wie kann man diesen Wärmetransport auf der Ebene des KTM darstellen? In der Brennerflamme befinden sich die kleinsten Teilchen der beteiligten Stoffe im Gaszustand – d. h., es wirken keine Anziehungskräfte zwischen ihnen. Da die Temperatur in der Flamme sehr hoch ist, ist die mittlere Bewegungsenergie der kleinsten Teilchen sehr groß.

Im Glas befinden sich die kleinsten Glasteilchen im festen Zustand, d. h., sie sind gitterartig angeordnet und es wirken sehr große Anziehungskräfte zwischen ihnen. Da das Glas zu Beginn der Erwärmung relativ kalt ist, ist die Bewegungsenergie der kleinsten Glasteilchen im Glas relativ gering – sie schwingen somit nicht besonders heftig um ihre mittlere Position herum. Wenn nun aber energiereiche (schnelle) kleinste Teilchen der Brennerflamme mit den energiearmen (langsamen) Glasteilchen elastisch zusammenstoßen, dann wird Bewegungsenergie auf die Glasteilchen übertragen. Deshalb beginnen die kleinsten Glasteilchen an der Außenseite des Reagenzglases, heftiger zu schwingen. Die heftiger schwingenden Glasteilchen stoßen nun aber auch mit Glasteilchen, die weiter Innen liegen, elastisch zusammen und übertragen auf diese Weise mehr und mehr Bewegungsenergie in Richtung Innenseite des Reagenzglases. In einer Art „Dominoeffekt“ wird also die Bewegungsenergie von der Außenseite des Reagenzglases auf die Innenseite des Reagenzglases übertragen (◘ Abb. 4.35).

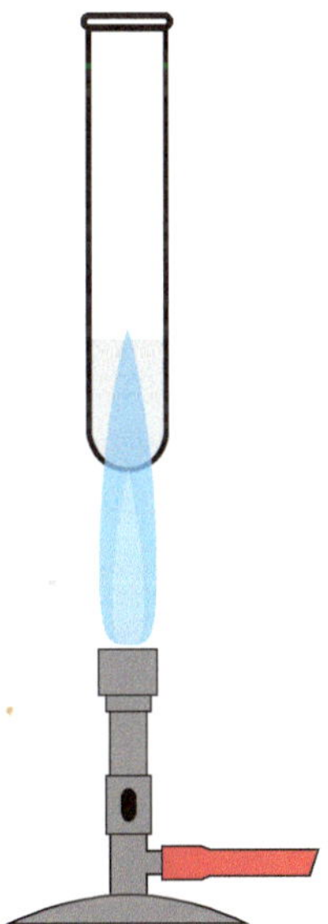

◘ **Abb. 4.34** Mit einem Bunsenbrenner wird Wasser in einem Reagenzglas erhitzt. (© Ralf Geiß 2017)

Im Wasser befinden sich die kleinsten Wasserteilchen im flüssigen Zustand, d. h., es wirken mittelgroße Anziehungskräfte zwischen ihnen. Da das Wasser zu Beginn der Erwärmung relativ kalt ist, ist die Bewegungsenergie der kleinsten Wasserteilchen im Wasser relativ gering. Wenn die Wasserteilchen mit den immer heftiger schwingenden Glasteilchen an der Innenseite des Reagenzglases elastisch zusammen stoßen, wird Bewegungsenergie von Glasteilchen auf Wasserteilchen übertragen. Durch weitere elastische Zusammenstöße unter den Wasserteilchen nimmt die mittlere Bewegungsenergie aller Wasserteilchen zu (◘ Abb. 4.36).

Auf der Stoffebene spricht man von Übertragung von Wärmeenergie; auf der Teilchenebene entspricht diese Wärmeübertragung nach dem KTM einer Übertragung von Bewegungsenergie.

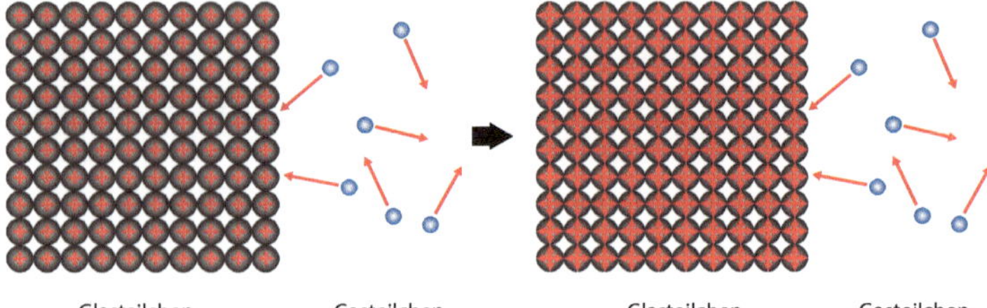

Abb. 4.35 Übertragung von Bewegungsenergie nach dem KTM – vom Gas einer Brennerflamme auf das Glas einer Reagenzglaswand. (© Ralf Geiß 2017)

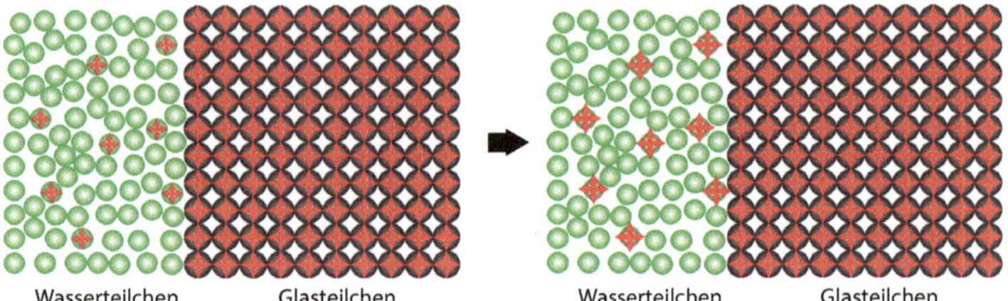

Abb. 4.36 Übertragung von Bewegungsenergie nach dem KTM – vom Glas einer Reagenzglas-Wand auf Wasser im Reagenzglas. (© Ralf Geiß 2017)

Zurück zu den Dewar-Gefäßen

Da Wärmeübertragung nach dem KTM Übertragung von Bewegungsenergie ist, können wir erklären, warum in einem Dewar-Gefäß flüssiger Stickstoff nicht siedet. Der flüssige Stickstoff wird aufgrund des Vakuums im doppelwandigen Glaszylinder sehr gut gegen die Umgebung isoliert. Da sich im Vakuum sehr wenig kleinste Teilchen aufhalten, kann nur sehr wenig Bewegungsenergie durch das Vakuum hindurch transportiert werden.

Die Wand einer Kunststoffschale dagegen transportiert Bewegungsenergie relativ gut und wirkt somit nur wenig isolierend.

Aufgabe 4.7 Schmelzen und Sieden

a) Erhitzt man einen Feststoff kontinuierlich, so beginnt er am Schmelzpunkt zu schmelzen. Beschreibe mit dem KTM, was unterhalb, am und oberhalb des Schmelzpunktes passiert.
b) Erhitzt man eine Flüssigkeit kontinuierlich, so beginnt sie am Siedepunkt zu sieden. Beschreibe mit dem KTM, was unterhalb, am und oberhalb des Siedepunktes passiert.

(WD 2 Konzeptwissen/KP 3 Anwenden)

Aufgabe 4.8 Thermolyse von Stoffen

Antworte mithilfe des KTM.

a) Warum zersetzen sich manche Stoffe, bevor sie zu sieden beginnen?
b) Warum zersetzen sich manche Stoffe, bevor sie zu schmelzen beginnen?

(WD 2 Konzeptwissen/KP 4 Analysieren)

Aufgabe 4.9 Die Temperatur von Gasen
Die Aussage: „Die Anziehungskräfte zwischen den kleinsten Teilchen wirken im Gaszustand nicht", löst bei manchen Menschen die Vorstellung aus, dass alle Gase heiß seien. Welcher Denkfehler steckt hinter dieser Idee?
(WD 2 Konzeptwissen/KP 4 Analysieren)

Aufgabe 4.10 Ytong®-Steine
Antworte mithilfe des KTM: Ytong®-Steine werden aus Porenbeton (Gasbeton) hergestellt. Warum ergeben diese Steine gut isolierende Wände?
(WD 2 Konzeptwissen/KP 4 Analysieren)

Die mittlere Bewegungsenergie der kleinsten Teilchen

In der Definition des Kugelteilchen-Modells heißt es:

- Die Kugelteilchen eines Stoffs sind ständig in Bewegung.
- Mit steigender Temperatur nimmt die mittlere Bewegungsenergie ($E_{kin} = ½mv^2$) der kleinsten Teilchen immer mehr zu.

Die Geschwindigkeitsverteilung für die Kugelteilchen eines Stoffes wird durch die Maxwell-Boltzmann-Verteilung beschrieben. Mithilfe dieses mathematischen Zusammenhangs kann man für verschiedene Temperaturen berechnen, wie viele Teilchen einer Reinstoffportion eine bestimmte Geschwindigkeit aufweisen. Wir befassen uns hier nicht mit den physikalischen Formeln, sondern geben die Aussagen dieser Verteilung grafisch wieder.

Das folgende Diagramm (■ Abb. 4.37) gibt für Stickstoff und fünf verschiedene Temperaturen die Ergebnisse dieser Verteilung an.

Aufgabe 4.11 Verdunstung von Wasser
Warum verdunstet Wasser bereits bei Raumtemperatur (20 °C), obwohl der Siedepunkt von 100 °C noch lange nicht erreicht ist? Beantworte die Frage mit dem KTM.
(WD 2 Konzeptwissen/KP 3 Anwenden)

Druck und das Kugelteilchen-Modell

Mithilfe der Bewegungsenergie ($E_{kin} = ½mv^2$) der kleinsten Teilchen kann man auch für den Druck, den Gase auf Behälterwände ausüben, eine Vorstellung entwickeln.

Beispiel Luftballon

Bläst man einen Luftballon mit Luft auf, so befindet sich sowohl im Inneren des Ballons als auch um den Ballon herum Luft. Falls nicht schon

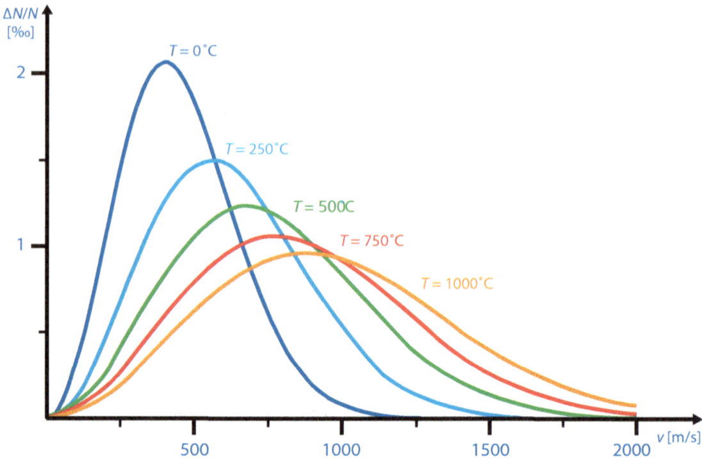

Abb. 4.37 Temperatur-Abhängigkeit der Geschwindigkeits-Verteilung für Stickstoff (*ΔN/N* bedeutet einen Bruchteil kleinster Teilchen von der Gesamtzahl *N* aller kleinster Teilchen der Stoffportion). (© Ralf Geiß 2017)

kurz nach dem Aufblasen Temperaturgleichheit vorliegt, so gleicht sich die Temperatur im Ballon nach kurzer Zeit der Lufttemperatur an.

Aufgrund dieser Situation können wir für die Theorieebene folgende Schlussfolgerungen ziehen. Die mittlere Bewegungsenergie der kleinsten Teilchen ist außerhalb und innerhalb des Ballons identisch. Betrachten wir nun einen Quadratmillimeter Ballonfläche, so gilt: Auf der Außenseite der Ballonfläche prallt pro Zeiteinheit eine bestimmte Anzahl an Teilchen auf. Aufgrund ihrer Bewegungsenergie übertragen diese Teilchen einen bestimmten Impuls p_a ($p = m \cdot v$) auf die Ballonwand. Auf der Innenseite der Ballonfläche prallt pro Zeiteinheit die gleiche Anzahl an Teilchen auf. Aufgrund ihrer Bewegungsenergie übertragen diese Teilchen einen bestimmten Impuls p_i auf die Ballonwand. Da die mittlere Bewegungsenergie der Teilchen im Ballon gleich groß ist wie außerhalb des Ballons, ist der Impuls p_a dem Betrag nach gleich groß wie der Impuls p_i, lediglich die Richtungen beider Impulse sind genau entgegengesetzt, sodass sie sich in ihrer Wirkung aufheben: $p_a = -p_i$.

Aufgabe 4.12 Luftballon unter der Pumpenglocke

In Experiment 4.7 wird ein Ballon unter einer Pumpenglocke eingeschlossen und daraufhin eine Vakuumpumpe angeschlossen. Nachdem die Vakuumpumpe für kurze Zeit in Betrieb war, nimmt das Volumen des Ballons deutlich zu.

a) Gib auf der Wirklichkeitsebene an, worin die Wirkung der Vakuumpumpe besteht.
(WD 2 Konzeptwissen/KP 2 Verstehen)

b) Erkläre auf der Wirklichkeitsebene, warum der Ballon größer wird.
(WD 2 Konzeptwissen/KP 4 Analysieren)

c) Erkläre auf der Theorieebene, warum der Ballon größer wird.
(WD 2 Konzeptwissen/KP 4 Analysieren)

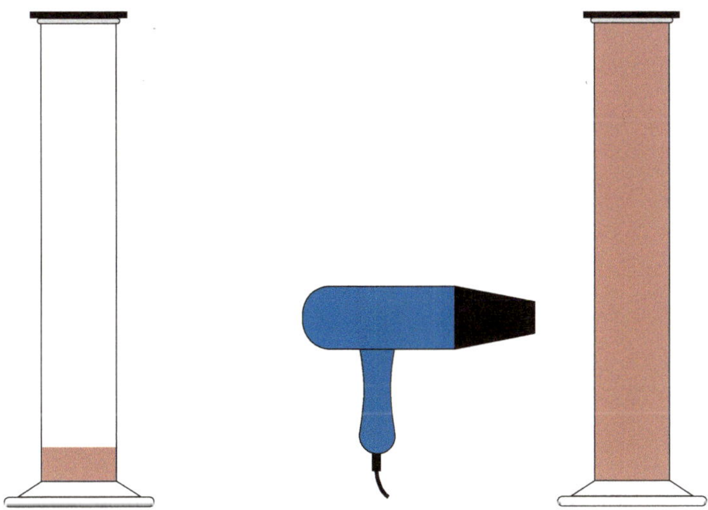

Abb. 4.38 Versuchsverlauf: Flüssiges Brom wird in einem Standzylinder erhitzt. (© Ralf Geiß 2017)

4.7 Experimente zur Überprüfung des Kugelteilchen-Modells

Bisher haben wir das Kugelteilchen-Modell angewendet, um die Eigenschaften der Aggregatzustände und die Übergänge zwischen Ihnen zu erklären. Für diese Phänomene hat sich das KTM als sehr nützlich erwiesen. Jetzt soll anhand weiterer Experimente geprüft werden, ob das KTM auch andere Phänomene erklären kann.

Diffusion

Experiment 4.21 Brom im Glaszylinder

Versuchsdurchführung: Im Abzug: In zwei möglichst hohe Standzylinder oder Schüttelzylinder werden mit einer langen Pasteur-Pipette jeweils einige Tropfen Brom getropft. Man achtet darauf, dass dabei möglichst kein Brom an die Wände der Zylinder gelangt. Anschließend verschließt man die Zylinder mit einer gläsernen Abdeckplatte oder einem Uhrglas. Den einen Zylinder überlässt man sich selbst, den anderen Zylinder erwärmt man gleichmäßig mit einem Heißluft-Gebläse (Abb. 4.38).

Beobachtung: Im warmen Zylinder verteilt sich gasförmiges Brom innerhalb weniger Minuten gleichmäßig über das gesamte Volumen. Im kalten Zylinder geschieht das Gleiche, es dauert nur wesentlich länger, bis sich eine gleichmäßige Verteilung einstellt (Abb. 4.39).

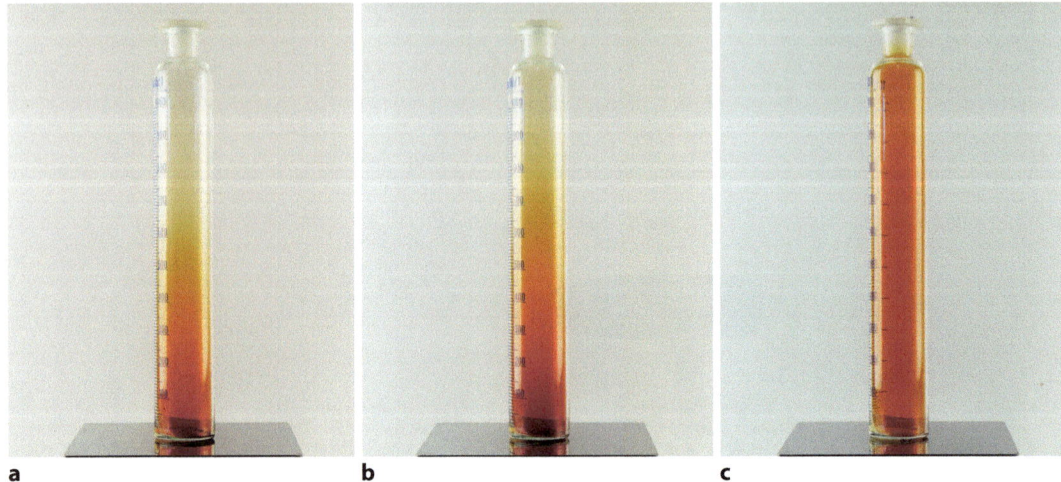

■ **Abb. 4.39** **a** Beginnende Verteilung von Brom in einem Schüttelzylinder, **b** fortgeschrittene Verteilung von Brom in einem Schüttelzylinder, **c** gleichmäßige Verteilung von Brom in einem Schüttelzylinder. (© Ralf Geiß 2017)

Schlussfolgerung: Der Siedepunkt von Brom beträgt 58,5 °C. Bei solch einem tiefen Wert verdampft eine Flüssigkeit schon bei Raumtemperatur relativ schnell. Das entstandene Bromgas vermischt sich gleichmäßig mit der im Standzylinder enthaltenen Luft. Bei hoher Temperatur geschieht dies besonders schnell.

Die Beobachtungen von Experiment 4.21 lassen sich mit dem KTM erklären. Es soll die Vermischung von Brom und Luft, nicht das Verdunsten von Brom erläutert werden. Die Vermischung von Brom und Luft beruht auf folgenden Merkmalen des Gaszustands.

- Zwischen den kleinsten Teilchen eines Gases nimmt der leere Raum ein sehr großes Volumen ein.
- Zwischen den kleinsten Teilchen sind die Anziehungskräfte nicht wirksam.
- Die Zusammenstöße zwischen den kleinsten Teilchen sind elastisch.
- Je höher die Temperatur, desto größer ist die mittlere Bewegungsenergie der kleinsten Teilchen.

Aufgrund dieser Merkmale verteilen sich die kleinsten Teilchen der Gase Stickstoff, Sauerstoff und Brom gleichmäßig im gesamten Volumen des Zylinders (■ Abb. 4.40).

Bei erhöhter Temperatur im Zylinder haben die kleinsten Teilchen eine höhere mittlere Bewegungsenergie, sodass sie sich auch schneller gleichmäßig im Zylinder verteilen.

Aus ■ Abb. 4.37 (Maxwell-Boltzmann-Verteilung) kann man entnehmen, dass selbst bei 0 °C die mittlere Geschwindigkeit eines

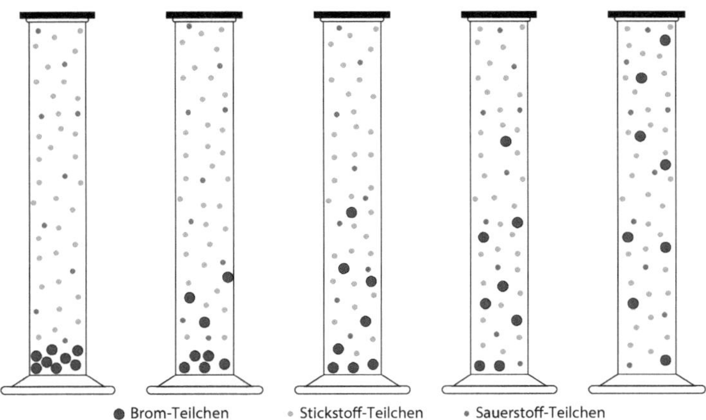

Abb. 4.40 Schematische Darstellung der Vermischung von Brom und Luft in einem Standzylinder anhand des Kugelteilchen-Modells. (© Ralf Geiß 2017)

Stickstoffteilchens etwa 400 m/s beträgt. Wenn die Stickstoff-Teilchen bereits bei 0 °C eine so hohe Geschwindigkeit aufweisen, warum durchmischen sich die Gase bei Raumtemperatur dann nicht wesentlich schneller?

Dies liegt daran, dass die Kugelteilchen eines Gases trotz der geringen Teilchendichte häufig zusammenstoßen. Bei diesen Zusammenstößen ändern sie ständig ihre Richtung, sodass sie trotz hoher Geschwindigkeit pro Zeiteinheit nicht sehr weit vorwärtskommen.

Für Stickstoff beispielsweise gelten bei 300 K (ca. 27 °C) und 101.325 Pa (1 bar) folgende Mittelwerte (Maskos und Butt 2009; Giancoli 2010):

- Geschwindigkeit: 476 m/s,
- Zusammenstöße pro Teilchen und Sekunde: $7 \cdot 10^9$,
- Freie Weglänge: 68 nm ($68 \cdot 10^{-9}$ m).

Aus der mittleren freien Weglänge und dem Durchmesser der Stickstoffteilchen (ca. $3 \cdot 10^{-10}$ m) folgt: Der mittlere Abstand zwischen zwei Stickstoff-Teilchen beträgt unter diesen Bedingungen etwa dem 227-fachen des Teilchendurchmessers.

Diffusion

Verteilt sich ein Stoff in einem anderen Stoff ohne äußere Einflüsse (z. B. Rühren), so spricht man von Diffusion. Diffusion findet nicht nur in der Gasphase, sondern auch in Flüssigkeiten statt. In besonderen Fällen kann langsame Diffusion auch in Feststoffen beobachtet werden.
(WD 1 Faktenwissen)

Diffusion in Flüssigkeiten ist ein Thema des nächsten Abschnitts.

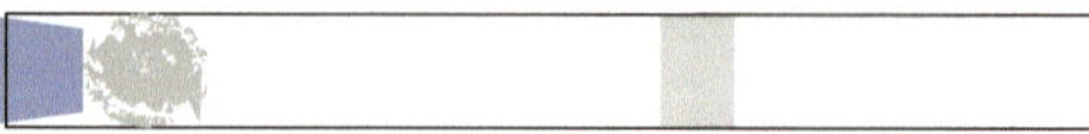

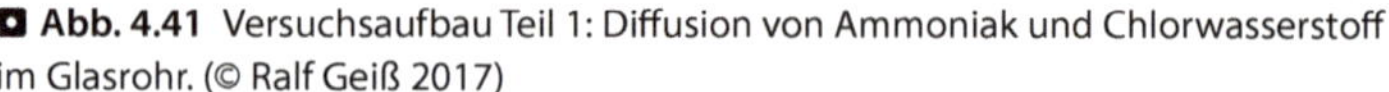

Abb. 4.41 Versuchsaufbau Teil 1: Diffusion von Ammoniak und Chlorwasserstoff im Glasrohr. (© Ralf Geiß 2017)

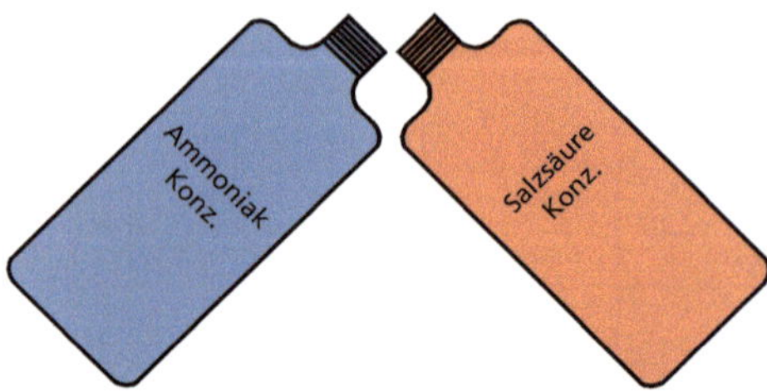

Abb. 4.42 Versuchsaufbau Teil 2: Diffusion von Ammoniak und Chlorwasserstoff aus Chemikalienflaschen heraus. (© Ralf Geiß 2017)

Experiment 4.22 Diffusion von Ammoniak und Chlorwasserstoff

Versuchsdurchführung: Teil 1: Wenn möglich im Abzug: Ein Glasrohr (Ø ca. 2 cm, Länge ca. 30 cm) wird mit Stativmaterial horizontal eingespannt. In das eine Ende steckt man einen Wattebausch, der in konz. Ammoniak-Lösung ($w \sim 28\,\%$) getränkt worden war. In das andere Ende steckt man einen Wattebausch, der in konz. Salzsäure ($w \sim 37\,\%$) getränkt worden war. Beide Enden werden abschließend mit einem Stopfen verschlossen (■ Abb. 4.41).

Teil 2: Man öffnet eine Flasche konz. Ammoniak-Lösung ($w \sim 28\,\%$) und eine Flasche konz. Salzsäure ($w \sim 37\,\%$) und bringt beide Flaschenöffnungen in unmittelbare Nähe zueinander (■ Abb. 4.42).

Teil 3: Wie in Teil 1, aber: Ein Wattebausch wird in grüne Bromthymolblau-Lösung getaucht, der andere in konz. Ammoniak-Lösung (■ Abb. 4.43).

Hinweise:

- Die grüne Bromthymolblau-Lösung wird hergestellt, indem Natriumdihydrogenphosphat-Natriumhydrogenphosphat-Pufferlösung mit Natronlauge und pH-Meter auf pH ~ 7 eingestellt wird und mit reichlich Bromthymolblau-Lösung versetzt wird.
- Konz. Salzsäure ist weniger gut geeignet als konz. Ammoniak-Lösung, da der Farbwechsel von Grün nach Gelb nicht so gut beobachtet werden kann.

Teil 4: Wie in Teil 1, aber: Man platziert im Glasrohr einen langen Streifen Universal-Indikatorpapier, der von einem Ende bis zum anderen reicht, und feuchtet ihn mit einer Spritzflasche an. In ein Ende des Glasrohrs steckt man einen Wattebausch, der in konz. Ammoniak-Lösung oder konz. Salzsäure getaucht worden war (■ Abb. 4.44).

Beobachtung: Teil 1: Im mittleren Bereich des Rohres bildet sich weißer Rauch.

Abb. 4.43 Versuchsaufbau Teil 3: Diffusion von Ammoniak im Glasrohr. (© Ralf Geiß 2017)

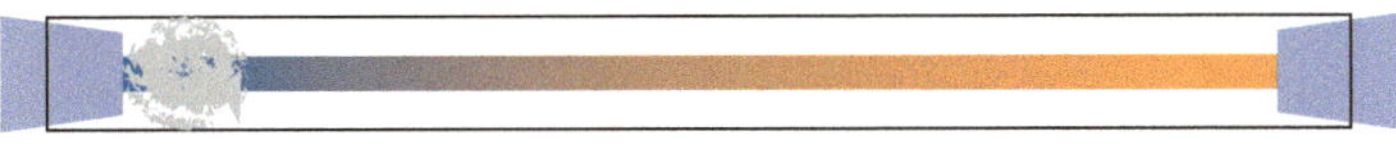

Abb. 4.44 Versuchsaufbau Teil 4: Diffusion von Ammoniak oder Chlorwasserstoff im Glasrohr. (© Ralf Geiß 2017)

Teil 2: Über den beiden Flaschenöffnungen bildet sich weißer Rauch.
Teil 3: Der grüne Wattebausch wird allmählich blau.
Teil 4: Bei Verwendung von Ammoniak-Lösung färbt sich das Indikatorpapier vom Wattebausch ausgehend zunehmend blau. Bei Verwendung von Salzsäure färbt sich das Indikatorpapier vom Wattebausch ausgehend zunehmend rot.

Schlussfolgerung: Teil 1: Vom Ammoniak-Wattebausch ausgehend diffundiert Ammoniak in Richtung Rohrmitte. Vom Salzsäure-Wattebausch ausgehend diffundiert Chlorwasserstoff in Richtung Rohrmitte. Im mittleren Bereich des Rohres treffen die beiden Gase aufeinander. Dort bildet sich in Form kleiner fester Partikel Ammoniumchlorid (Ammoniak + Chlorwasserstoff ⟶ Ammoniumchlorid).
Teil 2: Von der Ammoniakflasche diffundiert Ammoniak nach oben. Von der Salzsäureflasche diffundiert Chlorwasserstoff nach oben. Im Bereich oberhalb der Flaschenöffnungen treffen beide Gase aufeinander. Dort bildet sich, in Form kleiner fester Partikel, Ammoniumchlorid.
Teil 3: Vom Wattebausch ausgehend diffundiert Ammoniak in Richtung des anderen Rohrendes. Sobald das Gas auf den mit Indikator getränkten Wattebausch trifft, wird aus dem grünen Indikator ein blauer Stoff.
Teil 4: Vom Wattebausch ausgehend diffundiert Ammoniak oder Chlorwasserstoff in Richtung des anderen Rohrendes. Ammoniak führt zur Bildung von blauem Farbstoff auf dem Indikatorpapier. Chlorwasserstoff führt zur Bildung von rotem Farbstoff auf dem Indikatorpapier.
Quelle: Lister (1995)

Aufgabe 4.13 Diffusion von Ammoniak und Chlorwasserstoff

Beantworte die folgenden Fragen zu Experiment 4.22 mit dem Kugelteilchen-Modell.

a) Warum diffundieren die Gase relativ langsam durch das Rohr? (WD 2 Konzeptwissen/KP 1 Erinnern)

b) Warum gibt es bei Teil 4 keine scharfe Farbgrenze zwischen Blau und Orange?
(WD 3 Prozesswissen/KP 4 Analysieren)
c) Chlorwasserstoff und Ammoniak sind Gase, Ammoniumchlorid ist ein Feststoff. Warum ist das so?
(WD 2 Konzeptwissen/KP 2 Verstehen)
d) Warum diffundieren Ammoniumchlorid-Partikel sehr langsam?
(WD 3 Prozesswissen/KP 4 Analysieren)

Aufgabe 4.14 Knallgas-Explosion
Auf der Theorieebene: Warum explodiert ein mit Knallgas-Gemisch gefüllter Ballon viel heftiger als ein mit Wasserstoff gefüllter Ballon?
(WD 3 Prozesswissen/KP 4 Analysieren)

Auflösung von festen Stoffen in Flüssigkeiten

Experiment 4.23 Kaliumpermanganat-Kristalle in Wasser
Versuchsdurchführung: Teil 1: Ein 1000-ml-Becherglas (hohe Form) wird mit etwa 800 ml entmineralisiertem Wasser gefüllt. Anschließend wägt man mit einem Wägeschälchen 0,2 g Kaliumpermanganat-Kristalle ab und gibt sie ins entmineralisierte Wasser.
Teil 2: Ein 1000-ml-Becherglas (hohe Form) wird mit etwa 800 ml entmineralisiertem Wasser gefüllt. Anschließend wägt man mit einem Wägeschälchen 0,2 g pulverförmiges Kaliumpermanganat ab und gibt das Pulver zum entmineralisierten Wasser.
Hinweis: Zur Herstellung von pulverförmigem Kaliumpermanganat werden etwa 5 g kristallines Kaliumpermanganat in einem Mörser zerrieben.
Beobachtung: Teil 1: Nach einiger Zeit sind die schwarzviolett glänzenden Kristalle verschwunden und das Wasser ist violett gefärbt.
Teil 2: Auch hier färbt sich das Wasser violett. Mit dem Pulver läuft der Vorgang jedoch wesentlich schneller ab als mit den größeren Kristallen (■ Abb. 4.45).
Schlussfolgerung: Das Kaliumpermanganat-Pulver hat eine viel größere Oberfläche als die relativ großen Kaliumpermanganat-Kristalle. Somit löst sich das Pulver schneller in Wasser auf als die wenigen Kristalle. Nach der Auflösung verteilt sich Kaliumpermanganant durch Diffusion im Wasser.

Auch für Experiment 4.23 kann man die Beobachtungen mit dem Kugelteilchen-Modell erklären.

Zuerst soll die Auflösung von relativ großen Kaliumpermanganat-Kristallen in Wasser behandelt werden. Die Anziehungskräfte zwischen Kaliumpermanganat-Teilchen und Wasserteilchen sind

Abb. 4.45 **a** *links*: 0,2 g $KMnO_4$-Kristalle, *rechts*: 0,2 g $KMnO_4$-Pulver; **b** ins *linke* Becherglas wurden die Kristalle gegeben, ins *rechte* Becherglas das Pulver (Foto unmittelbar nach Zugabe); **c** Kaliumpermanganat löst sich auf – im *rechten* Becherglas schneller als im *linken* (Foto einige Minuten nach Zugabe); **d** die Kaliumpermanganat-Lösung beginnt, sich gleichmäßig im Lösungsmittel zu verteilen – im *rechten* Becherglas schneller als im *linken* (Foto ca. 45 min nach Zugabe). (© Ralf Geiß 2017)

größer als die Anziehungskräfte zwischen den Kaliumpermanganat-Teilchen untereinander. Deshalb kommt es zur Auflösung der Kristalle. Anschließend verteilen sich die Kaliumpermanganat-Teilchen gleichmäßig zwischen den Wasserteilchen. Die Verteilung erfolgt aufgrund der Bewegungsenergie der kleinsten Teilchen und wird Diffusion genannt.

Werden viele kleine Kristalle (Pulver) ins Wasser gegeben, so erfolgt eine schnellere Auflösung, da der Auflösungsvorgang an vielen kleinen Kristallen gleichzeitig stattfinden kann. Bei gleicher Masse ist die Oberfläche, an der der Auflösungsvorgang stattfinden kann, für kleine Kristalle größer als bei großen Kristallen. Nach der Auflösung der Kristalle erfolgt die Diffusion von Kaliumpermanganat genauso schnell wie bei Teil 1, denn die mittlere Bewegungsenergie der Kugelteilchen ist infolge gleicher Temperatur gleich groß wie bei Teil 1 (Abb. 4.46).

Auflösung eines grossen Kaliumpermanganat-Kristalls:

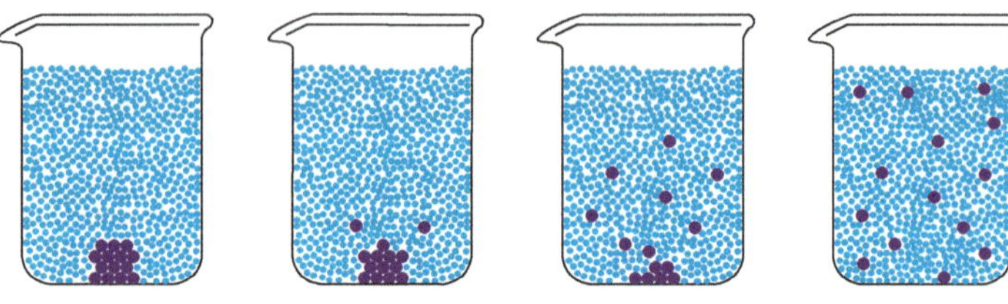

Auflösung vieler kleiner Kaliumpermanganat-Kristalle:

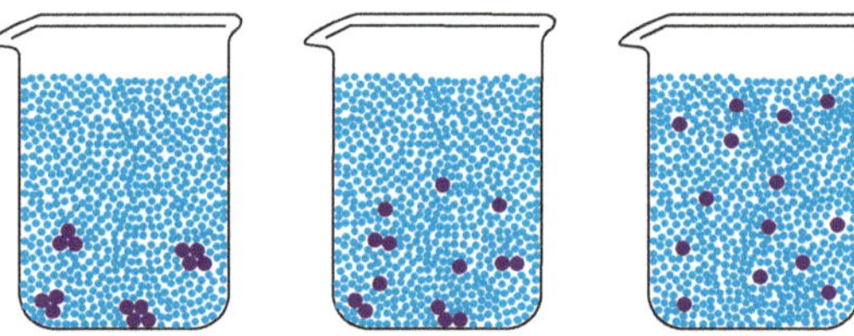

Abb. 4.46 Die Auflösung verschiedener Kaliumpermanganat-Kristalle in Wasser nach dem KTM. (© Ralf Geiß 2017)

Wenn die Bewegungsenergie der Kugelteilchen wirklich von der Temperatur bestimmt wird, dann müsste die Auflösung und die Diffusion von Kaliumpermanganat in heißem Wasser schneller stattfinden als in kaltem Wasser. Dieser Zusammenhang soll mit dem nächsten Experiment überprüft werden.

Experiment 4.24 Kaliumpermanganat-Kristalle in heißem Wasser

Versuchsdurchführung: Ein 1000-ml-Becherglas (hohe Form) wird mit etwa 800 ml entmineralisiertem Wasser gefüllt. Anschließend wärmt man das Wasser auf 80 °C auf. Abschließend wägt man mit einem Wägeschälchen 0,2 g Kaliumpermanganat-Kristalle ab und gibt sie ins heiße, entmineralisierte Wasser.

Beobachtung: Nach einer wesentlich kürzeren Zeit als bei Experiment 4.23 Teil 1 sind die schwarzviolett glänzenden Kristalle verschwunden und das Wasser ist violett gefärbt (Abb. 4.47).

Schlussfolgerung: Gemäß dem KTM gilt: Bei erhöhter Temperatur ist die mittlere Bewegungsenergie der kleinsten Teilchen größer. Dies ist die Ursache für den beschleunigten Auflösungs- und Verteilungsvorgang.

Abb. 4.47 **a** 0,2 g Kaliumpermanganat-Kristalle; **b** Kaliumpermanganat löst sich in heißem Wasser schnell auf (Foto unmittelbar nach Zugabe); **c** fortgeschrittene Auflösung von Kaliumpermanganat (Foto einige Minuten nach Zugabe). (© Ralf Geiß 2017)

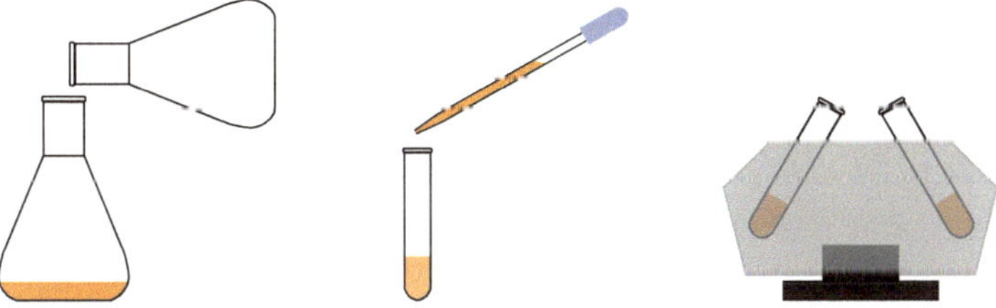

Abb. 4.48 Versuchsverlauf: Reaktion von Blei(II)-nitrat mit Kaliumiodid (Teil 1). (© Ralf Geiß 2017)

Chemische Reaktionen in Lösung, in Festphase und in Gasphase

Experiment 4.25 Reaktion von Blei(II)-nitrat mit Kaliumiodid

Versuchsdurchführung: Teil 1: In einen 50-ml-Erlenmeyerkolben (Enghals) wird 1 g Blei(II)-nitrat eingewogen und in 10 ml entmineralisiertem Wasser gelöst. In einen zweiten 50-ml-Erlenmeyerkolben (Enghals) wird 1 g Kaliumiodid eingewogen und in 10 ml entmineralisiertem Wasser gelöst. Abschließend gießt man eine Lösung zur anderen und zentrifugiert einen Teil der Reaktionsmischung (Abb. 4.48).

Teil 2: In ein kleines verschließbares Glasgefäß werden etwa 5 g Blei(II)-nitrat und 5 g Kaliumiodid eingewogen. Anschließend schüttelt man das Gefäß einige Sekunden lang kräftig (Abb. 4.49).

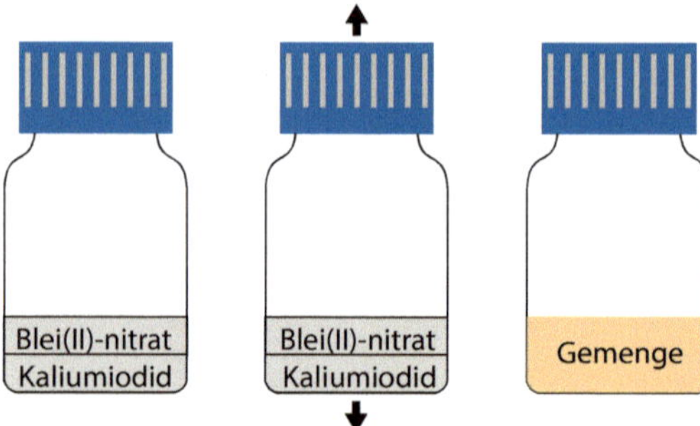

◘ **Abb. 4.49** Versuchsverlauf: Reaktion von Blei(II)-nitrat mit Kaliumiodid (Teil 2). (© Ralf Geiß 2017)

a b c

d e f

◘ **Abb. 4.50** **a** Kaliumiodid-Lösung (*links*) und Bleinitrat-Lösung (*rechts*); **b** Nach dem Zusammengießen färbt sich das entstehende Gemisch gelb; **c** in zwei Zentrifugenröhrchen ist erkennbar, dass der gelbe Stoff fest ist; **d** beide Zentrifugenröhrchen wurden in einer Zentrifuge platziert; **e** die Röhrchen wurden 5 min lang bei 6000 U/min zentrifugiert; **f** nach der Zentrifugation hat sich der gelbe Feststoff vollständig abgesetzt. (© Ralf Geiß 2017)

Beobachtung: Teil 1: Beim Zusammengießen bildet sich ein gelber Feststoff. Im Verlauf der Zentrifugation setzt sich der gelbe Feststoff am Boden der Zentrifugenröhrchen ab (◘ Abb. 4.50).
Teil 2: Das Feststoffgemisch färbt sich gelb (◘ Abb. 4.51).

Abb. 4.51 **a** Glasgefäß gefüllt mit Kaliumiodid; **b** Glasgefäß gefüllt mit Kaliumiodid und Blei(II)-nitrat; **c** Glasgefäß gefüllt mit Kaliumiodid und Blei(II)-nitrat – nach dem Schütteln. (© Ralf Geiß 2017)

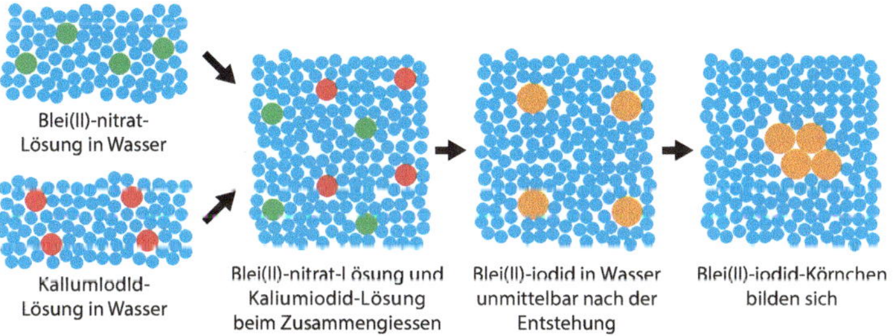

Abb. 4.52 Schematische Darstellung der Bildung von Blei(II)-iodid in Lösung nach dem KTM. (© Ralf Geiß 2017)

Schlussfolgerung: Teil 1: Nach dem Zusammengießen beider Lösungen stoßen die Blei(II)-nitrat-Kugelteilchen und die Kaliumiodid-Kugelteilchen zusammen. Dabei bilden sich neue Kugelteilchen, d. h., ein neuer gelber Stoff (Blei(II)-nitrat) entsteht. Die Anziehungskräfte zwischen den Kugelteilchen des Blei(II)-iodids untereinander sind größer als die Anziehungskräfte zwischen Blei(II)-iodid-Kugelteilchen und Wasser-Kugelteilchen. Deshalb ballen sich Blei(II)-iodid-Kugelteilchen zu Körnchen zusammen (Abb. 4.52).
Teil 2: Hier reagieren zwei Feststoffe miteinander. Durch das Schütteln kommen die Oberflächen der beiden Körnchensorten miteinander in Kontakt.
Auch in einem Feststoff wird die mittlere Bewegungsenergie der Kugelteilchen durch die Temperatur bestimmt. Bei Raumtemperatur schwingen die Kugelteilchen innerhalb des Teilchengitters relativ heftig hin und her. Sie können jedoch im Gegensatz zu Flüssigkeiten und Gasen nicht durch den Teilchenverband hindurch wandern.
Wenn sich ein Blei(II)-nitrat- und ein Kaliumiodidkörnchen an der Oberfläche berühren, dann stoßen unterschiedliche Kugelteilchen

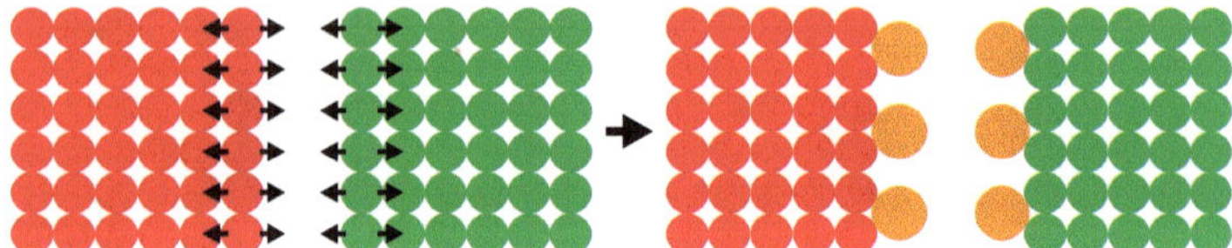

Abb. 4.53 Schematische Darstellung der Bildung von Blei(II)-iodid in Festphase nach dem KTM. (© Ralf Geiß 2017)

zusammen. Durch diese Zusammenstöße können neue Blei(II)-iodid Teilchen gebildet werden (Abb. 4.53).

Experiment 4.26 Geldschein im Zauberfeuer

Versuchsdurchführung: Drei 250-ml-Bechergläser werden auf folgende Weise mit Flüssigkeit gefüllt:

- Becherglas 1: 50 ml Wasser,
- Becherglas 2: 50 ml Ethanol (Brennspiritus, 96 Vol.-%),
- Becherglas 3: 26 ml Ethanol (Brennspiritus, 96 Vol.-%) und 28 ml NaCl-Lsg. ($w \sim 15$ % in Wasser).

Auf einer feuerfesten Unterlage:

- Teil 1: Ein Papier von der Größe eines Geldscheins wird im ersten Becherglas mit Flüssigkeit getränkt. Anschließend versucht man, das durchtränkte Papier durch kurzen Kontakt mit der blauen Brennerflamme zu entzünden.
- Teil 2: Ein Papier (von der Größe eines Geldscheins) wird wie in Teil 1 behandelt – es wird jedoch mit dem zweiten Becherglas gearbeitet.
- Teil 3: Ein Geldschein wird wie das Papier in Teil 1 behandelt – es wird jedoch mit dem dritten Becherglas gearbeitet (Abb. 4.54).

Beobachtung: Teil 1: Es gelingt nicht, das durchtränkte Papier zu entzünden.
Teil 2: Das durchtränkte Papier verbrennt rasch unter Flammenbildung. Nicht nur die Flüssigkeit, auch das Papier brennt – es wird dabei schwarz.
Teil 3: Der durchtränkte Geldschein fängt Feuer. Das Papier brennt aber nicht, es verbrennt nur die anhaftende Flüssigkeit (Abb. 4.55).
Schlussfolgerung: Teil 1: Das Wasser im Papier nimmt Wärme von der Flamme auf und verdampft. Bevor nicht alles Wasser verdampft ist, kann die Temperatur des Papiers nicht über 100 °C ansteigen. Da Papier erst bei ca. 200 °C brennbare Gase bildet, kann mit Wasser benetztes Papier nicht entzündet werden.
Teil 2: Das vom Papier aufgesaugte Ethanol nimmt Wärme von der Brennerflamme auf und verdampft. Das sich bildende Ethanolgas

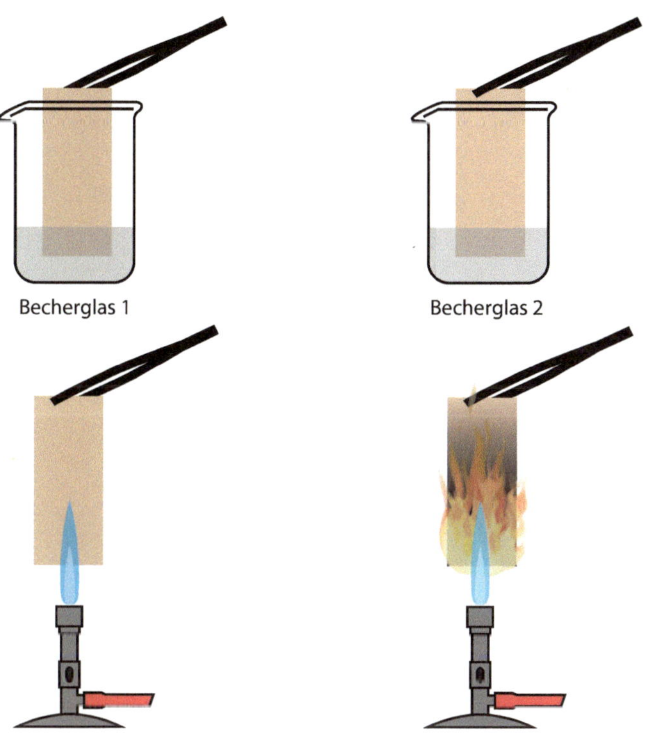

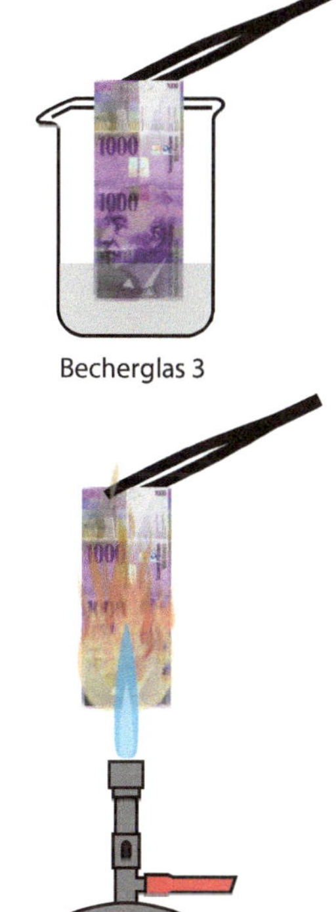

Abb. 4.54 Versuchsverlauf: Geldschein im Zauberfeuer. (© Ralf Geiß 2017)

wird durch die Hitze der Brennerflamme entzündet. Bevor nicht alles Ethanol verdampft ist, steigt die Temperatur des Papiers nicht über 78 °C an. Wenn alles Ethanol verdampft ist (geschieht relativ schnell) steigt die Temperatur im Papier über 200 °C. Bei dieser Temperatur wird das Papier zu brennbaren Gasen thermolysiert und beginnt zu brennen.
Teil 3: Das vom Papier aufgesaugte Flüssigkeitsgemisch aus Wasser und Ethanol nimmt die Hitze der Brennerflamme auf und verdampft. Da Ethanol einen tieferen Siedepunkt als Wasser hat, verdampft mehr Ethanol als Wasser. Das sich bildende Ethanolgas entzündet sich und verbrennt unter Flammenbildung. Da das Papier auch noch während des Ethanolbrands mit Wasser durchtränkt ist, steigt dessen Temperatur nicht über 100 °C an, sodass es auch nicht zu brennen beginnt. Das Ethanol verbrennt vollständig, noch bevor alles Wasser verdampft ist.

Aufgabe 4.15 Experiment 4.26 mit dem KTM erklärt
Zeige auf, wie die Vorgänge von Experiment 4.26 (Geldschein im Zauberfeuer) mit dem Kugelteilchen-Modell erklärt werden können. (WD 3 Prozesswissen/KP 3 Analysieren)

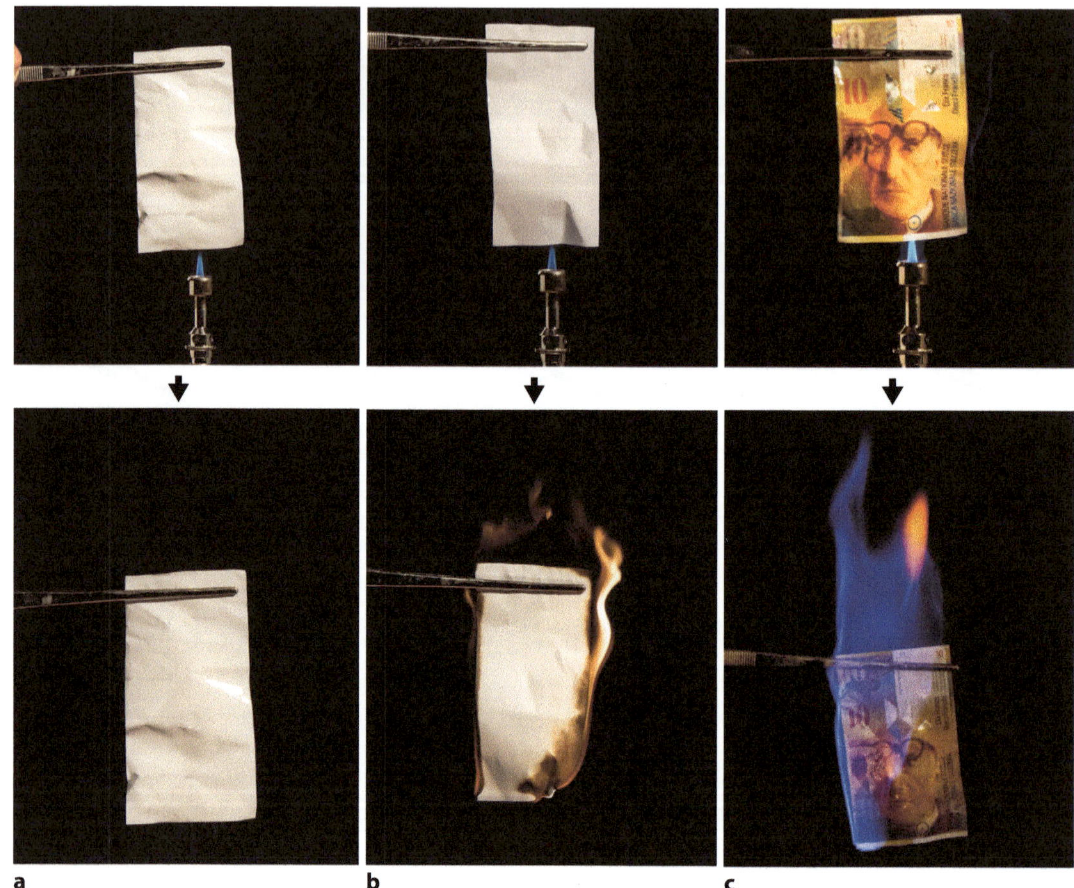

■ **Abb. 4.55** **a** In Wasser getränktes Papier brennt nicht; **b** in Ethanol getränktes Papier brennt; **c** ein im Ethanol-Wasser-Gemisch getränkter Geldschein brennt nicht, die Flüssigkeit aber brennt. (© Ralf Geiß 2017)

Die Dichte von Gasen

Experiment 4.27 Kohlenstoffdioxid und Wasserstoff im Vergleich

Versuchsdurchführung: Teil 1: In zwei 400-ml-Bechergläser (breite Form) legt man je ein Teelicht. Ein 500-ml-Erlenmeyerkolben wird mit Kohlenstoffdioxid gefüllt. Nachdem man die beiden Teelichter mit einem langen Gasfeuerzeug angezündet hat, gießt man das Kohlenstoffdioxid aus dem Erlenmeyerkolben in eines der Bechergläser. Anschließend versucht man, die erloschene Kerze wieder zu entzünden.

Teil 2: Ein Luftballon wird mit viel Wasserstoff gefüllt und zugeknotet. Anschließend wird der Ballon losgelassen (■ Abb. 4.56).

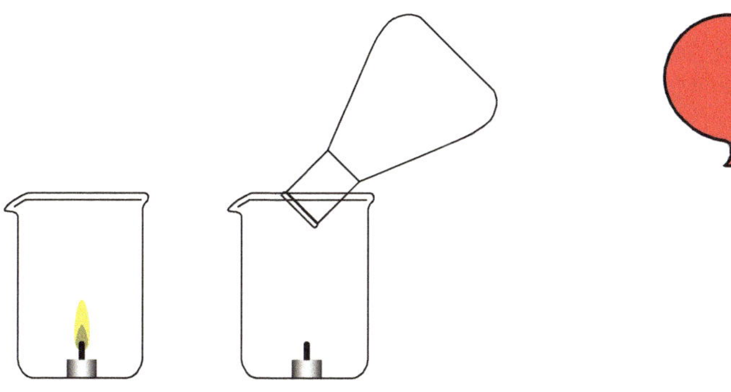

Abb. 4.56 Versuchsverlauf: Kohlenstoffdioxid und Wasserstoff im Vergleich. (© Ralf Geiß 2017)

Beobachtung: Teil 1: In dem Becherglas, das mit Kohlenstoffdioxid geflutet wird, erlischt die Kerze. Erst nachdem man das Kohlenstoffdioxid aus diesem Becherglas herausgegossen hat, gelingt es, die Kerze wieder zu entzünden.
Teil 2: Der Ballon steigt bis zur Zimmerdecke.
Schlussfolgerung: Die Erdatmosphäre kann man als Luftozean ansehen, auf dessen Grund wir leben. Gase, die dichter als Luft sind, sinken in diesem Ozean nach unten, Gase, die weniger dicht als Luft sind, steigen auf.

Wie kommt es, dass zwei verschiedene Gase bei gleicher Temperatur, gleichem Druck und gleichem Volumen verschiedene Dichten aufweisen können? Gase, welche diese Bedingungen erfüllen, weisen gleich viele Kugelteilchen auf. Die Kugelteilchen verschiedener Gase können sich jedoch in der Masse unterscheiden, sodass für verschiedene Gase verschiedene Dichten auftreten (Abb. 4.57).

Bei Normbedingungen (0 °C, 101.325 Pa) gilt:
- Dichte von Wasserstoff: 89,9 g/m^3,
- Dichte von Luft: 1293,0 g/m^3,
- Dichte von Kohlenstoffdioxid: 1980,0 g/m^3.

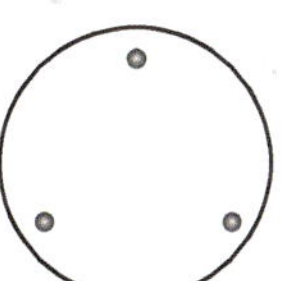

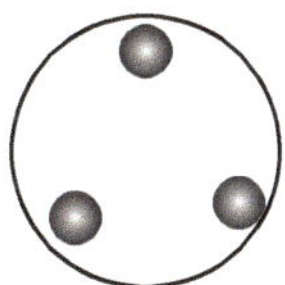

Abb. 4.57 KTM – Dichte von Wasserstoff und Kohlenstoffdioxid. (© Ralf Geiß 2017)

Eine magische Flüssigkeit

Experiment 4.28 Eine Flüssigkeit fließt nach oben
Versuchsdurchführung: Vorbereitungen: In einem Becherglas (250 ml) werden 11 g Polyethylenglycol (PEG, m_r ~ 4.000.000 u) mit 70 ml Propan-2-ol aufgeschlämmt (Abb. 4.58). In einem großen Becherglas (2000 ml) wird 1 l entionisiertes Wasser vorgelegt, mit etwas wasserlöslichem Farbstoff versetzt und mit einem Lineal kräf-

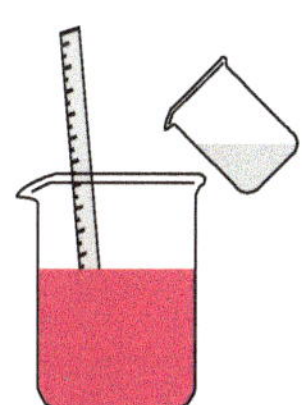
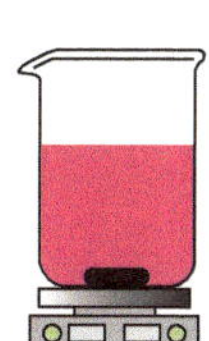

Abb. 4.58 Herstellung der PEG-Lösung. (© Ralf Geiß 2017)

■ **Abb. 4.59** Versuchsverlauf: Eine Flüssigkeit fließt nach oben. (© Ralf Geiß 2017)

tig gerührt. Eine zweite Person gibt die PEG-Suspension langsam zum gerührten Wasser – die Bildung von Klumpen sollte vermieden werden. Zurückbleibende Reste der PEG-Suspension werden mit 30 ml Propan-2-ol in das große Becherglas gespült. Man rührt mit dem Lineal noch einige Minuten weiter, bis die Suspension die Konsistenz von Tapetenkleister hat. Anschließend rührt man mit einem Magnetrührer noch einigen Stunden weiter. Man lässt die Mischung etwa einen Tag ruhen und gießt sie zum Abschluss der Vorbereitungen in ein Becherglas (1000 ml, niedere Form).
Demonstration: Man gießt die Mischung aus dem Becherglas in ein größeres Becherglas (2000 ml, niedere Form). Dazu kippt man das 1000-ml- Becherglas soweit, bis wenig Mischung ausläuft. Danach bringt man das 1000-ml-Becherglas wieder in eine nahezu aufrechte Position (■ Abb. 4.59).
Beobachtung: Nach dem Zurückkippen des 1000-ml-Becherglases läuft die Mischung im Becherglas hinauf bis zum Ausguss, sodass trotz Zurückkippen der Fluss aufrecht erhalten bleibt. Durch einen Scherenschnitt in der Nähe des Ausgusses kann der Fluss unterbrochen werden. Nachdem etwa die Hälfte der Mischung übergelaufen ist, reißt der Fluss von selbst ab.
Schlussfolgerung: Die nach unten fließende Mischung zieht die Mischung im Becherglas mit.
Quelle: Lister (1995)

Nach oben fließende Flüssigkeit
Erkläre die Beobachtung von Experiment 4.28 mit dem KTM.
(WD 3 Prozesswissen/KP 3 Analysieren)

Flüssiger Stickstoff auf heißem Wasser

Experiment 4.29 Erzeugung von Wolken
Versuchsdurchführung: In eine Kunststoff-Schüssel wird mind. 1 l kochend heißes Wasser gegossen. Anschließend gießt man etwas (ca. 200 ml) flüssigen Stickstoff auf das Wasser.
Beobachtung: Es bildet sich sehr rasch eine nach oben steigende Wasserwolke. Auch nachdem sich die Wolke wieder aufgelöst hat, quillt weiter Nebel aus der Kunststoffschale (■ Abb. 4.60).
Schlussfolgerung: Es stellt sich die Frage: Wie kann man die Wolkenbildung durch sehr kalten flüssigen Stickstoff erklären?

Aufgabe 4.17 Wolkenbildung mit flüssigem Stickstoff
Beantworte die folgenden Fragen auf der Wirklichkeitsebene.
a) Wie kann man die Wolkenbildung bei Experiment 4.29 erklären?

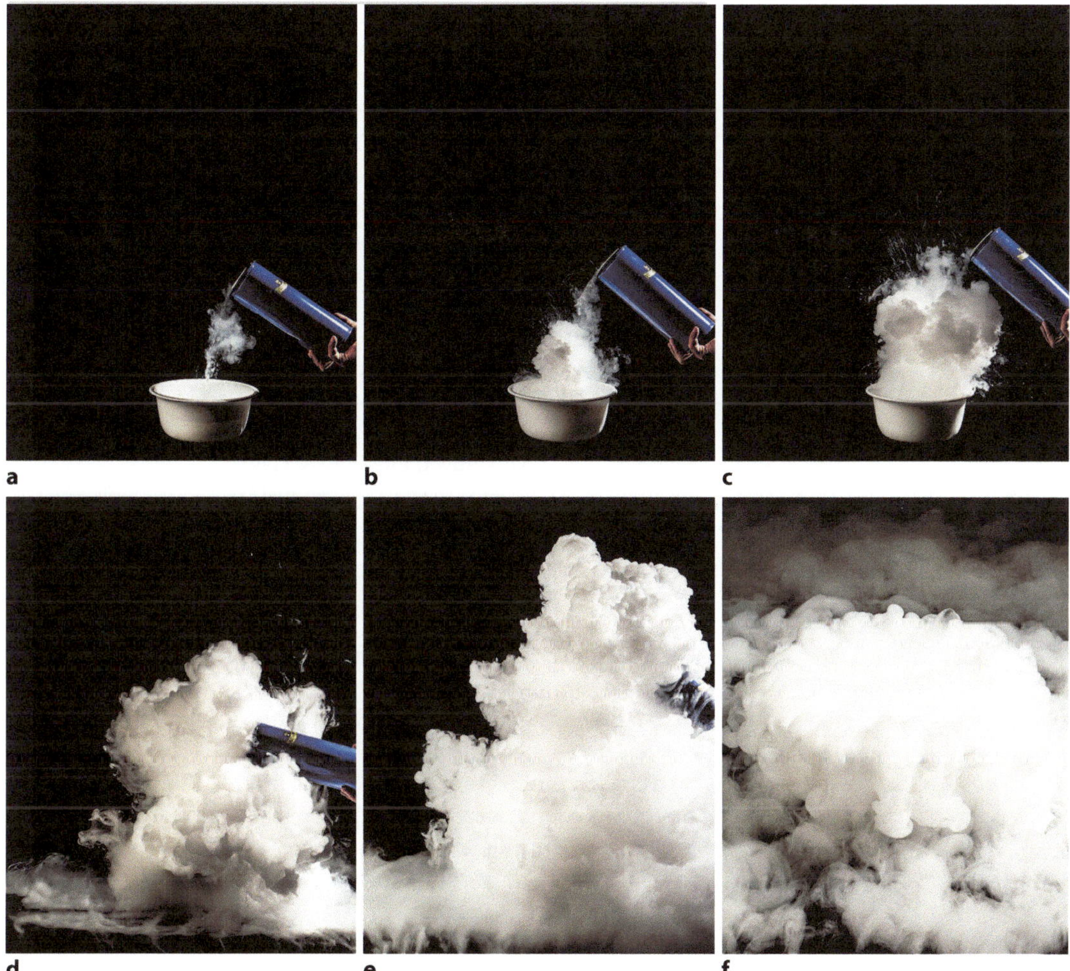

Abb. 4.60 **a** Kurz bevor der flüssige Stickstoff auf das Wasser trifft; **b** Wolkenbildung: Phase I; **c** Wolkenbildung: Phase II; **d** Wolkenbildung: Phase III; **e** Wolkenbildung: Die Wolke hat ihre maximale Größe erreicht; **f** nachdem sich die Wolke aufgelöst hat, quillt weiterhin Nebel aus der Kunststoff-Schale. (© Ralf Geiß 2017)

b) Warum hält die Nebelbildung bei Experiment 4.29 so lange an? (WD 2 Konzeptwissen/KP 4 Analysieren)

4.8 Warum löscht Wasser Feuer?

Sind Feuer und Wasser Gegensätze?

Man könnte folgendermaßen argumentieren: Wasser ist der Gegensatz von Feuer – wenn zwei Gegensätze zusammenkommen, dann löschen sie sich gegenseitig aus.

Aber diese Argumentation beantwortet nicht wirklich die Frage. Es werden sogar neue Fragen aufgeworfen:

- Was bedeutet Gegensatz zu Feuer?
- Was bedeutet Auslöschen von Gegensätzen – werden beim Auslöschen Feuer und Wasser zu Nichts?

Außerdem wissen wir aus den Kerzenexperimenten, dass Wasser in der Kerzenflamme entsteht. Es scheint also schon deshalb nicht überzeugend, dass Wasser der Gegensatz zu Feuer sein soll.

Versuchen wir der Antwort auf die Spur zu kommen, indem wir uns mit einer anderen Frage befassen.

Welche Eigenschaften hat ein gutes Löschmittel?

Ein gutes Löschmittel weist folgende Eigenschaften auf: Es ist

- nicht brennbar (z. B. Sauerstoff-Verbindung),
- leicht transportierbar (keine zu hohe Dichte),
- leicht verteilbar (Pulver, Flüssigkeit, Gas),
- nicht giftig,
- in großen Mengen verfügbar,
- billig,
- gut lagerbar.

Vor allem aber sollte es dem Feuer etwas entziehen, was das Feuer dringend zum Brennen braucht.

Man könnte somit auf die Idee kommen, mit dem Löschmittel den Sauerstoff zu entziehen. Wie könnte man das erreichen? Indem man ein Löschmittel verwendet, welches sich mit Sauerstoff verbindet, also brennt. Damit hätte man nichts erreicht, man würde lediglich ein Feuer durch ein anderes ersetzen.

Nun gut, dann verdrängen wir den Sauerstoff eben durch ein nicht brennbares Löschmittel, ein Gas, z. B. durch Kohlenstoffdioxid. Kohlenstoffdioxid wird tatsächlich als Löschmittel in vielen Feuerlöschern verwendet.

Fazit: Man kann also ein Feuer löschen, indem man mit einem nicht brennbaren Gas den Sauerstoff aus der Umgebung des Feuers verdrängt.

Aber Wasser ist bei Raumtemperatur kein Gas. Die Frage: „Warum löscht Wasser Feuer?" bleibt. Was könnte man dem Feuer noch entziehen, was es dringend zum Brennen braucht? Da in der Regel nur gasförmige Stoffe brennen, benötigt nahezu jedes Feuer Wärme, um den Brennstoff zu schmelzen bzw. zu verdampfen. Wie kann man Feuer Wärme entziehen? Wie könnte Wasser dem Feuer Wärme entziehen?

Die Verdampfungswärme von Wasser

Trägt man für das Erwärmen einer Wasserprobe die Temperatur gegen die übertragene Wärmeenergie ab, so weist das resultierende Diagramm eine verblüffende Gestalt auf (■ Abb. 4.61).

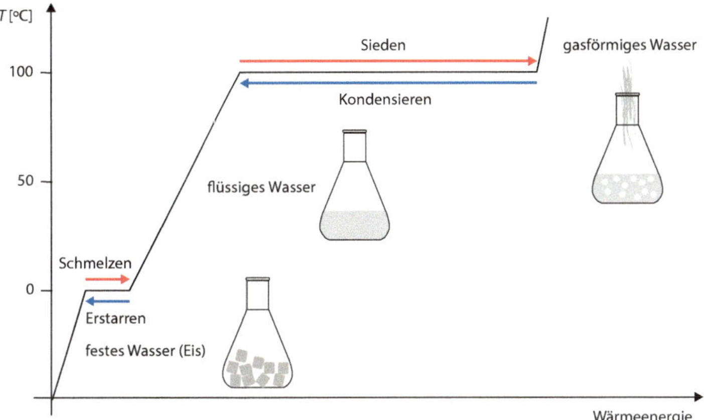

Abb. 4.61 Idealisiertes Diagramm zur Temperaturänderung beim Erwärmen von Wasser. (© Ralf Geiß 2017)

Aufgabe 4.18 Temperatur-Energie-Diagramm von Wasser

Die „Kurve" des Temperatur-Energie-Diagramms von Wasser weist Bereiche auf, in denen sie ansteigt. Es kommen aber auch horizontal verlaufende Abschnitte vor.

a) Erkläre mit dem KTM, was in den ansteigenden Kurvenbereichen passiert.

b) Erkläre mit dem KTM, was in den horizontalen Kurvenbereichen passiert.

(WD 3 Prozesswissen/KP 3 Analysieren)

Fazit: Verglichen mit anderen Stoffen hat Wasser eine außergewöhnlich hohe Verdampfungswärme (Tab. 4.2).

Mithilfe der hohen Verdampfungswärme von Wasser kann man erklären, worauf die Löschwirkung von Wasser beruht.

Wasser ist aus zwei Gründen ein gutes Löschmittel:

- Es schirmt das Feuer vom Sauerstoff der Luft ab.
- Es entzieht dem Feuer Wärmeenergie.

Abschirmung des Sauerstoffs

Wenn flüssiges Wasser in Feuer gegossen wird, dann wird es durch die Wärmeenergie des Feuers schnell über den Siedepunkt erhitzt. Dabei verdampft das Wasser unter Bildung von Wassergas. Da Wassergas ein viel größeres Volumen als flüssiges Wasser hat, dehnt sich das Wasser dabei stark aus und verdrängt die das Feuer umgebende Luft. Die Feuerquelle ist jetzt von Wassergas umgeben, sodass sie nicht mehr mit dem Sauerstoff der Luft in Kontakt treten kann. Das heiße gasförmige Wasser kondensiert jedoch sehr schnell wieder unter Bildung von Wassernebel. Dabei verringert sich das Wasservolumen schnell wieder, sodass wieder Luft an die Feuerquelle heran kann.

Entzug von Wärmeenergie

Wie schon erwähnt: Wenn flüssiges Wasser in Feuer gegossen wird, dann wird es durch die Wärmeenergie des Feuers schnell über den Siedepunkt erhitzt.

Um flüssiges Wasser von Raumtemperatur auf 100 °C aufzuwärmen, ist viel Wärmeenergie erforderlich. Für das Verdampfen von flüssigem 100 °C heißem Wasser ist jedoch noch mehr Wärmeenergie notwendig – diese Energie wird als Verdampfungswärme bezeichnet. Wasser hat eine viel höhere Verdampfungswärme als zahlreiche andere Stoffe. Somit ist bei Wasser für das Verdampfen mehr Energie erforderlich als bei vielen anderen Stoffen. D. h., Wasser entzieht beim Verdampfen dem Feuer mehr Energie als viele andere Stoffe und ist somit ein sehr gutes Löschmittel.

Warum führt der Entzug von Wärmeenergie zum Auslöschen von Feuer? Damit Feuer brennen kann, muss der Brennstoff verdampfen. Außerdem wird der Brennstoff durch Wärmeenergie thermolysiert. Erst die Thermolyseprodukte verbrennen daraufhin. D. h., wenn nicht mehr genug Wärmeenergie zur Verfügung steht, erlischt ein Feuer. Durch den Entzug von Wärmeenergie löscht Wasser also Feuer.

Aufgabe 4.19 Löschmittel Wasser und KTM
Erkläre die Löschwirkung von Wasser ausführlich mithilfe des Kugelteilchen-Modells.
(WD 3 Prozesswissen/KP 3 Analysieren)

4.9 Wirklichkeit und Theorie

Die zwei Ebenen der Chemie

Wirklichkeitsebene

In ► Kap. 2 und 3 haben wir zahlreiche Experimente durchgeführt, die uns zu verschiedenen Fragen angeregt haben. Wir haben versucht, diese Fragen mit dem zu beantworten, was unsere Sinne uns erkennen lassen. Auf diese Weise haben wir interessante Erkenntnisse gewonnen.

- Wir haben erkannt, dass nur gasförmige Stoffe mit Luftsauerstoff verbrennen.
- Es ist uns gelungen, den Verbrennungsvorgang in der Kerzenflamme mit einer chemischen Wortgleichung zu beschreiben:

  Wachs + Sauerstoff → Kohlenstoffdioxid + Wasser

- Wir haben erkannt, dass aus zwei Stoffen ein neuer Stoff gebildet werden kann:

  Kohlenstoff + Sauerstoff → Kohlenstoffdioxid

- Wir haben erkannt, dass ein Stoff in zwei neue Stoffe aufgespalten werden kann:

  Wachs → Kohlenstoff + Wasserstoff

- Wir haben erkannt, dass es chemische Grundstoffe gibt, die man mit chemischen Methoden nicht in neue Stoffe aufspalten kann.

All diese Erkenntnisse beziehen sich direkt auf Phänomene, auf das, was unsere Sinne erkennen können. Es ging immer um die Wirklichkeit, die der Mensch mit seinen Sinnen wahrnehmen kann. Unsere chemische Forschung in ▶ Kap. 2 und 3 hat sich somit immer auf die Wirklichkeitsebene der Chemie bezogen. Es ging nie darum, was hinter dieser Wirklichkeit, die wir erkennen können, steckt. Man könnte auch sagen: Wir haben uns mit der Hardware der Chemie befasst.

Wirklichkeit bedeutet hier die bewusste Wahrnehmungswirklichkeit des Menschen. Mit Wahrnehmung sind im Wesentlichen der Sehsinn, der Riechsinn und der Tastsinn gemeint. Die unbewusste Wahrnehmungs-Wirklichkeit des Menschen wird hier wissentlich ausgeschlossen. Insofern stellt die vorgenommene Wirklichkeits-Definition eine Reduktion dar.

Theorieebene

In diesem Kapitel haben wir uns intensiv mit den Aggregatzuständen beschäftigt. Wir haben gesehen, dass ein und derselbe Stoff sowohl fest als auch flüssig oder gasförmig vorliegen kann. In jedem Aggregatzustand hat dieser eine Stoff jedoch ganz verschiedene Eigenschaften.

Jetzt haben wir uns aber nicht mehr damit begnügt, diese Tatsache einfach nur festzuhalten – das wäre Chemie auf der Wirklichkeitsebene. Wir haben uns auch gefragt: Warum ist das so, wie kann ein und derselbe Stoff verschiedene Eigenschaften aufweisen?

Auf diese Frage gibt uns kein Experiment eine eindeutige Antwort. Um hier weiter zu kommen, muss man sich etwas ausdenken. Man muss sich überlegen, was hinter den sichtbaren Stoffen stecken könnte. Experimente können Hinweise darauf geben, was das sein könnte – ob wir diese Hinweise richtig deuten, ist jedoch ungewiss. Das Alkohol-Wasser-Experiment (Experiment 4.19) kann als Hinweis auf kleinste Teilchen interpretiert werden.

Mit diesem Konzept der kleinsten Teilchen – es ist das mit Abstand wichtigste Basiskonzept der Chemie – und den Sinneswahrnehmungen zu den Aggregatzuständen kann man sich das Kugelteilchen-Modell ausdenken. Mit dem KTM kann man erklären, warum ein und derselbe Stoff in verschiedenen Aggregatzuständen verschiedene Eigenschaften aufweist.

Dieses Kugelteilchen-Modell ist etwas ganz neues in unserer chemischen Forschung. Es ist nicht mit unseren Sinnen erfahrbar, es ist kein Objekt, kein Stoff. Es ist nicht Teil der Wirklichkeitsebene der

Chemie. Es ist eine Idee, die in den Köpfen verschiedener Forscher entstanden ist. In anderen Worten: Das Kugelteilchen-Modell ist eine Vorstellung, mit der man Fragen beantworten kann. Solche chemischen Vorstellungen, Konzepte oder Modelle stellen eine ganz neue Ebene in der chemischen Forschung dar. Diese Ebene soll als Theorieebene bezeichnet werden.

Auf der Theorieebene geht es darum, Erklärungen zu finden für das, was auf der Wirklichkeitsebene passiert. Oder anders ausgedrückt: Die Phänomene (Experimente) werfen Fragen auf, diese Fragen sollen beantwortet werden.

Da sehr viele Fragen auch durch das genaueste Beobachten von Phänomenen und Experimenten nicht beantwortet werden können, muss man auf andere Weise zu Antworten kommen. Die Tatsache, dass Experimente die großen Geheimnisse der Natur nicht preisgeben, ist ein grundsätzliches Merkmal aller naturwissenschaftlichen Disziplinen, nicht nur der Chemie. Um diesem Dilemma zu entgehen, erfinden Naturwissenschaftlerinnen und Naturwissenschaftler Modelle. Die chemischen Modelle liefern ein Bild, eine Vorstellung von dem, was im Inneren der Stoffe vorhanden sein könnte, bzw. was bei chemischen Reaktionen im Inneren der Stoffe passieren könnte.

Entscheidend hierbei ist: Modelle sind Ideen von Menschen. Ideen sind nun aber etwas grundlegend anderes als Experimente. Phänomene sind ein Teil der Wirklichkeit, die von unseren Sinnen wahrgenommen werden kann. Ideen sind jedoch nicht zwangsläufig ein Teil dieser Wirklichkeit. Ideen können auch etwas ausdrücken, was in Wirklichkeit gar nicht existiert.

Um bei dem Vergleich mit der Informationstechnologie zu bleiben, könnte man die Theorieebene der Chemie als Software bezeichnen.

Wirklichkeits- und Theorieebene zusammen sind Chemie

In Anbetracht dieser Umstände erscheint es sinnvoll, die Chemie in zwei Bereiche, in zwei Ebenen aufzuteilen (◘ Abb. 4.62), nämlich die Wirklichkeitsebene (Hardware) und die Theorieebene (Software).

◘ **Abb. 4.62** Der Chemiestoff kann in zwei Ebenen aufgeteilt werden. (© Ralf Geiß 2017)

In der gesprochenen und geschriebenen Sprache der Chemie werden diese beiden Ebenen sehr häufig vermischt. D. h., die chemische Theorie wird oft als etwas beschrieben, das der Wirklichkeit angehört. Die Sprache mancher Chemiker erweckt demzufolge den Eindruck, die chemischen Modelle wären Wirklichkeit. Wahrscheinlich handelt es sich hierbei um ein typisch menschliches Verhalten. Modelle und Theorien werden von Chemikern so häufig benutzt, dass sie schlicht und einfach vergessen: Theorien und Modelle sind Ideen der Menschen, aber nicht zwangsläufig ein Teil der Wirklichkeit.

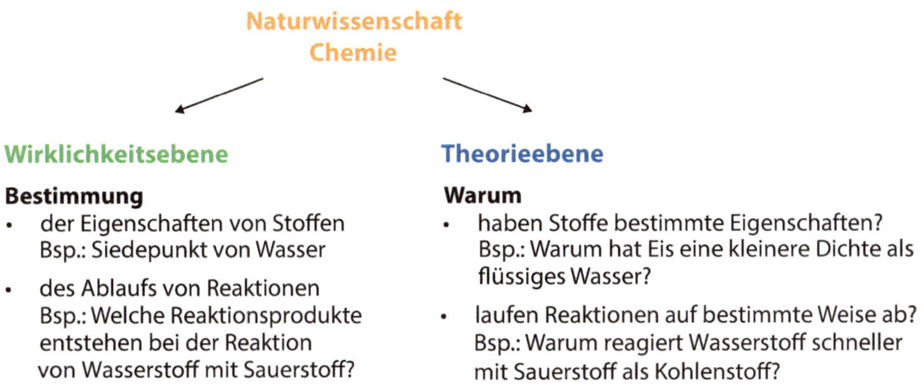

Naturwissenschaft
Chemie

Wirklichkeitsebene

Bestimmung
- der Eigenschaften von Stoffen
  Bsp.: Siedepunkt von Wasser
- des Ablaufs von Reaktionen
  Bsp.: Welche Reaktionsprodukte entstehen bei der Reaktion von Wasserstoff mit Sauerstoff?

Theorieebene

Warum
- haben Stoffe bestimmte Eigenschaften?
  Bsp.: Warum hat Eis eine kleinere Dichte als flüssiges Wasser?
- laufen Reaktionen auf bestimmte Weise ab?
  Bsp.: Warum reagiert Wasserstoff schneller mit Sauerstoff als Kohlenstoff?

Abb. 4.63 Worum geht es auf der Wirklichkeits- und auf der Theorieebene? (© Ralf Geiß 2017)

Fragestellungen auf der Wirklichkeits- und der Theorieebene

Chemische Forschung umfasst Arbeit auf der Wirklichkeits- und auf der Theorieebene (Abb. 4.63).

Auf der Wirklichkeitsebene geht es um:
- die Bestimmung von Stoffeigenschaften,
- die Bestimmung von Reaktionsabläufen.

Auf der Theorieebene geht es darum, die Wirklichkeit mithilfe von Vorstellungen, Konzepten und Modellen zu erklären. Die Theorie soll also die Eigenschaften der Stoffe und den Ablauf der Reaktionen verständlich machen.

Typische Fragestellungen auf der Wirklichkeitsebene sind:
- Welche Eigenschaften hat Kohlenstoffdioxid? (Stoff)
- Wie kann man Kohlenstoffdioxid herstellen? (Reaktion)

Typische Fragestellungen auf der Theorieebene sind:
- Warum hat Wasser einen höheren Siedepunkt als Kohlenstoffdioxid? (Stoffeigenschaft)
- Warum wird bei der Reaktion von Kohlenstoff mit Sauerstoff Energie frei? (Reaktionsverlauf)

Das Zwiebelprinzip der chemischen Theorie

Die chemische Theorie benutzt verschiedene Modelle, um Experimente und Beobachtungen zu erklären. Diese Modelle sind Hilfsmittel, die man einsetzt, um sich eine Vorstellung von der chemischen Wirklichkeit zu machen. Die ersten von Menschen erfundenen Modelle haben den Vorteil, leicht verständlich zu sein, sie können aber leider nur einen kleinen Teil der Beobachtungen deuten. Die modernsten

Abb. 4.64 Beziehung zwischen chemischen Modellen. (© Ralf Geiß 2017)

Modelle sind teilweise selbst für Experten unverständlich, können aber vieles erklären. Ein Modell, das alle chemischen Phänomene erklären kann, wurde noch nicht gefunden – man ist noch immer auf der Suche danach.

Wir sollten nie vergessen: Modelle sind als Hilfsmittel weder richtig noch falsch, sondern mehr oder weniger gut geeignet, um eine Beobachtung zu erklären.

Wichtig dabei ist auch: Die älteren Modelle bilden den Kern der nachfolgenden. Die Modelle bauen also nicht nur aufeinander auf, sie übernehmen auch die zentralen Gedanken der Vorläufermodelle.

Mit dem Kugelteilchen-Modell wird die Idee der kleinsten Teilchen in die Chemie eingeführt. Dieses Prinzip gilt auch im Rahmen des Atommodells von Dalton (► Kap. 6). Ebenso gilt der zentrale Gedanke des Atommodells von Dalton auch für das nächste Modell usw. (Abb. 4.64).

In der chemischen Theorie sind sechs Teilchenmodelle bzw. Atommodelle von Bedeutung:

- das Kugelteilchen-Modell (KTM),
- das Atommodell von Dalton (AMD),
- das Rosinenkuchen-Modell von Thomson (RKM),
- das Kern-Hülle-Modell von Rutherford (KHM),
- das Atommodell von Bohr (AMB),
- das Orbitalmodell des Atoms (OMA).

Für all diese Modelle gilt die oben beschriebene „Zwiebelbeziehung".

Für chemisches Denken besonders wichtig sind: das Kugelteilchenmodell (KTM), das Atommodell von Dalton (AMD), das Atommodell von Bohr (AMB) und das Orbitalmodell des Atoms (OMA).

Was man nicht vergessen sollte

- Für Chemie gilt: Ein fortgeschrittenes Modell kann man nicht gut verstehen, ohne die vorhergehenden Modelle verstanden zu haben.
- Die Theorie der Chemie verändert sich mit der Entwicklung der Wissenschaft. Die Wirklichkeit (die chemischen Phänomene) bleibt im Gegensatz dazu immer gleich.

Wirklichkeit und Theorie in Chemie

Da chemische Vorgänge keine eindeutigen Hinweise darauf geben, wie man die Bildung neuer Stoffe erklären kann, müssen sich Wissenschaftler und Wissenschaftlerinnen etwas ausdenken, um dieses Rätsel zu lösen.

Wirklichkeitsebene:

- **Umfasst alles, was mit Sinnen und Messgeräten über chemische Phänomene erfasst werden kann.**
- **Bleibt im Laufe der Zeit unverändert.**

Theorieebene:

- **Umfasst alle Modelle und Theorien, die sich Menschen ausgedacht haben, um chemische Phänomene zu erklären.**
- **Verändert sich durch neue erfundene Modelle und Theorien.**

(WD 4 Metakognition)

4.10 Zusammenfassung

Basiskonzept kleinste Teilchen

- Alle Stoffe sind aus kleinsten Teilchen aufgebaut.
- Begrenzte Teilbarkeit: Wenn man einen Stoff immer weiter aufteilen würde, wäre diese Teilung mit dem kleinsten Teilchen an einem Endpunkt angelangt.
- Eine Aufteilung dieses kleinsten Teilchens würde zu neuen kleinsten Teilchen und damit zu neuen Stoffen führen.
- Nach dem Konzept der kleinsten Teilchen besteht ein Stoff aus nichts anderem als kleinsten Teilchen. Die kleinsten Teilchen sind somit Träger der Eigenschaften des Stoffs.

Elemente und Verbindungen

Die kleinsten Teilchen der Elemente können mit chemischen Methoden nicht gespalten werden. Mit chemischen Methoden kann man nur kleinste Teilchen von Verbindungen spalten. Beim Spalten von Verbindungen können Elemente und/oder neue Verbindungen entstehen.

Definition des Kugelteilchen-Modells

- Materie besteht aus kugelförmigen kleinsten Teilchen.
- Die Teilchen verschiedener Stoffe sind alle aus einer nicht definierten Urmaterie aufgebaut – sie unterscheiden sich in ihrer Größe.
- Der Raum zwischen den kleinsten Teilchen ist leer.
- Zwischen kleinsten Teilchen wirken Anziehungskräfte (die Anziehungskräfte zwischen verschiedenen kleinsten Teilchen sind verschieden groß).
- Die Teilchen sind ständig in Bewegung. Mit steigender Temperatur nimmt die mittlere Bewegungsenergie der kleinsten Teilchen immer mehr zu.
- Die Zusammenstöße zwischen den kleinsten Teilchen sind elastisch, laufen also ohne Energieverlust ab.

Die Eigenschaften der Aggregatzustände

Feststoffe

- haben hohe Schmelz- und Siedepunkte,
- haben im Vergleich zu Gasen hohe Dichten,
- ihr Volumen ist in geringem Ausmaß von der Temperatur abhängig,
- ihr Volumen ist praktisch nicht vom Druck abhängig,
- sind formbeständig,
- in ihnen kommt es in der Regel nicht zu Diffusion,
- nehmen an chemischen Reaktionen oft nur sehr langsam oder nicht teil.

Flüssigkeiten

- haben Schmelz- und Siedepunkte, die im mittleren Temperaturbereich liegen,
- haben Dichten, die oft deutlich kleiner als die mancher Feststoffe, aber wesentlich größer als die der Gase sind,
- ihr Volumen ist von der Temperatur abhängig,
- ihr Volumen ist praktisch nicht vom Druck abhängig,
- passen sich beliebigen Formen an,
- in ihnen kommt es zu Diffusion,
- nehmen an chemischen Reaktionen oft mit hoher Geschwindigkeit teil.

Gase

- haben tiefe Schmelz- und Siedepunkte,
- haben sehr kleine Dichten,
- ihr Volumen ist stark von der Temperatur abhängig,
- ihr Volumen ist stark vom Druck abhängig,
- füllen jeden beliebigen Behälter aus,
- diffundieren sehr rasch,
- nehmen an chemischen Reaktionen oft mit sehr hoher Geschwindigkeit teil.

Die Eigenschaften von Feststoffen, Flüssigkeiten und Gasen können auf überzeugende Weise mit dem KTM erklärt werden.

Wirklichkeits- und Theorieebene

Die Naturwissenschaft Chemie kann in zwei Ebenen aufgeteilt werden. Die Wirklichkeitsebene und die Theorieebene.

Die Wirklichkeitsebene umfasst alle Phänomene und Experimente der Chemie. Vergleicht man Chemie mit der Informationstechnologie, so handelt es sich hier um die Hardware.

Zur Theorieebene gehören Modelle und Konzepte der Chemie. Die Elemente der Theorieebene sind Kreationen des menschlichen Geistes, mit denen sich Fragen der Wirklichkeits- und der Theorieebene beantworten lassen. Mit den Begriffen der Informationstechnologie ausgedrückt, ist dies die Software der Chemie.

Die Sprache der Chemie ist durch ein ständiges Hin und Her zwischen beiden Ebenen geprägt. Für Profis ist dies zur Gewohnheit geworden. Es ist ihnen wahrscheinlich oft gar nicht mehr bewusst, dass die Theorie der Chemie eine Erfindung von Menschen ist und nicht zwangsläufig richtig sein muss. Für Anfänger kann dieses Hin und Her sehr verwirrend sein, da man nicht immer gleich versteht, was die Theorieebene mit der Wirklichkeitsebene zu tun hat. Im Grunde genommen ist es aber ganz einfach: Auf der Theorieebene werden diejenigen Fragen beantwortet, die sich auf der Wirklichkeitsebene ergeben haben. Auf der Theorieebene werden aber auch Fragen beantwortet, die sich durch theoretische Konzepte ergeben.

Wird in Chemielehrmitteln bzw. im Chemieunterricht nicht ausführlich auf die Beziehung zwischen Wirklichkeit und Theorie eingegangen, können zahlreiche Lernende kein nachhaltiges Chemieverständnis entwickeln.

Basiskonzept kleinste Teilchen und Kugelteilchen-Modell

Das Kugelteilchen-Modell baut auf dem Basiskonzept der kleinsten Teilchen auf. Mithilfe des Basiskonzepts der kleinsten Teilchen und weiteren Definitionen können über das Kugelteilchen-Modell folgende Fragen beantwortet werden:

- Warum haben Feststoffe, Flüssigkeiten und Gase bestimmte charakteristische Eigenschaften?
- Was passiert beim Übergang zwischen Aggregatzuständen?

In den folgenden Kapiteln wird uns das Konzept der kleinsten Teilchen kontinuierlich begleiten. Es stellt das Fundament für alle chemischen Modelle, ja sogar für die gesamte chemische Theorie dar. Ohne dieses Prinzip wäre Chemie nicht das, was wir heute darunter verstehen. Ohne ein solides Verständnis dieses Basiskonzepts kann man die Theorie der Naturwissenschaft Chemie nicht verstehen. Von diesem Prinzip ausgehend erhält das Sammelsurium der chemischen Details Ordnung und Struktur.

Nach menschlicher Logik können Stoffe kontinuierlich (unendlich oft teilbar) oder diskontinuierlich (endlich teilbar, aus kleinsten Teilchen bestehend) aufgebaut sein. Dadurch, dass man sich im Rahmen der chemischen Theorie dafür entschieden hat, Stoffe als diskontinuierlich aufgebaut aufzufassen, entschied man sich für eine von zwei Richtungen. Durch diese Entscheidung wurde der weitere Gang der chemischen Entwicklung auf fundamentale Weise vorbestimmt.

Unbeantwortete Fragen und Ausblick

Unbeantwortete Fragen

- Woraus bestehen kleinste Teilchen?
- Welche Kraft liegt den Anziehungskräften zwischen kleinsten Teilchen zugrunde?
- Warum sind die Zusammenstöße zwischen den kleinsten Teilchen elastisch?
- Was passiert bei der Spaltung von kleinsten Kugelteilchen?
- Was passiert bei der Vereinigung von kleinsten Kugelteilchen?
- Wie kann ein kleinstes Teilchen die Eigenschaften eines Stoffes bestimmen?

Ausblick

In diesem Kapitel wurde das Kugelteilchen-Modell eingeführt und vor allem auf Aggregatzustände angewendet. Dabei hat sich gezeigt, wie viele Fragen man mit solch einem einfachen Modell beantworten kann.

Die Grundfrage der Chemie, die uns seit ► Kap. 2 beschäftigt, wie aus vorhandenen Stoffen neue Stoffe gebildet werden können, haben wir jedoch nicht angesprochen.

Im nächsten Kapitel wird das Kugelteilchen-Modell auf Trennverfahren, verschiedene Stoffarten und auf Stoffumwandlungen angewendet. Dabei wird sich zeigen, wie leistungsfähig das Modell ist, und ob es das Rätsel der chemischen Reaktionen lösen kann.

Die wichtigsten Zusammenhänge

Aggregatzustände

Eigenschaften des Gaszustands (Faktenwissen): Im Gegensatz zu Feststoffen und Flüssigkeiten ist das Volumen der Gase ausgesprochen stark von Druck und Temperatur abhängig.

Erklärung der Gaseigenschaften mit dem KTM (Konzeptwissen): Zwischen den kleinsten Teilchen im Gaszustand wirken keine Anziehungskräfte. Somit hängt das Volumen einer gegebenen Gasportion nur von dem von außen wirkenden Druck und von der Temperatur (der Bewegungsenergie der kleinsten Teilchen – dem inneren Druck) des Gases ab.

Basiskonzept kleinste Teilchen (Konzeptwissen)

Das Basiskonzept der kleinsten Teilchen beschreibt einen theoretischen Zusammenhang, der von Menschen erfunden wurde.

Dem Basiskonzept der kleinsten Teilchen liegt die Annahme zugrunde, dass Stoffe diskontinuierlich aufgebaut sind – d. h., Stoffe sind nicht unendlich oft teilbar. Nach einer bestimmten Anzahl von Teilungen erhält man gemäß diesem Konzept das kleinste Teilchen eines Stoffs. Spaltet man dieses kleinste Teilchen, so entstehen mindestens zwei neue Stoffe.

Die kleinsten Teilchen der Elemente: Der Elementbegriff von Lavoisier und das Konzept der kleinsten Teilchen legen folgende Aussage nahe: Die kleinsten Teilchen der Elemente sind mit chemischen Methoden nicht spaltbar.

Das Konzept der kleinsten Teilchen (metakognitives Wissen)
Das Konzept der kleinsten Teilchen stellt im Rahmen des Zwiebelmodells der chemischen Theorien den innersten Kern dar. Ohne das Konzept der kleinsten Teilchen können andere chemische Theorien nicht verstanden werden.

Aggregatzustände und das KTM (metakognitives Wissen)
Die Eigenschaften der Aggregatzustände sowie die Übergänge zwischen den Aggregatzuständen können auf überzeugende Weise mit dem KTM erklärt werden.

Wirklichkeit und Theorie (metakognitives Wissen)
Das Wissen der Naturwissenschaft Chemie kann zwei unterschiedlichen Ebenen – der Wirklichkeits- und der Theorieebene – zugeordnet werden.
Wirklichkeitsebene: Zu dieser Ebene gehört alles, was mit den Sinnen und Messgeräten über chemische Phänomene erfasst werden kann. Diese Ebene bleibt im Verlauf der Entwicklungsgeschichte der Chemie unverändert.
Theorieebene: Diese Ebene umfasst alle Modelle und Theorien, die sich Menschen ausgedacht haben, um chemische Phänomene zu erklären. Diese Ebene verändert sich im Verlauf der Entwicklungsgeschichte der Chemie.
Hin und Her zwischen Wirklichkeit und Theorie: Sowohl das Erlernen von Chemie als auch jegliche anspruchsvolle chemische Arbeit ist von einem Hin und Her zwischen Wirklichkeits- und Theorieebene geprägt. Im Grunde genommen geht es immer darum, chemische Phänomene (Fragen) auf der Wirklichkeitsebene mit chemischen Theorien auf der Theorieebene zu erklären (zu beantworten).

4.11 Testaufgaben zur Standortbestimmung

Aufgabe 4.20 Volumen und Temperatur
Antworte mithilfe des KTM: Warum nimmt das Volumen von Stoffen mit zunehmender Temperatur zu?
(WD 2 Konzeptwissen/KP 2 Verstehen)

Aufgabe 4.21 Konsequenzen des Verdampfens
Antworte mithilfe des KTM: Warum sind beim Übergang in die Gasphase die Dichteabnahme und die Volumenzunahme besonders groß?
(WD 2 Konzeptwissen/KP 2 Verstehen)

Aufgabe 4.22 Die Temperaturskala
Antworte mithilfe des KTM: Die tiefsten Schmelz- und Siedepunkte sind nicht kleiner als –300 °C. Die höchsten Schmelz- und Siedepunkte betragen viele Tausend °C. Warum gibt es keine kleineren Schmelz- und Siedepunkte?
(WD 2 Konzeptwissen/KP 2 Verstehen)

Aufgabe 4.23 Temperatur-Abhängigkeit des Gasdrucks
Erkläre auf der Theorieebene, warum der Druck in Gasen mit der Temperatur ansteigt.
(WD 3 Prozesswissen/KP 3 Anwenden)

Aufgabe 4.24 Die Isolationswirkung eines Dewar
Zur Handhabung von flüssigem Stickstoff werden sogenannte Dewars verwendet. Ein Dewar ist ein doppelwandiges Glasgefäß, das meist in eine Metallhülle eingebettet ist. Warum ist das Glasgefäß im Inneren evakuiert? Antworte auf der Theorieebene mit dem KTM.
(WD 3 Prozesswissen/KP 3 Anwenden)

Aufgabe 4.25 Verdunstung von Wasser
Warum verdunstet Wasser bei 80 °C schneller als bei 60 °C? Antworte mit dem KTM.
(WD 3 Prozesswissen/KP 3 Anwenden)

Aufgabe 4.26 Sublimation von Schnee
Im Winter wird eine dünne Schneedecke nach langer Zeit selbst bei –5 °C sichtbar dünner. Erkläre mithilfe des Kugelteilchen-Modells, wie das möglich ist.
(WD 3 Prozesswissen/KP 3 Anwenden)

Aufgabe 4.27 Verdunstungskälte – Kondensationswärme
a) Warum nimmt die Temperatur einer Wasserprobe beim Verdunsten ab? Antworte mit dem KTM.
b) Warum nimmt beim Kondensieren von gasförmigem Wasser die Temperatur der Umgebung (z. B. Luft) zu? Antworte mit dem KTM.

Hinweis: Bei der Bildung von Hurrikans spielt diese Kondensationswärme eine bedeutende Rolle. Beim Aufstieg von Wasserdampf über Meerwasser kommt es infolge Abkühlung zur Kondensation von Wasser. Dabei wird viel Wärme frei, die noch nicht kondensierten Wasserdampf weiter aufsteigen lässt.
(WD 3 Prozesswissen/KP 3 Anwenden)

Aufgabe 4.28 Wasserspaltung

Bei hohen Temperaturen wird Wasser gespalten (thermolysiert).

Wasser → Wasserstoff + Sauerstoff

Wie könnte man mit dem Prinzip der kleinsten Teilchen die Spaltung von Wasser in Wasserstoff und Sauerstoff erklären?

a) Beschreibe den Sachverhalt in Worten.

b) Formuliere die Reaktionsgleichung mithilfe verschiedener Kugeln.

(WD 3 Prozesswissen/KP 3 Anwenden)

4.12 Lösungen der Aufgaben

Aufgabe 4.1 Eisbildung

Luft ist ein Gasgemisch, in dem auch gasförmiges Wasser vorkommt. Kurz nachdem das Reagenzglas aus dem flüssigen Stickstoff herausgenommen wurde, weist dessen Glaswand eine Temperatur von −196 °C auf. An dieser kalten Wand kondensiert und erstarrt das Wasser der Luft sofort.

Aufgabe 4.2 Wachsspaltung

a) Bei der Thermolyse von Wachs werden die kleinsten Wachsteilchen in zwei neue kleinste Teilchen aufgespalten. Die beiden neu entstehenden Teilchen sind die kleinsten Teilchen von Wasserstoff und Kohlenstoff.

b)

Aufgabe 4.3 Die kleinsten Teilchen der Elemente

a) Ein Element

- kann mit chemischen Mitteln nicht in andere Stoffe zerlegt werden,
- kann nicht aus anderen Elementen synthetisiert werden.

b) Die kleinsten Teilchen der Elemente können mit chemischen Methoden nicht in neue kleinste Teilchen aufgespalten werden. Die kleinsten Teilchen von Verbindungen können mit chemischen Methoden in neue kleinste Teilchen aufgespalten werden.

Aufgabe 4.4 Ursache der Aggregatzustände

Nach dem KTM liegt es an den Anziehungskräften zwischen den kleinsten Teilchen. Bei festen Stoffen sind diese Anziehungskräfte relativ groß, bei gasförmigen Stoffen relativ klein.

Aufgabe 4.5 Dichte und Temperatur

Mit zunehmender Temperatur nimmt die mittlere Bewegungsenergie der kleinsten Teilchen zu. Mit zunehmender mittlerer Bewegungsenergie nimmt der Raum zu, den kleinste Teilchen beanspruchen. D. h., mit zunehmender Temperatur nimmt das Volumen von Stoffen zu und damit ihre Dichte ($\rho = m/V$) ab.

Aufgabe 4.6 Die Sonderrolle der Gase

In Feststoffen und Flüssigkeiten gilt: Die Anziehungskräfte zwischen den kleinsten Teilchen werden in der Regel nicht durch die Bewegungsenergie der kleinsten Teilchen überwunden.
In Gasen gilt: Die Bewegungsenergie der kleinsten Teilchen ist so groß, dass die Anziehungskräfte zwischen den kleinsten Teilchen sich nicht auswirken.
Dieser Unterschied hat nach dem KTM die Sonderrolle der Gase zur Folge.

Aufgabe 4.7 Schmelzen und Sieden

a) Beim kontinuierlichen Erwärmen eines Feststoffes setzt am Schmelzpunkt der Schmelzvorgang ein.
Vor dem Schmelzpunkt sind die kleinsten Teilchen (KT) regelmäßig, gitterartig angeordnet. Die Anziehungskräfte zwischen den KT lassen innerhalb des Teilchengitters keine Wanderbewegungen zu – die Teilchen führen lediglich Schwingungsbewegungen um ihre Ideallage aus. Infolge der Temperaturerhöhung nimmt die mittlere Bewegungsenergie der KT immer mehr zu. D. h., die Schwingungen werden immer ausgeprägter.
Am Schmelzpunkt ist die mittlere Bewegungsenergie aller KT so groß, dass der gitterartige Teilchenverband zusammenbricht. Die Anziehungskräfte zwischen den KT sind immer noch wirksam. Die Bewegungsenergie der KT ist jetzt aber so groß, dass ein erheblicher Anteil der Anziehungskräfte überwunden wird. In dieser Situation haben einige KT gerade genug Bewegungsenergie, um Wanderbewegungen durch den Teilchenverband machen zu können.
Nach dem Schmelzpunkt nimmt die Bewegungsenergie der KT weiter zu, d. h., das Flüssigkeitsvolumen nimmt zu. Die Wanderbewegungen durch den Teilchenverband werden immer ausgeprägter. An den Grenzflächen zur Luft können Teilchen mit besonders hoher Bewegungsenergie den Teilchenverband sogar verlassen.

b) Beim kontinuierlichen Erwärmen einer Flüssigkeit setzt am Siedepunkt der Siedevorgang ein.
Vor dem Siedepunkt sind die KT zwar unregelmäßig, aber doch kompakt angeordnet. Die Bewegungsenergie der KT ist groß genug, um Wanderbewegungen durch den Teilchenverband machen zu können. Die Anziehungskräfte zwischen den KT wirken

jedoch immer noch so stark, dass die Teilchen in einem Verband zusammengehalten werden. Nur an den Grenzflächen zur Luft können besonders energiereiche Teilchen den Teilchenverband verlassen. Nähert sich die Temperatur dem Siedepunkt, so werden die Wanderbewegungen der Kleinsten Teilchen immer ausgeprägter. An den Grenzflächen zur Luft verlassen immer mehr KT den Teilchenverband und treten in die Gasphase über. Am Siedepunkt ist die mittlere Bewegungsenergie der KT so groß geworden, dass einige KT die Anziehungskräfte zu ihren Nachbarteilchen vollkommen überwinden können. An den Grenzflächen zur Luft treten viele Teilchen in die Gasphase über. Aber nicht nur dort, auch im Inneren der Flüssigkeit gehen KT in die Gasphase über, sodass sich in der Flüssigkeit Gasblasen bilden.

Oberhalb des Siedepunktes nimmt die Bewegungsenergie der KT weiter zu – d. h., das Gasvolumen und der Gasdruck werden rasch größer. Nachdem eine Flüssigkeit vollkommen verdampft ist, gilt gemäß Kugelteilchen-Modell Folgendes: Alle KT befinden sich in der Gasphase und für jedes kleinste Teilchen ist die Bewegungsenergie so groß, dass die Anziehungskräfte zwischen den KT nicht mehr wirksam sind.

Aufgabe 4.8 Thermolyse von Stoffen

a) Für Stoffe, die sich vor dem Siedepunkt zersetzen, gilt: Sie haben zerbrechliche kleinste Teilchen (KT) oder die Anziehungskräfte zwischen den KT sind groß.
Beim Erwärmen der Flüssigkeit nimmt die Temperatur bis zum Siedepunkt kontinuierlich zu. Dabei nimmt auch die mittlere Bewegungsenergie der KT immer mehr zu. Noch vor dem Siedepunkt ist die Bewegungsenergie der KT so groß, dass sie bei besonders heftigen Zusammenstößen in andere KT zerbrechen.

b) Für Stoffe, die sich vor dem Schmelzpunkt zersetzen, gilt: Sie haben sehr zerbrechliche kleinste Teilchen (KT) und/oder die Anziehungskräfte zwischen den KT sind sehr groß.
Beim Erwärmen des Feststoffes nimmt die Temperatur bis zum Schmelzpunkt kontinuierlich zu. Dabei nimmt auch die mittlere Bewegungsenergie der KT immer mehr zu. Noch vor dem Schmelzpunkt ist die Bewegungsenergie der KT so groß, dass sie bei besonders heftigen Zusammenstößen in andere KT zerbrechen.

Aufgabe 4.9 Die Temperatur von Gasen

Die Aussage, dass die Anziehungskräfte nicht wirken, bedeutet nicht gleichzeitig, dass die kleinsten Teilchen viel Bewegungsenergie aufweisen. Kleinste Teilchen, zwischen denen keine Anziehungskräfte wirken, können auch sehr wenig Bewegungsenergie beinhalten.

Aufgabe 4.10 Ytong®-Steine

Nach dem Kugelteilchen-Modell wird Wärmeenergie durch elastische Zusammenstöße zwischen kleinsten Teilchen (KT) übertragen. Isolation bedeutet also, diese elastischen Zusammenstöße möglichst zu verhindern. In Ytong®-Steinen sind viele Luftbläschen eingeschlossen, die genau diese Funktion haben. Da sie mit Luft, also Gas, gefüllt sind, ist die Teilchendichte in ihnen sehr gering. Folglich finden in den Luftbläschen wenig elastische Zusammenstöße statt, sodass nur wenig Wärmeenergie durch sie hindurch transportiert werden kann.
Wichtig ist außerdem, dass es sich um viele voneinander abgetrennte Luftbläschen handelt. Wäre pro Ytong®-Stein nur eine einzige Luftblase vorhanden, so könnte durch Luftzirkulation (Konvektion) ein Wärmetransport eintreten. Durch Unterteilung des Luftvolumens in viele Tausend einzelne Bläschen wird diese Konvektion unterbunden.

Aufgabe 4.11 Verdunstung von Wasser

Bei jeder Temperatur gibt es in einem Stoff eine bestimmte Verteilung der Bewegungsenergie der kleinsten Teilchen (siehe ◘ Abb. 4.37). Es gibt somit bei jeder bestimmten Temperatur energiereichere und energieärmere kleinste Teilchen. Bei 20 °C gibt es wenig kleinste Teilchen, deren Bewegungsenergie ausreicht, um den Teilchenverband zu verlassen. Auf jeden Fall weniger als bei 80 °C. Aber es gibt solche Teilchen, sodass Wasser auch schon bei 20 °C langsam verdampft.

Aufgabe 4.12 Luftballon unter der Pumpenglocke

a) Die Vakuumpumpe pumpt Luft aus der Pumpenglocke.
b) Durch die Wirkung der Vakuumpumpe nimmt die Luftmasse unter der Pumpenglocke ab. D. h., der Luftdruck innerhalb der Pumpenglocke nimmt ab. Da nun weniger Druck von außen auf den Ballon einwirkt, der Druck im Ballon anfangs aber unverändert ist, dehnt sich der Ballon so lange aus, bis der Druck in seinem Inneren gleich dem Druck in der Pumpenglocke ist (mit zunehmendem Volumen nimmt der Druck eines Gases ab).
c) Die Vakuumpumpe bewirkt, dass die Luftteilchen-Konzentration innerhalb der Pumpenglocke abnimmt. Dies hat zur Folge, dass pro Zeiteinheit von außen weniger Luftteilchen auf die Ballonhülle aufprallen. Auf der Innenseite des Ballons bleibt anfangs das Luftteilchen-Bombardement unverändert. D. h., auf die Innenseite des Ballons wird pro Flächeneinheit mehr Impuls übertragen als auf die Außenseite. Aufgrund dessen dehnt sich der Ballon aus. Während der Ausdehnungsphase des Ballons nehmen die Innenfläche der Ballonhaut und das Ballonvolumen zu, sodass nun auch von Innen weniger Impuls pro Flächeneinheit übertragen wird als zu Beginn der Ausdehnung.

Sobald der innere Impuls pro Flächeneinheit dem Betrag nach gleich groß ist wie der äußere Impuls, kommt die Ausdehnung des Ballons zum Stillstand.

Aufgabe 4.13 Diffusion von Ammoniak und Chlorwasserstoff

a) Die Geschwindigkeit eines kleinsten Teilchens ist bei Raumtemperatur zwar sehr groß (siehe ◘ Abb. 4.37), aber die Ammoniak- und Chlorwasserstoff-Teilchen stoßen ständig mit anderen Kugelteilchen zusammen und ändern ihre Flugrichtung dabei. Wegen dieser ständigen Richtungsänderungen ist die Diffusionsgeschwindigkeit wesentlich kleiner als die Fluggeschwindigkeit eines Teilchens.
b) Einige Ammoniakteilchen bewegen sich schneller in Richtung Rohrmitte als andere. Diese Ammoniakteilchen bewirken nur eine teilweise Farbänderung auf dem Indikator-Papierstreifen.
c) Die Anziehungskräfte zwischen den kleinsten Teilchen der Gase sind viel kleiner als die Anziehungskräfte zwischen den kleinsten Teilchen des Ammoniumchlorids.
d) Ammoniumchlorid-Rauch ist ein Gemisch aus Luft und festen Ammoniumchlorid-Partikeln. Verglichen mit den kleinsten Teilchen sind die festen Ammoniumchlorid-Partikel enorm groß, massereich und träge. Ein Ammoniumchlorid-Partikel besteht aus Milliarden kleinster Teilchen, die alle um Ihre Ideallage im Teilchengitter herumschwingen. Es gibt also keine gemeinsame Bewegungsrichtung für die kleinsten Teilchen eines Ammoniumchlorid-Partikels. Deshalb bewegen sich diese Partikel nicht von sich aus in eine bestimmte Richtung und diffundieren auch nicht von sich aus. Die Zusammenstöße mit kleinsten Teilchen der Gase führen jedoch zu sehr geringer Diffusion.

Aufgabe 4.14 Knallgas-Explosion

In einem mit Knallgas gefüllten Ballon sind Wasserstoff und Sauerstoff durch Diffusion ideal miteinander vermischt. Zündet man ein solches Gemisch an einer Stelle, breitet sich die Verbrennung extrem schnell durch das gesamte Gemisch aus.
Zündet man einen mit Wasserstoff gefüllten Ballon an einer Stelle, so muss sich nicht nur die Verbrennung ausbreiten. Der Wasserstoff muss sich vor der Verbrennung erst noch mit Sauerstoff vermischen. Die Ausbreitung der Verbrennung geschieht deshalb viel langsamer als beim Knallgas-Gemisch.

Aufgabe 4.15 Experiment 4.26 mit dem KTM erklärt

Zu Teil 1: Die kleinsten Teilchen in der Brennerflamme haben eine hohe mittlere Bewegungsenergie. Diese Bewegungsenergie wird teilweise durch elastische Stöße auf die kleinsten Teilchen des Wassers und des Papiers übertragen. Diejenigen Wasserteilchen, die besonders viel Bewegungsenergie aufnehmen, verlassen den Verband der Wasserteilchen und gehen in die Gasphase über. Dadurch wird der flüssigen Wasserphase viel Bewegungsenergie entzogen, sodass deren Temperatur nicht über 100 °C ansteigt. Durch diesen Abtransport von Bewegungsenergie wird auch verhindert, dass die Temperatur des Papiers über 100 °C ansteigt.

Zu Teil 2: Die kleinsten Teilchen in der Brennerflamme haben eine hohe mittlere Bewegungsenergie. Diese Bewegungsenergie wird teilweise durch elastische Stöße auf die kleinsten Teilchen des Ethanols übertragen. Diejenigen Ethanolteilchen, die besonders viel Bewegungsenergie aufnehmen, verlassen den Verband der Ethanolteilchen und gehen in die Gasphase über. Dadurch wird der flüssigen Ethanolphase viel Bewegungsenergie entzogen, sodass deren Temperatur nicht über 78 °C ansteigt. Da das gebildete Ethanolgas verbrennt, werden die Ethanolteilchen im Papier jedoch besonders schnell durch elastische Zusammenstöße beschleunigt. Deswegen und weil die Anziehungskräfte zwischen Ethanolteilchen relativ gering sind, gehen alle Ethanolteilchen rasch in die Gasphase über. Wenn auf dem Papier keine Ethanolteilchen mehr vorhanden sind, kann dem Papier durch Ethanolteilchen keine Bewegungsenergie mehr entzogen werden. Die Bewegungsenergie der Papierteilchen nimmt dann rasch zu. Bei besonders heftigen Zusammenstößen zwischen Papierteilchen kann es zur Aufspaltung von Papierteilchen kommen. Dabei entstehen neue kleinste Teilchen, die brennbare Gase bilden.

Zu Teil 3: Die kleinsten Teilchen in der Brennerflamme haben eine hohe mittlere Bewegungsenergie. Diese Bewegungsenergie wird teilweise durch elastische Stöße auf die kleinsten Teilchen des Ethanols und des Wassers übertragen. Diejenigen Ethanolteilchen, die besonders viel Bewegungsenergie aufnehmen, verlassen den Teilchenverband der Flüssigkeit und gehen in die Gasphase über. Dadurch wird der Flüssigkeit viel Bewegungsenergie entzogen, sodass deren Temperatur zunächst nicht über 78 °C ansteigt. Bei dieser Temperatur gehen nur wenige Wasserteilchen in die Gasphase über, da die Anziehungskraft zwischen Wasserteilchen größer ist als zwischen Ethanolteilchen. Da das gebildete Ethanolgas verbrennt, werden die Ethanolteilchen im Papier jedoch besonders schnell durch elastische Zusammenstöße beschleunigt. Deswegen und weil die Anziehungskräfte zwischen Ethanolteilchen relativ gering sind, gehen alle Ethanolteilchen rasch in die Gasphase über. Wenn auf dem Papier keine Ethanolteilchen mehr vorhanden sind, übernehmen die Wasserteilchen den Abtransport von Bewegungsenergie. Solange sich Wasserteilchen auf dem Papier befinden, nimmt die Bewegungsenergie der Papierteilchen nur in geringem Ausmaß zu. Die Bewegungsenergie der Papierteilchen ist dann nicht groß genug, um ihre Spaltung zu bewirken.

Aufgabe 4.16 Nach oben fließende Flüssigkeit

In dieser Flüssigkeit sind die Anziehungskräfte zwischen den kleinsten Teilchen besonders groß. Die außerhalb des Glases nach unten fallenden Teilchen ziehen die im Glas befindlichen Teilchen hoch bis zum Rand des Becherglases. Dies geschieht durch ein Netzwerk von Anziehungskräften, über die eine Verbindung zwischen allen kleinsten Teilchen besteht. Erst wenn der Höhenunterschied zwischen dem Flüssigkeitspegel im Becherglas und im Ausguss zu groß geworden ist, reißt die Flüssigkeitssäule im Becherglas ab. Die Gewichtskraft der Säule ist dann zu groß und übertrifft die Wirkung der Anziehungskräfte zwischen den kleinsten Teilchen.

Aufgabe 4.17 Wolkenbildung mit flüssigem Stickstoff

a) Wenn −196 °C kalter flüssiger Stickstoff mit 100 °C heißem Wasser in Kontakt kommt, verdampft in kurzer Zeit viel Stickstoff. Das auf diese Weise entstehende Stickstoffgas ist immer noch sehr kalt und bewirkt die Kondensation des gasförmigen Wassers, das über der Schüssel aufsteigt. Infolge der Kondensation des Wassergases bildet sich die große Wassernebel-Wolke. In anderen Worten: Das kalte Stickstoffgas macht sichtbar, wie viel Wasser über einer Schüssel mit kochendem Wasser aufsteigt. Ohne den flüssigen Stickstoff kann man das nicht sehen, da gasförmiges Wasser unsichtbar ist.

b) Die Nebelbildung hält deshalb so lange an, weil sich unter dem auf dem Wasser schwimmenden flüssigen Stickstoff ein Stickstoffgas-Polster bildet, das den flüssigen Stickstoff gegen das heiße Wasser isoliert und auf diese Weise ein sehr rasches, vollständiges Verdampfen verhindert. Dieser Isolationseffekt wird nach seinem Erforscher Leidenfrost-Phänomen genannt.

Hinweis: Johann Gottlob Leidenfrost (1715–1794, Duisburg): Leidenfrost hat den nach ihm benannten Effekt an Wassertropfen beschrieben, die auf einer heißen Unterlage schweben.

Aufgabe 4.18 Temperatur-Energie-Diagramm von Wasser

a) In den ansteigenden Kurvenabschnitten wird Wasser Wärmeenergie unter Temperaturanstieg zugeführt. Wird Wasser in einem Glasgefäß erhitzt, so übertragen die kleinsten Teilchen des Glasgefäßes Bewegungsenergie durch elastische Zusammenstöße auf Wasserteilchen. Diese übertragene Bewegungsenergie führt zur Beschleunigung der Wasserteilchen. Die mittlere Bewegungsenergie der Wasserteilchen nimmt somit zu. Auf der Wirklichkeitsebene bedeutet dies, dass das heiße Glas das Wasser erwärmt.

b) In den horizontal verlaufenden Kurvenabschnitten wird Wasser Wärmeenergie ohne Temperaturanstieg zugeführt. Wird Wasser in einem Glasgefäß erhitzt, so übertragen die kleinsten Teilchen des Glasgefäßes Bewegungsenergie durch elastische Zusammenstöße auf Wasserteilchen. Diese übertragene Bewegungsenergie führt nun nicht zur Beschleunigung der Wasserteilchen, sondern ausschließlich zur Überwindung von Anziehungskräften. Die mittlere Bewegungsenergie der Wasserteilchen nimmt dabei nicht zu. Auf der Wirklichkeitsebene bedeutet dies, dass das heiße Glas Wärmeenergie auf das Wasser überträgt. Diese Wärmeenergie führt aber nicht zu einem Temperaturanstieg, sondern zu einem Wechsel des Aggregatzustandes. Erst wenn die gesamte Wassermasse den Aggregatzustands-Wechsel vollzogen hat, kann die Temperatur des Wassers wieder steigen.

Aufgabe 4.19 Löschmittel Wasser und KTM

Da die Löschwirkung von Wasser vor allem darauf beruht, dass dem Feuer Wärmeenergie entzogen wird, soll hier mit dem KTM gezeigt werden, wie man sich diesen Wärmeentzug vorstellen kann. Nehmen wir an, es ginge um das Löschen eines Holzfeuers. Naturgemäß ist brennendes Holz sehr heiß. Die kleinsten Holzteilchen haben deshalb eine große mittlere Bewegungsenergie. Wird Wasser auf das brennende Holz gegossen, kommen relativ energiearme Wasserteilchen mit den energiereichen Holzteilchen in Kontakt. Dabei wird durch elastische Zusammenstöße Bewegungsenergie von Holzteilchen auf Wasserteilchen übertragen. Die mittlere Bewegungsenergie der Holzteilchen nimmt dabei ab, die der Wasserteilchen zu. Da Wasserteilchen in der flüssigen Phase sehr viel Energie aufnehmen, bevor sie in die Gasphase übergehen, können bereits relativ wenige Wasserteilchen relativ viele Holzteilchen abbremsen. Die abgebremsten Holzteilchen prallen nun mit weniger Wucht aufeinander als zuvor. Bei diesen abgeschwächten Zusammenstößen werden die Holzteilchen nicht mehr in neue kleinste Teilchen aufgespalten, sodass aus dem Holz kein brennbares Gas mehr gebildet wird. Wenn kein brennbares Gas mehr entsteht, erlischt das Feuer.

Aufgabe 4.20 Volumen und Temperatur

Mit zunehmender Temperatur nimmt die mittlere Bewegungsenergie der kleinsten Teilchen zu. Mit zunehmender mittlerer Bewegungsenergie der kleinsten Teilchen werden die Anziehungskräfte zwischen den kleinsten Teilchen immer mehr überwunden. Aufgrund dessen breiten sich die kleinsten Teilchen immer mehr im Raum aus. Dies führt zur Volumenzunahme eines Stoffs.

Aufgabe 4.21 Konsequenzen des Verdampfens

Beim Übergang in die Gasphase nimmt die mittlere Bewegungsenergie der kleinsten Teilchen so stark zu, dass die Anziehungskräfte zwischen den kleinsten Teilchen überwunden werden. Einer ungebremsten Ausdehnung (bedeutet: ungebremste Dichteabnahme und ungebremste Volumenzunahme) wirkt dann nur noch der Luftdruck entgegen.

Aufgabe 4.22 Die Temperaturskala

Nach dem KTM (Theorieebene) wird die Temperatur (Wirklichkeitsebene) durch die mittlere Bewegungsenergie der kleinsten Teilchen (KT) bestimmt. Demzufolge ist die Temperatur minimal, wenn die KT keine Bewegungsenergie besitzen, also vollkommen in Ruhe sind. Aufgrund der Celsius-Temperatur-Skala, die sich am Schmelz- und Siedepunkt von Wasser orientiert, beträgt die minimale Temperatur −273,15 °C. Noch weniger als keine Bewegungsenergie können die KT nicht haben. Deshalb kann es auch keine tiefere Temperatur als −273,15 °C geben. Die tiefsten Schmelz- und Siedepunkte müssen deshalb über −273,15 °C liegen.

Aufgabe 4.23 Temperatur-Abhängigkeit des Gasdrucks

Der Druck, den ein Gas auf seinen Behälter ausübt, kommt durch kleinste Teilchen (KT) zustande, die im Inneren des Behälters auf die Behälterwände prallen. Der Druck ist umso größer, je mehr KT auf die Wände prallen und je höher ihre mittlere Bewegungsenergie ist. Bei einer vorgegebenen Gasmenge ist die Teilchenzahl festgelegt, der Druck ist dann nur noch von der mittleren Bewegungsenergie der KT abhängig. D. h., der Druck ist dann nur noch von der Temperatur abhängig.

Aufgabe 4.24 Die Isolationswirkung eines Dewars

Perfektes Vakuum bedeutet absolute Leere. Ein Raum, in dem ein perfektes Vakuum herrscht, ist vollkommen frei von kleinsten Teilchen (KT). Im Inneren des Glasgefäßes kommen also fast keine KT vor. Nach dem KTM bedeutet Wärmeübertragung die Weitergabe von Bewegungsenergie. Wenn im Inneren des Glasgefäßes fast keine KT vorkommen, dann überträgt das Innere des Glasgefäßes auch fast keine Bewegungsenergie – ist also ein sehr guter Isolator.

Aufgabe 4.25 Verdunstung von Wasser

Bei 80 °C ist die mittlere Bewegungsenergie der kleinsten Teilchen größer als bei 60 °C. Es gibt somit bei 80 °C an der Wasseroberfläche mehr kleinste Teilchen, welche die Anziehungskräfte zwischen den kleinsten Teilchen überwinden können, als bei 60 °C.

Aufgabe 4.26 Sublimation von Schnee

Auch bei −5 °C ist die mittlere Bewegungsenergie der kleinsten Teilchen (KT) relativ groß. Denn die minimale Temperatur beträgt −273,15 °C. Deshalb besitzen an der Oberfläche des Schnees manche KT genug Bewegungsenergie, um die Anziehungskräfte zwischen den KT zu überwinden und in die Gasphase überzugehen. Auf der Wirklichkeitsebene bedeutet das: Schnee sublimiert auch bei Temperaturen unter dem Gefrierpunkt langsam.

Aufgabe 4.27 Verdunstungskälte – Kondensationswärme

a) Beim Verdunsten gehen an der Wasseroberfläche kleinste Teilchen (KT) in die Gasphase über. Dazu sind nur diejenigen KT in der Lage, die überdurchschnittlich viel Bewegungsenergie aufweisen. Beim Übergang in die Gasphase nimmt jedes KT mehr Bewegungsenergie mit, als der mittleren Bewegungsenergie aller kleinsten Teilchen in der flüssigen Phase entspricht. Die mittlere Bewegungsenergie der in der flüssigen Phase verbleibenden Wasserteilchen wird deshalb gesenkt. Auf der Wirklichkeitsebene bedeutet das: Die Wassertemperatur sinkt durch das Verdunsten von Wasser.

b) Auf der Wirklichkeitsebene gilt: Beim Kondensieren von Wassergas in Luft geht eine bestimmte Menge Wasser von der Gasphase in die flüssige Phase über. Dabei nimmt die Temperatur der kondensierenden Wassermenge ab und die Temperatur der Umgebungsluft zu. Auf der Theorieebene (KTM) gilt: Während des Kondensierens stoßen Wasserteilchen mit Luftteilchen zusammen und übertragen dabei Bewegungsenergie auf Luftteilchen. Da die Bewegungsenergie der Wasserteilchen dabei abnimmt, werden die relativ großen Anziehungskräfte zwischen den Wasserteilchen wirksam. Die Wasserteilchen ziehen sich also nun gegenseitig an und lagern sich zu Wassertröpfchen zusammen.

Aufgabe 4.28 Wasserspaltung

a) Bei hohen Temperaturen ist die mittlere Bewegungsenergie der kleinsten Wasserteilchen groß. D. h., es finden heftige Zusammenstöße zwischen den Wasserteilchen statt. Bei diesen Zusammenstößen werden manche kleinste Wasserteilchen in neue kleinste Teilchen (in kleinste Wasserstoffteilchen und kleinste Sauerstoff-Teilchen) aufgespalten.

b)

Literatur

Giancoli DC (2010) Physik. Pearson, München, S 641

Glöckner W (Hrsg) (1996) Alkali und Erdalkalimetalle, Halogene. Handbuch der experimentellen Chemie – Sekundarbereich II, Bd. 2. Aulis, Köln, S 355

Haynes WM (2015) Handbook of chemistry and physics. CRC Press, Boca Raton

Kaltofen R et al (1998) Tabellenbuch Chemie. Harri Deutsch, Frankfurt am Main, S 21

Lister T (1995) Classic chemistry demonstrations. The Royal Society of Chemistry, London

Maskos, Butt (2009) Die kinetische Gastheorie. http://www.uni-mainz.de/FB/Chemie/AK-Maskos/Dateien/PCIII-10.pdf. Zugegriffen: 3. Juni 2013

Shakhashiri BZ (1983) Chemical Demonstrations, a handbook for teachers of chemistry Bd. 2. The University of Wisconsin Press, Wisconsin

Gewinnung reiner Stoffe

Ralf Geiß

5.1 Voraussetzungen und Lernziele – 288

5.2 Kapitelvorschau – 290

5.3 Wie macht man Schnaps? – 291

5.4 Wie trennt man kleine Stoffportionen? – 308

5.5 Weitere Trennmethoden – 320

5.6 Reinstoffe und Gemische – 326

5.7 Elemente und Verbindungen – 333

5.8 Fünf Stoffklassen – 334

5.9 Physik – Chemie – Biologie – 335

5.10 Zusammenfassung – 340

5.11 Testaufgaben zur Standortbestimmung – 345

5.12 Lösungen der Aufgaben – 347

Literatur – 356

R. Geiß, *Die Verwandlung der Stoffe*, Chemie – Entdecken und verstehen,
https://doi.org/10.1007/978-3-662-54708-3_5

a Kupferdistille in einer Brauerei, **b** Goldbarren mit einer Reinheit von 999,9 ‰. (© Panama/Fotolia; typomaniac/Fotolia)

Dieses Kapitel hat mehrere Schwerpunkte: Neben physikalischen Trennmethoden und verschiedenen Stoffkategorien werden auch physikalische und chemische Vorgänge behandelt. Bei dem Versuch, alle Phänomene und Konzepte sowohl auf der Wirklichkeits- als auch auf der Theorieebene zu beschreiben, werden die Stärken und Schwächen des Kugelteilchen-Modells deutlich.

5.1 Voraussetzungen und Lernziele

Hilfreiche Kenntnisse und Fertigkeiten der Lernenden

Die Lernenden kennen das Kugelteilchen-Modell und können es anwenden, um die folgenden Sachverhalte zu erklären:
- Eigenschaften der drei verschiedenen Aggregatzustände,
- Übergänge zwischen den Aggregatzuständen,
- Höhe von Schmelz- und Siedepunkten,
- Diffusion.

Richtziele

- Lernende erleben, dass es verschiedene physikalische Trennverfahren zur Reinigung von Stoffen gibt.
- Außerdem werden sie mit verschiedenen Stoffkategorien (Reinstoff, Gemisch, Element, Verbindung etc.) vertraut gemacht.

- Die Lernenden erklären physikalischen Trennverfahren mit dem Konzept der kleinsten Teilchen und festigen auf diese Weise ihr Verständnis für dieses wichtigste Basiskonzept.

Grobziele

- Lernende können verschiedene physikalische Trennverfahren sowohl auf der Wirklichkeits- als auch auf der Theorieebene erklären.
- Trotz aller Vorzüge des Kugelteilchen-Modells sollen seine Schwächen im Hinblick auf zentrale chemische Fragestellungen deutlich werden.

Feinziele

A-Feinziele (kognitiv)

- Lernende können mindestens zwei physikalische Trennverfahren auf der Wirklichkeitsebene detailliert beschreiben und mit dem KTM in eigenen Worten erklären.
  (WD 3 Prozesswissen/KP 4 Analysieren)
- Lernende können angeben, wie Reinstoffe und Gemische auf der Wirklichkeits- und der Theorieebene definiert sind, und können Stoffe diesen Kategorien zuordnen.
  (WD 1 Faktenwissen/KP 3 Anwenden)
- Lernende können angeben, wie Elemente und Verbindungen auf der Wirklichkeitsebene definiert sind, und können Stoffe diesen Kategorien zuordnen.
  (WD 1 Faktenwissen/KP 3 Anwenden)
- Lernende können aufzeigen, inwiefern das KTM nicht zwischen Elementen und Verbindungen unterscheiden kann.
  (WD 4 Metakognition/KP 5 Evaluieren)
- Lernende können angeben, wie physikalische und chemische Vorgänge auf der Wirklichkeits- und der Theorieebene definiert sind, und können Vorgänge diesen Kategorien zuordnen.
  (WD 1 Faktenwissen/KP 3 Anwenden)
- Lernende können in eigenen Worten darlegen, inwiefern das KTM die Bildung von neuen Stoffen nicht erklären kann.
  (WD 4 Metakognition/KP 5 Evaluieren)

B-Feinziel (kognitiv)

Lernende können das Konzept der polaren und unpolaren Stoffe auf der Wirklichkeitsebene beschreiben und für die Erklärung von Trennmethoden anwenden.

(WD 2 Konzeptwissen/KP 3 Anwenden)

C-Feinziel (affektiv/emotional)

Lernende erkennen, dass die Reinigung von Stoffen oft mit großem Aufwand verbunden ist.

(A1 aufmerksam werden)

5.2 Kapitelvorschau

In Kap. 5 geht es um physikalische Trennverfahren, Stoffkategorien (Reinstoff, Gemisch etc.) und physikalische und chemische Vorgänge. Die Verfahren und Begriffe werden sowohl auf der Wirklichkeitsebene als auch mit dem Kugelteilchen-Modell erklärt.

- ► Abschn. 5.3: Wie macht man Schnaps?
  - Experiment 5.1 bis Experiment 5.8
  - Es wird mithilfe verschiedener Experimente gezeigt, wie aus Wein möglichst hochprozentiger Schnaps hergestellt werden kann. In diesem Kontext werden vier verschiedene Destillationstechniken behandelt. Die Erklärung der Destillationen mithilfe des Kugelteilchen-Modells geschieht über verschiedene Aufgaben zum Thema.
- ► Abschn. 5.4: Wie trennt man kleine Stoffportionen?
  - Experiment 5.9 bis Experiment 5.12
  - Das Thema dieses Abschnitts ist die Dünnschicht-Chromatographie. Um das Prinzip der DC-Trennung auf der Wirklichkeitsebene beschreiben zu können, wird das Konzept der polaren und unpolaren Stoffe eingeführt. Mithilfe des KTM wird erklärt, worauf die DC-Trennung beruht.
- ► Abschn. 5.5: Weitere Trennmethoden
  - Experiment 5.13 bis Experiment 5.17
  - In diesem Unterkapitel werden mit verschiedenen Experimenten weitere physikalische Trennverfahren eingeführt. Behandelt werden: Extraktion, Adsorption, Filtration, Sedimentieren/Dekantieren und Zentrifugieren. Adsorption wird mithilfe des Kugelteilchen-Modells erklärt.
- ► Abschn. 5.6: Reinstoffe und Gemische
  - Zuerst werden Reinstoffe und Gemische auf der Wirklichkeits- und der Theorieebene definiert. Anschließend werden Fachbegriffe für verschiedene Gemischarten eingeführt und zwischen heterogenen und homogenen Gemischen unterschieden. Zum Abschluss wird die Frage behandelt, ob man absolut reine Stoffe herstellen kann.
- ► Abschn. 5.7: Elemente und Verbindungen
  - Elemente und Verbindungen werden auf der Wirklichkeits- und der Theorieebene definiert. Es wird betont, dass das Kugelteilchen-Modell nicht zwischen Elementen und Verbindungen unterscheiden kann.

- ► Abschn. 5.8: Physik – Chemie – Biologie
  - Es werden Gemeinsamkeiten und Unterschiede zwischen Physik, Chemie und Biologie aufgezeigt. Außerdem werden physikalische und chemische Vorgänge auf der Wirklichkeits- und der Theorieebene definiert. Dabei wird betont, dass das Kugelteilchen-Modell zwar eine Definition für einen chemischen Vorgang möglich macht, diesen Vorgang aber nicht erklären kann.

5.3 Wie macht man Schnaps?

Da Schnaps oft aus Wein hergestellt wird – er wird dann häufig Branntwein genannt – befassen wir uns zuerst kurz mit Wein.

Wein entsteht durch die Vergärung von Traubensaft. Nach dem Pressen der Trauben kommt der Saft mit der Außenseite der Traubenschalen in Kontakt. Den dort lebenden Zuckerhefen (eine Pilzgattung) dient der Zucker des Traubensafts als Nahrung. Bei Gegenwart von Sauerstoff wandeln die Zuckerhefen den Zucker unter Energiegewinnung in Wasser und Kohlenstoffdioxid um.

Um den Gärungsprozess besser steuern zu können, fügt man dem Traubensaft heute oft Reinhefe zu. Damit kann man die Vermehrung von unerwünschten Hefearten der Traubenschalen unterdrücken.

Zucker + Sauerstoff → Wasser + Kohlenstoffdioxid

Da im Traubensaft nur wenig Sauerstoff vorhanden ist, stellen die Hefepilze ihre Energiegewinnung bald auf einen Modus um, der ohne Sauerstoff auskommt. Dabei wird Zucker in Alkohol (Ethanol) und Kohlenstoffdioxid umgewandelt.

Zucker → Ethanol + Kohlenstoffdioxid

Dabei wird zwar weniger Energie als bei der Reaktion mit Sauerstoff gewonnen, die Zuckerhefen können jedoch auf diese Weise überleben. Sobald der Ethanolgehalt des gärenden Traubensafts jedoch etwa 15 Vol.-% erreicht hat, wirkt Ethanol als tödliches Zellgift und lässt die Zuckerhefen absterben. Wein hat deshalb einen maximalen Alkoholgehalt von ca. 15 Vol.-%. Da Branntwein mindestens 37,5 Vol.-% Ethanol aufweist, stellt sich die Frage: Wie kann der Alkoholanteil im Wein erhöht werden?

Einstufige, fraktionierende Destillation

Weil Wein nicht brennbar ist, kann es sich bei der Herstellung von Branntwein nicht um eine Verbrennung handeln. Das folgende Experiment zeigt, wie man vorgehen könnte.

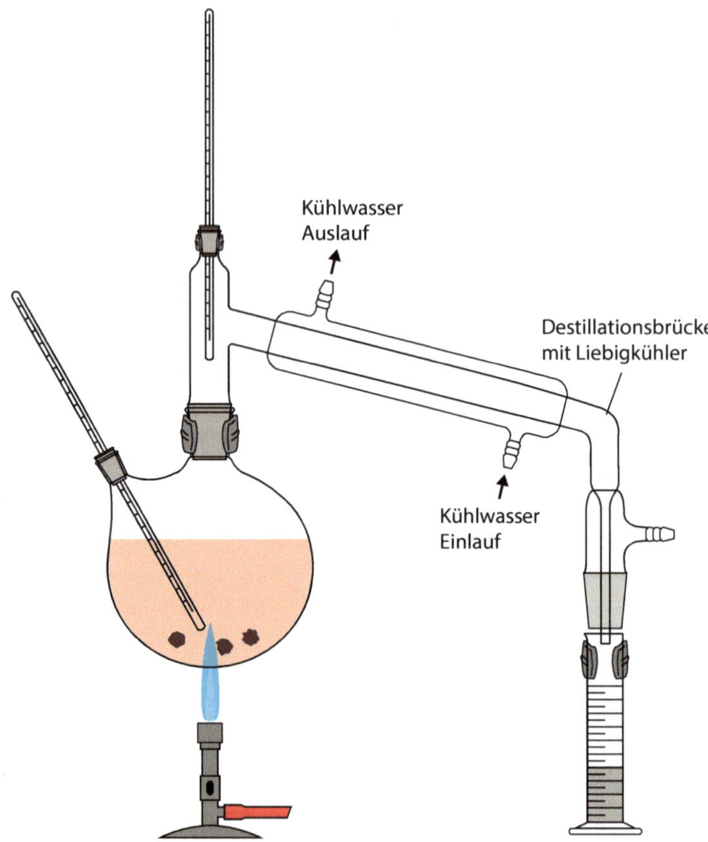

Abb. 5.1 Versuchsaufbau: Destillation von Wein. (© Ralf Geiß 2017)

Experiment 5.1 Destillation von Wein

Versuchsdurchführung: Die Apparatur wird gemäß Abb. 5.1 mit Stativmaterial zusammengestellt. Anstatt eines Bunsenbrenners kann auch ein Heizpilz oder eine andere Heizquelle verwendet werden. Bei der Destillation von brennbaren alkoholischen Lösungen sollte kein Bunsenbrenner verwendet werden. Da die Siedetemperatur der Flüssigkeit im Kolben kontinuierlich ansteigt, muss auch die Heizleistung der Heizquelle im Verlauf der Destillation gesteigert werden.
In den 1000-ml-Zweihals-Rundkolben werden eingefüllt:

- 750 ml Wein (12,5 Vol.-% Ethanol),
- 3 Siedesteinchen.

Die Kühlwasser-Zufuhr wird geöffnet (Durchlaufgeschwindigkeit des Wassers gering einstellen). Während der Destillation ist immer wieder zu prüfen, ob das Kühlwasser noch fließt.
Die Heizquelle wird so eingestellt, dass etwa ein Tropfen Flüssigkeit pro Sekunde in die Vorlage tropft.

Wechsel der 10 Vorlagen: Nachdem sich 10 ml Destillat im Messzylinder gesammelt hat, wird die Vorlage gewechselt. Insgesamt werden somit etwa 100 ml Destillat aufgefangen.
Mit einem 5-ml-Pyknometer und einer Analysenwaage (0,1 mg Ablesegenauigkeit) bestimmt man die Dichte der Fraktionen und liest damit aus einer Tabelle den Alkoholgehalt ab. Abschließend gießt man von jeder Fraktion einige Milliliter in eine Porzellanschale und prüft jede Fraktion auf Brennbarkeit.
Beobachtung: Die Siedetemperatur im Destillationskolben steigt kontinuierlich von 78 auf 96 °C an. Zu gleicher Zeit ist die Temperatur im Kopf der Destillationsbrücke immer etwas geringer als die Siedetemperatur.
Kurz nachdem die Temperatur im Kopf der Destillationsbrücke auf 78 °C angestiegen ist, kondensiert eine Flüssigkeit im Kühler, die dann in die 1. Vorlage tropft. Im Verlauf der Destillation steigt die Temperatur im Brückenkopf beginnend mit der ersten Kondensation im Kühler bis zum Ende der 10. Fraktion von 78 auf 94 °C an. Der Ethanolgehalt der Fraktionen nimmt von der ersten bis zur letzten Fraktion ab (◘ Tab. 5.1).
Alle Fraktionen mit einem Ethanolgehalt von größer gleich 45 % brennen. Je größer der Ethanolgehalt, desto länger hält die Verbrennung an.
Schlussfolgerung: Zum Destillationsverlauf: Der Siedepunkt von Ethanol beträgt 78 °C, der von Wasser 100 °C. Zu Beginn der Destillation ist der Ethanolgehalt des Weins am höchsten. Im aufsteigenden Gas ist Ethanol gegenüber dem Wein angereichert. Deshalb nimmt mit fortschreitender Destillation der Ethanolgehalt des Weins im Destillationskolben ab. Somit nimmt auch der Ethanolgehalt des aufsteigenden Gasgemischs ab. Mit zunehmendem Wassergehalt des Weins im Destillationskolben nimmt dessen Siedetemperatur kontinuierlich zu. Der Endpunkt dieser Ethanolabreicherung wäre bei 100 °C erreicht – der Kolben enthielte dann kein Ethanol mehr. Da die Temperatur des aufsteigenden Gasgemischs gleich der Siedetemperatur ist und das Gasgemisch bis zum Kopf der Destillationsbrücke kaum abkühlt, ist die Siedetemperatur geringfügig höher als die Temperatur im Brückenkopf.
Zur Dichte:
- Ethanol: $\rho = 0{,}78934\ g/cm^3$ (20 °C)
- Wasser: $\rho = 0{,}99823\ g/cm^3$ (20 °C)

Je größer der Ethanolgehalt in einem Ethanol-Wasser-Gemisch, desto geringer ist die Dichte des Gemischs.
Zur Brennbarkeit: Bei einem Ethanol-Volumenanteil von größer gleich 45 Vol.-% sind Ethanol-Wasser-Gemische brennbar. Die Brennbarkeit von Spirituosen mit einem Ethanolgehalt von

Tab. 5.1 Dichte und Ethanolgehalt der Fraktionen und dazugehöriges Temperaturintervall im Brückenkopf (Exp. 5.1)

Fraktion	Menge [ml]	Dichte [g/cm³]	Ethanolgehalt (in Vol.-%)	Temperaturintervall (in °C)
1	10	0,8613	73	78–86
2	12	0,8645	71	86–88
3	11	0,8701	69	88–88
4	10	0,8694	69	88–89
5	10	0,8711	69	89–90
6	10	0,8835	63	90–90,5
7	10	0,8795	65	90,5–91,5
8	10	0,8912	60	91,5–92,5
9	10	0,8960	58	92,5–93
10	10	0,9024	55	93–94

40 Vol.-% beruht auf ätherischen Ölen und anderen Inhaltsstoffen, die recht tiefe Siedepunkte aufweisen und gut brennbar sind.

Im Verlauf von Experiment 5.1 wurde der Alkohol- bzw. Wassergehalt der Fraktionen durch Dichtebestimmung ermittelt. Das folgende Experiment zeigt, dass der qualitative Wassernachweis in Ethanol recht einfach durchgeführt werden kann.

Experiment 5.2 Wassernachweis mit Kupfersulfat

Versuchsdurchführung: Teil 1: In einem temperaturbeständigen Reagenzglas wird Kupfersulfat-Pentahydrat kräftig erhitzt (nicht zu heftig erhitzen, da es sonst zur Thermolyse von Kupfersulfat kommt).
Teil 2: Nachdem das weiße Kupfersulfat etwas abgekühlt ist, gibt man wenig entmineralisiertes Wasser dazu.
Teil 3: Zu weißem Kupfersulfat gibt man einen Anteil von Fraktion 1 aus Experiment 5.1 (Abb. 5.2).
Beobachtung: Teil 1: Das blaue Kupfersulfat-Pentahydrat wird in einen neuen weißen Stoff umgewandelt und im oberen Bereich des Reagenzglases kondensiert eine Flüssigkeit.
Teil 2: Das weiße Kupfersulfat wird durch Wasserzugabe wieder in blaues Kupfersulfat-Pentahydrat umgewandelt.
Teil 3: Das weiße Kupfersulfat wird durch Fraktion 1 wieder blau.
Schlussfolgerung: Wenn man blaues Kupfersulfat-Pentahydrat erhitzt, wird es in Wasser und weißes Kupfersulfat aufgespalten.

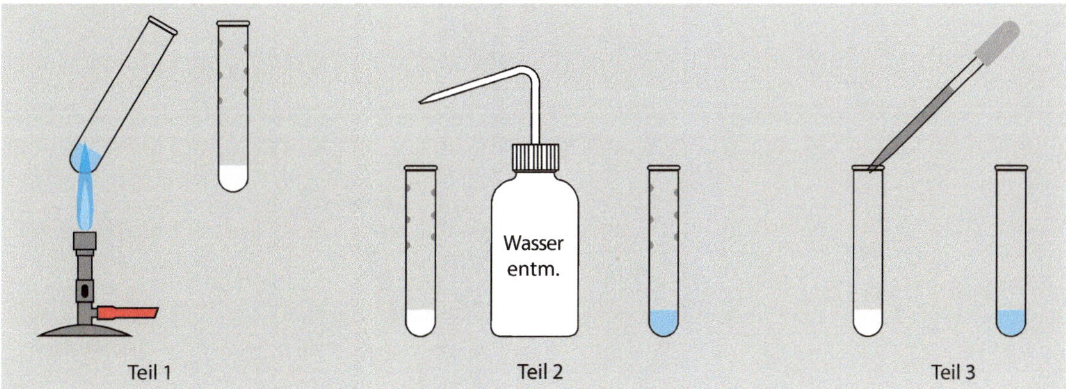

Abb. 5.2 Versuchsverlauf: Wassernachweis mit Kupfersulfat. (© Ralf Geiß 2017)

Kupfersulfat-Pentahydrat → Kupfersulfat + Wasser

In Kugelteilchen-Darstellung:

Wenn weißes Kupfersulfat mit Wasser in Kontakt kommt, entsteht blaues Kupfersulfat-Pentahydrat.

Kupfersulfat + Wasser → Kupfersulfat-Pentahydrat

In Kugelteilchen-Darstellung:

Weißes Kupfersulfat und blaues Kupfersulfat-Pentahydrat sind zwei verschiedene Stoffe – verschiedene Stoffe bestehen aus verschiedenen kleinsten Teilchen.
Wenn Kupfersulfat und Wasser miteinander vollständig zu Kupfersulfat-Pentahydrat reagieren, dann sind nach Abschluss der Reaktion das Wasser und das Kupfersulfat verschwunden.

Aufgabe 5.1 Destillation von Wein

Beantworte die folgenden Fragen zur Destillation von Wein auf der Theorieebene mithilfe des Kugelteilchen-Modells.

a) Warum hat Ethanol einen tieferen Siedepunkt als Wasser?
b) Warum steigt bereits bei 85 °C Wassergas über dem Wein auf?
c) Warum steigt die Siedetemperatur im Verlauf der Destillation an?

(WD 3 Prozesswissen/KP 4 Analysieren)

Mit einer einfachen Destillation von Wein, wie sie in Experiment 5.1 angewendet wurde, kann man Branntwein herstellen, der maximal etwa 50 Vol.-% Ethanol enthält.

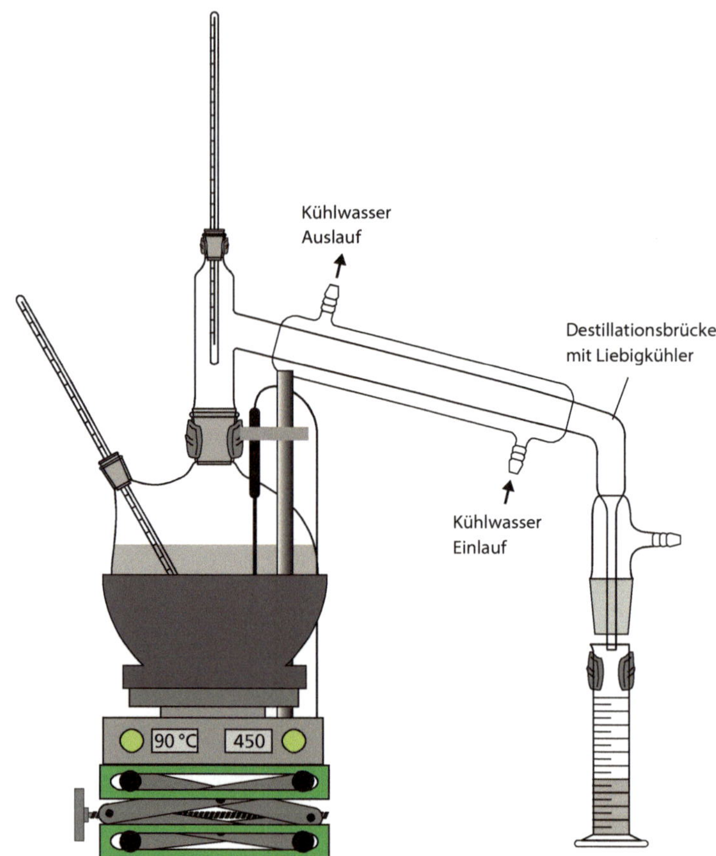

Abb. 5.3 Versuchsaufbau: Destillation eines hochprozentigen Ethanol-Wasser-Gemischs. (© Ralf Geiß 2017)

Wie kann man noch stärkeren Schnaps herstellen? Das folgende Experiment demonstriert, wie man vorgehen könnte.

Experiment 5.3 Destillation eines hochprozentigen Ethanol-Wasser-Gemischs

Versuchsdurchführung: Siehe Experiment 5.1 – statt Wein wird lediglich ein Ethanol-Wasser-Gemisch (750 ml) mit 50 Vol.-%.-Ethanol eingesetzt (Abb. 5.3).

Beobachtung: Im Wesentlichen wie bei Experiment 5.1.

Im Verlauf der Destillation steigt die Temperatur im Brückenkopf beginnend mit der ersten Kondensation im Kühler bis zum Ende der 10. Fraktion von 78 auf 80 °C an. Im gleichen Zeitraum steigt die Siedetemperatur des Kolbeninhalts von 80,5 auf 81 °C an.

Der Ethanolgehalt der einzelnen Fraktionen ist deutlich höher als bei Experiment 5.1 und beträgt bei den Fraktionen 1–9 etwa 87,7 Vol.-%. Fraktion 10 weist einen Ethanolgehalt von 87,4 Vol.-% auf (Tab. 5.2).

Tab. 5.2 Dichte und Ethanolgehalt der Fraktionen und Temperatur im Brückenkopf (Exp. 5.3)

Fraktion	Menge [ml]	Dichte [g/cm^3]	Ethanolgehalt (in Vol.-%)	Temperatur-intervall (in°C)
1	10	0,8345	87,6	78–80
2	10	0,8378	87,9	80–80
3	10	0,8369	87,8	80–80
4	10	0,8351	87,6	80–80
5	10	0,8358	87,7	80–80
6	10	0,8342	87,6	80–80
7	10	0,8346	87,6	80–80
8	10	0,8346	87,6	80–80
9	10	0,8357	87,7	80–80
10	10	0,8331	87,4	80–80

Schlussfolgerung: Das Wasser-Alkohol-Gemisch im Destillationskolben enthält zu Beginn der Destillation 375 ml Ethanol. Durch die 10 aufgefangenen Fraktionen wurden etwa 88 ml Ethanol aus dem Gemisch abdestilliert. Bis zum Ende der Destillation ändert sich somit der Ethanolgehalt von 50 % auf etwa 44 %. D. h., auch am Ende der Destillation ist der Ethanolgehalt im Gemisch noch relativ hoch. Mit diesen Daten kann man verstehen, dass die letzten Fraktionen etwa die gleiche Zusammensetzung wie die ersten aufweisen.

Da zu Beginn der Destillation das aufsteigende Gasgemisch einen höheren Ethanolgehalt hat als das zu destillierende Gemisch, kann man durch wiederholte Destillation der jeweils ersten Fraktion den Ethanolgehalt von Schnaps steigern.

Da aufeinander folgende Destillationen sehr umständlich und zeitaufwendig sind, kann man einen Trick anwenden. Das folgende Experiment zeigt, worin der Trick besteht.

Mehrstufige, fraktionierende Destillation (Rektifikation)

Experiment 5.4 Destillation von Wein mit Vigreux-Kolonne

Versuchsdurchführung: Siehe Experiment 5.1 – es wird lediglich eine Vigreux-Kolonne mit Vakuum-Ummantelung in die Destillati-

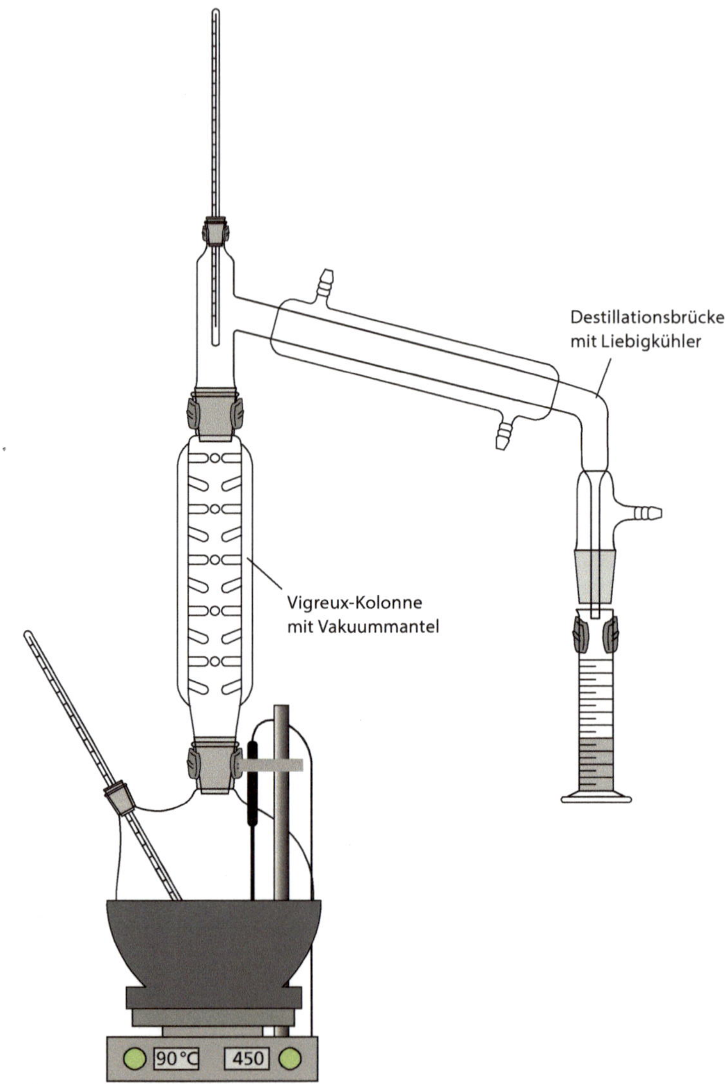

Abb. 5.4 Versuchsaufbau: Destillation von Wein mit Vigreux-Kolonne. (© Ralf Geiß 2017)

onsapparatur mit eingebaut. Die Vigreux-Kolonne ist im Wesentlichen ein Glasrohr, in dessen Inneres hohle Glasstifte hineinragen (Abb. 5.4).

Beobachtung: Die Siedetemperatur im Destillationskolben steigt kontinuierlich von 78 auf 97 °C an. Zu gleicher Zeit ist die Temperatur im Kopf der Destillationsbrücke immer deutlich geringer als die Siedetemperatur. Kurz nachdem die Temperatur im Kopf der Kolonne auf 78 °C angestiegen ist, kondensiert eine Flüssigkeit im

■ **Tab. 5.3** Dichte und Ethanolgehalt der Fraktionen und Temperatur im Brückenkopf (Exp. 5.4)

Fraktion	Menge [ml]	Dichte [g/cm³]	Ethanolgehalt (in Vol.-%)	Temperaturintervall (in °C)
1	08	0,8173	90	78,0–79,5
2	09	0,8338	84	79,5–81,0
3	10	0,8354	83	81,0–81,5
4	10	0,8405	81	81,5–82,5
5	10	0,8421	80	82,5–84,0
6	10	0,8463	79	84,0–84,5
7	10	0,8481	78	84,5–85,5
8	10	0,8489	78	85,5–87,0
9	10	0,8610	73	87,0–89,5
10	10	0,8752	67	89,5–93,0

Kühler, die dann in die 1. Vorlage tropft. Im Verlauf der Destillation steigt die Temperatur im Kolonnenkopf beginnend mit der ersten Kondensation im Kühler bis zum Ende der 10. Fraktion von 78 auf 93 °C an. Im gleichen Zeitraum steigt die Siedetemperatur des Kolbeninhalts von 89 auf 97 °C an. Der Ethanolgehalt der Fraktionen nimmt von der ersten bis zur letzten Fraktion ab (■ Tab. 5.3).
Schlussfolgerung: Die Vigreux-Kolonne bewirkt einen deutlich erhöhten Ethanolgehalt in den Fraktionen. Dies geschieht auf folgende Weise: Die aufsteigenden Gase enthalten selbst zu Beginn der Destillation Wassergas. Das gasförmige Wasser kondensiert teilweise an den Glasfingern der Vigreux-Kolonne und tropft in den Kolben zurück. Gleichzeitig bewirkt das aufsteigende heiße Gasgemisch, dass kondensiertes Ethanol wieder verdampft und in den Kühler übergeht. In der Kolonne bilden sich ein aufwärtsgerichteter Gasfluss und ein abwärtsgerichteter Flüssigkeitsfluss aus. Beide Stoffflüsse bewirken, dass in einer Kolonne gleichzeitig zahlreiche Destillationen stattfinden. Die Anzahl der Destillationen, die notwendig ist, um die Trennwirkung einer Kolonne zu erreichen, wird die Bodenzahl der Kolonne genannt.

Faustregel

Zum Abschluss dieses Abschnitts soll noch kurz eine Faustregel erwähnt werden. Liegt ein binäres Stoffgemisch mit einem Teilchenanteil von 50 % vor, so lassen sich die beiden Stoffe nur dann mit einer Reinheit von 95 % trennen, wenn die Siedepunkt-Differenz mindestens 70 °C beträgt (Hünig et al. 2007).

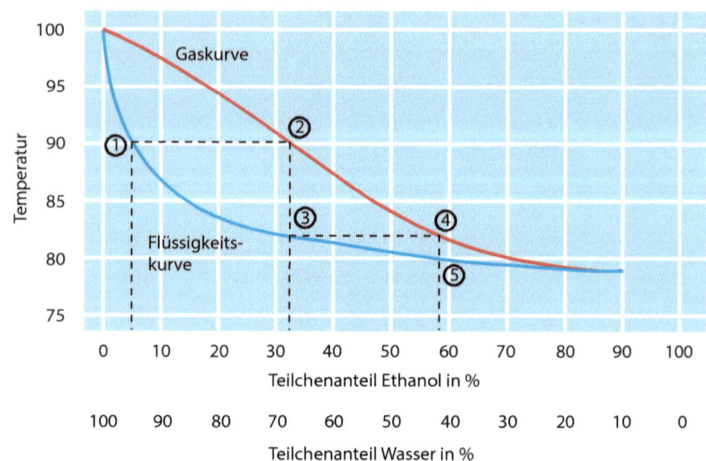

Abb. 5.5 Siedediagramm für Ethanol-Wasser-Gemische. (© Ralf Geiß 2017)

Aufgabe 5.2 Raschig-Kolonne
Eine Raschig-Kolonne ist mit vielen kleinen Glasringen (Raschig-Ringen) gefüllt und hat eine deutlich größere Bodenzahl als eine Vigreux-Kolonne. Beantworte die folgende Frage auf der Wirklichkeitsebene: Was passiert in der Raschig-Kolonne?
(WD 2 Konzeptwissen/KP 3 Anwenden)

Azeotrope Gemische und die Gewinnung von reinem Ethanol

Es stellt sich die Frage: Kann man mit einer optimierten Kolonne reines Ethanol erhalten? Um diese Frage beantworten zu können, befassen wir uns mit dem Siedediagramm für Ethanol-Wasser-Gemische (Abb. 5.5).

Mithilfe dieses Siedediagramms kann man bestimmen, wie hoch der Ethanolgehalt des Gases ist, das über einem Ethanol-Wasser-Gemisch beim Sieden aufsteigt.

Wir beginnen unseren Gedankengang mit einem Gemisch, das einen 5 %igen Teilchenanteil an Ethanol aufweist (das entspricht etwa 15 Vol.-% Ethanol). Solch ein Gemisch hat einen Siedepunkt von etwa 90 °C (Punkt 1). Das dabei aufsteigende Gasgemisch hat einen Ethanolgehalt von etwa 32 % (Punkt 2). Wenn dieses Gasgemisch kondensiert, erhält man ein Flüssigkeitsgemisch mit ebenfalls etwa 32 % Ethanol (Punkt 3). Dieses Gemisch siedet bei etwa 82 °C – das aufsteigende Gasgemisch hat einen Ethanolgehalt von etwa 58 % (Punkt 4). Nach der Kondensation beträgt der Ethanolgehalt des Flüssigkeitsgemischs wiederum etwa 58 % (Punkt 5).

Fährt man auf diese Weise fort, so kann man den Ethanolgehalt bis auf etwa 90 % (Teilchenanteil) steigern. Bei dieser Ethanolkonzentration ist jedoch die Zusammensetzung der siedenden Flüssigkeit und des aufsteigenden Gases gleich. Durch Verdampfen und Kondensieren kann somit keine weitere Ethanolanreicherung mehr erfolgen.

Azeotropie und Azeotrop

Ein Stoffgemisch, das durch Destillation nicht getrennt werden kann, wird Azeotrop genannt. Die Zusammensetzung des Gemischs bleibt beim Phasenübergang von flüssig zu gasförmig gleich, es verhält sich also wie ein Reinstoff. Azeotropie ist das Gegenteil von Zeotropie.
(WD 1 Faktenwissen)

Tab. 5.4 Zusammensetzung des Ethanol-Wasser-Azeotrops in verschiedenen Einheiten

	Ethanol	Wasser
Teilchen-%	90	10
Massen-%	95,6	4,4
Volumen-%	96,5	3,5

Der Siedepunkt des Ethanol-Wasser-Azeotrops (Tab. 5.4) beträgt 78,15 °C. Der genaue Siedepunkt von Ethanol beträgt 78,37 °C. Beispiele für weitere Azeotrope gibt Tab. 5.5. Nicht alle binären Gemische bilden ein Azeotrop.

Aufgabe 5.3 Siedepunkt des Ethanol-Wasser-Azeotrops
Beantworte die folgende Frage auf der Theorieebene mit dem Kugelteilchen-Modell. Warum liegt der Siedepunkt des Ethanol-Wasser-Azeotrops unterhalb des Siedepunkts von Ethanol?
(WD 3 Prozesswissen/KP 4 Analysieren)

Wovon hängt die Bildung eines azeotropen Gemischs ab?

Wenn die Anziehungskräfte zwischen gleichen Teilchen ähnlich groß sind wie die Anziehungskraft zwischen unterschiedlichen Teilchen, dann entsteht kein Azeotrop.

Beispiel: Alkangemische (Hauptbestandteil von Erdöl) lassen sich trotz ähnlicher Siedepunkte mit entsprechend langen Kolonnen nahezu perfekt trennen. Alkangemische bilden keine Azeotrope.

Tab. 5.5 Zusammensetzung und Siedetemperatur verschiedener binärer Azeotrope. (Kaltofen et al. 1998)

Stoff 1			Stoff 2			Sdp. Azeotrop [°C]
	Anteil [Gew.-%]	Sdp. [°C]		Anteil [Gew.-%]	Sdp. [°C]	
Wasser	55,5	100,0	Butan-1-ol	44,5	117,5	92,4
Wasser	20,2	100,0	Chlorwasserstoff	79,8	−85,03	108,5
Ethansäure	98,5	118,1	Benzen	1,5	80,12	98,5
Ethansäure	77,6	118,1	Methylbenzen	22,5	110,8	100,5
Methanol	61,5	64,7	Benzen	38,5	80,12	57,9
Methanol	35	64,7	Ethanal	65	20,2	63,2

Wenn die Anziehungskraft zwischen unterschiedlichen Teilchen sich deutlich von den Anziehungskräften zwischen gleichen Teilchen unterscheidet, dann bilden zwei Stoffe ein Azeotrop.

Mit den obigen Ausführungen wird nicht erklärt, warum ein Azeotrop entsteht. Um die Ursache für die Azeotropbildung zu verstehen, muss man sich mit Abweichungen vom Raoult'schen Gesetz und mit Dampfdruckkurven von Lösungen befassen.

Durch mehrfaches Destillieren von Ethanol-Wasser-Gemischen kann man Ethanol maximal auf 96,5 Vol.-% anreichern. Also kann man auch mit einer sehr wirkungsvollen Kolonne maximal 96,5 Vol.-% Ethanol aus wässrigen Gemischen erhalten.

Absolutierung von Ethanol

Frage: Wenn es selbst mit vielen aufeinanderfolgenden Destillationen bzw. mit Kolonnen nicht gelingt, reines Ethanol herzustellen, wie kann man vorgehen, um das Ziel zu erreichen?

Experiment 5.5 Destillation von Ethanol (96,5 Vol.-%) mit Calciumoxid

Versuchsdurchführung: In einem getrockneten und mit trockenem Stickstoff gefluteten 500-ml-Einhals-Rundkolben werden 300 ml Ethanol (96,5 Vol.-%) und 40 g Calciumoxid ca. 60 min lang gerührt. Anschließend wird mit getrockneten Glaswaren über eine Vigreux-Kolonne abdestilliert (■ Abb. 5.6).
Abschließend wird das Destillat mit weißem Kupfersulfat und über die Dichtebestimmung (Aerometer oder Pyknometer) auf Wasser geprüft.

Beobachtung: Während der Destillation zeigt der Thermometer konstant 78 °C an.
Weißes Kupfersulfat wird durch das Destillat nicht in einen blauen Stoff verwandelt. Die Dichtebestimmung ergibt einen Wert nahe bei 0,78934 g/cm^3.

Schlussfolgerung: Während Ethanol (96,5 Vol.-%) mit Calciumoxid gerührt wird, reagiert das Wasser mit Calciumoxid zu Calciumhydroxid.

$$\text{Calciumoxid} + \text{Wasser} \rightarrow \text{Calciumhydroxid}$$

In Kugelteilchen-Darstellung:

Bei einem Überschuss an Calciumoxid wird durch diese chemische Reaktion das gesamte Wasser verbraucht. Beim Abdestillieren von Alkohol kann deshalb wasserfreier Alkohol gewonnen werden.

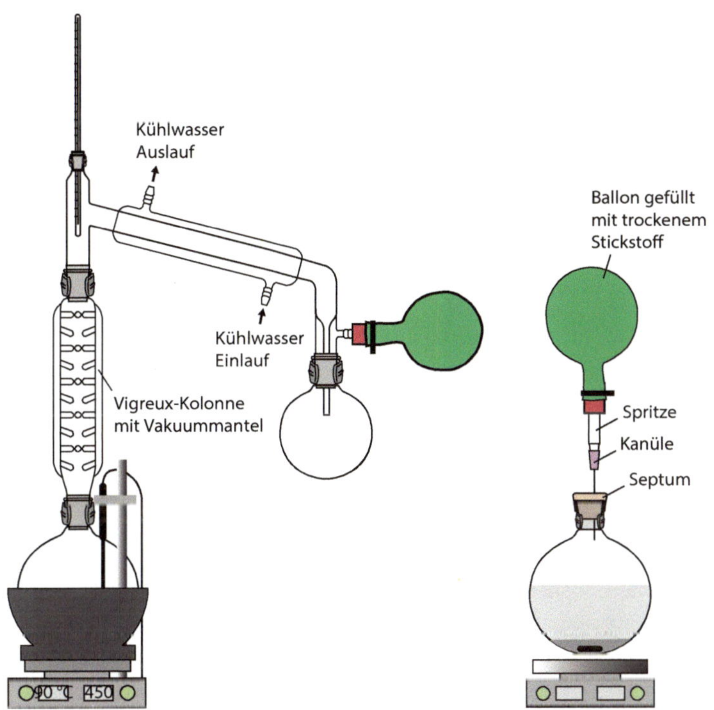

Abb. 5.6 Versuchsaufbau: Destillation von Ethanol mit Calciumoxid. (© Ralf Geiß 2017)

Calciumoxid siedet unter vermindertem Druck erst bei 2850 °C (100 hPa) und Calciumhydroxid zersetzt sich bei 550 °C in Calciumoxid und Wasser.
Da die Temperatur im Destillierkolben 78 °C nicht überschreitet, kann Ethanol ohne Verunreinigungen abdestilliert werden.

Die in Experiment 5.5 angewendete Technik nennt man Destillation mit Trockenmittel. Andere Lösungsmittel als Ethanol werden mit anderen Trockenmitteln destilliert. Für Pyridin verwendet man z. B. Calciumhydrid und für Essigsäure Tetraphosphordecaoxid.

Experiment 5.6 Reaktion von Calciumoxid mit Wasser
Versuchsdurchführung: In einem Erlenmeyerkolben (250 ml, Weithals): Zu ca. 20 g Calciumoxid wird langsam 5 ml entm. Wasser getropft. Anschließend kippt man den Kolbeninhalt in eine große flache Kristallisierschale (Abb. 5.7). Der entstandene weiße Feststoff wird zwischen den Fingern zerrieben (anschließend Hände gründlich mit viel Wasser waschen).

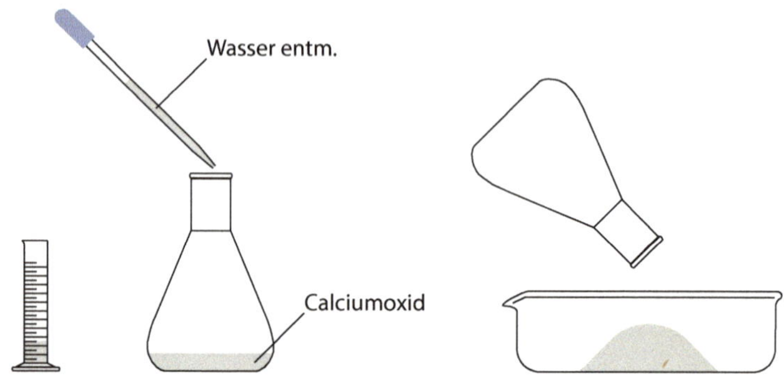

Abb. 5.7 Versuchsaufbau: Reaktion von Calciumoxid mit Wasser. (© Ralf Geiß 2017)

Beobachtung: Während dem Zutropfen hört man heftige Zischgeräusche. Außerdem steigt Wasserdampf auf. Der Boden des Erlenmeyerkolbens wird sehr heiß.
In der Kristallisierschale ist ein trocken aussehender weißer Feststoff zu erkennen, der sich auch zwischen den Fingern trocken anfühlt.
Schlussfolgerung: Calciumoxid reagiert mit Wasser unter Bildung von Calciumhydroxid.

$$\text{Calciumoxid} + \text{Wasser} \rightarrow \text{Calciumhydroxid}$$

Dabei wird das zugetropfte Wasser verbraucht. Ähnlich wie bei der Verbrennung von Wachs wird auch bei dieser chemischen Reaktion viel Wärme frei.

Experiment 5.7 Schnelle Trocknung von Ethanol (96,5 Vol.-%) mit Calciumoxid
Versuchsdurchführung: In einem 500-ml-Zweihals-Kolben wird ca. 300 ml Brennspiritus mit mind. 40 g CaO versetzt. Anschließend kocht man die Suspension 10–20 min lang unter Rückflusskühlung. Nachdem die Suspension etwas abgekühlt ist, gießt man einige Milliliter davon direkt in einen Faltenfilter und fängt das Filtrat in einem Reagenzglas auf, in das man zuvor etwas weißes Kupfersulfat abgefüllt hat (Abb. 5.8).
Beobachtung: Das weiße Kupfersulfat färbt sich durch Kontakt mit dem getrockneten Ethanol kaum blau. Die weiße Farbe des Kupfersulfats bleibt nahezu unverändert erhalten.
Schlussfolgerung: Während der Rückflusskühlung wird das Wasser im Brennspiritus durch Calciumoxid, unter Bildung von Calciumhydroxid, verbraucht.

$$\text{Calciumoxid} + \text{Wasser} \rightarrow \text{Calciumhydroxid}$$

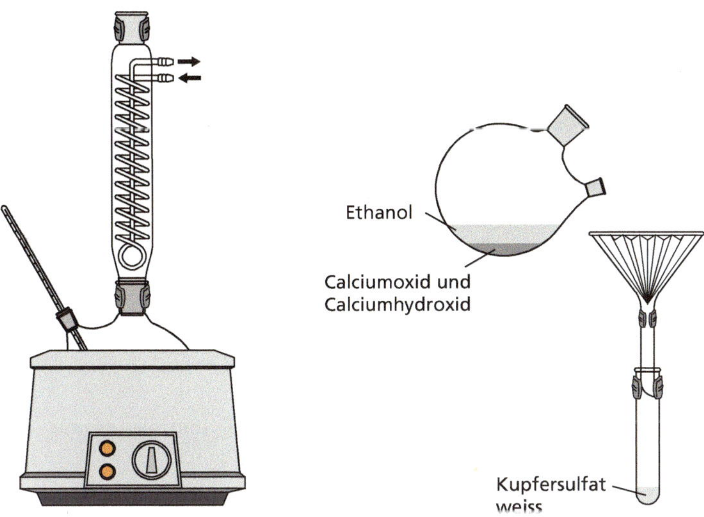

■ **Abb. 5.8** Versuchsverlauf: Schnelle Trocknung von Ethanol mit Calciumoxid. (© Ralf Geiß 2017)

Nach dem vollständig abgeschlossenen Trocknungsprozess ist im Brennspiritus kein Wasser mehr enthalten. Eine leicht blassblaue Färbung des weißen Kupfersulfats kommt von Wasser aus der Luft und von Wasser auf der Glasoberfläche des Filters und Reagenzglases.

Aufgabe 5.4 Destillation mit Trockenmitteln
Erkläre allgemein, warum man mit Trockenmitteln und Destillation wasserfreie Lösungsmittel erhalten kann.
(WD 2 Konzeptwissen/KP 4 Analysieren)

Vakuumdestillation

Durch die Versuche, Ethanol rein zu gewinnen, haben wir fast alle wichtigen Destillationstechniken für große Flüssigkeitsmengen kennengelernt. Lediglich die Destillation bei vermindertem Druck, oft Vakuumdestillation genannt, haben wir nicht behandelt.

Flüssigkeiten mit einer Siedetemperatur größer gleich 150 °C sollte man nicht unter Normaldruck destillieren. Bei derart hohen Temperaturen besteht die Gefahr der thermischen Zersetzung. Außerdem ist es bei hohen Temperaturen schwierig, die Destillationsbrücke vor dem Kühler ausreichend heiß zu halten – Isolation mit Aluminiumfolie reicht bei Siedepunkten deutlich über 100 °C oft nicht mehr aus.

Bei Drucken unterhalb des Normaldrucks sind die Siedepunkte von Flüssigkeiten verringert, einen Anhaltspunkt dafür liefert ■ Tab. 5.6.

■ **Tab. 5.6** Faustregeln für die Absenkung von Siedepunkten. (Hünig 2006)

Prozessdruck	Absenkung des Siedepunkts
500 hPa	~ 15 °C
20 hPa	~ 100 °C
10^{-1}–10^{-3} hPa	~ 150–170 °C

Dimethylsulfoxid (DMSO) ist in der organischen Chemie ein vielseitig verwendetes Lösungsmittel. Für die Reinigung von DMSO (Sdp. 189 °C) ist die Vakuumdestillation die bevorzugte Methode.

DMSO ist in jedem Verhältnis mit Wasser mischbar und nimmt in großem Ausmaß Wasser aus der Luft auf (ist sehr hygroskopisch). Deshalb ist es immer zumindest mit Spuren von Wasser verunreinigt. Es bildet kein Azeotrop mit Wasser.

Es wird durch Oxidation mit Wasserstoffperoxid aus Dimethylsulfid hergestellt. Da DMSO mit Wasserstoffperoxid zu Dimethylsulfon (Sdp. 238 °C) oxidiert wird, kann es auch mit dieser Substanz verunreinigt sein.

Experiment 5.8 Vakuumdestillation von Dimethylsulfoxid (DMSO)

Versuchsdurchführung: 100 ml DMSO werden mit 15 g Calciumsulfat ($CaSO_4 \cdot ½ H_2O$) versetzt (für 2 Gew.-% Wasser) und in einem gut verschlossenen, trockenen Gefäß über Nacht über dem Trockenmittel gelagert. Bariumoxid (BaO) oder Calciumhydrid (CaH_2: 25 g/l) sind ebenfalls zum Vortrocknen geeignet.
Man dekantiert, versetzt mit 1 g/100 ml Calciumhydrid und destilliert in einer trockenen Apparatur bei 16 hPa (◘ Abb. 5.9).
Beobachtung: Die unter Normaldruck bei 189 °C siedende Flüssigkeit kocht bei einem Prozessdruck von 16 hPa bei etwa 76 °C.
Schlussfolgerung: Für die wasserfreie Lagerung wird DMSO mit Molekularsieb 4 Å versetzt und in dunkle, dicht verschließbare Flaschen abgefüllt.
Hinweis: Molekularsiebe (oder auch kurz Molsiebe) sind natürliche und synthetische Zeolithe (Alumosilikate), die ein starkes Adsorptionsvermögen für Stoffe mit kleinsten Teilchen einer bestimmten Größe aufweisen. Durch den gezielten Einsatz von Molekularsieben ist es möglich, Reinstoffe mit unterschiedlich großen kleinsten Teilchen zu trennen.
Molekularsiebe weisen große innere Oberflächen (600–700 m^2/g) auf und haben einheitliche Porendurchmesser. Durch die Poren können kleinste Teilchen, die nicht zu groß sind, in die innere Struktur der Molsiebe eindringen – sie werden dann im Inneren der Stoffstruktur gebunden. Molsieb 4 Å ist für die Adsorption von Wasser geeignet. Die kleinsten Teilchen von Dimethylsulfoxid sind zu groß, um durch die Poren in die innere Struktur des Molsiebs einzudringen.

❓ Aufgabe 5.5 Siedepunkt

Erkläre auf der Theorieebene mit dem Kugelteichen-Modell, warum eine Flüssigkeit zu sieden beginnt, wenn ihr Dampfdruck gleich dem Luftdruck ist.
(WD 3 Prozesswissen/KP 4 Analysieren)

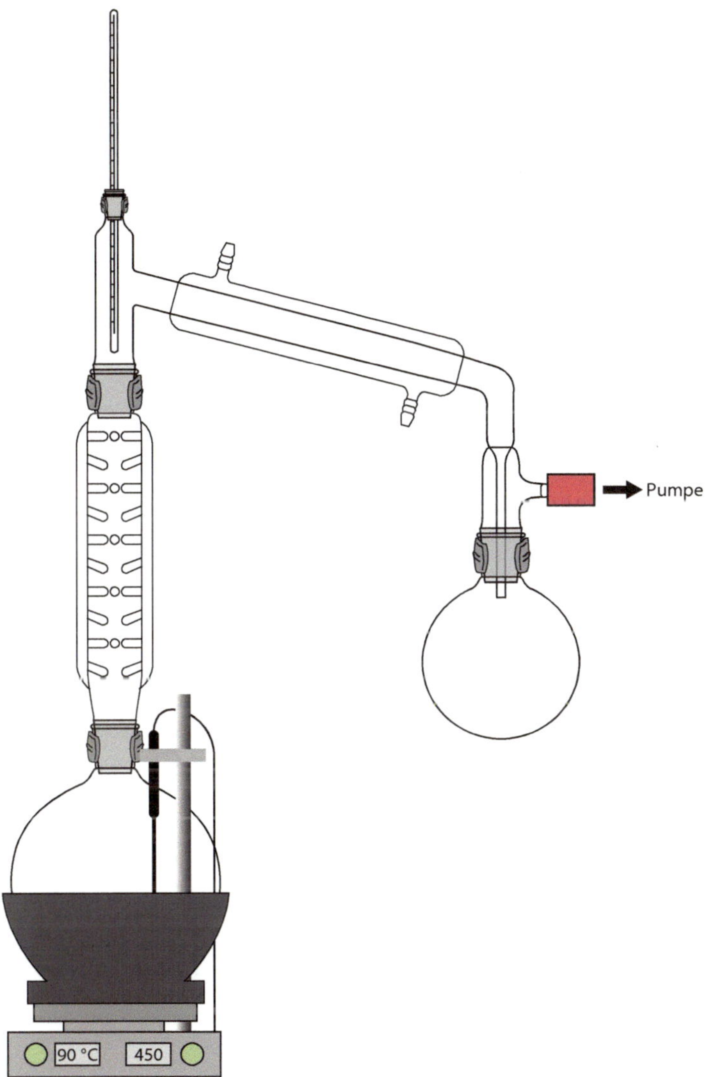

Abb. 5.9 Versuchsaufbau: Vakuumdestillation von DMSO. (© Ralf Geiß 2017)

Aufgabe 5.6 Siedepunkt-Erniedrigung durch Druckreduktion
Erkläre auf der Theorieebene mit dem Kugelteilchen-Modell, warum der Siedepunkt einer Flüssigkeit bei vermindertem Druck kleiner ist als bei Normaldruck.
(WD 3 Prozesswissen/KP 4 Analysieren)

Aufgabe 5.7 Reaktionsgleichungen mit DMSO
Formuliere die Wortgleichungen für die Bildung von DMSO und Dimethylsulfon mit Wasserstoffperoxid.
(WD 2 Konzeptwissen/KP 2 Verstehen)

Reinigung von Ethanol

Alkoholische Gärung: Ethanol kann kostengünstig durch die sauerstofffreie Vergärung von zuckerhaltigen Lösungen hergestellt werden. Dabei erhält man jedoch nur wässrige ethanolische Lösungen mit einer maximalen Ethanolkonzentration von etwa 15 Vol.-%.
Destillation: Durch mehrstufige, fraktionierende Destillationen (Rektifikationen) kann man die Ethanolkonzentration dieser Lösungen auf maximal 96,5 Vol.-% erhöhen. Reines Ethanol (Sdp. 78,37 °C) kann man durch Destillation nicht erhalten, da Ethanol und Wasser bei 96,5 Vol.-% Ethanol ein Azeotrop (Sdp. 78,15 °C) bilden.
Destillation mit Trockenmitteln: Setzt man jedoch Trockenmittel (z. B. Calciumoxid) zu, die das Restwasser des aufkonzentrierten Ethanols chemisch binden, und destilliert anschließend das wasserfreie Ethanol ab, so kann man nahezu reines Ethanol gewinnen.
(WD 1 Faktenwissen bis WD 2 Konzeptwissen)

5.4 Wie trennt man kleine Stoffportionen?

In ▶ Abschn. 5.3 haben wir die Destillation als Methode zur Auftrennung relativ großer Stoffportionen kennengelernt. Da die Trennung kleiner Proben mit Mikrodestillen oft schwierig durchzuführen ist, sind relativ große Mengen an Flüssigkeit typisch für die Destillation.

Zur Destillation von Feststoffen kann man spezielle Apparaturen einsetzten. Wegen der meist hohen Siedepunkte und der dadurch drohenden thermischen Zersetzung ist diese Methode jedoch nur in Ausnahmefällen hilfreich.

Dünnschicht-Chromatographie (DC): Trennungsbeispiele

Wie man bei sehr kleinen Mengen oder Feststoffgemischen vorgehen kann, zeigt das folgende Experiment.

Abb. 5.10 DC-Chromatogramm von wasserlöslichen Filzstift-Farben. (© Ralf Geiß 2017)

Experiment 5.9 DC-Analyse von wasserlöslichen Filzstift-Farben
(Ca. 60 min/40–50 min Laufzeit)
Versuchsdurchführung: Siehe Arbeitsanleitung Dünnschicht-Chromatographie im Anhang.

- Stationäre Phase: TLC Silikagel 60 F254 – Merck (5 × 10 cm),
- Mobile Phase: n-Butanol/Wasser/Ameisensäure (12:5:3): 20 ml,
- Proben: Stabilo point® 88/Spitzendurchmesser: 0,4 mm,
- Auftragen: Die Farbe wurde direkt mit dem Filzstift auf das DC-Plättchen aufgetupft. Es wurden relativ kleine Startflecke gemacht.

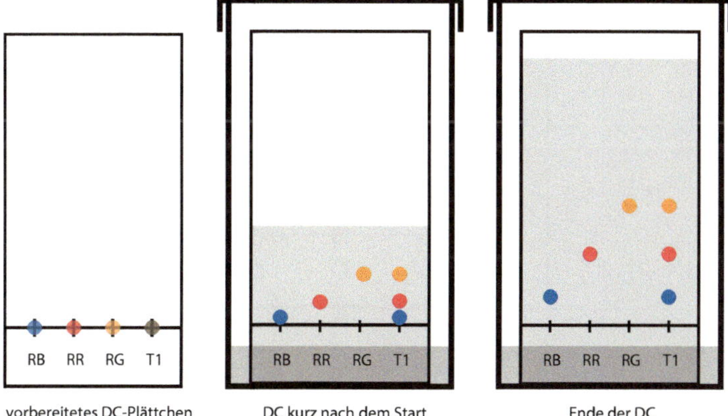

Abb. 5.11 Versuchsverlauf: DC-Chromatographie Test-Farbstoffgemisch. (© Ralf Geiß 2017)

Beobachtung: Die anfangs rein erscheinenden Farben wurden in mehrere Farbbestandteile aufgetrennt (Abb. 5.10).
Schlussfolgerung: Die Farben der Filzstifte entstehen durch Mischen von mehreren Grundfarben.

Um die Methode der Dünnschicht-Chromatographie besser untersuchen zu können, verwenden wir ein Test-Farbstoffgemisch. Es besteht aus drei festen Farbstoffen, die in Methylbenzen (Toluol) gelöst sind.

Experiment 5.10 DC-Analyse Test-Farbstoffgemisch
(20 min/10 min Laufzeit)
Versuchsdurchführung: Siehe Arbeitsanleitung Dünnschicht-Chromatographie im Anhang.
- Stationäre Phase: TLC Silikagel 60 F254 – Merck (5 × 10 cm)
- Mobile Phase: Methylbenzen: 20 ml

Von den folgenden Lösungen wird jeweils 1–2 µl aufgetragen (Abb. 5.11):
- Probenlösung (T1): CAMAG testdye mixture I (Best.-Nr.: 032.8001) (0,9 % Farbstoffgemisch in Methylbenzen),
- Referenzlösung I (RB): Oracet Blue 2R – 0,25 % in Methylbenzen (1-Amino-4-anilino-9,10-anthraquinone, CAS: 4395-65-7),
- Referenzlösung II (RR): Disperse Red 9 – 0,25 % in Methylbenzen (1-(Methylamino)-anthraquinone, CAS: 82-38-2),
- Referenzlösung III (RG): Methyl Yellow – 0,25 % in Methylbenzen (4-Dimethylaminoazobenzene, CAS: 60-11-7).

Beobachtung: Im Verlauf der Dünnschicht-Chromatographie wird das Farbstoffgemisch in drei verschiedene Farbstoffe aufgetrennt (Abb. 5.12).

Abb. 5.12 Scan eines CAMAC-Testfarbstoff-DC. (© Ralf Geiß 2017)

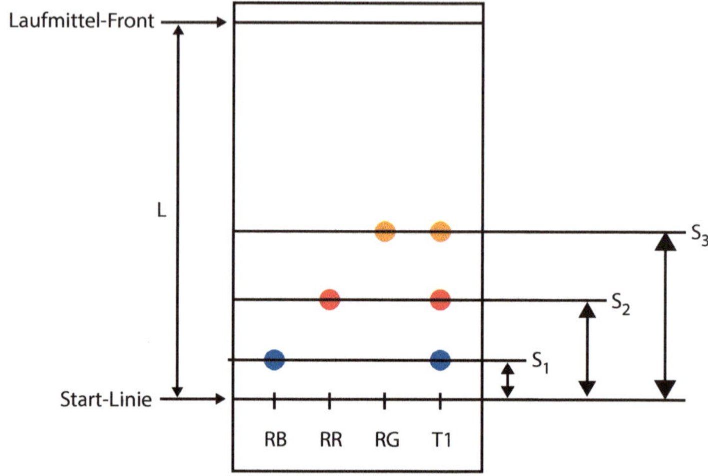

Abb. 5.13 Bestimmung von R_f-Werten. (© Ralf Geiß 2017)

Schlussfolgerung: Auswertung des DC-Chromatogramms durch Bestimmung der R_f-Werte:

$$R_f = \frac{S}{L}$$

R_f-Wert: Rückhaltefaktor,
L: Wanderungsstrecke Laufmittel,
S: Wanderungsstrecke Substanzfleck.
Verschiedene Dünnschicht-Chromatogramme weisen bei gleicher stationärer Phase und gleichem Laufmittel für den gleichen Reinstoff den gleichen R_f-Wert auf (Abb. 5.13).

Hier stellt sich eine Frage: Warum kommt es zur Auftrennung des Farbstoffgemischs in seine Komponenten? Diese Frage wird in den folgenden Abschnitten beantwortet.

Aufgabe 5.8 Bestimmung der R_f-Werte von Experiment 5.10

$$L = 74\,\text{mm},\ S_1 = 5\,\text{mm},\ S_2 = 17\,\text{mm},\ S_3 = 27\,\text{mm}$$

Berechne die R_f-Werte für Substanz 1, 2 und 3 (runde auf 2 Stellen nach dem Komma).
(WD 2 Konzeptwissen/KP 3 Anwenden)

Die stationäre Phase: Silikagel

Für DC-Trennungen werden verschiedene dünne Schichten auf Glas-, Aluminium- oder Kunststoffplatten aufgetragen. Diese Schichten dienen als stationäre Phase. In den mit Abstand meisten Anwendungen besteht diese Schicht aus Silikagel-Pulver. Deshalb werden wir uns hier ausschließlich mit dieser Substanz befassen.

Silikagel (SiO_2) weist sehr viele Poren und eine sehr große innere Oberfläche auf (bis zu 600 m^2 pro g).

- Je nachdem wie das Silikagel hergestellt wird, haben diese Poren einen Durchmesser von 0,5–300 nm (Grace.com 2014).
- Das Silikagel für Dünnschicht-Chromatographie weist in der Regel Poren mit einem Durchmesser von 6 nm ($60\ \text{Å} = 60 \cdot 10^{-10}$ m) auf und wird deshalb auch Silikagel 60 genannt.
- Die Kugelteilchen der meisten Proben und aller Laufmittel passen problemlos in diese Poren hinein (zum Beispiel passen die Kugelteilchen der Farbstoffe aus Experiment 5.10 gut in einen Würfel der Kantenlänge 1 nm hinein).
- In diesen Poren können Kugelteilchen gleichzeitig von mehreren Kugelteilchen des Silikagels gebunden werden.

Solch eine „Porenlandschaft" kann sich nur in einem Feststoff ausbilden. Denn nur in Feststoffen sind die Anziehungskräfte zwischen den Kugelteilchen groß genug, um derartige Strukturen zu stabilisieren.

Kugelteilchen-Modell für die Dünnschicht-Chromatographie

Mit den Informationen über Silikagel können wir für Experiment 5.10 eine Modellzeichnung anfertigen (Abb. 5.14).

Gemäß dem Kugelteilchen-Modell der Dünnschicht-Chromatographie können für die Auftrennung der Farbstoffe drei verschiedene Anziehungskräfte (Abkürzungen müssen nicht gelernt werden) von Bedeutung sein.

- Anziehungskräfte zwischen den Kugelteilchen der stationären Phase (KTsP) und den Kugelteilchen des Probengemischs (KTPG): AK(KTsP-KTPG)

- Anziehungskräfte zwischen den Kugelteilchen der mobilen Phase (KTmP) und den Kugelteilchen des Probengemischs (KTPG): AK(KTmP-KTPG)

- Anziehungskräfte zwischen den Kugelteilchen der stationären Phase (KTsP) und den Kugelteilchen der mobilen Phase (KTmP): AK(KTsP-KTmP)

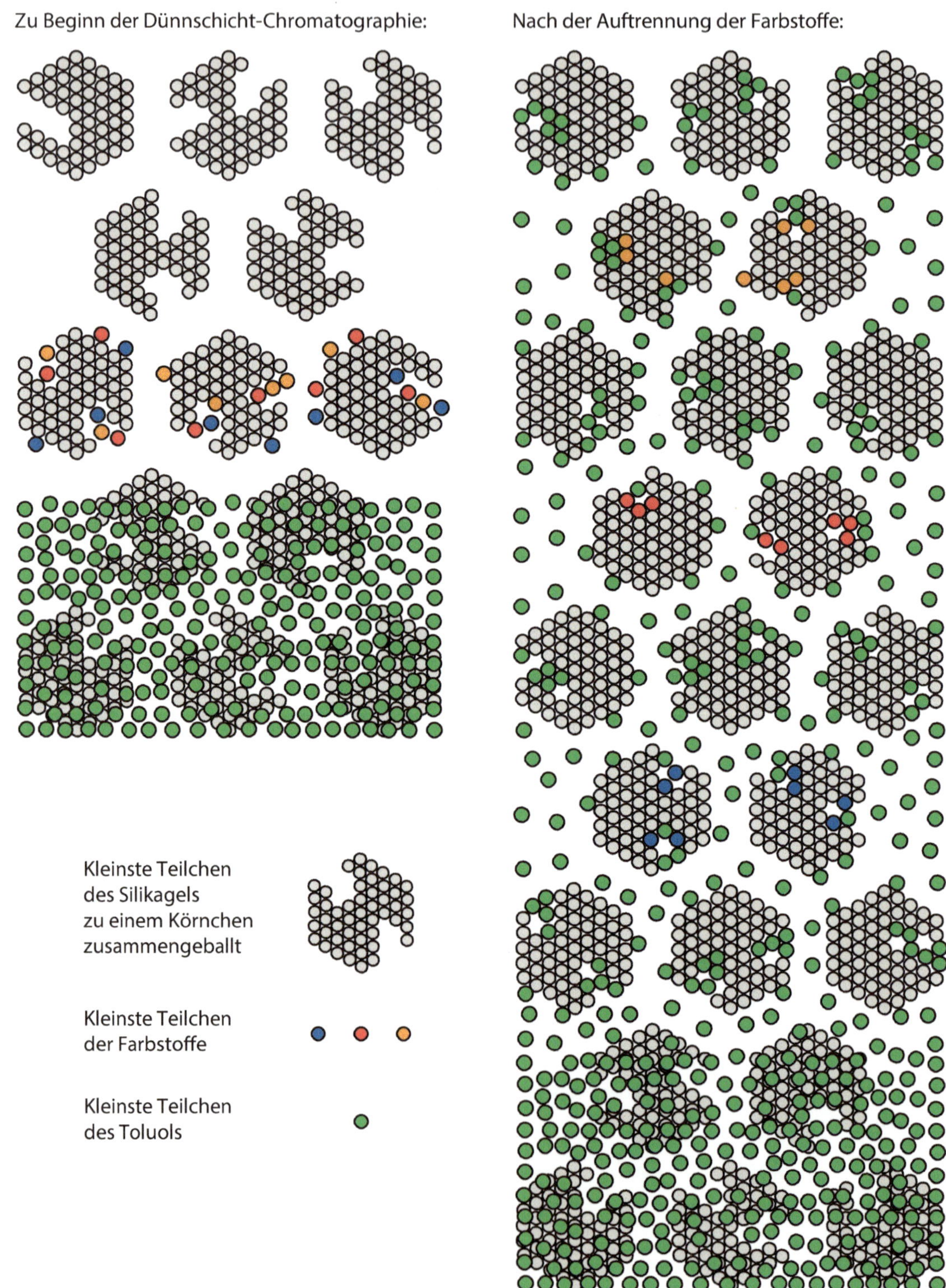

Abb. 5.14 Versuchsverlauf von Experiment 5.10: Beschreibung mit dem Kugelteilchen-Modell. (© Ralf Geiß 2017)

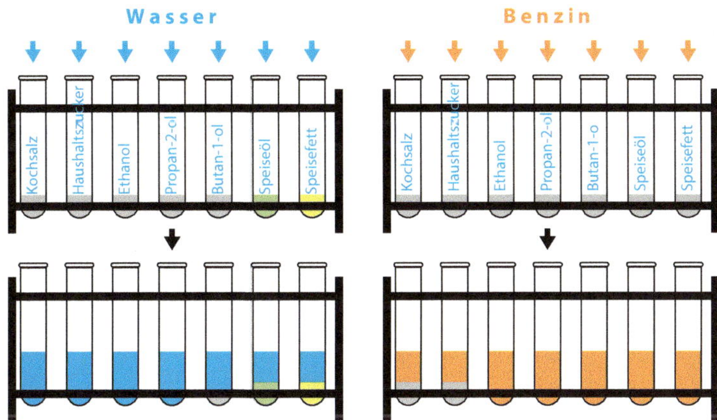

Abb. 5.15 Versuchsverlauf: wasserliebende und fettliebende Stoffe (Teil 1). (© Ralf Geiß 2017)

Konzept der polaren und unpolaren Stoffe

Um die Bedeutung der verschiedenen Anziehungskräfte besser untersuchen zu können, wird hier zuerst das Konzept der polaren (hydrophilen) und unpolaren (lipophilen) Stoffe eingeführt.

Experiment 5.11 Wasserliebende und fettliebende Stoffe
Versuchsdurchführung: Teil 1: Mit den folgenden Stoffen werden Löslichkeitstests durchgeführt: Kochsalz, Haushaltszucker, Ethanol, Propan-2-ol, Butan-1-ol, Speiseöl, Speisefett. Dazu gibt man von jedem dieser Stoffe zwei Proben in zwei Reagenzgläser.
Nun testet man die eine Probenreihe auf Wasserlöslichkeit, die andere auf Benzinlöslichkeit. Hierfür verwendet man mit Methylenblau blau angefärbtes Wasser und mit Sudan II orange angefärbtes Benzin. Dazu gibt man jeweils einige Milliliter Lösungsmittel zu den Proben und schüttelt falls nötig gründlich (Abb. 5.15).
Hinweis: Anstelle von Sudan II (orange) kann auch Sudan I (gelb), Sudan III (rot), Sudan IV (scharlachrot) oder ein anderer fettlöslicher Farbstoff verwendet werden.
Teil 2: In drei 100-ml-Messzylinder wird jeweils 10 ml blau angefärbtes Wasser und 10 ml gelb angefärbtes Benzin gegeben. Anschließend gibt man in den ersten Messzylinder 10 ml Ethanol, in den zweiten Messzylinder 10 ml Propan-2-ol und in den dritten Messzylinder 10 ml Butan-1-ol. Zum Abschluss wird jeder Messzylinder gut geschüttelt (Abb. 5.16).
Beobachtung: Teil 1: Siehe Tab. 5.7.

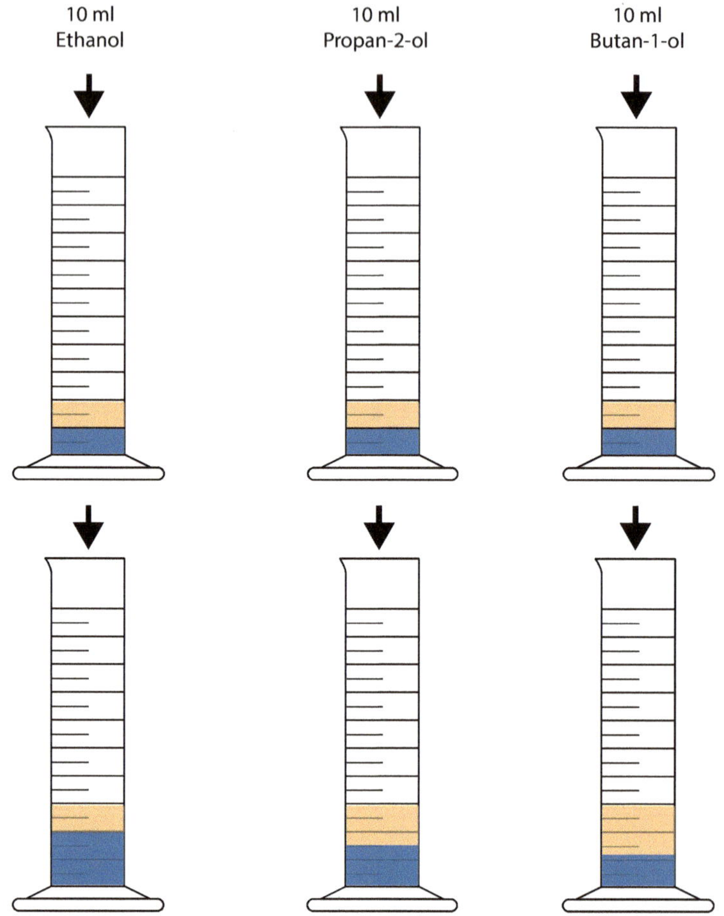

Abb. 5.16 Versuchsverlauf: wasserliebende und fettliebende Stoffe (Teil 2). (© Ralf Geiß 2017)

Tab. 5.7 Beobachtung Teil I

Probe	**Lösungsmittel Wasser**	**Lösungsmittel Benzin**
Kochsalz	Löslich	Unlöslich
Haushaltszucker	Löslich	Unlöslich
Ethanol	Löslich	Löslich
Propan-2-ol	Löslich	Löslich
Butan-2-ol	Etwas löslich	Löslich
Speiseöl	Unlöslich	Löslich
Speisefett	Unlöslich	Löslich

Teil 2:
- Ethanol löst sich fast ausschließlich in der Wasserphase.
- Propan-2-ol löst sich etwa zu gleichen Teilen in beiden Phasen.
- Butan-1-ol löst sich vor allem in der Benzinphase.

Schlussfolgerung: Benzin löst alle Arten von Fetten und Ölen sehr gut und gilt somit als fettliebender (lipophiler) Stoff. Stoffe, für die Benzin ein gutes Lösungsmittel ist, werden deshalb ebenfalls fettliebend (lipophil) genannt.
Stoffe, die sich gut in Wasser lösen, werden wasserliebend (hydrophil) genannt.
Stoffe, die sich sowohl in Wasser als auch in Benzin lösen, sind zugleich wasserliebend (hydrophil) und fettliebend (lipophil).

Rein hydrophile und rein lipophile Stoffe gibt es nicht

Wir können das Ergebnis des Experiments wie folgt zusammenfassen:
- wasserliebend: Kochsalz, Haushaltszucker,
- fettliebend: Speiseöl, Speisefett,
- wasserliebend und fettliebend: Ethanol, Propan-2-ol, Butan-1-ol.

Eine Substanz ist nie 100 %ig hydrophil oder 100 %ig lipophil. Jeder Stoff trägt immer beide Eigenschaften in sich. Auch Wasser und Benzin lösen sich zu ganz geringen Anteilen ineinander. Es gilt jedoch der wichtige Zusammenhang: Je größer der hydrophile Charakter eines Stoffes ist, desto geringer ist sein lipophiler Charakter. Und umgekehrt: Je größer der lipophile Charakter eines Stoffes ist, desto geringer ist sein hydrophiler Charakter.

Überwiegt der hydrophile Charakter in einem Stoff, so nennt man ihn hydrophil. Überwiegt der lipophile Charakter in einem Stoff, so nennt man ihn lipophil.

In Bezug auf die Chromatographie nennt man hydrophile Stoffe oft polar und lipophile Stoffe unpolar. Es handelt sich hierbei nur um zwei neue Adjektive, ohne dass für uns damit eine neue Bedeutung verbunden wäre:

hydrophil = polar
lipophil = unpolar

Definition Hydrophilie und Lipophilie

Wir können unsere Erkenntnisse zu polaren (hydrophilen) und unpolaren (lipophilen) Stoffen in zwei wichtigen Definitionen zusammenfassen.

Grosse Anziehungskraft zwischen polaren kleinsten Teilchen:

Grosse Anziehungskraft zwischen unpolaren kleinsten Teilchen:

Kleine Anziehungskraft zwischen polaren und unpolaren kleinsten Teilchen:

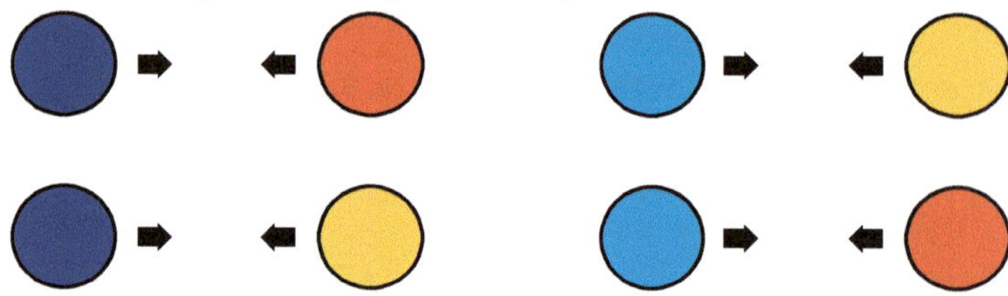

Abb. 5.17 Anziehungskräfte zwischen polaren und unpolaren Kugelteilchen. (© Ralf Geiß 2017)

Hydrophilie und Lipophilie – polare und unpolare Stoffe

Hydrophilie: Je besser sich ein Stoff in Wasser löst, umso polarer (hydrophiler) ist er. Flüssigkeiten, die sich gut in Wasser lösen, werden wie Wasser selbst, als polare (hydrophile) Lösungsmittel bezeichnet.
Lipophilie: Je besser sich ein Stoff in Benzin löst, umso unpolarer (lipophiler) ist er. Flüssigkeiten, die sich gut in Benzin lösen, werde, wie Benzin selbst, als unpolare (lipophile) Lösungsmittel bezeichnet.
Wichtiger Hinweis: Je größer der lipophile Charakter eines Stoffs ist, desto geringer ist sein hydrophiler Charakter und umgekehrt.
(WD 1 Faktenwissen)

Aufgabe 5.9 Hydrophilie und Lipophilie
Gib mithilfe von Experiment 5.11 zwei Beispiele für hydrophile und lipophile Stoffe an.
(WD 1 Faktenwissen/K3 Anwenden)

Erklärung mit dem Kugelteilchen-Modell

Das Konzept der polaren und unpolaren Stoffe lässt sich auf anschauliche Weise durch das Kugelteilchen-Modell erklären.

Polare Stoffe lösen bzw. binden polare Stoffe. Gemäß dem KTM bedeutet das: Zwischen polaren kleinsten Teilchen wirken größere Anziehungskräfte als zwischen polaren und unpolaren kleinsten Teilchen.

Unpolare Stoffe lösen bzw. binden unpolare Stoffe. Gemäß dem KTM bedeutet das: Zwischen unpolaren kleinsten Teilchen wirken größere Anziehungskräfte als zwischen polaren und unpolaren kleinsten Teilchen (Abb. 5.17).

Welche Anziehungskräfte bestimmen die Dünnschicht-Chromatographie?

Zuerst einmal fassen wir die Fakten zu Experiment 5.10 (DC-Analyse Test-Farbstoffgemisch) zusammen:

- stationäre Phase: Silikagel (polar),
- mobile Phase: Methylbenzen (unpolar),
- Substrat/Probengemisch: 3 verschiedene Farbstoffe,
- Wanderungsgeschwindigkeiten der Farbstoffe:
  - gelber Farbstoff: groß,
  - roter Farbstoff: mittlerer Wert,
  - blauer Farbstoff: klein.

Die Anziehungskräfte (AK) zwischen den Kugelteilchen (KT) haben die folgenden Effekte:

- AK (KT stationäre Phase/KT mobile Phase): AK (KTsP-KTmP)

Diese Anziehungskräfte bewirken, dass die mobile Phase in der stationären Phase aufsteigt.

- AK (KT stationäre Phase/KT Probengemisch): AK (KTsP-KTPG)

Diese Anziehungskräfte bestimmen, wie stark die Farbstoffe von der stationären Phase zurückgehalten werden.

- AK (KT mobile Phase/KT Probengemisch) AK (KTmP-KTPG)

Diese Anziehungskräfte bestimmen, wie stark die Farbstoffe von der mobilen Phase mitgenommen werden.

Aus diesen Zusammenhängen folgt:

- Der gelbe Farbstoff (wandert am weitesten) ist der unpolarste.
- Der rote Farbstoff ist polarer als der gelbe und unpolarer als der blaue Farbstoff.
- Der blaue Farbstoff (wandert am wenigsten weit) ist der polarste.

Hypothese zur DC-Trennung

Hypothese: Die DC-Trennung beruht auf einem Anziehungswettkampf zwischen stationärer Phase und mobiler Phase um die Kugelteilchen der Probe. Da dieser Wettkampf für jeden Reinstoff anders abläuft, kommt es zur Auftrennung des Gemischs.

Demzufolge gilt auf der Theorieebene für die Farbstoffe Folgendes:

Gelb

- Kugelteilchen des gelben Farbstoffs werden von den Kugelteilchen der stationären Phase am wenigsten stark gebunden.
- Kugelteilchen des gelben Farbstoffs werden von den Kugelteilchen der mobilen Phase am stärksten gebunden.

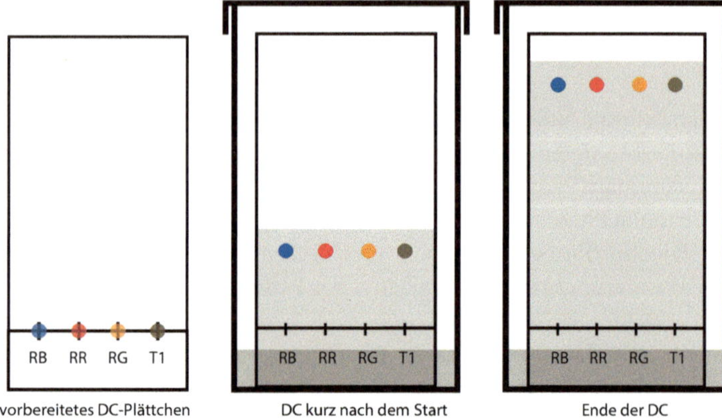

Abb. 5.18 Versuchsverlauf: DC Test-Farbstoffgemisch mit Ethanol. (© Ralf Geiß 2017)

Blau

- Kugelteilchen des blauen Farbstoffs werden von den Kugelteilchen der stationären Phase am stärksten gebunden.
- Kugelteilchen des blauen Farbstoffs werden von den Kugelteilchen der mobilen Phase am wenigsten stark gebunden.

Die Hypothese soll mit einem Experiment geprüft werden.

Experiment 5.12 DC: Test-Farbstoffgemisch mit Ethanol
(20 min/10 min Laufzeit)
Versuchsdurchführung: Siehe Experiment 5.10, es wird lediglich Ethanol (polares Laufmittel) anstatt Methylbenzen (unpolares Laufmittel) als mobile Phase verwendet.
Beobachtung: Im Verlauf der Dünnschicht-Chromatographie kommt es nicht zu einer Auftrennung der Farbstoffe. Alle drei Farbstoffe wandern etwa gleich schnell, kurz unterhalb der Front des Laufmittels, durch die stationäre Phase (Abb. 5.18).
Schlussfolgerung: Gemäß der Hypothese erwarten wir mit einem polaren Laufmittel eine Umkehrung der Reihenfolge. Da die Farbstoffe relativ unpolar sind (sie lösen sich alle gut in Toluol) und deshalb von der stationären Phase nur schwach gebunden werden, sollte ein polares Laufmittel wie Ethanol eine Umkehrung der Reihenfolge bewirken: Oben Blau, in der Mitte Rot, unten Gelb. Denn der blaue Farbstoff ist der polarste und sollte deshalb vom polaren Laufmittel (Ethanol) stark gebunden werden. Der gelbe Farbstoff ist der unpolarste, er sollte vom polaren Laufmittel schwach gebunden werden. Die Hypothese vom Anziehungswettkampf erweist sich somit für die Beschreibung der DC als ungeeignet.

Es ergeben sich zwei Fragen: Warum wandern alle Farbstoffe gleich schnell? Warum laufen alle Farbstoffe nahe der Front des Laufmittels mit?

Man kann diese Fragen mit folgender Annahme beantworten: Bei etwa gleicher Polarität von stationärer und mobiler Phase verdrängen die Kugelteilchen der mobilen Phase die Kugelteilchen der Probe sehr wirkungsvoll von ihren Haftstellen an der stationären Phase. Die Komponenten der Probe wandern dann alle etwa gleich schnell, nahezu unabhängig von ihrer eigenen Polarität.

Für Experiment 5.12 folgt daraus, dass die Anziehungskräfte zwischen Probeteilchen und Teilchen der mobilen Phase sehr klein sind, sodass sie kaum eine Rolle spielen. Somit sind die Anziehungskräfte zwischen Probeteilchen und den Teilchen der stationären Phase für die Auftrennung von deutlich größerer Bedeutung.

Für die Auftrennung sind auch die Anziehungskräfte zwischen Teilchen der mobilen Phase und Teilchen der stationären Phase von großer Bedeutung. Denn je größer diese Anziehungskräfte sind, desto besser kann die mobile Phase die Probe von der stationären Phase verdrängen.

Erklärung der Dünnschicht-Chromatographie

Man kann die Vorgänge bei der Dünnschicht-Chromatographie mit folgendem theoretischen Konzept erklären.

Aufgrund der Porenstruktur von Silikagel sind die Anziehungskräfte zwischen Probeteilchen und Teilchen der stationären Phase sowie die Anziehungskräfte zwischen Teilchen der mobilen Phase und Teilchen der stationären Phase besonders groß.

Die Anziehungskräfte zwischen Probeteilchen und Teilchen der mobilen Phase sind vernachlässigbar gering.

Für die Wanderungsgeschwindigkeit einer Probenkomponente ist somit der folgende Quotient bestimmend:

$$\frac{\text{Anziehungskraft zwischen KT des Farbstoffs und KT der stationären Phase}}{\text{Anziehungskraft zwischen KT der mobile Phase und KT der stationären Phase}}$$

Kurz:

$$\frac{\text{AK: KTPG} - \text{KTsP}}{\text{AK: KTmP} - \text{KTsP}}$$

Je größer der Quotient, desto langsamer bewegt sich der Farbstoff durch das chromatographische System und umgekehrt.

Frage: Warum wirken sich die Anziehungskräfte der Teilchen der stationären Phase so deutlich aus?

Das liegt vor allem an den Poren des Silikagels. In diesen Poren können kleinste Probenteilchen von besonders vielen Kugelteilchen des Silikagels gleichzeitig gebunden werden.

Aufgabe 5.10 Hypothesenschema

Wie kann man DC-Trennungen auf der Theorieebene erklären? Erstelle zu dieser Frage zwei Hypothesenschemata. Ein Schema sollte eine belegbare Hypothese enthalten, das andere eine widerlegbare Hypothese.

Hinweis: Ein Hypothesenschema enthält folgende Elemente: Frage, Information zur Frage, Hypothese, Hypothesentest (Experimente), Ergebnis der Experimente, Schlussfolgerung aus den Experimenten.
(WD 3 Prozesswissen/KP 6 Erschaffen)

Aufgabe 5.11 Gleichnis für die Chromatographie
Beschreibe ein Gleichnis, das die Chromatographie anschaulich darstellt.
(WD 3 Prozesswissen/KP 6 Erschaffen)

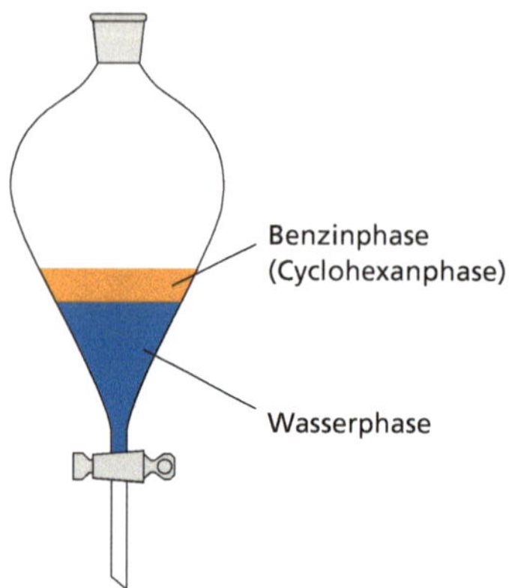

Abb. 5.19 Scheidetrichter nach der Extraktion der Wasserphase mit Benzin. (© Ralf Geiß 2017)

5.5 Weitere Trennmethoden

Extraktion

Von Extraktion spricht man, wenn ein Stoff aus einem Stoffgemisch herausgelöst wird. Extrahiert werden meist Lösungen (fest-flüssig oder flüssig-flüssig) oder Gemenge (Mischungen fester Stoffe). Als Extraktionsmittel werden in der Regel Flüssigkeiten verwendet.

Flüssig-Flüssig-Extraktionen werden angewendet, wenn Destillieren zu kostspielig oder aufgrund von Azeotropbildung oder Thermolyse nicht möglich ist.

Flüssig-Fest-Extraktionen (Feststoffextraktionen) kommen häufig zum Einsatz, wenn Stoffe aus natürlichen Proben (z. B. Pflanzenteilen) gewonnen werden sollen.

Flüssig-Flüssig-Extraktion

Experiment 5.13 Extraktion von Benzoesäure
Versuchsdurchführung: Im Abzug: Eine gesättigte wässrige Benzoesäure-Lösung (50 ml) wird 3-mal mit jeweils 10 ml Cyclohexan (oder Benzin) im Scheidetrichter (250 ml) ausgeschüttelt. Man gibt jede der drei organischen Phasen in eine Petrischale und lässt das Lösungsmittel im Abzug verdunsten (Abb. 5.19).
Beobachtung: Aus der ersten organischen Phase ist eine relativ große Menge Benzoesäure auskristallisiert. Aus der zweiten organischen Phase ist etwas Benzoesäure auskristallisiert. Aus der dritten organischen Phase ist kaum Benzoesäure auskristallisiert.
Schlussfolgerung: Beim Ausschütteln bildet sich eine Emulsion (Kohlenwasserstofftröpfchen in der Wasserphase), d. h., die Kontaktfläche zwischen Wasser und organischer Phase wird enorm vergrößert.
Benzoesäure löst sich offenbar in Wasser und in Benzin. Es hat also sowohl hydrophile als auch lipophile Eigenschaften. Da es mit wenig Benzin aus viel Wasser extrahiert werden kann, überwiegt offenbar der lipophile Charakter.
Quelle: Hünig et al. (2006)

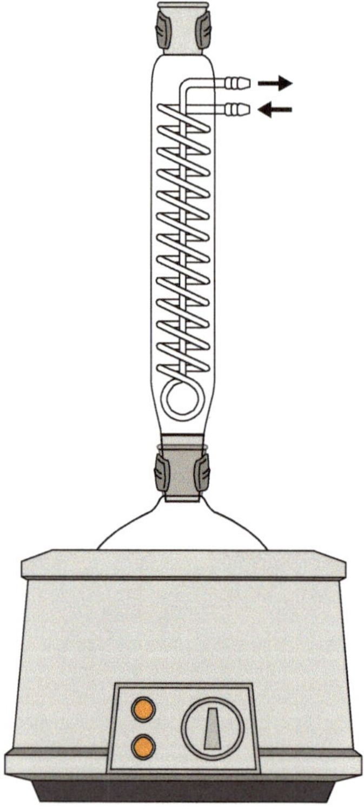

Abb. 5.20 Extraktion bei erhöhter Temperatur unter Rückflusskühlung. (© Ralf Geiß 2017)

Für die Flüssig-Flüssig-Extraktion muss das flüssige Extraktionsmittel zwei Bedingungen erfüllen:

- Das Ausgangs-Lösungsmittel sollte sich möglichst wenig im Extraktionsmittel lösen.
- Der zu extrahierende Stoff muss sich im Extraktionsmittel besser lösen als im Ausgangs-Lösungsmittel.

Flüssig-Fest-Extraktion (Feststoff-Extraktionen)

Das Herauslösen eines Stoffes aus einem Feststoffgemisch mithilfe eines flüssigen Extraktionsmittels gelingt oft besonders gut bei erhöhter Temperatur. Durch den Einsatz eines Rückflusskühlers (◘ Abb. 5.20) kondensiert das verdampfte Extraktionsmittel und tropft in den Extraktionskolben zurück.

Eine auf diese Art und Weise durchgeführte Heißextraktion kann nicht vollständig ablaufen, da der zu extrahierende Stoff ständig mit der Extraktionslösung in Kontakt ist. Der extrahierte Stoff kann zumindest teilweise wieder vom Feststoff aufgenommen werden.

Mithilfe des Soxhlet-Aufsatzes (◘ Abb. 5.21), der zwischen Kolben und Kühler platziert wird, kann dieses Problem gelöst werden. Der zu extrahierende, zerkleinerte Feststoff wird in einer Cellulosehülse im Soxhlet-Aufsatz platziert. Das über die große Steigleitung aufsteigende Extraktionsmittel-Gas kondensiert am Rückflusskühler und füllt den Soxhlet-Aufsatz langsam auf. Wenn der Flüssigkeitspegel die maximale Höhe des kleinen Steigrohrs überschreitet, fließt die gesamte Lösung im Soxhlet-Aufsatz über das kleine Steigrohr zurück in den Extraktionskolben. Dort verdampft das Extraktionsmittel und der Vorgang beginnt von Neuem. Die herausextrahierte Substanz kommt nach dem Hinabfließen in den Kolben nicht wieder mit dem Extraktionsgut in Kontakt.

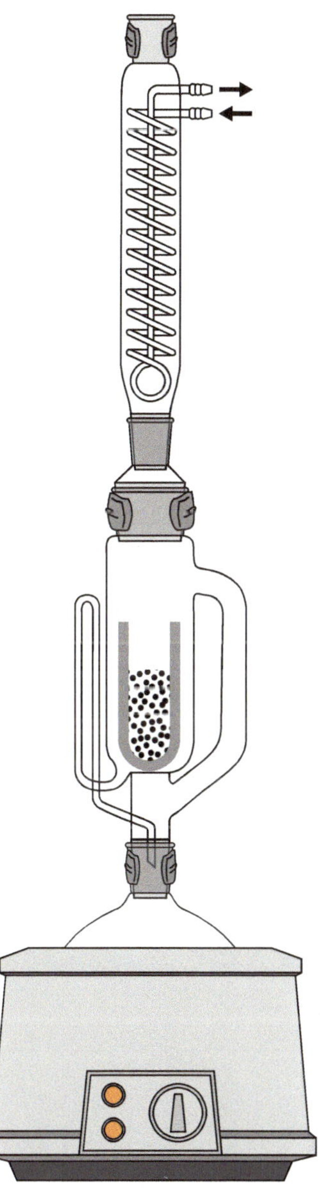

◘ **Abb. 5.21** Extraktion bei erhöhter Temperatur mit Soxhlet-Aufsatz. (© Ralf Geiß 2017)

Experiment 5.14 Soxhlet-Extraktion: Bestimmung des Fettgehalts in Milchpulver

Versuchsdurchführung: Im Abzug oder in einer mit Septum und Ballon verschlossenen Apparatur: Je nach Größe der Soxhlet-Apparatur werden 5,00–25,00 g Milchpulver in eine Extraktionshülse gefüllt und die Cellulosehülse mit einem Wattebausch verschlossen. Zuerst wägt man den Rundkolben und füllt ihn anschließend mit mindestens so viel Heptan (Sdp. 98 °C), wie dem doppelten Volumen des Soxhlet-Aufsatzes entspricht. Nun baut man die Apparatur mit Teflondichtungen (kein Schlifffett verwenden) zusammen und extrahiert 3–4 h lang. Abschließend wird das Heptan abdestilliert und der Kolben mit dem Fettrückstand gewogen.

Hinweis: Es können auch zerkleinerter Hartkäse, Apfelringe oder zerkleinerte und geröstete Erdnüsse untersucht werden. Es eignen sich vor allem Lebensmittel, die weitgehend wasserfrei sind, da der Fettgehalt in der Trockenmasse angegeben wird.

Beobachtung: Aus Milchpulver kann man etwa 26 Gew.-% Fett extrahieren.

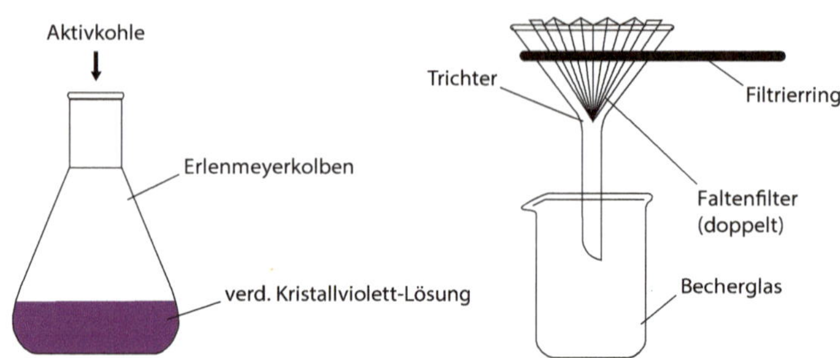

Abb. 5.22 Versuchsaufbau: Adsorption von Kristallviolett an Aktivkohle. (© Ralf Geiß 2017)

Schlussfolgerung: Heptan löst als unpolares Lösungsmittel sehr gut unpolares Fett. Polare Zucker und polare Eiweiße, die ebenfalls in der Milch enthalten sind, werden kaum gelöst.

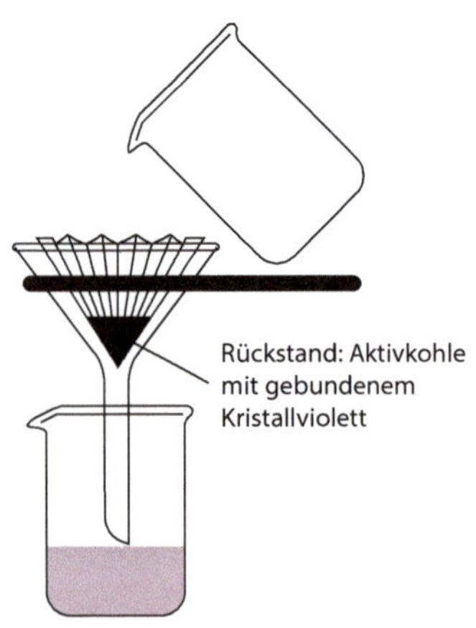

Abb. 5.23 Versuchsverlauf Teil 2: Extraktion von Aktivkohle-Kristallviolett mit heißem Wasser. (© Ralf Geiß 2017)

Extraktion auf der Wirklichkeitsebene

Wird aus einem festen oder flüssigen Gemisch mindestens eine Komponente mithilfe eines flüssigen Lösungsmittels herausgelöst, so spricht man von Extraktion. Die Extraktion beruht darauf, dass das Extraktionsmittel mindestens eine Komponente des Gemischs wesentlich besser löst als die anderen Komponenten.

Extraktion auf der Theorieebene

Die kleinsten Teilchen des Extraktionsmittels üben auf mindestens eine Sorte der kleinsten Teilchen des Gemischs eine besonders große Anziehungskraft aus.

Adsorption und Filtration

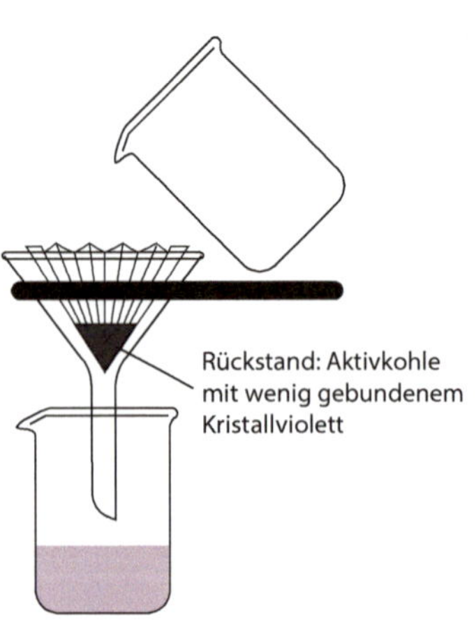

Abb. 5.24 Versuchsverlauf Teil 3: Extraktion von Aktivkohle-Kristallviolett mit heißem Ethanol. (© Ralf Geiß 2017)

Experiment 5.15 Adsorption von Kristallviolett an Aktivkohle

Versuchsdurchführung: Teil 1: In einem 250-ml-Erlenmeyerkolben werden ca. 50 ml Kristallviolett-(Methylviolett)-Lösung (0,0003 g/100 ml) abgefüllt. Zur Flüssigkeit gibt man einen Spatellöffel pulverförmige Aktivkohle und schüttelt gut um. Dann wird die schwarze Suspension mit einem doppelten Faltenfilter filtriert und das Filtrat in einem Becherglas aufgefangen (Abb. 5.22).
Teil 2: Nun wird der Rückstand mit ca. 50 ml heißem Wasser gewaschen und das Filtrat in einem Becherglas aufgefangen (Abb. 5.23).
Teil 3: Zuletzt wird der Rückstand ein zweites Mal gewaschen. Diesmal jedoch mit 50 ml heißem Ethanol (Alkohol) (Abb. 5.24).

Beobachtung: Das erste Filtrat ist eine klare, farblose Flüssigkeit. Im Filter bleibt als Rückstand die Aktivkohle zurück. Auch nach dem ersten Waschen mit heißem Wasser erhält man ein farbloses Filtrat. Nach dem zweiten Waschvorgang mit heißem Ethanol jedoch ist das Filtrat schwach violett gefärbt.
Schlussfolgerung: Die Aktivkohle hat das Kristallviolett gebunden. Es lässt sich selbst mit heißem Waschwasser nicht von der Aktivkohle abtrennen. Mit heißem Ethanol jedoch kann das Kristallviolett wieder von der Aktivkohle abgelöst werden.

Adsorption auf der Wirklichkeitsebene

Befindet sich ein Festkörper (oder eine Flüssigkeit) in Kontakt mit einem Gas oder einer Flüssigkeit und reichern sich dabei Stoffe aus dem Gas bzw. der Flüssigkeit an der Oberfläche des Festkörpers (der Flüssigkeit) an, so spricht man von Adsorption. Adsorbierte Stoffe können sich aber auch wieder von der Oberfläche ablösen und zurück in die gasförmige bzw. flüssige Phase gelangen – man spricht dann von Desorption.

Adsorption auf der Theorieebene

Mithilfe des Kugelteilchen-Modells (KTM) kann man sich Adsorption aus einer Lösung vorstellen. Dazu betrachten wir die Grenzfläche zwischen einem Feststoff und einer Flüssigkeit. An dieser Grenzfläche stoßen die Kugelteilchen des Feststoffs mit den Kugelteilchen der Flüssigkeit zusammen. Die Flüssigkeit soll hier die Lösung eines roten Farbstoffs sein. Da die Flüssigkeit demzufolge aus zwei verschiedenen Kugelteilchen besteht, stoßen an der Grenzfläche die Kugelteilchen des Lösungsmittels und die Kugelteilchen des Farbstoffs auf die Kugelteilchen des Feststoffs. Zwischen den Kugelteilchen des Feststoffs (grau) und den Kugelteilchen des Farbstoffs (rot) soll in diesem Fall eine besonders große Anziehungskraft wirken. Je länger die Flüssigkeit mit dem Feststoff in Kontakt bleibt, desto größer wird der Anteil derjenigen Farbstoffteilchen, die an der Oberfläche des Feststoffs gebunden werden. Erst wenn die Feststoffoberfläche völlig mit Farbstoffteilchen belegt ist, sollte die Anreicherung zum Stillstand kommen (◘ Abb. 5.25).

Filtration auf der Wirklichkeitsebene

Die Partikel, die von einer Suspension abgetrennt werden sollen, müssen größer sein als die Poren des verwendeten Filters. Um verschiedenen Trennproblemen gerecht zu werden, gibt es Filterpapiere mit unterschiedlichen Porengrößen. Oft werden Farbcodes verwendet, um die Papiere zu kennzeichnen:

- Schwarzbandfilter: große Poren,
- Weißbandfilter: mittelgroße Poren,
- Blaubandfilter: kleine Poren.

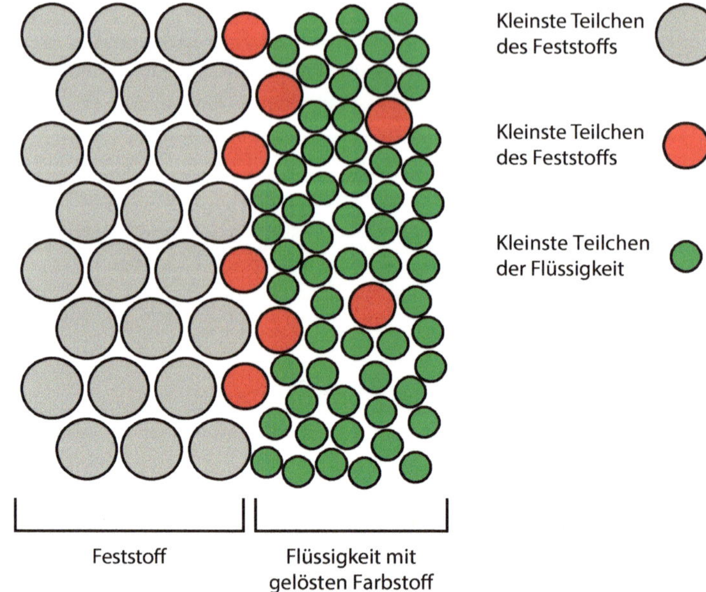

Abb. 5.25 Adsorption eines gelösten Reinstoffs aus einem flüssigen Lösungsmittel – dargestellt mit dem Kugelteilchenmodell. (© Ralf Geiß 2017)

Filtration auf der Theorieebene

Ein Feststoff kann nur dann von einer Flüssigkeit abfiltriert werden, wenn er sich nicht in dieser Flüssigkeit löst. Die Poren selbst der feinsten Filterpapiere sind zu groß, als dass kleinste Teilchen damit zurückgehalten werden könnten. Somit sind auch die Anziehungskräfte zwischen den kleinsten Teilchen mitentscheidend für Filtrationen. Denn nur, wenn die Anziehungskräfte zwischen den Feststoffteilchen größer sind als die Anziehungskräfte zwischen Feststoffteilchen und Flüssigkeitsteilchen, ist ein Feststoff schlecht löslich.

Sedimentieren/Dekantieren und Zentrifugieren

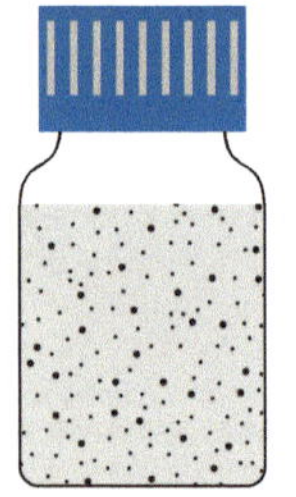

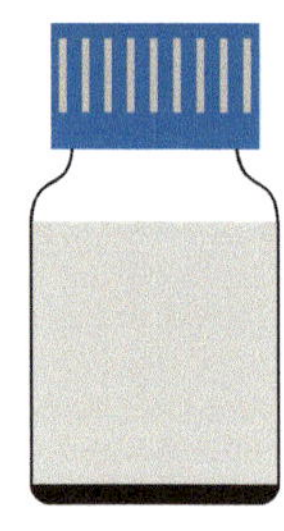

Abb. 5.26 Sedimentation in einer Wasser-Sand-Suspension. (© Ralf Geiß 2017)

Experiment 5.16 Trennung einer Wasser-Sand-Suspension

Versuchsdurchführung: Eine 500-ml-Flasche wird mit etwas Sand und reichlich Wasser gefüllt. Nun verschließt man die Flasche und schüttelt kräftig. Anschließend stellt man die Flasche ab und beobachtet (Abb. 5.26).

Beobachtung: Die Sandpartikel sammeln sich am Boden der Flasche an.

Schlussfolgerung: Das Absinken der dichten Sandpartikel wird Sedimentieren genannt. Durch vorsichtiges Abgießen des Wassers kann eine teilweise Trennung von Wasser und Sand erzielt werden. Diese Art des Abgießens nennt man Dekantieren.

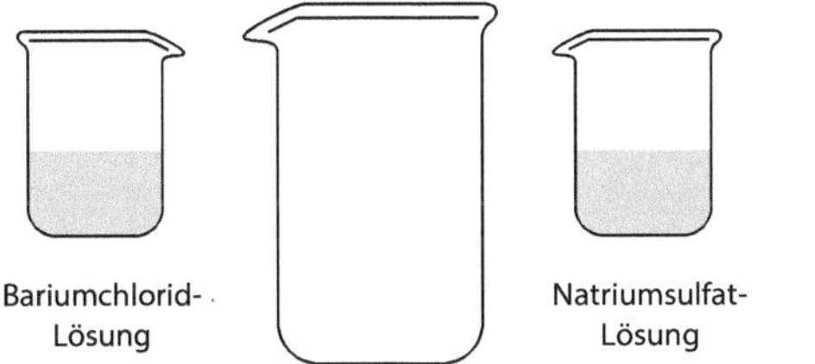

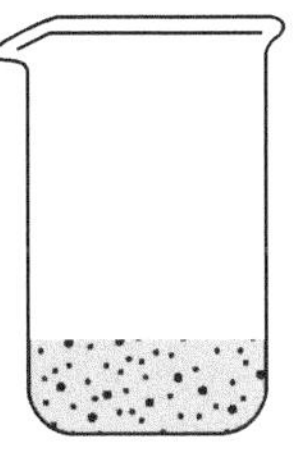

Abb. 5.27 Versuchsverlauf: Zentrifugieren von Bariumsulfat. (© Ralf Geiß 2017)

Experiment 5.17 Zentrifugieren von Bariumsulfat

Versuchsdurchführung: Teil 1: In ein 200-ml-Becherglas (hohe Form) legt man 20 ml Bariumchlorid-Lösung (2,44 g Bariumchlorid-Dihydrat in 100 ml Wasser) vor und gibt 20 ml Natriumsulfat-Lösung (3,22 g Natriumsulfat-Decahydrat in 100 ml Wasser) dazu.

Teil 2: Mit dem Gemisch füllt man zwei Zentrifugenröhrchen und zentrifugiert wenige Minuten.

Teil 3: Das restliche Gemisch lässt man erschütterungsfrei längere Zeit stehen (Abb. 5.27).

Beobachtung: Teil 1: Es bildet sich eine weiße Trübung.

Teil 2: Am Boden der Zentrifugenröhrchen hat sich ein weißer Feststoff abgesetzt.

Teil 3: Selbst nach längerer Zeit findet nur wenig Sedimentation statt.

Schlussfolgerung: Bariumchlorid-Lösung und Natriumsulfat-Lösung reagieren unter Bildung eines weißen feinkörnigen Niederschlags.

Bei Suspensionen mit sehr feinen Feststoffpartikeln kann die Sedimentation lange Zeit in Anspruch nehmen. In diesen Fällen kann die Sedimentation durch Zentrifugieren oft rasch herbeigeführt werden.

Sedimentieren und Dekantieren auf der Wirklichkeitsebene

Suspensionen haben die Tendenz, sich zu entmischen. Dabei sinken die festen Bestandteile der Suspension aufgrund ihrer höheren Dichte auf den Boden des Gefäßes.

Da derartige Entmischungen sehr lange andauern können, ist es meist sinnvoll, sie durch Zentrifugieren zu beschleunigen.

Sedimentieren und Dekantieren auf der Theorieebene

Zwischen den kleinsten Teilchen der festen Partikel einer Suspension wirken relativ große Anziehungskräfte. Die Anziehungskräfte zwischen den kleinsten Teilchen der flüssigen Phase und denen der festen Phase sind im Vergleich dazu relativ klein. Somit kommt es auch nicht zur Auflösung der festen Partikel in der Flüssigkeit.

5.6 Reinstoffe und Gemische

Alles, was in unserem Universum Raum beansprucht, sehen wir als Materie an. Jede Materie ist entweder aus nur einem Stoff (Reinstoff) oder aus verschiedenen Stoffen (Gemisch) aufgebaut.

Was ist ein Reinstoff?

Reinstoff

Wirklichkeitsebene:

- Reinstoffe sind homogen (einheitlich) aufgebaut.
- Reinstoffe weisen charakteristische, unveränderliche Eigenschaften auf.
- Reinstoffe können durch physikalische Trennmethoden (Destillation, Chromatographie, Extraktion, Adsorption, Filtration, Sedimentieren/Dekantieren) nicht in andere Stoffe zerlegt werden.

(WD 1 Faktenwissen)

Theorieebene:

- Reinstoffe sind aus gleich großen kleinsten Teilchen aufgebaut. D. h., in Reinstoffen kommt nur eine Sorte kleinster Teilchen vor.
- Die Eigenschaften eines Reinstoffs werden ausschließlich durch die kleinsten Teilchen des Reinstoffs bestimmt.

(WD 2 Konzeptwissen)

Einheitlicher Aufbau (Homogenität)

Beispiel Aluminium: Aluminium als Reinstoff ist homogen. Das heißt, ein Aluminiumstab ist an jeder Stelle immer gleich aufgebaut. Daraus folgt, dass die Eigenschaften (Farbe, Dichte, Härte, Schmelzpunkt usw.) entlang des Stabes überall gleich sind.

Beispiel Stickstoff: Auch Stickstoff ist als Reinstoff homogen. Das Stickstoffgas, welches sich in einem Erlenmeyerkolben befindet, weist an jedem Ort im Kolben die für Stickstoff charakteristischen Eigenschaften auf.

Beispiel Wasser: Entsprechendes gilt für reines Wasser. Ganz gleich, von wo ich reines Wasser aus einem Becherglas entnehme, es hat immer die gleichen Eigenschaften.

Eigenschaften

Beispiel Aluminium: Ganz gleich, welches Aluminiumstück (ein kleiner Würfel oder Aluminiumfolie) untersucht wird, man findet immer wieder die folgenden, gleichbleibenden, für Aluminium typischen Eigenschaften:

- Farbe: silberweiß,
- Dichte: 2,699 g/cm^3,
- Schmelzpunkt: 660,2 °C,
- Siedepunkt: 2330 °C.

Die Eigenschaften von reinem Aluminium sind also unabhängig davon,
- wann es hergestellt wurde,
- wo es hergestellt wurde,
- von wem es hergestellt wurde,
- wie es hergestellt wurde,
- wie viel hergestellt wurde.

Physikalische Trennmethoden

Beispiel: Das Gemisch Salzwasser kann durch Destillation in die Komponenten Wasser und Salz aufgetrennt werden.

Der Reinstoff Wasser kann nicht z. B. durch Destillation zerlegt werden. Keine der physikalischen Trennmethoden erlaubt die Aufspaltung von Wasser in Wasserstoff und Sauerstoff.

Was ist ein Gemisch?

Gemisch

Wirklichkeitsebene:
- Ein Gemisch enthält mindestens zwei verschiedene Reinstoffe.
- Die Eigenschaften von Gemischen hängen von den Mengenverhältnissen der Komponenten (Reinstoffe) ab.
- Gemische können durch physikalische Trennmethoden in ihre Komponenten (Reinstoffe) aufgetrennt werden.

(WD 1 Faktenwissen)

Theorieebene: Gemische sind aus mindestens zwei verschieden großen kleinsten Teilchen aufgebaut. D. h., in einem Gemisch kommen mindestens 2 verschiedene Sorten kleinster Teilchen vor. (WD 2 Konzeptwissen)

Zusammensetzung

Beispiel Gold: Reines Gold ist relativ weich. Man mischt (legiert) es mit anderen Metallen, um seine Härte zu erhöhen. Weißgold ist eine Legierung, die aus Gold, Kupfer, Nickel und Silber besteht.

Beispiel Rotwein: Dieser ist eine Lösung, die aus Wasser, Alkohol und rotem Farbstoff besteht (tatsächlich kommen im Rotwein noch viele andere Stoffe vor).

Eigenschaften

Beispiel Meerwasser: Meerwasser ist eine Lösung von verschiedenen Salzen in Wasser. In der Nordsee beträgt der Salzgehalt 3,5 Gew.-%. Im Toten Meer (Israel/Jordanien) beträgt der Salzgehalt 29 Gew.-%. Infolge des hohen Salzgehalts hat das Wasser des Toten Meeres eine viel höhere Dichte als das Wasser der Nordsee. Im Toten Meer schwimmt ein Mensch deshalb sogar im bewegungslosen Zustand.

Physikalische Trennmethoden

Beispiel Meerwasser: Meerwasser stellt eine Lösung verschiedener Salze in Wasser dar. Aus dieser Salz-Lösung kann reines Wasser gewonnen werden – durch Destillation.

Gemischarten

Gemische können über den verteilten Stoff, der im Unterschuss vorliegt sowie über das Verteilungsmittel, das im Überschuss vorliegt, in 12 verschiedene Gruppen eingeteilt werden (◘ Tab. 5.8).

Heterogene Gemische

Heterogene Gemische

Wirklichkeitsebene: Gemische, die man mit dem Auge oder dem Mikroskop als Mischungen erkennen kann, bezeichnet man als heterogene Gemische.
(WD 1 Faktenwissen)

Theorieebene: In heterogenen Gemischen bilden gleiche kleinste Teilchen Klumpen/Zusammenballungen. D. h., die verschiedenen kleinsten Teilchen sind ungleichmäßig untereinander vermischt.
(WD 2 Konzeptwissen)

Da im Alltag Reinstoffe selten auftreten, sind fast alle Stoffe des täglichen Lebens Gemische. Einige darunter sind heterogene Gemische (◘ Abb. 5.28). In der Abbildung müssten die Partikel in Hefeweizen, Milch, Feuerrauch und Wolken eigentlich mit wesentlich mehr kleinsten Teilchen gezeichnet werden. Entsprechendes gilt für Seifenschaum.

Tab. 5.8 Gemischarten

		Verteilter Stoff (geringe Menge)		
		Fest	**Flüssig**	**Gasförmig**
Verteilungsmittel (Überschuss)	**Fest**	*Gemenge/Legierung* Granit Sand/Salz Kompost Legierungen von Metallen (Amalgam: Hg, Sn, Ag, Cu; Zinnbronze: Cu, Sn; Rotgold: Au, Cu; Weißgold: Au, Ni oder Ag)	*Brei* Teig Schlamm Modellierlehm	*„Schaumstoff"* Schaumgummi Brot Käse Bimsstein Wasserstoff in Platin
	Flüssig	*Suspension* Tusche Aquarellfarbe Kaffee und Kaffeesatz Lehm-Wasser	*Emulsion* Milch (Fetttröpfchen in Wasser) Hautcreme	*Schaum* Schlagsahne Seifenschaum
		Lösung Salzwasser Zuckerwasser	*Lösung* Schnaps (Ethanol in Wasser) Scheibenwaschmittel (Isopropanol in Wasser) Essig (Essigsäure in Wasser)	*Lösung* Kohlenstoffdioxidhaltiges Wasser Sauerstoffhaltiges Wasser
	Gasförmig	*Rauch* Staub in Luft Ruß in Abgasen	*Nebel* Wolken Wachsnebel (kurzzeitig über ausgeblasener Kerze)	*Gasgemisch* Luft Kerzenabgas Knallgas (Gemisch aus Wasserstoff und Sauerstoff)

Homogene Gemische

Homogene Gemische

Wirklichkeitsebene: Gemische, die man mit dem Auge oder dem Mikroskop nicht als Mischungen erkennen kann, bezeichnet man als homogene Gemische.
(WD 1 Faktenwissen)

Theorieebene: In homogenen Gemischen sind verschiedene kleinste Teilchen gleichmäßig untereinander verteilt. D. h., die verschiedenen kleinsten Teilchen sind fein untereinander vermischt.
(WD 2 Konzeptwissen)

Zahlreiche Stoffe, die von Laien eventuell als Reinstoffe eingestuft werden, sind tatsächlich homogene Gemische (◘ Abb. 5.29). Homogene Gemische wie Salzwasser, Grappa, Süßwasser und Luft bestehen nicht nur aus zwei oder drei Stoffen – sie enthalten eine Vielzahl von Stoffen.

Abb. 5.28 Heterogene Gemische, jeweils Fotografie (Wirklichkeitsebene) und Zeichnung der Anordnung der kleinsten Teilchen (Theorieebene): **a, b** Granit (Gemisch), **c, d** Hefeweizen-(Suspension), **e, f** Milch(Emulsion), **g, h** Feuerrauch(Rauch), **i, j** Wolken(Nebel), **k, l** Seifenschaum(Schaum). (© **a** krsprs/Fotolia, **c** StudioLaMagica/Fotolia, **e** Lennartz/Fotolia, **g** animaflora/Fotolia, **i** Coloures-pic/Fotolia, **k** tuk69tuk/Fotolia)

Kann man absolut reine Stoffe herstellen?

Wir haben bisher vieles über Reinstoffe und Gemische und auch über physikalische Trennmethoden gelernt. Man kann sich nun zurecht fragen: Ist es mit den bekannten Methoden möglich, Stoffe 100 % rein zu gewinnen?

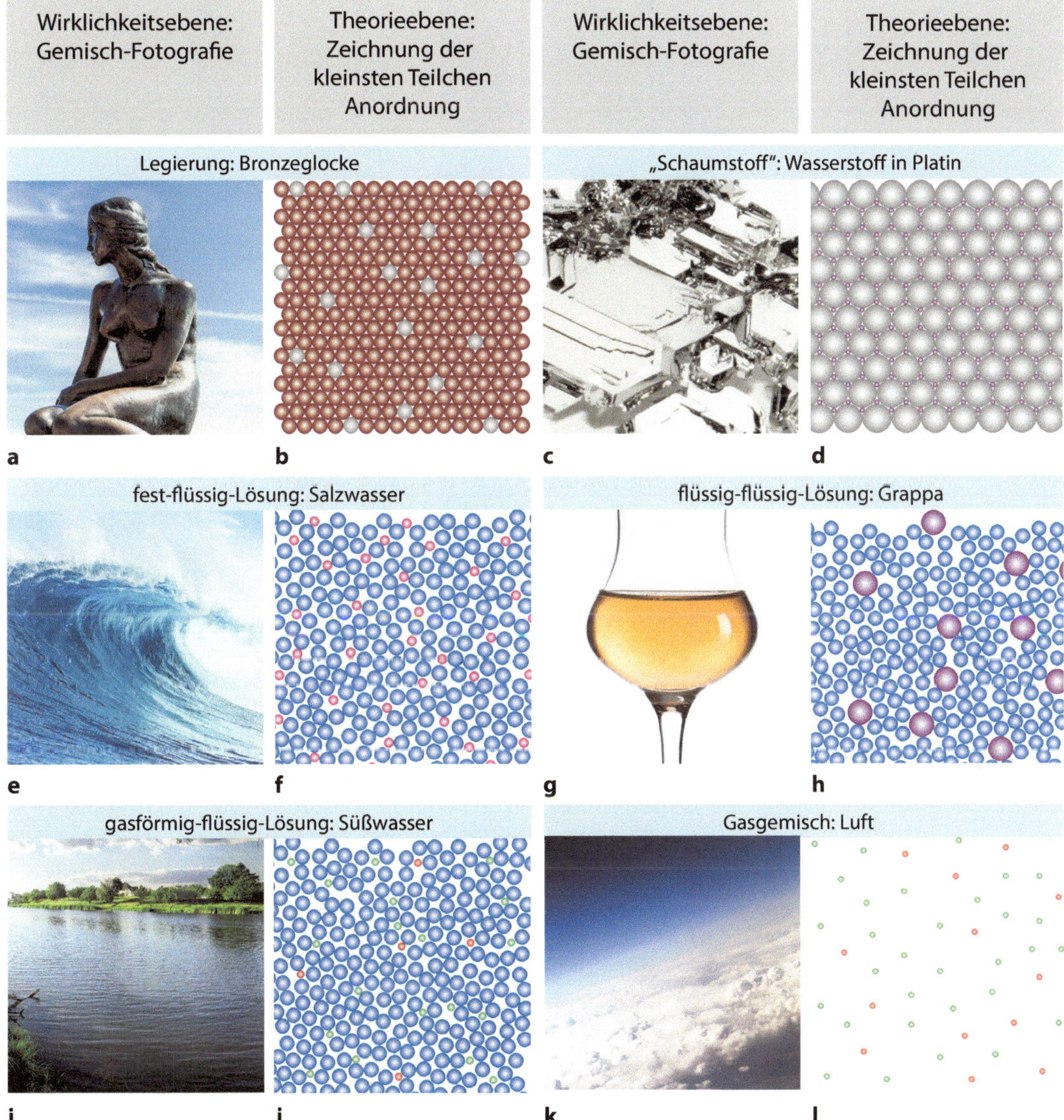

Abb. 5.29 Homogene Gemische, jeweils Fotografie (Wirklichkeitsebene) und Zeichnung der Anordnung der kleinsten Teilchen (Theorieebene): **a, b** Bronzeplastik (Legierung), **c, d** Platin („Schaumstoff" mit Wasserstoff), **e, f** Salzwasser (fest-flüssig-Lösung), **g, h** Grappa (flüssig-flüssig-Lösung), **i, j** Süßwasser (gasförmig-flüssig-Lösung), **k, l** Luft (Gasgemisch). (© **a** Sergii Figurnyi/Fotolia, **c** Periodictableru/Wikimedia, **e** EpicStockMedia/Fotolia, **g** eyewave/Fotolia, **i** Givaga/Fotolia, **k** Tatjana Keisa/Fotolia)

Um die Dimension des Problems zu veranschaulichen, hier ein paar Zahlen der Theorie.

- 1 g reines Wasser enthält mehr als 30.000.000.000.000.000.000.000 ($= 3 \cdot 10^{22}$) kleinste Teilchen.
- 1 l Luft enthält im Mittel etwa 27.000.000.000.000.000.000.000 ($= 2{,}7 \cdot 10^{22}$) kleinste Teilchen.
- 1 g reines Gold enthält etwa 3.060.000.000.000.000.000.000 ($= 3{,}06 \cdot 10^{21}$) kleinste Teilchen.

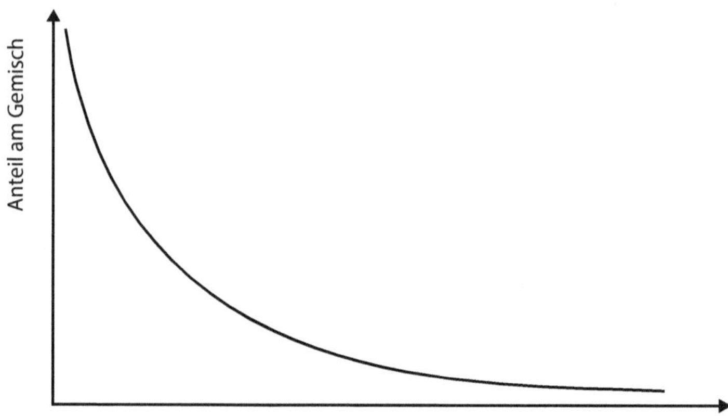

Abb. 5.30 Genau genommen gibt es keine reinen Stoffe. (© Ralf Geiß 2017)

In Anbetracht dieser Zahlen verwundert die Antwort wahrscheinlich nicht: Nein, es ist nicht möglich, mit den uns bekannten Methoden Stoffe absolut rein herzustellen. Bei derart großen Teilchenzahlen, sogar in kleinen Stoffportionen, kann man selbst mit aufwendigsten Trenntechniken keine 100 %ige Reinheit erzielen. Die Anziehungskräfte zwischen den kleinsten Teilchen sind zwar verschieden (theoretisch gesehen beruhen Trennungen darauf), aber nicht so sehr verschieden, als dass perfekte Trennungen gelingen können.

In der analytischen Chemie (Teilgebiet der Chemie, das sich mit dem Nachweis von Stoffen befasst) ist es sinnvoll, das in Abb. 5.30 gezeigte Diagramm für ein Gemisch in Betracht zu ziehen. Die Kurve bedeutet, dass bei Berücksichtigung selbst enorm kleiner Anteile alle Stoffe in einem Stoff enthalten sind.

Aufgabe 5.12 Gemischarten

Es sind die beiden folgenden Gemische gegeben:

- Zuckerwasser,
- Öl in Wasser fein verteilt.

a) Beschreibe jedes Gemisch mit zwei Fachbegriffen. (WD 1 Faktenwissen/KP 1 Erinnern)

b) Fertige für jedes Gemisch eine Modellzeichnung an, die auf dem Kugelteilchenmodell beruht. (WD 2 Konzeptwissen/KP 3 Anwenden)

c) Erkläre, worin sich die beiden Gemische auf der Wirklichkeits- und der Theorieebene unterscheiden. (WD 2 Konzeptwissen/KP 4 Analysieren)

5.7 Elemente und Verbindungen

Elemente

Wirklichkeitsebene:

- Elemente können im Verlauf chemischer Reaktionen nicht in andere Stoffe aufgetrennt werden.
  Beispiel: Erhitzt man Kohlenstoff unter Luftausschluss auf sehr hohe Temperaturen, so erhält man dennoch keinen neuen Stoff. Auch während des Erhitzens kommt nur Kohlenstoff vor.
- Elemente können nicht durch chemisches Verbinden aus anderen Elementen hergestellt werden.
  Beispiel: Egal welche Elemente man sich verbinden lässt, es entsteht niemals Kohlenstoff dabei.
- Elemente können durch chemische Spaltung von Verbindungen hergestellt werden.
  Beispiel: Wachs ⟶ Kohlenstoff + Wasserstoff

(WD 2 Konzeptwissen)

Theorieebene:

- Elemente bestehen aus gleichen kleinsten Teilchen.
- Diese kleinsten Teilchen können mit chemischen Methoden nicht gespalten werden.

(WD 2 Konzeptwissen)

Verbindungen

Wirklichkeitsebene:

- Verbindungen können durch chemische Reaktionen in andere Stoffe aufgetrennt werden.
  Beispiel: Wasser ⟶ Wasserstoff + Sauerstoff
- Verbindungen können durch chemische Reaktionen (Verbindungen, Spaltungen) aus anderen Stoffen (Elementen, Verbindungen) hergestellt werden.
  Beispiel: Wasserstoff + Sauerstoff ⟶ Wasser

(WD 2 Konzeptwissen)

Theorieebene:

- Verbindungen bestehen aus gleichen kleinsten Teilchen.
- Diese kleinsten Teilchen können mit chemischen Methoden gespalten werden.

(WD 2 Konzeptwissen)

Wichtiger Hinweis zur Theorieebene von Elementen und Verbindungen: Das Kugelteilchen-Modell kann nicht zwischen den kleinsten Teilchen eines Elements und denjenigen einer Verbindung unterscheiden. In beiden Fällen handelt es sich um homogene kugelförmige Teilchen.

Wenn aufgrund von zahlreichen Spaltungsversuchen (Wirklichkeitsebene) feststeht, dass es sich bei einem Stoff um ein Element handelt, so sagt man auf der Theorieebene: Das Kugelteilchen ist nicht teilbar.

Wenn aufgrund von zahlreichen Spaltungsversuchen (Wirklichkeitsebene) feststeht, dass es sich bei einem Stoff um eine Verbindung handelt, so sagt man auf der Theorieebene: Das Kugelteilchen ist teilbar.

Die Entscheidung, ob ein Kugelteilchen teilbar ist oder nicht, wird also nicht mit dem Kugelteilchen-Modell getroffen, sondern auf der Wirklichkeitsebene mit Experimenten gefällt.

Bekannte chemische Verbindungen ® CAS

Weltweit stellen Tausende von Chemikern täglich Hunderte neue chemische Verbindungen her (CAS 2014b). In der chemischen Fachsprache sagt man: Neue Verbindungen werden synthetisiert.

Der Chemical Abstracts Service (CAS) ist eine Division der American Chemical Society (ACS). CAS erfasst alle öffentlich in wissenschaftlichen Zeitschriften publizierten Informationen über chemische Verbindungen. Diese Informationen werden in Datenbanken übertragen und weltweit verfügbar gemacht (CAS 2014a).

Jede neue von CAS erfasste chemische Verbindung wird nummeriert. Diese Nummer heißt *CAS Registry Number* bzw. CAS-Nummer. Coffein zum Beispiel hat die CAS-Nummer 58-08-2.

Im Jahr 2014 betrug die Zahl der von CAS erfassten chemischen Reinstoffe etwa 15.000.000. In der Datenbank sind etwa 71.000.000 Einträge verzeichnet, da auch Gemische eine CAS-Nummer erhalten (CAS 2014c).

Da für komplizierte chemische Verbindungen oft keine allgemein gebräuchlichen Namen existieren, ist die CAS-Nummer für Chemiker eine große Hilfe. Durch diese Nummer kann jede registrierte Verbindung eindeutig benannt werden.

Aufgabe 5.13 Elemente
Was ist ein chemisches Element? Beantworte die Frage in eigenen Worten auf der Theorieebene.
(WD 2 Konzeptwissen/KP 1 Erinnern)

Aufgabe 5.14 Verbindungen
Was ist eine chemische Verbindung? Beantworte die Frage in eigenen Worten auf der Theorieebene.
(WD 2 Konzeptwissen/KP 1 Erinnern)

5.8 Fünf Stoffklassen

In manchen Lehrmitteln werden Reinstoffe nach physikalischen Eigenschaften geordnet. Diese Einteilung führt zu fünf Stoffklassen

Tab. 5.9 Die fünf Stoffklassen: Eigenschaften und Beispiele

Stoffklasse	Schmelz- und Siedepunkt [°C]	Löslichkeit in Wasser (bei 20 °C)	Elektrische Leitfähigkeit	Weitere Merkmale
Flüchtige Stoffe	Tief (im Allgemeinen < 300) Schwefeldioxid: Smp.: –75 Sdp.: –10 Heptan: Smp.: –91 Sdp.: 98	Unterschiedlich Schwefeldioxid: 112 g/l Heptan: $50 \cdot 10^{-3}$ g/l	Nicht leitend	Besitzen oft einen typischen Geruch
Salze	Hoch Natriumchlorid (Kochsalz): Smp.: 801 Sdp.: 1465 Calciumcarbonat (Kalk): Smp.: 2570 Sdp.: 2850	Unterschiedlich Natriumchlorid: 359 g/l Calciumcarbonat $14 \cdot 10^{-3}$ g/l	Nicht leitend, leitend wenn: Flüssig Gelöst In Wasser	Bilden Kristalle
Metalle	Unterschiedlich (meist hoch) Eisen: Smp.: 1536 Sdp.: 2862 Wolfram: Smp.: 3407 Sdp.: 5555	Unlöslich	Leitend (im festen und flüssigen Zustand)	Duktil (verformbar), metallischer Glanz, gute Wärmeleiter
Kunststoffe bzw. Hochmolekulare Stoffe (Stoffe mit sehr großen kleinsten Teilchen)	Unterschiedlich (meist tief, Schmelzbereich, zersetzen sich häufig vor dem Smp.) Polyethylenterephthalat (PET): Smp.: > 250 Polyethylen HD (PE-HD): Smp.: 130–145	Unlöslich (in der Regel) Manche natürlich vorkommende, hochmolekulare Stoffe (Stärke, bestimmte Eiweiße …) sind wasserlöslich	Nicht leitend (in der Regel)	
Diamantartige Stoffe	Sehr hoch Diamant: Smp.: 3550 Sdp.: 4800 Bornitrid (Borazon®): Smp.: 2967	Unlöslich	Nicht leitend	Sehr hart, gute Wärmeleiter

(▪ Tab. 5.9)– dabei wird nicht zwischen Elementen und Verbindungen unterschieden.

5.9 Physik – Chemie – Biologie

Unterscheidung zwischen Physik, Chemie und Biologie

Die Naturwissenschaften Chemie, Physik und Biologie befassen sich alle drei mit dem gleichen Thema – mit der Natur. Jede der drei Wis-

Abb. 5.31 Buchenwald. (© Malene Thyssen/Wikimedia)

senschaften hat jedoch ihre eigene Sicht- und Arbeitsweise entwickelt – d. h., jede Disziplin behandelt nur bestimmte Aspekte der Natur. Um die Vielfalt natürlicher Systeme erkennen zu können, ist es erforderlich, über die Grenzen der einzelnen naturwissenschaftlichen Disziplinen hinauszugehen. Was z. B. ein Wald ist, erschließt sich alleine mit dem physikalischen, chemischen oder biologischen Blick nicht (Abb. 5.31).

Selbst wenn man einen Wald zugleich physikalisch, chemisch und biologisch beschreibt, hat man ihn damit noch nicht ganzheitlich erfasst. Ein Wald hat u. a. auch historische, soziologische und kulturelle Bedeutung.

Betrachtet man die Komplexität der Systeme (Dinge) und Vorgänge, die untersucht werden, so kann man die Naturwissenschaften auf folgende Weise voneinander abgrenzen.

Abb. 5.32 Spaceshuttle. (© Kovalenko I/Fotolia)

Physik

Die Physik (Abb. 5.32) untersucht, verglichen mit Chemie und Biologie, relativ einfache Systeme und Vorgänge. Dabei unterteilen Physiker die Natur sehr stark nach bestimmten Kriterien. Die Mechanik befasst sich mit Bewegungen und Kräften, die Elektrizitätslehre dagegen mit den Wirkungen des elektrischen Stromes. Die verschiedenen Teilgebiete der Physik sind in der Regel nicht eng miteinander verbunden.

Beispiele:

- Physikalischer Vorgang: Ein Gegenstand fällt nach unten.
- System: Eisenkugel.

Die Physik versucht, diese Systeme so weit als möglich bis auf den Grund zu erklären. Sie hat deshalb für Chemie und Biologie grundlegende Theorien entwickelt (z. B. für die Frage: Was ist Energie?). Die physikalischen Theorien sind in der Regel mathematisch formuliert. Mit ihrem hohen Anspruch auf mathematische Herleitung kann die Physik kompliziertere Dinge (chemische Reaktionen, Lebewesen) oft nicht beschreiben.

■ **Abb. 5.33** Kerzenflamme. (© Ralf Geiß 2017)

Chemie

Die Chemie (■ Abb. 5.33) untersucht kompliziertere Systeme und Vorgänge als die Physik.

Beispiele:

- Chemischer Vorgang: Wachs verbrennt mit Sauerstoff zu Wasser und Kohlenstoffdioxid.
- System: kleinstes Wasserteilchen.

Die Chemie kann deshalb nicht so tief greifende und grundlegende Erkenntnisse liefern wie die Physik. Sie konnte aber gerade deshalb zahlreiche praktisch wertvolle Ergebnisse gewinnen. Die chemischen Theorien sind nur teilweise mathematisch formulierbar. Die Chemie kann zwar komplexere Vorgänge beschreiben als die Physik, aber Lebewesen als Einheit sind im Rahmen der Chemie nicht fassbar.

■ **Abb. 5.34** Kleiner Fuchs. (© ArtMechanic/Wikimedia)

Biologie

Die Biologie (■ Abb. 5.34) untersucht die kompliziertesten Systeme der Natur, die Lebewesen. Da Lebewesen so komplex sind, kann die Biologie sie nicht so exakt erfassen wie Physiker und Chemiker ihre Objekte erfassen. Da die Biologie die Welt jedoch am wenigsten stark in voneinander unabhängige Teilgebiete unterteilt, hat sie eine Sicht, die ganzheitlicher ist als die der Physik und der Chemie. Biologische Theorien sind in der Regel nicht mathematisch formulierbar.

Beispiele:

- Biologischer Vorgang: Eine Blüte wird von einer Biene befruchtet.
- System: Blüte.

Womit genau befassen sich die Naturwissenschaften?

Nachdem im vorhergehenden Abschnitt Physik, Chemie und Biologie gegeneinander abgegrenzt wurden, soll nun betont werden, mit welchen Grundfragen bzw. Themen sich die Naturwissenschaften befassen.

Physik:

- Grundfrage: Welche grundlegenden Naturgesetze bzw. Naturkräfte gibt es?
- Lehre von den Zuständen der Körper: Um Zustände von Körpern zu untersuchen, ist es oft nicht nötig, sich mit dem inneren

Aufbau der Stoffe zu befassen. Eine Ausnahme stellt hier die Atomphysik dar.
- Lehre von den Zustandsänderungen der Körper.

Chemie:
- Grundfrage: Was passiert, wenn neue Stoffe entstehen?
- Lehre vom Aufbau der Stoffe: Die Chemie versucht, mehr als die klassische Physik, den inneren Aufbau der Stoffe zu erfassen.
- Lehre von den Stoffumwandlungen.

Biologie:
- Grundfrage: Was ist Leben?
- Lehre von der Evolution und der Systematik der belebten Welt.
- Lehre von den Anwendungen der Chemie und Physik auf Lebewesen.

Obwohl die drei Wissenschaften sich auf verschiedene Art und Weise mit der Natur befassen, ist es manchmal schwierig, wenn nicht gar unmöglich, einen Sachverhalt genau zuzuordnen. Das liegt wohl daran, dass die Natur ganzheitlich ist – sie kennt die Einteilungen des Menschen (Physik, Chemie, Biologie) nicht.

Aufgrund der Schnittmengen der drei Naturwissenschaften gibt es Disziplinen wie physikalische Chemie und Biochemie.

Abgrenzung zwischen Physik und Chemie

Um Physik und Chemie etwas genauer voneinander abzugrenzen, kann man zum einen zwischen physikalischen und chemischen Eigenschaften und zum anderen zwischen physikalischen und chemischen Vorgängen unterscheiden.

Physikalische und chemische Eigenschaften (Wirklichkeitsebene)

Physikalische Eigenschaften: Die physikalischen Eigenschaften eines Stoffs lassen sich meist bestimmen, ohne den Stoff selbst zu verändern.
Beispiele: Siedepunkt, Dichte, Masse, Farbe.
Chemische Eigenschaften: Die chemischen Eigenschaften eines Stoffs können nur bestimmt werden, indem man den Stoff in einen anderen umwandelt.
Beispiele: Brennbarkeit, Reaktivität gegenüber Wasser.
(WD 1 Faktenwissen)

Physikalische und chemische Vorgänge

Physikalischer Vorgang (Wirklichkeitsebene): Bei einem physikalischen Vorgang ändern sich die beteiligten Stoffe nicht. Nur die Zustände der beteiligten Stoffe ändern sich.
Beispiel: Ein Stein fällt aus der Hand auf den Boden – dabei verändert sich der Stein nicht, aber sein Zustand ändert sich. Vor dem Fall hatte der Stein mehr Höhenenergie (Lageenergie) – er ist durch den Vorgang energieärmer geworden.
Ausnahme: Beim Zerfall radioaktiver Stoffe entstehen aus einem Stoff mehrere neue Stoffe. Derartige Vorgänge werden meist als physikalisch angesehen.
Chemischer Vorgang (Wirklichkeitsebene): Bei einem chemischen Vorgang entstehen völlig neue Stoffe. Aus einem oder mehreren Ausgangsstoffen entstehen ein oder mehrere Endstoffe. Bei den Endstoffen handelt es sich um völlig neu gebildete Stoffe – die Endstoffe weisen andere Eigenschaften als die Ausgangsstoffe auf.
Beispiel: Wachs verbrennt mit Sauerstoff zu Wasser und Kohlenstoffdioxid. Wachs (weiß, Feststoff) und Sauerstoff (farblos, Gas) werden also in Wasser (farblos, Flüssigkeit) und Kohlenstoffdioxid (farblos, Gas) umgewandelt.

$$\text{Wachs} + \text{Sauerstoff} \rightarrow \text{Kohlenstoffdioxid} + \text{Wasser}$$

Physikalischer Vorgang (Theorieebene): Bei einem physikalischen Vorgang werden kleinste Teilchen nicht verändert. Da die kleinsten Teilchen nicht verändert werden, bleibt der betreffende Stoff mit all seinen Eigenschaften erhalten.
Beispiel: Auflösen von Haushaltszucker (Saccharose) in Wasser: Die kleinsten Zuckerteilchen werden durch das Auflösen in Wasser nicht verändert. Wenn man das Wasser der Zuckerlösung abdampft, so lagern sich die kleinsten Zuckerteilchen wieder zu Zuckerkristallen zusammen. Dabei wird der Zucker, der in Wasser gelöst worden war, wieder gebildet.
Chemischer Vorgang (Theorieebene): Bei einem chemischen Vorgang werden neue kleinste Teilchen gebildet.
Da die kleinsten Teilchen verändert werden, entstehen ein oder mehrere neue Stoffe.
Da die neu gebildeten Stoffe andere kleinste Teilchen als die Ausgangsstoffe aufweisen, unterscheiden sich ihre Eigenschaften von denjenigen der Ausgangsstoffe.
Beispiel: Wasser reagiert mit Magnesium unter Bildung von Magnesiumoxid und Wasserstoff.

$$\text{Magnesium} + \text{Wasser} \rightarrow \text{Magnesiumoxid} + \text{Wasserstoff}$$

Die kleinsten Magnesiumteilchen und die kleinsten Wasserteilchen bilden im Verlauf dieser chemischen Reaktion Magnesiumoxid-Teilchen und Wasserstoffteilchen.
(WD 2 Konzeptwissen)

Kann das Kugelteilchen-Modell erklären, was bei chemischen Reaktionen passiert?

Schauen wir uns seine Aussagen in Bezug auf eine chemische Reaktion etwas genauer an. Wir beziehen uns dabei wieder auf die Reaktion von Magnesium mit Wasser.

Magnesium + Wasser → Magnesiumoxid + Wasserstoff

Bei dieser Reaktion verschwinden die Magnesium- und die Wasserteilchen, gleichzeitig werden Magnesiumoxid- und Wasserstoffteilchen neu gebildet. Diese rätselhafte Neubildung von kleinsten Teilchen und die ebenso geheimnisvolle Vernichtung kleinster Teilchen werden jedoch in keiner Weise erklärt.

Das Kugelteilchen-Modell ersetzt somit das Rätsel der chemischen Stoffumwandlung durch das Rätsel der Umwandlung von kleinsten Teilchen. Bei allen Vorteilen, die das Modell mit sich bringt, muss man somit festhalten: Das Kugelteilchen-Modell kann nicht erklären, was bei chemischen Reaktionen passiert.

Aufgabe 5.15 Erkennung von physikalischen und chemischen Vorgängen

In welchen Fällen läuft eine chemische Reaktion ab? Begründe ausführlich auf der Wirklichkeits- und der Theorieebene.

a) Schwefel wird verbrannt. Es entsteht das stechend riechende Gas Schwefeldioxid.
b) Kochsalz wird in Wasser gelöst.
c) Wasser verdampft.
d) Eisen rostet, dabei entsteht Eisenoxid.
e) Eisen wird mit Schwefel gemischt.
f) In einem Reagenzglas wird Kupfer mit Iod kräftig erhitzt, dabei entsteht Kupferiodid.
g) Ein Platindraht wird in flüssiges Wasserstoffperoxid gehalten, dabei entstehen Gasblasen. Das gebildete Gas wird mit der Glimmspanprobe und mit der Knallgasprobe geprüft. Die Glimmspanprobe verläuft positiv, die Knallgasprobe negativ.

(WD 2 Konzeptwissen/KP 4 Analysieren)

5.10 Zusammenfassung

Physikalische Trennmethoden

Tab. 5.10 fasst die Ursachen der Trennwirkung der verschiedenen physikalischen Trennverfahren zusammen. Auf der Wirklichkeitsebene beruhen die physikalischen Trennmethoden auf verschiedenen Stoffeigenschaften. Auf der Theorieebene liegt die Ursache für die Trennung immer in unterschiedlich großen Anziehungskräften zwischen kleinsten Teilchen.

■ Tab. 5.10 Physikalische Trennmethoden: Die Ursachen für die Trennwirkung

Trennverfahren	Wirklichkeitsebene – die Trennung beruht auf:	Theorieebene – die Trennung beruht auf:
Sedimentieren – Dekantieren	Unterschiedlicher Dichte	Unterschiedlichen Anziehungskräften zwischen kleinsten Teilchen und unterschiedlicher Masse der kleinsten Teilchen
Filtrieren	Der schlechten Löslichkeit von Feststoffen in Flüssigkeiten	Unterschiedlichen Anziehungskräften zwischen kleinsten Teilchen
Adsorbieren	Unterschiedlichem Haften von Stoffen an Oberflächen	Unterschiedlichen Anziehungskräften zwischen kleinsten Teilchen
Destillieren	Unterschiedlichen Siedepunkten	Unterschiedlichen Anziehungskräften zwischen kleinsten Teilchen
Extrahieren	Unterschiedlichen Löslichkeiten	Unterschiedlichen Anziehungskräften zwischen kleinsten Teilchen
Chromatographieren	Unterschiedlicher Adsorption von Stoffen auf der stationären Phase	Unterschiedlichen Anziehungskräften zwischen kleinsten Teilchen

Stoffdefinitionen auf der Theorieebene

Reinstoffe und Gemische

Reinstoffe sind aus lauter gleichen kleinsten Teilchen aufgebaut.

Gemische sind aus mindestens zwei verschiedenen kleinsten Teilchen aufgebaut.

Heterogene und homogene Gemische

In heterogenen Gemischen sind die verschiedenen kleinsten Teilchen ungleichmäßig untereinander vermischt.

In homogenen Gemischen sind die verschiedenen kleinsten Teilchen gleichmäßig untereinander vermischt.

Elemente und Verbindungen

Elemente bestehen aus gleichen kleinsten Teilchen, die mit chemischen Methoden nicht gespalten werden können.

Verbindungen bestehen aus gleichen kleinsten Teilchen, die mit chemischen Methoden gespalten werden können.

Das Baumdiagramm der Stoffe

Sowohl auf der Theorieebene als auch auf der Wirklichkeitsebene kann man Stoffe nach dem folgenden Diagramm ordnen. In Bezug auf die polaren und unpolaren Stoffe haben wir bisher nur die Wirklichkeitsebene berücksichtigt. Die Unterscheidung zwischen polaren und unpolaren Stoffen auf der Theorieebene erfordert zahlreiche theoretische Zusammenhänge und wird in einem Folgeband dieser Buchserie vorgenommen (■ Abb. 5.35).

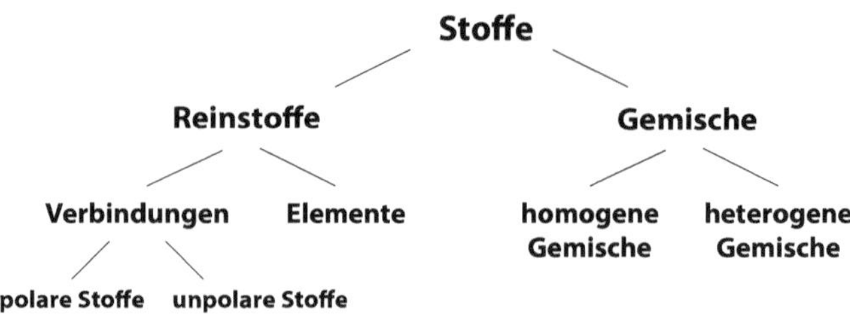

Abb. 5.35 Baumdiagramm der Stoffe. (© Ralf Geiß 2017)

Wichtige Zusammenhänge für das Baumdiagramm der Stoffe

Es ist nicht möglich, Stoffe absolut rein herzustellen. Wenn von einem Reinstoff die Rede ist, dann ist ein Stoff gemeint, dessen Verunreinigungen nur mit sehr genauen Messungen erkannt werden können.

Mit dem Kugelteilchen-Modell kann nicht zwischen Elementen und Verbindungen unterschieden werden. Dazu braucht man ein leistungsfähigeres Modell.

Physikalische und chemische Vorgänge

Wirklichkeitsebene

Physikalischer Vorgang

Bei einem physikalischen Vorgang ändern sich die beteiligten Stoffe nicht. Nur der Zustand der beteiligten Stoffe ändert sich.

Chemischer Vorgang

Bei einer chemischen Reaktion entstehen völlig neue Stoffe. Aus einem oder mehreren Ausgangsstoffen entstehen ein oder mehrere Endstoffe. Bei den Endstoffen handelt es sich um völlig neu gebildete Stoffe – die Endstoffe weisen andere Eigenschaften als die Ausgangsstoffe auf. Wenn die chemische Umsetzung vollständig verläuft, sind die Ausgangsstoffe danach verschwunden.

Theorieebene

Bei einem physikalischen Vorgang werden kleinste Teilchen nicht verändert.

Bei einem chemischen Vorgang werden kleinste Teilchen verändert.

Wichtiger Zusammenhang

Das Kugelteilchen-Modell gibt keine Antwort darauf, was bei chemischen Reaktionen passiert.

Basiskonzept kleinste Teilchen

In ► Kap. 4 konnten mit dem Kugelteilchenmodell (KTM) wichtige Fragen zu den Aggregatzuständen beantwortet werden. Da das Prinzip der kleinsten Teilchen das Fundament des KTM ist, war dies auch eine erfolgreiche Anwendung des wichtigsten Basiskonzepts.

Auch in Kap. 5 hat sich das KTM in vielfacher Weise bewährt. Unter anderem ist es gelungen, auf der Theorieebene eindeutige Kriterien für Reinstoffe und Gemische festzulegen. Bei den Gemischen ist es sogar möglich, zwischen verschiedenen Typen zu differenzieren.

Bei den Reinstoffen jedoch ist es nicht möglich, mithilfe des KTM zwischen Elementen und Verbindungen zu unterscheiden. Das folgende Kapitel wird zeigen, dass dies nicht an einem Mangel des Prinzips der kleinsten Teilchen, sondern an einem Defizit des KTM liegt.

Unbeantwortete Fragen und Ausblick

Unbeantwortete Fragen

Keine der unbeantworteten Fragen aus ► Kap. 4 wurde in diesem Kapitel geklärt. Erinnern wir uns, es ging um die folgenden Probleme:

- Woraus bestehen kleinste Teilchen?
- Welche Kraft liegt den Anziehungskräften zwischen kleinsten Teilchen zugrunde?
- Warum sind die Zusammenstöße zwischen den kleinsten Teilchen elastisch?
- Was passiert bei der Spaltung von kleinsten Kugelteilchen?
- Was passiert bei der Vereinigung von kleinsten Kugelteilchen?
- Wie kann ein kleinstes Teilchen alle Eigenschaften eines Stoffes bestimmen?

Es sind sogar neue Fragen hinzugekommen:

- Wenn das Kugelteilchen-Modell nicht zwischen Elementen und Verbindungen unterscheiden kann, wie ist dann eine Unterscheidung auf der Theorieebene möglich?
- Warum sind die kleinsten Teilchen der Elemente in chemischen Reaktionen nicht spaltbar?
- Warum sind die Anziehungskräfte zwischen kleinsten Teilchen von polaren Stoffen und zwischen kleinsten Teilchen von unpolaren Stoffen besonders groß?

Ausblick

Wenn keine alte Frage beantwortet wurde und nur neue hinzugekommen sind, was hat dieses Kapitel dann gebracht?

Es hat etwas sehr Wichtiges deutlich gemacht. Zunächst haben wir die Stärken des Kugelteilchen-Modells vertieft. Wir haben gelernt, dass physikalische Trennmethoden sehr gut mit diesem verstanden werden können. Außerdem können wir mithilfe des Modells zwischen physikalischen und chemischen Vorgängen unterscheiden.

Nach den Stärken ging es um die Schwächen des Modells. Wir haben erkannt, dass es bei entscheidenden chemischen Fragen nicht weiterhilft. Es kann zwischen den für die Chemie so wichtigen Elementen (einfache Stoffe) und Verbindungen (zusammengesetzte Stoffe) nicht unterscheiden. Vor allem aber kann es nicht erklären, wie bei chemischen Reaktionen neue Stoffe gebildet werden. Diese Grundfrage der Chemie, die uns seit ▶ Kap. 2 beschäftigt, wird im Rahmen des Kugelteilchen-Modells durch ein anderes Rätsel ersetzt.

Auf den ersten Blick sieht es so aus, als ob wir nicht weiter gekommen wären. Genau das Gegenteil ist allerdings der Fall. Wir haben es geschafft, die diffuse Frage, wie neue Stoffe entstehen können, in eine sehr präzise Frage zu überführen: Was passiert, wenn aus gegebenen kleinsten Teilchen neue kleinste Teilchen entstehen? Genau diese Frage wird im nächsten Kapitel mit neuen chemischen Experimenten weiter bearbeitet.

Wir werden ein neues Modell der chemischen Theorie kennenlernen, mit dem diese Frage beantwortet werden kann – das Atommodell von Dalton. Vermutlich wäre es John Dalton ohne das KTM nicht gelungen, sein Modell aufzustellen. So gesehen hat das KTM dem Atommodell von Dalton zur Geburt verholfen.

Die wichtigsten Zusammenhänge

Physikalische Trennmethoden – Wirklichkeitsebene (Fakten- und Konzeptwissen)

Auf der Wirklichkeitsebene gilt: Jede physikalische Trennmethode beruht auf einer bestimmten Stoffeigenschaft. (Faktenwissen)
Auf der Theorieebene gilt: Alle physikalischen Trennmethoden beruhen auf unterschiedlichen Anziehungskräften zwischen kleinsten Teilchen. (Konzeptwissen)

Reinstoffe und Gemische – Theorieebene (Faktenwissen)

Jeder Reinstoff besteht aus lauter gleichen kleinsten Teilchen.
Jedes Gemisch besteht aus mindestens zwei verschiedenen kleinsten Teilchen.

Elemente und Verbindungen – Theorieebene (Faktenwissen)

Elemente sind Reinstoffe, die durch chemische Prozesse nicht gespalten werden können.
Verbindungen sind Reinstoffe, die durch chemische Prozesse gespalten werden können.

Physikalische und chemische Vorgänge – Theorieebene (Faktenwissen)

Im Verlauf eines physikalischen Vorgangs ändern sich die kleinsten Teilchen der beteiligten Stoffe nicht (Ausnahme: Stoffumwandlungen durch natürliche und künstliche Kernreaktionen). Im Verlauf eines chemischen Vorgangs kommt es zur Veränderung von kleinsten Teilchen.

Kugelteilchen-Modell (metakognitives Wissen)
Leistungen des KTM: Mit dem KTM kann auf einfache und überzeugende Weise erklärt werden, was bei physikalischen Trennmethoden passiert.
Reinstoffe und Gemische können auf einfache und überzeugende Weise mit dem KTM definiert werden.
Defizite des KTM: Das KTM kann zwischen Elementen und Verbindungen nicht unterscheiden. Die Unterscheidung wird durch Experimente erzielt und anschließend auf das KTM übertragen.
Mit dem KTM kann man auf der Theorieebene definieren, was ein physikalischer und was ein chemischer Vorgang ist. Man kann mit dem KTM aber nicht beschreiben, wie bei chemischen Vorgängen neue Stoffe gebildet werden.
Bewertung des KTM: Das KTM ist eine hilfreiche Theorie, kann jedoch zentrale chemische Fragen nicht beantworten. Somit ist das KTM als grundlegende chemische Theorie ungeeignet, denn es kann die zentrale Frage der Chemie, wie neue Stoffe gebildet werden, nicht beantworten.

Theorie
Theorien machen einfache Definitionen und Erklärungen möglich. In diesem Kapitel konnten wir anhand zahlreicher Beispiele erkennen, dass Definitionen und Erklärungen auf der Theorieebene oft wesentlich verständlicher und übersichtlicher formuliert werden können als auf der Wirklichkeitsebene.

5.11 Testaufgaben zur Standortbestimmung

Aufgabe 5.16 Siedepunkt eines Azeotrops
Beantworte die folgende Frage auf der Theorieebene mit dem Kugelteilchen-Modell. Warum liegt der Siedepunkt des Wasser-Chlorwasserstoff-Azeotrops oberhalb des Siedepunkts von Wasser?
(WD 2 Konzeptwissen/KP 5 Evaluieren)

Aufgabe 5.17 Reinstoffe
a) Nenne drei Reinstoffe, die bei Raumtemperatur in verschiedenen Aggregatzuständen vorkommen.
(WD 1 Faktenwissen/KP 1 Erinnern)
b) Erkläre auf der Theorieebene, warum keine zwei Reinstoffe mit genau gleichen Eigenschaften existieren.
(WD 2 Konzeptwissen/KP 2 Verstehen)

Aufgabe 5.18 Gemische
Es sind die beiden folgenden Gemische gegeben:
- Salzwasser

- Schwefelpulver in Wasser fein verteilt (Schwefel ist nicht wasserlöslich)

a) Beschreibe jedes Gemisch mit zwei Fachbegriffen.
(WD 1 Faktenwissen/KP 1 Erinnern)
b) Fertige für jedes Gemisch eine Modellzeichnung an, die auf dem Kugelteilchen-Modell beruht.
(WD 2 Konzeptwissen/KP 3 Anwenden)
c) Erkläre, worin sich die beiden Gemische auf der Wirklichkeits- und der Theorieebene unterscheiden.
(WD 2 Konzeptwissen/KP 4 Analysieren)

Aufgabe 5.19 Zerlegung von Luft
Wie kann Luft in ihre Bestandteile zerlegt werden?
(WD 3 Prozesswissen/KP 3 Anwenden)

Aufgabe 5.20 Gemische
Ein flüssiges Medikament, das aus zwei Reinstoffen besteht, sollte gemäß Packungsbeilage vor Gebrauch geschüttelt werden.
a) Um welche Gemischtypen könnte es sich hierbei handeln?
b) Was geschieht, wenn man diese Gemischtypen längere Zeit stehen lässt?
(WD 2 Konzeptwissen, KP 4 Analysieren)

Aufgabe 5.21 Physikalische und chemische Vorgänge
Verwende eigene Formulierungen und neue Beispiele.
a) Physikalische Vorgänge:
- Gib eine Definition auf der Wirklichkeitsebene an.
- Erläutere die Definition mit einem Beispiel.
- Wie könnte man physikalische Vorgänge auf der Theorieebene definieren?

b) Chemische Vorgänge:
- Gib eine Definition auf der Wirklichkeitsebene an.
- Erläutere die Definition mit einem Beispiel.
- Wie könnte man chemische Vorgänge auf der Theorieebene definieren?

(WD 2 Konzeptwissen/KP 2 Verstehen)

Aufgabe 5.22 Elemente
Was ist ein chemisches Element? Beantworte die Frage in eigenen Worten auf der Wirklichkeitsebene.
(WD 2 Konzeptwissen/KP 2 Verstehen)

Aufgabe 5.23 Verbindungen
Was ist eine chemische Verbindung? Beantworte die Frage in eigenen Worten auf der Wirklichkeitsebene.
(WD 2 Konzeptwissen/KP 2 Verstehen)

5.12 Lösungen der Aufgaben

Aufgabe 5.1 Destillation von Wein

a) Die Anziehungskräfte zwischen kleinsten Ethanolteilchen sind kleiner als die Anziehungskräfte zwischen kleinsten Wasserteilchen.

b) Bei einer bestimmten Temperatur haben nicht alle kleinste Teilchen eines Stoffes die gleiche Bewegungsenergie. Gemäß der Maxwell-Boltzmann-Verteilung (siehe ► Abschn. 4.6, ◘ Abb. 4.37) gibt es immer einige Teilchen, die überdurchschnittlich viel Bewegungsenergie besitzen. Unter diesen energiereichen Teilchen gibt es bei 85 °C einige, die genug Bewegungsenergie haben, um den Teilchenverband zu verlassen und in die Gasphase überzugehen.

c) Im Verlauf der Destillation nimmt der Ethanolgehalt im Wein immer mehr ab und der Wassergehalt immer mehr zu. Da die Anziehungskräfte zwischen kleinsten Wasserteilchen größer sind als zwischen kleinsten Ethanolteilchen, steigt die mittlere Bewegungsenergie, bei der das Sieden einsetzt, im Verlauf der Destillation an.

Aufgabe 5.2 Raschig-Kolonne

Das aufsteigende Gasgemisch kondensiert zum Teil an der Oberfläche der Raschig-Ringe. Die dabei entstehende Flüssigkeit fließt nach unten in Richtung Destillationskolben. Durch diese beiden entgegengesetzt fließenden Phasen werden die Kondensation von Wassergas und das Verdampfen von flüssigem Ethanol begünstigt. Wenn die Kolonne lang genug ist, kann die Trennung bis zum azeotropen Gemisch (96,5 Vol.-% Ethanol) gelingen.

Aufgabe 5.3 Siedepunkt des Ethanol-Wasser-Azeotrops

Die Anziehungskräfte zwischen kleinsten Wasserteilchen und kleinsten Ethanolteilchen sind geringer als bei gleichen kleinsten Teilchen.

Aufgabe 5.4 Destillation mit Trockenmitteln

Wenn man ein Trockenmittel vor der Destillation eines wasserhaltigen Lösungsmittels einsetzt, wird das im Lösungsmittel gelöste Wasser unter Bildung eines neuen Stoffs verbraucht.

$$\text{Wasser} + \text{Trockenmittel} \rightarrow \text{neuer Stoff}$$

Da kein Wasser mehr vorhanden ist, kann während der Destillation kein Wasser verdampfen. D. h., das Lösungsmittel kann wasserfrei vom neu entstandenen Stoff abdestilliert werden.

Aufgabe 5.5 Siedepunkt

Der Luftdruck auf die Flüssigkeits-Oberfläche kommt dadurch zustande, dass die kleinsten Teilchen der Luft mit einer bestimmten mittleren Bewegungsenergie und einer bestimmten Häufigkeit auf die kleinsten Flüssigkeits-Teilchen an der Oberfläche der Flüssigkeit prallen. Dieser Druck wird durch elastische Zusammenstöße auch an die kleinsten Teilchen im Inneren der Flüssigkeit weitergeleitet. Erst wenn die mittlere Bewegungsenergie der kleinsten Flüssigkeits-Teilchen so groß ist, dass sie einen Druck erzeugen, der dem Luftdruck entspricht, können auch im Inneren der Flüssigkeit kleinste Teilchen in die Gasphase übergehen. Bei der Temperatur, bei der dieses Gleichgewicht eintritt, ist der Dampfdruck der Flüssigkeit gleich dem Luftdruck.

Aufgabe 5.6 Siedepunkt-Erniedrigung durch Druckreduktion

Bei vermindertem Druck treffen pro Zeiteinheit und Fläche weniger kleinste Luftteilchen mit geringerer mittlerer Bewegungsenergie auf die kleinsten Flüssigkeits-Teilchen an der Oberfläche der Flüssigkeit. Um diesem reduzierten Druck einen gleich großen Druck entgegensetzen zu können, benötigen die kleinsten Flüssigkeits-Teilchen weniger mittlere Bewegungsenergie als bei normalem Luftdruck. D. h., der Siedepunkt sinkt mit dem Umgebungsdruck.

Aufgabe 5.7 Reaktionsgleichungen mit DMSO

$$\text{Dimethylsulfid} + \text{Wasserstoffperoxid} \rightarrow \text{DMSO} + \text{Wasser}$$

$$\text{DMSO} + \text{Wasserstoffperoxid} \rightarrow \text{Dimethylsulfon} + \text{Wasser}$$

Aufgabe 5.8 Bestimmung der R_f-Werte von Experiment 5.10

$R_f = S/L$

$R_{f1} = S_1/L = 5\text{ mm}/74\text{ mm} = 0{,}07$

$R_{f2} = S_2/L = 17\text{ mm}/74\text{ mm} = 0{,}23$

$R_{f3} = S_3/L = 27\text{ mm}/74\text{ mm} = 0{,}36$

Aufgabe 5.9 Beispiele für die Lösungsregeln

Polare Lösungsmittel lösen einen Stoff umso besser, je polarer er ist:

- Wasser (polares Lösungsmittel) löst relativ polares Ethanol unbegrenzt, unpolares Speiseöl jedoch nur in sehr geringen Mengen.
- Wasser löst polares Kochsalz in großen Mengen (359 g/l bei 20 °C), Speisefett jedoch kaum.

Unpolare Lösungsmittel lösen einen Stoff umso besser, je unpolarer er ist:

- Benzin (unpolares Lösungsmittel) löst polares Kochsalz nur in sehr geringen Mengen, unpolares Butan-1-ol jedoch relativ gut.

- Benzin löst polaren Haushaltszucker kaum, unpolares Speiseöl jedoch sehr gut.

Aufgabe 5.10 Hypothesenschema

Hypothesenschema 1 (widerlegbare Hypothese)

- Frage: Wie kann man DC-Trennungen auf der Theorieebene erklären?
- Information: Ein Test-Farbstoffgemisch wird mit Methylbenzen als Laufmittel auf einer Silikagel-Platte in drei Farbstoffe (Blau, Rot, Gelb) aufgetrennt.
- Hypothese: Die DC-Trennung beruht auf einem Anziehungswettkampf zwischen stationärer Phase und mobiler Phase um die Kugelteilchen der Probe.
- Experiment: Das Test-Farbstoffgemisch wird mit Ethanol als Laufmittel auf einer Silikagel-Platte chromatographiert.
- Ergebnis: Es findet keine Auftrennung statt. Das Gemisch wandert kurz unterhalb der Front des Laufmittels durch die stationäre Phase.
- Schlussfolgerung: Es findet kein Anziehungswettkampf der stationären Phase und der mobilen Phase um die kleinsten Teilchen der Probe statt. Wäre dies der Fall, müsste der polarste Farbstoff (blau) mit dem polaren Laufmittel Ethanol rascher mitlaufen als alle anderen Farbstoffe. Außerdem müsste der unpolarste Farbstoff (gelb) weniger rasch mit dem polaren Laufmittel mitlaufen als alle anderen Farbstoffe.

Hypothesenschema 2 (belegbare Hypothese)

- Frage: Wie kann man DC-Trennungen auf der Theorieebene erklären?
- Information: Ein Test-Farbstoffgemisch wird mit Methylbenzen als Laufmittel auf einer Silikagel-Platte in drei Farbstoffe (Blau, Rot, Gelb) aufgetrennt.
- Hypothese: Die DC-Trennung beruht vor allem auf der Verdrängung der Probenkomponenten auf der stationären Phase durch die mobile Phase.
- Experiment: Das Test-Farbstoffgemisch wird mit Ethanol als Laufmittel auf einer Silikagel-Platte chromatographiert.
- Ergebnis: Es findet keine Auftrennung statt. Das Gemisch wandert kurz unterhalb der Front des Laufmittels durch die stationäre Phase.
- Schlussfolgerung: Die Hypothese ist mit dem Verlauf des Experiments im Einklang. Das polare Laufmittel Ethanol verdrängt alle Probenkomponenten sehr gut. Die Wechselwirkung zwischen mobiler Phase und Probenkomponenten hat keinen Einfluss auf den Verlauf der Chromatographie.

Aufgabe 5.11 Gleichnis für die Chromatographie

Sportlicher Wettkampf: 10 Jugendliche sollen in gleichem Tempo 1 km weit auf einer markierten Route durch einen Wald gehen. Entlang dieser Route sollen sie 10 Mal auf einen Baum klettern. Wer als Erster am Ziel ankommt, hat gewonnen.
Das Gehen durch den Wald entspricht dem Fluss des Laufmittels. Das Klettern entspricht der Bindung an der stationären Phase. Je schneller ein Jugendlicher klettern kann, desto weniger wird er von den Bäumen „gebunden" und desto schneller kommt er ans Ziel.

Aufgabe 5.12 Gemische

a) Zuckerwasser: homogenes Gemisch, Lösung.
   Öl/Wasser: heterogenes Gemisch, Emulsion.
b) Siehe ◘ Abb. 5.36.
c) Wirklichkeitsebene:
   Die Zuckerlösung ist ein homogenes Gemisch. D. h., die Lösung ist für das Auge nicht als Gemisch erkennbar – nicht einmal mithilfe eines Mikroskops.
   Die Öl-Wasser-Emulsion ist ein heterogenes Gemisch. D. h., man kann die Komponenten des Gemischs mit dem Auge erkennen.

Theorieebene:
Die Zuckerteilchen sind gleichmäßig zwischen den Wasserteilchen verteilt. Ein Zuckerteilchen hat in der Regel nur Wasserteilchen in seiner unmittelbaren Umgebung. Da die Zuckerteilchen sehr klein sind, kann man den Zucker nach dem Auflösen nicht mehr sehen. Die Ölteilchen sind ungleichmäßig zwischen den Wasserteilchen verteilt: Unvorstellbar viele Ölteilchen sind zu Öltröpfchen zusammengelagert. Da sehr viele Ölteilchen einen Tropfen bilden, sind die Tropfen mit dem Auge erkennbar.

Aufgabe 5.13 Elemente

Chemische Elemente sind Stoffe, deren kleinste Teilchen in chemischen Reaktionen nicht gespalten werden können.

Aufgabe 5.14 Verbindungen

Chemische Verbindungen sind Stoffe, deren kleinste Teilchen in chemischen Reaktionen gespalten werden können.

Aufgabe 5.15 Erkennung von physikalischen und chemischen Vorgängen

a) Chemische Reaktion
   Begründung auf der Wirklichkeitsebene: Ein neuer Stoff (Schwefeldioxid) wird gebildet.

   $$\text{Schwefel} + \text{Sauerstoff} \rightarrow \text{Schwefeldioxid}$$

Wasser-Zucker-Lösung

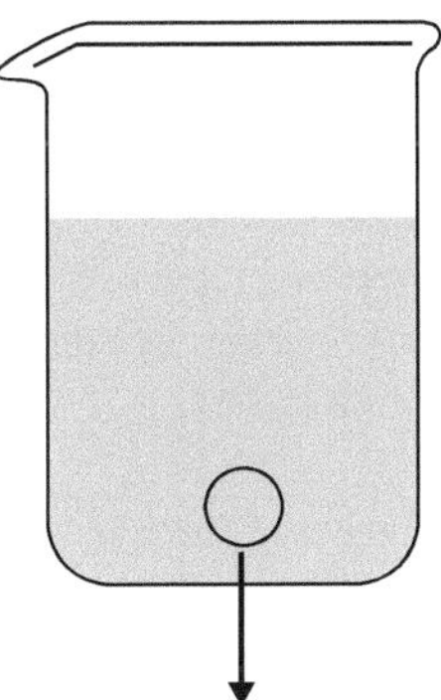

Ein kleiner Teil der Lösung kann nach dem KTM folgendermaßen dargestellt werden:

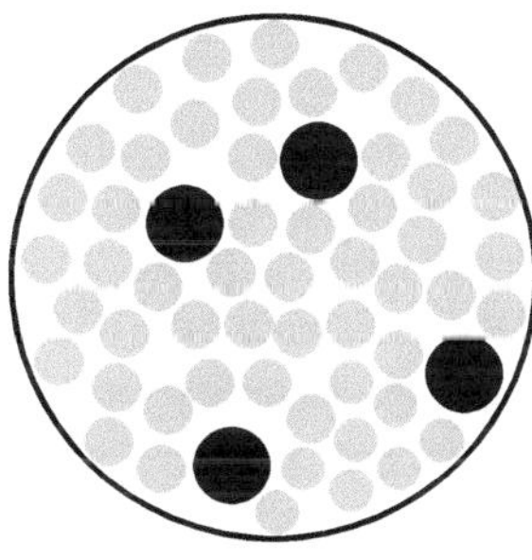

Wasserteilchen

Zuckerteilchen

Wasser-Öl-Emulsion

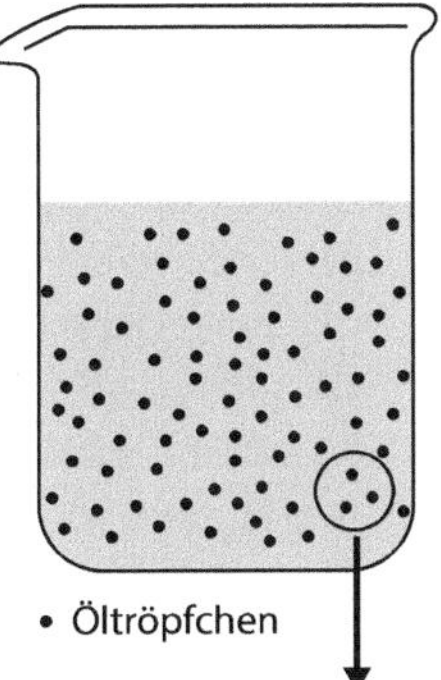

Ein kleiner Teil der Emulsion kann nach dem KTM folgendermaßen dargestellt werden:

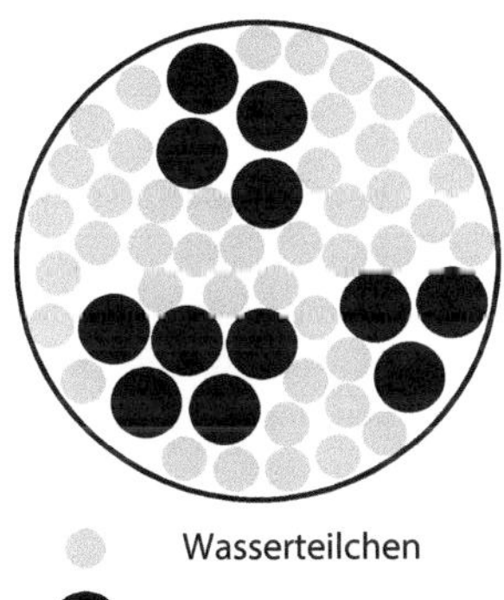

Wasserteilchen

Ölteilchen

Bemerkung: Die Ölteilchen sind so klein, dass man für jeden Öltropfen noch viel mehr Ölteilchen zeichnen müsste.

■ **Abb. 5.36** Lösung der Aufgabe 5.12b. (© Ralf Geiß 2017)

Begründung auf der Theorieebene: Aus Schwefelteilchen und Sauerstoff-Teilchen werden neue Schwefeldioxid-Teilchen gebildet. Da neue kleinste Teilchen gebildet werden, entsteht ein neuer Stoff mit neuen Eigenschaften.

b) Keine chemische Reaktion, sondern physikalischer Vorgang
Begründung auf der Wirklichkeitsebene: Das Salz ist immer noch vorhanden, es ist nur in Wasser gelöst (Salzwasser schmeckt salzig). Durch das Lösen verschwinden keine Stoffe und es entstehen auch keine neuen Stoffe.
Begründung auf der Theorieebene: Die Kochsalz-Teilchen werden bei diesem Vorgang nicht verändert, sie werden lediglich in Wasser fein verteilt. D. h., der Zustand der Kochsalz-Teilchen hat sich geändert, aber nicht die Teilchen selbst.

c) Keine chemische Reaktion, sondern physikalischer Vorgang
Begründung auf der Wirklichkeitsebene: Beim Verdampfen geht Wasser vom flüssigen Zustand in den gasförmigen Zustand über. Dabei entsteht kein neuer Stoff – es hat sich lediglich der Aggregatzustand von Wasser verändert.
Begründung auf der Theorieebene: Beim Verdampfen von Wasser nimmt die Bewegungsenergie der Wasserteilchen zu – die Wasserteilchen selbst werden jedoch nicht verändert.
d) Chemische Reaktion
Begründung auf der Wirklichkeitsebene: Ein neuer Stoff (Eisenoxid) wird gebildet.

$$\text{Eisen} + \text{Sauerstoff} \rightarrow \text{Eisenoxid}$$

Begründung auf der Theorieebene: Aus Eisenteilchen und Sauerstoff-Teilchen werden neue Eisenoxidteilchen gebildet. Da neue kleinste Teilchen gebildet werden, entsteht ein neuer Stoff mit neuen Eigenschaften.
e) Keine chemische Reaktion, sondern physikalischer Vorgang
Begründung auf der Wirklichkeitsebene: Werden zwei Reinstoffe miteinander gemischt, entsteht kein neuer Stoff. Mit einem Magneten könnte man das Eisen ganz einfach vom Schwefel trennen. Durch das Mischen ändert sich nur der Zustand der Stoffe. Zuvor lagen sie rein vor, nach dem Mischen sind sie Bestandteil eines Gemischs.
Begründung auf der Theorieebene: Beim Mischen von Eisenpulver und Schwefelpulver werden die kleinsten Teilchen nicht verändert, sie werden nur gemischt – d. h., der Zustand der kleinsten Teilchen ändert sich, die Teilchen selbst jedoch nicht.
f) Chemische Reaktion
Begründung auf der Wirklichkeitsebene: Ein neuer Stoff (Kupferiodid) wird gebildet.

$$\text{Kupfer} + \text{Iod} \rightarrow \text{Kupferiodid}$$

Begründung auf der Theorieebene: Aus Kupferteilchen und Iodteilchen werden neue Kupferiodid-Teilchen gebildet. Da neue kleinste Teilchen gebildet werden, entsteht ein neuer Stoff mit neuen Eigenschaften.
g) Chemische Reaktionen
Begründung auf der Wirklichkeitsebene: Es laufen zwei chemische Reaktionen ab. In beiden Fällen wird aus einem bzw. zwei vorhandenen Stoffen ein neuer Stoff gebildet.

$$\text{Wasserstoffperoxid} \rightarrow \text{Wasser} + \text{Sauerstoff}$$

$$\text{Holz} + \text{Sauerstoff} \rightarrow \text{Wasser} + \text{Kohlenstoffdioxid}$$

Begründung auf der Theorieebene:
Erste Reaktion: Wasserstoffperoxid-Teilchen werden gespalten. Dabei entstehen neue Wasserteilchen und neue Sauerstoff-Teilchen. Da neue kleinste Teilchen gebildet werden, entsteht ein neuer Stoff mit neuen Eigenschaften.
Zweite Reaktion: Holzteilchen und Sauerstoff-Teilchen bilden zusammen Wasserteilchen und Kohlenstoffdioxid-Teilchen. Da neue kleinste Teilchen gebildet werden, entsteht ein neuer Stoff mit neuen Eigenschaften.
Hinweis: Holz ist ein kompliziertes Gemisch. Um die Begründung nicht unnötig zu verkomplizieren, wird es hier als Reinstoff behandelt.

Aufgabe 5.16 Siedepunkt eines Azeotrops

Die Anziehungskräfte zwischen kleinsten Wasserteilchen und kleinsten Chlorwasserstoff-Teilchen sind größer als bei gleichen kleinsten Teilchen.

Aufgabe 5.17 Reinstoffe

a) Kalk (Calciumcarbonat, eine Verbindung) ist fest.
Brom (ein Element) ist flüssig.
Propan (eine Verbindung) ist gasförmig.
b) Ein Reinstoff besteht aus lauter gleichen kleinsten Teilchen. Verschiedene Reinstoffe bestehen aus verschiedenen kleinsten Teilchen. Da die Eigenschaften eines Stoffes von den kleinsten Teilchen festgelegt werden, kann es somit nicht sein, dass zwei verschiedene Reinstoffe genau gleiche Eigenschaften aufweisen.

Aufgabe 5.18 Gemische

a) Salzwasser: homogenes Gemisch – Lösung.
Schwefel/Wasser: heterogenes Gemisch – Suspension.
b) Siehe ◘ Abb. 5.37.
c) Wirklichkeitsebene: Die Salzlösung ist ein homogenes Gemisch. D. h., die Lösung ist für das Auge nicht als Gemisch erkennbar, nicht einmal mithilfe eines Mikroskops.
Die Schwefel-Wasser-Suspension ist ein heterogenes Gemisch. D. h., man kann die Komponenten des Gemischs mit dem Auge erkennen.

Theorieebene: Die Salzteilchen sind gleichmäßig zwischen den Wasserteilchen verteilt. Ein Salzteilchen hat in der Regel nur Wasserteilchen in seiner unmittelbaren Umgebung. Da die Salzteilchen sehr klein sind, kann man das Salz nach dem Auflösen nicht mehr sehen. Die Schwefelteilchen sind ungleichmäßig innerhalb der Wasserteilchen verteilt – unvorstellbar viele Schwefelteilchen sind zu Schwefelkörnchen zusammengelagert. Da sehr viele Schwefelteilchen ein Korn bilden, sind die Körner mit dem Auge erkennbar.

Wasser-Salz-Lösung

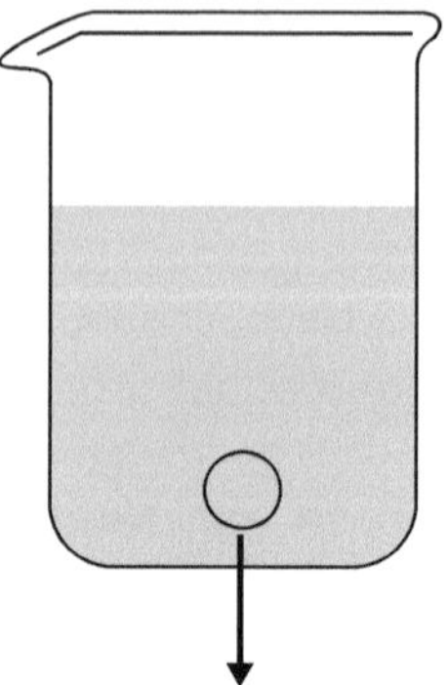

Ein kleiner Teil der Lösung kann nach dem KTM folgendermaßen dargestellt werden:

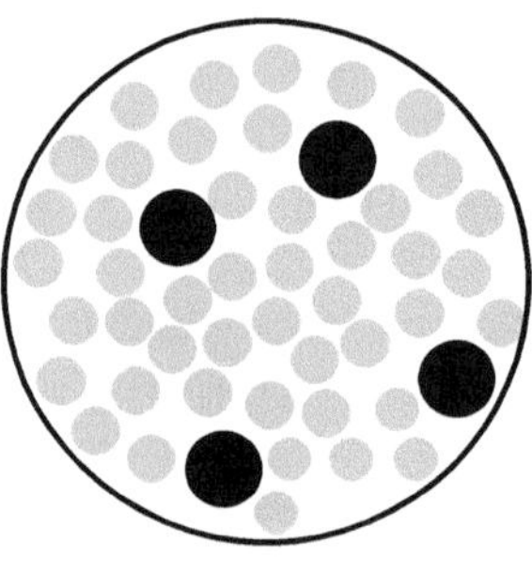

Wasserteilchen

Salzteilchen

Wasser-Schwefel-Suspension

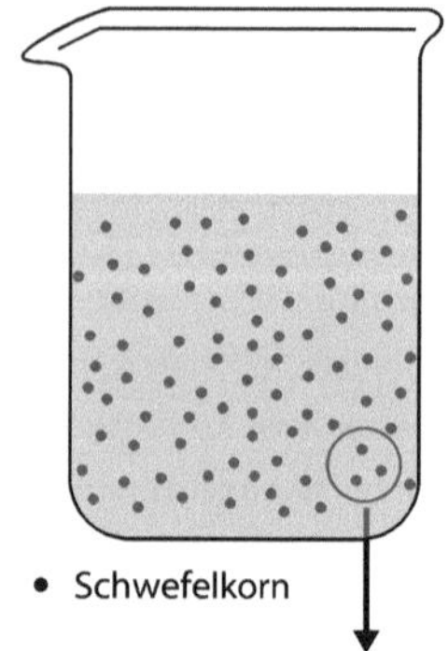

• Schwefelkorn

Ein kleiner Teil der Suspension kann nach dem KTM folgendermaßen dargestellt werden:

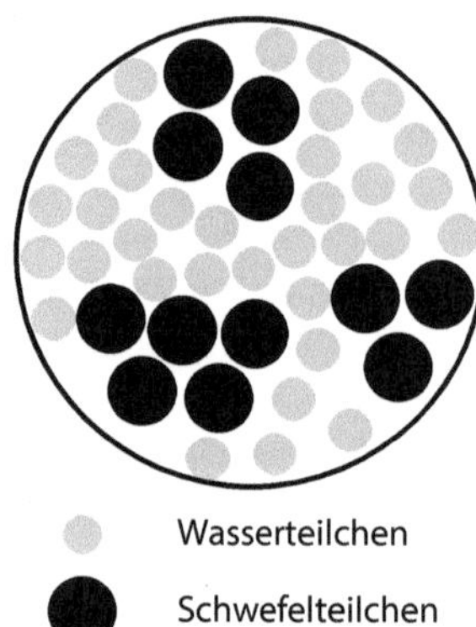

Wasserteilchen

Schwefelteilchen

Bemerkung: Die Schwefelteilchen sind so klein, dass man für jedes Schwefelkorn noch viel mehr Schwefelteilchen zeichnen müsste.

Abb. 5.37 Lösung Aufgabe 5.18b. (© Ralf Geiß 2017)

Aufgabe 5.19 Zerlegung von Luft

Durch Kühlung kann Luft verflüssigt werden. Anschließend ist eine Trennung der Bestandteile durch Destillation möglich.
Übrigens: Da die Siedepunkte von Sauerstoff und Argon sehr dicht beisammen liegen (Tab. 5.11), gilt: Sauerstoff und Argon sind nur mit langen Kolonnen gut zu trennen.

Aufgabe 5.20 Gemische

a) Die Matrix (der Hauptbestandteil) des Medikaments ist eine Flüssigkeit. Als weitere Komponente kommt prinzipiell entweder ein Gas, eine Flüssigkeit oder ein Feststoff infrage. Da Medikamente jedoch in der Regel keine Gase enthalten, kann man diese Variante ausschließen.

Tab. 5.11 Hauptkomponenten der Luft und ihre Siedepunkte

Reinstoff	Gehalt in Luft (in %)	Siedepunkt (in °C)
Stickstoff	78	−196
Sauerstoff	21	−183
Argon	0,93	−186
Kohlenstoffdioxid	0,04	−79

Da man das Medikament durch Schütteln mischen kann, muss es sich um eine heterogene Mischung handeln. Somit kommen noch folgende Varianten infrage:

- Flüssigkeits-Flüssigkeits-Gemisch: Emulsion,
- Flüssigkeits-Feststoff-Gemisch: Suspension.

b) Durch längeres Stehen entmischen sich die heterogenen Gemische.

Emulsion: Es bilden sich zwei flüssige Phasen. Die Phase mit der dichteren Flüssigkeit liegt unten im Gefäß, die Phase mit der weniger dichten Flüssigkeit liegt oben im Gefäß. Es gibt Stoffe, die das Entmischen von Emulsionen verlangsamen bzw. verhindern können. Man nennt sie Emulgatoren.
Suspension: Annahme: Der feste Stoff hat eine größere Dichte als die Flüssigkeit. Am Boden des Gefäßes sammelt sich der feste Stoff an, die Flüssigkeit liegt darüber.

Aufgabe 5.21 Physikalische und chemische Vorgänge

a) Physikalische Vorgänge:

- Bei physikalischen Vorgängen ändern sich die Zustände der beteiligten Stoffe, ohne dass dabei neue Stoffe entstehen.
- Beispiel: Anthrazitfarbene Iodkristalle werden in Wasser gelöst. Dabei ändert sich die Farbe des Iods – die Iod-Lösung ist braun. Diese Änderung einer Eigenschaft bedeutet nicht, dass ein neuer Stoff entstanden ist. Die Änderung beruht auf dem geänderten Zustand von Iod. Zuerst lag Iod kristallin als Reinstoff vor, später gelöst in Wasser als Bestandteil eines Gemischs.
- Bei einem physikalischen Vorgang werden keine neuen kleinsten Teilchen gebildet.

b) Chemische Vorgänge:

- Bei einer chemischen Reaktion werden aus einem oder mehreren Ausgangsstoffen einer oder mehrere Endstoffe gebildet. Die Endstoffe waren vor der Reaktion nicht vorhanden, sie sind bei der chemischen Umsetzung neu gebildet worden. Nach der Reaktion, wenn sie vollständig ablief, sind die Ausgangsstoffe verschwunden.
- Beispiel: Bildung von Kochsalz aus den Elementen: Bei der chemischen Reaktion von Natrium (silbrig glänzendes, sehr

reaktives Metall) und Chlor (gelbgrünes, giftiges, sehr reaktives Gas) entsteht weißes kristallines Natriumchlorid (lebensnotwendiges Kochsalz). Aus dem reaktiven, silbernen Metall und dem giftigen, grünlichen Gas ist ein weißer, lebenswichtiger Feststoff geworden. Falls die Reaktion vollständig ablief, ist alles Gas und alles Metall verschwunden.

- Bei einem chemischen Vorgang werden vorhandene kleinste Teilchen in neue kleinste Teilchen verwandelt.

Aufgabe 5.22 Elemente

94 Reinstoffe können im Verlauf chemischer Reaktionen nicht in neue Stoffe aufgespalten werden. Diese Stoffe nennt man chemische Elemente. Kein Element kann nur aus anderen Elementen hergestellt werden. Elemente können jedoch aus zusammengesetzten Stoffen (Verbindungen) hergestellt werden.
Zum Beispiel entstehen bei der Zerlegung von Wasser Wasserstoff und Sauerstoff.

Aufgabe 5.23 Verbindungen

Bis heute können Chemiker und Chemikerinnen mehr als 15 Mio. Verbindungen herstellen – täglich werden Hunderte neue Substanzen synthetisiert. Die meisten dieser Verbindungen werden zwar aus anderen Verbindungen gewonnen, aber dennoch kann man sagen: Aus 94 Elementen kann man über 15 Mio. verschiedene Verbindungen synthetisieren.
Durch Thermolyse können diese zusammengesetzten Stoffe wieder in Elemente zerlegt werden.

Literatur

CAS (2014a) About CAS. https://www.cas.org/about-cas. Zugegriffen: 12. März 2014

CAS (2014b) CAS-registry. https://www.cas.org/content/chemical-substances/faqs. Zugegriffen: 12. März 2014

CAS (2014c) CAS-registry database counter. https://www.cas.org/content/counter. Zugegriffen: 12. März 2014

Grace.com (2014) Silica gel pore structure and composition. http://www.grace.com/engineeredmaterials/materialsciences/silicagel/silicageltypes/silicagelporestructure.aspx. Zugegriffen: 12. März 2014

Hünig S, Kreitmeier P, Märkl G, Sauer J (2006) Arbeitsmethoden in der Organischen Chemie. Lehmanns, Berlin

Kaltofen R et al (1998) Tabellenbuch Chemie. Harri Deutsch, Frankfurt am Main, S 138

Dalton löst das chemische Rätsel

Ralf Geiß

6.1 Voraussetzungen und Lernziele – 358

6.2 Kapitelvorschau – 360

6.3 Was passiert genau beim Verbrennen von Wachs? – 361

6.4 Massenverhältnisse bei chemischen Reaktionen – 362

6.5 Daltons Atomhypothese – 373

6.6 Chemisches Rechnen mit dem Atommodell von Dalton (Stöchiometrie) – 384

6.7 Reaktionstypen – 388

6.8 Gegenüberstellung: Kugelteilchen-Modell und Atommodell von Dalton – 390

6.9 Zusammenfassung – 397

6.10 Testaufgaben zur Standortbestimmung – 401

6.11 Lösungen der Aufgaben – 402

Literatur – 410

R. Geiß, *Die Verwandlung der Stoffe*, Chemie – Entdecken und verstehen,
https://doi.org/10.1007/978-3-662-54708-3_6

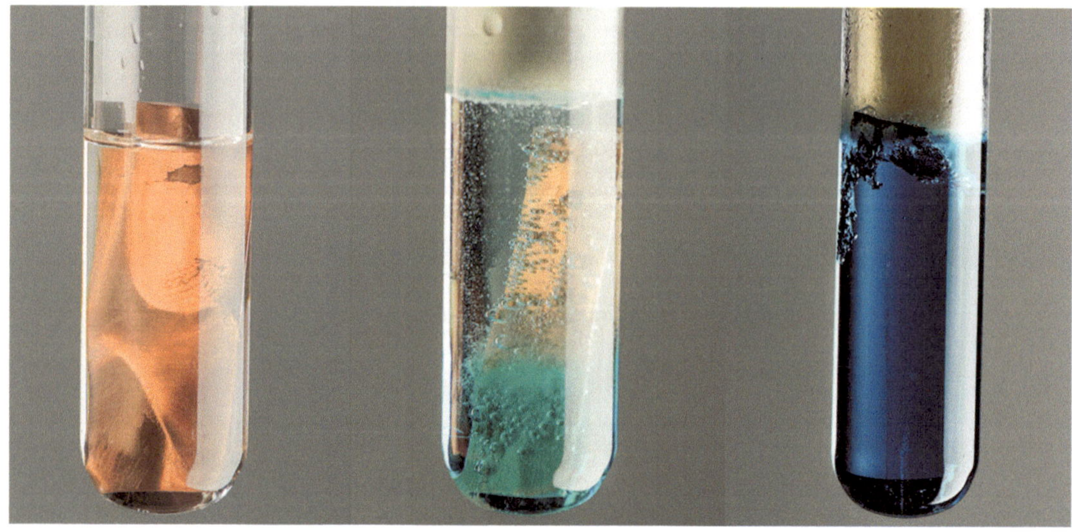

Die Kraft der Zersetzung: Kupferblech in Salpetersäure. (© Ralf Geiß 2017)

Ende des 18. Jahrhunderts entdeckten Chemiker zwei bedeutende Gesetzmäßigkeiten chemischer Reaktionen, den Grundsatz der Massenerhaltung und das Gesetz der konstanten Massenverhältnisse. Anhand einfacher Experimente wiederholen wir diesen interessanten Erkenntnisprozess. Daraufhin wird das Atommodell von Dalton eingeführt – damit ist es möglich, beide chemische Gesetze zu verstehen. Doch Daltons Theorie kann mehr als das, mit ihr war es zum ersten Mal in der Menschheitsgeschichte möglich, das große chemische Rätsel zu lösen: Wie können neue Stoffe gebildet werden? Daltons Atomtheorie erlaubt es, diese Frage zu beantworten.

6.1 Voraussetzungen und Lernziele

Hilfreiche Kenntnisse und Fertigkeiten der Lernenden

Sie können das Kugelteilchen-Modell in folgenden Zusammenhängen anwenden:

- Aggregatzustände und Aggregatzustands-Änderungen,
- Reinstoffe und Gemische sowie physikalische Trennungen,
- Unterscheidung von physikalischen und chemischen Vorgängen.

Richtziele

- Lernende erfahren, dass mithilfe einer Idee, einer Theorie, das große Rätsel der chemischen Reaktionen gelöst werden kann.

- Lernende können verdeutlichen, inwiefern das Konzept der kleinsten Teilchen die Basis für das Atommodell von Dalton ist.

Grobziel

Lernende können das Atommodell von Dalton anwenden, um das Rätsel der chemischen Reaktionen zu lösen.

Feinziele

A-Feinziele (kognitiv)

- Lernende können den Grundsatz der Massenerhaltung beschreiben und mit dem Atommodell von Dalton erklären.
  (WD 2 Konzeptwissen / KP 2 Verstehen)
- Lernende können am Beispiel einer Reaktion erklären, was das Gesetz der konstanten Massenverhältnisse bedeutet. Sie können mit dem Atommodell von Dalton erklären, warum das Gesetz gilt.
  (WD 2 Konzeptwissen / KP 4 Analysieren)
- Lernende können anhand einer gegebenen Reaktionsgleichung aufzeigen, wie man mit dem Atommodell von Dalton das große Rätsel der chemischen Reaktionen auflösen kann.
  (WD 2 Konzeptwissen / KP 2 Verstehen)
- Lernende können chemische Reaktionsgleichungen mit Summenformeln aufstellen und ausgleichen (Vorgaben: Summenformeln der Stoffe und ein Text, der den Reaktionsverlauf ohne Formeln beschreibt).
  (WD 3 Prozesswissen / KP 3 Anwenden)
- Lernende können mit dem Atommodell von Dalton den Unterschied zwischen Elementen und Verbindungen aufzeigen.
  (WD 2 Konzeptwissen / KP 2 Verstehen)
- Lernende können für chemische Reaktionen Masseberechnungen mit drei Masseangaben durchführen. Sie können ihren Rechenweg schriftlich, gut nachvollziehbar und nach dem Muster Gegeben-Gesucht-Lösung aufschreiben.
  (WD 3 Prozesswissen / KP 3 Anwenden)
- Lernende können die folgenden Reaktionstypen definieren und Reaktionsgleichungen mit Summenformeln zuordnen: Synthese, Thermolyse, Redoxreaktion (stoffbezogen).
  (WD 2 Konzeptwissen / KP 2 Verstehen)

B-Feinziele (kognitiv)

- Lernende können die zentralen Aussagen des Atommodells von Dalton aufschreiben.
  (WD 1 Faktenwissen / KP 1 Erinnern)

- Lernende können für folgende Theorien angeben, was damit erklärt und was damit nicht erklärt werden kann: Kugelteilchenmodell, Atommodell von Dalton.
  (WD 2 Konzeptwissen / KP 5 Evaluieren)

C-Feinziel (affektiv/emotional)

Grundlegende chemische Fragen können nicht mit Experimenten, aber mit Theorien, die aus den Köpfen von Menschen stammen, beantwortet werden – Lernende werden darauf aufmerksam.
(A1 aufmerksam werden)

6.2 Kapitelvorschau

In ► Kap. 2 haben wir anhand verschiedener Beispiele erkannt, dass bei chemischen Reaktionen neue Stoffe entstehen. Mit Experimenten alleine kann man jedoch nicht klären, was genau bei diesen rätselhaften Vorgängen geschieht. Weder mit dem Elementbegriff von Lavoisier, dem Kugelteilchen-Modell, den Vorstellungen zu Aggregatzuständen noch mit der theoretischen Definition verschiedener Stoffgruppen konnten wir das große chemische Rätsel in den anschließenden Kapiteln lösen.

Das Atommodell von Dalton war die erste chemische Theorie, mit der eine Antwort auf die Frage, wie neue Stoffe entstehen können, gegeben werden konnte.

- ► Abschn. 6.3: Was passiert genau beim Verbrennen von Wachs? Das Kugelteilchen-Modell kann diese Frage nicht beantworten. Es ersetzt diese Frage nur durch neue Fragen: Was passiert bei der Vereinigung und Spaltung von Kugelteilchen?
- ► Abschn. 6.4 Massenverhältnisse bei chemischen Reaktionen
  - Experiment 6.1 bis Experiment 6.7
  - Bei chemischen Reaktionen ist die Gesamtmasse der Ausgangsstoffe genauso groß wie die Gesamtmasse der Produkte.
  - Die bei einer chemischen Reaktion auftretenden Massenverhältnisse sind konstant.
- ► Abschn. 6.5: Daltons Atomhypothese
  - Die Atomhypothese von Dalton sollte eigentlich besser Molekülhypothese heißen, denn entscheidend war nicht die Berücksichtigung der Atome, sondern sein Vorschlag, die kleinsten Teilchen der Verbindungen als Gebilde (Moleküle) aufzufassen, die aus Atomen zusammengesetzt sind.
  - Mit der Hypothese Daltons kann man die Bildung von neuen Stoffen erklären. Von zentraler Bedeutung dabei ist: Die Hypothese beruht auf dem bewährten Konzept der kleinsten Teilchen.
  - Die kleinsten Teilchen der Ausgangsstoffe sind Atome oder Moleküle. Sind es Moleküle, werden sie nach Dalton im Verlauf einer chemischen Reaktion in Atome aufgespalten.

Aus den isolierten Atomen werden neue Moleküle (kleinste Teilchen) und somit neue Stoffe gebildet.
- Mit dem Atommodell von Dalton kann man den Grundsatz der Massenerhaltung sowie die Konstanz der Massenverhältnisse bei chemischen Reaktionen erklären.

- ► Abschn. 6.6: Reaktionstypen
In diesem Abschnitt werden drei verschiedene Reaktionstypen definiert: Synthesen, Thermolysen und Redoxreaktionen. Diese Einteilung ist auf der mit Kap. 6 erreichten Stufe der chemischen Theorie sinnvoll. In folgenden Kapiteln werden weitere Reaktionstypen eingeführt.
- ► Abschn. 6.7: Vergleich zwischen Kugelteilchen-Modell und Atommodell von Dalton
Der Vergleich zwischen beiden Modellen zeigt auf, was man mit dem Kugelteilchen-Modell bzw. dem Atommodell von Dalton erklären kann und was nicht.

6.3 Was passiert genau beim Verbrennen von Wachs?

Bei der Untersuchung der Kerzenflamme haben wir einige rätselhafte Vorgänge entdeckt. Zur Erinnerung: Aus weißem Wachs wird bei starkem Erhitzen ein brennbares Gas sowie ein schwarzer Feststoff gebildet.

$$\text{Wachs} \rightarrow \text{Wasserstoff} + \text{Kohlenstoff}$$

Aus diesem Gas sowie einem weiteren farblosen Gas der Luft wird beim Verbrennen flüssiges Wasser gebildet.

$$\text{Wasserstoff} + \text{Sauerstoff} \rightarrow \text{Wasser}$$

Aus dem schwarzen Feststoff und dem Sauerstoff der Luft wird beim Verbrennen ein weiteres farbloses Gas gebildet.

$$\text{Kohlenstoff} + \text{Sauerstoff} \rightarrow \text{Kohlenstoffdioxid}$$

All diese Vorgänge sind doch wirklich erstaunlich, denn entweder werden aus einem Stoff zwei neue Stoffe gebildet, die vorher gar nicht vorhanden waren oder aus zwei Stoffen wird ein neuer Stoff gebildet, der zuvor nicht existiert hat.

Zwei Fragen stellen sich: Wo kommen die neuen Stoffe her? Wo gehen die Ausgangsstoffe hin?

Mit dem Kugelteilchen-Modell, das auf dem Prinzip der kleinsten Teilchen aufbaut, haben wir versucht, eine Antwort auf diese schwierigen Fragen zu geben. Dabei sind wir zur in ◘ Abb. 6.1 gezeigten

Abb. 6.1 Wortgleichungen und Kugelteilchen-Gleichungen für die Reaktionen in der Kerzenflamme. (© Ralf Geiß 2017)

Beschreibung gekommen. Kann man mit dem Kugelteilchen-Modell nun verstehen, wie es zu diesen merkwürdigen chemischen Reaktionen kommt? Nein! Denn durch das Kugelteilchen-Modell haben wir die beiden Fragen nach den Stoffen durch zwei andere Fragen ersetzt, die wir ebenfalls nicht beantworten können: Was passiert beim Spalten eines Kugelteilchens? Was passiert beim Vereinigen zweier Kugelteilchen zu einem neuen Kugelteilchen? Wir verstehen also immer noch nicht, was bei chemischen Reaktionen passiert.

Aufgabe 6.1 Chemische Reaktionen und das Kugelteilchen-Modell (KTM)

Versuche eine weitere chemische Reaktion mithilfe des KTM zu erklären. Entscheide, ob dies möglich ist, und begründe deine Entscheidung.
(WD 2 Konzeptwissen / KP 3 Anwenden)

Um dem Rätsel auf die Spur zu kommen, befassen wir uns diesmal etwas genauer mit chemischen Umwandlungen. Unser Ziel dabei ist, chemische Reaktionen nicht nur qualitativ, sondern auch quantitativ mithilfe der Waage zu untersuchen. D. h., wir wollen nicht nur herausfinden, aus welchen Ausgangsstoffen welche Produkte werden, wir wollen auch die Massenverhältnisse bei chemischen Reaktionen möglichst genau ermitteln.

6.4 Massenverhältnisse bei chemischen Reaktionen

Abb. 6.2 Versuchsaufbau: Brennende Kerze auf einer Waage. (© Ralf Geiß 2017)

Experiment 6.1 Brennende Kerze auf einer Waage

Versuchsdurchführung: Eine brennende Kerze wird auf eine Waage (Empfindlichkeit mind. 0,01 g) gestellt (Abb. 6.2).

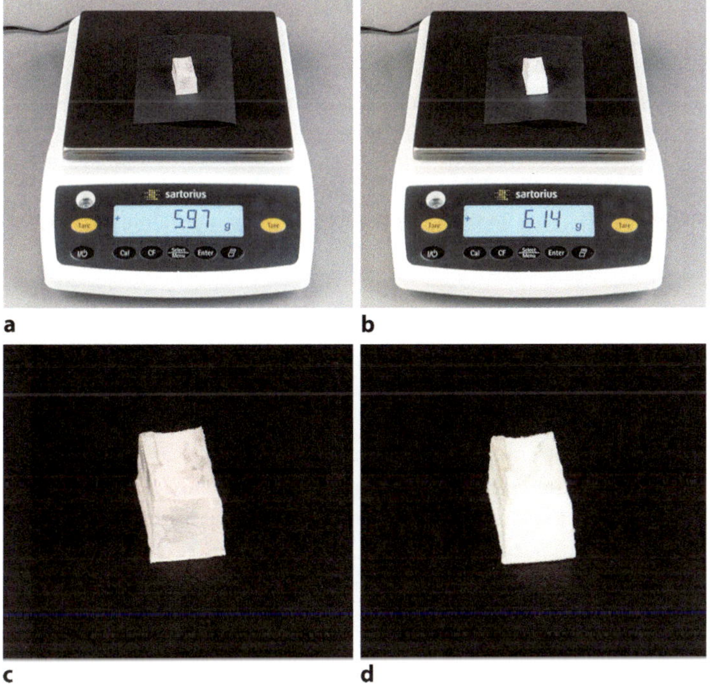

a b c d

Abb. 6.3 **a** Ein frisch entrindeter Na-Quader wiegt 5,97 g, **b** nach ca. 30 min wiegt der Na-Quader 6,14 g, **c** der frisch entrindete Na-Quader hat eine annähernd metallisch aussehende Oberfläche, **d** nach ca. 30 min ist die Oberfläche des Na-Quaders weiß. (© Ralf Geiß 2017)

Beobachtung: Das Gewicht der Kerze nimmt kontinuierlich ab.
Schlussfolgerung: Es stellt sich die Frage: Geht bei chemischen Reaktionen Masse verloren?

Experiment 6.2 Natrium auf einer Waage
Versuchsdurchführung: Auf eine Analysenwaage (Empfindlichkeit mind. 0,01 g besser 0,001 g) wird ein Wägepapier gelegt. Anschließend befreit man ein Stück Natrium, so gut es in 10–20 s möglich ist, von der weißen Rinde und legt das Metallstück auf das Wägepapier.
Beobachtung: Die Waage zeigt kontinuierlich zunehmende Gewichtswerte an. Die Metalloberfläche des Natriumstücks wird zunehmend matter und es bildet sich nach längerer Zeit eine weiße Kruste (Abb. 6.3).
Schlussfolgerung: Es stellt sich die Frage: Wird bei chemischen Reaktionen Masse neu erschaffen?

Lassen wir eine Kerze brennen, so stellen wir einen Gewichtsverlust der Kerze fest. Rostet dagegen ein Metall, so tritt eine Gewichtsvermehrung des Metalls ein. Man könnte also die Schlussfolgerung ziehen, dass bei chemischen Vorgängen manchmal Massenverluste, manchmal Massengewinne auftreten.

Verbrennung von Substanzen im geschlossenen Raum

Der französische Chemiker Antoine Laurent Lavoisier (1743–1794) war vermutlich der erste Forscher, der genaue und systematische Experimente zu den Gewichtsverhältnissen bei chemischen Reaktionen durchführte. D. h., er war der Erste, der die Waage genau, systematisch und konsequent zur Untersuchung von chemischen Reaktionen einsetzte.

Bevor seine Arbeiten und Interpretationen anerkannt wurden, glaubten die meisten Naturforscher an die Phlogistontheorie (▶ Abschn. 2.10) des Mediziners Georg Ernst Stahl (1660–1734). Die Phlogistontheorie basierte auf der Vier-Elemente-Theorie der Griechen und erklärte die Verbrennung eines Stoffs mit der Abgabe von Phlogiston, dem Feuerstoff.

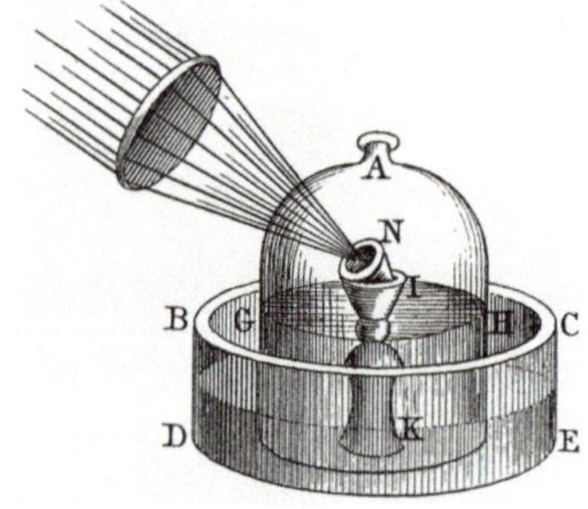

Abb. 6.4 Lavoisier: Verbrennung von Substanzen im geschlossenen Raum über einer Sperrflüssigkeit. (aus Fierz-David 1952)

Aufgrund seiner experimentellen Erfahrung zweifelte Lavoisier an der Richtigkeit der Phlogistontheorie. Er versuchte, sie durch Experimente zu prüfen, indem er unter anderem Verbrennungen im abgeschlossenen Raum durchführte. Er benutzte dazu die folgende Versuchsanordnung (Abb. 6.4): Die große Glasglocke (A) war nach unten durch eine Sperrflüssigkeit (z. B. Quecksilber) von der Umgebung abgetrennt. Der Gasraum über der Sperrflüssigkeit bestand aus Luft. Mithilfe eines Brennglases und Sonnenlicht konnte die brennbare Substanz (Schwefel, Phosphor, Kohlenstoff) im Behälter N entzündet werden.

Verbrennungen im geschlossenen Raum – auf einer Waage

Wir werden jetzt, mit einfachen Versuchsanordnungen, Verbrennungen im geschlossenen Raum auf einer Waage ablaufen lassen.

Experiment 6.3 Verbrennung eines Streichholzes im geschlossenen Raum

Versuchsdurchführung: Ein Streichholz wird in ein temperaturbeständiges Reagenzglas gelegt (Zündkopf unten) und das Reagenzglas mit einem Gummistopfen luftdicht verschlossen. Das Gewicht dieses Reagenzglases wird anschließend möglichst genau bestimmt. Nun wird das Reagenzglas am Boden mit der blauen Bunsenbrenner-Flamme erhitzt (Abb. 6.5). Zum Abschluss wird das Reagenzglas noch mal gewogen.

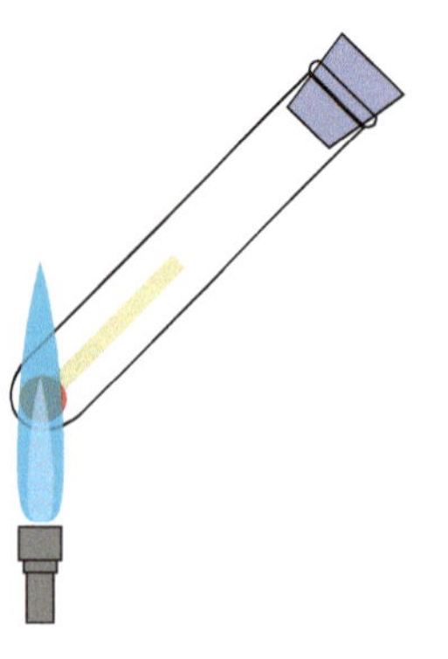

Abb. 6.5 Versuchsdurchführung zu Experiment 6.3. (© Ralf Geiß 2017)

Beobachtung: Das Streichholz entzündet sich und flammt kurz auf, erlischt aber relativ rasch wieder. Das Gewicht des Reagenzglases wird durch die chemische Reaktion nicht verändert.
Schlussfolgerung: Das Streichholz und der reagierende Sauerstoff haben die gleiche Masse wie das abgebrannte Streichholz und die Verbrennungsgase.

Experiment 6.4 Eine Kerze brennt im geschlossenen Raum
Versuchsdurchführung: Eine Rechaudkerze wird in ein großes Schraubdeckel-Glas gelegt und mit einem langen Gasfeuerzeug entzündet. Nun wird das Glas rasch verschlossen und auf eine Waage (Genauigkeit mind. 0,01 g) gestellt (◼ Abb. 6.6).
Beobachtung: Die Kerze brennt einige Minuten, bevor sie erlischt. Während der gesamten Brenndauer und auch danach ändert sich das Gewicht des Gefäßes samt Inhalt nicht.
Schlussfolgerung: Die Kerze und der reagierende Sauerstoff haben die gleiche Masse wie die abgebrannte Kerze und die Verbrennungsgase.

◼ **Abb. 6.6** Versuchsdurchführung zu Experiment 6.4. (© Ralf Geiß 2017)

Mithilfe der Verbrennungen im geschlossenen Raum und genauen Wägungen konnte Lavoisier zeigen:

- Bei der Verbrennung verschwindet Sauerstoff – das Gewicht des vorhandenen Sauerstoffs nimmt ab.
- Die Verbrennungsprodukte haben ein größeres Gewicht als der Ausgangsstoff.
- Die Gewichtsdifferenz zwischen Ausgangsstoff und Verbrennungsprodukten entspricht der Gewichtsabnahme des Sauerstoffs.

Mit diesen und anderen Experimenten gelang es Lavoisier, die Phlogistontheorie zu widerlegen. Er konnte zeigen, dass bei der Verbrennung genau das Gegenteil von dem passiert, was die Phlogistontheorie aussagt. Der Brennstoff gibt keinen Stoff (Phlogiston) ab, er nimmt einen Stoff (Sauerstoff) auf. Wir sagen heute: Der Brennstoff verbindet sich mit Sauerstoff.

Experiment 6.5 Verbrennung von Eisen im geschlossenen Rundkolben
Versuchsdurchführung: In einem mit Sauerstoff gefüllten 1-l-Rundkolben befestigt man ca. 1 g Eisenwolle mit zwei Kupferdrähten. Nun verschließt man den Kolben gasdicht und wägt ihn genau. Durch Anlegen einer elektrischen Spannung an die Kupferdrähte zündet man die Eisenwolle. Nach dem Abkühlen wird der Kolben erneut genau gewogen (◼ Abb. 6.7).

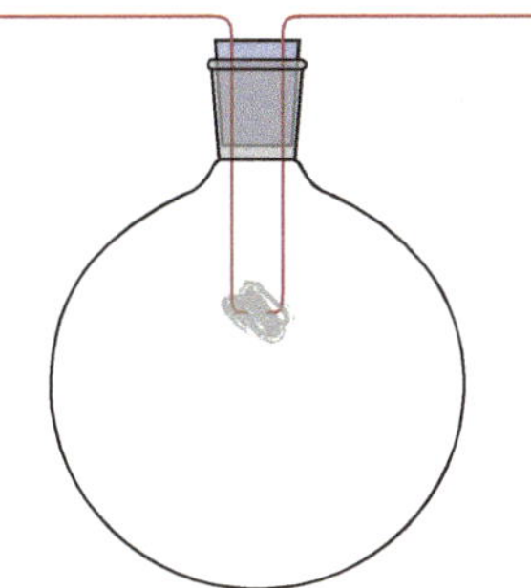

◼ **Abb. 6.7** Versuchsaufbau: Verbrennung von Eisen im geschlossenen Rundkolben. (© Ralf Geiß 2017)

Beobachtung: Das Gewicht des Kolbens wird durch die chemische Reaktion nicht verändert.
Schlussfolgerung: Die Erkenntnisse Lavoisiers können mit diesem Experiment bestätigt werden.

Andere chemische Reaktionen im geschlossenen Raum

Nicht nur Verbrennungen, auch andere chemische Reaktionen können in einem geschlossenen Raum durchgeführt werden.

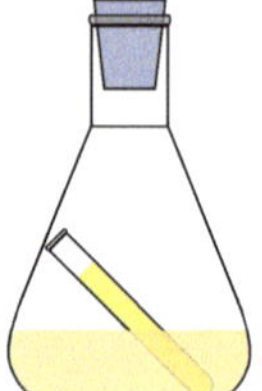

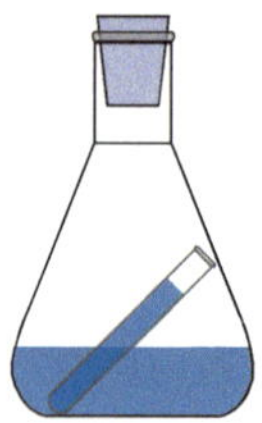

Abb. 6.8 Versuchsverlauf: Farbstoffsynthese im geschlossenen Raum. (© Ralf Geiß 2017)

Experiment 6.6 Farbstoffsynthese im geschlossenen Raum
Versuchsdurchführung: In einen Erlenmeyerkolben (500 ml, Enghals) füllt man Eisen(III)-chlorid-Lösung und stellt außerdem ein kleines Reagenzglas mit Kaliumhexacyanidoferrat(II)-Lösung ($K_4[Fe(CN)_6]$-Lsg) aufrecht hinein. Der Erlenmeyerkolben wird mit einem Stopfen verschlossen und genau gewogen. Durch Kippen des Kolbens vereinigt man beide Lösungen und stellt den Kolben erneut auf die Waage (Abb. 6.8).
Beobachtung: Es bildet sich ein blauer Farbstoff. Das Gewicht des Kolbens wird durch die chemische Reaktion nicht verändert (Abb. 6.9).
Schlussfolgerung: Die Erkenntnis Lavoisiers, dass bei Verbrennungen keine Gewichtsänderung auftritt, gilt auch für andere chemische Reaktionen.

Aus Etwas kann nicht Nichts werden, und aus Nichts kann nicht Etwas werden. Infolge der Reaktionen im geschlossenen Raum kann man also ganz allgemein den folgenden Satz aussprechen: Bei allen chemischen Reaktionen bleibt das Gesamtgewicht der Reaktionsteilnehmer unverändert.

Da das Gewicht (ortsabhängig) eines Stoffs eine Folge seiner Masse (ortsunabhängig) ist, ist es zweckmäßiger anstelle des Begriffes „Gesamtgewicht" den Begriff „Gesamtmasse" zu setzen (Gewichtskraft = Masse • Schwere-Beschleunigung: $F_G = m\,g$).

Massenerhaltung

Massenerhaltung
Formulierung 1: „Bei allen chemischen Vorgängen bleibt die Gesamtmasse der Reaktionsteilnehmer unverändert." (Holleman und Wiberg 2007)

■ **Abb. 6.9** **a** $K_4[Fe(CN)_6]$-Lösung in einem Reagenzglas, das in einer $FeCl_3$-Lösung steht, **b** Erlenmeyerkolben nach der chemischen Reaktion von $K_4[Fe(CN)_6]$-Lösung mit $FeCl_3$-Lösung. (© Ralf Geiß 2017)

Formulierung 2: Bei chemischen Reaktionen ist die Gesamtmasse der Anfangsstoffe gleich der Gesamtmasse der Endstoffe. (WD 1 Faktenwissen)

Dieser Grundsatz wurde zum ersten Mal von Antoine Laurent Lavoisier (1743–1794) in seiner vollen Bedeutung erkannt (1774). Bereits vor Lavoisier hatten sich M. W. Lomonossow (1756) und J. B. van Helmont (1620) mit der Massenerhaltung befasst.

Experiment 6.7 Kerze unter einem „Gasfang"

Versuchsdurchführung: Eine brennende Kerze wird auf eine Waage (Genauigkeit 0,01 g) gestellt. Anschließend legt man um die Kerze herum drei ca. 1 cm hohe Holzstückchen, auf die man einen Metallzylinder (ø 10 cm, Höhe 16 cm) stellt. Auf den Metallzylinder legt man ein Metallsieb, das mit feinkörnigem Natriumhydroxid soweit gefüllt wird, dass die Öffnung des Zylinders nahezu vollständig verschlossen ist (■ Abb. 6.10).

Hinweis: Der Metallzylinder kann aus einer Blech-Lebensmitteldose hergestellt werden. Im Lehrmittel-Handel gibt es auch einen vorgefertigten Versuchsaufbau zu kaufen (Hedinger: Schwere Flamme), mit diesem ist der Verbrauch an Natriumhydroxid sehr gering.

Beobachtung: Die Masseanzeige der Digitalwaage steigt kontinuierlich an (■ Abb. 6.11).

Schlussfolgerung: Ist diese Massenzunahme mit dem Grundsatz von der Erhaltung der Masse in Einklang zu bringen? Ja, und zwar auf folgende Weise: Bei der Verbrennung von Wachs läuft der folgende chemische Vorgang ab:

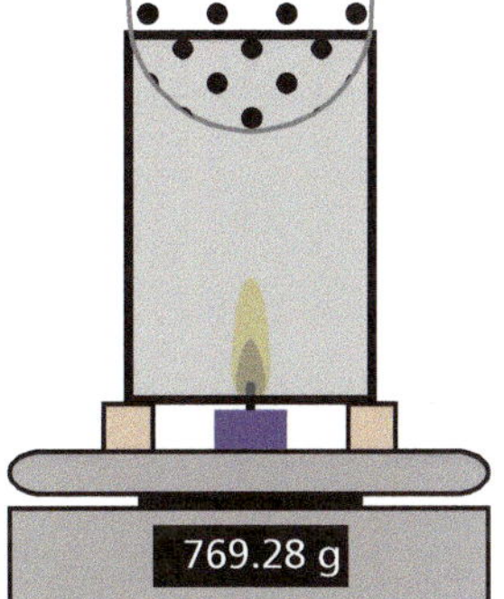

■ **Abb. 6.10** Versuchsaufbau: Kerze unter einem „Gasfang". (© Ralf Geiß 2017)

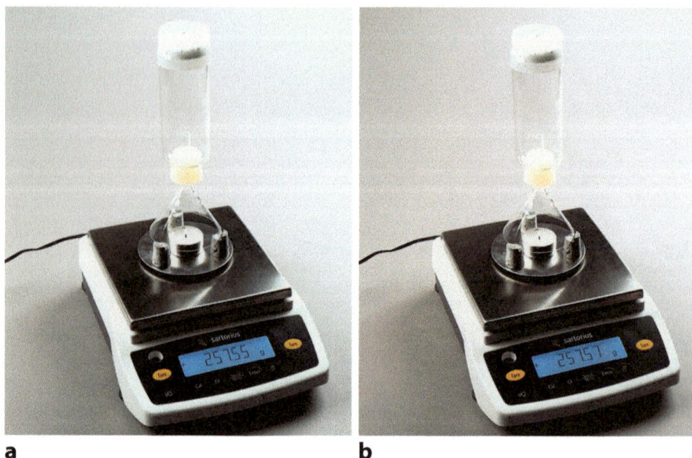

Abb. 6.11 **a** Zu Beginn des Experiments beträgt die Masse des Versuchsaufbaus 257,55 g, **b** nach einigen Sekunden ist die Masse des Versuchsaufbaus bereits auf 257,57 g angestiegen. (© Ralf Geiß 2017)

Wachs + Sauerstoff → Kohlenstoffdioxid + Wasser

D. h., Sauerstoff strömt unten in den Zylinder ein und wird mit Wachsgas zu Kohlenstoffdioxid und Wasser. Durch die Bindung von Kohlenstoffdioxid und Wasser an Natriumhydroxid tragen nicht nur Stoffe, die aus der Kerze kommen (Kohlenstoff + Wasserstoff) zum Gewicht auf der Waagschale bei – es kommt aus der Luft auch der Sauerstoff hinzu.

Konstante Massenverhältnisse

Wir leiten das Gesetz der konstanten Massenverhältnisse im nächsten Abschnitt durch ein Praktikum her.

Gesetz der konstanten Massenverhältnisse

Formulierung 1: „Das Massenverhältnis zweier sich zu einer chemischen Verbindung vereinigender Elemente ist konstant." (Holleman und Wiberg 2007)
Formulierung 2: Die bei einer vollständig ablaufenden chemischen Reaktion auftretenden Massenquotienten sind konstant.
Formulierung 3: Die bei einer vollständig ablaufenden chemischen Reaktion auftretenden Massen sind alle direkt proportional zueinander.
(WD 1 Faktenwissen)

Das Gesetz wurde 1799 vom französischen Chemiker Joseph Louis Proust (1754–1826) aufgefunden. Das Gesetz der konstanten Massenverhältnisse kann als Weiterentwicklung des Grundsatzes der Massenerhaltung aufgefasst werden. Zu Lavoisiers Zeiten war es noch unsicher, ob diejenigen Stoffe, die man für Elemente hielt, nicht vielleicht doch Verbindungen sind. Damit wird verständlich, warum Lavoisier in seinem Grundsatz nicht von Elementen spricht, und warum das Gesetz der konstanten Massenverhältnisse bereits kurz nach Lavoisiers Tod (1794), im Anschluss an die Etablierung der Elemente, formuliert wurde.

Praktikum: Synthese von Kupfersulfid

Ziel

Eine bekannte Masse an Kupfer wird mit einem Überschuss an Schwefel zur Reaktion gebracht. Es soll bestimmt werden, wie groß die Schwefelmasse ist, die von der bekannten Kupfermasse gebunden wird.

Anschließend werden die Messwerte aller Praktikumsgruppen ausgewertet, um ein chemisches Gesetz herzuleiten. Damit die Messwerte der Praktikumsgruppen brauchbar sind, sollte genau nach Versuchsanleitung und sehr sorgfältig gearbeitet werden.

Fehlerbehaftete Messwerte

Da bei den hier beschriebenen praktischen Arbeiten zahlreiche experimentelle Fehler auftreten können, kann es sein, dass die Messwerte der verschiedenen Praktikumsgruppen stark streuen. Eventuell ist es in diesem Fall vorteilhaft die Messwerte von ◘ Tab. 6.2 anstelle der ermittelten Werte zu verwenden.

Geräte und Chemikalien

Pro Praktikumsgruppe werden benötigt:

Geräte

- Laborwaage (Ablesbarkeit: ± 0,01 g oder 0,001 g),
- Wägeschälchen oder Wägepapier oder Papierstück (Kantenlänge ca. 7 cm),
- 2 Reagenzgläser (180 × 18 mm oder 160 × 16 mm) aus Borosilikatglas 3.3 (notfalls geht auch Kalk-Natron-Glas, ist jedoch weniger temperaturbeständig),
- Holzklammer,
- Bunsenbrenner und Feuerzeug,
- Spatel, Pinzette, Schere,
- Luftballon (eventuell),
- Lineal,

Chemikalien

- Kupferblech dünn,
- Schwefelpulver.

Versuchsaufbau

◘ Abb. 6.12 zeigt den Versuchsaufbau für die zentralen Arbeitsschritte.

Versuchsdurchführung

Hinweise:

- Da bei diesem Experiment giftiges Schwefeldioxid entsteht, sollte möglichst in einem Abzug gearbeitet werden.

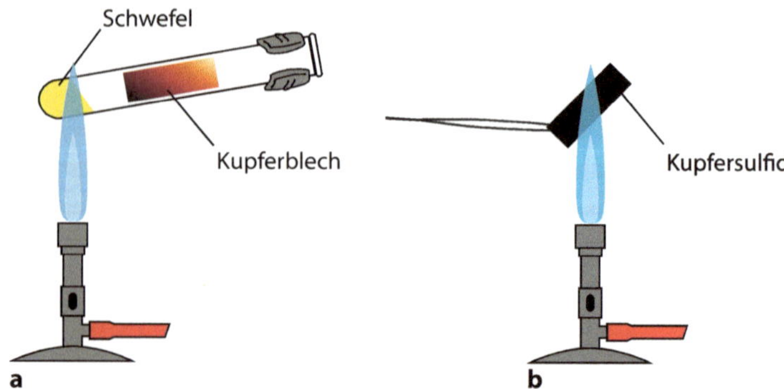

Abb. 6.12 **a** Abwechslungsweises Erhitzen der Ausgangsstoffe, **b** Abflammen des Schwefels vom Kupfersulfid. (© Ralf Geiß 2017)

- Falls man die Arbeitsschritte in Reagenzgläsern durchführt, die mit einem Luftballon verschlossen sind, kann notfalls auch ohne Abzug gearbeitet werden.
- Das Wägen bei diesem Experiment sollte mindestens auf 0,01 g genau, wenn möglich auf 0,001 g genau, erfolgen. Achtung: Beim schriftlichen Festhalten der gewogenen Massen bitte unbedingt alle Kommastellen korrekt angeben.

Vorbereitung

Wiegeunterlage vorbereiten:

Die Wiegeunterlage wird gewogen und die Masse unter Messwerte notiert.

Kupferblech vorbereiten:

- Von einem dünnen Kupferblech wird ein länglicher Streifen (ca. 5 cm lang und ca. 2 cm breit) mit einer Schere abgeschnitten.
- Anschließend wird die Breite des Kupferblech-Streifens mit der Schere soweit reduziert, dass die Kupfermasse 0,5–1,8 g beträgt.
- Nun wiegt man den Kupferblech-Streifen und hält die Masse unter der Überschrift Messwerte (siehe unten) fest.
- Abschließend faltet man den Kupferblech-Streifen der Länge nach, sodass er mit leichtem Klemmen in das Reagenzglas gesteckt werden kann.

Reagenzglas vorbereiten:

- Ein Reagenzglas wird etwa 1 cm hoch mit Schwefelpulver (0,2–0,7 g) gefüllt und mit einer Klammer an einem Stativ schräg eingespannt.
- Nun schiebt man das Kupferblech mit der Pinzette soweit in das Reagenzglas, dass der untere Rand etwa 4 cm über dem Schwefelpulver zu liegen kommt.
- Falls kein Abzug oder zu wenig Abzüge zur Verfügung stehen, stülpt man einen Luftballon über die Reagenzglas-Öffnung.

Reaktion durchführen:

Reaktion

- Zuerst wird der Schwefel mit der blauen Bunsenbrenner-Flamme bis zum Sieden erhitzt. Sobald Schwefelgas über das Kupferblech steigt, erhitzt man auch das Kupferblech kräftig.
- Falls erforderlich wird abwechselnd der Schwefel am Boden des Reagenzglases und das Kupferblech erhitzt.
- Hinweis: Um die Bildung von Kupferoxid zu verhindern, sollte das Kupferblech erst erhitzt werden, nachdem es mit Schwefel in Kontakt getreten ist.
- Das Erhitzen der Reaktionsmischung wird eingestellt, sobald sich das anfangs rot glänzende Kupfer vollständig in einen blauschwarzen Stoff verwandelt hat.

Reaktionsprodukt wiegen:

Wiegen

- Falls sich auf dem Reaktionsprodukt viel überschüssiger Schwefel abgesetzt hat, erhitzt man das Reagenzglas nochmals, um den Schwefel vom Reaktionsprodukt zu entfernen.
- Vor weiteren Arbeitsschritten lässt man das Reagenzglas abkühlen.
- Falls ein Luftballon verwendet wurde, wird dessen Ausgang mit den Fingern verschlossen, der Ballon vom Reagenzglas abgezogen und der Ballon im Abzug oder am offenen Fenster entleert.
- Nun entnimmt man mit der Pinzette das zerbrechliche Reaktionsprodukt vorsichtig aus dem Reagenzglas – dabei sollte kein Produkt abbröckeln.
- Um überschüssigen Schwefel, der sich auf dem Reaktionsprodukt abgelagert hat, zu entfernen, erhitzt man das Kupfersulfidstück kurz in der blauen Brennerflamme. Diesen Arbeitsschritt wiederholt man, bis sich auf der Waage Massenkonstanz einstellt.
- Hinweis: In der Brennerflamme kann Kupfersulfid in Kupfer und Schwefel thermolysiert werden, wobei der entstandene Schwefel rasch verdampft. Um dies zu vermeiden, darf das Kupfersulfidstück nicht zu lange bzw. nicht zu heftig erhitzt werden.
- Nach dem Abkühlen überführt man das gereinigte Reaktionsprodukt vollständig auf die Wiegeunterlage und notiert die Masse des Reaktionsprodukts unter den Messwerten.
- Indem man von der Masse des Reaktionsprodukts die Masse des Kupferblechs abzieht, kann man die Masse des gebundenen Schwefels berechnen und ebenfalls unter den Messwerten festhalten.

Beobachtung

Aus dem metallisch glänzenden rötlichen Kupfer und dem pulverförmigen gelben Schwefel wird ein blauschwarzer spröder Feststoff. Bei günstigem Reaktionsverlauf wandert eine glühende Zone von unten nach oben durch das Kupferblech.

Tab. 6.1 Experimentell bestimmte Massen für sieben unterschiedliche Ansätze zur Synthese von Kupfersulfid sowie daraus berechnete Massenquotienten

Messung	a Masse Kupfer [g]	b Masse Schwefel (gebunden) [g]	c Masse Kupfersulfid [g]	a / b	a / c	b / c
1	1,050	0,245	1,295	4,286	0,811	0,189
2	1,450	0,370	1,820	3,919	0,797	0,203
3	0,745	0,203	0,948	3,670	0,786	0,214
4	1,715	0,436	2,151	3,933	0,797	0,143
5	1,631	0,441	2,072	3,968	0,787	0,213
6	0,585	0,166	0,751	3,524	0,779	0,283
7	1,408	0,343	1,751	4,105	0,804	0,196
Mittelwert	1,226	0,314	1,541	3,915	0,794	0,206

Messwerte

Jeder Versuchsdurchlauf ergibt folgende Messwerte:

- Masse Wiegeunterlage
- Masse Kupferblech
- Masse Reaktionsprodukt
- Masse gebundener Schwefel

Auswertung

Mithilfe der Werte aller Arbeitsgruppen wird folgende Auswertung gemacht. Zunächst werden zu jeder Versuchsreihe die Massenquotienten für Kupfer und Schwefel, für Kupfer und Kupfersulfid und für Schwefel und Kupfersulfid berechnet (Tab. 6.1). Anschließend werden die Massen für Kupfer und Schwefel in ein $m(S)$-$m(Cu)$-Diagramm eingetragen (Abb. 6.13).

Ergebnis

Die Messwerte streuen in relativ engen Grenzen um eine Gerade. Die Abweichungen von der Gerade kommen durch Fehler beim Experimentieren (Wägeungenauigkeiten, unvollständige Reaktion etc.) zustande. Trägt man zwei Größen in einem Koordinatensystem gegeneinander ab und erhält dabei eine Gerade, so gilt: Der Quotient aus beiden Größen ist konstant und entspricht der Steigung der Geraden. Eine derartige Beziehung zwischen zwei Größen wird direkte Proportionalität oder einfach Proportionalität genannt.

Aus dem Versuch ergibt sich somit das bereits beschriebene Gesetz der konstanten Proportionen (► Abschn. 6.4), das auf verschiedene Arten und Weisen formuliert werden kann:

- Das Massenverhältnis zweier sich zu einer chemischen Verbindung vereinigender Elemente ist konstant.

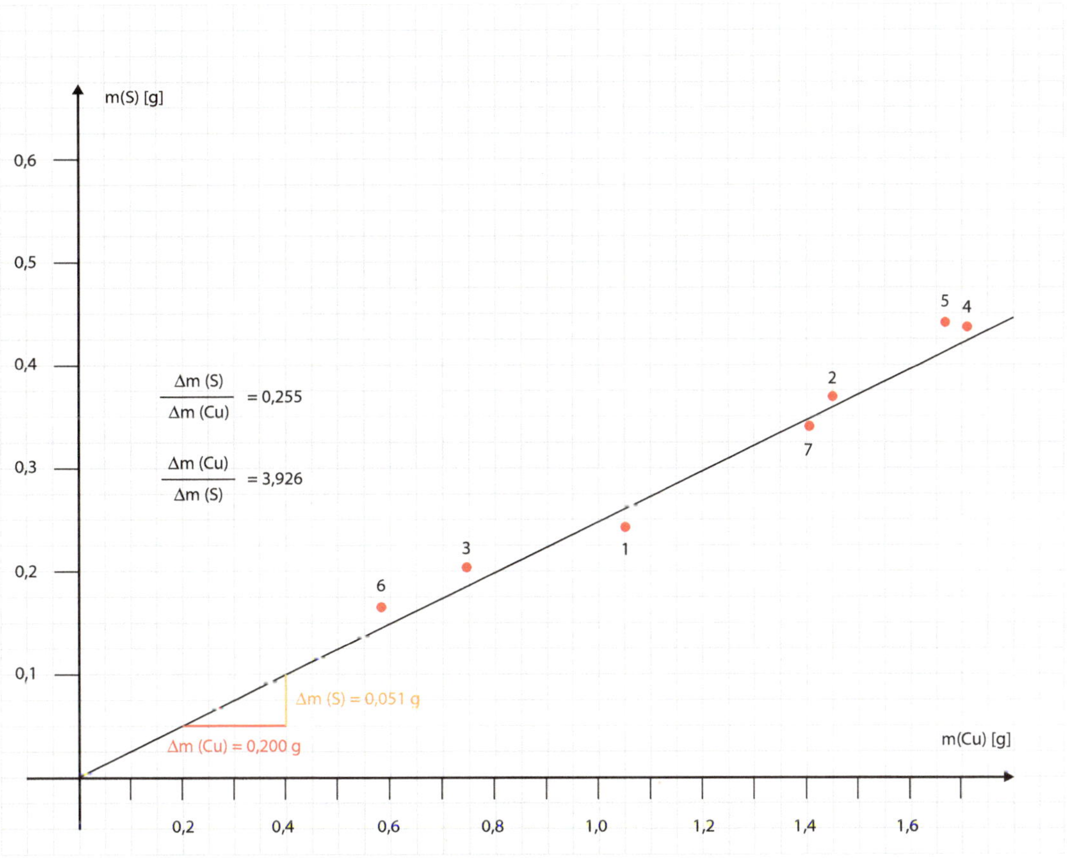

Abb. 6.13 Koordinatensystem zur grafischen Auswertung der Messwerte von Tab. 6.1. (© Ralf Geiß 2017)

- Bei einer vollständig verlaufenden chemischen Reaktion treten Ausgangs- und Endstoffe auf. Alle Massenverhältnisse, die sich mit diesen Stoffen bilden lassen, sind für eine chemische Reaktion konstant – auch wenn diese Reaktion mit verschiedenen Ansätzen durchgeführt wird.
- Die Massen, die bei einer vollständig ablaufenden chemischen Reaktion auftreten, sind alle direkt proportional zueinander.

6.5 Daltons Atomhypothese

Der Grundsatz von der Erhaltung der Masse sowie das Gesetz der konstanten Massenverhältnisse können beide auf einfache Weise gedeutet werden, und zwar mithilfe der Atomhypothese von John Dalton (Abb. 6.14).

Seine Ideen zu chemischen Reaktionen veröffentlichte Dalton 1808 im Werk: *A new System of Chemical Philosophy*.

„Versuchen wir die Zahl der Atome in der Atmosphäre zu begreifen, so wäre es eine Aufgabe, wie die, die Zahl der Sterne im Weltall

Abb. 6.14 Reproduktion eines Portraits von John Dalton. (© Georgios Kollidas / Fotolia)

zu zählen; der Gedanke verwirrt uns. Aber wenn wir den Gegenstand begrenzen, und ein gegebenes Volum irgend eines Gases nehmen, so halten wir uns überzeugt, dass die Zahl der Atome endlich sein muss, ebenso wie in einem gegebenen Theil des Weltalls die Zahl der Sterne und Planeten nicht unbegrenzt sein kann.

Die chemische Synthese [Verbindung] und Analyse [Spaltung] geht nicht weiter, als bis zur Trennung der Atome, und ihrer Wiedervereinigung. Keine Neuschaffung oder Zerstörung des Stoffes liegt im Bereich chemischer Wirkung. Wir können ebensowohl versuchen, einen neuen Planeten dem Sonnensystem einzuverleiben, oder einen vorhandenen zu vernichten, als ein Atom Wasserstoff zu erschaffen oder zu zerstören. Alle Änderungen, welche wir hervorbringen können, bestehen in der Trennung von Atomen, welche vorher im Zustande der Cohäsion oder Verbindung waren, und in der Verbindung solcher, welche vorher getrennt waren." (Dalton 1808)

Dalton war nicht der Erste, der seit den griechischen Naturphilosophen (sie hatten die Idee von Atomen vor etwa 2500 Jahren als Erste hervorgebracht) von Atomen gesprochen hat. Er war aber der Erste, der diese Idee soweit ausgebaut hat, sodass sie geeignet war, chemische Reaktionen in qualitativer und quantitativer Hinsicht zu erklären. Seine Idee soll im Folgenden nun etwas genauer präsentiert werden.

Definitionen des Atommodells von Dalton (AMD)

Aufbau der Materie – nach Dalton

- Alle Stoffe sind aus Atomen aufgebaut.
- Das kleinste Teilchen eines Elements ist ein Atom.
  Beispiel: Eisen besteht aus Fe-Atomen.
- Das kleinste Teilchen einer Verbindung ist ein Molekül.
- Moleküle bestehen aus mindestens zwei verschiedenen Atomen, die durch eine unbekannte Kraft aneinander gebunden sind.
  Beispiel: Ammoniak besteht aus NH_3-Molekülen.

(WD 1 Faktenwissen)

Merkmale der Atome – nach Dalton

- Für chemische Vorgänge gilt: Atome sind die kleinsten Bausteine der Materie.
- Atome sind mit chemischen Methoden unteilbar.
- Es gibt genau so viele Atomarten, wie es Elemente gibt.
- Die Atome eines Elements haben alle die gleiche Masse.
- Die Atome unterschiedlicher Elemente unterscheiden sich in ihrer Masse.

(WD 1 Faktenwissen)

Was passiert laut Dalton bei chemischen Reaktionen?
Daltons Erklärung geht von einem Element A und einem Element B aus, die sich zu einer Verbindung C vereinigen können:

Element A + Element B → Verbindung C

Gemäß seiner Publikation *A new System of Chemical Philosophy* könnte diese Reaktion auf atomarer Ebene nun folgendermaßen ablaufen:

1 Atom A + 1 Atom B → 1 Molekül C

In Kurzschreibweise:

A + B → AB

Für eine derartige Reaktion sieht Dalton folgende Möglichkeiten vor (die Varianten werden hier in Kurzschreibweise wiedergegeben):

A + B → AB (binär)
A + 2 B → AB_2 (ternär)
2 A + B → A_2B (ternär)
A + 3 B → AB_3 (quaternär)
3 A + 1 B → A_3B (quaternär)

u. s. w.
(WD 2 Konzeptwissen)

Weitere Annahmen Daltons zu chemischen Reaktionen (Dalton 1808):

- „Wenn allein eine Verbindung zweier Stoffe [Elemente] erhalten werden kann, so muss vermuthet werden, dass sie eine binäre ist, wenn nicht ein Grund für das Gegentheil spricht"
- „Werden zwei Verbindungen beobachtet, so können wir erwarten, dass eine eine binäre, die andere eine ternäre ist."
- „Werden drei Verbindungen erhalten, so ist die eine als binär, die beiden anderen als ternär anzusehen."
- „Werden vier Verbindungen beobachtet, so werden wir eine binäre, zwei ternäre und eine quaternäre erwarten u. s. w."

Diese Aussagen Daltons sind im Wesentlichen Spekulation. Er hatte keine experimentellen Belege dafür. Im Zuge der weiteren Erforschung von chemischen Reaktionen hat sich herausgestellt, dass diese Annahmen meist nicht zutreffen. Aus heutiger Sicht wirken diese Behauptungen sehr gewagt. Berücksichtigt man jedoch das geringe chemische Wissen der damaligen Zeit, dann erscheinen seine Annahmen durchaus vernünftig.

Erklärung der chemischen Zaubertricks

Mit Daltons Atommodell konnte man zum ersten Mal seit etwa 2500 Jahren die grundlegende Frage der Chemie beantworten: Wie können neue Stoffe gebildet werden? Dies ist die qualitative Bedeutung von Daltons Atommodell. Man kann diese Frage in zwei Teilfragen aufspalten, die im Folgenden mit Daltons Atommodell beantwortet werden.

Wie können aus einem Stoff neue Stoffe entstehen?

Daltons Antwort

Die Moleküle des Ausgangsstoffs werden in Atome aufgespalten. Sind die Reaktionsprodukte Elemente, so werden die gebildeten Atome nicht weiter verbunden. Sind die Reaktionsprodukte Verbindungen, so verbinden sich die Atome zu neuen Molekülen.

■■ Beispiel 1:
Die Reaktionsprodukte sind Elemente:

$$\text{Wasser} \rightarrow \text{Wasserstoff} + \text{Sauerstoff}$$

$$\mathrm{HO} \rightarrow \mathrm{H} + \mathrm{O}$$

■■ Beispiel 2:
Unter den Reaktionsprodukten sind auch Verbindungen:

$$\text{Zucker} \rightarrow \text{Kohlenstoff} + \text{Wasser}$$

$$\mathrm{CHO} \rightarrow \mathrm{C} + \mathrm{HO}$$

Ausführlich beschrieben passiert hier nach Dalton Folgendes:

$$\mathrm{CHO} \rightarrow \mathrm{C} + \mathrm{H} + \mathrm{O} \rightarrow \mathrm{C} + \mathrm{HO}$$

Moderne Gleichungen

Die moderne, verbesserte Form der Reaktionsgleichungen lautet (siehe Band 2):

$$2\,\mathrm{H_2O} \rightarrow 2\,\mathrm{H_2} + \mathrm{O_2}$$

$$\mathrm{C_6H_{12}O_6} \rightarrow 6\,\mathrm{C} + 6\,\mathrm{H_2O}$$

Wie kann ein neuer Stoff aus zwei (oder mehr) Stoffen entstehen?

Daltons Antwort

Die kleinsten Teilchen der Ausgangsstoffe sind entweder Moleküle (Verbindungen) oder Atome (Elemente). Reagieren Elemente miteinander, so werden die Atome zu einem neuen Molekül verbunden. Reagieren Verbindungen miteinander, so werden zuerst die Moleküle in Atome aufgespalten. Diese gebildeten Atome bilden dann neue Moleküle.

■■ **Beispiel 3:**
Die Ausgangsstoffe sind Elemente:

Eisen + Sauerstoff → Eisenoxid

$Fe + O \rightarrow FeO$

■■ **Beispiel 4:**
Die Ausgangsstoffe sind Verbindungen:

Wasser + Kohlenstoffdioxid → Kohlensäure

$HO + CO_2 \rightarrow HCO_3$

Ausführlich beschrieben passiert hier Folgendes:

$HO + CO_2 \rightarrow C + H + 3\,O \rightarrow HCO_3$

Moderne Gleichungen

Die moderne, verbesserte Form der Reaktionsgleichungen lautet (siehe Band 2):

$4\,Fe + 3\,O_2 \rightarrow 2\,Fe_2O_3$

$H_2O + CO_2 \rightarrow H_2CO_3$

Anwendung von Daltons Atommodell auf die chemischen Reaktionen in der Kerzenflamme

Bisher haben wir die chemischen Vorgänge in der Kerzenflamme mit Wortgleichungen beschrieben. Daltons Atommodell versetzt uns nun in die Lage, vereinfachte Gleichungen mit chemischen Formeln aufzustellen.

Teilprozesse

Wachs → Wasserstoff + Kohlenstoff

$CH \rightarrow H + C$

Wasserstoff + Sauerstoff → Wasser

$H + O \rightarrow HO$

Kohlenstoff + Sauerstoff → Kohlenstoffdioxid

$C + 2\,O \rightarrow CO_2$

Moderne Gleichungen

Paraffinwachs ist kein Reinstoff, es ist ein Gemisch aus vielen sogenannten Kohlenwasserstoffen. Die kleinsten Teilchen der Kohlenwasserstoffe im Paraffinwachs sind sehr große Moleküle, die aus vielen

C-Atomen und vielen H-Atomen gebildet werden. Hier drei Beispiele für diese Moleküle: $C_{17}H_{36}$, $C_{18}H_{38}$, $C_{19}H_{40}$.

Die moderne, verbesserte Form der Reaktionsgleichungen lautet (siehe Band 2):

$$C_{17}H_{36} \rightarrow 18\,H_2 + 17\,C$$

$$2\,H_2 + O_2 \rightarrow 2\,H_2O$$

$$C + O_2 \rightarrow CO_2$$

Gesamtprozess

Und der Gesamtprozess, zunächst in vereinfachter, an Dalton angelehnter Form:

Wachs + Sauerstoff → Kohlenstoffdioxid + Wasser

$$CH + 3\,O \rightarrow CO_2 + HO$$

Ausführlich beschrieben passiert hier Folgendes:

$$CH + 3\,O \rightarrow C + H + 3\,O \rightarrow OH + CO_2$$

Moderne Gleichungen

Die moderne, verbesserte Form der Reaktionsgleichungen lautet (siehe Band 2):

$$2\,C_{17}H_{36} + 52\,O_2 \rightarrow 34\,CO_2 + 36\,H_2O$$

Kugelbilder der Reaktionsgleichungen

Mit der Verwendung von Kugeln als Stellvertreter für Atome ergibt sich für den Gesamtprozess der Wachsverbrennung folgende bildliche Darstellung:

In ausführlicher bildlicher Darstellung:

Mit Daltons Atommodell erscheinen die bisher als rätselhaft beschriebenen chemischen Reaktionen nicht mehr rätselhaft.

Aus weißem, festem Wachs kommen schwarzer, fester Kohlenstoff und farbloser, gasförmiger Wasserstoff heraus – beide Stoffe sind aber nicht im Wachs enthalten. Wie ist das möglich?

Wie beim Kugelteilchen-Modell wird auch beim Atommodell von Dalton ein Stoff mit all seinen Eigenschaften durch seine kleinsten Teilchen bestimmt. Im Wachs (kleinste Teilchen: CH-Moleküle) sind die kleinsten Teilchen des Kohlenstoffs (C-Atome) sowie die kleinsten Teilchen des Wasserstoffs (H-Atome) nicht vorhanden. In Wachs ist also kein Kohlenstoff und auch kein Wasserstoff enthalten. Beim Erhitzen von Wachs werden die Wachsmoleküle in C- und H-Atome aufgespalten. Es werden also neue kleinste Teilchen und somit neue Stoffe (Kohlenstoff und Wasserstoff) gebildet.

Bearbeite auf ähnliche Weise die folgenden Aufgaben.

Aufgabe 6.2 Bildung von Kohlenstoffdioxid
Wie kann aus farblosem, gasförmigem Sauerstoff und festem, schwarzem Kohlenstoff farbloses, gasförmiges Kohlenstoffdioxid werden? Beantworte die Frage in Worten, mit einer Wortgleichung und mit einer Formelgleichung.
(WD 2 Konzeptwissen / KP 3 Anwenden)

Aufgabe 6.3 Bildung von Wasser
Wie kann aus farblosem, gasförmigem Sauerstoff und farblosem, gasförmigem Wasserstoff farbloses, flüssiges Wasser werden? Beantworte die Frage in Worten, mit einer Wortgleichung und mit einer Formelgleichung.
(WD 2 Konzeptwissen / KP 3 Anwenden)

Aufgabe 6.4 Verbrennung von Wachs
Wie können aus Wachs und Sauerstoff Wasser und Kohlenstoffdioxid entstehen, obwohl weder in Wachs noch in Sauerstoff Wasser bzw. Kohlenstoffdioxid enthalten sind? Beantworte die Frage in Worten, mit einer Wortgleichung und mit einer Formelgleichung.
(WD 2 Konzeptwissen / KP 3 Anwenden)

Erklärung der Massengesetze

Es geht hier um den Grundsatz der Massenerhaltung und das Gesetz der konstanten Massenverhältnisse. Man kann diese Gesetze mit Daltons Atommodell erklären. Dies ist die quantitative Bedeutung von Daltons Atommodell.

Grundsatz der Massenerhaltung

Nach dem AMD werden im Verlauf einer chemischen Reaktion meist Moleküle gespalten. Die dabei entstehenden Atome werden dann meist auf neue Art und Weise verbunden, wobei neue Moleküle gebildet werden.

Zu Beginn der Reaktion war von jeder beteiligten Atomsorte eine gewisse Anzahl vorhanden. Nach der Reaktion ist von jeder beteiligten Atomsorte noch die gleiche Anzahl vorhanden. Es sind also weder Atome vernichtet, noch Atome neu gebildet worden – wie könnte dies auch geschehen? Folglich bleibt die Gesamtmasse im Verlauf einer chemischen Reaktion unverändert.

Beispiel:

CuO reagiert mit C zu Cu und CO_2

$$2\,CuO + C \rightarrow 2\,Cu + CO_2$$

Zu Beginn der Reaktion: 2 Cu-Atome, 2 O-Atome, 1 C-Atom.
Am Ende der Reaktion: 2 Cu-Atome, 2 O-Atome, 1 C-Atom.

Gesetz der konstanten Massenverhältnisse

Wie auch schon beim Kugelteilchen-Modell (KTM) gilt für das AMD: Die Eigenschaften eines Stoffs werden durch die kleinsten Teilchen bestimmt. D. h., CO_2-Moleküle entsprechen auf der Wirklichkeitsebene immer dem Stoff Kohlenstoffdioxid. Im Umkehrschluss bedeutet das auch: Dem Stoff Kohlenstoffdioxid entsprechen auf der Theorieebene immer CO_2-Moleküle.

Außerdem gilt gemäß AMD: Eine bestimmte chemische Reaktion läuft immer nach dem gleichen Zahlenmuster ab.

Beispiel:

CuO reagiert mit C zu Cu und CO_2

$$2\,CuO + C \rightarrow 2\,Cu + CO_2$$

Bei dieser Reaktion gelten immer die folgenden Zahlenverhältnisse:

Anzahl CuO-Moleküle zu Anzahl C-Atome:	2 : 1
Anzahl CuO-Moleküle zu Anzahl Cu-Atome:	2 : 2
Anzahl CuO-Moleküle zu Anzahl CO_2-Moleküle:	2 : 1
Anzahl C-Atome zu Anzahl Cu-Atome:	1 : 2
Anzahl C-Atome zu Anzahl CO_2-Moleküle:	1 : 1

Wenn immer die gleichen Zahlenverhältnisse gelten und die Atome einer Atomsorte immer die gleiche Masse aufweisen, dann muss das Gesetz der konstanten Massenverhältnisse gelten.

Aufgabe 6.5 Ausgleichen einfacher Reaktionsgleichungen

Bestimme die kleinstmöglichen Faktoren für die kleinsten Teilchen, sodass die Masseerhaltung gewährleistet ist (dieser Prozess heißt Ausgleichen).

a) $H_2 + F_2 \rightarrow HF$
b) $C + O_2 \rightarrow CO$
c) $P_4 + O_2 \rightarrow P_4O_{10}$
d) $N_2 + H_2 \rightarrow NH_3$
e) $Na + Cl_2 \rightarrow NaCl$
f) $S_8 + H_2 \rightarrow H_2S$
g) $Al + O_2 \rightarrow Al_2O_3$
h) $S + O_2 \rightarrow SO_3$
i) $Fe_2O_3 + Al \rightarrow Al_2O_3 + Fe$
j) $P_4 + I_2 \rightarrow PI_3$

(WD 3 Prozesswissen / KP 3 Anwenden)

Ausgleichen von Reaktionsgleichungen

a) $Al_2O_3 + Mg \rightarrow Al + MgO$
b) $H_2S + O_2 \rightarrow SO_2 + H_2O$
c) $Fe_2O_3 + CO \rightarrow Fe + CO_2$
d) $FeCl_3 + Cu \rightarrow FeCl_2 + CuCl_2$
e) $CH_4 + Cl_2 \rightarrow CCl_4 + HCl$
f) $N_2H_4 \rightarrow NH_3 + N_2$
g) $Fe_2O_3 + H_2S \rightarrow Fe_2S_3 + H_2O$
h) $POCl_3 + H_2O \rightarrow H_3PO_4 + HCl$

(WD 3 Prozesswissen / KP 3 Anwenden)

Ausgleichen komplexer Reaktionsgleichungen

a) $NH_3 + O_2 \rightarrow NO_2 + H_2O$
b) $NH_3 + O_2 \rightarrow NO + H_2O$
c) $NH_3 + O_2 \rightarrow N_2 + H_2O$
d) $C_2H_2 + O_2 \rightarrow CO_2 + H_2O$
e) $C_6H_6 + O_2 \rightarrow CO_2 + H_2O$
f) $C_4H_{10} + O_2 \rightarrow CO_2 + H_2O$
g) $ZnO + Co(NO_3)_2 \rightarrow ZnCo_2O_4 + NO_2 + O_2$

(WD 3 Prozesswissen / KP 3 Anwenden)

Unterscheidung zwischen Elementen und Verbindungen

Im vorherigen Kapitel wurde deutlich: Das KTM kann nicht zwischen Elementen und Verbindungen unterscheiden. Mit dem AMD ist dies nun möglich.

Elemente und Verbindungen nach dem AMD

Elemente: Die kleinsten Teilchen der Elemente sind Atome.
Verbindungen: Die kleinsten Teilchen von Verbindungen sind Moleküle – sie werden aus mindestens zwei verschiedenen Atomsorten gebildet.
(WD 1 Faktenwissen)

Die Bedeutung des AMD zu Beginn des 19. Jahrhunderts

Das Atommodell von Dalton kann also erklären, wie in einer chemischen Reaktion neue Stoffe entstehen können. Dies ist die große Leistung des Modells. Außerdem kann es die chemischen Massengesetze erklären.

Die große Leistung John Daltons ist nicht die Erfindung der Atome – diese Idee hatten schon andere vor ihm. Seine große Leistung besteht darin, dass er eine Hypothese aufgestellt hat, mit der man zum ersten Mal, auf logisch nachvollziehbare Art und Weise, erklären konnte, wie neue Stoffe gebildet werden könnten.

In anderen Worten: Die große Leistung des Herrn Dalton ist die Erfindung der Moleküle – diese Idee ist zu seiner Zeit wie eine Bombe eingeschlagen und hat ihn in kürzester Zeit von einem unbekannten Hauslehrer zu einem weltweit gefeierten Wissenschaftler gemacht.

Als Dalton seine Idee veröffentlichte, war sie noch viel zu wenig geprüft, um nach heutigen Maßstäben als Theorie bezeichnet zu werden. Deshalb spricht man besser von einer Atomhypothese als von einer Atomtheorie. Später, nach der Veröffentlichung, konnte diese Hypothese durch unzählige Experimente bestätigt werden, sodass die Hypothese zur Theorie wurde. Gewisse Experimente haben allerdings auch gravierende Fehler der Hypothese aufgezeigt – doch dazu mehr in Band 2.

Bestimmung von Atommassen

Mithilfe seiner Annahmen über binäre, ternäre und quaternäre Verbindungen und der bekannten konstanten Massenverhältnisse bei chemischen Reaktionen war Dalton in der Lage, die relativen Massen von Atomen zu berechnen.

Dies soll am Beispiel der Wasserbildung und der Atommassen für Wasserstoff und Sauerstoff demonstriert werden.

Die Massenverhältnisse bei der Wasserbildung konnten mit dem folgenden Versuchsaufbau bestimmt werden (◘ Abb. 6.15).

Mit dem in ◘ Abb. 6.15 gezeigten Versuchsaufbau ließ man genau abgewogene Mengen Wasserstoff und Sauerstoff in das Reaktionsrohr einströmen und zündete das Gasgemisch mit einem elektrisch ausgelösten Funken. Blieb nach der Reaktion kein Restvolumen an Wasserstoff und Sauerstoff zurück, so konnte man von einer vollständigen Umsetzung ausgehen.

Bei derartigen vollständigen Reaktionen erhielt man Messwerte, die das Muster entsprechend ◘ Tab. 6.2 aufzeigten: Man erhält ein Massenverhältnis von m(H) zu m(O) von 1 zu 8.

Da kein Stoff eine geringere Dichte als Wasserstoff hat, wählte Dalton für das Wasserstoff-Atom die relative Atommasse 1 (ohne Einheit). Da nach seinen Annahmen Wassermoleküle die Zusammensetzung HO aufweisen, ergibt sich aus der relativen Atommasse für Wasserstoff (m_r(H) = 1) die relative Atommasse für Sauerstoff zu 8 (m_r(O) = 8).

Schon damals war bekannt, dass bei der Wasserbildung aus den Elementen das Wasserstoff-Volumen immer doppelt so groß ist wie das Sauerstoff-Volumen. Demzufolge nahm der einflussreiche schwedische Chemiker Jöns Jakob Berzelius (1779–1848) an, dass das Wassermolekül die Zusammensetzung H_2O hat. Aufgrund der anderen Molekülformel

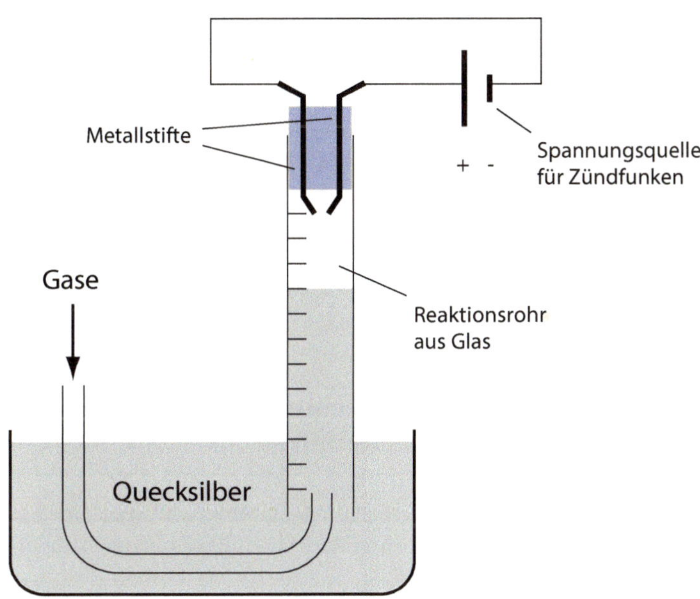

Abb. 6.15 Schematische Darstellung eines Eudiometers. (© Ralf Geiß 2017)

Tab. 6.2 Massenverhältnisse für die Reaktion von Wasserstoff mit Sauerstoff

Reaktion	m(H) [g]	m(O) [g]	m(O) / m(H)	m(O) / m(H) gerundet
1	0,20	1,61	8,05	8
2	0,41	3,26	7,95	8
3	0,81	6,46	7,98	8
4	1,04	8,15	7,84	8
5	1,25	10,02	8,02	8

kommt er bei gleichem konstantem Massenverhältnis mit $m_r(H) = 1$ auf eine relative Atommasse für Sauerstoff von 16 ($m_r(O) = 16$).

Anhand der Wasserbildung wird deutlich: Für die Berechnung der relativen Atommassen kommt es auf zwei Komponenten an:

- die Genauigkeit, mit der das Massenverhältnis gemessen wurde,
- die Molekülformel, die man für die Gestalt der kleinsten Teilchen annimmt.

In den Jahren und Jahrzehnten nach der Veröffentlichung von Daltons Atomtheorie sahen zahlreiche Chemiker die korrekte Bestimmung der relativen Atommassen als eine der wichtigsten Aufgaben der Chemie an. Durch seine geschickt und präzise ausgeführten Massenbestimmungen machte sich vor allem J. J. Berzelius einen Namen – er stieg zu einem der angesehensten Chemiker seiner Zeit auf. Trotz des bedeutenden Einflusses von Berzelius konnten sich die Chemiker in den Jahrzehnten nach 1808 jedoch nicht auf einheitliche Molekülformeln und somit auch nicht auf allgemein anerkannte relative Atommassen einigen. Deshalb herrschte in der ersten Hälfte des 19. Jhd. ein heilloses Durcheinander in der Chemie.

Heute existieren für alle molekular aufgebauten Stoffe, die ausreichend erforscht wurden, allgemein anerkannte Molekülformeln. In den folgenden Aufgaben werden diese Formeln verwendet. In Band 2 werden wir erfahren, wie man diese Formeln bestimmen kann.

6.6 Chemisches Rechnen mit dem Atommodell von Dalton (Stöchiometrie)

In diesem Abschnitt geht es darum zu lernen, wie man mit dem AMD chemische Massenberechnungen durchführen kann. Derartige Rechnungen werden auch stöchiometrische Massenberechnungen genannt, da die Grundlage dieser Rechnungen immer eine chemische Gleichung mit ihren Faktoren und Koeffizienten, also mit ihrer Stöchiometrie, ist.

Zuerst wird hier anhand zweier Beispiele gezeigt, wie stöchiometrische Massenberechnungen ausgeführt werden können. Anschließend kann diese Rechenprozedur mit zahlreichen Aufgaben geübt werden.

Stöchiometrische Massenberechnungen für die Wassersynthese

Beispiel 1

Bei der vollständigen Reaktion von 4,04 g Wasserstoff mit 32,00 g Sauerstoff werden 36,04 g Wasser gebildet. Wie viel Gramm Wasser können mit 10,00 g Wasserstoff maximal gebildet werden?

Gegeben

$$m(\mathrm{H_2}) = 4{,}04\,\mathrm{g}$$
$$m(\mathrm{O_2}) = 32{,}00\,\mathrm{g}$$
$$m(\mathrm{H_2O}) = 36{,}04\,\mathrm{g}$$

Gesucht

$$m(\mathrm{H_2O})\ \text{für}\ 10{,}00\,\mathrm{g\,H_2}$$

Aus den gegebenen Massen können zwei Massenverhältnisse gebildet werden, die aufgrund der konstanten Massenverhältnisse gleich sein müssen. Da in einem der Massenverhältnisse die gesuchte Größe x auftritt, kann, durch Auflösen der resultierenden Bruchgleichung, x bestimmt werden.

Lösung

$$4{,}04\,\mathrm{g}\,(\mathrm{H_2}) \mathrel{\hat{=}} 36{,}04\,\mathrm{g}\,(\mathrm{H_2O})$$

$10{,}00\,g\,(H_2) \mathrel{\hat{=}} x$

$$\frac{x}{10{,}0\,g\,(H_2)} = \frac{36{,}04\,g\,(H_2O)}{4{,}04\,g\,(H_2)}$$

$$x = \frac{36{,}04\,g\,(H_2O) \cdot 10{,}0\,g\,(H_2)}{4{,}04\,g\,(H_2)}$$

$x = 89{,}208\,g$

Aus 10,00 g Wasserstoff können maximal 89,21 g Wasser gebildet werden.

Beispiel 2

Bei der vollständigen Reaktion von 4,04 g Wasserstoff mit 32,00 g Sauerstoff werden 36,04 g Wasser gebildet. Wie viel Gramm Sauerstoff sind mindestens erforderlich, um 100,00 g Wasser zu bilden?

Gegeben

$m(H_2) = 4{,}04\,g$
$m(O_2) = 32{,}00\,g$
$m(H_2O) = 36{,}04\,g$

Gesucht

$m(O_2)$ für $100{,}00\,g\,H_2O$

Lösung

$32{,}00\,g\,(O_2) \mathrel{\hat{=}} 36{,}04\,g\,(H_2O)$

$x \mathrel{\hat{=}} 100{,}00\,g\,(H_2O)$

$$\frac{x}{100{,}00\,g\,(H_2O)} = \frac{32{,}00\,g\,(O_2)}{36{,}04\,g\,(H_2O)}$$

$$x = \frac{32{,}00\,g\,(O_2) \cdot 100{,}00\,g\,(H_2O)}{36{,}04\,g\,(H_2O)}$$

$x = 88{,}7902\,g$

Für die Bildung von 100,00 g Wasser sind 88,79 g Sauerstoff erforderlich.

Aufgabe 6.8 Chemische Massenberechnungen: Na reagiert mit S

Natrium (Na) reagiert mit Schwefel (S) zu Natriumsulfid (Na_2S).
Bei einer vollständigen Reaktion konnten folgende Stoffmassen ermittelt werden:

$m(Na) = 45{,}98\,g$
$m(S) = 32{,}06\,g$
$m(Na_2S) = 78{,}04\,g$

a) Stelle die Reaktionsgleichung auf.
b) Zeichne ein Kugelbild für die Reaktionsgleichung.
c) Wie viel Natrium ist erforderlich, um 8,00 g Natriumsulfid herzustellen?
d) Wie viel Schwefel braucht man mindestens für die Bildung von 8,00 g Natriumsulfid?

(WD 3 Prozesswissen / KP 3 Anwenden)

Aufgabe 6.9 Chemische Massenberechnungen: Mg reagiert mit CO_2

Bei der Reaktion von Magnesium (Mg) mit Kohlenstoffdioxid (CO_2) entstehen Magnesiumoxid (MgO) und Kohlenstoff (C). Bei einer vollständigen Reaktion konnten folgende Stoffmassen ermittelt werden:

$m(\mathrm{Mg}) = 48{,}62\ \mathrm{g}$
$m(\mathrm{CO_2}) = 44{,}01\ \mathrm{g}$
$m(\mathrm{MgO}) = 80{,}62\ \mathrm{g}$
$m(\mathrm{C}) = 12{,}01\ \mathrm{g}$

a) Stelle die Reaktionsgleichung auf.
b) Zeichne ein Kugelbild für die Reaktionsgleichung.
c) Erfüllen diese Massenangaben den Grundsatz der Massenerhaltung?
d) Wie viel Magnesiumoxid kann aus 10 g Magnesium maximal gebildet werden?
e) Wie viel Kohlenstoffdioxid ist für die vollständige Reaktion von 10 g Magnesium erforderlich?
f) Wie viel Kohlenstoff entsteht bei der vollständigen Reaktion von 10 g Magnesium?

(WD 3 Prozesswissen / KP 3 Anwenden)

Aufgabe 6.10 Chemische Massenberechnungen: CuO reagiert mit C

Bei der Reaktion von Kupferoxid (CuO) mit Kohlenstoff (C) entstehen Kupfer (Cu) und Kohlenstoffdioxid (CO_2). Bei einer vollständigen Reaktion konnten folgende Stoffmassen ermittelt werden:

$m(\mathrm{CuO}) = 159{,}10\ \mathrm{g}$
$m(\mathrm{C}) = 12{,}01\ \mathrm{g}$
$m(\mathrm{CO_2}) = 44{,}01\ \mathrm{g}$
$m(\mathrm{Cu}) = 127{,}10\ \mathrm{g}$

a) Stelle die Reaktionsgleichung auf.
b) Woran kann man erkennen, ob der Chemiker, der diese Massen bestimmt hat, genau und sorgfältig vorgegangen ist?

c) Wie viel Kupfer kann aus 1000,00 g Kupferoxid maximal gebildet werden?
d) Wie viel Kohlenstoff ist für die vollständige Reaktion von 1000,00 g Kupferoxid erforderlich?
e) Wie viel Kohlenstoffdioxid entsteht bei der vollständigen Reaktion von 1000,00 g Kupferoxid?

(WD 3 Prozesswissen / KP 3 Anwenden)

Aufgabe 6.11 Chemische Massenberechnungen: $CaCO_3$ reagiert mit HCl

Bei der Reaktion von Calciumcarbonat (Kalk: $CaCO_3$) mit Chlorwasserstoff (HCl) entstehen Calciumchlorid ($CaCl_2$), Kohlenstoffdioxid (CO_2) und Wasser (H_2O). Bei einer vollständigen Reaktion konnten folgende Stoffmassen ermittelt werden:

$m(CaCO_3) = 100{,}09$ g
$m(HCl) = 72{,}92$ g
$m(CaCl_2) = 110{,}98$ g
$m(CO_2) = 44{,}01$ g
$m(H_2O) = 18{,}02$ g

a) Stelle die Reaktionsgleichung auf.
b) Wie viel Calciumchlorid kann man aus 50,0 g Calciumcarbonat und 50,0 g Chlorwasserstoff herstellen?
c) Wie viel Kohlenstoffdioxid entsteht, wenn 25,0 g Wasser gebildet werden?
d) Wie viel Kohlenstoffdioxid wird aus 30,0 g Calciumcarbonat und 20 g Chlorwasserstoff gebildet? (KP 4 Analysieren)

(WD 3 Prozesswissen / KP 3 Anwenden)

Aufgabe 6.12 Chemische Massenberechnungen: Thermolyse von $CaCO_3$

Wenn man Calciumcarbonat (Kalk: $CaCO_3$) stark erhitzt, entstehen Calciumoxid (CaO) und Kohlenstoffdioxid (CO_2). Bei einer vollständigen Reaktion konnten folgende Stoffmassen ermittelt werden:

$m(CaCO_3) = 100{,}09$ g
$m(CaO) = 56{,}08$ g
$m(CO_2) = 44{,}01$ g

Formuliere zwei Rechenaufgaben zu diesen Massenangaben und fertige eine schriftliche Lösung dazu an. Gib anschließend diese Aufgaben ohne Lösung einer Lernpartnerin oder einem Lernpartner zur Bearbeitung. Vergleicht zum Abschluss eure Lösungen und Lösungswege.

(WD 3 Prozesswissen / KP 4 Analysieren)

Aufgabe 6.13 Chemische Massenberechnungen: CO_2 reagiert mit C

Kohlenstoffdioxid (CO_2) reagiert mit Kohlenstoff (C) zu Kohlenstoffmonoxid (CO). Bei einer vollständigen Reaktion konnten folgende Stoffmassen ermittelt werden:

$m(CO_2) = 44{,}01\ g$
$m(C) = 12{,}01\ g$
$m(CO) = 56{,}02\ g$

Formuliere zwei Rechenaufgaben zu diesen Massenangaben und fertige eine schriftliche Lösung dazu an. Gib anschließend diese Aufgaben ohne Lösung einer Lernpartnerin oder einem Lernpartner zur Bearbeitung. Vergleicht zum Abschluss eure Lösungen und Lösungswege.
(WD 3 Prozesswissen / KP 4 Analysieren)

6.7 Reaktionstypen

Durch die bisher besprochenen Experimente und technischen Verfahren haben wir bereits eine beachtliche Zahl an chemischen Reaktionen kennengelernt.

Nach dem Atommodell von Dalton sind alle diese Reaktionen Molekülreaktionen. Um einen besseren Überblick über all diese Stoffverwandlungen zu bekommen, unterteilen wir Molekülreaktionen in weitere Reaktionstypen.

Wir werden in den folgenden Kapiteln erkennen, dass nicht alle chemischen Reaktionen mit Molekülen beschrieben werden können. Für verschiedene Reaktionstypen ist das Molekülkonzept nicht zutreffend.

Synthesen

Synthesereaktionen

Chemische Reaktionen, die zur Bildung neuer Moleküle führen, können als Synthesen bezeichnet werden.
(WD 1 Faktenwissen)

Beispiel:
Synthese von Calciumsulfid aus Calcium und Schwefel.

$$Ca + S \rightarrow CaS$$

Auch Reaktionen, in deren Verlauf zuerst Moleküle gespalten werden, die dann aber zur Bildung von neuen Molekülen führen, können als Synthesen bezeichnet werden.

▪▪ Beispiel:
Synthese von Ammoniak aus Wasserstoff und Stickstoff.

$$3\ H_2 + N_2 \rightarrow 2\ NH_3$$

Thermolysen

Thermolysereaktionen

Chemische Reaktionen, die unter Wärmezufuhr zur Spaltung von Molekülen führen, können als Thermolysen bezeichnet werden.
(WD 1 Faktenwissen)

▪▪ Beispiel:
Thermolyse von Kupfersulfid in Kupfer und Schwefel.

$$CuS \rightarrow Cu + S$$

Auch Reaktionen, in deren Verlauf zuerst große Moleküle gespalten werden, die dann aber zur Bildung von neuen kleinen Molekülen führen, können als Thermolysen bezeichnet werden.

▪▪ Beispiel:
Thermolyse von Haushaltszucker (Saccharose) in Wasser und Kohlenstoff.

$$C_{12}H_{22}O_{11} \rightarrow 12\ C + 11\ H_2O$$

Redoxreaktionen (stoffbezogen)

Stoffbezogene Redoxreaktionen haben wir bereits in ▶ Kap. 3 kennengelernt. Dort konnten wir diese Reaktionen nur auf der Wirklichkeitsebene als Sauerstoff-Übertragungsreaktionen beschreiben. Mit dem Atommodell von Dalton können wir diese Reaktionen auch auf der Theorieebene deuten.

Stoffbezogene Redoxreaktionen

Im Verlauf von stoffbezogenen Redoxreaktionen werden Sauerstoff-Atome von Molekülen des Oxidationsmittels auf Moleküle bzw. Atome des Reduktionsmittels übertragen.
(WD 1 Faktenwissen)

Beispiel:
Reduktion von Eisenoxid mit Kohlenmonoxid.

$$Fe_2O_3 + 3\,CO \rightarrow 2\,Fe + 3\,CO_2$$

Bei genauer Betrachtung wird deutlich, dass Redoxreaktionen gekoppelte Prozesse sind. Eine Thermolyse (Sauerstoff-Abspaltung) und eine Synthese (Sauerstoff-Bindung) finden gleichzeitig statt.

Sauerstoff-Abspaltung

$$Fe_2O_3 \rightarrow 2\,Fe + 3\,O$$

Sauerstoff-Bindung

$$3\,CO + 3\,O \rightarrow 3\,CO_2$$

Aufgabe 6.14 Synthesen und Thermolysen

a) Gib für drei Synthesen die Reaktionsgleichung an.
b) Gib für drei Thermolysen die Reaktionsgleichung an.

(WD 3 Prozesswissen / KP 3 Anwenden)

Redoxreaktionen – AMD

Gib für drei Redoxreaktionen die Reaktionsgleichung an und formuliere jeweils auch für die Sauerstoff-Abspaltung und Sauerstoff-Bindung eine chemische Teilgleichung.
(WD 3 Prozesswissen / KP 3 Anwenden)

6.8 Gegenüberstellung: Kugelteilchen-Modell und Atommodell von Dalton

Werden Lernende mit einem chemischen Modell konfrontiert, so interessieren sie sich naturgemäß zunächst einmal für die Definition, also die Beschreibung des Modells. Ist diese Ebene der Theorie gedanklich verarbeitet, so dürfte als Nächstes die Frage: „Was erklärt das Modell?“ in den Vordergrund rücken. Sobald auch diese Ebene der Theorie erfasst ist, könnte sich die Frage anschließen: „Was kann das Modell nicht erklären?“ Denn kein Modell ist die Wirklichkeit selbst. Jede Theorie ist eine menschliche Vorstellung, die zwar aufgrund experimenteller Erkenntnisse aufgestellt wurde, die aber nie das wahre Gesicht der Natur wiedergibt. Die Frage, wo die Fähigkeit eines Modells, die Natur zu erklären, endet, ist somit eine logische Konsequenz.

Bisher haben wir uns auf die Entwicklungsgeschichte, die zum KTM und zum AMD führte, sowie auf die Beschreibung der Modelle konzentriert. In diesem Abschnitt sollen zwei Fragen im Vordergrund stehen:

- Was können die beiden Modelle erklären?
- Was können die beiden Modelle nicht erklären?

Zum Verständnis von Modellen
Es ist gut zu wissen, was ein Modell erklären kann – aber erst wenn man weiß, was ein Modell nicht erklären kann, hat man es wirklich verstanden.
(WD 4 Metakognition)

Kugelteilchen-Modell (kinetisches Modell der Materie)

Das Kugelteilchen-Modell ist das erste und einfachste chemische Modell, das in der Entwicklungsgeschichte der Chemie aufgetaucht ist. Es wurde jedoch nicht wie das Atommodell von Dalton von einer Person erfunden. Es hat sich etwa von Anfang des 17. Jhd. an (Pierre Gassendi) bis etwa zum Ende des 18. Jhd. (Daniel Bernoulli) durch die Arbeiten verschiedener Naturforscher herauskristallisiert.

Was kann das Kugelteilchen-Modell erklären?

Struktur der Materie

Das Kugelteilchen-Modell bedient sich des Prinzips der kleinsten Teilchen und führt damit eine grundlegende Beschreibung für den Aufbau der Stoffe ein: Stoffe sind nicht kontinuierlich aufgebaut, sie bestehen aus kleinsten Teilchen.

Aggregatzustände

Mit dem KTM kann man die typischen Merkmale der drei Aggregatzustände (fest, flüssig, gasförmig) erklären. Aufgrund der Annahmen des Modells kann man auch angeben, warum ein Stoff bei bestimmten Bedingungen fest, flüssig bzw. gasförmig ist.

Reinstoffe und Gemische

Mithilfe des KTM kann man erklären, was ein Reinstoff und was ein Gemisch ist. Man kann damit auf der Theorieebene auch zwischen heterogenen und homogenen Gemischen unterscheiden.

Trennmethoden

Das KTM liefert Zusammenhänge, mit denen es möglich ist, physikalische Trennmethoden theoretisch zu deuten.

Chemische und physikalische Vorgänge

Mit dem KTM kann man zwischen chemischen und physikalischen Vorgängen unterscheiden. Konkret: Mit dem Modell kann man angeben, was das Ergebnis eines physikalischen Vorgangs und was das Resultat einer chemischen Reaktion ist.

Verbrennung

Auch zur Verbrennung kann das KTM einen wichtigen Beitrag leisten. Es kann erklären, warum nur gasförmige Stoffe mit Luftsauerstoff brennen können.

Was kann das Kugelteilchen-Modell nicht erklären?

Anziehungskräfte

Für die theoretische Interpretation der Aggregatzustände sind die Anziehungskräfte zwischen den kleinsten Teilchen zentral. Was das für Anziehungskräfte sind und wovon diese Kräfte abhängen, kann das KTM nicht klären.

Wasseranomalie

Obwohl das KTM für die Deutung der Aggregatzustände grundlegende Vorstellungen liefert, kann man damit die Dichteanomalien des Wassers (Eis hat eine kleinere Dichte als flüssiges Wasser, Wasser weist bei 4 °C die größte Dichte auf) nicht erklären.

Elemente und Verbindungen

Mit dem KTM kann man nicht angeben, inwiefern sich Elemente von Verbindungen unterscheiden. Somit kann auch nicht erklärt werden, warum man aus Verbindungen Elemente gewinnen kann, Elemente aber nicht in andere Elemente verwandeln kann.

Chemische Reaktionen

Mithilfe des KTM kann zwar angegeben werden, ob eine chemische Reaktion vorliegt. Das Modell kann jedoch keine Aussagen darüber machen, wie eine chemische Reaktion genau abläuft. Demzufolge kann mit dem KTM nicht erklärt werden, warum der Grundsatz von der Erhaltung der Masse gilt. Ebenso kann man damit nicht erklären, wie es zu dem Gesetz der konstanten Massenverhältnisse kommt.

Stoffeigenschaften

Auf der Wirklichkeitsebene gilt die Definition: Eine chemische Reaktion liegt vor, wenn ein neuer Stoff gebildet wird. Dieser neue Stoff hat andere Eigenschaften als der bzw. die Ausgangsstoffe. Das KTM macht hierzu eine wichtige Aussage: Der neue Stoff hat andere kleinste Teilchen als die Ausgangsstoffe. Inwiefern die kleinsten Teilchen eines Stoffes mit seinen Eigenschaften in Verbindung stehen, kann das KTM jedoch nicht klären.

Energie

Warum Verbrennungen Energie freisetzen und chemische Reaktionen ganz allgemein mit einem Energieumsatz verbunden sind – zur Klärung dieser Fragen kann das KTM keinen Beitrag leisten.

Bewertung des Kugelteilchen-Modells

Genau betrachtet ist es außerordentlich erstaunlich, wie viel mit dem einfachsten chemischen Modell erklärt werden kann. Aufgrund seiner Einfachheit wird es wohl oft unterschätzt. Es liefert eine Vorstellungswelt, die es erlaubt, auf zahlreiche chemische Fragen eine Antwort zu geben. Selbst für Chemieprofis ist es ein unverzichtbares Werkzeug – rein aus Gewohnheit wenden sie es wohl oft an, ohne sich dessen recht bewusst zu sein.

Doch trotz seiner beachtlichen Leistungsmerkmale ist es ein für die Chemie vollkommen unzureichendes Instrument – es kann nicht einmal zwischen Elementen und Verbindungen unterscheiden, es kann nicht einmal beschreiben, was genau während einer chemischen Reaktion passieren könnte. Für die Entwicklung der Chemie war also ein leistungsfähigeres Modell unerlässlich.

▪▪ Beispiel Wachsverbrennung:

Die Ambivalenz des KTM zeigt sich sehr deutlich am Beispiel der Verbrennung von Kerzenwachs. Durch die Deutung der Aggregatzustände sowie die Vorstellungen zu Reinstoffen und Gemischen macht das KTM die Verbrennung von Kerzenwachs zumindest teilweise fassbar. Was genau bei der Verbrennung von Kerzenwachs, also bei der Umwandlung:

$$\text{Wachs} + \text{Sauerstoff} \rightarrow \text{Wasser} + \text{Kohlenstoffdioxid}$$

passiert, kann das KTM nicht beantworten. Es kann, wie schon gesagt, lediglich festhalten, dass es sich hierbei um eine chemische Reaktion handeln muss. Das KTM kann somit auch nicht erklären, wie schwarzer Kohlenstoff aus weißem Wachs herauskommen kann bzw. wie explosiver farbloser und gasförmiger Wasserstoff aus festem weißem Wachs herauskommen kann.

Atommodell von Dalton (AMD)

Die größte Schwäche des KTM ist seine Unfähigkeit, über den Verlauf von chemischen Reaktionen eine Aussage machen zu können. Laut dem KTM werden bei einer chemischen Reaktion Kugelteilchen bestimmter Größe in Kugelteilchen anderer Größe umgewandelt. Wie das passiert, bleibt allerdings ein Rätsel – das Ganze erscheint uns wie ein Zaubertrick. Diese entscheidende Lücke vermag das AMD zu schließen – andere Lücken können auch mit dem AMD nicht gefüllt werden.

Was kann das Atommodell von Dalton erklären?

Da das AMD, wie der Pfirsich seinen Kern, das KTM quasi in sich enthält, kann es all das, was das KTM erklären kann, ebenfalls erklären. Es kommen aber die folgenden weitergehenden Möglichkeiten hinzu.

Struktur der Materie

Wie das KTM basiert auch das AMD auf dem Prinzip der kleinsten Teilchen. Die kleinsten Teilchen werden aber nicht wie beim KTM als homogene Kugeln beschrieben – den kleinsten Teilchen wird eine bestimmte Struktur zugeordnet. Im Rahmen des AMD sind die kleinsten Teilchen meist aus Atomen zusammengesetzt (Bsp.: H_2O) und werden Moleküle genannt. Nur für die Elemente selbst werden Atome als kleinste Teilchen angenommen.

Chemische Reaktionen

Eine zentrale Bedeutung des AMD besteht darin, dass es erklären kann, wie im Verlauf von chemischen Reaktionen neue Stoffe entstehen könnten. Dies ist möglich mithilfe des Molekülkonzepts, das vom AMD in die chemische Theorie eingeführt wird.

Stöchiometrie

Aus den Massenverhältnissen einer chemischen Reaktion und experimentell zugänglichen Atommassen kann man Verhältnisformeln für kleinste Teilchen berechnen. Mit diesen Verhältnisformeln kann man chemische Reaktionsgleichungen aufstellen, die es erlauben, die stöchiometrischen Grundgesetze zu verstehen.

Stöchiometrisches Rechnen

Ausgehend von den stöchiometrischen Grundgesetzen macht das Atommodell von Dalton chemische Reaktionen in Bezug auf Massen berechenbar.

Elemente und Verbindungen

Das AMD kann präzise definieren, was ein Element und was eine Verbindung ist. Es kann also erklären, warum man aus einer Verbindung ein Element gewinnen kann und warum man ein Element nicht in ein anderes umwandeln kann.

Energie

Warum chemische Reaktionen unter Freisetzung oder unter Verbrauch von Energie ablaufen, kann auch das AMD nicht beantworten.

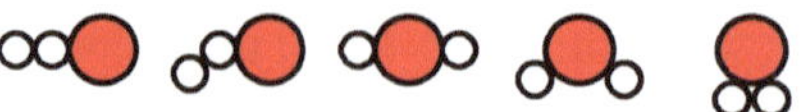

Abb. 6.16 Denkbare Varianten des Aufbaus des Wassermoleküls nach dem Atommodell von Dalton. (© Ralf Geiß 2017)

Dennoch kann es eine genauere Vorstellung vom Energieverlauf einer chemischen Reaktion liefern (siehe Band 2).

Was kann das Atommodell von Dalton nicht erklären?

Ursachen für Formeln

Mithilfe von experimentell bestimmten Atommassen sowie durch den konsequenten Einsatz der Waage bei der Untersuchung von chemischen Reaktionen (gravimetrische Analyse) kann man Verhältnisformeln aufstellen. Zu den Ursachen für diese Verhältnisformeln kann das AMD allerdings keine Angaben machen.

Beispiel:

Das AMD kann nicht erklären, warum die Molekülformel für kleinste Wasserteilchen H_2O und nicht HO oder H_3O lautet.

Räumlicher Molekülbau

Mit dem AMD kann man keine Aussagen zum räumlichen Aufbau der Moleküle machen – das Wassermolekül könnte linear oder gewinkelt gebaut sein, die beiden H-Atome könnten direkt aneinander oder beide am O-Atom zu liegen kommen. Es ist auch eine dreiecksartige Atomanordnung denkbar, bei der sich alle Atome gegenseitig berühren (Abb. 6.16).

Wasseranomalie

Erstaunlicherweise können auch mit dem AMD die Dichteanomalien des Wassers nicht erklärt werden. Hat das Wasserrätsel mit der räumlichen Gestalt des H_2O-Moleküls zu tun?

Stoffeigenschaften

Man kann mithilfe des AMD zwar verstehen, wie es möglich ist, dass Kohlenstoff aus Wachs herauskommt, man kann aber nicht verstehen, warum Kohlenstoff ganz andere Eigenschaften als Wachs hat. Anders gesagt: Das AMD kann ebenfalls nicht verständlich machen, wie die Eigenschaften der Stoffe durch die kleinsten Teilchen festgelegt werden.

Bewertung des Atommodells von Dalton

Das AMD gibt den homogenen Kugelteilchen des KTM eine Struktur und kann somit zwei zentrale chemische Fragen beantworten:

- Worin unterscheiden sich Elemente und Verbindungen?
- Was passiert bei chemischen Reaktionen – wie können neue Stoffe entstehen?

Die Antworten auf diese Fragen machen das AMD zu einem der bedeutendsten Meilensteine in der Geschichte der Chemie. Seit Tausenden von Jahren stellten chemische Reaktionen magische Prozesse dar, die niemand überzeugend erklären konnte. Seit 1808 jedoch konnte man mit dem AMD eine Vorstellung entwickeln, was dabei geschieht.

■■ Beispiel Wachsverbrennung:
Zur Klärung der Rätsel bei der Wachsverbrennung kann das AMD einen entscheidenden Beitrag leisten. Es kann erklären was bei der chemischen Reaktion:

Wachs + Sauerstoff → Wasser + Kohlenstoffdioxid

passiert. Das AMD kann also auch erklären, wie schwarzer Kohlenstoff aus weißem Wachs herauskommen kann etc. Es kann aber auch einige der „alten" Fragen nicht beantworten. Was könnte der Grund für diese Defizite des AMDs sein? Die Situation ist ganz ähnlich wie beim KTM in Bezug auf chemische Reaktionen. Das KTM kann keine Aussagen über den Verlauf von chemischen Reaktionen machen, da es keine Struktur der Kugelteilchen kennt. Man kann nun annehmen, dass Folgendes gilt: Das AMD kann keine Aussagen über den Aufbau von Molekülen machen, da es keine Struktur der Atome kennt.

Das AMD kann nicht nur manche alte Fragen nicht beantworten, es wirft auch neue Fragen auf, z. B.:
- Woraus bestehen Atome?
- Warum sind Atome mit chemischen Mitteln unteilbar?
- Warum verbinden sich bestimmte Atome in ganz bestimmten Zahlenverhältnissen zu bestimmten Molekülen?
- Wie sind die Atome in Molekülen räumlich angeordnet?

Merkmale chemischer (naturwissenschaftlicher) Modelle

Für die weitere Entwicklung der Chemie ist also trotz des AMD ein neues Modell erforderlich, welches Antworten gibt, die über das AMD hinausgehen. Aber auch dieses Modell wird neue Fragen stellen und nicht alle alten Fragen beantworten, sodass abermals ein neues Modell notwendig erscheint. Nach dem AMD wurden vier weitere, immer kompliziertere und leistungsfähigere Modelle entwickelt:
- das Rosinenkuchen-Modell des Atoms von Thomson,
- das Kern-Hülle-Modell von Rutherford,
- das Atommodell von Bohr,
- das Orbitalmodell des Atoms (quantenmechanisches Atommodell).

Mit diesen Modellen ist die Entwicklung der Chemie nicht abgeschlossen. Es werden weitere Modelle folgen.

Diese Entwicklung, die typisch für alle Naturwissenschaften ist, wurde schon vor langer Zeit auf eindrückliche Weise vom französischen Physiker Blaise Pascal (1623–1662) beschrieben:

„Die Geschehnisse der Natur sind verborgen; obgleich sie immer tätig ist, entdecken wir nicht immer ihre Wirkungen: Die Zeit enthüllt sie von Geschlecht zu Geschlecht, und obwohl sie stets sich selbst gleich ist, wird sie nicht stets in derselben Weise erkannt. [...] So müssen wir die Gesamtheit der Menschen im Verlaufe so vieler Jahrhunderte wie einen einzigen Menschen betrachten, der noch immer da ist und ohne Unterlass lernt." (Pascal 1947)

Will man die grundlegende Denk- und Arbeitsweise von Chemikerinnen und Chemikern verstehen, ist es gar nicht erforderlich, sich sofort mit den modernen und komplizierten Modellen zu befassen. Der Anfänger kann schon anhand der beiden einfachsten chemischen Modelle den sich prinzipiell wiederholenden Entwicklungsgang der Chemie erkennen. Deshalb ist es ausgesprochen fruchtbar, sich mit dem Vergleich von KTM und AMD gründlich zu befassen.

Kugelteilchen-Modell und Atommodell von Dalton

Das Kugelteilchen-Modell kann:

- **Eigenschaften der Aggregatzustände erklären;**
- **beschreiben, was bei den Aggregatzustandsübergängen passieren könnte;**
- **definieren, was ein Reinstoff und was ein Gemisch ist (kann auch zwischen homogenen und heterogenen Gemischen unterscheiden);**
- **erklären, worauf die physikalischen Trennmethoden beruhen;**
- **zwischen chemischen und physikalischen Vorgängen unterscheiden;**
- **erklären, warum nur gasförmige Stoffe mit Luftsauerstoff brennen.**

Das Kugelteilchen-Modell kann nicht:

- **Anziehungskräfte zwischen kleinsten Teilchen definieren;**
- **Dichteanomalien des Wassers erklären;**
- **zwischen Elementen und Verbindungen unterscheiden;**
- **erklären, wie bei chemischen Reaktionen neue Stoffe entstehen können;**
- **erklären, wie kleinste Teilchen Stoffeigenschaften festlegen;**
- **erklären, warum chemische Reaktionen Energie verbrauchen oder freisetzen.**

Das Atommodell von Dalton kann:

- **alles erklären, was auch das KTM erklären kann;**
- **basierend auf dem Molekülbegriff erklären, wie bei chemischen Reaktionen neue Stoffe entstehen könnten;**
- **die stöchiometrischen Grundgesetze erklären;**
- **stöchiometrische Massenberechnungen ermöglichen;**
- **zwischen Elementen und Verbindungen unterscheiden;**

- **kann eine einfache Vorstellung vom Energieumsatz chemischer Reaktionen vermitteln.**

Das Atommodell von Dalton kann nicht:

- **erklären, was die Ursachen für die Verhältnisformeln sind;**
- **eine räumliche Struktur für Moleküle herleiten;**
- **Dichteanomalien des Wassers erklären;**
- **erklären, wie kleinste Teilchen Stoffeigenschaften festlegen.**

(WD 1 Faktenwissen bis WD 2 Konzeptwissen)

6.9 Zusammenfassung

Das Kugelteilchen-Modell (KTM) und chemische Reaktionen

Das KTM kann nicht erklären, wie bei chemischen Reaktionen neue Stoffe gebildet werden könnten. Außerdem kann es nicht zwischen Elementen und Verbindungen unterscheiden.

Stöchiometrische Grundgesetze (Massegesetze)

Grundsatz von der Masseerhaltung

Bei vollständig ablaufenden chemischen Reaktionen gilt: Die Masse der Ausgangsstoffe ist gleich der Masse der Endstoffe.

Hierauf beruht das Ausgleichen von Reaktionsgleichungen. Denn durch das Ausgleichen wird sichergestellt: Ein Atom, das auf der linken Seite des Reaktionspfeils in einer bestimmten Anzahl vorkommt, kommt in genau der gleichen Anzahl auch auf der rechten Seite des Reaktionspfeils vor.

Gesetz der konstanten Massenverhältnisse

Läuft eine chemische Reaktion vollständig ab, bleiben also keine Reaktionspartner übrig, so gilt für unterschiedliche Reaktionsansätze: Das Massenverhältnis zweier beliebiger Reaktionsteilnehmer ist konstant, d. h., der entsprechende Massenquotient ist konstant.

Hierauf beruhen die chemischen Massenberechnungen, die man für chemische Umsetzungen durchführen kann. Da diese Berechnungen auf der Gleichheit zweier Quotienten beruhen, braucht man für die Berechnung einer Masse mindestens drei Massenangaben.

Atommodell von Dalton (AMD)

Alle Stoffe sind aus Atomen aufgebaut. Das kleinste Teilchen eines Elements ist ein Atom. Das kleinste Teilchen einer Verbindung ist ein Molekül.

Was sind Atome?

- Atome sind mit chemischen Methoden unteilbar.
- Es gibt genau so viele Atomarten, wie es Elemente gibt.
- Die Atome eines Elements haben alle die gleiche Masse.
- Die Atome unterschiedlicher Elemente unterscheiden sich in ihrer Masse.

Was passiert bei chemischen Reaktionen?

Die Moleküle der Ausgangsstoffe werden in Atome aufgespalten. Diese Atome verbinden sich dann zu neuen Molekülen.

Beispiel:

$$\text{Natriumchlorid} + \text{Schwefelsäure} \rightarrow \text{Chlorwasserstoff} + \text{Natriumsulfat}$$

$$2\,NaCl + H_2SO_4 \rightarrow 2\,HCl + Na_2SO_4$$

Es können natürlich zwei einfache Varianten auftreten, wenn die Ausgangsstoffe oder die Produkte Elemente sind.

Sind die Ausgangsstoffe Elemente, dann verbinden sich die Atome direkt, ohne vorherige Spaltung.

Beispiel:

$$\text{Eisen} + \text{Schwefel} \rightarrow \text{Eisensulfid}$$

$$Fe + S \rightarrow FeS$$

Sind die Produkte Elemente, dann verbinden sich die Atome nach der Spaltung nicht mehr.

Beispiel:

$$\text{Kupfersulfid} \rightarrow \text{Kupfer} + \text{Schwefel}$$

$$CuS \rightarrow Cu + S$$

Was kann das AMD erklären?

Qualitative Erklärung

Mit dem AMD kann man erklären, wie bei chemischen Reaktionen neue Stoffe gebildet werden könnten.

Quantitative Erklärung

Mit dem AMD kann man die stöchiometrischen Grundgesetze (Massengesetze) für chemische Reaktionen erklären.

Reaktionstypen

Synthesen sind chemische Reaktionen, die zur Bildung von neuen Molekülen führen.

Thermolysen sind chemische Reaktionen, in deren Verlauf Moleküle gespalten werden.

Im Verlauf von Redoxreaktionen werden die Moleküle des Oxidationsmittels unter Bildung von Sauerstoff-Atomen gespalten (Thermolyse). Die entstehenden Sauerstoff-Atome verbinden sich mit den Atomen bzw. Molekülen des Reduktionsmittels zu neuen Molekülen (Synthese).

Vergleich: KTM – AMD

Mit dem Kugelteilchen-Modell (KTM) wurde das Konzept der kleinsten Teilchen in die chemische Theorie eingeführt. Gemäß dem KTM sind kleinste Teilchen kugelförmige Gebilde aus einer undefinierten Substanz.

Gemäß dem KTM werden bei chemischen Reaktionen Kugelteilchen gespalten und vereinigt. Dabei sollen wiederum kugelförmige Teilchen gebildet werden. Was bei diesen Vereinigungen und Spaltungen genau geschieht und warum die entstehenden Teilchen auch wieder kugelförmig sind, kann das KTM nicht klären. Das KTM ersetzt somit lediglich das Rätsel der Stoffverwandlung durch das Rätsel der Kugelteilchen-Vereinigung und -Spaltung.

Im Gegensatz dazu kann das Atommodell von Dalton (AMD) erklären, wie kleinste Teilchen aufgespalten und vereinigt werden können. Diese Erklärung wird durch die Einführung der Moleküle möglich. Daltons Atommodell sollte deshalb treffender Molekülmodell genannt werden.

Für Elemente nimmt das AMD Atome als kleinste Teilchen an. Für Verbindungen werden Moleküle als kleinste Teilchen postuliert.

Basiskonzept kleinste Teilchen

Das AMD ist wesentlich leistungsfähiger als das KTM. Manche Aussagen des KTM sind nach dem AMD als falsch einzustufen. So gesehen wird das KTM nicht durch das AMD ergänzt, es wird ersetzt durch das AMD.

Die Basis des KTM jedoch, das Konzept der kleinsten Teilchen, ist auch die Basis des AMD. Dieser Sachverhalt gilt für alle chemischen Modelle und Theorien – sie beruhen alle auf dem Konzept der kleinsten Teilchen.

Unbeantwortete Fragen und Ausblick

Unbeantwortete Fragen

- John Dalton machte willkürliche Annahmen zu den Molekülformeln der Stoffe – kann man diese Formeln zuverlässig bestimmen?
- Was bestimmt die konstanten Zahlenverhältnisse der Atome in einem Molekül?
  Beispiel: Warum lautet die Formel für Wasser H_2O und nicht HO oder H_3O?
- Wie sind Moleküle räumlich aufgebaut?
  Beispiel H_2O-Molekül: Welche der denkbaren Anordnungen liegt vor (■ Abb. 6.16)?
- Was hält Atome in Molekülen zusammen – wirkt zwischen Atomen eine Anziehungskraft?
- Ein Reinstoff besteht immer aus einer bestimmten Art kleinster Teilchen und hat immer die gleichen Eigenschaften – wie werden diese Eigenschaften von den kleinsten Teilchen bestimmt?
- Bei manchen chemischen Reaktionen wird Energie freigesetzt, bei anderen Energie verbraucht – warum ist das so?

Ausblick

Die erste der offenen Fragen wird im ersten Kapitel des nächsten Bandes behandelt. Die anderen offenen Fragen sind Gegenstand der folgenden Kapitel.

Die wichtigsten Zusammenhänge

Stöchiometrische Grundgesetze (Faktenwissen)

Grundsatz der Massenerhaltung: Bei vollständig ablaufenden chemischen Reaktionen gilt: Die Masse der Ausgangsstoffe ist gleich der Masse der Endstoffe.

Gesetz der konstanten Massenverhältnisse: Läuft eine chemische Reaktion vollständig ab, so gilt (für unterschiedliche Reaktionsansätze): Der Massenquotient zweier beliebiger Reaktionspartner ist konstant.

Atommodell von Dalton (Konzeptwissen)

Die kleinsten Teilchen der Stoffe:

- Das kleinste Teilchen eines Elements ist ein Atom.
- Das kleinste Teilchen einer Verbindung ist ein Molekül.

Merkmale der Atome:

- Atome sind mit chemischen Methoden unteilbar.
- Es gibt genau so viele Atomarten, wie es Elemente gibt.
- Die Atome eines Elements haben alle die gleiche Masse.
- Die Atome unterschiedlicher Elemente unterscheiden sich in ihrer Masse.

Zum Verlauf chemischer Reaktionen: Die Moleküle der Ausgangsstoffe werden in Atome aufgespalten. Diese Atome verbinden sich dann zu neuen Molekülen.

Chemische Reaktionen sind teilweise mathematisch fassbar (metakognitives Wissen)
Der Stoff- bzw. Massenumsatz chemischer Reaktionen lässt sich mit sehr einfachen mathematischen Beziehungen beschreiben.

Leistungen des AMD (metakognitives Wissen)
- Erklärung der Bildung von neuen Stoffen.
- Unterscheidung von Elementen und Verbindungen.
- Erklärung der stöchiometrischen Grundgesetze.

Defizite des AMD (metakognitives Wissen)
- Wodurch werden die Molekülformeln bestimmt?
- Welche räumliche Gestalt hat ein bestimmtes Molekül?
- Was hält Atome in Molekülen zusammen?
- Inwiefern bestimmen die kleinsten Teilchen die Eigenschaften der Stoffe?
- Warum sind chemische Reaktionen mit Energieumsatz verbunden?

Bewertung des AMD (metakognitives Wissen)
Das AMD ist die einfachste chemische Theorie, die in der Lage ist, die Bildung neuer Stoffen zu erklären. Außerdem ist das AMD die Grundlage für alle stöchiometrischen Rechnungen. Infolgedessen ist das AMD eine sehr bedeutsame chemische Theorie. Durch die Postulate Daltons stellen sich jedoch zahlreiche neue Fragen, die nach einem leistungsfähigeren chemischen Modell verlangen.

6.10 Testaufgaben zur Standortbestimmung

Aufgabe 6.16 Qualitative Bedeutung des AMD
Beschreibe mit eigenen Worten: Wie kann das AMD erklären, dass bei chemischen Reaktionen neue Stoffe entstehen?
Hinweis: Du kannst bei Deiner Antwort davon ausgehen, dass bei chemischen Reaktionen die Ausgangs- und Endstoffe molekular aufgebaut sind.
(WD 2 Konzeptwissen / KP 2 Verstehen)

Aufgabe 6.17 Quantitative Bedeutung des AMD
Beschreibe mit eigenen Worten: Wie kann das AMD die stöchiometrischen Grundgesetze (Massengesetze) erklären?
(WD 2 Konzeptwissen / KP 2 Verstehen)

Aufgabe 6.18 Reaktionsgleichungen

Es sind die folgenden noch nicht ausgeglichenen Reaktionsgleichungen gegeben.

$$Cl_2 + H_2O \rightarrow HCl + HOCl$$
$$HClO_2 \rightarrow ClO_2 + HCl + H_2O$$
$$I_2 + H_2O + Cl_2 \rightarrow HIO_3 + HCl$$

Hinweise: HOCl: Hypochlorige Säure, $HClO_2$: Chlorige Säure, HIO_3: Iodsäure.

a) Gleiche die Reaktionsgleichungen aus.
b) Formuliere für jede Reaktionsgleichung eine ausführliche Version mit komplett getrennten Atomen.
c) Zeichne für jede ausführliche Reaktionsgleichung ein Kugelbild.

(WD 3 Prozesswissen / KP 3 Anwenden)

Aufgabe 6.19 Chemische Massenberechnungen: $BaCO_3$ reagiert mit HBr

Bei der Reaktion von Bariumcarbonat ($BaCO_3$) mit Bromwasserstoff (HBr) entstehen Bariumbromid ($BaBr_2$), Kohlenstoffdioxid (CO_2) und Wasser (H_2O). Bei einer vollständigen Reaktion konnten folgende Stoffmassen ermittelt werden:

$m(BaCO_3) = 197{,}34$ g
$m(HBr) = 161{,}82$ g
$m(BaBr_2) = 297{,}13$ g
$m(CO_2) = 44{,}01$ g
$m(H_2O) = 18{,}02$ g

a) Stelle die Reaktionsgleichung auf.
b) Wie viel Wasser entsteht, wenn 100,00 g Kohlenstoffdioxid entstehen?
c) Wie viel Bariumbromid kann man aus 12,0 g Bariumcarbonat und 24,0 g Bromwasserstoff herstellen?
d) Wie viel Kohlenstoffdioxid kann man aus 130 g Bariumcarbonat und 110 g Bromwasserstoff herstellen?

(WD 3 Prozesswissen / KP 3 Anwenden)

6.11 Lösungen der Aufgaben

Aufgabe 6.1 Chemische Reaktionen und das Kugelteilchen-Modell (KTM)

Eisen + Wasser → Eisenoxid + Wasserstoff

Wenn aus zwei Stoffen zwei neue Stoffe gebildet werden, dann müssen aus zwei Kugelteilchen zwei neue Kugelteilchen gebildet werden. Da das KTM nicht angibt, wie neue Kugelteilchen entstehen können, ermöglicht das KTM keine Erklärung für diese chemische Reaktion.

Aufgabe 6.2 Bildung von Kohlenstoffdioxid

Kohlenstoff + Sauerstoff → Kohlenstoffdioxid

$$C + 2\,O \rightarrow CO_2$$

Hinweis: Die moderne, verbesserte Form der Reaktionsgleichung lautet:

$$C + O_2 \rightarrow CO_2$$

Aus Kohlenstoffatomen (kleinste Teilchen des Kohlenstoffs) und Sauerstoff-Atomen (kleinste Teilchen des Sauerstoffs) werden Kohlenstoffdioxid-Moleküle (kleinste Teilchen des Kohlenstoffdioxids) gebildet. Da neue kleinste Teilchen gebildet werden, wird auch ein völlig neuer Stoff mit völlig neuen Eigenschaften gebildet.

Aufgabe 6.3 Bildung von Wasser

Wasserstoff + Sauerstoff → Wasser

$$H + O \rightarrow HO$$

Hinweis: Die moderne, verbesserte Form der Reaktionsgleichung lautet:

$$2\,H_2 + O_2 \rightarrow 2\,H_2O$$

Aus Wasserstoff-Atomen (kleinste Teilchen von Wasserstoff) und Sauerstoff-Atomen (kleinste Teilchen des Sauerstoffs) werden Wassermoleküle (kleinste Teilchen des Wassers) gebildet. Da neue kleinste Teilchen gebildet werden, wird auch ein völlig neuer Stoff mit völlig neuen Eigenschaften gebildet.

Aufgabe 6.4 Verbrennung von Wachs

Wachs + Sauerstoff → Kohlenstoffdioxid + Wasser

$$CH + 3\,O \rightarrow CO_2 + HO$$

Hinweis: Die moderne, verbesserte Form der Reaktionsgleichung lautet:

$$2\ C_{17}H_{36} + 52\ O_2 \rightarrow 34\ CO_2 + 36\ H_2O$$

Aus Wachsmolekülen (kleinste Teilchen des Wachses) und Sauerstoff-Atomen (kleinste Teilchen des Sauerstoffs) werden Wassermoleküle (kleinste Teilchen des Wassers) und Kohlenstoffdioxidmoleküle (kleinste Teilchen des Kohlenstoffdioxids) gebildet. Da neue kleinste Teilchen gebildet werden, werden auch völlig neue Stoffe mit völlig neuen Eigenschaften gebildet.

Aufgabe 6.5 Ausgleichen von einfachen Reaktionsgleichungen

a) $H_2 + F_2 \rightarrow 2\ HF$
b) $2\ C + O_2 \rightarrow 2\ CO$
c) $P_4 + 5\ O_2 \rightarrow P_4O_{10}$
d) $N_2 + 3\ H_2 \rightarrow 2\ NH_3$
e) $2\ Na + Cl_2 \rightarrow 2\ NaCl$
f) $S_8 + 8\ H_2 \rightarrow 8\ H_2S$
g) $4\ Al + 3\ O_2 \rightarrow 2\ Al_2O_3$
h) $2\ S + 3\ O_2 \rightarrow 2\ SO_3$
i) $Fe_2O_3 + 2\ Al \rightarrow Al_2O_3 + 2\ Fe$
j) $P_4 + 6\ I_2 \rightarrow 4\ PI_3$

Aufgabe 6.6 Ausgleichen von Reaktionsgleichungen

a) $Al_2O_3 + 3\ Mg \rightarrow 2\ Al + 3\ MgO$
b) $2\ H_2S + 3\ O_2 \rightarrow 2\ SO_2 + 2\ H_2O$
c) $Fe_2O_3 + 3\ CO \rightarrow 2\ Fe + 3\ CO_2$
d) $2\ FeCl_3 + Cu \rightarrow 2\ FeCl_2 + CuCl_2$
e) $CH_4 + 4\ Cl_2 \rightarrow CCl_4 + 4\ HCl$
f) $3\ N_2H_4 \rightarrow 4\ NH_3 + N_2$
g) $Fe_2O_3 + 3\ H_2S \rightarrow Fe_2S_3 + 3\ H_2O$
h) $POCl_3 + 3\ H_2O \rightarrow H_3PO_4 + 3\ HCl$

Aufgabe 6.7 Ausgleichen von komplizierten Reaktionsgleichungen

a) $4\ NH_3 + 7\ O_2 \rightarrow 4\ NO_2 + 6\ H_2O$
b) $4\ NH_3 + 5\ O_2 \rightarrow 4\ NO + 6\ H_2O$
c) $4\ NH_3 + 3\ O_2 \rightarrow 2\ N_2 + 6\ H_2O$
d) $2\ C_2H_2 + 5\ O_2 \rightarrow 4\ CO_2 + 2\ H_2O$
e) $2\ C_6H_6 + 15\ O_2 \rightarrow 12\ CO_2 + 6\ H_2O$
f) $2\ C_4H_{10} + 13\ O_2 \rightarrow 8\ CO_2 + 10\ H_2O$
g) $2\ ZnO + 4\ Co(NO_3)_2 \rightarrow 2\ ZnCo_2O_4 + 8\ NO_2 + O_2$

Aufgabe 6.8 Chemische Massenberechnungen: Na reagiert mit S

a) $2\,Na + S \rightarrow Na_2S$

b)

c) Gegeben:
$m(Na) = 45{,}98$ g
$m(S) = 32{,}06$ g
$m(Na_2S) = 78{,}04$ g
Gesucht: $m(Na)$ für 8,00 g Na_2S
Lösung:
45,98 g (Na) ≙ 78,04 g (Na_2S)
x ≙ 8,00 g (Na_2S)
$x = 4{,}713$ g
Für die Bildung von 8,00 g Natriumsulfid braucht man mindestens 4,71 g Natrium.

d) Gegeben: siehe c)
Gesucht: $m(S)$ für 8,00 g Na_2S
Lösung:
32,06 g (S) ≙ 78,04 g (Na_2S)
x ≙ 8,00 g (Na_2S)
$x = 3{,}287$ g
Für die Bildung von 8,00 g Natriumsulfid sind mindestens 3,29 g Schwefel erforderlich.

Aufgabe 6.9 Chemische Massenberechnungen: Mg reagiert mit CO_2

a) $2\,Mg + CO_2 \rightarrow 2\,MgO + C$

b)

c) Masse Ausgangsstoffe: 48,62 g + 44,01 g = 92,63 g
Masse Endstoffe: 80,62 g + 12,01 g = 92,63 g
Die Angaben erfüllen den Grundsatz der Massenerhaltung.

d) Gegeben:
$m(Mg) = 48{,}62$ g
$m(CO_2) = 44{,}01$ g
$m(MgO) = 80{,}62$ g
$m(C) = 12{,}01$ g
Gesucht: $m(MgO)$ aus 10 g Mg
Lösung:
48,62 g (Mg) ≙ 80,62 g (MgO)
10 g (Mg) ≙ x
$x = 16{,}6$ g

Aus 10 g Magnesium kann man maximal 17 g Magnesiumoxid gewinnen.

e) Gegeben: siehe d)
Gesucht: $m(CO_2)$ für vollständige Reaktion von 10 g Mg
Lösung:
48,62 g (Mg) ≙ 44,01 g (CO_2)
10 g (Mg) ≙ x
$x = 9{,}1$ g
Für die vollständige Reaktion von 10 g Magnesium sind mindestens 9 g Kohlenstoffdioxid erforderlich.

f) Gegeben: siehe d)
Gesucht: m(C) aus 10 g Mg
Lösung:
48,62 g (Mg) ≙ 12,01 g (C)
10 g (Mg) ≙ x
$x = 2{,}5$ g
Aus 10 g Magnesium können maximal 3 g Kohlenstoff erhalten werden.

Aufgabe 6.10 Chemische Massenberechnungen: CuO reagiert mit C

a) $2\,CuO + C \rightarrow CO_2 + 2\,Cu$

b) Wenn die Masse der Ausgangsstoffe gleich der Masse der Endstoffe ist, dann ist das ein Hinweis darauf, dass genau gearbeitet wurde.
Masse Ausgangsstoffe: 159,10 g + 12,01 g = 171,11 g
Masse Endstoffe: 44,01 g + 127,10 g = 171,11 g

c) Gegeben:
m(CuO) = 159,10 g
m(C) = 12,01 g
$m(CO_2)$ = 44,01 g
m(Cu) = 127,10 g
Gesucht: m(Cu) aus 1000,00 g CuO
Lösung:
159,10 g (CuO) ≙ 127,10 g (Cu)
1000,00 g (CuO) ≙ x
$x = 798{,}869$ g
Aus 1000,00 g Kupferoxid kann man maximal 798,87 g Kupfer gewinnen.

d) Gegeben: siehe c)
Gesucht: m(C) für vollständige Reaktion von 1000,00 g CuO
Lösung:
159,10 g (CuO) ≙ 12,01 g (C)
1000,00 g (CuO) ≙ x
$x = 75{,}487$ g
Für die vollständige Reaktion von 1000,00 g Kupferoxid sind mindestens 75,49 g Kohlenstoff erforderlich.

e) Gegeben: siehe c)
Gesucht: $m(CO_2)$ aus 1000,00 g CuO
Lösung:
159,10 g (CuO) ≙ 44,01 g (CO_2)
1000,00 g (CuO) ≙ x
$x = 276{,}618$ g
Bei der vollständigen Reaktion von 1000,00 g Kupferoxid entstehen 276,62 g Kohlenstoffdioxid.

Aufgabe 6.11 Chemische Massenberechnungen: $CaCO_3$ reagiert mit HCl

a) $CaCO_3 + 2\,HCl \rightarrow CaCl_2 + CO_2 + H_2O$

b) Gegeben:
$m(CaCO_3) = 100{,}09$ g
$m(HCl) = 72{,}92$ g
$m(CaCl_2) = 110{,}98$ g
$m(CO_2) = 44{,}01$ g
$m(H_2O) = 18{,}02$ g
Gesucht: $m(CaCl_2)$ aus 50,0 g $CaCO_3$ und 50,0 g HCl
Lösung: Welcher Stoff ist im Überschuss vorhanden?
HCl ist im Überschuss vorhanden – von $CaCO_3$ wird mehr gebraucht, wenn HCl vollständig umgesetzt werden sollte.
Deshalb muss mit 50,0 g $CaCO_3$ gerechnet werden.
110,98 g ($CaCl_2$) ≙ 100,09 g ($CaCO_3$)
x ≙ 50,0 g ($CaCO_3$)
$x = 55{,}44$ g
Aus 50,0 g Calciumcarbonat und 50,0 g Chlorwasserstoff können maximal 55,4 g Calciumchlorid gebildet werden.

c) Gegeben: siehe b)
Gesucht: $m(CO_2)$ bei 25,0 g H_2O
Lösung:
44,01 g (CO_2) ≙ 18,02 g (H_2O)
x ≙ 25,0 g (H_2O)
$x = 61{,}06$ g
Wenn 25,0 g Wasser gebildet werden, dann werden gleichzeitig 61,1 g Kohlenstoffdioxid gebildet.

d) Gegeben: siehe b)
Gesucht: $m(CO_2)$ aus 30,0 g $CaCO_3$ und 20,0 g HCl
Lösung: Welcher Stoff ist im Überschuss vorhanden?
Bei vollständigem Umsatz: $m(CaCO_3) / m(HCl) = 1{,}373$
Verhältnis laut Fragestellung: 30,0 g / 20,0 g = 1,5
Calciumcarbonat ist also im Überschuss vorhanden. Deshalb muss mit der Masse von Chlorwasserstoff gerechnet werden.
72,92 g (HCl) ≙ 44,01 g (CO_2)
20,0 g (HCl) ≙ x
$x = 12{,}07$ g
Aus 30,0 g Calciumcarbonat und 20,0 g Chlorwasserstoff können maximal 12,1 g Kohlenstoffdioxid gebildet werden.

Aufgabe 6.12 Chemische Massenberechnungen: Thermolyse von $CaCO_3$

Individuelle Lösung

Aufgabe 6.13 Chemische Massenberechnungen: CO_2 reagiert mit C

Individuelle Lösung

Aufgabe 6.14 Synthesen und Thermolysen

a) $H_2 + O_2 \rightarrow 2\,H_2O$
$H_2 + F_2 \rightarrow 2\,HF$
$S + O_2 \rightarrow SO_2$

b) $2\,H_2O \rightarrow 2\,H_2 + O_2$
$3\,N_2H_4 \rightarrow 4\,NH_3 + N_2$
$Na_2S \rightarrow 2\,Na + S$

Aufgabe 6.15 Redoxreaktionen – AMD

$$Fe_2O_3 + 2\,Al \rightarrow Al_2O_3 + 2\,Fe$$

Sauerstoff-Abspaltung $Fe_2O_3 \rightarrow 2\,Fe + 3\,O$
Sauerstoff-Bindung $2\,Al + 3\,O \rightarrow Al_2O_3$

$$Al_2O_3 + 3\,Mg \rightarrow 2\,Al + 3\,MgO$$

Sauerstoff-Abspaltung $Al_2O_3 \rightarrow 2\,Al + 3\,O$
Sauerstoff-Bindung $3\,Mg + 3\,O \rightarrow 3\,MgO$

$$Fe_2O_3 + 3\,H_2 \rightarrow 2\,Fe + 3\,H_2O$$

Sauerstoff-Abspaltung $Fe_2O_3 \rightarrow 2\,Fe + 3\,O$
Sauerstoffb-Bindung $3\,H_2 + 3\,O \rightarrow 3\,H_2O$

Aufgabe 6.16 Qualitative Bedeutung des AMD

Entscheidend für die Erklärung des AMD ist das Prinzip der kleinsten Teilchen, das schon mit dem KTM eingeführt wurde. Dieses Prinzip besagt, dass die Eigenschaften eines Stoffes durch die kleinsten Teilchen bestimmt werden.
Nach Dalton werden die Moleküle der Ausgangsstoffe in Atome aufgespalten. Aus diesen Atomen werden neue Moleküle, neue kleinste Teilchen und damit neue Stoffe gebildet.

Aufgabe 6.17 Quantitative Bedeutung des AMD

Grundsatz der Massenerhaltung: Auf der linken Seite einer Reaktionsgleichung stehen von einer bestimmten Atomsorte gleich viele Atome wie auf der rechten Seite der Gleichung.
Gesetz der konstanten Proportionen: Nach dem AMD gilt für eine bestimmte chemische Reaktion immer die gleiche Reaktions-

gleichung. Für eine bestimmte chemische Reaktion sind also die Zahlenverhältnisse der beteiligten kleinsten Teilchen immer gleich. Deshalb sind auch die Massenverhältnisse der Stoffe für diese Reaktion immer gleich.

Aufgabe 6.18 Reaktionsgleichungen

1. Reaktionsgleichung:

$$Cl_2 + H_2O \rightarrow HCl + HOCl$$

$$Cl_2 + H_2O \rightarrow 2\ Cl + 2\ H + O \rightarrow HCl + HOCl$$

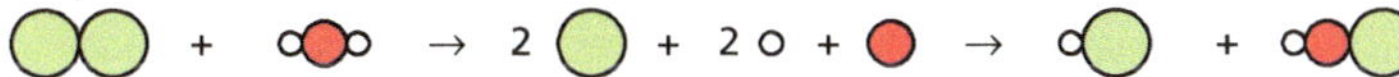

2. Reaktionsgleichung:

$$5\ HClO_2 \rightarrow 4\ ClO_2 + HCl + 2\ H_2O$$

$$5\ HClO_2 \rightarrow 5\ H + 5\ Cl + 10\ O \rightarrow 4\ ClO_2 + HCl + 2\ H_2O$$

3. Reaktionsgleichung:

$$I_2 + 6\ H_2O + 5\ Cl_2 \rightarrow 2\ HIO_3 + 10\ HCl$$

$$I_2 + 6\ H_2O + 5\ Cl_2 \rightarrow 2\ I + 12\ H + 6\ O + 10\ Cl \rightarrow 2\ HIO_3 + 10\ HCl$$

Hinweis zu den Kugelbildern der Reaktionsgleichungen: Es sind für die meisten Moleküle auch andere Kugelanordnungen als die hier gezeichneten denkbar.

Aufgabe 6.19 Chemische Massenberechnungen: $BaCO_3$ reagiert mit HBr

a) $BaCO_3 + 2\ HBr \rightarrow BaBr_2 + CO_2 + H_2O$

b) Gegeben:
$m(BaCO_3) = 197{,}34$ g
$m(HBr) = 161{,}82$ g
$m(BaBr_2) = 297{,}13$ g
$m(CO_2) = 44{,}01$ g
$m(H_2O) = 18{,}02$ g
Gesucht: $m(H_2O)$ bei 100,0 g CO_2
Lösung:
44,01 g (CO_2) $\triangleq$ 18,02 g (H_2O)
100,0 g (CO_2) $\triangleq x$

$x = 40{,}95$ g
Wenn 100,0 g Kohlenstoffdioxid gebildet werden, dann werden gleichzeitig 41,0 g Wasser gebildet.

c) Gegeben: siehe b)
Gesucht: $m(BaBr_2)$ aus 12,0 g $BaCO_3$ und 24,0 g HBr
Lösung: HBr ist im Überschuss vorhanden – von $BaCO_3$ wird mehr gebraucht, wenn HBr vollständig umgesetzt werden soll. Deshalb muss mit 12,0 g $BaCO_3$ gerechnet werden.
297,13 g ($BaBr_2$) ≙ 197,34 g ($BaCO_3$)
x ≙ 12,0 g ($BaCO_3$)
$x = 18{,}07$ g
Aus 12,0 g Bariumcarbonat und 24,0 g Bromwasserstoff können maximal 18,07 g Bariumbromid gebildet werden.

d) Gegeben: siehe b)
Gesucht: $m(CO_2)$ aus 130,0 g $BaCO_3$ und 110,0 g HBr
Lösung: Welcher Stoff ist im Überschuss vorhanden?
Bei vollständigem Umsatz: $m(BaCO_3) / m(HBr) = 1{,}22$
Massenverhältnis laut Fragestellung: 130,0 g / 110,0 g = 1,18
Bromwasserstoff ist also im Überschuss vorhanden. Somit muss mit der Masse von Bariumcarbonat gerechnet werden.
44,01 g (CO_2) ≙ 197,34 g ($BaCO_3$)
x ≙ 130,0 g ($BaCO_3$)
$x = 28{,}99$ g
Aus 130,0 g Bariumcarbonat und 110,0 g Bromwasserstoff können maximal 29,0 g Kohlenstoffdioxid gebildet werden.

Literatur

Dalton J (1808) A new system of chemical philosophy. In: Ostwald AW (Hrsg) Ostwalds Klassiker der exakten Wissenschaften, Grundlagen der Atom- und Molekulartheorie. Harri Deutsch, Frankfurt am Main, S 15

Fierz-David HE (1952) Die Entwicklungsgeschichte der Chemie. Birkhäuser, Basel, S 168

Holleman AF, Wiberg N (2007) Lehrbuch der Anorganischen Chemie. de Gruyter, Berlin

Pascal (1947) Die kleinen Schriften Bd. 16. Sammlung Dietrich, Wiesbaden, S 5, 7

Serviceteil

Anhang – 412

Sachverzeichnis – 416

R. Geiß, *Die Verwandlung der Stoffe*, Chemie – Entdecken und verstehen,
https://doi.org/10.1007/978-3-662-54708-3

Anhang

A.1 Arbeitsanleitung für die Dünnschicht-Chromatographie

Vorbereitung der DC-Kammer

Man stellt ein Stück saugfähiges Papier (etwa so groß wie die Rückwand) in die Kammer und füllt sie mit Laufmittel, ca. 0,5 cm hoch, auf. Daraufhin wird die Kammer verschlossen. Statt einer DC-Kammer kann notfalls auch ein Schraubdeckel-Glas verwendet werden. Diese Vorbereitung sollte mindestens 20 min vor dem Einsetzen der DC-Platten abgeschlossen sein, damit sich der Raum innerhalb der DC-Kammer mit Laufmittel-Gas sättigen kann. Ist die DC-Kammer nicht mit Laufmittel-Gas gesättigt, verdunstet das Laufmittel von der Oberfläche der DC-Platte. Dadurch wird die gleichmäßig aufsteigende Bewegung des Fließmittels gestört, was zu gravierender Beeinträchtigung der Trennung führen kann.

Vorbereitung des DC-Plättchens

Zuerst legt man eine DC-Platte (ohne die stationäre Phase mit den Fingern zu berühren, um eine Verunreinigung mit Fett zu vermeiden) auf ein sauberes Papiertuch.

Am unteren Ende der DC-Platte zieht man mit einem weichen Bleistift (idealerweise 3B) einen horizontalen Strich – mind. 1,0 cm oberhalb der Unterkante des DC-Plättchens. Die Punkte auf der Linie, wo später Gemisch aufgetragen wird, werden mit einem kleinen senkrechten Bleistift-Strich markiert. Zum Rand der Platte hält man mind. 1 cm Abstand ein, zu den benachbarten Proben ebenfalls mind. 1,0 cm. Beim Einsatz des weichen Bleistifts sollte man darauf achten, die Schicht der stationären Phase nicht zu zerkratzen.

Falls man für das Auftragen der Proben eine Schablone zur Verfügung hat, ist es besser, auf den Einsatz eines Bleistifts zu verzichten.

Falls die Laufhöhe der mobilen Phase zuvor bereits bekannt ist, sollte auch diese mit einem horizontalen Bleistift-Strich markiert werden.

Auftragen der Probe

Jetzt trägt man die Lösungen der Probengemische und eventuell auch die Lösungen der Referenzsubstanzen auf die DC-Platte auf.

Für TLC-Platten verwendet man dazu DC-Kapillaren. Besonders praktisch sind Einweg-Mikrokapillaren, die mit einer Genauigkeit von 1 % ein bestimmtes Volumen Lösung aufnehmen (typische Größen sind: 1 µl, 2 µl, 3 µl, 5 µl, 10 µl). Pro Auftragung wird die Kapillare einige Male kurz auf das Silikagel getupft. Um den Startfleck möglichst klein zu halten, lässt man nach jedem Auftupfen das Lösungsmittel verdampfen. Typischerweise werden bei einer Punktauftragung 1–5 µl Lösung verbraucht.

Start der Dünnschicht-Chromatographie

Nun stellt man die DC-Platte mit einer Pinzette schräg in die DC-Kammer – mit der Probeseite Richtung Saugpapier. D. h., die Unterseite (wo Probe aufgetragen wurde) etwa in die Kammermitte, während die Oberseite die vordere Wand der Kammer berührt. Damit sich das Kammerinnere wieder rasch mit Laufmittel-Gas sättigen kann, wird die Kammer schnell verschlossen.

Beenden der Dünnschicht-Chromatographie

Wenn die Laufmittel-Front etwa 1 cm unter dem oberen Rand der DC-Platte steht, bzw. wenn sie die markierte Höhe erreicht hat, nimmt man sie mit einer Pinzette aus der DC-Kammer heraus. Falls die Laufhöhe nicht im Voraus markiert wurde: Bevor die Laufmittel-Front verdampft ist (Achtung, geschieht schnell!), wird ihre Lage mit einem Bleistiftstrich am Rand der Platte möglichst genau markiert.

A.2 Silikagel

Grundlegende Informationen zu Silikagel

Chemische Struktur: Silikagel ist eine poröse, amorphe Form von Siliciumdioxid (SiO_2), d. h., die Atome haben eine Nahordnung (Si-Atome sind meist von 4 O-Atomen umgeben, O-Atome sind meist von 2 Si-Atomen umgeben), aber keine Fernordnung. Dank der einzigartigen inneren Struktur hat Silikagel ganz besondere Eigenschaften. Es unterscheidet sich also grundsätzlich von anderen SiO_2–basierten Stoffen.

Alternative Namen: Kieselgel, Kieselsäuregel, engl.: silica gel.

Eigenschaften:
- Konsistenz: gelartig, gummiartig bis fest.
- Farbe: farblos, erscheint als Pulver weiß.
- Große innere, polare Oberfläche (bis zu 600 m^2 pro g): Porendurchmesser meist 0,5–300 nm.
- Stark hygroskopisch.

Herstellung: Bei Kontakt von Natriumsilikat (Na_2SiO_3) mit Schwefelsäure entsteht unlösliches farbloses Silikagel. Durch Rühren, Trocknen und Mahlen entsteht das weiße Pulver.

Reinheit: Verglichen mit anderen Adsorptionsmitteln (Zeolithe, Aluminiumverbindungen) ist Silikagel ausgesprochen rein. Es enthält kaum Metallverunreinigungen. Deshalb weist Silikagel eine sehr geringe katalytische Wirksamkeit auf. D. h., unerwünschte Reaktionen mit zu trennenden Komponenten finden bei der Dünnschicht-Chromatographie kaum statt.

Hersteller: Für chromatografische Zwecke dürften Merck® und Grace® (Markenname: Davisil®) die wichtigsten Hersteller sein.

Silikagel ist amorph

Da Silikagel amorph ist, also nicht durch eine bestimmte Struktur beschrieben werden kann, besprechen wir hier die Struktur eines kristallinen Siliciumdioxids. Auf diese Weise erhält man eine Vorstellung vom Aufbau des Silikagels.

Kristallisiert kommt SiO_2 in verschiedenen, stabilen Modifikationen vor: z. B. α-Quarz, β-Quarz, α-Tridymit und β-Cristobalit. Wir konzentrieren uns hier auf β-Cristobalit (Abb. A.1).

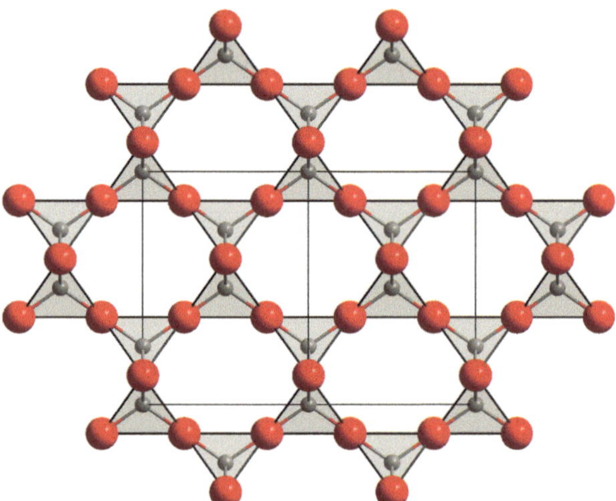

„Die Siliciumatome des […] β-Cristobalits nehmen dieselben Lagen ein wie die C-Atome im Diamanten. Zwischen je zwei Si-Atomen ist dabei auf nur wenig gewinkelter Verbindungslinie je ein O-Atom eingelagert. Alle Si-Atome sind somit von 4 O-Atomen, alle O-Atome von 2 Si-Atomen umgeben, was zu der Formel SiO_2 führt" (Holleman und Wiberg 2007).

Im Silikagel bilden Si- und O-Atome dreidimensionale, unregelmäßige Netzwerke. In diesen Netzwerken existieren zahlreiche Hohlräume, sogenannte Poren. Auf diese Weise kommt die große innere Oberfläche des Silikagels zustande.

Die hohe Polarität von Silikagel kann mit Si-OH-Gruppen an der Oberfläche des Feststoffs erklärt werden.

Pulvervariationen

Silikagelpulver für die Chromatographie werden vor allem durch zwei Parameter beschrieben: Partikelgröße und mittlerer Porendurchmesser.

Die Partikelgröße wird oft durch zwei Angaben beschrieben, durch den Größenbereich, in dem die Partikeldurchmesser liegen, und die Mesh-Zahl. Die Mesh-Zahl beschreibt das Sieb, mit dem das jeweilige Pulver produziert wurde (diese Angabe ist bei Kenntnis der Partikeldurchmesser überflüssig).

Für chromatographische Zwecke wird vor allem Silikagel 60 verwendet. Dieses Silikagel hat einen durchschnittlichen Porendurchmesser von 6 nm (60 Å = 60 • 10^{-10} m).

Silikagele für die Dünnschicht-Chromatographie

Die mittlere Partikelgröße für DC-Schichten beträgt 10–12 µm (Srivastava 2011).

Silikagele für DC sind oft mit Zusätzen vermischt. Die folgende Liste erklärt die Bedeutung der Abkürzungen auf den Verpackungen der DC-Platten.

H – ohne Zusatz
F254 – Fluoreszenzindikator für kurzwelliges UV-Licht
F366 – Fluoreszenzindikator für langwelliges UV-Licht
G – Gips (Bindemittel)
P – Große Schichtdicke für präparative Zwecke
R – hochreines Silikagel

Literatur

Holleman AF, Wiberg N (2007) Lehrbuch der Anorganischen Chemie. Walter de Gruyter, Berlin, S. 952Wurde im K6 zitiert, kann hier raus.

Wikipedia (2014) Kieselgel. http://de.wikipedia.org/wiki/Kieselgel. Zugegriffen: 2. Februar 2014

Grace.com (2014) Silica gel pore structure and composition. http://www.grace.com/engineeredmaterials/materialsciences/silicagel/silicageltypes/silicagelporestructure.aspx. Zugegriffen: 12. März 2014

Srivastava M (2011) High performance thin layer chromatography HPTLC. Springer, Berlin, S. 43

Sachverzeichnis

A

Abstraktion, verfrühte 31
Adsorption
- Theorieebene 323
- Wirklichkeitsebene 323
Aerosol 59
Aggregatzustand 232
- Eigenschaften 272
- Fachbegriffe 232
Alchemie 168
- Materia Prima 155
- Stein der Weisen 155
- Transmutation 155
- übertragbare Prinzipien 155
- Urmaterie 155
Atommasse, relative 382
Atommodell von Bohr 270
Atommodell von Dalton 270, 393
- Berechnung von relativen Atommassen 382
- Bewertung 394
- Bildung neuer Stoffe 376, 382
- Erklärung chemischer Reaktionen 378
- Gesetz der konstanten Massenverhältnisse - Erklärung 380
- Grundsatz der Massenerhaltung - Erklärung 379
- Massenberechnungen 384
- qualitative Bedeutung 376
- quantitative Bedeutung 379
- Reaktionen in Kerzenflamme 377
- Stoffspaltung 376
- Stoffvereinigung 376
- Varianten chemischer Reaktionen 375
- Vergleich mit Kugelteilchen-Modell 390
- Vergleich mit Kugelteilchen-Modell (Zusammenfassung) 399
- was kann es erklären 393
- was kann es nicht erklären 394
- Zusammenfassung 397
Aufspaltung von Wasser 235
Azeotrop
- Definition 301
Azeotropie
- Definition 301

B

Basiskonzepte 21
- überarbeitet 21, 25
Begegnung, echte 29
Berzelius 382, 383
Bezauberung 29
Bildung 29
Bildung von Kohlenstoffdioxid 236
Biochemie 125
Biologie 337
Boyle 155, 156, 157, 187, 190
Branntwein 291, 295
Brennstoff 67
- fest 67
- flüssig 67
- gasförmig 67
Bulimie-Lernen 17

C

Calcium 166
Calciumcarbonat 166, 168
Calciumhydroxid 166, 167, 168
Calciumoxid 166, 167, 168
CAS-Nummer 334
Chemical Abstracts Service 334
Chemie 337
Chemie im Kontext 7
chemische Modelle
- Merkmale 395
chemische Reaktion
- Bedeutung der Theorie 125
- Gesamtgewicht Reaktionsteilnehmer 366
- Gewichtsverhältnisse 364
- Kugelteilchen-Modell 339
- Massenzunahme 363
- Masseverlust 363
- neue Eigenschaften 104
- rätselhafter Vorgang 82
chemischer Vorgang
- Theorieebene 339, 342
- Wirklichkeitsebene 339, 342
chemische Stoffe
- einfach 153
- zusammengesetzt 153
chemische Theorie
- Zwiebelprinzip 270
Coulomb-Wechselwirkung 27
CSSC-Lernumgebungen 5

D

Dalton 373, 382
Daltons Atomhypothese 373
Dampf 59
Davy 166
Deduktion 14, 17
Dekantieren
- Theorieebene 325
- Wirklichkeitsebene 325
Denken
- chemisches 36
- produktives 32
Denkfähigkeit, chemische 36
Destillation
- einstufig, fraktionierend 291
- Faustregel 299
Detailwissen 36
Dichte 230
Diffusion
- Flüssigkeit 254
- Gasphase 249
Docht 89
- Bedeutung 60
- Kohlenstoffquelle 89
- verbrennen (Fotos) 55
Dochtspitze
- glühend 123
- langsame Verbrennung 123
Donator-Akzeptor-Konzept 22, 172
- Redoxreaktion 172
Donor-Akzeptor-Prinzip
- Zusammenfassung 192
Druck 230
Dünnschicht-Chromatographie 309
- Anziehungskräfte 317
- Kugelteilchen-Modell 311
- stationäre Phase 311

E

Eisenerz 174
Eisengewinnung 174
- Zuzsammenfassung 191
Eisenoxid 82
Eisenschwamm 174
Element
- Beleg 164
- Definition 164, 190
- Theorieebene 333
- Wirklichkeitsebene 333

Elemente, genetische 30
Elemente und Verbindungen
– Definition über kleinste Teilchen 271
Emotion 32
Empedokles 47, 154, 155
– Elementkonzept 155
Empirismus 13
Energie-Entropie-Konzept 22
Erstarren 232
Ethanol
– Absolutierung 302
Exposition 30
Extraktion 320
– Theorieebene 322
– Wirklichkeitsebene 322
Extraktionslösung 321
Extraktionsmittel 320

F

Faktenwissen 24
Faszination 29
Feinziele 38
Feststoff
– Eigenschaften 272
Feuer
– Abhängigkeit von 49
– Beherrschung 48
– Geschichte 47
– löschen 263
– Ursprung 47
Feuerdreieck 42
Feuermachen 49
Feuermärchen
– Das Zündholz und die Kerze 46
– Die Aufgabe des Königs 45
Filtration
– Theorieebene 324
– Wirklichkeitsebene 323
Flamme
– nichtleuchtend 78
Flammenkern 78
– Beschreibung 50
– Fotos 51
– Zusammenfassung 123
– Zusammensetzung 69
Flammenmantel 74, 79
– Beschreibung 50
– Kohlenstoff 93
– Reagenzglas 91
– Ruß 72, 89, 91
– Rußrauch glühend 76
– Verbrennung 101
– Zusammenfassung 124
Flammensaum 77, 79
– Beschreibung 50
– Fotos 51
– Verbrennung 101
– Zusammenfassung 123
Flammensprung 53, 56
– Fotos 54
Flammenzonen
– Eigenschaften 68
– Zusammensetzung 68
Flüssig-Fest-Extraktion 321
Flüssigkeit
– Eigenschaften 272

G

Gas 59
– Eigenschaften 272
Geborgenheit 29
Geheimnisvolle Vorgänge 100
Gemisch 326
– azeotrop 300
– azeotrop (Bildung) 301
– Eigenschaften 328
– heterogen, Theorieebene 328
– heterogen, Wirklichkeitsebene 328
– homogen, Theorieebene 329
– homogen, Wirklichkeitsebene 329
– physikalische Trennmethode 328
– Theorieebene 327
– Wirklichkeitsebene 327
– Zusammensetzung 327
Gemischarten 328
Genesis 30
Geschichte 30
Gesetz der konstanten Massenverhältnisse 397
Gespräch, sokratisches 27, 31
Glühen 73
– Holzkohle 73
Göttergeschichten 47
griechische Mythologie 47
Grobziele 38
Grundgesetze, stöchiometrische 397
Grundkräfte 27
Grundsatz der Massenerhaltung 397
Grundstoffe 47
Gusseisen 174

H

Heißextraktion 321
Helios 47
Herdfrisch-Verfahren 187
– Zusammenfassung 192
Hochofen 176
– Aluminiumsilikat 177
– Aufbau 178
– Aufbereitung der Eisenerze 176
– Betrieb und Funktionsweise 179
– chemische Prozesse 180
– Eisenerz 176, 179
– Erzsorten 176
– Gangart 176
– Gestell 178
– Gicht 178, 179
– Gichtgas 178, 180
– Kalk 177
– Kohlensack 178
– Koks 177
– Möller 176
– Rast 178
– Roheisen 178, 179, 180
– Roheisen Zusammensetzung 180
– Schacht 178
– Schachtofen 178
– Schlacke 176, 179, 180
– Schmelzpunkt-Erniedrigung 179
– Sintern 176
– Stoffumsatz 179
– Zusammenfassung 191
– Zuschläge 176, 177
Hofmann
– Wasserzersetzungs-Apparat 168
Holzkohle
– verbrennen (Fotos) 93
Homo erectus 48
Hypothese 19

I

Ideen 17, 19
Induktion 14, 17
Inhalte
– elementare 28
– fundamentale 28

K

Kalk 166, 168
– gebrannt 166
Kalkwasser 168
Kern-Hülle-Modell 270
Kerzenflamme
– Fotos 51
– Ruß 90
– Verbrennung von Docht 123
– Verbrennung von Wachsgas 123
– Zonen 50

kleinste Teilchen 235
- Basiskonzept 271, 273, 343
- Basiskonzept (Zusammenfassung) 399
- fester Zustand 240
- flüssiger Zustand 240
- gasförmiger Zustand 240
- Größe 237
- mittlere Bewegungsenergie 245
- Spaltung 236
- Vereinigung 236

Kohlenstoff
- glühen 93
- verbrennen (Wortgleichung) 94

Kohlenstoffdioxid-Bildung 101
Kompetenz 3
- adaptive 2, 23, 33
- Definition 3

Kondensieren 232
Kontrolle, metakognitive 4
Konzept der kleinsten Teilchen 22
Konzept der Reaktionsgeschwindigkeit 23
Konzept des chemischen Gleichgewichts 23
Kugelteilchen
- spalten 362
- vereinigen 362

Kugelteilchen-Modell 239, 270
- Bewertung 392
- chemische Reaktionen 397
- Definition 271
- Druck 245
- Temperatur 242
- Unterscheidung Element Verbindung 333
- Verbrennen von Wachs 362
- Vergleich mit Atommodell von Dalton 390
- Vergleich mit Atommodell von Dalton (Zusammenfassung) 399
- Wärmetransport 242
- was kann es erklären 391
- was kann es nicht erklären 391
- Zusammenfassung 273

L

Lagerfeuer 48
Lavoisier 158, 166, 168, 171, 364, 367
- Elementbegriff 190
- Elementdefinition 163
- Wasser 159
- Wassersynthese 159
- Wasserzerlegung 159

Lavoisier AL 47, 116
Lehrgang, systematischer 29
Lernen
- aktives 5
- entdeckendes 29
- konstruktivistisches 6
- kooperatives 8
- nachhaltiges 24
- selbstreguliertes 6
- situiertes 7

Lernziel 4, 9
- affektives 38
- kognitives 38
- psychomotorisches 38

Lichtbogen-Ofen 187, 189
Lomonossow 367
Löschmittel
- Eigenschaften 264
- Wasser 263

Luft 80, 89
- Ruß 89
- Zusammensetzung einfach 86
- Zusammensetzung quantitativ 87
- Zusammensetzung quantitativ einfach 88
- zwei Gase 81, 82

Luppe 174

M

Magnesiumcarbonat 166
Massenberechnungen
- stöchiometrische 384

Maxwell-Boltzmann-Verteilung 245
Metakognition 10, 24
Metallkalk 116
Methoden, "heuristische 3
Modell 19
Molekularsieb 306
Molekülformeln 384
Möller 176
Motivation 32
Mythen 153
Mythologien 47

N

Naturgesetze 154
Naturphilosophen 47, 154, 374
Naturprozesse 154
Naturwissenschaften 337
Nebel 59
Nelson 27

O

Ofensau 174
Orbitalmodell des Atoms 270
Oxidation 171
Oxidationsmittel 171, 191

P

Pädagogik, ganzheitliche 29
Pascal 395
Periodensystem der Elemente 26
Phänomene 17, 18, 19
Phlogiston 47, 115
- Verbrennung 364

Phlogistontheorie 115, 364
- Richtigkeit 364
- Widerlegung 365

Phosphor
- rot 82

Phosphorverbrennung
- in Luft 82

Physik 26, 336
physikalischer Vorgang
- Theorieebene 339, 342
- Wirklichkeitsebene 339, 342

Physik-Chemie
- Abgrenzung 338

Physik-Chemie-Biologie 336
- Unterscheidung 336

Priestly J 116
Prinzip
- exemplarisches 27
- genetisches 27, 29

Prometheus 47
Proust 368
Prozessdimension, kognitive 11

R

Rationalismus 14
rätselhafte Vorgänge 100
Rauch 59
Reaktionsgleichung
- ausgleichen 397

Reaktionstypen 26, 104
- Zusammenfassung 399

Redoxkonzept, stoffbezogen 190
Redoxreaktion 171
Reduktion 171
Reduktionsmittel 171, 191
Reinstoff 326
- absolut reine Stoffe 330
- Eigenschaften 326
- Homogenität 326

- physikalische Trennmethode 327
- Theorieebene 326
- Wirklichkeitsebene 326
Renneisen 174
Rennofen 174
- Bauweise 174
- Betrieb 174
- chemische Prozesse 175
- Holzkohleverbrauch 175
- Schlacke 174
- Weiterverarbeitung des Eisens 175
- Zusammenfassung 191
Rennwerke 175
Resublimieren 232
Richtziele 38
Roheisen 176
Rosinenkuchen-Modell 270
Rost 82
Rostbildung 82
Rosträtsel 82
Rußpartikel 74, 78

S

Sauerstoff 171
- verbrennungsfördernd 87, 88
Sauerstoff-Akzeptor 171
Sauerstoff-Donator 171
Sauerstoff-Übertragungen 171
Scheele CW 116
Schmelzen 232
Schmelzpunkt 232
Sedimentieren
- Theorieebene 325
- Wirklichkeitsebene 325
Siedediagramm
- Ethanol-Wasser-Gemische 300
Sieden 232
Siedepunkt 232
Soxhlet-Aufsatz 321
Sozialkonstruktivismus 7
Stahl
- Definition 175
- Edelstahl 185
- Elektrostahl-Verfahren 187
- Frischen 185
- Herdfrisch-Verfahren 185
- LD-Konverter 186
- Lichtbogen-Ofen 187
- Linz-Donawitz-Verfahren 185
- Roheisen 187
- schmiedbar 175
- Stahlarten 185
- Stahlschrott 187
- unlegiert 185
- Windfrisch-Verfahren 185
Stahl GE 47, 115
Stahlproduktion 185
- Zusammenfassung 192
Stahlschrott 186
Stahlwerke, integriert 189
Stahlwolle
- Rosten 81
Stoff
- Baumdiagramm 341
- Definitionen, Theorieebene 341
- hydrophil 315
- lipophil 315
- polar 313, 315
- unpolar 313, 315
stoffbezogene Redoxreaktionen
- Sauerstoff-Abspaltung 390
- Sauerstoff-Bindung 390
- Sauerstoff-Übertragung 389
Stoffe
- Aufbau 234
- hydrophil 315
- lipophil 315
Stoffklassen
- fünf 335
Stoffspaltung 235
Stoff-Teilchen-Konzept 21
Stoffvereinigung 235
Struktur-Eigenschafts-Konzept 22
Sublimationspunkt 232
Sublimieren 232

T

Taxonomie, kognitive 8
Taxonomiestufen 11
Teilchenmodelle 19, 20, 25
- Hierarchie 25
Teilchentheorien 19
Temperatur
- Definition 242
- Maximum 242
- Minimum 242
- mittlere Bewegungsenergie 242
Temperaturskala 242
Themen, exemplarische 27
Theorie 17, 19, 20
- chemische 15, 19, 20, 25, 27
- physikalische 27
- wissenschaftliche 16
Theorieebene 19, 24, 267, 271
- Strukturierung 25
Thermolyse 230
Trennmethoden, physikalisch 340

U

Überzeugungen, positive 4
Urstoff 154, 155
- Erde 154
- Feuer 154
- Kräfte 154
- Liebe 154
- Luft 154
- Stoff und Kraft 155
- Streit 154
- trennen 154
- verbinden 154
- Wasser 154

V

Vakuumdestillation 305
van Helmont 155, 367
Verbindung
- Beleg 164
- Definition 164, 190
- Theorieebene 333
- Wirklichkeitsebene 333
Verbindungen
- Anzahl 334
Verbrennung
- im abgeschlossenen Raum 364
- unvollständig 78, 79
- vollständig 77, 78, 79
Verdampfen 232
Verdunsten 232
Verglühen 74
Vermögen, kritisches 32
Verständnis, chemisches 37
Verwirrung, produktive 32
Verwurzelung 32
Vielfalt der Stoffe 125
Vier-Elemente-Lehre 155, 156
Volumen 230
Vorgehen, induktives 31
Vorsokratiker 153

W

Wachs 90
- Brennbarkeit 60
- Kohlenstoff 90
- Ruß 90
- Wasser 96
Wachsgas
- Kohlenstoff 93
- verbrennen 56
Wachsnebel
- im U-Rohr 70

Wachsrauch
- im U-Rohr 70
Wachsspaltung 101, 153
Wachsverbrennung
- Kugelbilder Reaktionsgleichungen 378
Wagenschein 27
Wasser
- Bildung 96
- Löschwirkung 265
- Verdampfungswärme 264
Wasserbildung 101
- rätselhafter Vorgang 98
Wasserstoff
- Feuerball (Fotos) 98
- Luftballon (Fotos) 98
- Wasser 96
Wasserstoff-Flamme 96
Wasserzerlegung
- modern 168
Wein
- Vergärung 291
Windfrisch-Verfahren 185
- Zusammenfassung 192
Wirklichkeit 17, 20, 29
Wirklichkeitsebene 18, 24, 266, 270
- Strukturierung 25
Wirklichkeits- und Theorieebene
- Fragestellungen 269
- Zusammenfassung 272
Wirklichkeit und Theorie 266
Wissen
- metakognitives 4
- strukturiertes 23, 24
Wissensbasis, fachspezifische 3
Wissensdimension 10
Wissenskategorien 9

Z

Zeus 47
Zwiebelkonzept 19, 25